Lösungswege

Mathematik Oberstufe

8

Philipp Freiler
Julia Marsik
Florian Mayer
Markus Olf
Markus Wittberger

Lucia
Leidl
8D

www.oebv.at

8. Semester

So arbeitest du mit Lösungswege

Liebe Schülerin, lieber Schüler,

auf dieser Doppelseite wird gezeigt, wie das Mathematik-Lehrwerk Lösungswege strukturiert und aufgebaut ist.

Wie die Matura-Vorbereitung organisiert ist, wird auf den Seiten 178 / 179 erklärt.

Die Inhalte der 8. Klasse gliedern sich in drei **Großbereiche**, die im Inhaltsverzeichnis farbig ausgewiesen sind. Jeder Großbereich wiederum besteht aus mehreren **Kapiteln**, die alle den gleichen strukturellen Aufbau haben.

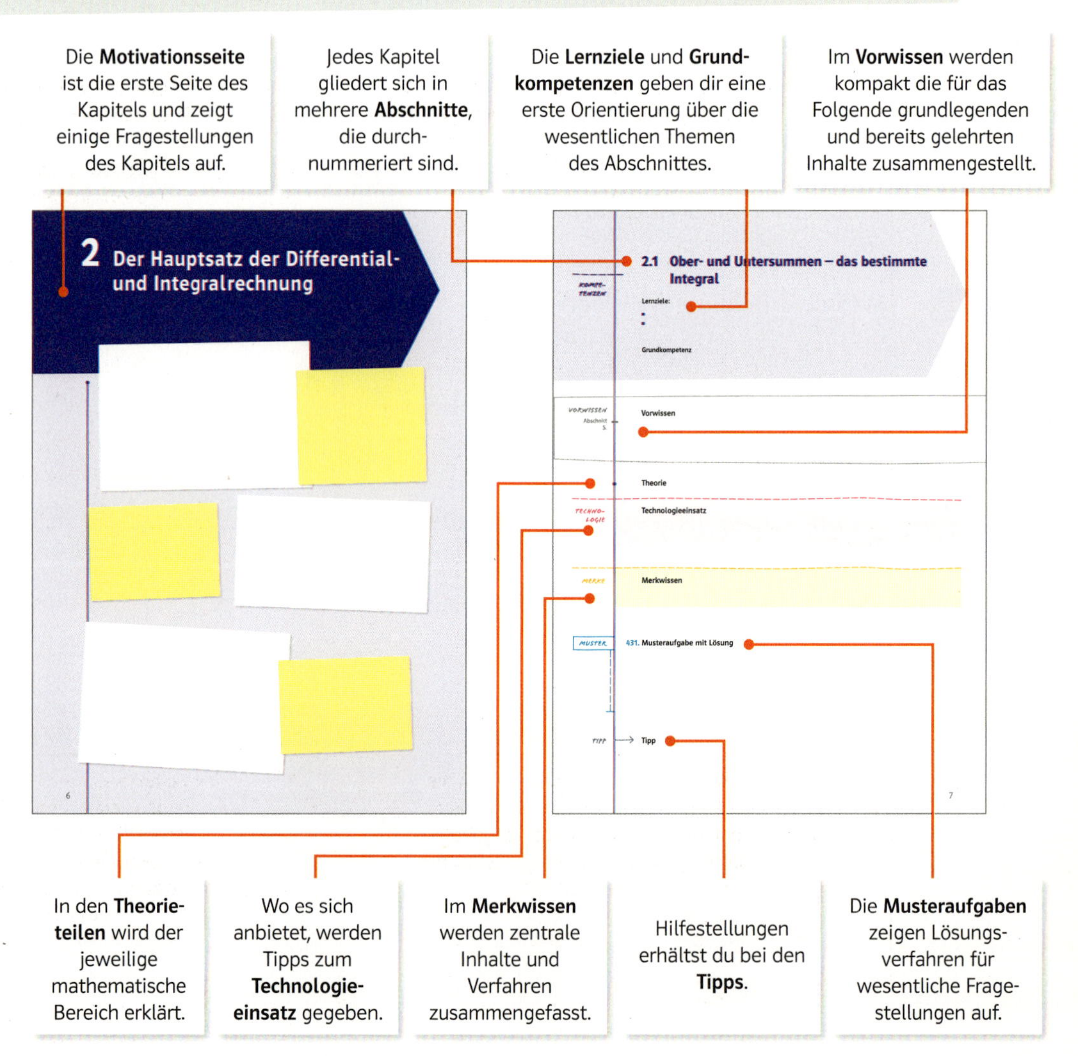

Hier gibt es eine Online-Ergänzung. Der Code führt direkt zu den Inhalten. Zusätzlich befinden sich im Lehrwerk-Online durchgerechnete Lösungen vieler Aufgaben.

www.oebv.at → Suchbegriff / ISBN / SBNr / Online-Code | Suchen

Auszeichnung der Aufgaben

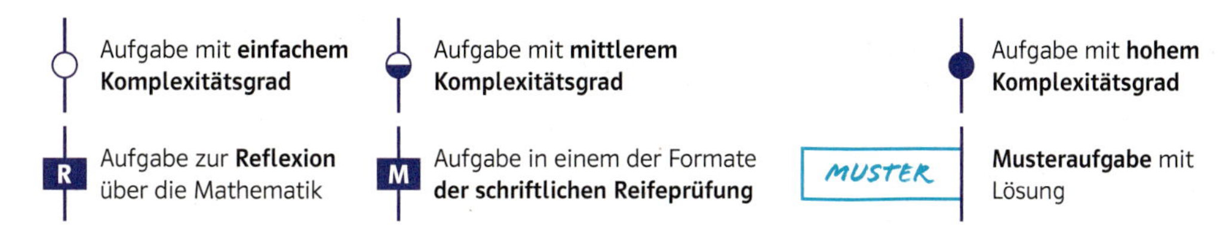

Am Ende eines jeden Kapitels befinden sich Seitentypen zur **Sicherung** und **Vernetzung** des Gelernten.

1 Stammfunktionen

Mit Hilfe der Differentialrechnung ist es in Lösungswege 7 gelungen, aus der Zeit-Ort-Funktion eines Körpers seine momentane Geschwindigkeit und seine momentane Beschleunigung zu beliebigen Zeitpunkten zu ermitteln. In der Physik ist die Abfolge jedoch oft umgekehrt.

Viele physikalische Gesetze legen die Kräfte, die auf einen Körper wirken, fest. Mit dem Gravitationsgesetz kann man zum Beispiel berechnen, welche Kraft ein Planet auf eine Raumsonde ausübt. Diese Kraft wiederum bestimmt (nach dem Newton'schen Kraftgesetz $F = m \cdot a$) die momentane Beschleunigung der Raumsonde.

Die Aufgabe besteht also oft darin, den umgekehrten Weg der Differentialrechnung zu gehen und aus der bekannten Beschleunigung eines Körpers auf dessen Momentangeschwindigkeit und daraus auf dessen (zukünftigen) Ort zu schließen.

Im Mathematikunterricht hast du seit der Volksschule viele mathematische „Umkehrwege" kennengelernt. Zum Beispiel gehört zu der mathematischen Operation „+" die Umkehroperation „−". Die Umkehroperation macht die „Wirkung" einer mathematischen Operation wieder rückgängig:

$5 + 3 - 3 = 5$; $5 \cdot 3 : 3 = 5$

Bis jetzt hast du erfahren, dass Operation und Umkehroperation immer eindeutig zum Ausgangswert zurückführen. Das ist übrigens auch der Grund, warum Äquivalenzumformungen so gut funktionieren.
Bei der Umkehroperation zum Differenzieren ist das anders.

Am Ende dieses Kapitels wirst du diesen Witz verstehen:

Auf der jährlichen Funktionenparty sind alle Funktionen versammelt und unterhalten sich prächtig. Nur die e-Funktion sitzt alleine in einer Ecke. Als die anderen Funktionen das bemerken, meinen sie aufmunternd:

KOMPE-
TENZEN

1.1 Stammfunktionen – das unbestimmte Integral

Lernziele:

- Den Begriff „Stammfunktion" definieren und anwenden können
- Eine Stammfunktion (das unbestimmte Integral) von verschiedenen Funktionen berechnen können
- Zusammenhänge zwischen Differenzieren und Integrieren kennen
- Einfache Regeln der Integralrechnung anwenden können
- $f(x) = \cos(kx)$, $f(x) = \sin(kx)$, $f(x) = e^{kx}$ integrieren können

Grundkompetenzen für die schriftliche Reifeprüfung:

AN-R 3.1 Den Begriff „Ableitungsfunktion/Stammfunktion" kennen und zur Beschreibung von Funktionen einsetzen können

AN-R 4.2 Einfache Regeln des Integrierens kennen und anwenden können: Potenzregel, Summenregel, Regeln für $\int k \cdot f(x)\,dx$ und $\int f(k \cdot x)\,dx$; bestimmtes Integral von Polynomfunktionen ermitteln können

VORWISSEN

1. Bilde die erste Ableitung der Funktion f.

a) $f(x) = 4$
b) $f(x) = 4x$
c) $f(x) = \sin(3x)$
d) $f(x) = \cos(5x)$
e) $f(x) = -4x^3$
f) $f(x) = -x^5 + 4x^3 - 12$
g) $f(x) = e^{-4x}$
h) $f(x) = -5e^{-3x}$

2. Gegeben ist eine Zeit-Ort-Funktion s eines Körpers zum Zeitpunkt t (s in Meter, t in Sekunden). Bestimme die Zeit-Geschwindigkeitsfunktion v und die Zeit-Beschleunigungsfunktion a.

a) $s(t) = 12t$ **b)** $s(t) = -5t^2$ **c)** $s(t) = 120 + 12t + 5t^2$

3. Gib jeweils ein Beispiel für die angegebene Regel an ($k \in \mathbb{R}\setminus\{0\}$).

a) $(f(x) + g(x))' = f'(x) + g'(x)$ **b)** $(k \cdot f(x))' = k \cdot f'(x)$ **c)** $f(k \cdot x)' = k \cdot f'(k \cdot x)$

Stammfunktionen

In Lösungswege 7 wurden die ersten Ableitungen von Funktionen gebildet. Diesen Vorgang nennt man Differenzieren. Betrachtet man nun eine Zeit-Ort-Funktion s mit $s(t) = t^2 + 2t + 1$ (s in Meter, t in Sekunden), so wird durch Differenzieren die Zeit-Geschwindigkeisfunktion v ermittelt:

$$v(t) = s'(t) = 2t + 2$$

In der Praxis lässt sich v oft leichter angeben. Wie kann man allerdings nur durch Kenntnis von v wieder die Funktion s bestimmen?
Man sucht eine Funktion s, deren Ableitung v ergibt. Die Funktion s wird dann **Stammfunktion** von v genannt.
Durch Ausprobieren erhält man für die Funktion s z. B. folgende Möglichkeiten:

$$s_1(t) = t^2 + 2t \qquad s_2(t) = t^2 + 2t + 3 \qquad s_3(t) = t^2 + 2t + 12$$

Man findet daher unendlich viele Stammfunktionen, da ein konstantes Glied beim Differenzieren „wegfällt" und man dieses ohne Zusatzinformationen nicht bestimmen kann.
Eine Stammfunktion s kann man in diesem Fall auf folgende Art anschreiben:

$$s(t) = t^2 + 2t + c \ (c \in \mathbb{R})$$

MERKE

Vertiefung Stammfunktionen mv2z5t

Stammfunktionen

Es sind f und F zwei beliebige Funktionen mit derselben Definitionsmenge D gegeben.

Man nennt F **Stammfunktion** von f, wenn gilt: $F'(x) = f(x)$ für alle $x \in D$

Ist die Definitionsmenge D von f ein Intervall (D kann auch ganz $\mathbb{R}$ sein) und sind F und G zwei Stammfunktionen von f, dann unterscheiden sich F und G nur durch eine reelle Konstante c. Es gilt:

$$F(x) - G(x) = c$$

MUSTER

4. Gegeben ist die Funktion f mit $f(x) = -3x^3 + 6 \cdot e^{3x}$. Welche der gegebenen Funktionen F_1 bis F_4 sind Stammfunktionen von f?

$F_1(x) = -\frac{3x^4}{4} + 2 \cdot e^{3x} + 3$ $\quad$ $F_3(x) = -\frac{3x^4}{4} + 2 \cdot e^{3x} - 12$

$F_2(x) = -\frac{3x^4}{4} + 2 \cdot e^{3x} + 5$ $\quad$ $F_4(x) = -3x^3 + 2 \cdot e^{3x} + 3$

Differenziert man die Funktionen F_1 bis F_3 erhält man die Funktion f. F_1, F_2 und F_3 sind daher Stammfunktionen von f und unterscheiden sich nur durch eine reelle Konstante.

AN-R 4.2 M

5. Ordne jeder Funktion f eine passende Stammfunktion F zu.

a)

1	$f(x) = -3x^2 + 5$	
2	$f(x) = -2x + 3$	
3	$f(x) = -5$	
4	$f(x) = 2x - 9$	

A	$F(x) = 0$
B	$F(x) = -x^3 + 5x - 1$
C	$F(x) = -x^2 + 3x + 111$
D	$F(x) = x^2 - 9x + 2{,}5$
E	$F(x) = -5x$
F	$F(x) = -6x$

b)

1	$f(x) = -12x^2$	
2	$f(x) = -2$	
3	$f(x) = -3e^{-3x}$	
4	$f(x) = x^2 + 3x$	

A	$F(x) = -4x^3 + 3$
B	$F(x) = e^{-3x} + 4$
C	$F(x) = \frac{x^3}{3} + \frac{3x^2}{2} + 5$
D	$F(x) = -3e^{-3x} + 2$
E	$F(x) = 2x + 3$
F	$F(x) = -2x - 12$

6. Bestimme durch „Ausprobieren" eine Stammfunktion von f.

a) $f(x) = 7$ **b)** $f(x) = -12$ **c)** $f(x) = -4x$ **d)** $f(x) = 12x$ **e)** $f(x) = -3x^2$ **f)** $f(x) = -12x^2$ **g)** $f(x) = e^{4x}$ **h)** $f(x) = e^{-7x}$

AN-R 3.1 M

7. Gegeben sind zwei Funktionen f und g. Kreuze die zutreffende(n) Aussage(n) an.

A	Ist f eine Stammfunktion von g, dann gilt $g' = f$.	☐
B	Gilt $f' = g$, dann ist f eine Stammfunktion von g.	☐
C	Ist f eine Stammfunktion von g, dann ist auch $f + c$ ($c \in \mathbb{R}$) eine Stammfunktion von g.	☐
D	Ist f eine Stammfunktion von g, dann ist f auch eine Stammfunktion von $g + c$ ($c \in \mathbb{R}$).	☐
E	Jede Stammfunktion einer konstanten Funktion f ($f(x) \neq 0$) ist eine lineare Funktion.	☐

Das unbestimmte Integral

Das Auffinden von Stammfunktionen wird **unbestimmtes Integrieren** genannt. Dafür führt man eine neue Schreibweise ein: $\int f(x)\,dx$.

Ist F eine Stammfunktion von f, so schreibt man $F(x) + c = \int f(x)\,dx \quad (c \in \mathbb{R})$. Die im Integral vorkommende Funktion f wird als **Integrand** bezeichnet, die unabhängige Variable x als **Integrationsvariable**.

Das Integralzeichen $\int$ erinnert an ein S wie Stammfunktion. Es wird im Kapitel 2 noch eine genauere Bedeutung erhalten. Der Ausdruck dx wird als Differential bezeichnet und zeigt, welche Variable die unabhängige Variable ist. Auch dieser Teil wird im Kapitel 2 klarer werden.

MERKE

Unbestimmtes Integral

Ist f eine auf einem Intervall I definierte stetige Funktion und ist F eine Stammfunktion von f,

dann gilt: $\int f(x)\,dx = F(x) + c_1$

Gilt für eine Funktion G $G(x) + c_2 = \int f(x)\,dx$, dann folgt: $F(x) - G(x) = c \quad c \in \mathbb{R}$

Das **Integrieren** ist (bis auf eine additive Integrationskonstante $c \in \mathbb{R}$) die **Umkehrung** zum **Differenzieren**.

Anmerkung: Der Zusammenhang $F(x) + c = \int f(x)\,dx$ wird manchmal durch $F + c = \int f$ abgekürzt.
In der Tabelle werden nun einige Regeln für das Finden von Stammfunktionen (Integrieren) angegeben. Diese Regeln werden durch Differenzieren bewiesen.

Integrationsregeln

	Funktion	unbestimmtes Integral	Beweis
1	$f(x) = r \ (r \in \mathbb{R})$	$F(x) = \int r\,dx = rx + c$	$F'(x) = r$
2	$f(x) = x^r \ (r \in \mathbb{R}\backslash\{-1\})$	$F(x) = \int x^r\,dx = \frac{x^{r+1}}{r+1} + c$	$F'(x) = (r+1)\frac{x^r}{r+1} = x^r$
3	$f(x) = x^{-1}$	$F(x) = \int x^{-1}\,dx = \ln\lvert x\rvert + c$	$F'(x) = x^{-1}$
4	$f(x) = \sin(x)$	$F(x) = \int \sin(x)\,dx = -\cos(x) + c$	$F'(x) = -(-\sin(x)) = \sin(x)$
5	$f(x) = \cos(x)$	$F(x) = \int \cos(x)\,dx = \sin(x) + c$	$F'(x) = \cos(x)$
6	$f(x) = e^x$	$F(x) = \int e^x\,dx = e^x + c$	$F'(x) = e^x$
7	$f(x) = a^x \ (a \in \mathbb{R}^+\backslash\{1\})$	$F(x) = \int a^x\,dx = \frac{a^x}{\ln(a)} + c$	$F'(x) = \frac{a^x}{\ln(a)} \cdot \ln(a) = a^x$

TECHNO-LOGIE

Technologie Anleitung Das unbestimmte Integral p53h75

Berechnung eines unbestimmten Integrals einer Funktion f

Geogebra:	Integral(f,x)	Beispiel: Integral(3x + 5,x)	$\frac{3}{2}x^2 + 5x$
TINspire:	Integral(f,x) oder Menü 4 3	Beispiel: Integral(3x + 5,x)	$\frac{3x^2}{2} + 5x$

MUSTER

8. a) Berechne: $\int x^{\frac{3}{8}}\,dx$ **b)** Bestimme eine Stammfunktion von f mit $f(x) = 5$.

a) Durch Anwendung von Regel 2 erhält man: $\int x^{\frac{3}{8}}\,dx = \frac{x^{\frac{11}{8}}}{\frac{11}{8}} + c = \frac{8 \cdot x^{\frac{11}{8}}}{11} + c$

b) Eine Stammfunktion von f erhält man durch Integrieren: $F(x) = \int 5\,dx = 5x + c$

9. Gib eine Stammfunktion von f an.

a) $f(x) = -3$ **b)** $f(x) = -12$ **c)** $f(x) = x^4$ **d)** $f(x) = x^{-12}$ **e)** $f(x) = x^{-133}$ **f)** $f(x) = x^{23}$ **g)** $f(x) = x^{25}$ **h)** $f(x) = x$

10. Berechne und kontrolliere durch Differenzieren.

a) $\int x^{\frac{2}{5}}dx$ **b)** $\int x^{\frac{3}{4}}dx$ **c)** $\int x^{-\frac{2}{3}}dx$ **d)** $\int x^{-\frac{4}{5}}dx$ **e)** $\int x^{\frac{1}{6}}dx$ **f)** $\int x^{\frac{-2}{5}}dx$ **g)** $\int x^{-1}dx$ **h)** $\int x^{\frac{13}{9}}dx$

Weitere Integrationsregeln

In Lösungswege 7 wurden für das Differenzieren die Summen- und Differenzenregel sowie die Regel vom konstanten Faktor und die Konstantenregel eingeführt. Entsprechende Regeln gibt es auch in der Integralrechnung.

MERKE

Weitere Integrationsregeln

Gegeben sind zwei Funktionen f und g und zwei Stammfunktionen F und G (von f und g), k sei eine reelle Zahl ($\neq 0$). Es gelten folgende Regeln:

Summen- und Differenzenregel $\int(f(x) \pm g(x))\,dx = \int f(x)\,dx \pm \int g(x)\,dx = F(x) \pm G(x)$

Regel vom konstanten Faktor $\int k \cdot f(x)\,dx = k \cdot \int f(x)\,dx = k \cdot F(x)$

Konstantenregel $\int f(k \cdot x)\,dx = \frac{1}{k} \cdot F(k \cdot x)$

Beweis der Summen- und Differenzenregel: Diese Regel wird durch Differenzieren bewiesen:

$(F \pm G)' = F' \pm G' = f \pm g$

Die anderen beiden Regeln sind Thema in Aufgabe 15.

MUSTER

11. Berechne eine Stammfunktion von f mit $f(x) = -3x^3 + 2x^2 - 5x$ und erkläre, welche Regeln verwendet wurden.

Um diese Funktion zu integrieren, werden die Summenregel, die Differenzenregel und die Regel vom konstanten Faktor verwendet:

$$F(x) = \int(-3x^3 + 2x^2 - 5x)\,dx \overset{\text{Summenregel, Differenzenregel}}{=} \int -3x^3\,dx + \int 2x^2\,dx - \int 5x\,dx \overset{\text{Regel vom konstanten Faktor}}{=}$$

$$-3 \cdot \int x^3\,dx + 2 \cdot \int x^2\,dx - 5 \cdot \int x\,dx = \frac{-3x^4}{4} + \frac{2x^3}{3} - \frac{5x^2}{2} + c$$

12. Berechne drei verschiedene Stammfunktionen von f und erkläre, welche Regeln verwendet wurden. Überprüfe die Rechnung mittels Differenzieren.

a) $f(x) = x^4 + x^3 + 4$

b) $f(x) = x^4 - x^2 - x - 1$

c) $f(x) = -\frac{2}{3}x^3 + \frac{1}{5}x^5 + x$

d) $f(x) = -\frac{6}{5}x^6 + \frac{4}{3}x^4 - 2x + 3$

e) $f(x) = 2x^5 + 3x^4 - 2x + 15$

f) $f(x) = -\frac{7}{3}x^7 + \frac{1}{5}x^4 - \frac{2}{3}x$

13. Berechne eine Stammfunktion von f und erkläre, welche Regeln verwendet wurden.

a) $f(x) = -12x^{-3} + 2x^{-1} - 5$

b) $f(x) = 2x^{\frac{1}{2}} + 2x^{-1} - 5$

c) $f(x) = -x^{-5} + 2x^{-4} - 2x$

d) $f(x) = -7x^{-\frac{1}{3}} + 2x^{\frac{-2}{5}} - x$

AN-R 4.2 **M**

14. Vervollständige den Satz so, dass er mathematisch korrekt ist.

Eine Stammfunktion von ____(1)____ ist ____(2)____.

(1)	
$f(x) = x^2 - 5x + 3$	☐
$f(x) = \frac{1}{3} \cdot (x^2 - 5x + 3)$	☐
$f(x) = \frac{1}{3} \cdot x^2 - 5x + 3$	☐

(2)	
$F(x) = \frac{1}{3} \cdot \left(\frac{1}{3}x^3 - \frac{5}{2}x^2 + 3x\right) + c$	☐
$F(x) = \frac{1}{3} \cdot x^3 - \frac{5}{2}x^2 + 3$	☐
$F(x) = \frac{1}{3}x^3 - 5x^2 + 3x + c$	☐

15. Beweise die Konstantenregel und die Regel vom konstanten Faktor mittels Differenzieren.

MUSTER

16. Berechne $\int(-2 \cdot e^{-5x} + 2 \cdot \sin(3x))\,dx$.

$$\int(-2e^{-5x} + 2 \cdot \sin(3x))\,dx = -2 \cdot \int e^{-5x}\,dx + 2 \cdot \int \sin(3x)\,dx =$$

$$= 2 \cdot \frac{1}{5}e^{-5x} + 2 \cdot \frac{1}{3} \cdot (-\cos(3x)) = \frac{2}{5}e^{-5x} - \frac{2}{3} \cdot \cos(3x) + c$$

17. Berechne und gib an, welche Regeln verwendet wurden.

a) $\int(-3 \cdot e^{4x})\,dx$ **c)** $\int(5 \cdot e^{-12x})\,dx$ **e)** $\int\left(-\frac{3}{4} \cdot e^{3x}\right)dx$

b) $\int(2 \cdot e^{-8x})\,dx$ **d)** $\int\left(\frac{2}{3} \cdot e^{-x}\right)dx$ **f)** $\int(5 \cdot e^{-11x})\,dx$

18. Berechne und gib an, welche Regeln verwendet wurden.

a) $\int(-2 \cdot \cos(3x))\,dx$ **c)** $\int(12 \cdot \cos(2x))\,dx$ **e)** $\int(8 \cdot \sin(6x))\,dx$

b) $\int(5 \cdot \cos(7x))\,dx$ **d)** $\int(6 \cdot \sin(2x))\,dx$ **f)** $\int(-6 \cdot \sin(3x))\,dx$

19. Ermittle das unbestimmte Integral ($a, b \in \mathbb{R}\setminus\{0\}$).

a) $\int(-3 \cdot e^{-2x} + 4 \cdot \sin(2x))\,dx$ **c)** $\int(a \cdot e^{-ax} + b \cdot \sin(bx))\,dx$

b) $\int(3 \cdot e^{-2x} + 5 \cdot \cos(3x))\,dx$ **d)** $\int(-2a \cdot e^{-2ax} + 2 \cdot \cos(bx))\,dx$

AN-R 4.2 **M**

20. Kreuze jene Funktion f an, für die gilt $F(x) = \frac{1}{k} \cdot f(x)$, wobei F eine Stammfunktion von f ist ($k \in \mathbb{R}\setminus\{0\}$).

A	B	C	D	E	F
$f(x) = k \cdot e^x$	$f(x) = \sin(kx)$	$f(x) = \cos(kx)$	$f(x) = kx$	$f(x) = e^{k \cdot x}$	$f(x) = k$
☐	☐	☐	☐	☐	☐

21. Berechne das unbestimmte Integral ($a, b, u \in \mathbb{R}\setminus\{0\}$).

a) $\int(3t - 4)\,dt$ **c)** $\int(3a - t)\,dt$ **e)** $\int(-2b + 3v - 4)\,dv$

b) $\int(3c^2 - 4c + 1)\,dc$ **d)** $\int(3o^3 - 4o)\,do$ **f)** $\int(2u - 1)\,ds$

22. 1) Zeige die Gültigkeit der Regel $\int\frac{f'(x)}{\sqrt{f(x)}} = 2 \cdot \sqrt{f(x)}$ durch Differenzieren.

2) Wende die Regel aus 1) an, um das folgende Integral zu berechnen: $\int\frac{2x - 4}{\sqrt{x^2 - 4x}}\,dx$

23. Gib an, ob folgende Aussage stimmt und begründe die Entscheidung.

a) Jede Stammfunktion einer linearen Funktion ist eine lineare Funktion.
b) Jede Stammfunktion einer konstanten Funktion f mit $f(x) = c$ ($c \in \mathbb{R}\backslash\{0\}$) ist linear.
c) Jede Stammfunktion der Funktion f mit $f(x) = 0$ ist konstant.
d) Jede Stammfunktion einer Potenzfunktion ist eine Potenzfunktion.
e) Jede Stammfunktion einer Potenzfunktion mit positiven Exponenten ist eine Potenzfunktion.
f) Jede Stammfunktion einer rationalen Funktion ist eine rationale Funktion.

AN-R 4.2 **M**

24. Gegeben sind zwei Funktionen f und g, zwei Stammfunktionen F und G (von f und g) sowie eine positive reelle Zahl k. Kreuze die beiden zutreffenden Aussagen an.

A	$F - G$ ist eine Stammfunktion von $f - g$.	☐
B	$k \cdot F$ ist eine Stammfunktion von $k \cdot f$.	☐
C	G ist eine Stammfunktion von $g + k$.	☐
D	$G \cdot F$ ist eine Stammfunktion von $g \cdot f$.	☐
E	$k \cdot F(x)$ ist eine Stammfunktion von $f(k \cdot x)$.	☐

Auffinden einer speziellen Stammfunktion

MUSTER

25. Die Geschwindigkeit eines Rennwagens bei einem Rennen lässt sich durch die Funktion v mit $v(t) = 0{,}5\,t^2$ (v in m/s, t in Sekunden) beschreiben. Beim Start befindet sich der Wagen 10 m hinter der Startlinie. Bestimme die Zeit-Ort-Funktion s, wenn die Startlinie als Bezugspunkt angenommen wird.

Um eine Zeit-Ort-Funktion zu erhalten, muss eine Stammfunktion von v bestimmt werden. Diese erhält man mittels Integration. Es gilt:

$$s(t) = \int (0{,}5\,t^2)\,dt = \frac{0{,}5\,t^3}{3} + c$$

Um die zutreffende Stammfunktion zu finden, wird die Bedingung $s(0) = -10$ (da sich der Wagen zu Beginn 10 m hinter der Startlinie befindet) verwendet. Dadurch kann der Parameter c bestimmt werden: $s(0) = c = -10 \quad \Rightarrow \quad s(t) = \frac{0{,}5\,t^3}{3} - 10$

26. Die Geschwindigkeit eines Rennwagens bei einem Rennen lässt sich durch die Funktion v (v in m/s, t in Sekunden) beschreiben. Beim Start befindet sich der Wagen a Meter hinter der Startlinie. Bestimme die Zeit-Ort-Funktion s, wenn die Startlinie als Bezugspunkt ($s = 0$) angenommen wird.

a) $v(t) = 10\,t;\ a = 12$ **b)** $v(t) = 0{,}4\,t^2 + 3\,t;\ a = 15$ **c)** $v(t) = 0{,}7\,t^2;\ a = 5$

27. Bestimme jene Stammfunktion F von f, welche die angegebene Bedingung erfüllt.

a) $f(x) = -x - 5;\ F(-3) = 1$
b) $f(x) = -x^2 + 3x - 2;\ F(3) = 2$
c) $f(x) = -2x^2 + x - 1;\ F(0) = 4$
d) $f(x) = -0{,}34 \cdot e^{-2x};\ F(0) = 15$
e) $f(x) = 0{,}12 \cdot e^{3x};\ F(0) = 4$
f) $f(x) = 3 \cdot \sin(4x);\ F(\pi) = 0$

Arbeitsblatt Weg – Geschwindigkeit – Beschleunigung r4g2ds

28. Gegeben ist eine Zeit-Beschleunigungsfunktion a (t in Sekunden, a in m/s²). Bestimme die Zeit-Ort-Funktion s, welche die gegebenen Bedingungen erfüllt.

a) $a(t) = 5;\ v(1) = 5;\ s(0) = 12$
b) $a(t) = 5\,t + 1;\ v(1) = 12;\ s(3) = 60$

1.2 Stammfunktionen graphisch ermitteln

KOMPETENZEN

Lernziele:

- Zusammenhänge zwischen Stammfunktion und Ableitungsfunktion erkennen können
- Stammfunktionen graphisch ermitteln bzw. zuordnen können

Grundkompetenzen für die schriftliche Reifeprüfung:

AN-R 3.1 Den Begriff „Ableitungsfunktion/Stammfunktion" kennen und zur Beschreibung von Funktionen einsetzen können

AN-R 3.2 Den Zusammenhang zwischen Funktion und Ableitungsfunktion (bzw. Funktion und Stammfunktion) in deren graphischer Darstellung (er)kennen und beschreiben können

AN-R 3.3 Eigenschaften von Funktionen mit Hilfe der Ableitung(sfunktion) beschreiben können: Monotonie, lokale Extrema, Links- und Rechtskrümmung, Wendestellen

VORWISSEN

MERKE

Differentialrechnung bei stetigen Funktionen – Überblick

- Der **Differentialquotient (die erste Ableitung)** von f an der Stelle x ist die **momentane Änderungsrate** von f an der Stelle x oder (geometrisch interpretiert) die **Steigung der Tangente** im Punkt $P = (x \mid f(x))$.
- Ist $f'(p) = 0$ und $f''(p) < 0$, dann ist p eine lokale **Maximumstelle** von f.
- Ist $f'(p) = 0$ und $f''(p) > 0$, dann ist p eine lokale **Minimumstelle** von f.
- Ist $f''(p) = 0$ und ändert f an der Stelle p ihr Krümmungsverhalten, dann ist p eine **Wendestelle** von f.
- Ist $f'(p) = 0$ und findet an dieser Stelle kein Monotoniewechsel statt, dann nennt man p eine **Sattelstelle** (Terrassenstelle) von f.

Technologie Anleitung Lösen der Aufgabe mit Technologie c9u7pj

29. Gegeben ist eine Polynomfunktion f.
Berechne die Extrem- und Wendestellen, gib die Art der Extremstellen an und bestimme das Monotonie- und Krümmungsverhalten von f.

a) $f(x) = \frac{1}{3}x^3 + x^2 - 3x + 1$
b) $f(x) = \frac{1}{15}x^3 + \frac{1}{2}x^2 - \frac{36}{5}x$
c) $f(x) = \frac{5}{2}x^4 - 5x^2$
d) $f(x) = \frac{1}{4}x^4 - 12{,}5x^2 + 5$

30. Bestimme die Funktionsgleichung der Tangente von f an der Stelle p.

a) $f(x) = -2x^2 + 3x - 4;\ p = -5$
b) $f(x) = 3x^2 + x - 1;\ p = -2$
c) $f(x) = x^3 + 3x^2 - 2x + 1;\ p = -2$
d) $f(x) = -x^3 - 2x^2 + 4x;\ p = 5$

AN-R 3.3 M

31. Gegeben ist der Graph einer Polynomfunktion f dritten Grades.
Kreuze die zutreffende(n) Aussage(n) an.

A	f′ besitzt zwei Nullstellen.	☐
B	$f'(x) < 0$ für alle $x \in [2; 3]$.	☐
C	f″ ist eine lineare Funktion.	☐
D	$f''(4) > 0$	☐
E	$f''(1) > 0$	☐

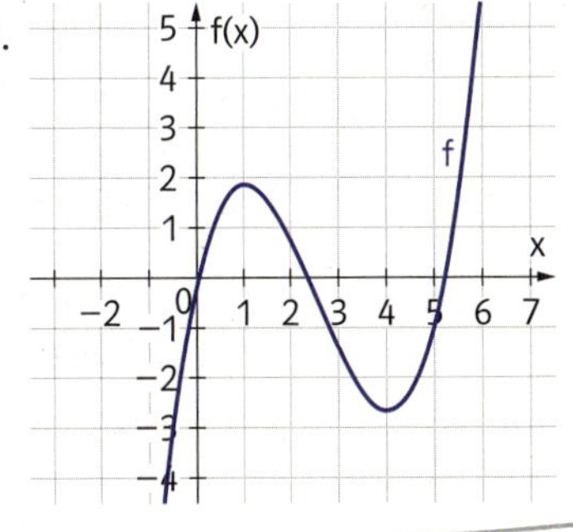

AN-R 3.2 M

32. Gegeben ist der Graph der ersten Ableitung einer Polynomfunktion f dritten Grades. Kreuze die zutreffende(n) Aussage(n) an.

A	f besitzt eine Wendestelle.	☐
B	f besitzt an der Stelle 3 eine lokale Minimumstelle.	☐
C	f ist für $x > 4$ positiv gekrümmt.	☐
D	f besitzt an der Stelle 3,5 eine Minimumstelle.	☐
E	f ist für $x < 3$ streng monoton steigend.	☐

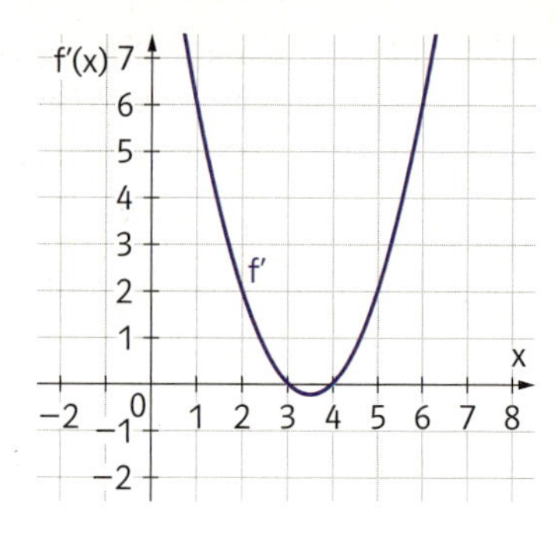

Arbeitsblatt Graphisches Differenzieren g463vz

33. Gegeben ist der Graph der Funktion f. Skizziere den Graphen der Ableitungsfunktion von f.

a)

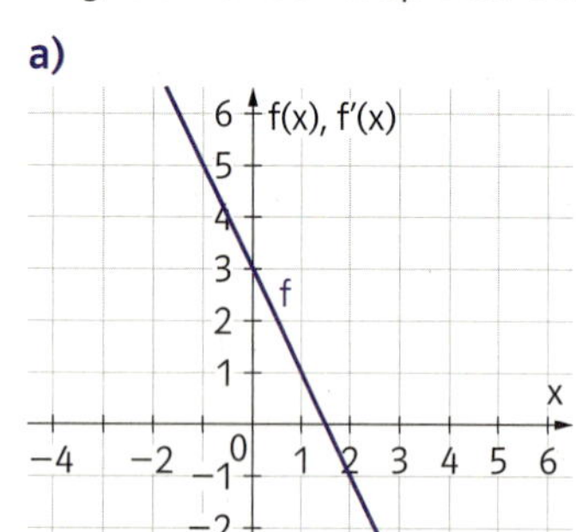

b)

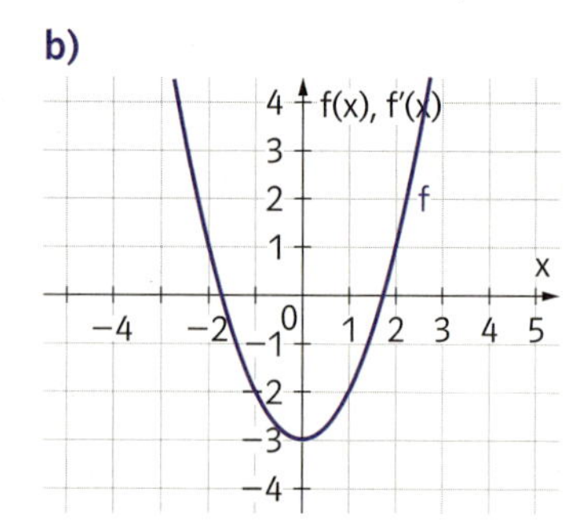

c)

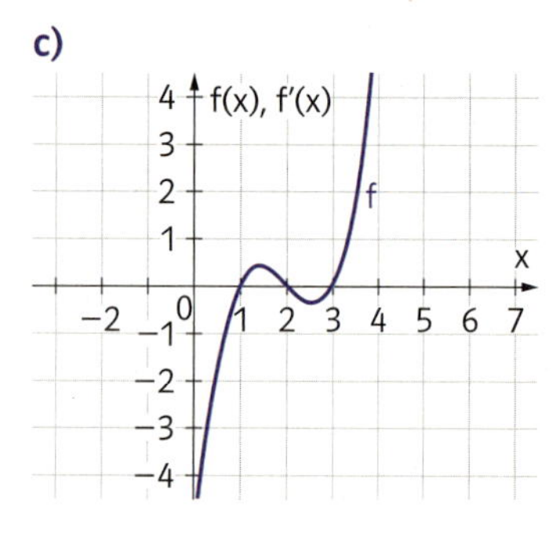

Stammfunktionen graphisch ermitteln

Technologie Darstellung Stammfunktionen graphisch ermitteln 29a6e7

In der nebenstehenden Abbildung ist der Graph der Funktion f mit $f(x) = \frac{1}{5} \cdot (x^2 - x - 6)$ dargestellt. Im Folgenden wird gezeigt, wie man eine Stammfunktion graphisch ermitteln kann:

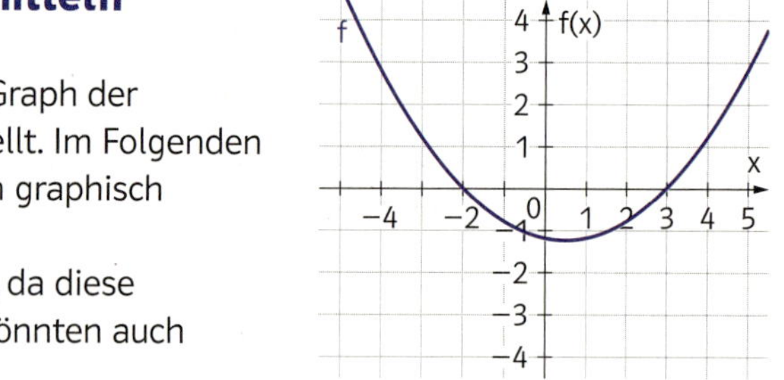

1. Es werden die Nullstellen von f gesucht, da diese mögliche Extremstellen von F sind (es könnten auch Sattelstellen sein).
2. Es werden die lokalen Extremstellen von f gesucht, da diese mögliche Wendestellen von F sind.
3. Besitzt f in einem Intervall positive Funktionswerte, dann muss der Graph von F in diesem Intervall streng monoton steigend sein, besitzt f in einem Intervall negative Funktionswerte, dann muss der Graph von F in diesem Intervall streng monoton fallend sein.
   Es muss nun der Graph einer Funktion gefunden werden, der alle genannten Punkte erfüllt.

In nebenstehender Abbildung ist eine mögliche Stammfunktion F_1 nach obiger Methode ermittelt worden. Wie in 1.1 erarbeitet, gibt es aber unendlich viele Stammfunktionen von f. Würde man diese mittels Integral berechnen, erhält man:

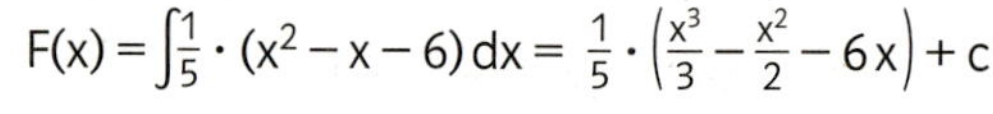

$$F(x) = \int \frac{1}{5} \cdot (x^2 - x - 6)\,dx = \frac{1}{5} \cdot \left(\frac{x^3}{3} - \frac{x^2}{2} - 6x\right) + c$$

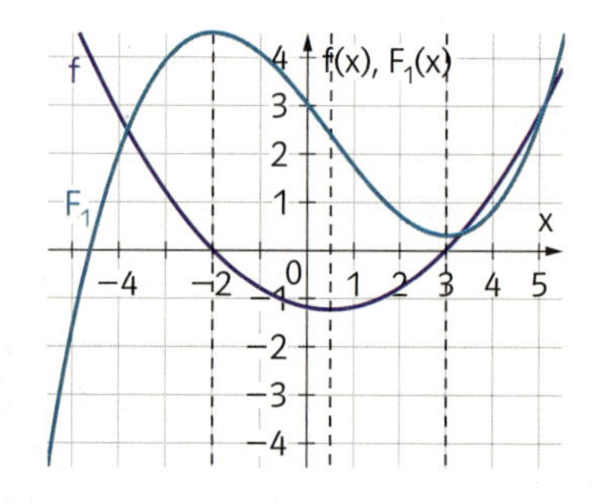

Geometrisch gesehen bedeutet das, dass man die anderen Stammfunktionen durch Verschiebung des Graphen von F_1 entlang der y-Achse erhält.
In nebenstehender Abbildung sind weitere Stammfunktionen von f eingezeichnet.

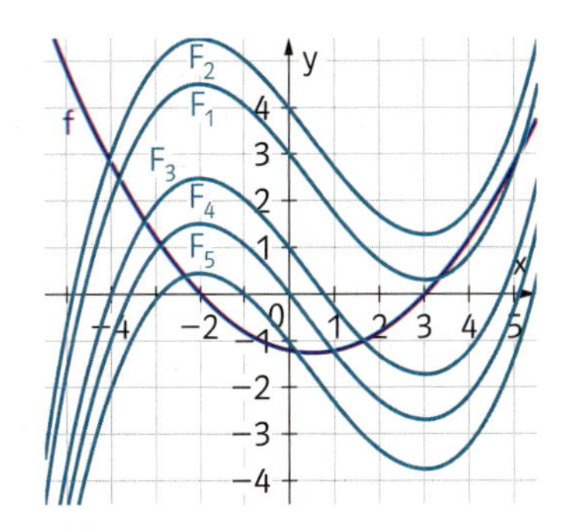

AN-R 3.2 **M**

Arbeitsblatt Stammfunktionen graphisch ermitteln 62g7fs

34. Gegeben ist der Graph einer Polynomfunktion f. Skizziere die Graphen dreier Stammfunktionen von f.

a)

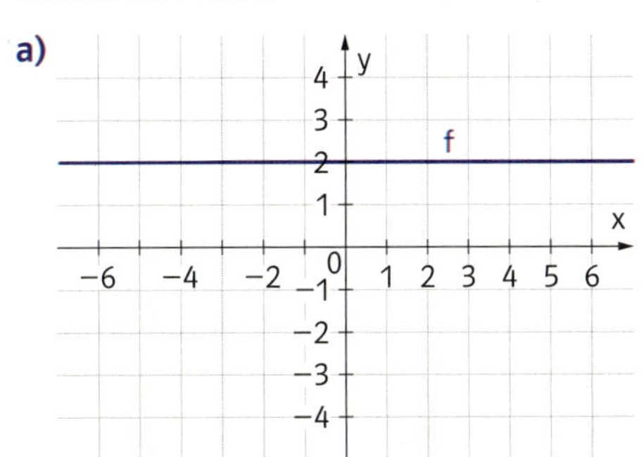

d)

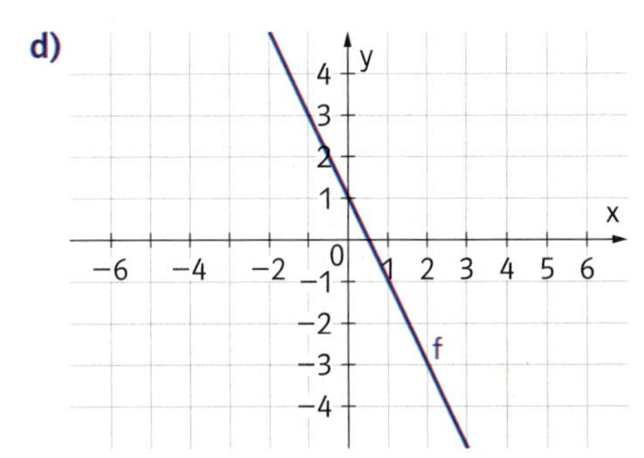

b)

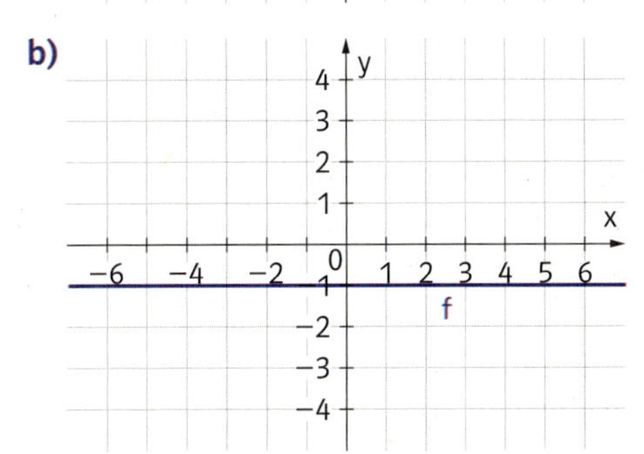

e)

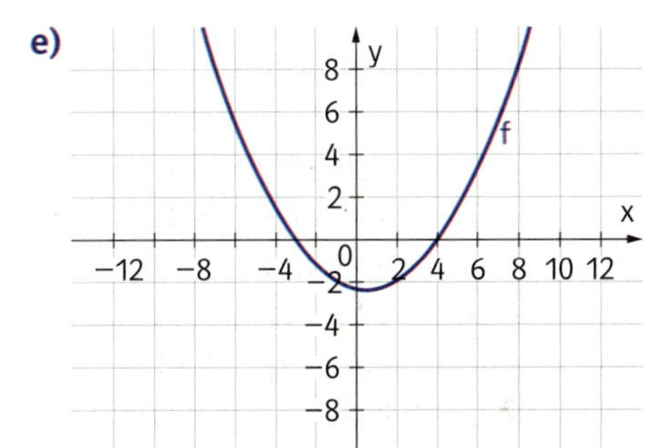

c)

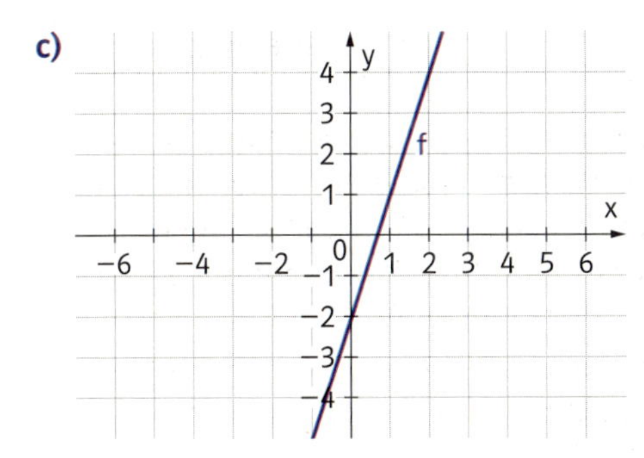

f)

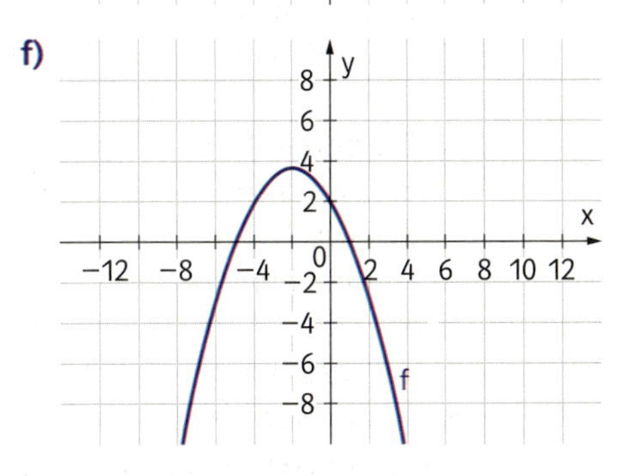

35. Gegeben sind eine Polynomfunktion f und drei verschiedene Stammfunktionen F, G, H von f. Gib an, ob die Aussage richtig oder falsch ist und begründe die Entscheidung.

a) F, G und H besitzen an jeder Stelle p die gleiche Steigung.
b) F, G und H besitzen dieselben Extrempunkte.
c) F, G und H besitzen dieselben Wendestellen.
d) G entsteht durch Verschiebung des Graphen von f entlang der y-Achse.

AN-R 3.2 **M**

36. Gegeben ist der Graph einer Funktion f. Zeichne die Graphen zweier weiterer Funktionen ($\neq$ f), die dieselbe Ableitungsfunktion wie f besitzen.

a) **b)**

AN-R 3.2 **M**

Arbeitsblatt Stammfunktionen – Maturaformate 9dy8sn

37. Gegeben ist der Graph einer quadratischen Funktion f.
Kreuze den (die) Graphen der Stammfunktion(en) von f an.

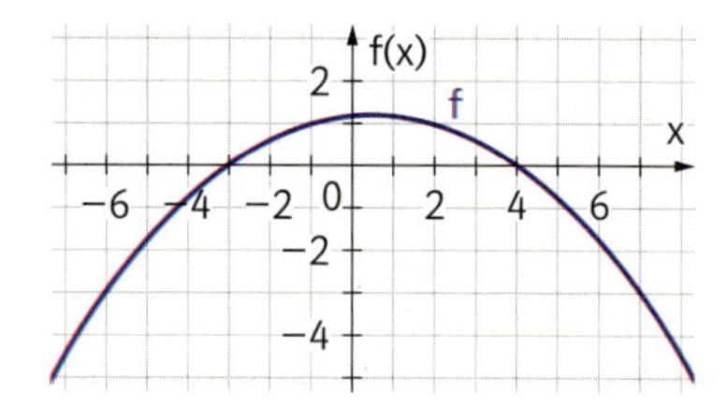

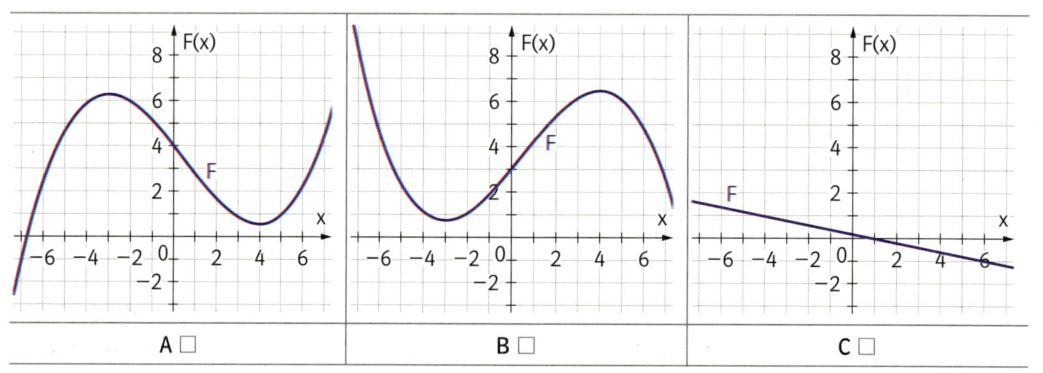

A ☐ B ☐ C ☐

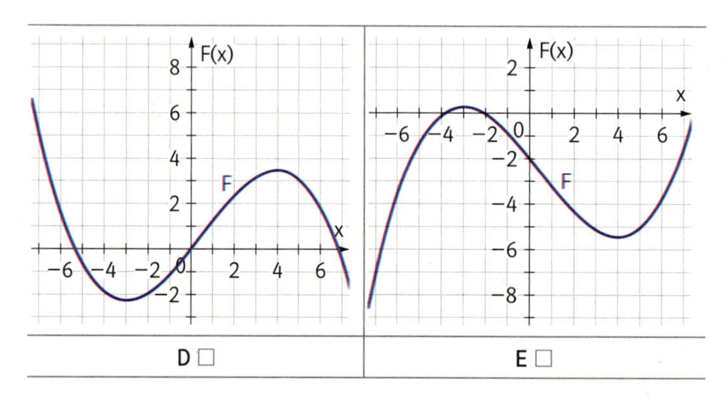

D ☐ E ☐

38. Gegeben sind eine Polynomfunktion f und eine Stammfunktion F von f.
Gib an, ob die Aussage richtig oder falsch ist und stelle sie – wenn nötig – richtig.

a) Besitzt f an der Stelle x eine Nullstelle, dann besitzt F an der Stelle x eine Extremstelle.
b) Besitzt f an der Stelle x eine Maximumstelle, dann besitzt F an der Stelle x eine Nullstelle.
c) Besitzt f in einem Intervall [a; b] nur positive Funktionswerte, dann besitzt auch F in diesem Intervall nur positive Funktionswerte.
d) Ist f eine konstante Funktion, dann ist F sicher keine konstante Funktion.

1.3 Weitere Integrationsregeln

KOMPETENZEN

Lernziele:

- Die Substitutionsmethode anwenden können
- Die partielle Integration anwenden können

VORWISSEN

In Lösungswege 7 wurden die Produktregel und die Kettenregel erarbeitet. Ähnliche Regeln benötigt man auch, um komplexere Integrale zu berechnen.

MERKE

Die Produktregel und die Kettenregel

Produktregel: $f(x) = g(x) \cdot h(x) \Rightarrow f'(x) = g'(x) \cdot h(x) + g(x) \cdot h'(x)$

Kettenregel: $f(x) = g(h(x)) \Rightarrow f'(x) = g'(h(x)) \cdot h'(x)$
(„äußere Ableitung mal innere Ableitung")

39. Berechne die erste Ableitung von f mit der Produktregel.

a) $f(x) = (x-5) \cdot (2x+3)$
b) $f(x) = (2x+3) \cdot (1-5x)$
c) $f(x) = (x^2-3) \cdot \cos(x)$
d) $f(x) = (3x-5) \cdot \sin(x)$

40. Berechne die erste Ableitung von f mit der Kettenregel.

a) $f(x) = (3x^2-3)^{12}$
b) $f(x) = (2-6x^2)^{10}$
c) $f(x) = \cos(3x^2-5x)$
d) $f(x) = \sin(2x^2-5)$

Substitutionsmethode

Viele Integrale lassen sich durch die bekannten Regeln nicht berechnen. Oft hilft eine geeignete Substitution (Ersetzung). Den Beweis der Substitutionsmethode findet man auf Seite 280.

MERKE

Die Substitutionsmethode

Ist f stetig und ist g differenzierbar, dann ist folgende Substitution möglich:

$x = g(u)$ bzw. $dx = g'(u)\,du \Rightarrow \int f(x)\,dx = \int f(g(u)) \cdot g'(u)\,du$

MUSTER

41. Berechne durch Substitution. $\int (7x-12)^{12}\,dx$

Um „einfacher" integrieren zu können, setzt man $u = 7x - 12$. Um auch dx zu substituieren, wird folgender Trick angewendet: $u' = \frac{du}{dx} = 7 \Rightarrow dx = \frac{1}{7} \cdot du$

Durch Einsetzen erhält man: $\int (7x-12)^{12}\,dx = \int u^{12} \cdot \frac{1}{7}\,du = \frac{1}{7} \cdot \frac{u^{13}}{13} + c$

Setzt man nun wieder $u = 7x - 12$, erhält man $\int (7x-12)^{12}\,dx = \frac{(7x-12)^{13}}{91} + c$

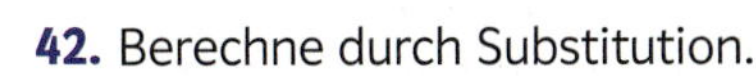

42. Berechne durch Substitution.

Arbeitsblatt
Substitution
i2k5xg

a) $\int (3x-1)^8\,dx$
b) $\int (2-5x)^{19}\,dx$
c) $\int (3-x)^5\,dx$
d) $\int (4x-8)^{22}\,dx$
e) $\int (1-12x)^{23}\,dx$
f) $\int \frac{1}{2x-4}\,dx$
g) $\int \frac{1}{1-4x}\,dx$
h) $\int \frac{1}{3-5x}\,dx$
i) $\int \frac{1}{(2x-3)^{12}}\,dx$

Partielle Integration

So wie es die Produktregel beim Differenzieren gibt, gibt es auch eine entsprechende Regel beim Integrieren, mit der sich manche Integrale berechnen lassen. Die Methode wird partielle Integration genannt und kann mit der Produktregel bewiesen werden.

MERKE

Vertiefung
Beweis partielle Integration jh2sz8

Partielle Integration

Sind f und g zwei Funktionen, F eine Stammfunktion von f und g′ die Ableitungsfunktion von g, dann gilt:

$$\int f(x) \cdot g(x)\,dx = F(x) \cdot g(x) - \int F(x) \cdot g'(x)\,dx$$

MUSTER

43. Berechne $\int x \cdot \ln(x)\,dx$.

Es wird folgende Zuordnung gewählt: $f(x) = x \quad g(x) = \ln(x) \quad \Rightarrow \quad F(x) = \frac{x^2}{2} \quad g'(x) = \frac{1}{x}$

Durch Anwendung obiger Regel erhält man:

$$\int x \cdot \ln(x)\,dx = \frac{x^2}{2} \cdot \ln(x) - \int \frac{x^2}{2} \cdot \frac{1}{x}\,dx = \frac{x^2}{2} \cdot \ln(x) - \int \frac{x}{2}\,dx = \frac{x^2}{2} \cdot \ln(x) - \frac{x^2}{4} + c$$

TIPP → Überlege, welcher Faktor durch Ableiten einfacher wird.

Arbeitsblatt
Partielle Integration j4i6bd

44. Berechne das unbestimmte Integral.

a) $\int 5x \cdot \ln(2x)\,dx$ **c)** $\int x \cdot \sin(2x)\,dx$ **e)** $\int 3x \cdot \sin(4x)\,dx$

b) $\int 3x \cdot \ln(4x)\,dx$ **d)** $\int x \cdot \cos(2x)\,dx$ **f)** $\int 6x \cdot \cos(2x)\,dx$

ZUSAMMENFASSUNG

Stammfunktionen – das unbestimmte Integral

Sind f und F zwei beliebige Funktionen mit derselben Definitionsmenge D, dann nennt man F **Stammfunktion** von f, wenn gilt: $F'(x) = f(x)$ für alle $x \in D$ bzw. $F(x) + c = \int f(x)\,dx \quad (c \in \mathbb{R})$

Ist die Definitionsmenge D von f ein Intervall (D kann auch ganz $\mathbb{R}$ sein) und sind F und G zwei Stammfunktionen von f, dann unterscheiden sich F und G nur durch eine reelle Konstante c. Es gilt:

$F(x) - G(x) = c$

Das Finden einer Stammfunktion wird auch **unbestimmtes Integrieren** genannt.
Das unbestimmte **Integrieren** ist (bis auf eine additive **Integrationskonstante** $c \in \mathbb{R}$) die **Umkehrung** zum **Differenzieren**.

Weitere Integrationsregeln

Sind f und g zwei auf einem Intervall definierte Funktionen und F und G zwei Stammfunktionen von f bzw. g, k eine reelle Zahl (≠ 0), dann gilt:

Summen- und Differenzenregel: $\int (f(x) \pm g(x))\,dx = \int f(x)\,dx \pm \int g(x)\,dx = F(x) \pm G(x)$

Regel vom konstanten Faktor: $\int k \cdot f(x)\,dx = k \cdot \int f(x)\,dx = k \cdot F(x)$

Konstantenregel: $\int f(k \cdot x)\,dx = \frac{1}{k} \cdot F(k \cdot x)$

Substitutionsregel: $x = g(u)$ bzw. $dx = g'(u)\,du \quad \Rightarrow \quad \int f(x)\,dx = \int f(g(u)) \cdot g'(u)\,du$

Partielle Integration: $\int f(x) \cdot g(x)\,dx = F(x) \cdot g(x) - \int F(x) \cdot g'(x)\,dx$

TRAINING

Vernetzung – Typ-2-Aufgaben

Typ 2 **M**

45. In einem elektrischen Stromkreis transportieren (meist) Elektronen Energie zu einem Gerät, um dieses in Betrieb zu setzen. Elektronen sind elektrisch geladen. Die elektrische Ladung Q eines Körpers wird in Coulomb (C) gemessen. Die momentane Änderungsrate der elektrischen Ladung bezüglich der Zeit t (in Sekunden) bezeichnet man als elektrische Stromstärke I (in Ampere). Sie gibt an, wie viel Ladung pro Sekunde an dem Punkt des Leiters, an dem gemessen wird, vorbeifließt.

a) Die nebenstehende Abbildung zeigt den Graphen der Funktion I, welche die elektrische Stromstärke während des Zeitintervalls [6; 22] in einem Leiter beschreibt. Skizziere in die Abbildung den Graphen der Funktion Q der elektrischen Ladung, für die $Q(13) = 30$ gilt.

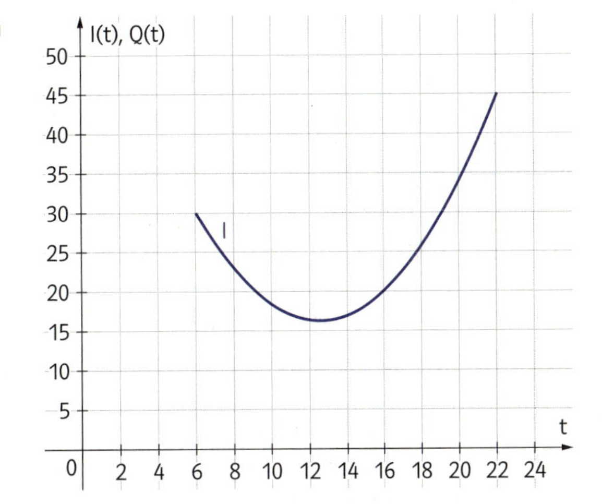

b) Die Funktion I der elektrischen Stromstärke ist in einem anderen Leiter im Zeitintervall [0; 9] durch die Funktionsgleichung
$I(t) = -\frac{1}{600} \cdot t^2 - \frac{1}{600} \cdot t + 0{,}15$ gegeben.
Bestimme eine Zeit-Ladungsfunktion für den Stromfluss der durch die Funktion I beschriebenen elektrischen Stromstärke und berechne die Ladungsmenge, die im Zeitintervall [3; 9] am Messpunkt vorbeifließt.

c) Im Folgenden sind einige Aussagen zu den Funktionsgleichungen Q(t), I(t) und I′(t) für die Ladung Q, die elektrische Stromstärke I und die momentane Änderungsrate I′ der elektrischen Stromstärke gegeben.
Kreuze die zutreffende(n) Aussage(n) an.

A	Ist die elektrische Stromstärke zum Zeitpunkt $t = 0$ gegeben, so ist die Zeit-Ladungsfunktion eindeutig festgelegt.	☐
B	Ist die Funktion für die elektrische Stromstärke konstant, so hängt die Zeit-Ladungsfunktion im Zeitintervall $[t_1; t_2]$ linear von der Zeit ab.	☐
C	Sind Q(t) und Z(t) zwei Zeit-Ladungsfunktionen, die zur elektrischen Stromstärkenfunktion I(t) gehören, so unterscheiden sich Q und Z nur durch eine Konstante.	☐
D	Die Funktion I(t) der elektrischen Stromstärke I kann aus einer gegebenen Funktion I′(t) für ihre momentane Änderungsrate I′ eindeutig bestimmt werden.	☐
E	Ist I(t) linear, so ist es auch Q(t).	☐

ÜBERPRÜFUNG

Selbstkontrolle

☐ Ich kann den Begriff Stammfunktion definieren und anwenden.

46. Gegeben ist eine Stammfunktion F einer Funktion f. Bestimme eine weitere Stammfunktion von f. $F(x) = x + 3$

AN-R 3.1 **M**

47. Gegeben sind eine Polynomfunktion f und zwei Stammfunktionen F und G von f, sowie eine positive reelle Zahl k. Kreuze die zutreffende(n) Aussage(n) an.

A	$F + G$ ist eine Stammfunktion von f.	☐
B	Es gilt $F - G = c$, wobei c eine reelle Zahl ist.	☐
C	Der Graph von F entsteht durch Verschiebung des Graphen von G entlang der y-Achse.	☐
D	$F + G$ ist eine Stammfunktion von $2 \cdot f$.	☐
E	Es gilt: $x \cdot f(x) = F(x)$	☐

☐ Ich kann eine Stammfunktion (das unbestimmte Integral) von verschiedenen Funktionen berechnen.

☐ Ich kann einfache Regeln der Integralrechnung anwenden.

48. Berechne und kontrolliere mittels Differenzieren.

a) $\int\left(\frac{x^3}{4} - \frac{3x^2}{5} + \frac{1}{3}x - 7\right)dx$

b) $\int\left(-\frac{x^4}{3} + \frac{x^2}{5} - \frac{2}{5}x + 3\right)dx$

49. Berechne das unbestimmte Integral.

a) $\int\left(-\frac{3}{x} + x^{-\frac{2}{3}}\right)dx$

b) $\int\left(\frac{2}{x} - \frac{2}{x^{\frac{1}{3}}}\right)dx$

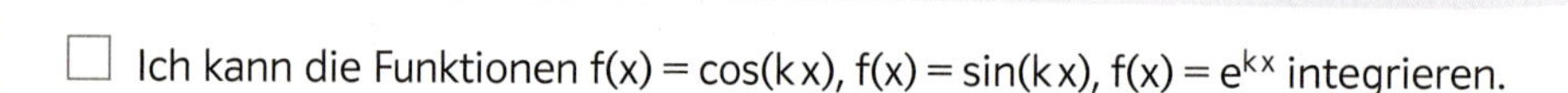

☐ Ich kann die Funktionen $f(x) = \cos(kx)$, $f(x) = \sin(kx)$, $f(x) = e^{kx}$ integrieren.

50. Berechne und kontrolliere mittels Differenzieren.

a) $\int -4 \cdot \cos(3x)\,dx$

b) $\int 3 \cdot \sin(2x)\,dx$

c) $\int -4 \cdot e^{-5x}\,dx$

AN-R 4.2 **M**

51. Gegeben sind die Funktionen f, g und h mit $f(x) = \cos(kx)$, $g(x) = \sin(kx)$, $h(x) = e^{kx}$ sowie eine positive reelle Zahl k. Kreuze die zutreffende(n) Aussage(n) an.

A	$\int g(x)\,dx = k \cdot f(x) + c,\ c \in \mathbb{R}$	☐
B	$\int f(x)\,dx = -g(x)$	☐
C	$\int h(x)\,dx = \frac{1}{k} \cdot h(x)$	☐
D	$\int h(x)\,dx = h(x)$	☐
E	$\int f(x)\,dx = \frac{1}{k} \cdot g(x)$	☐

☐ Ich kann Zusammenhänge zwischen Funktionen und Stammfunktionen erkennen.

AN-R 3.2 **M**

52. Gegeben ist der Graph einer Polynomfunktion f dritten Grades. F ist eine Stammfunktion von f. Kreuze die jedenfalls zutreffende(n) Aussage(n) an.

A	F besitzt genau zwei Nullstellen.	☐
B	F ist für $x < -5$ streng monoton steigend.	☐
C	F besitzt an der Stelle 1 eine lokale Maximumstelle.	☐
D	F besitzt zwei Wendepunkte.	☐
E	F ist für $x \in (-5; -4)$ streng monoton fallend.	☐

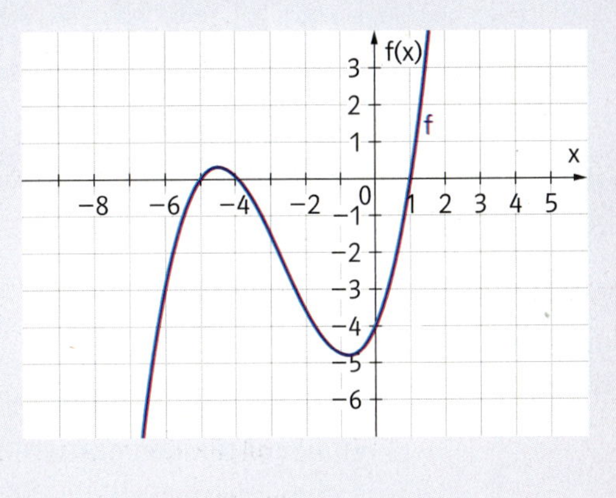

☐ Ich kann Stammfunktionen graphisch darstellen.

AN-R 3.2 **M**

53. Gegeben ist der Graph einer Polynomfunktion f. Skizziere die Graphen dreier Stammfunktionen von f.

a)

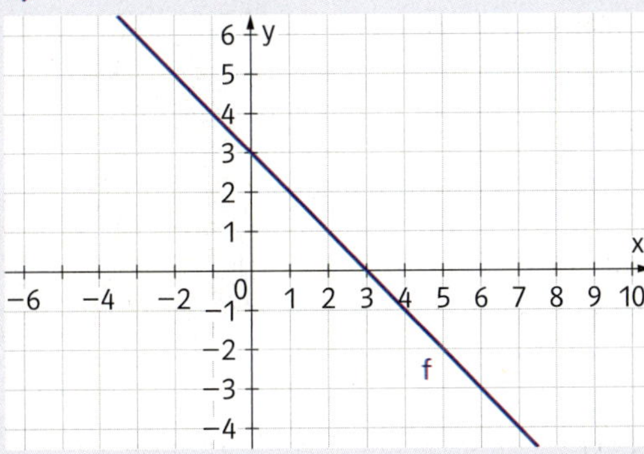

b)

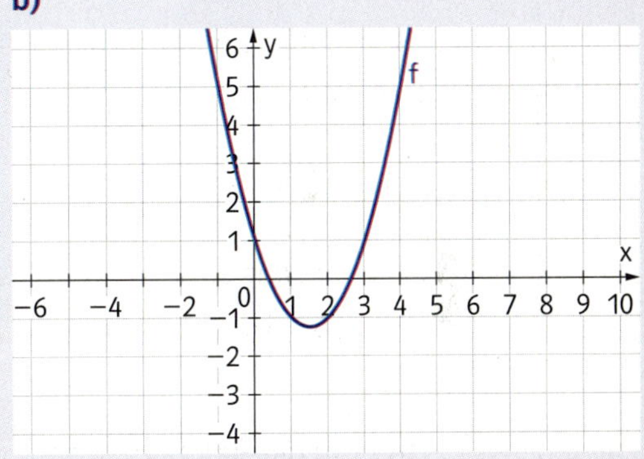

☐ Ich kann die Substitutionsmethode anwenden.

54. Löse mit der Substitutionsmethode.

a) $\int(-3x+12)^3\,dx$ **b)** $\int\frac{-12}{(3x-4)^7}\,dx$

☐ Ich kann die partielle Integration anwenden.

55. Berechne mittels partieller Integration.

$\int -4x \cdot \cos(5x)\,dx$

2 Der Hauptsatz der Differential- und Integralrechnung

Es sind besondere Momente in der Geschichte der Mathematik, wenn es gelingt, Probleme zu lösen, deren Lösung auf den ersten Blick unmöglich erscheint. Eines dieser Probleme ist die Berechnung der Flächeninhalte von Figuren, deren Begrenzungen gekrümmt sind. Man kann versuchen, die Fläche mit geometrischen Formen zu füllen, deren Flächeninhalte man berechnen kann (z.B. mit Quadraten oder Kreisen), aber das wird nicht immer vollkommen gelingen. Bestenfalls kann man eine Annäherung an den Flächeninhalt optimieren, indem man die Fläche mit immer kleineren Figuren füllt.

Das Problem:

Bestimme den Flächeninhalt dieser Figur.

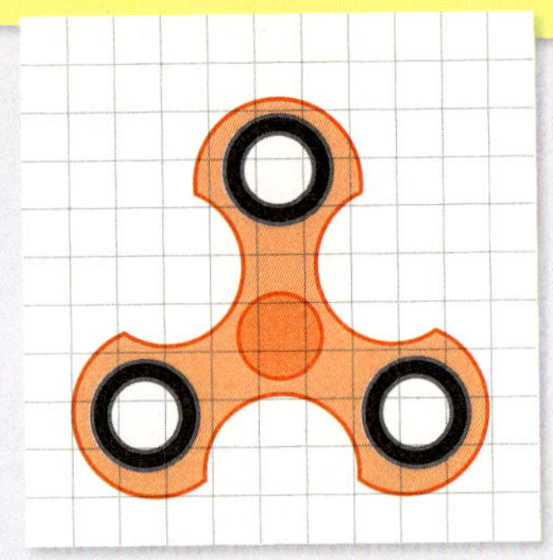

Den Mathematikern Newton und Leibniz ist es schließlich gelungen, dieses Jahrtausend-Problem zwar nicht für alle, aber für sehr viele Fälle zu lösen.

Bemerkenswert ist dabei auch, dass es zwar sehr schwierig war, die Lösung dieses Problems zu finden, das Anwenden der Lösung selbst aber verhältnismäßig einfach ist – so einfach, dass du nach Erlernen dieses Kapitels selbst die Flächeninhalte vieler solcher gekrümmten Flächen berechnen können wirst. Die Hilfe zur Lösung dieses Problems kommt dabei von recht unerwarteter Seite: den Stammfunktionen

Dieses Kapitel enthält (fast unscheinbar und ganz zum Schluss) noch eine weitere faszinierende Erkenntnis: Unendlich lange Flächen sind nicht unbedingt unendlich groß!

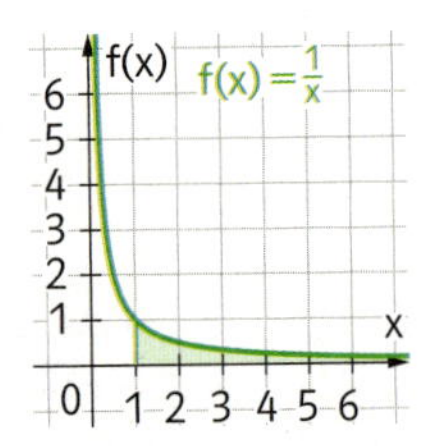

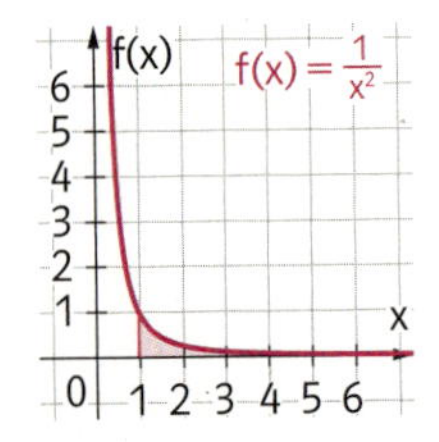

Einer der beiden Flächeninhalte dieser sich bis ins Unendliche ausdehnenden Flächen ist nicht unendlich groß. Welcher das ist, wirst du nach Erlernen dieses Kapitels selbst herausfinden und diesen Flächeninhalt selbst berechnen können.

Die mathematische Malermeisterin!

Ich kann mit nur einem Farbtopf eine unendlich große Fläche ausmalen!

2.1 Ober- und Untersummen – das bestimmte Integral

Lernziele:

- Den Flächeninhalt, den der Graph einer Funktion mit der x-Achse einschließt, näherungsweise mittels Ober- und Untersummen berechnen können
- Das bestimmte Integral definieren können

Grundkompetenzen für die schriftliche Reifeprüfung:

AN-R 4.1 Den Begriff des bestimmten Integrals als Grenzwert einer Summe von Produkten deuten und beschreiben können

AN-R 4.3 Das bestimmte Integral in verschiedenen Kontexten deuten und entsprechende Sachverhalte durch Integrale beschreiben können

Ober- und Untersummen

Flächeninhalte von Dreiecken und Vierecken können mithilfe bekannter Formeln berechnet werden. Diese Formeln erhält man durch Ergänzung der verschiedenen Figuren auf ein Rechteck.
In diesem Kapitel soll der Flächeninhalt berechnet werden, den der Graph einer Funktion mit der x-Achse einschließt. Diese Berechnung ist im Allgemeinen mit den bis jetzt bekannten Mitteln nicht möglich.

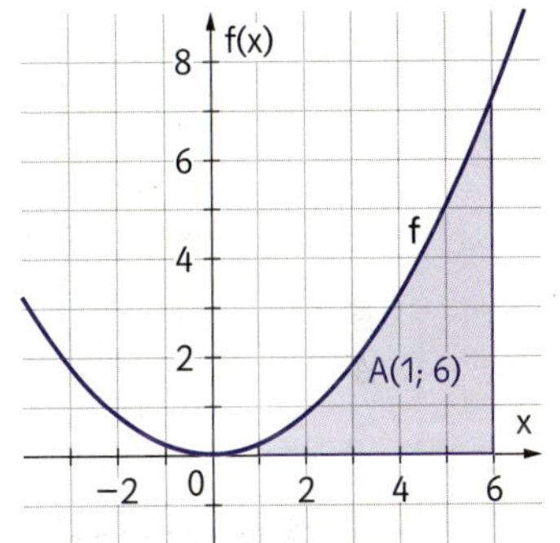

In nebenstehender Abbildung ist der Graph der Funktion f mit $f(x) = \frac{x^2}{5}$ dargestellt.

Der Flächeninhalt, den der Graph der Funktion mit der x-Achse im Intervall [1; 6] einschließt, wird im Folgenden mit A(1; 6) bezeichnet.

Um A(1; 6) annähernd berechnen zu können, könnte man der Fläche Rechtecke einschreiben. Die Summe der Flächeninhalte der Rechtecke ist dann ein Näherungswert für den tatsächlichen Flächeninhalt. In den drei unten stehenden Abbildungen sieht man, wie der Fläche 5, 10 bzw. 50 gleich breite Rechtecke eingeschrieben wurden. Berechnet man nun die Summe der Flächeninhalte der Rechtecke, so erhält man immer bessere Näherungswerte für den gesuchten Flächeninhalt A(1; 6).

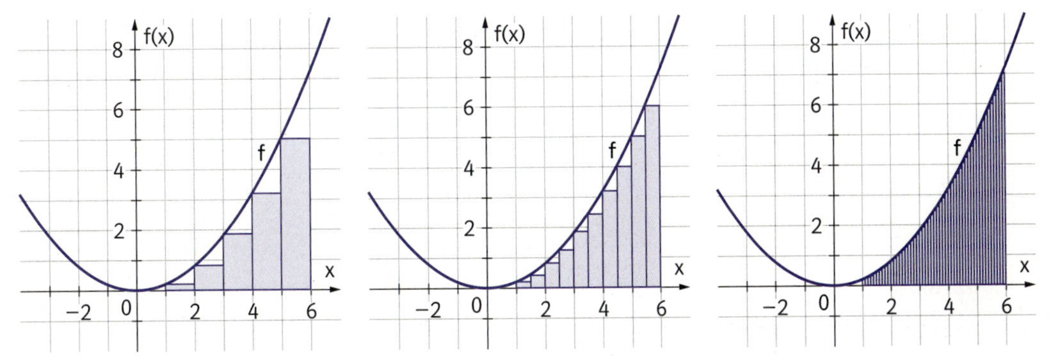

Es ist anschaulich erkennbar, dass der Näherungswert bei jedem dieser drei Beispiele kleiner als A(1; 6) ist.

Allgemein kann der Flächeninhalt mittels so genannter **Ober- und Untersummen** angenähert werden. Dazu unterteilt man das Intervall [1; 6] in n gleich große Teilintervalle der Länge $\Delta x \left(=\frac{5}{n}\right)$ und nähert die einzelnen Flächeninhalte durch Rechtecksflächen an. In den folgenden Abbildungen wird das Intervall in n gleich große Intervalle unterteilt. Die Summe der Flächeninhalte der Rechtecke in den linken Abbildungen wird Untersumme (U) genannt, die in den rechten Abbildungen wird Obersumme (O) genannt.

Untersumme U_n $n = 2 \quad \Delta x = \frac{5}{2} = 2{,}5$	**Obersumme O_n** $n = 2 \quad \Delta x = \frac{5}{2} = 2{,}5$

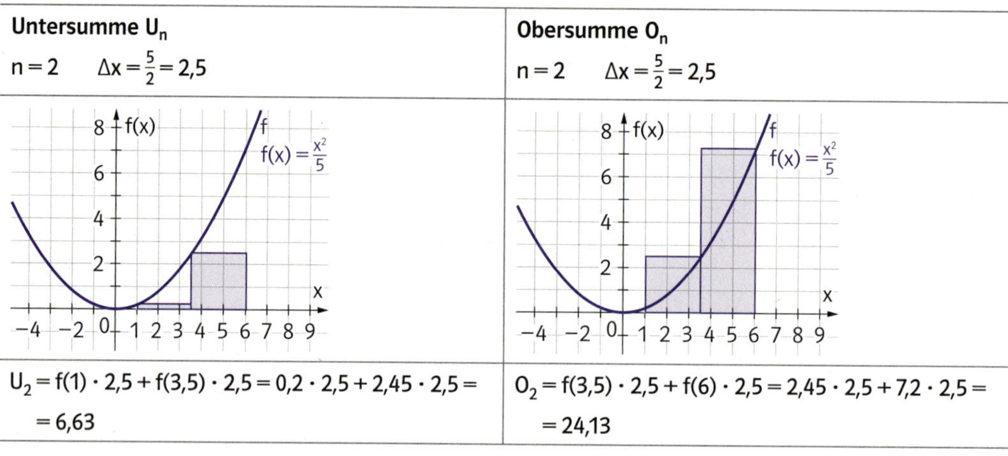

$U_2 = f(1) \cdot 2{,}5 + f(3{,}5) \cdot 2{,}5 = 0{,}2 \cdot 2{,}5 + 2{,}45 \cdot 2{,}5 =$ $= 6{,}63$	$O_2 = f(3{,}5) \cdot 2{,}5 + f(6) \cdot 2{,}5 = 2{,}45 \cdot 2{,}5 + 7{,}2 \cdot 2{,}5 =$ $= 24{,}13$

Technologie Darstellung Ober- und Untersummen 66v5xb

Da der gesuchte Flächeninhalt zwischen U_2 und O_2 liegen muss, gilt:
$U_2 \leq A(1; 6) \leq O_2 \quad \Rightarrow \quad 6{,}63 \leq A(1; 6) \leq 24{,}13$
Um den Flächeninhalt genauer einzuschränken, kann die Anzahl der Teilintervalle erhöht werden:

$n = 5 \quad \Delta x = \frac{5}{5} = 1$	$n = 5 \quad \Delta x = \frac{5}{5} = 1$

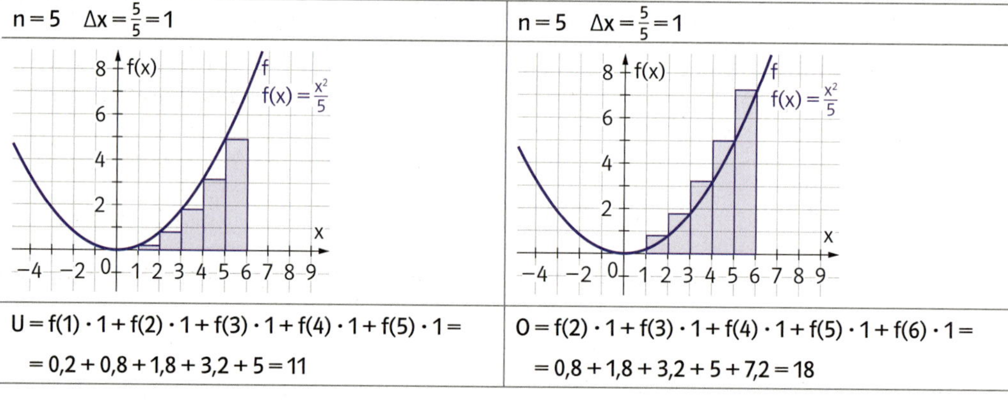

$U = f(1) \cdot 1 + f(2) \cdot 1 + f(3) \cdot 1 + f(4) \cdot 1 + f(5) \cdot 1 =$ $= 0{,}2 + 0{,}8 + 1{,}8 + 3{,}2 + 5 = 11$	$O = f(2) \cdot 1 + f(3) \cdot 1 + f(4) \cdot 1 + f(5) \cdot 1 + f(6) \cdot 1 =$ $= 0{,}8 + 1{,}8 + 3{,}2 + 5 + 7{,}2 = 18$

Da der gesuchte Flächeninhalt zwischen U_5 und O_5 liegen muss, gilt:
$U_5 \leq A(1; 6) \leq O_5 \quad \Rightarrow \quad 11 \leq A(1; 6) \leq 18$

$n = 30 \quad \Delta x = \frac{5}{30} = \frac{1}{6}$	$n = 30 \quad \Delta x = \frac{5}{30} = \frac{1}{6}$

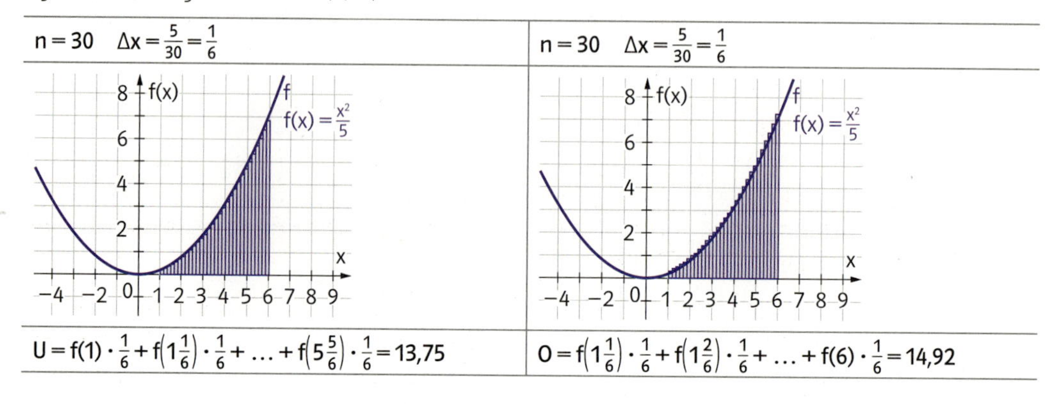

$U = f(1) \cdot \frac{1}{6} + f\left(1\frac{1}{6}\right) \cdot \frac{1}{6} + \ldots + f\left(5\frac{5}{6}\right) \cdot \frac{1}{6} = 13{,}75$	$O = f\left(1\frac{1}{6}\right) \cdot \frac{1}{6} + f\left(1\frac{2}{6}\right) \cdot \frac{1}{6} + \ldots + f(6) \cdot \frac{1}{6} = 14{,}92$

Da der gesuchte Flächeninhalt zwischen U_{30} und O_{30} liegen muss, gilt:

$$U_{30} \leq A(1; 6) \leq O_{30} \quad \Rightarrow \quad 13{,}75 \leq A(1; 6) \leq 14{,}92$$

Je größer die Anzahl der Teilintervalle ist, desto besser wird die Annäherung für den tatsächlichen Flächeninhalt.

Diese Überlegungen können nun verallgemeinert werden:

MERKE

Ober- und Untersummen

Gegeben ist eine auf [a; b] stetige Funktion f. Zerlegt man das Intervall [a; b] in n gleich große Teilintervalle der Breite $\Delta x = \frac{b-a}{n}$, und bezeichnet mit $m_1, m_2, \ldots, m_n$ die Minimumstellen und mit $M_1, M_2, \ldots, M_n$ die Maximumstellen von f in den einzelnen Intervallen, dann nennt man

- $U_n = \Delta x \cdot f(m_1) + \Delta x \cdot f(m_2) + \ldots + \Delta x \cdot f(m_n) = \sum_{i=1}^{n} \Delta x \cdot f(m_i)$ **Untersumme** von f in [a; b].
- $O_n = \Delta x \cdot f(M_1) + \Delta x \cdot f(M_2) + \ldots + \Delta x \cdot f(M_n) = \sum_{i=1}^{n} \Delta x \cdot f(M_i)$ **Obersumme** von f in [a; b].

Anmerkungen

- Anschaulich sieht man, dass jede Untersumme kleiner als jede Obersumme ist. Es gilt daher:
  $$U_1 \leq U_2 \leq U_3 \leq U_4 \leq \ldots \leq A \leq \ldots \leq O_4 \leq O_3 \leq O_2 \leq O_1$$
- Bei streng monoton steigenden Funktionen befinden sich die Minimumwerte am linken Rand jedes Teilintervalls und die Maximumwerte am rechten Rand jedes Teilintervalls.
- Das Finden von Minimum- und Maximumstellen bei nicht monotonen Funktionen ist nicht einfach. Hier wird in 2.2 noch eine weitere Möglichkeit gezeigt.
- Beachte, dass diese Definition auch für Funktionen mit negativen Funktionswerten gilt. Dann sind jedoch Ober- und Untersummen keine Annäherung mehr für den gesuchten Flächeninhalt (vgl. Aufgabe 59), weil ein Produkt $\Delta x \cdot f(x_i)$ negativ sein kann.
- Das Zeichen $\sum_{i=1}^{n} \Delta x \cdot f(m_i)$ wird gelesen als „Summe von i gleich 1 bis n von $\Delta x \cdot f(m_i)$" und ist eine Abkürzung für die Schreibweise $\Delta x \cdot f(m_1) + \Delta x \cdot f(m_2) + \ldots + \Delta x \cdot f(m_n)$.

TECHNOLOGIE

Berechnen von Ober- und Untersummen einer Funktion f auf [a; b]

Geogebra:	Obersumme[Funktion, Startwert, Endwert, Anzahl der Rechtecke]
	Untersumme[Funktion, Startwert, Endwert, Anzahl der Rechtecke]

Technologie
Anleitung
Ober- und Untersummen mit Geogebra
kr592g

56. Gegeben ist eine lineare Funktion f.

1) Berechne die Ober- und Untersumme O_n und U_n von f in [1; 7] durch Unterteilung in $n = 2$, $n = 3$ und $n = 6$ gleich große Teilintervalle.

2) Berechne den Flächeninhalt A, den der Graph von f und die x-Achse im Intervall [1; 7] miteinander einschließen.

3) Zeige, dass gilt: $U_2 \leq U_3 \leq U_6 \leq A \leq O_6 \leq O_3 \leq O_2$

a) $f(x) = 2x + 1$
b) $f(x) = 3x - 2$
c) $f(x) = 4x - 3$
d) $f(x) = -2 + 2x$
e) $f(x) = -x + 9$
f) $f(x) = -2x + 14$

Technologie Darstellung Ober- und Untersumme berechnen 6z77xf

57. Gegeben ist eine Funktion f.

1) Berechne näherungsweise den Flächeninhalt, den der Graph von f mit der x-Achse im Intervall [a; b] einschließt mithilfe von Ober- und Untersummen. Unterteile das Intervall in n gleich große Teilintervalle.

2) Kontrolliere, dass die Untersummen kleiner als die Obersummen sind.

3) Berechne für jedes n die Differenz der Ober- und Untersummen und vergleiche die Ergebnisse.

a) $f(x) = \frac{x^2}{4} + \frac{3x}{5}$ $\quad [1; 5]\ n = 2; 4; 8$

b) $f(x) = -\frac{x^2}{4} + 10$ $\quad [0; 6]\ n = 2; 3; 6$

c) $f(x) = \frac{5}{x}$ $\quad [1; 7]\ n = 2; 3; 6$

d) $f(x) = \frac{x}{x+1}$ $\quad [-5; -2]\ n = 2; 3; 6$

Arbeitsblatt Aufgaben zu Ober- und Untersummen 92be5s

58. Gegeben ist der Graph einer Funktion f.
Berechne näherungsweise den Flächeninhalt, den der Graph von f mit der x-Achse im Intervall [a; b] einschließt mithilfe von Ober- und Untersummen. Unterteile das Intervall in n gleich große Teilintervalle.

a) $[a; b] = [1; 7]\ n = 2; 3; 6$

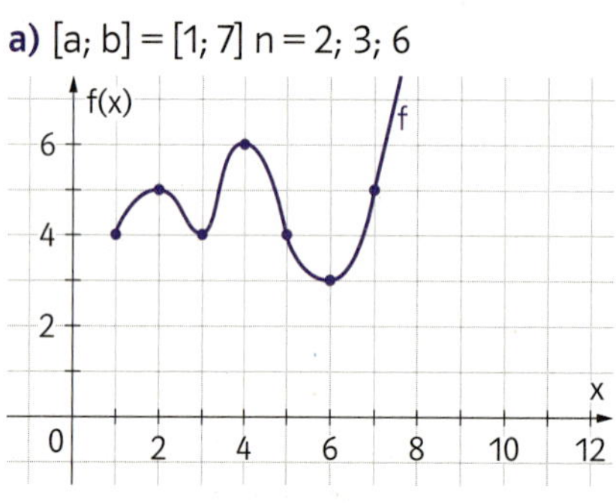

b) $[a; b] = [-12; -6]\ n = 2; 3; 6$

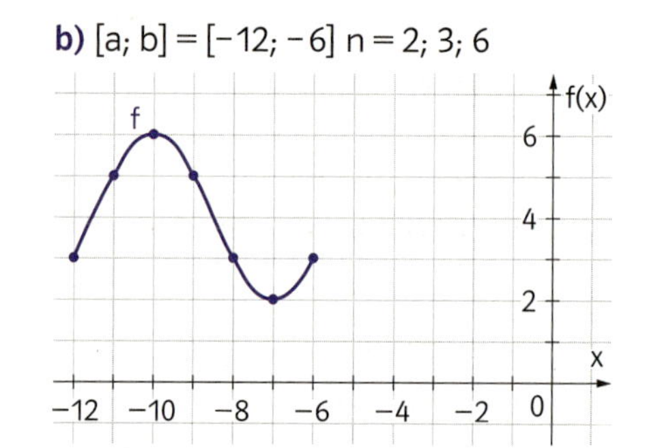

Technologie Darstellung Ober- und Untersumme darstellen 67ab3f

59. Gegeben ist eine Funktion f.

1) Berechne die Ober- und Untersummen von f in [a; b]. Unterteile das Intervall in n gleich große Teilintervalle.

2) Erkläre, wieso die in (1) erhaltenen Werte keine Annäherung für den Flächeninhalt sind, den der Graph von f mit der x-Achse einschließt.

a) $f(x) = -3x + 6 \quad [a; b] = [1; 5] \quad n = 2; 4$

b) $f(x) = -\frac{x^2}{5} + 3 \quad [a; b] = [2; 6] \quad n = 3; 6$

MUSTER

60. Gegeben ist die Funktion f mit $f(x) = \frac{x^2}{5}$. Berechne, in wie viele gleich breite Teilintervalle das Intervall [1; 6] geteilt werden muss, damit die Differenz der Ober- und Untersumme kleiner als 0,5 wird.

Das Intervall [1; 6] wird in n gleich große Teilintervalle zerlegt. Die einzelnen Teilungsstellen werden mit $x_0, x_1, \ldots, x_n$ bezeichnet. Da die Funktion in [1; 6] streng monoton steigend ist, befinden sich die Maximumstellen an den rechten Rändern der Teilintervalle $[x_0; x_1]$; $[x_1, x_2]$; … und die Minimumstellen an den linken Rändern. Es gilt daher:

$$O_n = \Delta x \cdot f(x_1) + \Delta x \cdot f(x_2) + \ldots + \Delta x \cdot f(x_{n-1}) + \Delta x \cdot f(x_n)$$

$$U_n = \Delta x \cdot f(x_0) + \Delta x \cdot f(x_1) + \Delta x \cdot f(x_2) + \ldots + \Delta x \cdot f(x_{n-1})$$

$$\Rightarrow \quad O_n - U_n = \Delta x \cdot f(x_n) - \Delta x \cdot f(x_0) = \Delta x \cdot (f(x_n) - f(x_0))$$

Durch Einsetzen von $x_0 = 1$, $x_n = 6$, $f(x_0) = 0{,}2$, $f(x_n) = 7{,}2$ und $\Delta x = \frac{6-1}{n} = \frac{5}{n}$ erhält man:

$$O_n - U_n = \frac{5}{n} \cdot (7{,}2 - 0{,}2) = \frac{35}{n}$$

Da die Differenz kleiner als 0,5 sein soll, erhält man: $\frac{35}{n} < 0{,}5 \quad \Rightarrow \quad n > 70$

Ab einer Unterteilung in 71 Intervalle ist die Differenz zwischen Ober- und Untersumme kleiner als 0,5.

61. Gegeben ist eine in [a; b] streng monotone Funktion f. Berechne, in wie viele gleich breite Teilintervalle das Intervall [a; b] geteilt werden muss, damit die Differenz der Ober- und Untersumme kleiner als 0,3 wird.

a) $f(x) = x^2 + 5$ $[a; b] = [3; 12]$
b) $f(x) = -2x^2 + 50$ $[a; b] = [1; 5]$
c) $f(x) = \frac{x^3}{5} + 1$ $[a; b] = [1; 20]$
d) $f(x) = \frac{10}{x}$ $[a; b] = [2; 10]$
e) $f(x) = \frac{x}{x-2}$ $[a; b] = [3; 8]$
f) $f(x) = \cos(0{,}2x)$ $[a; b] = [33; 39]$

Das bestimmte Integral

Betrachtet man eine auf [a; b] stetige Funktion mit nur nicht-negativen Funktionswerten, dann sind folgende beiden Punkte erkennbar:
– Alle Untersummen sind kleiner als alle Obersummen.
– Die Differenz der Ober- und Untersummen kann beliebig klein gemacht werden. Dazu muss nur die Intervallbreite der Teilintervalle genügend klein gewählt werden.

Es kann gezeigt werden, dass die obigen Punkte auch für stetige Funktionen mit negativen Funktionswerten gelten.
Außerdem kann man vermuten, dass es eine Zahl gibt, die zwischen allen Ober- und Untersummen liegt. Diese Zahl wird bestimmtes Integral von f in [a; b] genannt:

MERKE

Technologie Darstellung Das bestimmte Integral bu4j96

Das bestimmte Integral

Ist f eine auf [a; b] stetige Funktion, dann nennt man jene **Zahl**, die **zwischen** allen **Untersummen** U und **Obersummen** O von f in [a; b] liegt, **bestimmtes Integral von f** in [a; b] und schreibt: $\int_a^b f(x)\,dx$ oder kurz: $\int_a^b f$

Anmerkungen:
– Der Zusammenhang zum unbestimmten Integral wird in 2.4 gezeigt.
– Man sagt auch „Integral von f zwischen den Grenzen a und b".
– a wird als untere Grenze, b als obere Grenze bezeichnet.
– f(x) wird als Integrand bezeichnet, x als Integrationsvariable (vgl. 1.1).

TIPP → Besitzt eine in [a; b] stetige Funktion nur nicht-negative Funktionswerte, dann ist $\int_a^b f(x)\,dx$ der Flächeninhalt, den der Graph von f im gegebenen Intervall mit der x-Achse einschließt.

62. Gegeben ist ein Integral. **1)** Gib die obere und untere Grenze des Integrals an. **2)** Gib den Integranden an. **3)** Gib die Integrationsvariable an.

a) $\int_{-22}^{-17}(4x - 7)\,dx$ **b)** $\int_{12}^{35}(3x - 5)^2\,dx$ **c)** $\int_2^4 \sin(4t)\,dt$ **d)** $\int_0^6(-2axb + t)\,dt$

63. Gegeben ist eine Funktion f. Grenze den Wert $\int_a^b f(x)\,dx$ mithilfe von Ober- und Untersummen ein. Unterteile das Intervall in n gleich große Teilintervalle.

a) $f(x) = \frac{x^2}{8} + 1$ $a = 2;$ $b = 5;$ $n = 6$
b) $f(x) = -\frac{x^2}{4} + 20$ $a = 1;$ $b = 8;$ $n = 7$
c) $f(x) = \frac{12}{x}$ $a = 1;$ $b = 9;$ $n = 8$
d) $f(x) = e^{0{,}5x}$ $a = 0;$ $b = 3;$ $n = 6$

AN-R 4.3 M

64. Gegeben sind einige bestimmte Integrale. Kreuze jene(s) Integral(e) an, bei dem (denen) der Flächeninhalt beschrieben wird, den der Graph von f in [a; b] mit der x-Achse einschließt.

A	B	C	D	E
$\int_3^5 (2x-1)\,dx$	$\int_1^5 (x^2-6)\,dx$	$\int_3^{20} (x^3+2)\,dx$	$\int_{-2}^{2} \sin(x)\,dx$	$\int_{-20}^{20} (5)\,dx$
☐	☐	☐	☐	☐

MUSTER

65. In nebenstehender Abbildung sieht man den Graphen einer Funktion f. Stelle den Flächeninhalt, den der Graph von f mit der x-Achse in [0; 14] einschließt, mit einem Integral dar und berechne diesen.

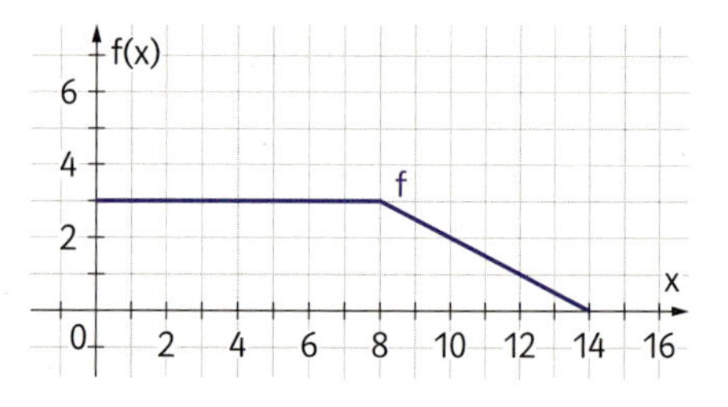

Da alle Funktionswerte von f nicht negativ sind, gilt für den gesuchten Flächeninhalt $A = \int_0^{14} f(x)\,dx$.

Durch Unterteilung in ein Rechteck und ein rechtwinkliges Dreieck kann der Flächeninhalt berechnet werden. $A = 8 \cdot 3 + \frac{6 \cdot 3}{2} = 33$

66. In der Abbildung sieht man den Graphen einer Funktion f. Stelle den Flächeninhalt, den der Graph von f mit der x-Achse in [0; 12] einschließt, mit einem Integral dar und berechne diesen.

a)

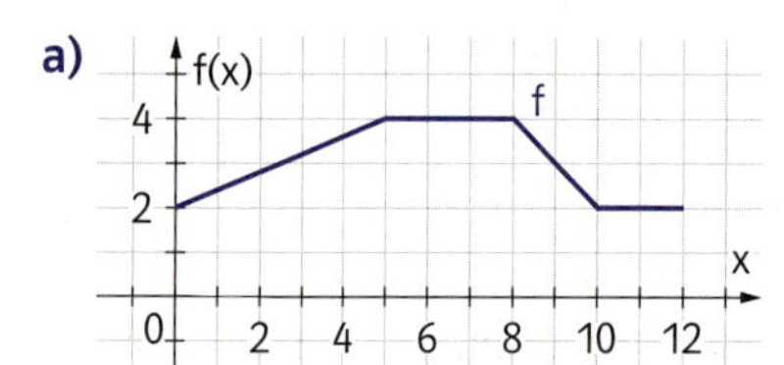

c)

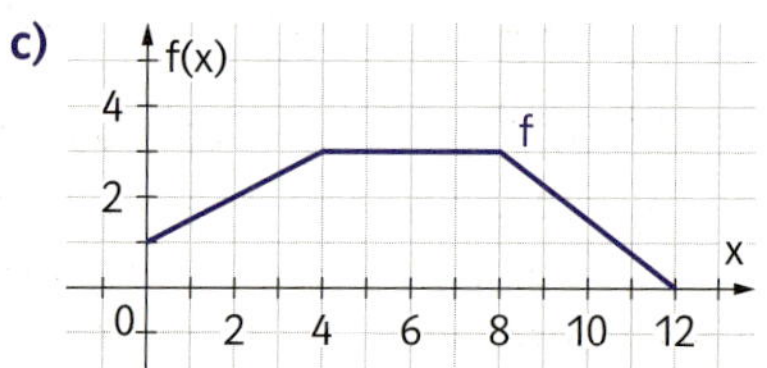

b)

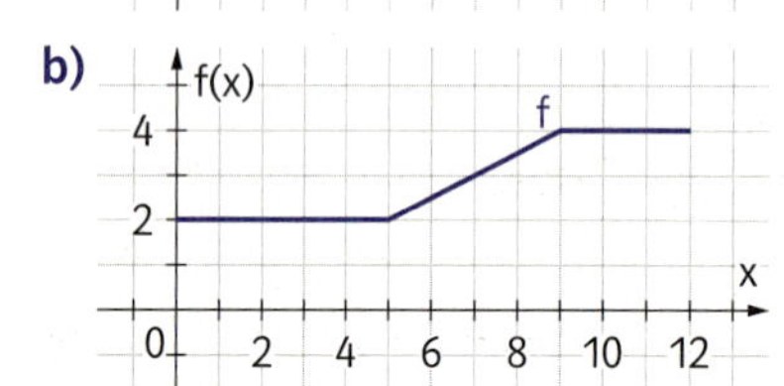

d)

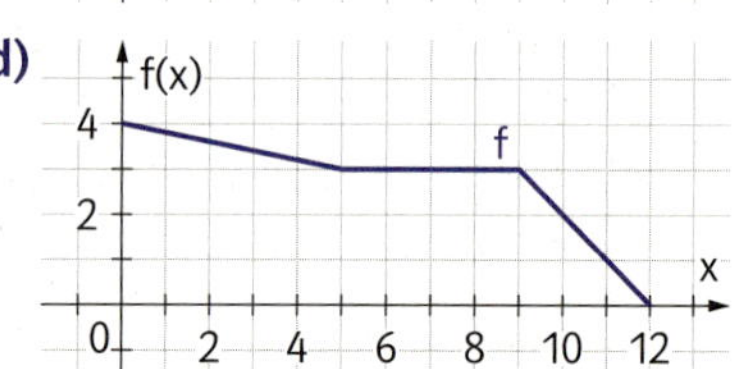

AN-R 4.3 M

Arbeitsblatt
Das bestimmte Integral – Maturaformate 1
uz22v4

67. Gegeben ist der Graph einer Funktion f. Kreuze die zutreffende(n) Aussage(n) an.

A	$\int_6^7 f(x)\,dx < 5$	☐
B	$\int_0^2 f(x)\,dx > \int_8^{10} f(x)\,dx$	☐
C	$\int_0^1 f(x)\,dx > \int_1^{10} f(x)\,dx$	☐
D	$\int_0^3 f(x)\,dx > \int_6^{10} f(x)\,dx$	☐
E	$\int_4^7 f(x)\,dx > 16$	☐

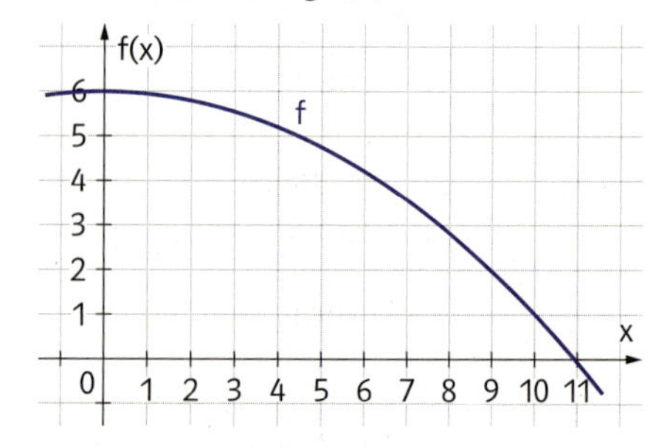

2.2 Produktsummen und das bestimmte Integral

KOMPETENZEN

Lernziele:

- Das bestimmte Integral als Grenzwert einer Summe von Produkten deuten können
- Die Schreibweise des bestimmten Integrals verstehen können

Grundkompetenzen für die schriftliche Reifeprüfung:

AN-R 4.1 Den Begriff des bestimmten Integrals als Grenzwert einer Summe von Produkten deuten und beschreiben können

AN-R 4.3 Das bestimmte Integral in verschiedenen Kontexten deuten und entsprechende Sachverhalte durch Integrale beschreiben können

Das bestimmte Integral – Deutung als eine Summe von Produkten

Da das Berechnen von Ober- und Untersummen bzw. das Finden des kleinsten bzw. größten Funktionswerts in einem Intervall bei nicht monotonen Funktionen recht aufwendig ist, werden oft so genannte Zwischensummen verwendet:
Dabei wird das Intervall [a; b] wieder in n gleich große Teilintervalle unterteilt. In jedem der Intervalle wird eine beliebige Stelle x_i ausgewählt und ein Rechteck mit der Breite $\Delta x = \frac{b-a}{n}$ und der Länge $f(x_i)$ gebildet. Anschließend wird folgende Summe gebildet:

$$S_n = f(x_1) \cdot \Delta x + f(x_2) \cdot \Delta x + f(x_3) \cdot \Delta x + \ldots + f(x_n) \cdot \Delta x = \sum_{i=1}^{n} f(x_i) \cdot \Delta x$$

Diese Summe wird **Zwischensumme** genannt.
In nebenstehender Abbildung sieht man für eine Funktion f in [1; 6] eine Ober-, eine Unter- und eine Zwischensumme eingezeichnet. In jedem Teilintervall wurde der Mittelpunkt als Zwischenstelle genommen.

Technologie Darstellung Zwischensummen ty6rv5

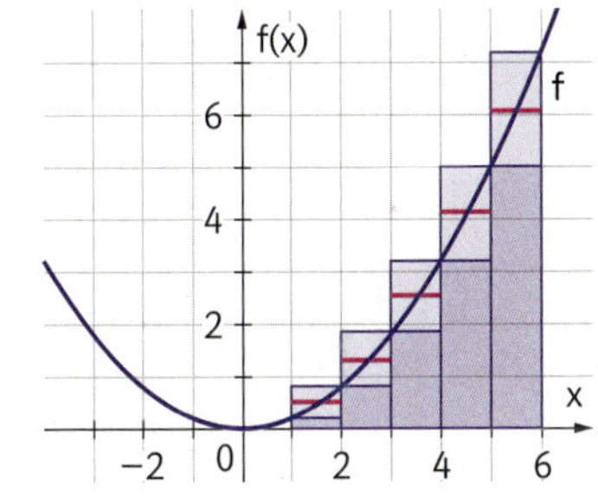

Wird bei einer stetigen Funktion ein Intervall [a; b] in n gleich große Teile unterteilt, dann kann man zeigen, dass folgender Zusammenhang gilt: $U_n \leq S_n \leq O_n$

Da das bestimmte Integral bis jetzt als Wert zwischen allen Ober- und Untersummen definiert wurde, ist auch eine Definition über Zwischensummen möglich.
Hier ist auch der Zusammenhang zur Schreibweise ersichtlich:
Unterteilt man das Intervall [a; b] in immer mehr Teile, so wird Δx immer kleiner und S_n nähert sich dem Wert $\int_a^b f(x)\,dx$ an. Dieser Wert ist der Grenzwert der Zwischensummen S_n für $n \to \infty$.
Um daran zu erinnern, dass das bestimmte Integral der Grenzwert einer Summe von Produkten der Form $f(x_i) \cdot \Delta x$ ist (eine Produktsumme), wurde Δx durch dx und das Summenzeichen durch das Integralzeichen $\int$ ersetzt: $\sum_i f(x_i) \cdot \Delta x \approx \int_a^b f(x)\,dx$

MERKE

Das bestimmte Integral

Sei f eine auf [a; b] stetige Funktion, dann kann das bestimmte Integral als Grenzwert einer Summe von Produkten definiert werden. Es gilt:

$$\sum_i f(x_i) \cdot \Delta x \approx \int_a^b f(x)\,dx$$

Technologie
Anleitung
Rechtecksummen
gp6de9

68. Gegeben ist eine Funktion f.

1) Berechne näherungsweise den Flächeninhalt, den der Graph von f mit der x-Achse im Intervall [a; b] einschließt, mithilfe von Zwischensummen. Nimm bei jedem Teilintervall den Mittelpunkt des Teilintervalls als Zwischenstelle.

2) Berechne näherungsweise den Flächeninhalt, den der Graph von f mit der x-Achse im Intervall [a; b] einschließt, mithilfe von Ober- und Untersummen. Unterteile das Intervall in n gleich große Teilintervalle.

3) Kontrolliere die Beziehung $U_n \leq S_n \leq O_n$.

a) $f(x) = \frac{x^2}{2} + \frac{x}{2}$ [1; 9] n = 4; 8

b) $f(x) = -\frac{x^2}{10} + 30$ [2; 8] n = 3; 6

c) $f(x) = -\frac{2}{x-2}$ [−3; 1] n = 2; 4

d) $f(x) = \frac{2x}{x-1}$ [2; 10] n = 4; 8

AN-R 4.1 M
Arbeitsblatt
Das bestimmte Integral – Maturaformate 2
np3vu4

69. Ergänze die Lücken so, dass eine mathematisch korrekte Aussage entsteht.

Der Ausdruck $\int_a^b f(x)\,dx$ ist der Grenzwert ___(1)___ von ___(2)___.

(1)	
einer Summe	☐
eines Produkts	☐
eines Quotienten	☐

(2)	
Summen	☐
Produkten	☐
Rechtecken	☐

Interpretationen

Arbeitsblatt
Das bestimmte Integral – Interpretationen
z4329i

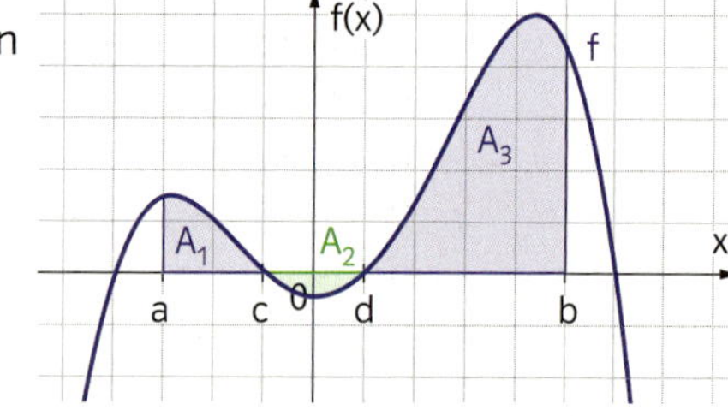

Auf den letzten Seiten wurden vorwiegend Funktionen verwendet, die im Intervall [a; b] keine negativen Funktionswerte annehmen.

Wie kann man allerdings den Wert $\int_a^b f(x)\,dx$ interpretieren, wenn die Funktion negative Funktionswerte annimmt? In nebenstehender Abbildung sieht man den Graphen einer Funktion, die auch negative Werte annimmt. Weiters sind drei Flächeninhalte A_1, A_2 und A_3 eingezeichnet. Da das bestimmte Integral der Grenzwert einer Summe von Produkten der Form $f(x) \cdot \Delta x$ ist, ist diese Summe in [c; d] negativ.

Aus diesem Grund ist der Wert $\int_a^b f(x)\,dx$ in diesem Fall nicht der Flächeninhalt, den der Graph von f in [a; b] mit der x-Achse einschließt, sondern: $\int_a^b f(x)\,dx = A_1 - A_2 + A_3$

70. Gegeben ist der Graph einer Funktion f.

Berechne den Wert $\int_{-2}^{6} f(x)\,dx$.

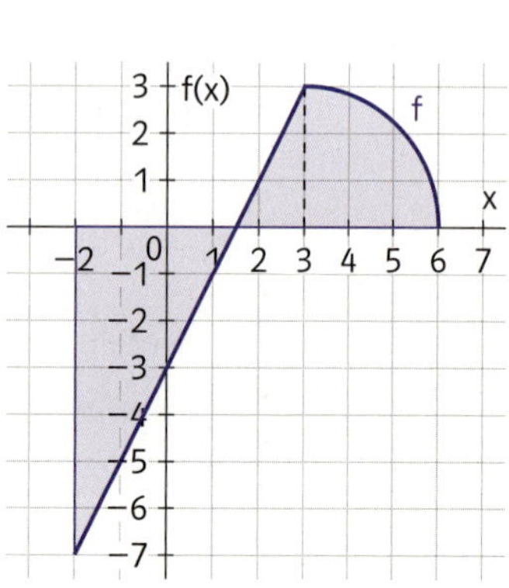

Für die Berechnung des Integrals ist eine Unterteilung in drei Teilflächen notwendig (zwei Dreiecke und ein Viertelkreis):

$A_1 = \frac{3{,}5 \cdot 7}{2} = 12{,}25$ $A_2 = \frac{1{,}5 \cdot 3}{2} = 2{,}25$ $A_3 = \frac{3^2\pi}{4} = 2{,}25\pi$

Da sich A_1 im negativen Bereich und A_2 und A_3 im positiven Bereich befinden gilt: $\int_{-2}^{6} f(x)\,dx = -12{,}25 + 2{,}25 + 2{,}25\pi \approx -2{,}93$

71. Gegeben ist der Graph einer Funktion f. Berechne den Wert $\int_a^b f(x)\,dx$.

a) 1) $a = -3 \quad b = 7$ **2)** $a = -1 \quad b = 3$

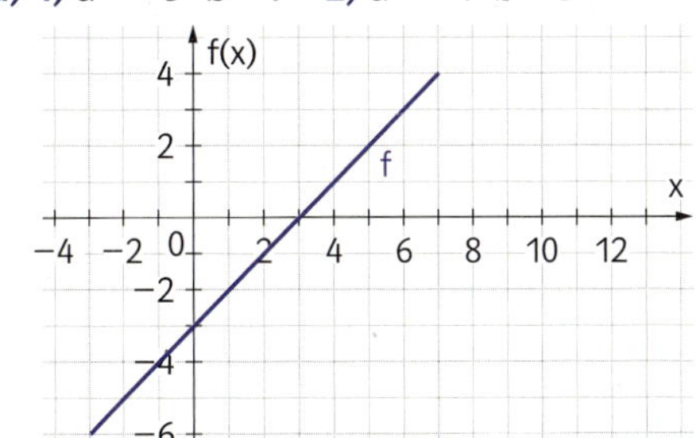

c) 1) $a = 0 \quad b = 8$ **2)** $a = 4 \quad b = 7$

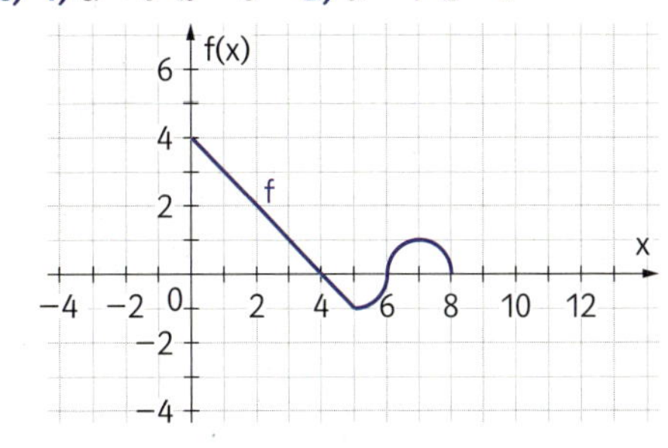

b) 1) $a = -2 \quad b = 13$ **2)** $a = 2 \quad b = 12$

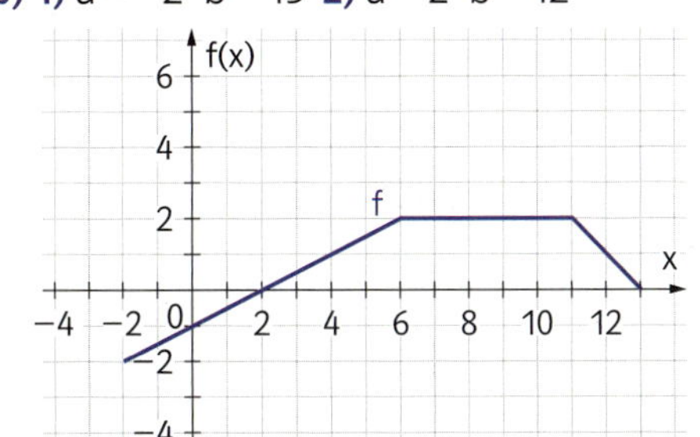

d) 1) $a = -2 \quad b = 9$ **2)** $a = 0 \quad b = 9$

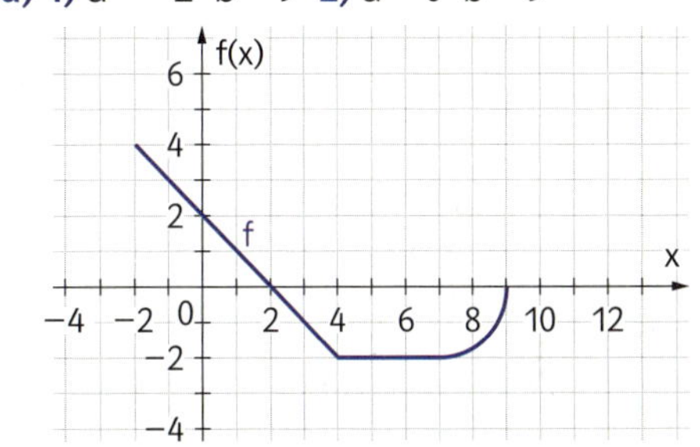

72. Berechne den Wert $\int_a^b f(x)\,dx$ und stelle diesen graphisch dar. Beurteile, ob der erhaltene Wert der Flächeninhalt ist, den der Graph der Funktion f mit der x-Achse im gegebenen Intervall einschließt.

a) $f(x) = -3x + 2 \quad a = -4 \quad b = 3$
b) $f(x) = -5x + 5 \quad a = -3 \quad b = 1$
c) $f(x) = 2x - 4 \quad a = 3 \quad b = 7$
d) $f(x) = 6x - 3 \quad a = -1 \quad b = 2$
e) $f(x) = -x + 3 \quad a = 0 \quad b = 6$
f) $f(x) = 2x - 4 \quad a = -1 \quad b = 5$
g) $f(x) = 3x + 1 \quad a = -5 \quad b = -2$
h) $f(x) = -x - 1 \quad a = 1 \quad b = 5$

MUSTER

73. In einen künstlichen Teich wird Wasser eingelassen. Die Zuflussgeschwindigkeit Z (in m³/min) in Abhängigkeit von der Zeit t (in Minuten min) ist in der Graphik abgebildet. Erläutere die Graphik so genau wie möglich und interpretiere den Ausdruck $\int_0^{14} Z(t)\,dt$.

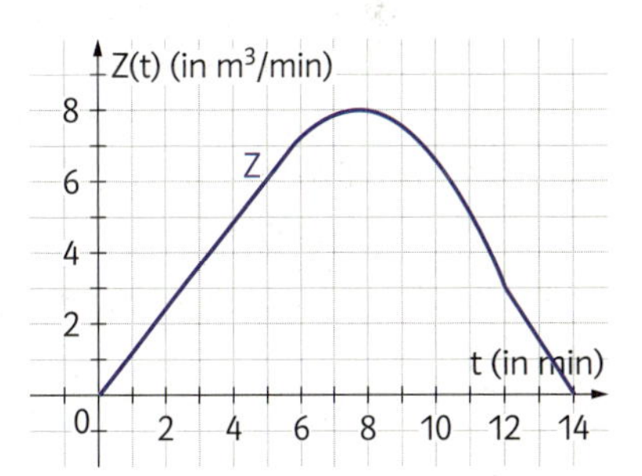

Zu den Zeitpunkten $t = 0$ und $t = 14$ wird kein Wasser zugeführt. Zu allen anderen Zeitpunkten sehr wohl.
Die Zuflussgeschwindigkeit nimmt ca. 8 Minuten lang zu, anschließend nimmt sie bis zum Zeitpunkt $t = 14$ min ab. Aufgrund des Graphen kann keine Aussage über die Wassermenge im Teich getroffen werden (es ist nicht bekannt, ob der Teich zu Beginn leer ist).

Um den Ausdruck $\int_0^{14} Z(t)\,dt$ zu interpretieren, ist es hilfreich das Integral als Summe von Produkten der Form $Z(t) \cdot \Delta t$ zu interpretieren. Multipliziert man die Zuflussgeschwindigkeit in einem sehr kleinen Intervall mit der Zeit, so erhält man die Menge an Wasser, die in dieser Zeit dazugekommen ist (dies ist auch an der Einheit ersichtlich: $\frac{m^3}{min} \cdot min = m^3$). Das Integral steht also für die Menge an Wasser, die in den 14 Minuten dazugekommen ist.

74. Aus einem Schwimmbecken wird Wasser abgelassen. Die Abflussgeschwindigkeit A (in l/s) in Abhängigkeit von der Zeit t (in Sekunden s) ist in der Graphik abgebildet.

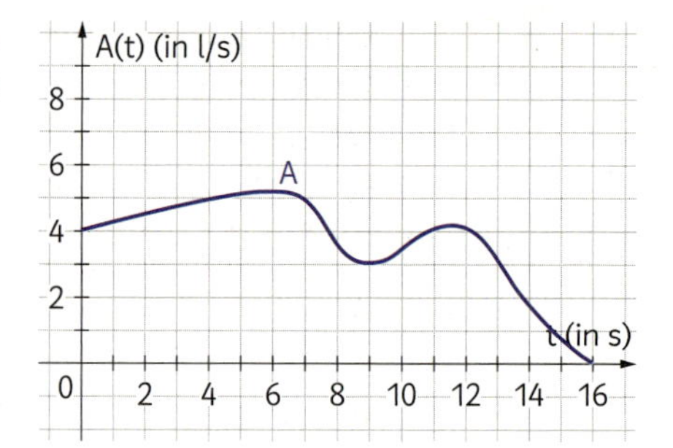

a) Beschreibe den Graphen von A möglichst genau.

b) Interpretiere den Ausdruck $\int_0^{14} A(t)\,dt$.

75. In der Graphik ist die Zuflussgeschwindigkeit Z (in m^3/min) für ein Becken in Abhängigkeit von der Zeit t (in min) dargestellt.

Z(t) (in m^3/min); t (in min); Z; 0 20 40 60 80 100 120 140 160; 15 10 5 −5 −10 −15

a) Interpretiere den Ausdruck $\int_0^{140} Z(t)\,dt$.

b) Berechne den Wert $\int_0^{140} Z(t)\,dt$.

c) Gib an, ob die folgenden Aussagen in jedem Fall richtig sind, und begründe deine Entscheidung.

i) Nach einer halben Stunde befindet sich das meiste Wasser im Becken.
ii) Nach 90 Minuten ist das Becken leer.
iii) Nach 90 Minuten ist die Wassermenge im Becken am größten.

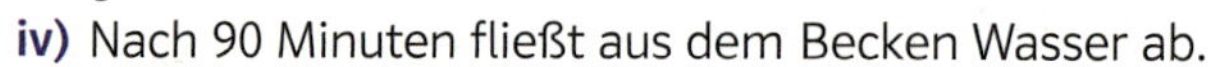

iv) Nach 90 Minuten fließt aus dem Becken Wasser ab.
v) In der ersten halben Stunde fließt weniger Wasser in das Becken als in der zweiten halben Stunde.
vi) Zu Beginn befindet sich kein Wasser im Becken.

AN-R 4.3 M

76. In der Graphik ist die Zuflussgeschwindigkeit Z (in m^3/min) für ein Becken in Abhängigkeit von der Zeit t (in min) dargestellt. Kreuze die jedenfalls zutreffende(n) Aussage(n) an.

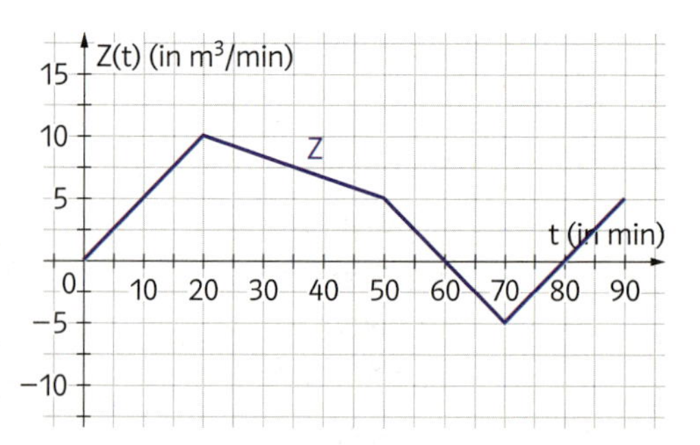

A	Zu Beginn der Beobachtung war das Becken leer.	☐
B	Nach 60 Minuten ist das Becken leer.	☐
C	Nach 70 Minuten ist gleich viel Wasser im Becken wie nach 90 Minuten.	☐
D	In den ersten 20 Minuten werden 100 m^3 Wasser in das Becken gefüllt.	☐
E	Nach 50 Minuten sind 5 m^3 Wasser im Becken.	☐

AN-R 4.3 **M**

77. In der nebenstehenden Abbildung ist der Graph der Zuflussgeschwindigkeit v von Öl in einen Öltank an einem bestimmten Tag im Zeitraum von 0 bis 8 Uhr dargestellt. Der Öltank war um 0 Uhr leer.
Kreuze die jedenfalls zutreffende(n) Aussage(n) an.

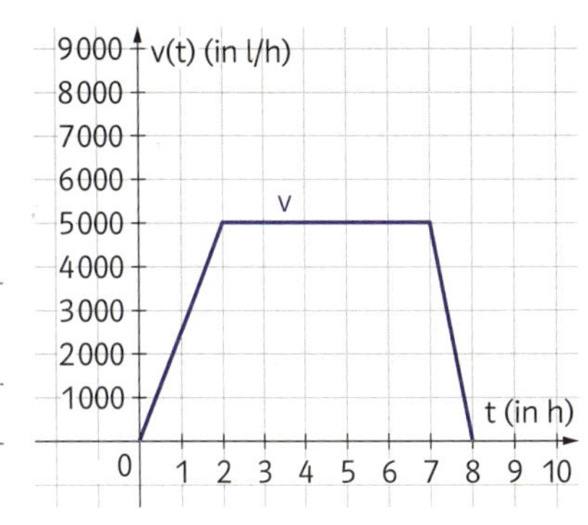

A	Ab 7 Uhr nimmt die Menge an Öl im Öltank wieder ab.	☐
B	Insgesamt fließen 32 500 Liter Öl in den Tank.	☐
C	Es gilt: $\int_0^2 v(t)\,dt = \int_2^3 v(t)\,dt$	☐
D	Von 2 Uhr bis 7 Uhr blieb die Menge an Öl im Öltank unverändert.	☐
E	Um 8 Uhr ist der Öltank wieder leer.	☐

AN-R 4.3 **M**

78. In der nebenstehenden Abbildung ist der Graph der Wachstumsgeschwindigkeit v einer Pflanze (in cm/Woche) in Abhängigkeit von der Zeit t (in Wochen) dargestellt. Kreuze die beiden zutreffenden Aussagen an.

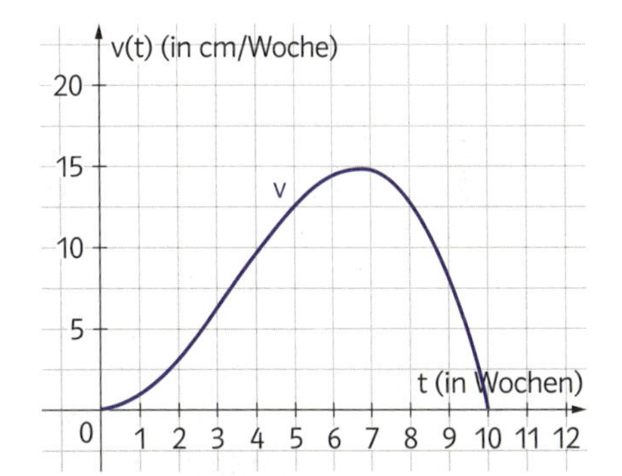

A	Die Pflanze wächst ca. 6,5 Wochen lang.	☐
B	Insgesamt ist die Pflanze um $\int_0^{10} v(t)\,dt$ (cm) gewachsen.	☐
C	Die Wachstumsphase endet nach 10 Wochen.	☐
D	Nach vier Wochen ist die Pflanze ca. 10 cm hoch.	☐
E	Die Pflanze wächst in den ersten fünf Wochen mehr als in den letzten fünf abgebildeten Wochen.	☐

79. Ein Patient erhält nach einer Operation eine Infusion. Der Graph der Funktion f zeigt die Dosierung des Medikaments (in mg/h) in Abhängigkeit von der Zeit t (in Stunden) innerhalb von zwölf Stunden.

a) Beschreibe den Verlauf von f im gegebenen Kontext.

b) Interpretiere den Ausdruck $\int_0^{12} f(t)\,dt$ im gegebenen Kontext.

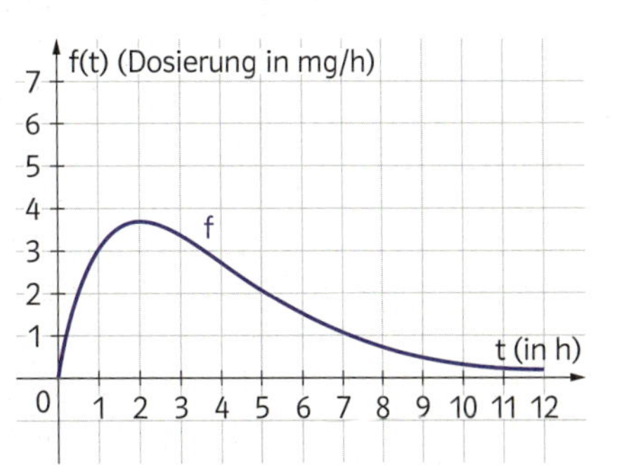

KOMPETENZEN

2.3 Der Hauptsatz der Differential- und Integralrechnung

Lernziele:

- Das bestimmte Integral mit Hilfe von Stammfunktionen berechnen können
- Rechenregeln zur Berechnung von bestimmten Integralen anwenden können
- Den Hauptsatz der Differential- und Integralrechnung kennen und anwenden können

Grundkompetenzen für die schriftliche Reifeprüfung:

AN-R 4.2 [..] bestimmte Integrale von Polynomfunktionen ermitteln können
AN-R 4.3 Das bestimmte Integral in verschiedenen Kontexten deuten und entsprechende Sachverhalte durch Integrale beschreiben können

In den letzten Abschnitten konnte das bestimmte Integral von nicht linearen Funktionen nur durch Ober- und Untersummen bzw. durch Zwischensummen angenähert werden. Es stellt sich nun die Frage, ob es nicht eine einfachere Methode gibt, um dieses Integral zu berechnen. Hierzu ist folgende Überlegung sinnvoll:

Ein Rennfahrer bewegt sein Fahrzeug in den ersten fünf Sekunden gemäß der Zeit-Geschwindigkeitsfunktion v mit $v(t) = 0{,}5\,t^2$ (t in Sekunden, v in m/s).

Wie kann nun das Integral $\int_1^5 v(t)\,dt$ berechnet werden?

Das gesuchte Integral ist der Flächeninhalt, den der Graph der Funktion f mit der x-Achse einschließt. Da dieser als Summe von Produkten der Form $v(t) \cdot \Delta t$ berechnet werden kann, ist das Ergebnis (Geschwindigkeit mal Zeit) der in den ersten fünf Sekunden zurückgelegte Weg (da $v(t) > 0$ ist für alle t in [1; 5]). Wie in Kapitel 1 erarbeitet, erhält man eine Zeit-Ort-Funktion, indem man eine Stammfunktion von v sucht.

Es gilt daher: $s(t) = \int v(t)\,dt = \frac{0{,}5\,t^3}{3} + c$

Nun kann man den zurückgelegten Weg im Zeitintervall [1; 5] berechnen:

$s(5) - s(1) = \left(\frac{0{,}5 \cdot 5^3}{3} + c\right) - \left(\frac{0{,}5 \cdot 1^3}{3} + c\right) = 20{,}67\,\text{m}$

Man erkennt, dass es nicht wichtig ist, welche Stammfunktion gewählt wurde, da c bei der Berechnung weggefallen ist.

Bei diesem Beispiel wurde das bestimmte Integral durch Verwendung einer Stammfunktion berechnet. Diese großartige Erkenntnis lässt sich auf analoge Weise auf beliebige stetige Funktionen verallgemeinern (auch wenn diese z.B. negative Funktionswerte besitzen) und führt zum **Hauptsatz der Differential- und Integralrechnung** (Beweis s. S. 280).

MERKE

Hauptsatz der Differential- und Integralrechnung

Sei f eine auf [a; b] stetige Funktion. Dann gilt:

1) Es existiert eine Stammfunktion F von f.

2) $\int_a^b f(x)\,dx = F(x)\Big|_a^b = F(b) - F(a)$

Anmerkung: Die Schreibweise $F(x)\Big|_a^b$ ist eine Abkürzung für $F(b) - F(a)$.

Um ein bestimmtes Integral zu berechnen, muss man eine Stammfunktion finden, zuerst die obere Grenze, dann die untere Grenze einsetzen und die Ergebnisse subtrahieren.

MUSTER

80. Berechne $\int_{-4}^{3}(x^2)\,dx$. Gib an, ob dieser Wert der Flächeninhalt ist, den der Graph von f mit der x-Achse einschließt.

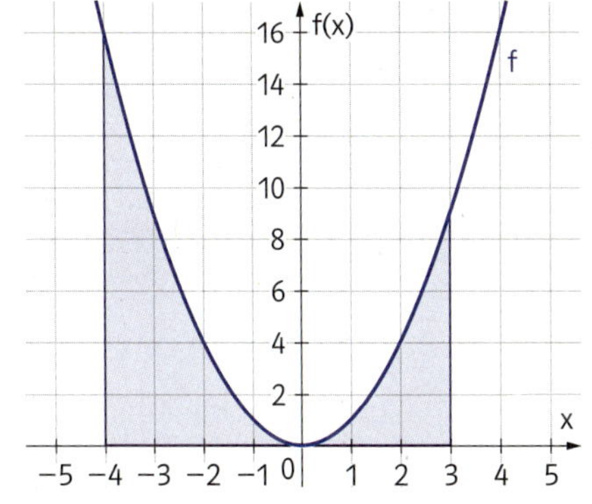

Um das Integral zu berechnen, wird zuerst eine Stammfunktion gesucht: $\int_{-4}^{3}(x^2)\,dx = \left(\frac{x^3}{3}+c\right)\Big|_{-4}^{3} =$

$= \left(\frac{3^3}{3}+c\right) - \left(\frac{(-4)^3}{3}+c\right) = 30{,}33$

Da im gesuchten Intervall kein Funktionswert negativ ist, entspricht der erhaltene Wert dem Flächeninhalt, den der Graph von f in diesem Intervall mit der x-Achse einschließt.

TIPP → Da beim bestimmten Integral eine beliebige Stammfunktion gewählt werden kann, kann die additive Konstante weggelassen werden.

TECHNOLOGIE

Technologie Anleitung Berechnen des bestimmten Integrals g399m3

Berechnen des bestimmten Integrals einer Funktion f in [a; b]

Geogebra:	Integral[Funktion, Startwert, Endwert]	Beispiel: Integral(x^2, 0, 5)
TI-Nspire:	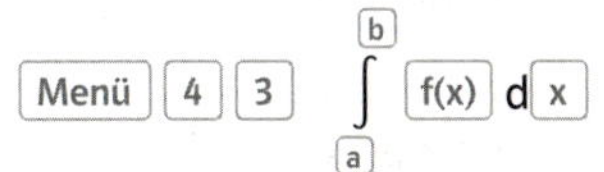 Menü 4 3 $\int_a^b$ f(x) d x	Beispiel: $\int_0^5 x^2\,dx$

81. Berechne das bestimmte Integral und gib an, ob dieser Wert der Flächeninhalt ist, den der Graph von f mit der x-Achse einschließt.

a) $\int_{-2}^{5}(x^3)\,dx$ **b)** $\int_{1}^{3}(x^{-3})\,dx$ **c)** $\int_{-5}^{5}(x^4)\,dx$ **d)** $\int_{1}^{3}(x^{-4})\,dx$ **e)** $\int_{1}^{3}\left(x^{\frac{1}{2}}\right)dx$ **f)** $\int_{-4}^{-3}dx$

Rechenregeln für bestimmte Integrale

Da beim Berechnen von bestimmten Integralen auf Stammfunktionen zurückgegriffen wird, sind folgende Rechenregeln aus Kapitel 1 übertragbar:

MERKE

Rechenregeln für bestimmte Integrale

Es sind f und g zwei auf [a; b] stetige Funktionen, F eine Stammfunktion von f und k eine reelle Zahl ($\neq 0$) gegeben. Es gilt:

Summen- und Differenzenregel: $\int_a^b (f(x) \pm g(x))\,dx = \int_a^b f(x)\,dx \pm \int_a^b g(x)\,dx$

Regel vom konstanten Faktor: $\int_a^b k \cdot f(x)\,dx = k \cdot \int_a^b f(x)\,dx$

Konstantenregel: $\int_a^b f(k \cdot x)\,dx = \frac{1}{k} \cdot F(k \cdot x)\Big|_a^b$

Im Folgenden wird die Summenregel bewiesen. Die Konstantenregel wurde schon in Kapitel 1 gezeigt. Der Beweis der Regel vom konstanten Faktor findet sich in Aufgabe 82.

Beweis der Summenregel

Wie in Kapitel 1 schon gezeigt, ist F + G eine Stammfunktion von f + g. Wendet man diese Tatsache an, erhält man: $\int_a^b (f(x) + g(x))\,dx = (F(x) + G(x))\Big|_a^b = (F(b) + G(b)) - (F(a) + G(a)) =$

$$= (F(b) - F(a)) + (G(b) - G(a)) = \int_a^b f(x)\,dx + \int_a^b g(x)\,dx$$

82. Beweise die Regel vom konstanten Faktor für bestimmte Integrale.

83. Berechne das bestimmte Integral $\int_a^b f(x)\,dx$ und gib an, ob dieser Wert der Flächeninhalt ist, den der Graph von f mit der x-Achse in [a; b] einschließt.

a) $\int_{-1}^{3} (2x^2 - 4x + 5)\,dx$ **c)** $\int_{-2}^{1} (x^3 - 2x^2 + 1)\,dx$ **e)** $\int_{-1}^{1} (-x^4 + 2)\,dx$

b) $\int_{1}^{3} (-x^2 + 4x - 2)\,dx$ **d)** $\int_{1}^{3} (-2x^3 + 3x - 4)\,dx$ **f)** $\int_{0,5}^{2} (-2x^4 + x)\,dx$

84. Berechne das bestimmte Integral $\int_a^b f(x)\,dx$ und gib an, ob dieser Wert der Flächeninhalt ist, den der Graph von f mit der x-Achse in [a; b] einschließt.

a) $\int_{-4}^{-1} (-3x^2 + x^{-1})\,dx$ **d)** $\int_{3}^{4} \left(2x^{\frac{1}{5}} - \frac{1}{3x^2}\right)dx$ **g)** $\int_{0}^{2\pi} 3 \cdot \sin(0{,}5x)\,dx$ **j)** $\int_{1}^{2} (5 \cdot e^{-2x})\,dx$

b) $\int_{2}^{5} (-x^{\frac{1}{2}} + x^{-3})\,dx$ **e)** $\int_{-\pi}^{\pi} -2 \cdot \sin(x)\,dx$ **h)** $\int_{0}^{\pi} -\sin(2x)\,dx$ **k)** $\int_{-2}^{-1} (12 \cdot e^{2x})\,dx$

c) $\int_{3}^{6} \left(2x^{\frac{2}{3}} - \frac{4}{3x}\right)dx$ **f)** $\int_{1}^{3} 3 \cdot \sin(4x)\,dx$ **i)** $\int_{-1}^{1} (-3 \cdot e^{x})\,dx$ **l)** $\int_{0}^{1} (-2 \cdot 3^{-5x})\,dx$

85. Berechne das bestimmte Integral.

a) $\int_{-4}^{-1} (\cos(3x))\,dx$ **b)** $\int_{-\pi}^{\pi} -2 \cdot \sin(2t)\,dt$ **c)** $\int_{-1}^{1} (-3 \cdot e^{2x})\,dx$

AN-R 4.3 **M** **86.** Die Geschwindigkeit einer Läuferin v (in m/s) nach t Sekunden lässt sich in einem bestimmten Zeitraum ungefähr durch die Funktion v mit $v(t) = -0{,}075t^2 + 1{,}4t$ beschreiben. Berechne, wie viele Meter die Läuferin im gegebenen Zeitintervall zurücklegt.

a) [0; 4] **b)** [0; 6] **c)** [2; 5] **d)** [1; 3] **e)** [2; 6]

87. Ein Ball wird lotrecht nach oben geworfen. Seine Geschwindigkeit (in m/s) nach t Sekunden ist durch v ungefähr gegeben.

1) Bestimme, nach wie vielen Sekunden der Ball den höchsten Punkt erreicht hat.
2) Berechne, wie viele Meter der Ball zurückgelegt hat, bis er den höchsten Punkt erreicht hat.

a) $v(t) = 20 - 10t$ **b)** $v(t) = 40 - 10t$ **c)** $v(t) = 25 - 10t$ **d)** $v(t) = 30 - 10t$

88. Ein Hubschrauber steigt senkrecht vom Boden auf. Die Geschwindigkeit v des Hubschraubers (in m/s) zum Zeitpunkt t (in Sekunden s) ist durch $v(t) = -\frac{1}{120}t^2 + \frac{5}{12}t$ gegeben.

1) Berechne jenen Zeitpunkt, zu dem der Hubschrauber am schnellsten steigt.
2) Berechne jenen Zeitpunkt, zu dem der Hubschrauber seinen höchsten Punkt erreicht hat.
3) Berechne, wie viele Meter der Hubschrauber beim höchsten Punkt über dem Boden ist.

MUSTER

89. Bestimme den Wert a, sodass gilt: $\int_{-4}^{a}(-2x+3)\,dx = 28$.

Um den gesuchten Wert zu bestimmen, muss das bestimmte Integral zuerst berechnet werden:

$$\int_{-4}^{a}(-2x+3)\,dx = (-x^2+3x)\Big|_{-4}^{a} = -a^2+3a+28$$

Setzt man nun $-a^2+3a+28 = 28$ und löst die Gleichung, erhält man: $a_1 = 0$ bzw. $a_2 = 3$.

90. Bestimme den gesuchten Wert a.

a) $\int_{-1}^{a}(2x-5)\,dx = 44,\ a > 0$
d) $\int_{a}^{12}(-3x+12)\,dx = 120,\ a < 0$
g) $\int_{-4}^{a}(2x^2)\,dx = 48$

b) $\int_{-7}^{a}(-2x+3)\,dx = 70,\ a > 0$
e) $\int_{a}^{1}(7x-1)\,dx = -2,\ a < 0$
h) $\int_{-4}^{2}(ax+8)\,dx = 120$

c) $\int_{-3}^{a}(-6x+2)\,dx = -192,\ a > 0$
f) $\int_{a}^{2}(-3x^2)\,dx = -9$
i) $\int_{-2}^{4}(-ax^2+5x)\,dx = -18$

TECHNOLOGIE

Technologie Anleitung Grenze eines Integrals bestimmen th5476

Lösen von Aufgabe 90 a mit Technologie

GeoGebra	Löse(Integral[2x − 5, −1, a] = 28, a)
TI-Nspire	solve($\int_{-1}^{a}(2x-5)\,dx = 28$, a)

Neben den aus Kapitel 1 bekannten Regeln, gibt es noch weitere Regeln für bestimmte Integrale.

MERKE

Weitere Rechenregeln für bestimmte Integrale

1) $\int_{a}^{b}f(x)\,dx + \int_{b}^{c}f(x)\,dx = \int_{a}^{c}f(x)\,dx$ 2) $\int_{a}^{b}f(x)\,dx = -\int_{b}^{a}f(x)\,dx$ 3) $\int_{a}^{a}f(x)\,dx = 0$

Beweis Regel 1)

Diese Regel kann durch Anwendung des Hauptsatzes der Differential- und Integralrechnung bewiesen werden:

$$\int_{a}^{b}f(x)\,dx + \int_{b}^{c}f(x)\,dx = F(b) - F(a) + F(c) - F(b) = F(c) - F(a) = \int_{a}^{c}f(x)\,dx$$

Die anderen beiden Regeln werden in Aufgabe 91 behandelt.

91. a) Beweise Regel (2) aus obigem Merkkasten. **b)** Beweise Regel (3) aus obigem Merkkasten.

92. Zeige, dass für eine ungerade Polynomfunktion gilt: $\int_{-a}^{a}f(x)\,dx = 0$

93. Beweise die angegebene Aussage.

a) $\int_{a}^{b}f(x)\,dx - \int_{b}^{a}f(x)\,dx = 2\cdot\int_{a}^{b}f(x)\,dx$

b) $\int_{0}^{4}f(x)\,dx + \int_{2}^{4}f(x)\,dx + \int_{2}^{4}f(x)\,dx = 3\cdot\int_{2}^{4}f(x)\,dx + \int_{0}^{2}f(x)\,dx$

c) $\int_{0}^{4}2\cdot f(x)\,dx + \int_{0}^{4}3\cdot f(x)\,dx - \int_{4}^{0}4\cdot f(x)\,dx = 9\cdot\int_{0}^{4}f(x)\,dx$

94. Vereinfache so weit wie möglich und berechne anschließend.

a) $\int_{-1}^{3}(x^2 - 5x + 2)\,dx + \int_{3}^{-1}(x^2 - 5x + 2)\,dx$ **b)** $\int_{-2}^{4}(4x - 2)\,dx + \int_{4}^{-2}(4x - 2)\,dx$

95. Vereinfache so weit wie möglich und berechne anschließend.

a) $\int_{1}^{5}(-3x + 4)\,dx + \int_{5}^{7}(-3x)\,dx + \int_{5}^{7}4\,dx$

b) $\int_{-4}^{8}(-x^3 + 3x^2 - 1)\,dx + \int_{4}^{4}(-3x)\,dx + \int_{8}^{-4}(-x^3 + 3x^2 - 1)\,dx$

c) $\int_{2}^{4}(-2x)\,dx + \int_{4}^{6}(-2x)\,dx + \int_{2}^{6}(2x)\,dx$

Annäherung mittels bestimmter Integrale

In 2.2 wurde bereits erarbeitet, dass das bestimmte Integral einer Funktion f in einem Intervall [a; b] als Grenzwert einer Summe von Produkten definiert werden kann. Die gegebenen Funktionen waren meist auf ganz ℝ definiert.

In den folgenden Beispielen werden Situationen aus dem Alltag durch Funktionen angenähert. Dabei ist die Definitionsmenge meist eine Teilmenge der natürlichen Zahlen, der Graph der Funktion wird allerdings auf ganz ℝ dargestellt. Wie das folgende Beispiel zeigt, kann auch bei diesen „diskreten" Fällen (die Definitionsmenge ist eine Teilmenge der natürlichen Zahlen) die Integralrechnung nützlich sein.

MUSTER

96. Eine Firma produziert Spielfiguren einer Zeichentrickserie. Die Funktion A mit $A(t) = -t^2 + 60t$ beschreibt die Anzahl der Verkäufe A in der Woche t im Zeitraum [0; 8]. Berechne die Anzahl der Verkäufe in den ersten acht Wochen exakt (nach der Funktion A) und näherungsweise mit der Integralrechnung und stelle deine Berechnungen graphisch dar.

„exakte" Berechnung mittels Summe

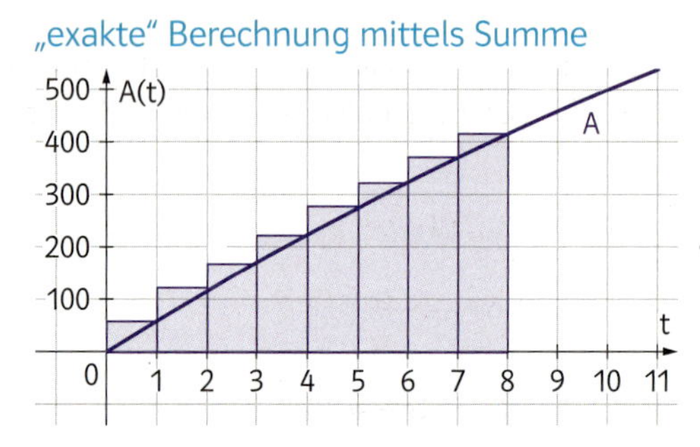

Um die exakte Anzahl der verkauften Spielfiguren zu erhalten, muss folgende Summe berechnet werden:

$A(0) + A(1) + A(2) + A(3) + \ldots + A(8) =$

$= \sum_{t=0}^{8} A(t) = 1956$

Bei diesem Beispiel entspricht die Summe dem Wert der Obersumme von A in [0; 8] mit 8 Rechtecken.

näherungsweise Berechnung mittels Integral

Näherungsweise kann diese Summe mittels der Integralrechnung angenähert werden, da das bestimmte Integral als Grenzwert der Obersummen interpretiert werden kann.
Da die Funktion eigentlich nur für natürliche Zahlen sinnvoll ist, ist dieser Wert nur eine Annäherung an die eigentliche Summe:

$\int_{0}^{8} A(t)\,dt = 1749{,}3$

97. Eine Firma produziert Senftuben. Die Funktion S mit $S(t) = -0{,}5\,t^2 + 25\,t$ beschreibt die ungefähre Anzahl der Verkäufe S in der Woche t im Zeitraum [0; 11]. Berechne die Anzahl der Verkäufe in diesen elf Wochen exakt (nach der Funktion S) und näherungsweise mit der Integralrechnung und stelle deine Berechnungen graphisch dar.

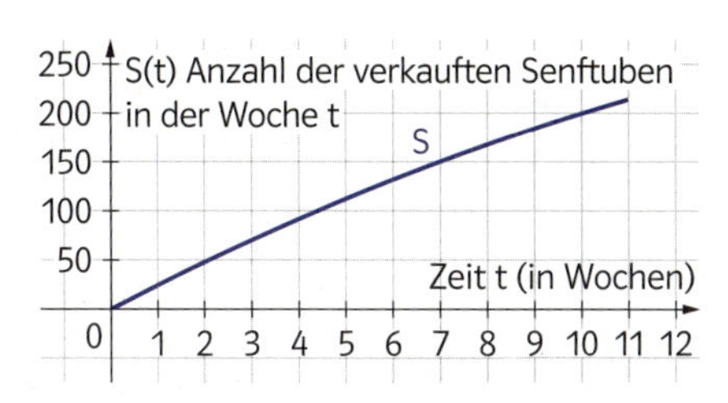

98. In einem Vergnügungspark nimmt die Anzahl der Besucherinnen und Besucher stündlich zu. Der Zustrom an Besucherinnen und Besuchern t Stunden nach Beginn der Öffnung des Parks wird an einem bestimmten Tag durch die Funktion Z mit $Z(t) = 300 \cdot 1{,}03^t$ angenähert ($t \in [0; 7]$).

1) Interpretiere die Parameter 300 und 1,03.

2) Berechne die Anzahl der Besucherinnen und Besucher, die laut diesem Modell 6 Stunden nach der Öffnung im Park sind. Berechne diese Anzahl mit und ohne Integralrechnung.

3) Interpretiere folgende Ausdrücke: $\int_3^6 Z(t)\,dt$ $\quad Z(4)$ $\quad \frac{1}{3} \cdot \int_4^7 Z(t)\,dt$ $\quad \sum_{t=0}^{7} Z(t)$

99. Eine Firma bringt ein neues Computerspiel auf den Markt. Das Interesse ist groß. Die Funktion Z modelliert die Anzahl der Zugriffe pro Stunde auf die Webseite dieses neuen Spiels in Abhängigkeit von der Zeit t (in Stunden). Stelle die in der Abbildung markierte Fläche durch ein Integral dar und interpretiere diesen Ausdruck.

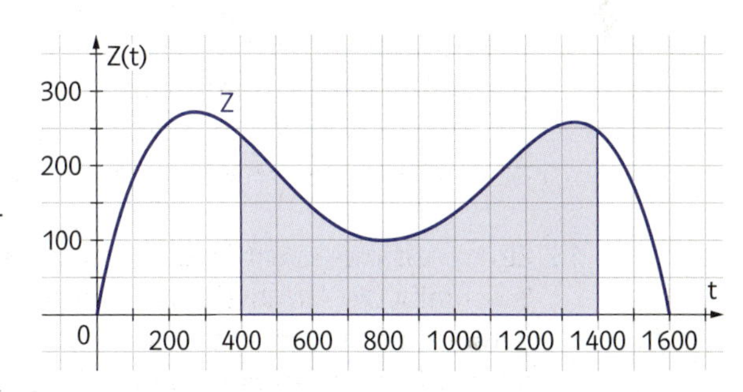

100. Eine IT-Firma bringt ein neues Produkt auf den Markt. Die Anzahl der Telefonanrufe für technische Auskünfte am Tag x kann annähernd durch eine Polynomfunktion S in Abhängigkeit des Tages x modelliert werden ($x \in [0; 40]$).

a) Interpretiere den Ausdruck S(5) im gegebenen Kontext.

b) Interpretiere den Ausdruck $\int_0^{40} S(x)\,dx$ im gegebenen Kontext.

c) Interpretiere den Ausdruck $\sum_{x=0}^{8} S(x)$ im gegebenen Kontext.

d) Interpretiere den Ausdruck $\frac{1}{20} \cdot \int_0^{20} S(x)\,dx$ im gegebenen Kontext.

AN-R 4.3 **M** **101.** Eine neue Zahnpasta wird eingeführt. Die Funktion f beschreibt die Anzahl der verkauften Tuben f(x) in der x-ten Woche nach der Markteinführung. Interpretiere den Wert des unterhalb des Graphen von f gekennzeichneten Flächenstücks und stelle diesen durch ein Integral dar.

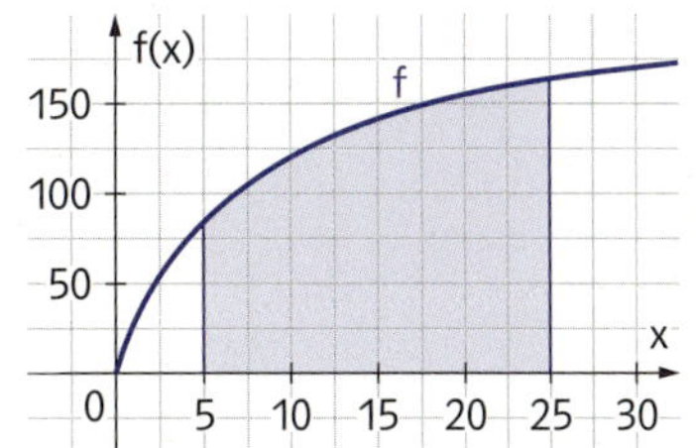

2.4 Berechnung von Flächeninhalten

KOMPE-
TENZEN

Lernziele:

- Den Flächeninhalt berechnen können, den ein Funktionsgraph mit der x-Achse einschließt
- Den Flächeninhalt zwischen zwei Funktionsgraphen berechnen können

Grundkompetenz für die schriftliche Reifeprüfung:

AN-R 4.3 Das bestimmte Integral in verschiedenen Kontexten deuten und entsprechende Sachverhalte durch Integrale beschreiben können

Der Flächeninhalt zwischen dem Graphen einer Funktion und der x-Achse

Wie in 2.2 gezeigt, ist das bestimmte Integral als eine Summe von Produkten der Form $\sum_i f(x_i) \cdot \Delta x$ interpretierbar. Nimmt eine Funktion in einem Intervall keine negativen Werte an, so kann man das bestimmte Integral ohne Probleme zur Flächenberechnung verwenden.

Nimmt eine Funktion f (vgl. Abbildung) sowohl positive als auch negative Werte in einem Intervall an, kann der Flächeninhalt in diesem Intervall auf folgende Art berechnet werden:

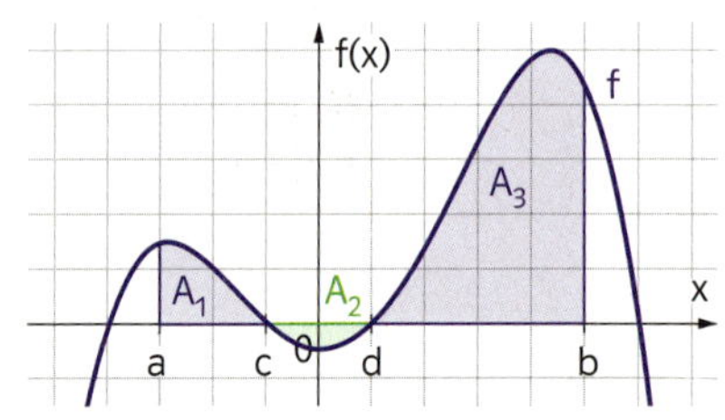

1. Es werden alle Nullstellen von f in [a; b] bestimmt. Die Funktion f besitzt die Nullstellen c und d in [a; b].
2. An der Skizze von f erkennt man: A_1 und A_3 liegen im positiven, A_2 im negativen Bereich.
3. Durch Berechnung des Integrals $\int_a^b f(x)\,dx$ erhält man den Wert $A_1 - A_2 + A_3$ und somit nicht den gesuchten Flächeninhalt.
   Man muss jeden Flächeninhalt einzeln berechnen und negative Integrale „positiv machen". Den gesuchten Flächeninhalt könnte man z. B. auf folgende Arten berechnen:

$$A(a;b) = \int_a^c f(x)\,dx - \int_c^d f(x)\,dx + \int_d^b f(x)\,dx \quad (= A_1 - (-A_2) + A_3 = A_1 + A_2 + A_3)$$

$$A(a;b) = \int_a^c f(x)\,dx + \left|\int_c^d f(x)\,dx\right| + \int_d^b f(x)\,dx \quad (= A_1 + |-A_2| + A_3 = A_1 + A_2 + A_3)$$

Anmerkung: | | sind Betragsstriche. Ein negatives Ergebnis wird dadurch positiv.

MUSTER

Technologie Anleitung Flächenberechnung 6f3b4v

102. Gegeben ist die Funktion f mit $f(x) = \frac{1}{4} \cdot (x^3 + 4x^2 - 20x - 48)$. Bestimme den Flächeninhalt, den der Graph von f mit der x-Achse einschließt.

Zuerst werden die Nullstellen entweder durch Polynomdivision oder mithilfe von Technologie berechnet: $0 = f(x) = \frac{1}{4} \cdot (x^3 + 4x^2 - 20x - 48)$

$\Rightarrow \quad x_1 = -6 \quad x_2 = -2 \quad x_3 = 4$

Mithilfe der Zeichnung erkennt man, dass die zweite Fläche im negativen Bereich liegt. Es gilt daher:

$$A(-6;4) = \int_{-6}^{-2} \frac{1}{4} \cdot (x^3 + 4x^2 - 20x - 48)\,dx + \left|\int_{-2}^{4} \frac{1}{4} \cdot (x^3 + 4x^2 - 20x - 48)\,dx\right| = 21{,}3 + |-63| = 21{,}3 + 63 = 84{,}3$$

103. Gegeben ist die Funktion f. Bestimme den Flächeninhalt, den der Graph von f mit der x-Achse einschließt und skizziere den Graphen von f sowie den gesuchten Flächeninhalt.

a) $f(x) = x^2 - 2x - 3$
b) $f(x) = x^2 - 11x + 18$
c) $f(x) = -x^2 + 1$
d) $f(x) = x^3 - 9x$
e) $f(x) = -x^3 + 2x^2 + 8x$
f) $f(x) = \frac{1}{10} \cdot (x^3 + 6x^2 - 7x)$
g) $f(x) = x^3 - 2x^2 - 25x + 50$
h) $f(x) = x^3 - 4x^2 - x + 4$
i) $f(x) = x^3 - 5x^2 - 4x + 20$

104. Gegeben sind die Funktion f und das Intervall [a; b]. Bestimme den Flächeninhalt, den der Graph von f mit der x-Achse im gegebenen Intervall einschließt.

a) $f(x) = -2x + 4$ $[0; 4]$
b) $f(x) = -6x + 2$ $[-1; 3]$
c) $f(x) = \frac{1}{2}(x^2 - 2x - 8)$ $[-3; 2]$
d) $f(x) = x^2 - x - 12$ $[-5; 1]$
e) $f(x) = x^3 - 36x$ $[-7; 0]$
f) $f(x) = x^3 - 5x^2 - 14x$ $[-2; 1]$

105. Der Flächeninhalt eines Kirchenfensters kann durch den Flächeninhalt, den der Graph von f im gegebenen Intervall mit der x-Achse einschließt, modelliert werden. Berechne den Flächeninhalt des Fensters.

a) $f(x) = x^2 + 3$ $[-4; 4]$
b) $f(x) = 2x^2 + 1$ $[-3; 3]$

106. Gegeben ist die Funktion f. Bestimme den Flächeninhalt, den der Graph von f mit der x-Achse einschließt.

a) $f(x) = x^3 - x^2 - 8x + 12$
b) $f(x) = x^4 - 9x^2$
c) $f(x) = x^4 - 18x^2 + 81$
d) $f(x) = x^4 + 9x^3 + 23x^2 + 3x - 36$

TIPP → Bei dieser Aufgabe kann man den Flächeninhalt mit nur einem Integral berechnen.

107. Gegeben ist die Funktion f. Bestimme den Parameter a so, dass der Graph von f in [0; a] mit $a > 0$ den Flächeninhalt A mit der x-Achse einschließt.

a) $f(x) = x + 3$ $A = 20$
b) $f(x) = -4x + 8$ $A = 7{,}5$
c) $f(x) = 0{,}5x^2$ $A = 7{,}5$
d) $f(x) = 0{,}25x^3$ $A = 81$
e) $f(x) = \sqrt{x}$ $A = 18$
f) $f(x) = 0{,}2x^5$ $A = 522$

108. Gegeben sind die Funktion f und das Intervall [a; b]. Bestimme den Flächeninhalt, den der Graph von f mit der x-Achse im gegebenen Intervall einschließt.

a) $f(x) = \sqrt{2x + 3}$ $[-1; 4]$
b) $f(x) = \sqrt[3]{-2x + 4}$ $[0; 4]$
c) $f(x) = x \cdot e^{2x}$ $[-1; 2]$
d) $f(x) = -3x \cdot e^{-4x}$ $[-1; 2]$
e) $f(x) = 2x \cdot \sin(3x)$ $[0; 2]$
f) $f(x) = -3x \cdot \cos(2x)$ $[0; 2]$

AN-R 4.3 M

Arbeitsblatt Flächenberechnungen – Maturaformate h9qe2h

109. Gegeben ist der Graph einer Polynomfunktion f dritten Grades. Kreuze die zutreffende(n) Aussage(n) an. A ist der Flächeninhalt, den der Graph von f mit der x-Achse einschließt.

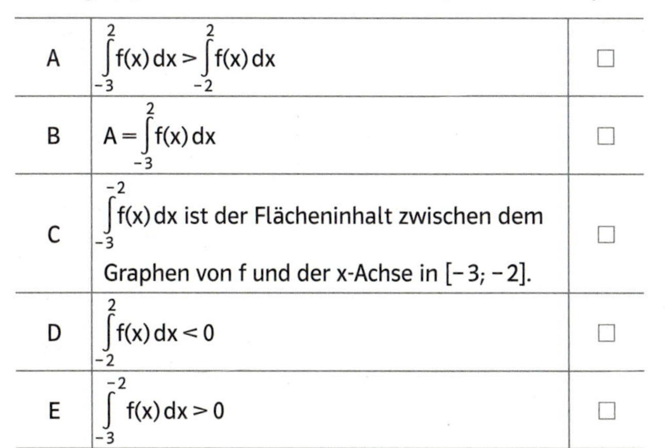

A	$\int_{-3}^{2} f(x)\,dx > \int_{-2}^{2} f(x)\,dx$	☐
B	$A = \int_{-3}^{2} f(x)\,dx$	☐
C	$\int_{-3}^{-2} f(x)\,dx$ ist der Flächeninhalt zwischen dem Graphen von f und der x-Achse in $[-3; -2]$.	☐
D	$\int_{-2}^{2} f(x)\,dx < 0$	☐
E	$\int_{-3}^{-2} f(x)\,dx > 0$	☐

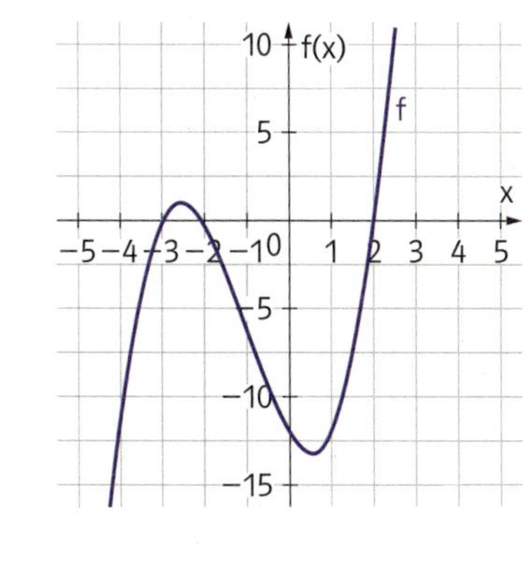

AN-R 4.3 **M** **110.** Gegeben ist der Graph einer zur y-Achse symmetrischen Funktion f. A ist der Flächeninhalt, der in der Abbildung markiert ist. Kreuze die beiden zutreffenden Aussagen an.

A	$A = \int_2^6 f(x)\,dx$	☐
B	$A = \int_2^4 f(x)\,dx - \int_4^6 f(x)\,dx$	☐
C	$A = \int_{-4}^{-2} f(x)\,dx + \left\vert \int_4^6 f(x)\,dx \right\vert$	☐
D	$A = \int_2^4 f(x)\,dx + \int_4^6 f(x)\,dx$	☐
E	$A = \int_{-6}^{-4} f(x)\,dx - \int_2^4 f(x)\,dx$	☐

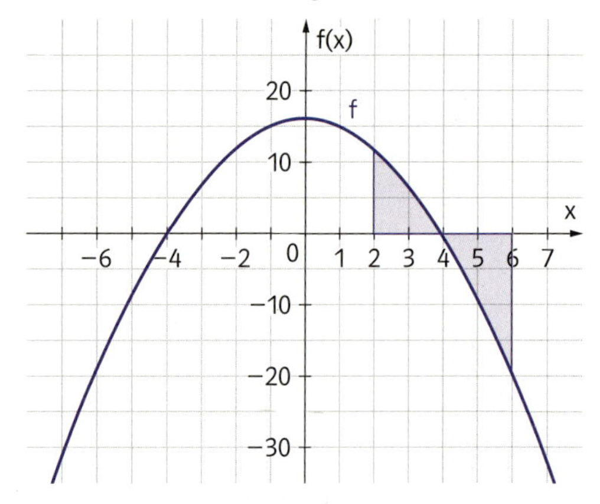

AN-R 4.3 **M** **111.** Gegeben ist eine quadratische Funktion f. Ordne den vier Graphiken (mit unterschiedlich markierten Flächenstücken) jene Integrale zu, mit denen der jeweilige Flächeninhalt berechnet werden kann.

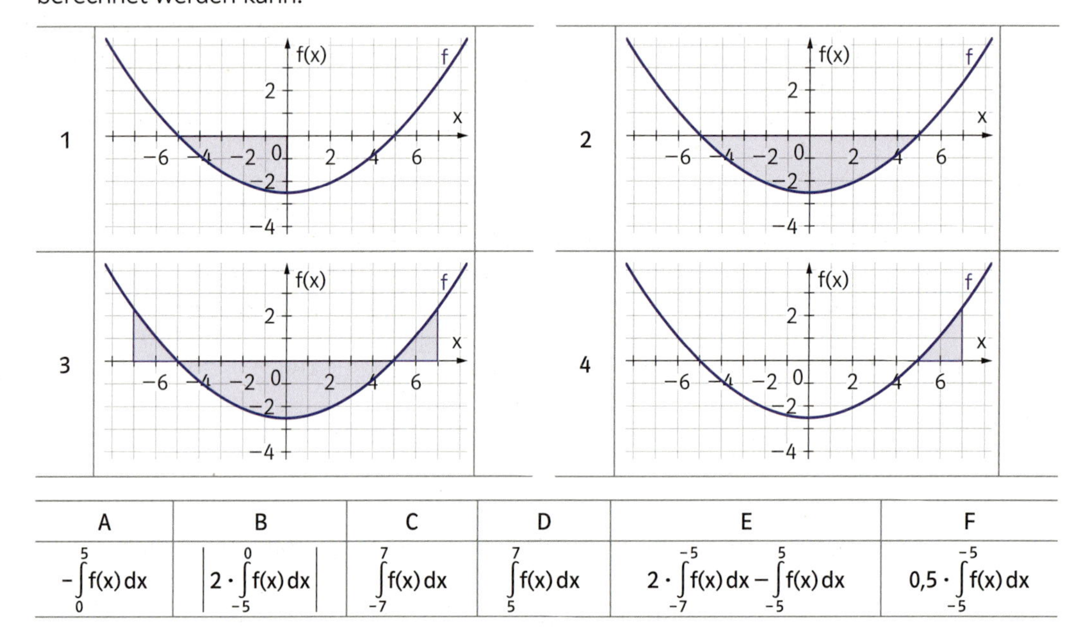

A	B	C	D	E	F
$-\int_0^5 f(x)\,dx$	$\left\vert 2 \cdot \int_{-5}^0 f(x)\,dx \right\vert$	$\int_{-7}^7 f(x)\,dx$	$\int_5^7 f(x)\,dx$	$2 \cdot \int_{-7}^{-5} f(x)\,dx - \int_{-5}^5 f(x)\,dx$	$0{,}5 \cdot \int_{-5}^{-5} f(x)\,dx$

Der Flächeninhalt zwischen zwei Funktionsgraphen

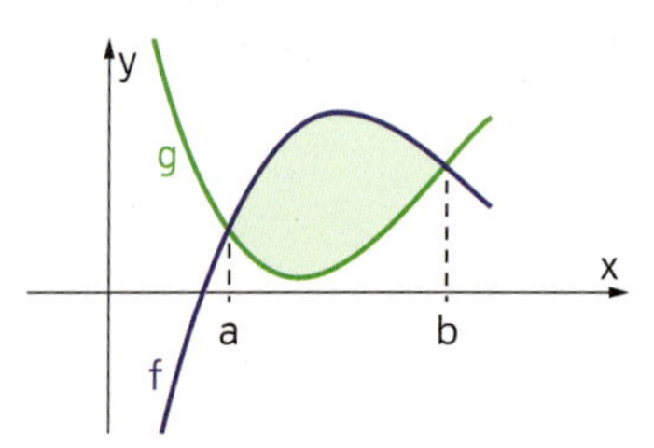

In diesem Abschnitt wird eine Methode erarbeitet, die zeigt, wie der von zwei Funktionsgraphen eingeschlossene Flächeninhalt berechnet werden kann.
In nebenstehender Abbildung sieht man die Graphen zweier Funktionen f und g sowie den Flächeninhalt, den die beiden Graphen miteinander einschließen.
Um diese grüne Fläche zu berechnen, greift man auf bereits bekanntes Wissen zurück:

Zuerst wird der größere Flächeninhalt berechnet (rot): $\int_a^b f(x)\,dx$	Anschließend wird der kleinere Flächeninhalt berechnet (blau): $\int_a^b g(x)\,dx$	Den gesuchten Inhalt der grünen Fläche erhält man nun durch Subtraktion der beiden Ergebnisse: $A = \int_a^b f(x)\,dx - \int_a^b g(x)\,dx$
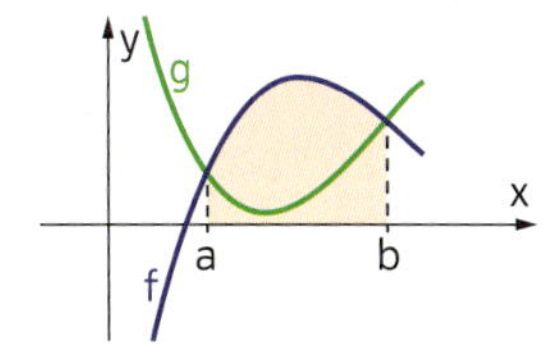	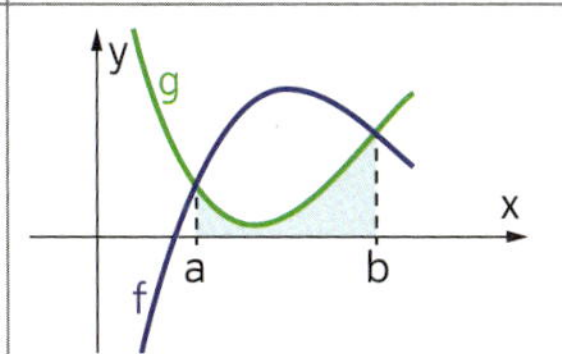	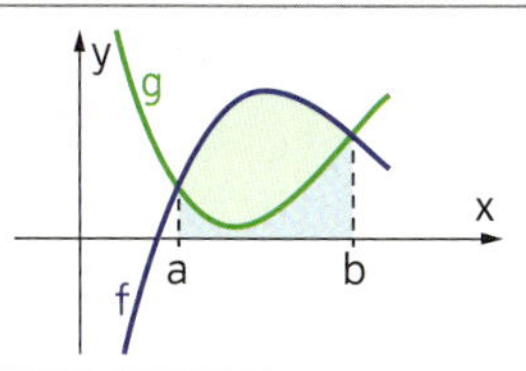

Der Ausdruck $A = \int_a^b f(x)\,dx - \int_a^b g(x)\,dx$ kann zu $A = \int_a^b (f(x) - g(x))\,dx$ vereinfacht werden. Man bildet die Differenz aus den Flächeninhalten unter der „oberen" und der „unteren" Funktion.

MERKE

Flächeninhalt zwischen zwei Funktionsgraphen

Seien f und g zwei auf [a; b] stetige Funktionen mit $f(x) \geq g(x)$ für alle $x \in [a; b]$. Dann berechnet man den Flächeninhalt, der von den beiden Graphen von f und g im Intervall [a; b] begrenzt wird, durch: $A = \int_a^b [f(x) - g(x)]\,dx$

Beweis: Sind die Funktionswerte von f und g in [a; b] positiv, so ist der obige Satz klar (vgl. Abbildungen oben).
Sind Funktionswerte von f oder g in [a; b] negativ, so kann man in Gedanken beide Funktionen um c Einheiten nach oben verschieben:

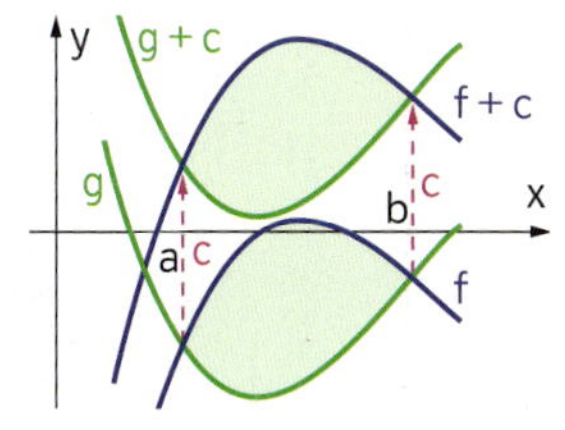

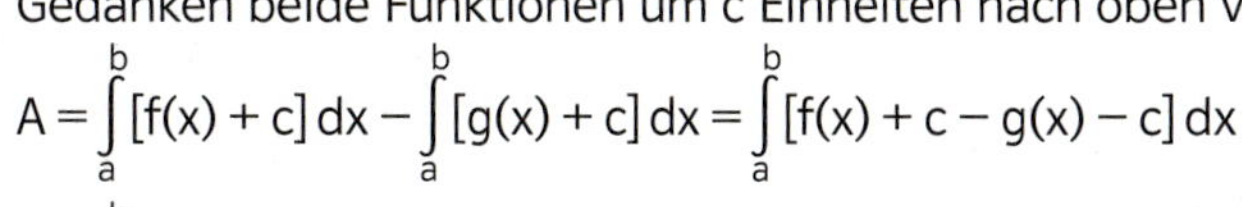

$$A = \int_a^b [f(x) + c]\,dx - \int_a^b [g(x) + c]\,dx = \int_a^b [f(x) + c - g(x) - c]\,dx$$

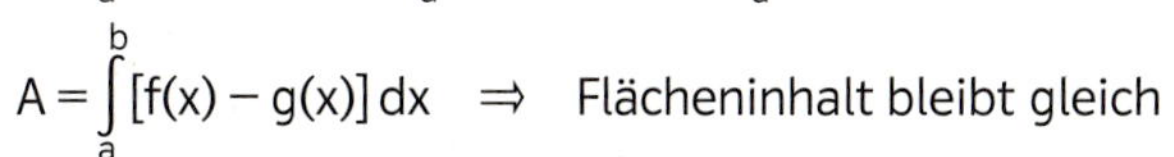

$$A = \int_a^b [f(x) - g(x)]\,dx \quad \Rightarrow \quad \text{Flächeninhalt bleibt gleich}$$

TECHNO-LOGIE

Flächeninhalt zwischen f und g in [a; b] mit $f(x) \geq g(x)$ für alle $x \in [a; b]$

GeoGebra: IntegralZwischen[f, g, a, b] TI-NSpire: $\int_{a}^{b} (f(x) - g(x))\,dx$

Technologie Anleitung Flächeninhalte zwischen f und g 4j7773

MUSTER

112. Berechne den Flächeninhalt, der von den Graphen der beiden Funktionen f und g begrenzt wird. $f(x) = x^3 - 3x^2 + 2 \qquad g(x) = x - 1$

1. Für die Integrationsgrenzen: x-Koordinaten der Schnittpunkte berechnen: $f(x) = g(x) \Rightarrow x^3 - 3x^2 + 2 = x - 1 \Rightarrow x_1 = -1 \; x_2 = 1 \; x_3 = 3$
2. In [−1; 1] liegt der Graph von f „über" dem Graphen von g und in [1; 3] der Graph von g „über" dem Graphen von f ⇒

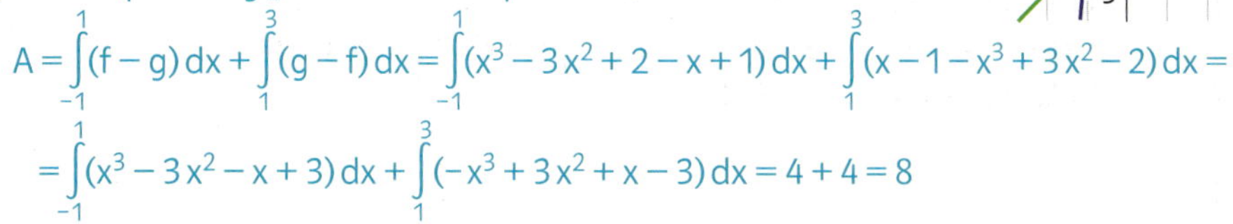

$$A = \int_{-1}^{1} (f - g)\,dx + \int_{1}^{3} (g - f)\,dx = \int_{-1}^{1} (x^3 - 3x^2 + 2 - x + 1)\,dx + \int_{1}^{3} (x - 1 - x^3 + 3x^2 - 2)\,dx =$$

$$= \int_{-1}^{1} (x^3 - 3x^2 - x + 3)\,dx + \int_{1}^{3} (-x^3 + 3x^2 + x - 3)\,dx = 4 + 4 = 8$$

113. Berechne den Flächeninhalt, der von den Graphen der beiden Funktionen f und g begrenzt wird.

a) $f(x) = x^2 - 3x + 4 \quad g(x) = 4$
b) $f(x) = -x^2 + 2x - 3 \quad g(x) = x - 5$
c) $f(x) = -0{,}5x^2 - 2x + 3 \quad g(x) = 2x + 9$
d) $f(x) = \frac{1}{2} \cdot (x^2 - 3) \quad g(x) = -x^2 + 12$

114. Berechne den Flächeninhalt, der von den Graphen der beiden Funktionen f und g begrenzt wird.

a) $f(x) = x^3 - 2x^2 + 2 \quad g(x) = x$
b) $f(x) = -2x^3 + 5x - 4 \quad g(x) = -3x - 4$
c) $f(x) = -x^3 + 5x^2 - 4 \quad g(x) = -x + 1$
d) $f(x) = x^4 - 3x^2 + 1 \quad g(x) = 2x + 1$

115. Gegeben ist eine Funktion f. Berechne den Hochpunkt von f und stelle die Tangente g an f in diesem Punkt auf. Berechne den Flächeninhalt, den der Graph von f, der Graph von g und die y-Achse miteinander einschließen.

a) $f(x) = x^3 - 3x^2 - 24x$
b) $f(x) = -x^3 + 6x^2 + 63x + 2$

116. Berechne den Flächeninhalt, der vom Graphen von f, der Tangente von f an der Stelle p und der y-Achse begrenzt wird.

a) $f(x) = x^2 - 3x + 4 \quad p = 5$
b) $f(x) = 4x^2 - 3x \quad p = 2$
c) $f(x) = x^3 - 7x^2 - 9x + 63 \quad p = 3$
d) $f(x) = x^3 - 16x \quad p = -1$

117. Gegeben sind eine Funktion f sowie eine Gerade g, die den Graphen von f zweimal schneidet. Skizziere die beiden Graphen und markiere die von den beiden Graphen eingeschlossenen Flächenstücke. Zeige, dass diese beiden Flächenstücke gleich groß sind.

a) $f(x) = \frac{1}{5} \cdot (x^3 - 9x + 5) \quad g(x) = -x + 1$
b) $f(x) = x^3 - x + 5 \quad g(x) = 3x + 5$

118. In der Abbildung ist ein Schnitt durch eine Vase (Maße in cm) abgebildet. Berechne den Flächeninhalt, der durch den Graphen der Funktion f mit $f(x) = ax^2 + b$, der x-Achse sowie den Geraden h, i und j begrenzt wird.

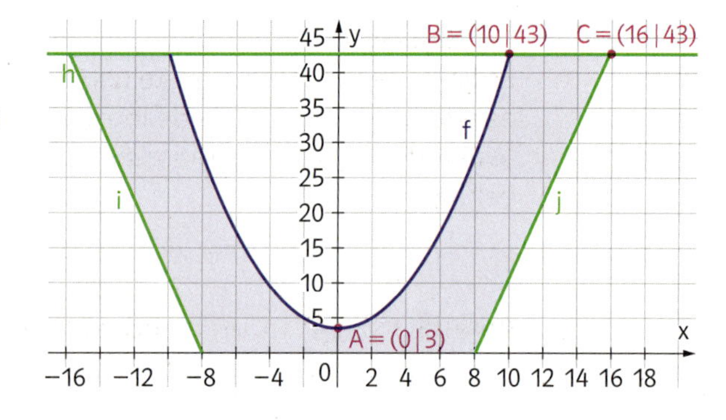

AN-R 4.3 **M**
Arbeitsblatt – Flächeninhalt zwischen f und g – Maturaformate ie67tc

119. Gegeben sind die Graphen zweier Funktionen f und g. Kreuze jene(s) Integral(e) an, mit dem (denen) man den markierten Flächeninhalt A zwischen den beiden Funktionsgraphen berechnen kann.

A	$A = \int_a^b [f(x) - g(x)]\,dx + \int_b^c [f(x) - g(x)]\,dx$	☐
B	$A = \int_a^b [f(x) - g(x)]\,dx - \int_b^c [f(x) - g(x)]\,dx$	☐
C	$A = \left\lvert \int_a^b [f(x) - g(x)]\,dx \right\rvert + \left\lvert \int_b^c [f(x) - g(x)]\,dx \right\rvert$	☐
D	$A = \int_a^c [f(x) - g(x)]\,dx$	☐
E	$A = \int_a^b [f(x) - g(x)]\,dx + \int_b^c [g(x) - f(x)]\,dx$	☐

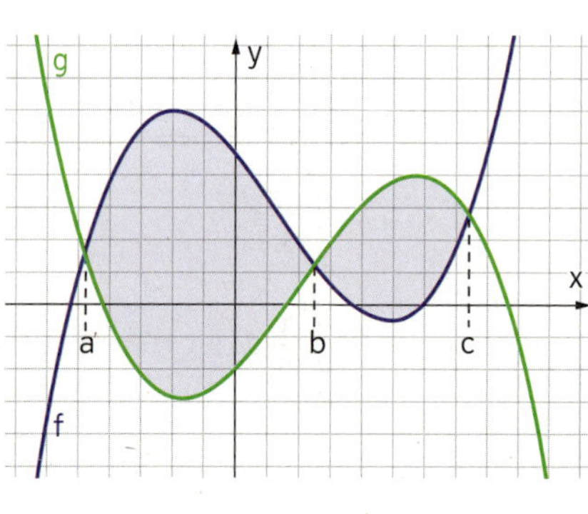

AN-R 4.3 **M** **120.** Gegeben sind die beiden Funktionen f mit $f(x) = -x^2 + 9$ und g mit $g(x) = x^2 - 9$. Begründe, dass man den Flächeninhalt, den die beiden Funktionsgraphen miteinander einschließen, mit der Formel $4 \cdot \int_{-3}^{0} f(x)\,dx$ berechnen kann.

Uneigentliche Integrale

MERKE

Uneigentliche Integrale

Integrale der Form $\lim\limits_{b \to \infty} \int_a^b f(x)\,dx$ bzw. $\lim\limits_{a \to -\infty} \int_a^b f(x)\,dx$ werden uneigentliche Integrale genannt.

Existiert der Grenzwert, dann schreibt man:

$$\lim_{b \to \infty} \int_a^b f(x)\,dx = \int_a^{\infty} f(x)\,dx \quad \text{bzw.} \quad \lim_{a \to -\infty} \int_a^b f(x)\,dx = \int_{-\infty}^{b} f(x)\,dx$$

MUSTER

121. Berechne den Flächeninhalt, den der Graph von f mit $f(x) = \frac{1}{x^2}$ für $x \geqslant 2$ mit der x-Achse einschließt.

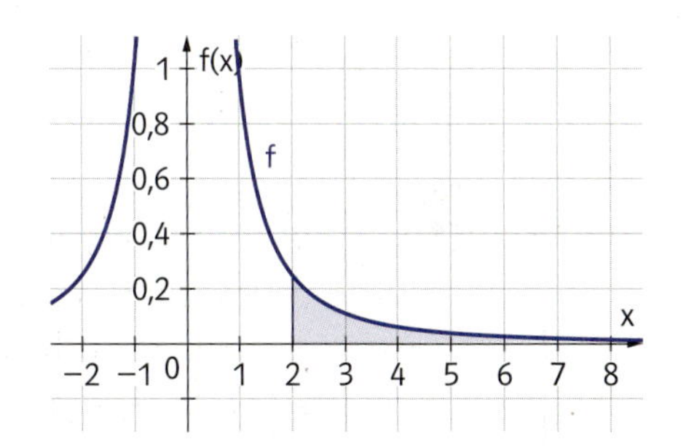

Es wird der Grenzwert von $\lim\limits_{b \to \infty} \int_2^b f(x)\,dx$ berechnet:

$$\lim_{b \to \infty} \int_2^b x^{-2}\,dx = \lim_{b \to \infty} \left(-x^{-1}\Big|_2^b\right) = \lim_{b \to \infty} \left(-\frac{1}{b} + \frac{1}{2}\right) = \frac{1}{2}$$

Anmerkung:
Es ist zu beachten, dass es keinen Grenzwert geben muss. Bei uneigentlichen Integralen ist es auch möglich, dass beide Integrationsgrenzen im Unendlichen liegen bzw. dass die Funktion an einer Integrationsgrenze undefiniert ist. Diese Fälle werden hier allerdings nicht behandelt.

TECHNOLOGIE

Anleitung Uneigentliches Integral hu958w

Berechnung eines uneigentlichen Integrals einer Funktion f in [a; ∞]

GeoGebra:	Integral[f, a, ∞]	Beispiel: Integral$\left[\frac{1}{x^2}, 2, \infty\right]$
TI-Nspire:	$\int_a^{\infty} f(x)\,d\,x$	Beispiel: $\int_2^{\infty} \frac{1}{x^2}\,dx$

122. Berechne das uneigentliche Integral.

a) $\int_2^{\infty} \frac{-2}{x^2}\,dx$
b) $\int_1^{\infty} \frac{3}{x^3}\,dx$
c) $\int_{-\infty}^{-3} \frac{2}{x^2}\,dx$
d) $\int_{-\infty}^{-1} \frac{3}{x^3}\,dx$
e) $\int_3^{\infty} e^{-x}\,dx$
f) $\int_4^{\infty} e^{-2x}\,dx$
g) $\int_0^{\infty} -3e^{-x}\,dx$
h) $\int_{-\infty}^{1} -2e^{2x}\,dx$

ZUSAMMENFASSUNG

Ober- und Untersummen

Sei f eine auf [a; b] stetige Funktion. Zerlegt man das Intervall [a; b] in n gleich große Teilintervalle der Breite $\Delta x = \frac{b-a}{n}$ und bezeichnet mit $m_1, m_2, \ldots, m_n$ die Minimumstellen und mit $M_1, M_2, \ldots, M_n$ die Maximumstellen von f in den einzelnen Intervallen, dann nennt man

- $U_n = \Delta x \cdot f(m_1) + \Delta x \cdot f(m_2) + \ldots + \Delta x \cdot f(m_n) = \sum_{i=1}^{n} \Delta x \cdot f(m_i)$ **Untersumme** von f in [a; b].
- $O_n = \Delta x \cdot f(M_1) + \Delta x \cdot f(M_2) + \ldots + \Delta x \cdot f(M_n) = \sum_{i=1}^{n} \Delta x \cdot f(M_i)$ **Obersumme** von f in [a; b].

Das bestimmte Integral

Sei f eine auf [a; b] stetige Funktion, dann kann das Integral von f in [a; b] als Grenzwert einer Summe von Produkten definiert werden. Es gilt: $\sum_i f(x_i) \cdot \Delta x \approx \int_a^b f(x)\,dx$

Das bestimmte Integral $\int_a^b f(x)\,dx$ ist jener Wert, der zwischen allen Unter- und Obersummen von f in [a; b] liegt.

Hauptsatz der Differential- und Integralrechnung

Sei f eine auf [a; b] stetige Funktion. Dann gilt:
(1) Es existiert eine Stammfunktion F von f.
(2) $\int_a^b f(x)\,dx = F(b) - F(a)$

Rechenregeln für bestimmte Integrale

Für zwei auf [a; b] stetige Funktionen f und g und eine Stammfunktion F von f und eine reelle Zahl $k \neq 0$ gilt:

Summen- und Differenzenregel:
$\int_a^b (f(x) \pm g(x))\,dx = \int_a^b f(x)\,dx \pm \int_a^b g(x)\,dx$

Regel vom konstanten Faktor:
$\int_a^b k \cdot f(x)\,dx = k \cdot \int_a^b f(x)\,dx$

Konstantenregel:
$\int_a^b f(k \cdot x)\,dx = \frac{1}{k} \cdot F(k \cdot x)\Big|_a^b$

Weitere Rechenregeln für bestimmte Integrale

(1) $\int_a^b f(x)\,dx + \int_b^c f(x)\,dx = \int_a^c f(x)\,dx$
(2) $\int_a^b f(x)\,dx = -\int_b^a f(x)\,dx$
(3) $\int_a^a f(x)\,dx = 0$

Flächeninhalt zwischen zwei Funktionsgraphen

Seien f und g zwei auf [a; b] stetige Funktionen mit $f(x) \geqslant g(x)$ für alle $x \in [a; b]$, dann berechnet man den Flächeninhalt, der von den beiden Graphen von f und g im Intervall [a; b] begrenzt wird, durch:

$A = \int_a^b [f(x) - g(x)]\,dx$

y
g
x
a
b
f

Das uneigentliche Integral

Integrale der Form $\lim_{b \to \infty} \int_a^b f(x)\,dx$ bzw. $\lim_{a \to -\infty} \int_a^b f(x)\,dx$ werden uneigentliche Integrale genannt.
Existiert der Grenzwert, dann schreibt man:

$\lim_{b \to \infty} \int_a^b f(x)\,dx = \int_a^{\infty} f(x)\,dx$ bzw. $\lim_{a \to -\infty} \int_a^b f(x)\,dx = \int_{-\infty}^b f(x)\,dx$

TRAINING

Vernetzung – Typ-2-Aufgaben

M **123.** Eine Bungee-Jumperin springt von einer Klippe. Der Sprung besteht aus zwei Teilen: einer Beschleunigungsphase, während der das Seil noch lose ist und einer Abbremsphase, in der das Seil gespannt wird. Die beiden Phasen werden durch die Zeit-Geschwindigkeitsfunktionen v_1 und v_2 beschrieben (t in Sekunden, v in m/s):

$$v_1(t) = -6{,}5 \cdot t^3 + 14{,}2 \cdot t^2 + 9 \cdot t \text{ für } t \in [0; 1{,}75]$$

$$v_2(t) = 4 \cdot t^3 - 34{,}3 \cdot t^2 + 82{,}22 \cdot t - 35{,}85 \text{ für } t \in [1{,}75; 3{,}75]$$

Die folgende Abbildung zeigt die Graphen der Funktionen sowie die beiden Punkte P_1 und P_2.

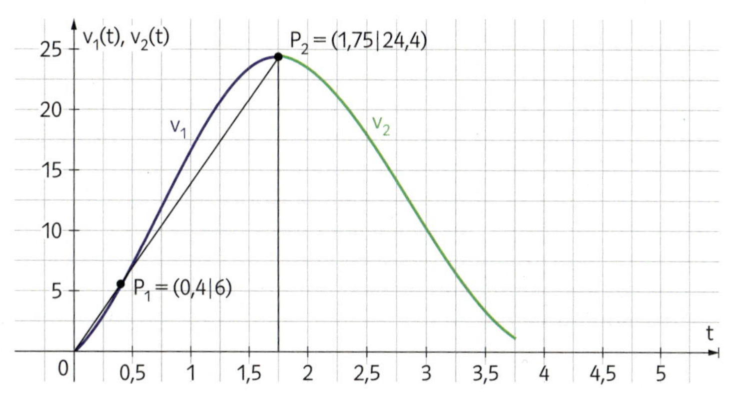

a) Der Flächeninhalt unter dem Graphen der Funktion v_2 soll durch Ober- und Untersummen angenähert werden. Dazu wird das Zeitintervall [1,75; 3,75] in vier gleich große Teile geteilt.
Berechne den Unterschied zwischen der Ober- und der Untersumme bei einer solchen Zerlegung des Intervalls und interpretiere den erhaltenen Wert im Kontext.

b) Die Funktion v_1 modelliert die Beschleunigungsphase im Zeitintervall [0,4; 1,75] durch eine Polynomfunktion 3. Grades. In der Abbildung ist ein lineares Modell durch eine Strecke eingezeichnet. Der Weg, den die Bungee-Jumperin im Zeitintervall [0,4; 1,75] zurücklegt, lässt sich mit beiden Modellen bestimmen.
Berechne, um wie viel Meter sich der Wert für diesen Weg bei Berechnung mit dem linearen Modell von jenem unterscheidet, den man mit dem Modell der Polynomfunktion erhält. Stelle die erhaltene Zahl in der obigen Abbildung dar.

c) Unter der Dichte ϱ eines Gegenstands versteht man seine Masse m pro Volumeneinheit V, also $\varrho = \frac{m}{V}$ (in kg/m³). Bei konstanter Dichte kann man die Masse des Bungee-Seils durch $m = \varrho \cdot V = \varrho \cdot A \cdot L$ berechnen, wobei A der Flächeninhalt der Querschnittsfläche des Seils und L seine Länge bedeuten.
Wenn das Bungee-Seil komplett gespannt ist, wird es an verschiedenen Stellen unterschiedlich stark auseinandergezogen. Seine Querschnittsfläche A ist dann nicht konstant, sondern von der jeweiligen Position l entlang des Seils abhängig ($A = A(l)$).
Durch Teilen des Seils in Abschnitte mit der Länge Δl und Berechnen von Ober- oder Untersummen lässt sich ein Näherungswert für die Masse angeben. Die Dichte ϱ wird dabei als konstant angenommen.
Gib einen mathematischen Ausdruck an, mit dem man die Masse des Bungee-Seils in gespanntem Zustand bei bekannter Funktion A exakt berechnen kann.

ÜBER-PRÜFUNG

Selbstkontrolle

☐ Ich kann den Flächeninhalt, den der Graph einer Funktion mit der x-Achse einschließt, näherungsweise mittels Ober- und Untersummen berechnen.

124. In der Abbildung sieht man den Graphen einer Funktion f sowie einige eingezeichnete Rechtecke. Berechne mithilfe der gegebenen Rechtecke die Ober- und Untersumme von f in [0; 3].

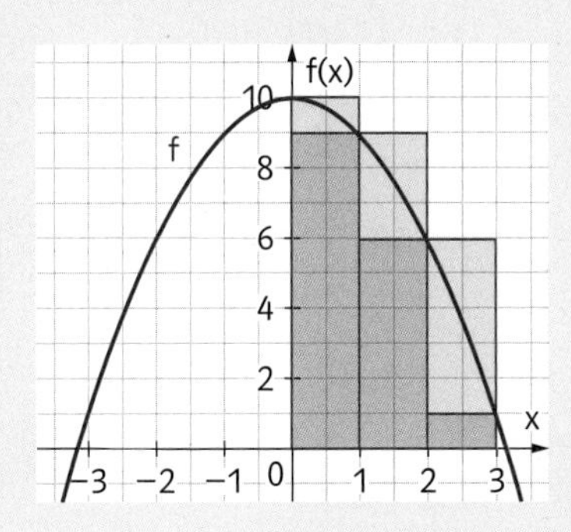

☐ Ich kann das bestimmte Integral definieren.

125. Gegeben ist eine Polynomfunktion f vom Grad ⩾ 2. Kreuze die jedenfalls zutreffende(n) Aussage(n) an.

A	Das bestimmte Integral von f in [a; b] ist der Flächeninhalt, den der Graph von f in [a; b] mit der x-Achse einschließt.	☐
B	Das bestimmte Integral von f in [a; b] ist der Grenzwert einer Summe von Produkten.	☐
C	Das bestimmte Integral von f in [a; b] ist jener Wert, der zwischen allen Ober- und Untersummen von f in [a; b] liegt.	☐
D	Das bestimmte Integral von f in [a; b] ist immer positiv.	☐

☐ Ich kann das bestimmte Integral als eine Summe von sehr kleinen Produkten deuten.
☐ Ich kann die Schreibweise des bestimmten Integrals nachvollziehen.

126. Erkläre mögliche Zusammenhänge zwischen der Schreibweise $\int_a^b f(x)\,dx$ und der Schreibweise $\sum_i f(x_i) \cdot \Delta x$.

AN-R 4.3 **M** **127.** In der Abbildung sieht man den Graphen der Zeit-Geschwindigkeitsfunktion v eines Fußgängers (v in m/s) in Abhängigkeit von der Zeit t (in Sekunden s).

Berechne das Integral $\int_0^{80} v(t)\,dt$ und interpretiere das Ergebnis im Kontext.

☐ Ich kann das bestimmte Integral mit Hilfe von Stammfunktionen berechnen.

128. Berechne den Wert des Integrals. $\int_{-2}^{3}\left(-\frac{x^2}{2}-3x+1\right)dx$

☐ Ich kann Rechenregeln zur Berechnung von bestimmten Integralen anwenden.

AN-R 4.2 **M** **129.** Gegeben sind zwei stetige Funktionen f und g sowie eine positive reelle Zahl k. Kreuze die zutreffende(n) Aussage(n) an.

A	$\int(f(x+k))\,dx = \int f(x)\,dx + \int k\,dx$	☐
B	$\int f(k \cdot x)\,dx = \frac{1}{k} \cdot \int f(k \cdot x)\,dx$	☐
C	$\int(k + f(x))\,dx = kx + \int f(x)\,dx$	☐
D	$\int\left(\frac{g(x)}{f(x)}\right)dx = \frac{\int g(x)\,dx}{\int f(x)\,dx}$	☐
E	$\int(f(x) - g(x))\,dx = \int f(x)\,dx - \int g(x)\,dx$	☐

☐ Ich kenne den Hauptsatz der Differential- und Integralrechnung und kann diesen anwenden.

130. Kreuze die richtige(n) Aussage(n) an.

A	Jede stetige Funktion besitzt eine Stammfunktion.	☐
B	$\int_a^b f(x)\,dx = f(b) - f(a)$	☐
C	Jede Polynomfunktion besitzt eine Stammfunktion.	☐
D	Ist f stetig in [a; b], dann kann man das bestimmte Integral mithilfe jeder Stammfunktion von f berechnen.	☐

AN-R 4.3 **M** **131.** Gegeben sind der Graph der Funktion f sowie der Graph einer Stammfunktion F von f. Bestimme mithilfe der beiden Graphen den beim Graphen von f markierten Flächeninhalt.

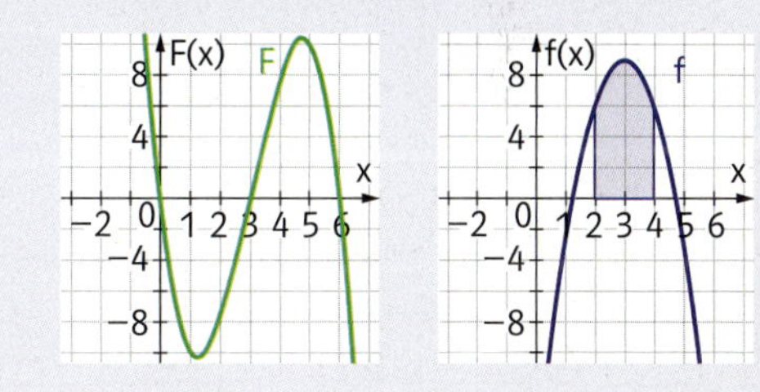

☐ Ich kann den Flächeninhalt berechnen, den ein Funktionsgraph mit der x-Achse einschließt.

132. Gegeben ist die Funktion f mit $f(x) = x^3 - 2x^2 - 8x$. Berechne den Flächeninhalt, den der Graph von f mit der x-Achse einschließt.

☐ Ich kann den Flächeninhalt zwischen zwei Funktionsgraphen berechnen.

AN-R 4.3 **M** **133.** Gegeben sind die Graphen zweier Funktionen f und g. Stelle eine Formel auf, mit der man den Flächeninhalt zwischen den beiden Funktionsgraphen in [a; c] berechnen kann.

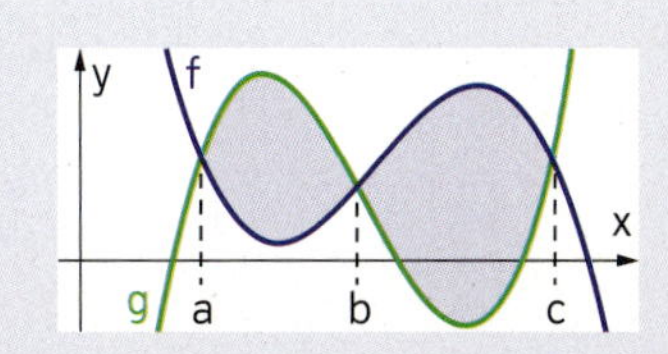

Kompetenzcheck Integralrechnung 1

Grundkompetenzen für die schriftliche Reifeprüfung

- ☐ AN-R 3.1 Den Begriff „Ableitungsfunktion/Stammfunktion" kennen und zur Beschreibung von Funktionen einsetzen können
- ☐ AN-R 3.2 Den Zusammenhang zwischen Funktion und Ableitungsfunktion (bzw. Funktion und Stammfunktion) in deren graphischer Darstellung (er)kennen und beschreiben können
- ☐ AN-R 4.1 Den Begriff des bestimmten Integrals als Grenzwert einer Summe von Produkten deuten können
- ☐ AN-R 4.2 Einfache Regeln des Integrierens kennen und anwenden können: Potenzregel, Summenregel, $\int k \cdot f(x)\,dx$, $\int f(k \cdot x)\,dx$ (vgl. Inhaltsbereich Funktionale Abhängigkeiten), bestimmte Integrale von Polynomfunktionen ermitteln können
- ☐ AN-R 4.3 Das bestimmte Integral in verschiedenen Kontexten deuten und entsprechende Sachverhalte durch Integrale beschreiben können

AN-R 3.1 **M** **134.** Gegeben sind zwei auf [a; b] stetige Funktionen f und g. Es gilt der Zusammenhang $f'(x) = g(x)$. Kreuze die zutreffende(n) Aussage(n) an.

A	f ist eine Stammfunktion von g.	☐
B	g ist eine Stammfunktion von f.	☐
C	f ist die Ableitungsfunktion von g.	☐
D	f + c ist eine Stammfunktion von g ($c \in \mathbb{R}$).	☐
E	g + c ist eine Ableitungsfunktion von f ($c \in \mathbb{R}$).	☐

AN-R 3.2 **M** **135.** Gegeben ist der Graph einer Funktion f.
Skizziere den Graphen jener Stammfunktion g von f mit der Eigenschaft $g(0) = 0$.

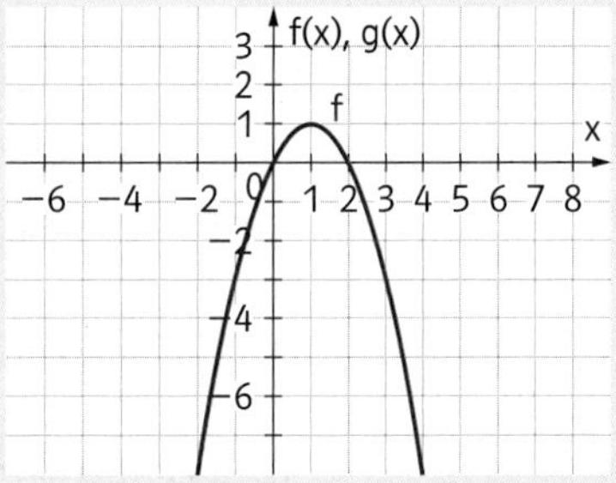

f(x), g(x)
f
x
−6 −4 −2 0 1 2 3 4 5 6 7 8
3 2 1 −2 −4 −6

AN-R 4.1 **M** **136.** Gegeben ist eine Polynomfunktion f sowie der Wert $u = \int_a^b f(x)\,dx$ ($a, b \in \mathbb{R}$). Kreuze die jedenfalls zutreffende(n) Aussage(n) an.

A	Der Wert u ist eine reelle Zahl.	☐
B	Der Wert u ist der Grenzwert einer Summe von Produkten.	☐
C	Teilt man das Intervall [a; b] in n gleich große Teile, nimmt aus jedem Teilintervall eine Zwischenstelle x_i und berechnet $\sum_{i=1}^{n} x_i \cdot f(x_i)$, so erhält man für große n einen Näherungswert für u.	☐
D	Der Wert u ist eine positive Zahl.	☐
E	Der Wert u ist der Flächeninhalt, den der Graph von f mit der x-Achse im Intervall [a; b] einschließt.	☐

AN-R 4.2 **M** **137.** Berechne das bestimmte Integral. $\int_{-2}^{0}(a x^2 - 3)\,da$

AN-R 4.2 **M** **138.** Bestimme den Parameter a so, dass gilt: $\int_{0}^{a} x^2\,dx = 9$.

AN-R 4.2 **M** **139.** Gegeben sind zwei stetige Funktionen f und g sowie eine positive reelle Zahl k. Kreuze die zutreffende(n) Aussage(n) an.

A	$\int(f(x) + g(x))\,dx = \int f(x)\,dx + \int g(x)\,dx$	☐
B	$\int f(k \cdot x)\,dx = k \cdot \int f(x)\,dx$	☐
C	$\int(k + f(x))\,dx = k + \int f(x)\,dx$	☐
D	$\int(g(x) \cdot f(x))\,dx = \int g(x)\,dx \cdot \int f(x)\,dx$	☐
E	$\int(k \cdot f(x) + g(x))\,dx = k \cdot \int f(x)\,dx + \int g(x)\,dx$	☐

AN-R 4.3 **M** **140.** Gegeben ist der Graph der Funktion f. Berechne den Ausdruck $\int_{-2}^{4} f(x)\,dx$.

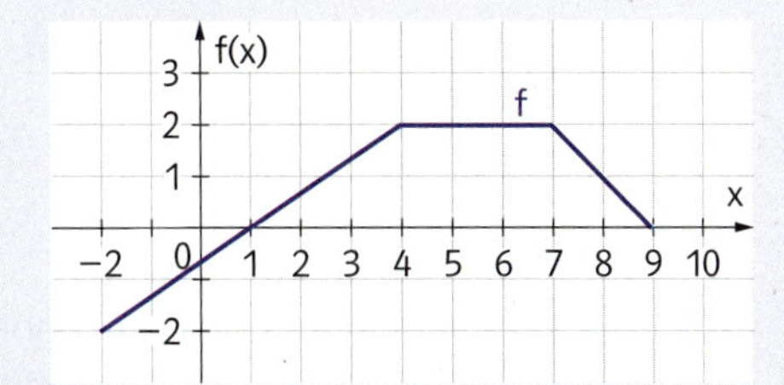

AN-R 4.3 **M** **141.** Gegeben ist der Graph der Funktion f. A ist der Flächeninhalt, den der Graph von f mit der x-Achse in [−8; 4] einschließt. Kreuze die zutreffende(n) Aussage(n) an.

A	$A = \int_{-8}^{4} f(x)\,dx$	☐
B	$\int_{-8}^{4} f(x)\,dx < -5$	☐
C	$\int_{-8}^{-4} f(x)\,dx$ ist der Flächeninhalt zwischen dem Graphen von f und der x-Achse in [−8; −4].	☐
D	$\left\lvert \int_{-1}^{2} f(x)\,dx \right\rvert > 6$	☐
E	$A = \left\lvert \int_{-8}^{4} f(x)\,dx \right\rvert$	☐

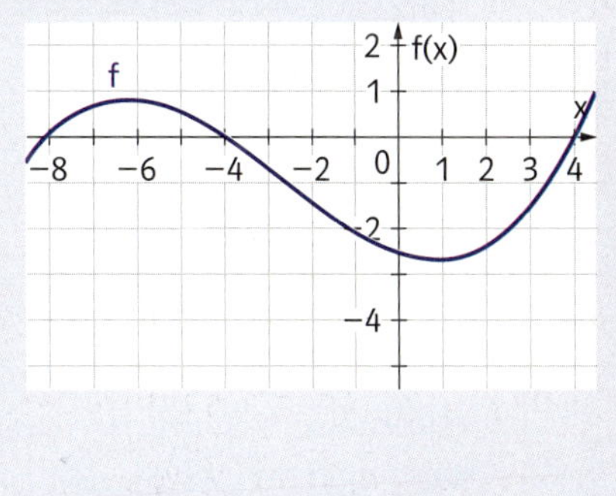

AN-R 4.3 **M** **142.** Die Geschwindigkeit v (in m/s) eines Körpers in Abhängigkeit von der Zeit t (in Sekunden s) lässt sich durch v(t) = 2t + 3 modellieren. Berechne den Weg, den der Körper in [2; 5] zurücklegt.

3 Weitere Anwendungen der Integralrechnung

Im vorigen Kapitel wurde erarbeitet, wie man mit Hilfe der Integralrechnung Flächeninhalte berechnen kann. Die Bedeutung der Integralrechnung geht allerdings weit über diese Anwendung hinaus.

Du wirst in diesem Kapitel sehen, wie die Idee der Flächeninhaltsberechnung verallgemeinert werden kann. Dadurch werden sich weitere, unerwartete Anwendungen der Integralrechnung in der Mathematik und in den Naturwissenschaften ergeben.

Zuerst muss man allerdings ein allgemeines „Muster" in der Flächeninhaltsberechnung mit Hilfe eines Integrals erkennen. Erkennt man dieses Muster dann auch in anderen Zusammenhängen, so kann man die Integralrechnung auch dort erfolgreich einsetzen.

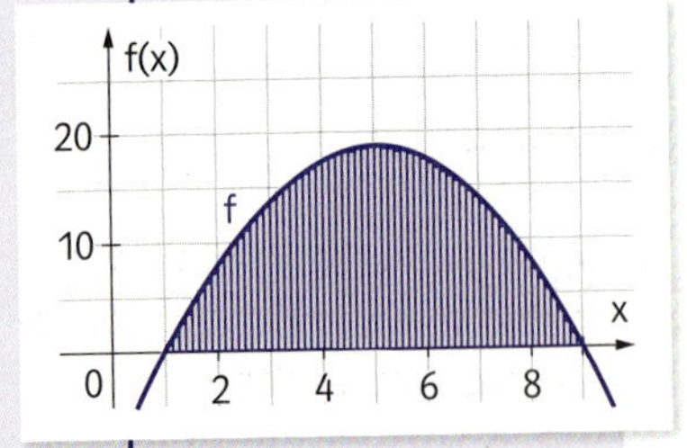

Mit der Integralrechnung ist es uns gelungen den Flächeninhalt unter einer Kurve zu berechnen, indem wir die Fläche in unendlich viele kleinste Rechtecke zerlegt haben und die Flächeninhalte dieser Rechtecke aufsummierten. Jeder dieser Flächeninhalte ergibt sich durch eine Multiplikation aus einer Länge und einer Breite. Lässt man nun die Bedeutungen „Länge" und „Breite" der beiden Faktoren beiseite, so handelt es sich bei der Flächeninhaltsberechnung mit Hilfe eines Integrals um die Berechnung einer Summe von Produkten. Das ist das „Muster" der Integralrechnung, das in diesem Kapitel in neuen Zusammenhängen angewandt wird.

Derartige Produkte findet man in vielen mathematischen und naturwissenschaftlichen Anwendungen und Formeln. Zum Beispiel kann man den Weg s, den ein Körper mit konstanter Geschwindigkeit v in der Zeit t zurücklegt, mit der Formel $s = v \cdot t$ berechnen.

Die Arbeit W, die man verrichtet, wenn man die Kraft F auf einer Strecke s aufwendet, wird ebenfalls durch ein Produkt berechnet: $W = F \cdot s$.

Das Volumen V einiger Körper mit der Grundfläche G und der Höhe h kann man durch das Produkt $V = G \cdot h$ berechnen.

Inwieweit die Integralrechnung zur Berechnung solcher Produkte nützlich sein kann, erfährst du in diesem Kapitel.

$A = l \cdot b$
$Q = J \cdot t$
$s = v \cdot t$
$E = P \cdot t$
$V = G \cdot h$

KOMPE-
TENZEN

3.1 Volumenberechnungen

Lernziele:

- Das Volumen eines Körpers mit Hilfe der Integralrechnung berechnen können
- Das Volumen von Rotationskörpern berechnen können

Grundkompetenz für die schriftliche Reifeprüfung:

AN-R 4.3 Das bestimmte Integral in verschiedenen Kontexten deuten und entsprechende Sachverhalte durch Integrale beschreiben können

VORWISSEN

143. Berechne das Volumen eines Prismas mit der Höhe h. Die Grundfläche sei rechteckig mit den Seitenlängen a und b.

a) $a = 3\,cm$; $b = 4\,dm$; $h = 2{,}5\,cm$ **b)** $a = 3{,}4\,cm$; $b = 2{,}5\,dm$; $h = 2{,}34\,m$

144. Ordne jedem Körper (bei üblicher Beschriftung) eine passende Volumsformel zu.

1	Zylinder	
2	Kegel	
3	Kugel	
4	Quader	

A	$V = r^2 \pi h$
B	$V = a\,b\,h$
C	$V = \frac{4 r^3 \pi}{3}$
D	$V = \frac{a h}{3}$
E	$V = \frac{r^2 \pi h}{3}$
F	$V = 2 r^2 \pi$

Volumina von Körpern mit bekannter Querschnittsfläche

Im Kapitel 2 wurden schon Anwendungen des bestimmten Integrals erarbeitet. Dabei wurde das Integral als Grenzwert einer Summe von Produkten der Form $f(x) \cdot \Delta x$ interpretiert. Diese Interpretation kann auch zur Berechnung des Volumens eines Körpers verwendet werden.

Betrachtet man nebenstehende Abbildung, so kann man für die Volumenberechnung wie folgt vorgehen:

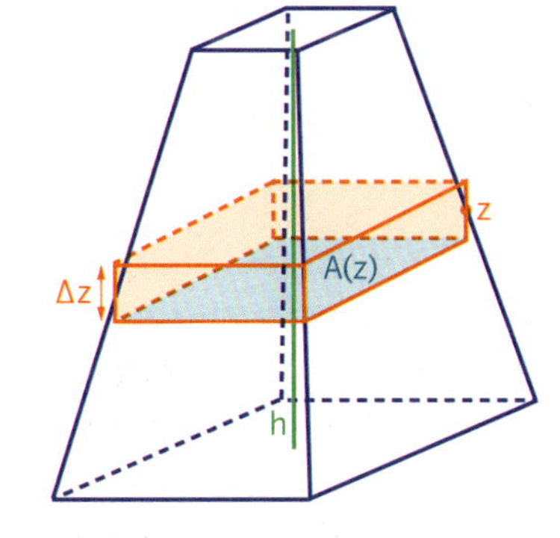

- Man unterteilt die Höhe des Körpers in n gleich große Intervalle der Länge Δz.
- Anschließend wird in jedem Intervall eine Zwischenstelle z gewählt und die Querschnittsfläche A(z) betrachtet.
- Mittels $A(z) \cdot \Delta z$ wird das Volumen des jeweiligen durch die Unterteilung entstandenen Prismas berechnet. Dies ist eine Annäherung an das tatsächliche Volumen im jeweiligen Intervall.
- Wird nun die Summe der einzelnen Volumina berechnet, erhält man eine Annäherung an das Körpervolumen durch $V \approx \sum A(z) \cdot \Delta z$. Lässt man die Intervalle immer kleiner werden, entsteht eine Summe von Produkten, deren Grenzwert wieder zum bestimmten Integral und somit zum exakten Volumen des Körpers führt.

MERKE

Volumina von Körpern mit bekannter Querschnittsfläche

Ist A(z) der Flächeninhalt der Querschnittsfläche eines Körpers in der Höhe z ($a \leq z \leq b$) und A stetig in [a; b], dann gilt für das Volumen V des Körpers in [a; b]:

$$V = \int_a^b A(z)\,dz$$

MUSTER

145. Die horizontale Querschnittsfläche des abgebildeten Körpers ist in jeder Höhe z ($0 \leq z \leq 30$) ein regelmäßiges Sechseck mit der Seitenlänge $a(z) = -\frac{1}{180}z^2 + 5$. Berechne das Volumen des Körpers.

Zuerst muss die Querschnittsfläche in Abhängigkeit von der Höhe z berechnet werden. Den Flächeninhalt eines regelmäßigen Sechsecks kann man mit $A = \frac{3 \cdot a^2 \cdot \sqrt{3}}{2}$ berechnen. Daher gilt für die Querschnittsfläche:

$$A(z) = \frac{3 \cdot \left(-\frac{1}{180}z^2 + 5\right)^2 \cdot \sqrt{3}}{2}$$

Durch Einsetzen ins Integral erhält man das gewünschte Volumen:

$$V = \int_0^{30} \left(\frac{3 \cdot \left(-\frac{1}{180}z^2 + 5\right)^2 \cdot \sqrt{3}}{2}\right) dz = 1039{,}23$$

146. Die horizontale Querschnittsfläche eines Körpers ist in jeder Höhe z ein regelmäßiges Sechseck mit der Seitenlänge a(z). Berechne das Volumen des Körpers.

a) $a(z) = -2z + 80 \qquad 0 \leq z \leq 40$

b) $a(z) = -2z + 60 \qquad 0 \leq z \leq 30$

c) $a(z) = -\frac{6}{1250}z^2 + 12 \qquad 0 \leq z \leq 50$

d) $a(z) = -\frac{7}{2025}z^2 + 7 \qquad 0 \leq z \leq 45$

147. Die Querschnittsfläche eines Zelts ist in jeder Höhe z ein Quadrat mit der Seitenlänge a(z). Berechne das Volumen des Körpers. (Maße in Meter m)

a) $a(z) = -\frac{4}{3}\sqrt{z} + 4$ **b)** $a(z) = -\frac{7}{5}\sqrt{z} + 7$

TIPP → Beachte, dass an der Spitze des Zelts $a(z) = 0$ gelten muss.

MUSTER

148. Der Innenraum eines 50 cm hohen Gefäßes besitzt in jeder Höhe z eine rechteckige Querschnittsfläche. Die Breite des Gefäßes in der Höhe z ist durch $b(z) = \frac{3}{500}z^2 + 15$ gegeben. Die Länge ist am Boden 12 cm, am oberen Rand 25 cm und sie nimmt linear zu. Berechne das Volumen des Innenraums.

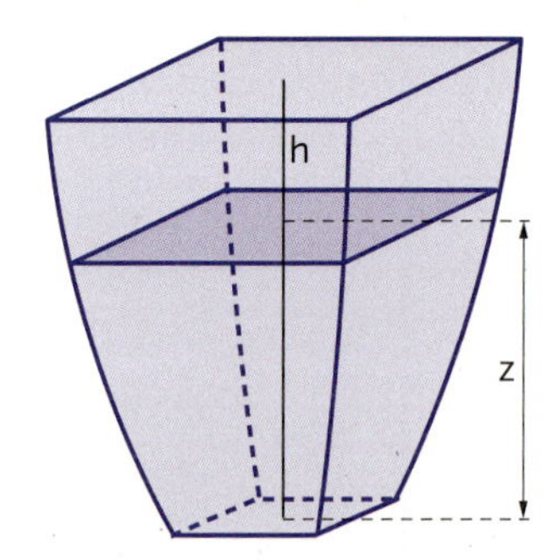

Um die Querschnittsfläche zu berechnen, muss zuerst eine Funktion für die Länge l(z) aufgestellt werden. Da die Länge linear zunimmt, wird eine Funktion der Form $l(z) = k \cdot z + d$ gesucht. Da die Länge am Boden 12 cm ist, gilt $l(0) = 12$. In einer Höhe von 50 cm ist sie 25 cm. Daher gilt $l(50) = 25$. Setzt man nun diese Informationen jeweils in $l(z) = k \cdot z + d$ ein und löst das Gleichungssystem, erhält man $l(z) = \frac{13}{50}z + 12$.

Da die Querschnittsfläche ein Rechteck ist, gilt: $A(z) = l(z) \cdot b(z) = \left(\frac{13}{50}z + 12\right) \cdot \left(\frac{3}{500}z^2 + 15\right)$

$$\Rightarrow V = \int_0^{50} \left(\frac{13}{50}z + 12\right) \cdot \left(\frac{3}{500}z^2 + 15\right) dz = 19\,312{,}5\,\text{cm}^3$$

149. Der Innenraum eines h cm hohen Gefäßes besitzt in jeder Höhe z eine annähernd rechteckige Querschnittsfläche. Die Breite des Gefäßes in der Höhe z ist durch b(z) gegeben. Die Länge ist am Boden a cm, am oberen Rand c cm und sie nimmt linear zu. Berechne das Volumen des Innenraums.

a) $b(z) = \frac{6}{25}z + 15$; $h = 50$; $a = 15$; $c = 30$

b) $b(z) = \frac{2}{5}z + 38$; $h = 95$; $a = 45$; $c = 85$

c) $b(z) = \frac{1}{320}z^2 + 15$; $h = 40$; $a = 11$; $c = 25$

d) $b(z) = \frac{1}{256}z^2 + 35$; $h = 80$; $a = 25$; $c = 40$

150. a) Leite die Formel für das Volumen eines Zylinders mit der Höhe h und dem Radius r mit Hilfe der Integralrechnung her. Beachte, dass die Querschnittsfläche konstant ist.

b) Leite die Formel für das Volumen eines Kegels mit der Höhe h und dem Radius r her. Stelle dafür die Funktionen r(z) (für den Radius) und A(z) (für die Querschnittsfläche) auf.

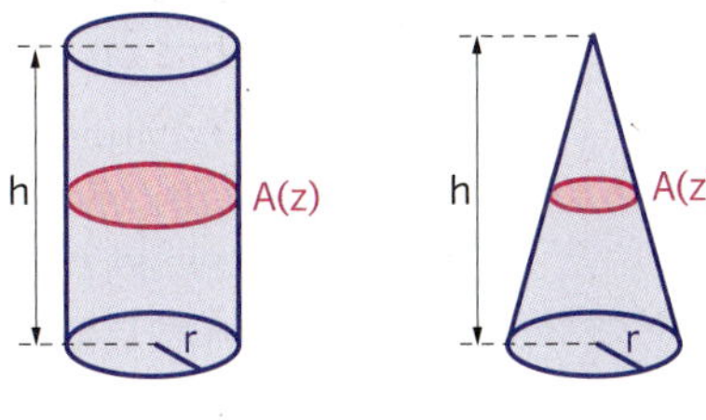

151. Die horizontale Querschnittsfläche einer Parfümflasche ist rechteckig. Die Länge am unteren Ende der Flasche ist 8 cm, die Breite 4 cm. Am oberen Ende ist die Länge 2 cm und die Breite 1 cm (der Verschluss wird vernachlässigt). Berechne, wie viel ml Parfüm in diese Flasche passen, wenn angenommen wird, dass die Länge und die Breite linear abnehmen und die Parfümflasche 15 cm hoch ist.

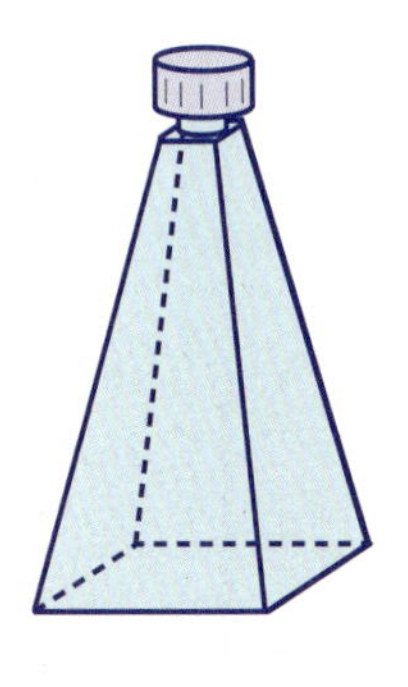

Volumina von Rotationskörpern

Lässt man eine Kurve um eine Achse drehen (z. B. um eine Koordinatenachse), so entsteht ein Rotationskörper. In der ersten Graphik (unten) sieht man einen Abschnitt einer konstanten Funktion, der sich um die x-Achse dreht. Es entsteht ein Zylinder. In der zweiten Graphik dreht sich ein Teil einer linearen Funktion um die y-Achse. Es entsteht ein Kegel. Rotiert ein Halbkreis um die x-Achse, entsteht eine Kugel (dritte Graphik).

Zylinder	Kegel	Kugel

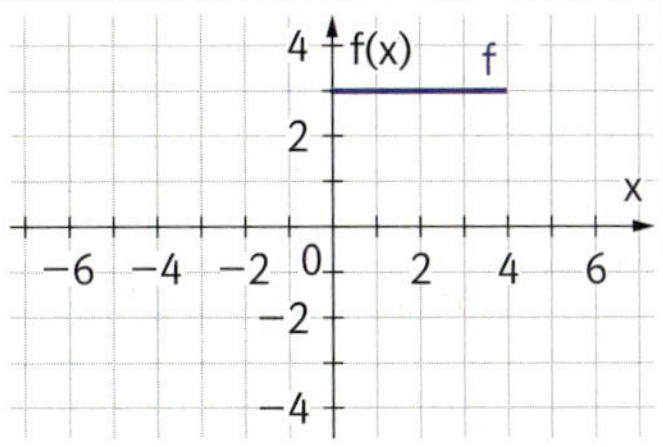

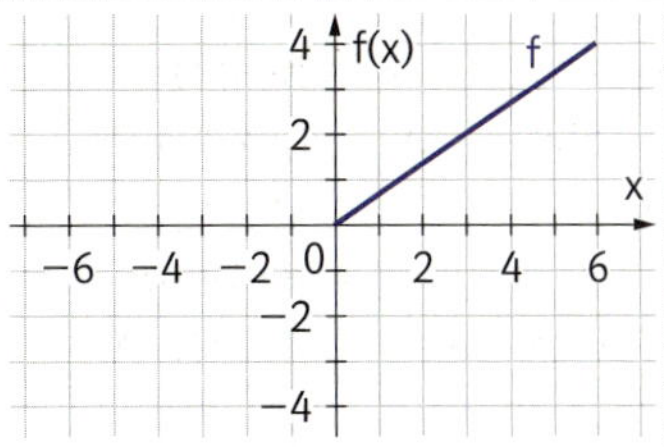

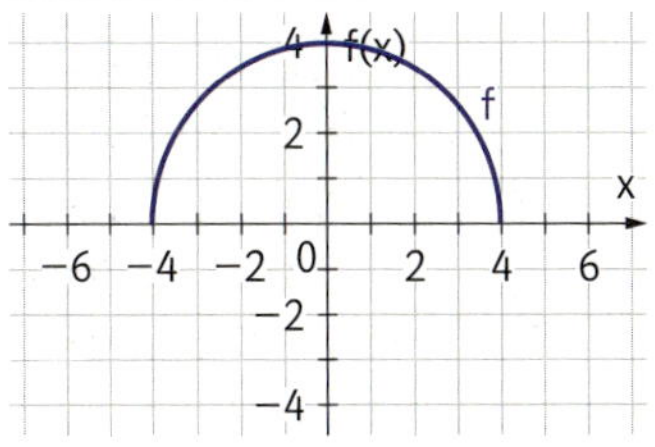

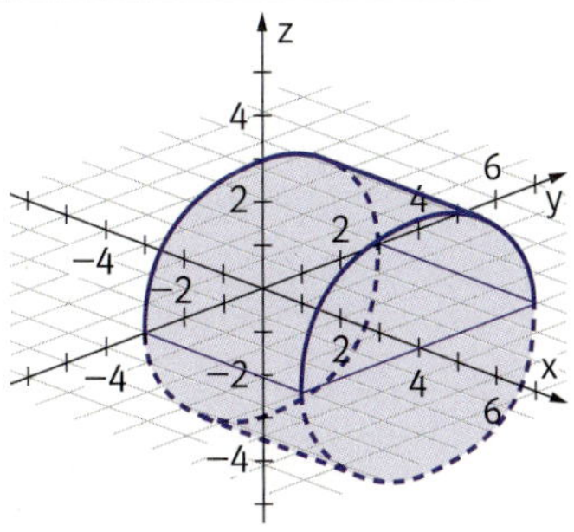

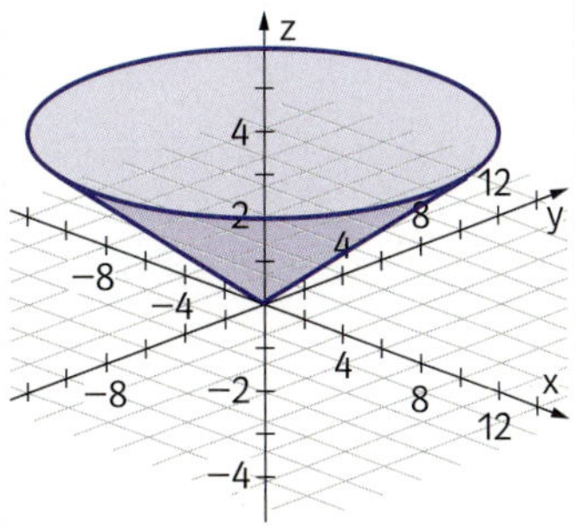

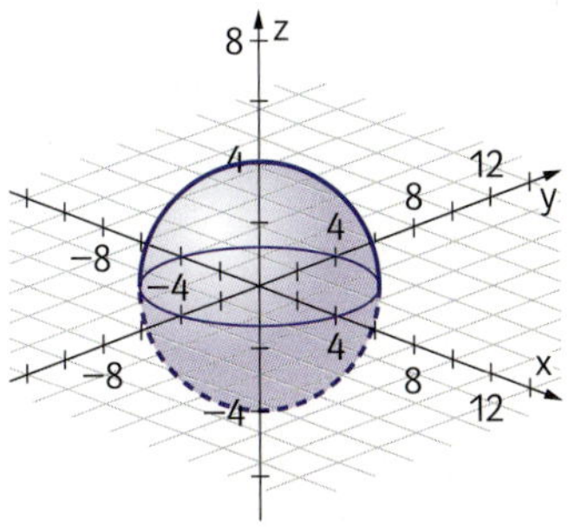

152. Betrachte die Graphen aus der Tabelle von S.55 und berechne das Volumen

a) des Zylinders. **b)** des Kegels. **c)** der Kugel.

153. Berechne das Volumen des Drehkörpers, der entsteht, wenn sich der Graph der Funktion f im gegebenen Intervall um die gegebene Achse dreht.

a) $f(x) = 2$; $[-3; 2]$; x-Achse
b) $f(x) = -4$; $[5; 8]$; x-Achse
c) $f(x) = 4x$; $[0; 5]$; y-Achse
d) $f(x) = -2x$; $[2; 5]$; x-Achse
e) $f(x) = 2x + 1$; $[2; 5]$; y-Achse
f) $f(x) = x + 2$; $[3; 5]$; x-Achse

Rotation um die x-Achse

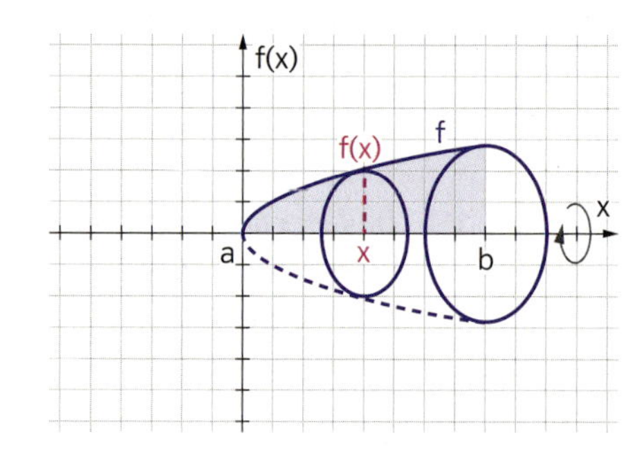

In nebenstehender Abbildung ist der Graph der Funktion f mit $y = f(x)$ dargestellt. Rotiert dieser Graph nun in $[a; b]$ um die x-Achse, so kann der Flächeninhalt der Querschnittsfläche an jeder Stelle x durch einen Kreis beschrieben werden, dessen Radius der Funktionswert an der Stelle x ist. Es gilt daher:

$$A = r^2\pi \quad \Rightarrow \quad A(x) = f(x)^2\pi = y^2\pi$$

Für das Volumen des Drehkörpers in $[a; b]$ folgt:

$$V = \int_a^b A(x)\,dx = \pi \cdot \int_a^b y^2\,dx$$

Rotation um die y-Achse

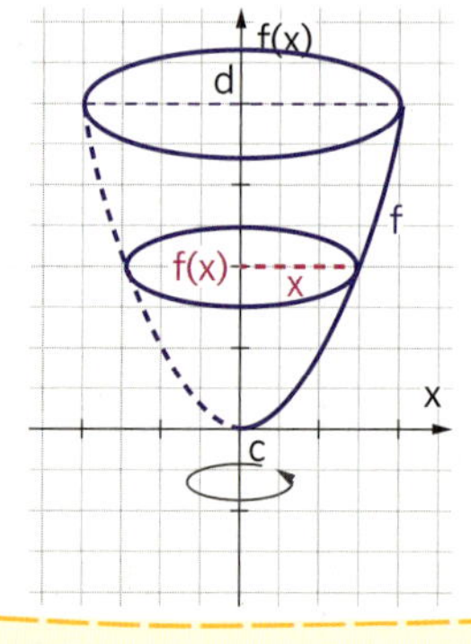

Rotiert der Funktionsgraph nun um die y-Achse, so ist die Querschnittsfläche von y abhängig. Für den Radius des Kreises in der Höhe y gilt daher $r = f^*(y) = x$, wobei f^* die Umkehrfunktion von f ist:

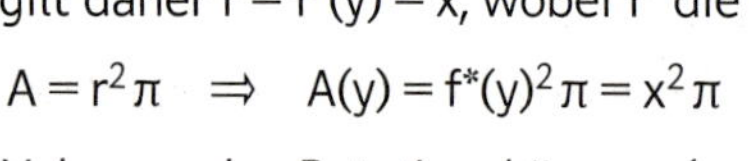

$$A = r^2\pi \quad \Rightarrow \quad A(y) = f^*(y)^2\pi = x^2\pi$$

Für das Volumen des Rotationskörpers ($c \leq y \leq d$) folgt:

$$V = \int_c^d A(y)\,dy = \pi \cdot \int_c^d x^2\,dy$$

MERKE

Volumina von Rotationskörpern:

Für das **Volumen** eines Rotationskörpers, der durch Drehung des Graphen einer Funktion f mit $f(x) = y$ entsteht, gilt:

Drehung um die x-Achse ($a \leq x \leq b$):

$$V = \pi \cdot \int_a^b y^2\,dx$$

Drehung um die y-Achse ($c \leq y \leq d$):

$$V = \pi \cdot \int_c^d x^2\,dy$$

MUSTER

Technologie Anleitung Volumenberechnungen sc52gz

154. Der Graph der Funktion f mit $f(x) = \frac{x^2}{5} + 1$ mit $2 \leq x \leq 4$ rotiert um die **1)** x-Achse **2)** y-Achse. Berechne das Volumen des entstehenden Drehkörpers.

1) Bei der Drehung um die x-Achse gilt: $V = \pi \cdot \int_2^4 y^2\,dx$.

Setzt man nun $f(x) = y$, erhält man y^2 durch $y^2 = \left(\frac{x^2}{5} + 1\right)^2 = \frac{x^4}{25} + \frac{2x^2}{5} + 1$.

$$\Rightarrow \quad V = \pi \cdot \int_2^4 y^2\,dx = \pi \cdot \int_2^4 \left(\frac{x^4}{25} + \frac{2x^2}{5} + 1\right)dx = 17{,}4\,\pi$$

2) Es müssen die neuen Grenzen bezüglich der y-Achse berechnet werden:

$f(2) = 1{,}8$ bzw. $f(4) = 4{,}2$. Bei der Drehung um die y-Achse gilt: $V = \pi \cdot \int_{1{,}8}^{4{,}2} x^2\,dy$.

Da f im gegebenen Intervall eine Umkehrfunktion besitzt, kann man x ausdrücken:

$$y = \frac{x^2}{5} + 1 \;\Rightarrow\; x = \sqrt{5y - 5} \;\Rightarrow\; x^2 = 5y - 5 \;\Rightarrow\; V = \pi \cdot \int_{1{,}8}^{4{,}2} x^2\,dy = \pi \cdot \int_{1{,}8}^{4{,}2} (5y - 5)\,dy = 24\pi$$

155. Der Graph der Funktion f rotiert um die **1)** x-Achse **2)** y-Achse. Berechne das Volumen des entstehenden Drehkörpers.

a) $f(x) = \frac{x^2}{4} + 1$ mit $2 \leq x \leq 4$
c) $f(x) = -\frac{x^2}{2} + 6$ mit $0 \leq x \leq 2$
e) $f(x) = \sqrt{x} + 2$ mit $1 \leq x \leq 4$
b) $f(x) = 2x^2 + 3$ mit $0 \leq x \leq 5$
d) $f(x) = \frac{x^2}{5} + 1$ mit $5 \leq x \leq 10$
f) $f(x) = 2\sqrt{x} + 3$ mit $4 \leq x \leq 9$

156. Das Flächenstück, welches vom gegebenen Kegelschnitt und der x-Achse eingeschlossen wird, rotiert um die **1)** x-Achse **2)** y-Achse. Berechne das Volumen des entstehenden Drehkörpers.

a) $x^2 + y^2 = 9$
c) $4x^2 + 9y^2 = 36$
e) $9x^2 + 25y^2 = 225$
b) $x^2 + y^2 = 16$
d) $9x^2 + 16y^2 = 144$
f) $x^2 + 4y^2 = 16$

157. a) Ein Kreis mit der Gleichung $x^2 + y^2 = r^2$ rotiert um die x-Achse. Der entstehende Rotationskörper ist eine Kugel. Leite die Formel für das Volumen einer Kugel her.

b) Eine Ellipse mit der Gleichung $b^2x^2 + a^2y^2 = a^2b^2$ rotiert um die **1)** x-Achse **2)** y-Achse. Leite eine Formel für die Berechnung des Volumens des entstehenden Rotationskörpers (Ellipsoid) her.

158. Die innere Begrenzung eines Glases entsteht durch Rotation des Graphen der Funktion f mit $f(x) = a \cdot \sqrt{x}$ um die x-Achse. Die innere Höhe des Glases ist h cm, der innere Radius ist r cm.

1) Stelle eine passende Funktionsgleichung auf.
2) Berechne, wie viel Liter Wasser in dieses Glas passen, wenn das Wasser bis 1 cm unter den Rand gefüllt wird.

a) $h = 16\,\text{cm}$; $r = 3\,\text{cm}$
b) $h = 25\,\text{cm}$; $r = 4\,\text{cm}$
c) $h = 4\,\text{cm}$; $r = 6\,\text{cm}$

MUSTER

159. Die innere Begrenzung eines 30 cm hohen Glases entsteht durch Rotation des Graphen der Funktion f mit $f(x) = \frac{1}{5}x^2$ um die y-Achse. In das Glas wird Wasser gefüllt. Berechne die Wasserhöhe, wenn man einen halben Liter Wasser in das Glas füllt.

Da die Funktion um die y-Achse rotiert, muss zuerst auf x^2 umgeformt werden:

$$y = \frac{1}{5}x^2 \;\Rightarrow\; x^2 = 5y$$

Da man einen halben Liter Wasser in das Glas füllt, ist das Volumen V = 0,5 Liter gegeben. Wandelt man das Volumen in cm^3 um, kann man mit Hilfe der gegebenen Gleichung die Höhe berechnen:

$$V = 0{,}5\,l = 0{,}5\,dm^3 = 500\,cm^3 \;\Rightarrow\; 500 = \pi \cdot \int_0^h 5y\,dy \;\Rightarrow\; 500 = \pi \cdot \frac{5h^2}{2}$$

Durch Lösen der Gleichung erhält man: $h = \pm\sqrt{\frac{200}{\pi}} \approx \pm 8$

Da nur der positive Wert in Frage kommt, beträgt die Wasserhöhe ca. 8 cm.

160. Die innere Begrenzung eines 30 cm hohen Glases entsteht durch Rotation des Graphen der Funktion f um die y-Achse. In das Glas wird Wasser gefüllt. Berechne die Wasserhöhe, wenn man k Liter Wasser in das Glas füllt.

a) $f(x) = \frac{1}{3}x^2$ $k = 0{,}5$
c) $f(x) = \frac{5}{6}x^2 + 2$ $k = 1{,}2$
b) $f(x) = \frac{3}{8}x^2$ $k = 1$
d) $f(x) = \frac{2}{3}x^2 + 1$ $k = 0{,}875$

AN-R 4.3 M
Arbeitsblatt Volumenberechnungen 8ic57z

161. Das von den Graphen der Funktionen f und g und der x-Achse begrenzte Flächenstück rotiert um die x-Achse. V sei das Volumen des entstandenen Rotationskörpers. Kreuze die zutreffende(n) Aussage(n) an.

A	$V = \pi \cdot \int_a^c (f(x)^2 - g(x)^2)\,dx$	☐
B	$V = \pi \cdot \int_a^b (f(x)^2 - g(x)^2)\,dx + \pi \cdot \int_b^c (g(x)^2 - f(x)^2)\,dx$	☐
C	$V = \pi \cdot \int_a^b (g(x)^2)\,dx + \pi \cdot \int_b^c (f(x)^2)\,dx$	☐
D	$V = \pi \cdot \int_a^c (f(x)^2)\,dx - \pi \cdot \int_a^b (f(x)^2 - g(x)^2)\,dx$	☐
E	$V = \pi \cdot \int_a^c (f(x) - g(x))\,dx$	☐

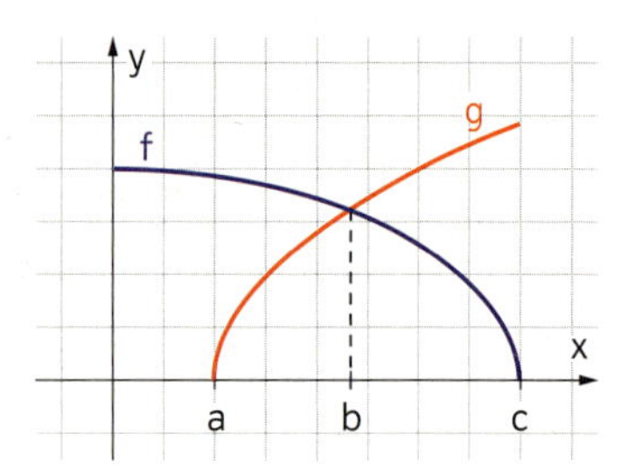

AN-R 4.3 M

162. Das von den Graphen der Funktionen f und g und der x-Achse begrenzte Flächenstück rotiert um die x-Achse. V sei das Volumen des entstandenen Rotationskörpers. Kreuze die zutreffende(n) Aussage(n) an.

A	$V = \pi \cdot \int_4^8 (f(x)^2 - g(x)^2\,dx$	☐
B	$V = \pi \cdot \int_0^4 (g(x)^2)\,dx + \pi \cdot \int_4^8 (g(x)^2 - f(x)^2)\,dx$	☐
C	$V = \pi \cdot \int_0^8 (g(x)^2)\,dx - \pi \cdot \int_4^8 (f(x)^2)\,dx$	☐
D	$V = \pi \cdot \int_0^8 (g(x)^2)\,dx + \pi \cdot \int_8^4 (f(x)^2 - g(x)^2)\,dx$	☐
E	$V = \pi \cdot \int_0^8 (g(x) - f(x))\,dx$	☐

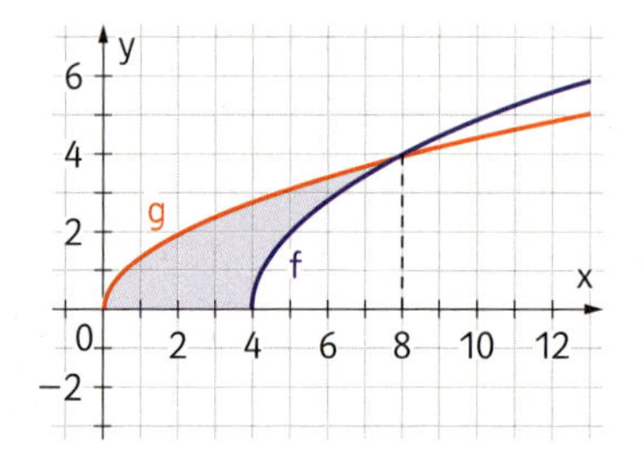

163. Das Flächenstück, das von den beiden Kegelschnitten begrenzt ist, rotiert um die **1)** x-Achse **2)** y-Achse. Berechne das Volumen des entstehenden Drehkörpers.

a) $y^2 = 4x \quad y^2 = -4x + 16$
b) $y^2 = 4x - 4 \quad y^2 = -2x + 14$
c) $x^2 + 4y^2 = 16 \quad y^2 = \frac{3}{2}x$
d) $4x^2 + 9y^2 = 36 \quad y^2 = \frac{32}{9}x$

Arbeitsblatt Weitere Aufgaben s4d7hb

164. In der Abbildung sind die Graphen der Funktionen f mit $f(x) = \sqrt{ax + b}$ und g mit $g(x) = cx + d$ dargestellt. Rotiert das Flächenstück, welches durch die beiden Graphen in [0; 30] begrenzt wird, um die x-Achse, entsteht eine kleine Vase. Der obere äußere Radius der Vase ist 13 cm. Alle anderen Maße sind der Abbildung zu entnehmen.

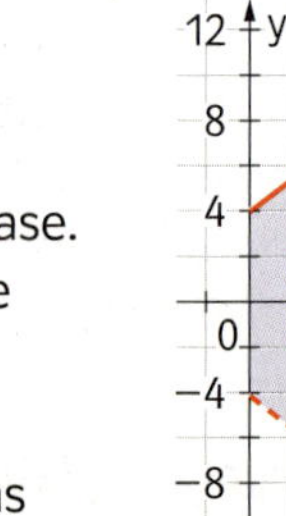

1) Stelle jeweils eine Funktionsgleichung für f und g auf.
2) Berechne das Volumen der Vase, sowie ihre Masse, wenn das Material eine Dichte von 2,4 g/cm³ besitzt.
3) Berechne, wie viel Liter Wasser in die Vase passen.
4) Berechne die Wasserhöhe, nachdem man einen Liter Wasser in diese Vase gefüllt hat.

3.2 Weg – Geschwindigkeit – Beschleunigung

KOMPETENZEN

Lernziele:

- Den zu einem bestimmten Zeitpunkt zurückgelegten Weg aus einer Geschwindigkeitsfunktion ermitteln können
- Die Momentangeschwindigkeit aus einer Beschleunigungsfunktion ermitteln können

Grundkompetenz für die schriftliche Reifeprüfung:

AN-R 4.3 Das bestimmte Integral in verschiedenen Kontexten deuten und entsprechende Sachverhalte durch Integrale beschreiben können

VORWISSEN

In Kapitel 2.2 wurde das bestimmte Integral einer Funktion f auf einem Intervall [a; b] als Grenzwert einer Summe von Produkten definiert: $\int_a^b f(x)\,dx \approx \sum_i f(x_i) \cdot \Delta x$.

Betrachtet man nun statt der allgemeinen Funktion f die Zeit-Geschwindigkeitsfunktion v, die jedem Zeitpunkt t in einem Zeitintervall $[t_1; t_2]$ die Geschwindigkeit $v(t) \geq 0$ zuordnet, dann wird durch das bestimmte Integral $\int_{t_1}^{t_2} v(t)\,dt \approx \sum_i v(t_i) \cdot \Delta t$ der in diesem Intervall zurückgelegte Weg beschrieben, da „Weg = Geschwindigkeit mal Zeit" gilt.

165. Gegeben sind die Zeit-Geschwindigkeitsfunktion v und ein Zeitintervall $[t_1; t_2]$. (Geschwindigkeit v(t) in m/s, Zeit t in Sekunden). Gib näherungsweise die Länge des in dem Zeitintervall zurückgelegten Wegs an, der in der Graphik durch eine Unter- bzw. Obersumme dargestellt ist.

a) $v(t) = -3t + 10;\ [0; 3]$

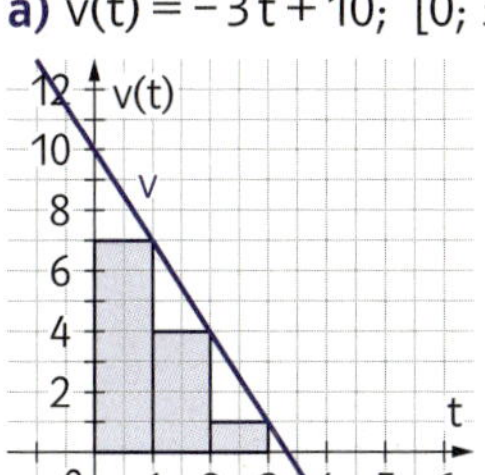

b) $v(t) = 8t - 1;\ [1; 4]$

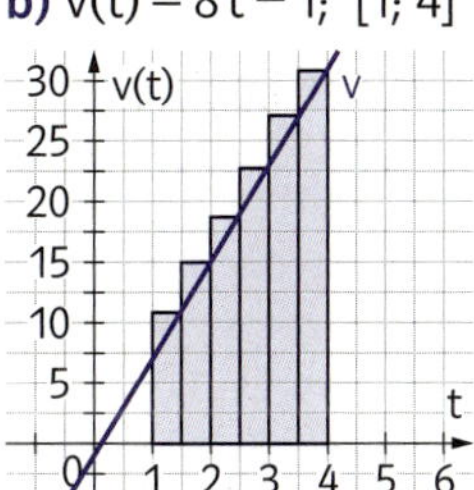

c) $v(t) = 15t^2 - 4t + 2;\ [1; 3]$

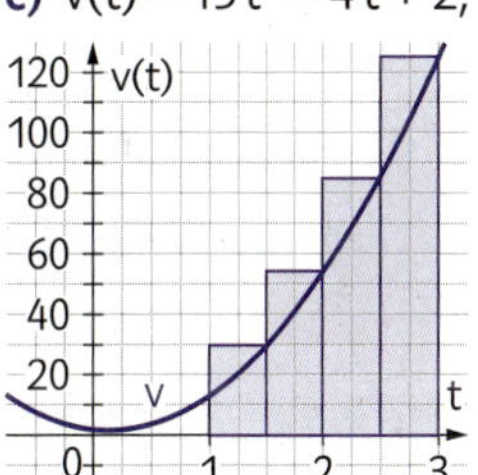

Von nicht-negativen Zeit-Geschwindigkeitsfunktionen auf den Weg schließen

Ein Körper bewegt sich auf einer geradlinigen Bahn. Das bestimmte Integral einer Zeit-Geschwindigkeitsfunktion v mit nicht negativen Funktionswerten v(t) in einem Zeitintervall $[t_1; t_2]$ gibt den in diesem Zeitintervall geradlinig zurückgelegten Weg an. Der Weg kann nach dem Hauptsatz der Differential- und Integralrechnung mithilfe einer Stammfunktion von v ($\int v(t)\,dt = s(t) + c$) exakt berechnet werden.

MERKE

Integral der Zeit-Geschwindigkeitsfunktion

Beschreibt eine Zeit-Geschwindigkeitsfunktion v die Geschwindigkeit v(t) eines Körpers zum Zeitpunkt t in einem Zeitintervall $[t_1; t_2]$ und ist im betrachteten Zeitraum v(t) größer oder gleich null, gilt für den im Zeitintervall zurückgelegten Weg $w(t_1; t_2)$ (s … Zeit-Ort-Funktion):

$$w(t_1; t_2) = \int_{t_1}^{t_2} v(t)\,dt = s(t_2) - s(t_1)$$

MUSTER

166. Ein Körper wird gemäß der Zeit-Geschwindigkeitsfunktion v mit $v(t) = -2t + 6$ (v(t) in m/s, t in Sekunden) ab $t = 0$ abgebremst. Bestimme die Länge des Wegs, nach dem der Körper zum Stillstand kommt. Markiere im Graphen von v den Bremsweg.

Zur Berechnung der Zeitdauer t, die angibt, wie lang es dauert, bis der Körper zum Stillstand kommt, löst man die Gleichung $v(t) = -2t + 6 = 0 \Rightarrow t = 3$ Sekunden. Nach drei Sekunden ist der Körper in Ruhe. Für den Bremsweg w gilt:

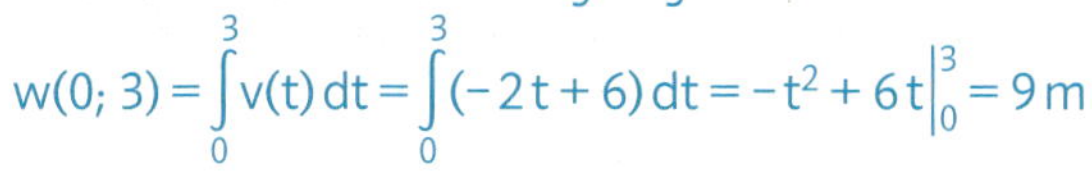

$$w(0; 3) = \int_0^3 v(t)\,dt = \int_0^3 (-2t + 6)\,dt = -t^2 + 6t\Big|_0^3 = 9\,\text{m}$$

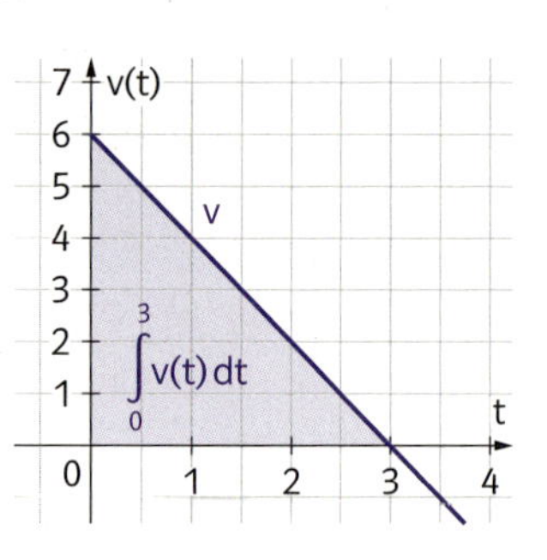

Der Bremsweg ist 9 m lang.
Geometrisch entspricht dem zurückgelegten Weg der Inhalt der Fläche zwischen dem Graphen der Zeit-Geschwindigkeitsfunktion v und der waagrechten Zeitachse im Zeitintervall [0; 3].

167. Ein Körper wird gemäß der Zeit-Geschwindigkeitsfunktion v (v(t) in m/s, t in Sekunden) ab $t = 0$ abgebremst. Bestimme die Länge der Strecke, nach der der Körper zum Stillstand gekommen ist. Interpretiere den berechneten Wert geometrisch.

a) $v(t) = -4t + 12$ **b)** $v(t) = -0{,}5t + 3$ **c)** $v(t) = -\frac{2}{3}t + 4$ **d)** $v(t) = -4{,}5t + 13{,}5$

168. Gegeben ist die Zeit-Geschwindigkeitsfunktion v ($D = \mathbb{R}^+$) eines Körpers. Berechne den im gegebenen Zeitintervall zurückgelegten Weg und interpretiere ihn geometrisch. (v(t) in m/s, t in Sekunden s)

a) $v(t) = 0{,}21t^2 - 3{,}2t + 10$; [1; 3]
b) $v(t) = 0{,}2t^2 - 3{,}8t + 10$; [2; 3]
c) $v(t) = -2t^2 + 17t + 20$; [5; 8]
d) $v(t) = -1{,}2t^2 + 12{,}8t$; [1; 6]

169. Die Geschwindigkeit einer im Zeitintervall $[0; t_2]$ bremsenden Straßenbahn wird durch die Funktion v (v(t) in m/s, t in Sekunden) modelliert. Zum Zeitpunkt t_2 kommt die Straßenbahn zum Stillstand. Berechne den Bremsweg der Straßenbahn und deute ihn geometrisch.

a) $v(t) = \frac{1}{480}t^3 - \frac{169}{120}t + 14$; [0; 14]
b) $v(t) = \frac{23}{2700}t^3 - \frac{503}{2700}t^2 - \frac{17}{90}t + 16$; [0; 15]
c) $v(t) = \frac{7}{1440}t^3 - \frac{17}{144}t^2 - \frac{19}{180}t + 12$; [0; 16]
d) $v(t) = \frac{23}{420}t^3 - \frac{4}{7}t^2 - \frac{47}{420}t + 10$; [0; 7]

AN-R 4.3 M
Arbeitsblatt
Weg – Geschwindigkeit
c645i7

170. Gegeben ist der Graph einer Zeit-Geschwindigkeitsfunktion v. Die Geschwindigkeit v wird in m/s gemessen, die Zeit t in Sekunden. Bestimme im dargestellten Zeitintervall [0; t] die Länge des zurückgelegten Wegs.

a)
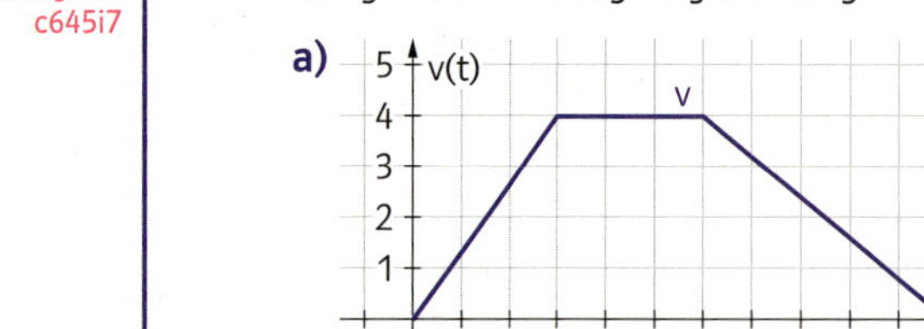

c)
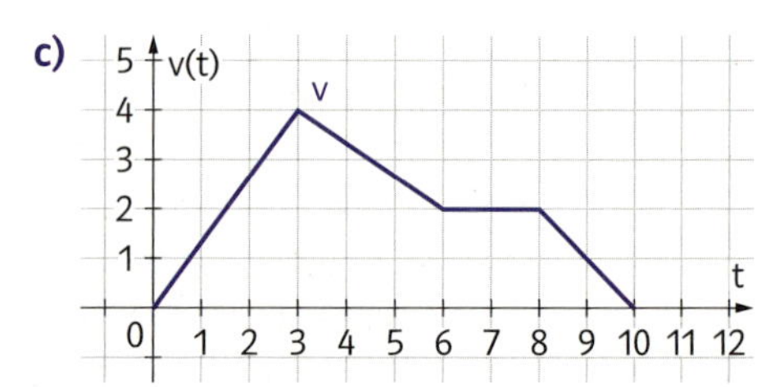

b)
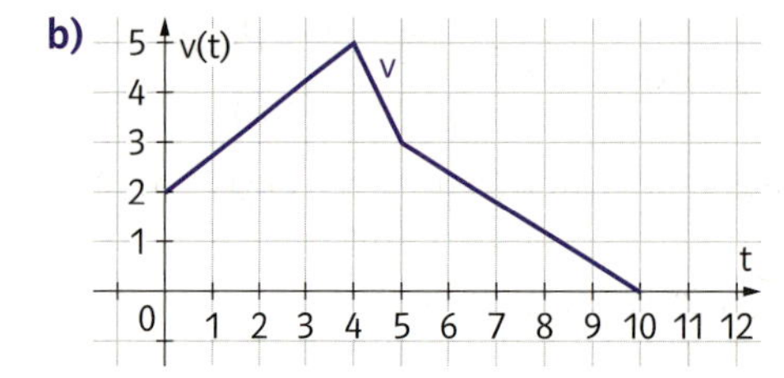

d)
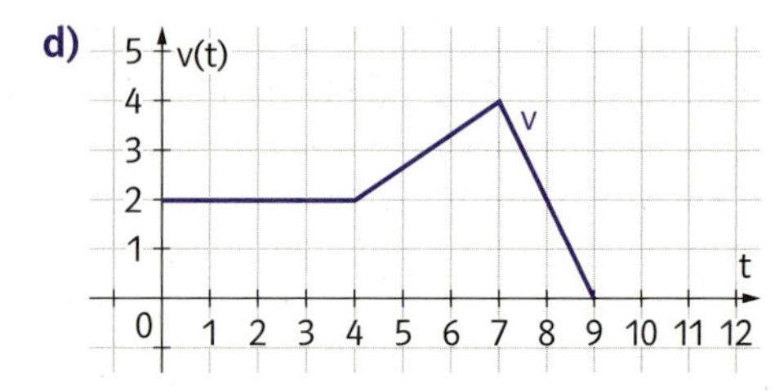

Von beliebigen Zeit-Geschwindigkeitsfunktionen auf den Weg schließen

Man betrachtet einen Körper, der sich entlang einer geradlinigen Bahn bewegt. Eine Zeit-Geschwindigkeitsfunktion v kann auch negative Werte v(t) in einem Zeitintervall annehmen, was einer Rückwärtsbewegung des Körpers entspricht.

MUSTER

171. Die Geschwindigkeit v (in m/s) eines sich auf einer geradlinigen Bahn bewegenden Modellautos wird im Zeitintervall [0; 8] durch die Zeit-Geschwindigkeitsfunktion v(t) (t in Sekunden) modelliert. Der Graph von v ist im nebenstehenden Koordinatensystem dargestellt.

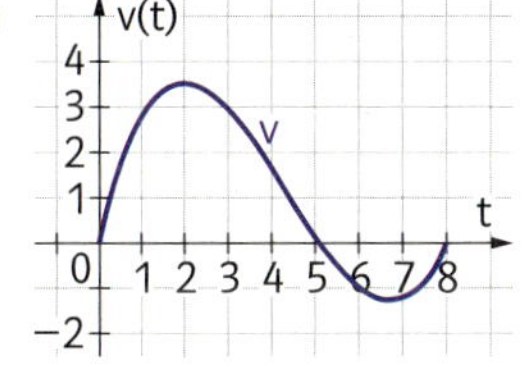

Interpretiere die Integrale $\int_0^{5,1} v(t)\,dt$, $\int_{5,1}^{8} v(t)\,dt$, $\int_0^{8} v(t)\,dt$ sowie $\int_0^{5,1} v(t)\,dt + \left|\int_{5,1}^{8} v(t)\,dt\right|$ in diesem Kontext.

Das Integral $\int_0^{5,1} v(t)\,dt$ beschreibt den im Zeitintervall [0; 5,1] zurückgelegten geradlinigen Weg des Modellautos, da in [0; 5,1] v(t) immer größer oder gleich null ist.
Der Graph von v verläuft im Zeitintervall (5,1; 8) unterhalb der waagrechten Achse.
Das Integral $\int_{5,1}^{8} v(t)\,dt$ ist negativ und beschreibt daher den geradlinigen Weg des Modellautos in genau entgegengesetzter Richtung. Es wird also auf einer geraden Bahn hin und her bewegt und befindet sich zum Zeitpunkt 5,1 weiter vom Startpunkt entfernt als zum Zeitpunkt 8.
Betrachtet man nun das Integral $\int_0^{8} v(t)\,dt$, wird dadurch die Entfernung des Modellautos vom Startpunkt nach 8 Sekunden beschrieben. Es ist zu beachten, dass in diesem Kontext das Bilden des bestimmten Integrals über eine Nullstelle hinweg einen sinnvoll interpretierbaren Wert liefert. $\int_0^{5,1} v(t)\,dt + \left|\int_{5,1}^{8} v(t)\,dt\right|$ gibt den vom Modellauto insgesamt zurückgelegten Weg an.

MERKE

Entfernung zweier Orte

Bewegt sich ein Körper gemäß der Zeit-Geschwindigkeitsfunktion v im Zeitintervall $[t_1; t_2]$ entlang einer geradlinigen Bahn, gibt das bestimmte Integral $\left|\int_{t_1}^{t_2} v(t)\,dt\right| = |s(t_2) - s(t_1)|$ die Entfernung zwischen dem Ort, an dem sich der Körper zum Zeitpunkt t_1 und dem Ort, an dem er sich zum Zeitpunkt t_2 befindet, an.

172. Nebenstehend ist die Geschwindigkeit v(t) eines sich auf einer geradlinigen Bahn bewegenden Körpers in Abhängigkeit von der Zeit t dargestellt (t in Sekunden, v(t) in m/s).

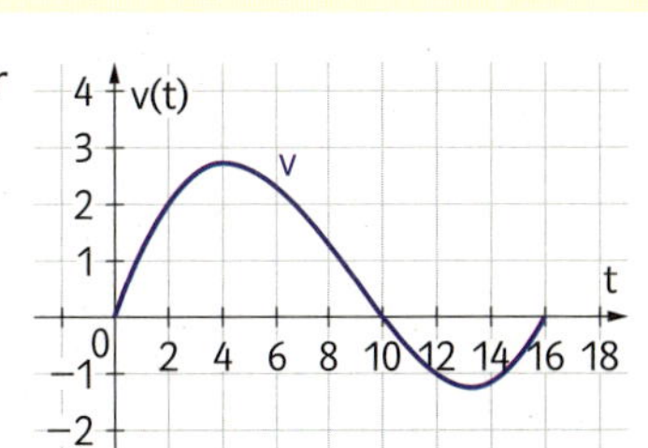

a) Gib mittels eines Integrals den Weg an, den der Körper im Zeitintervall [0; 10] zurücklegt.
b) Gib mittels eines Integrals den Weg an, den der Körper im Zeitintervall [10; 16] zurücklegt.
c) Gib mittels eines Integrals den Weg an, den der Körper im Zeitintervall [0; 16] zurücklegt.
d) Gib die Bedeutung des Integrals $\int_8^{14} v(t)\,dt$ in diesem Kontext an.

173. In nebenstehender Graphik ist die Geschwindigkeit v(t) (in m/s) eines Körpers in Abhängigkeit von der Zeit t (in Sekunden s) dargestellt. Der Körper bewegt sich entlang einer geradlinigen Bahn.

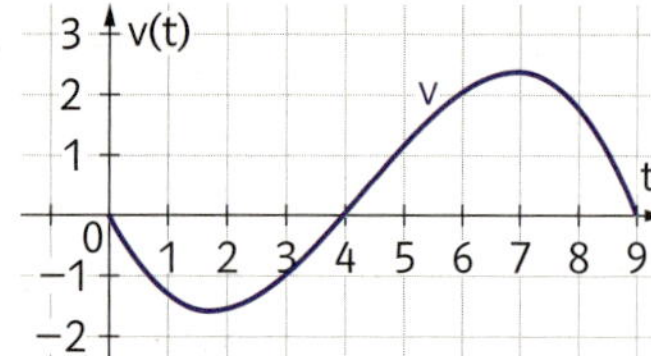
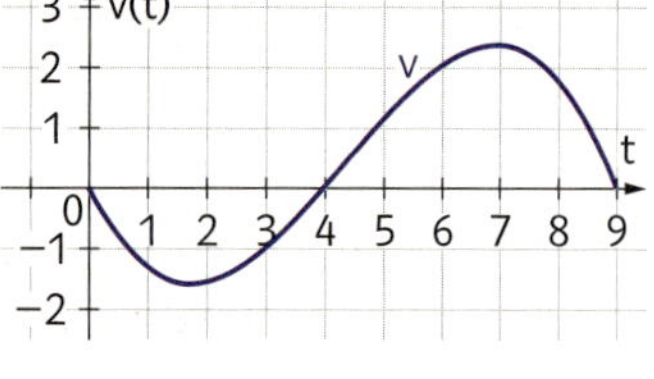

a) Beschreibe mittels eines Integrals den Weg, den der Körper im Zeitintervall [0; 4] zurücklegt. Welches Vorzeichen hat der Wert dieses bestimmten Integrals? Deute das Vorzeichen im gegebenen Kontext.

b) Deute das Integral $\int_0^9 v(t)\,dt$ im Kontext.

c) Beschreibe mittels eines Integrals die gesamte Weglänge, die der Körper im Zeitintervall [0; 9] zurücklegt.

AN-R 4.3 **M**
Arbeitsblatt
Weg – Geschwindigkeit – Maturaformate
89j224

174. Die Geschwindigkeit v (in m/s) eines Modellautos, das sich entlang einer geradlinigen Bahn bewegt, wird im Zeitintervall [0; 9] durch die Zeit-Geschwindigkeitsfunktion v (t in Sekunden) modelliert. Der Graph von v ist im nebenstehenden Koordinatensystem dargestellt.
Kreuze die zutreffende(n) Aussage(n) an.

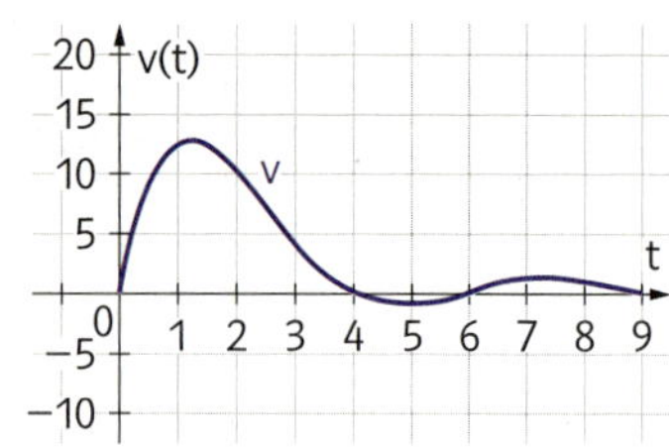

A	$\int_0^4 v(t)\,dt$ beschreibt den im Zeitintervall [0; 4] zurückgelegten Weg des Modellautos.	☐
B	$\int_0^9 v(t)\,dt$ beschreibt den im Zeitintervall [0; 9] insgesamt zurückgelegten Weg des Modellautos.	☐
C	Das Modellauto ändert zweimal seine Richtung.	☐
D	$\int_0^9 v(t)\,dt$ beschreibt den Abstand der Orte, an denen sich das Modellauto zu den Zeitpunkten 0 bzw. 9 befindet.	☐
E	Zum Zeitpunkt 4 ist das Modellauto weiter vom Startpunkt entfernt als zum Zeitpunkt 6.	☐

175. Gegeben ist der Graph einer Zeit-Geschwindigkeitsfunktion v eines sich auf einer geradlinigen Bahn bewegenden Körpers. Die Geschwindigkeit v wird in m/s gemessen, die Zeit t in Sekunden. Bestimme im dargestellten Zeitintervall $[0; t_1]$ **1)** die Länge des insgesamt zurückgelegten Wegs **2)** die Entfernung vom Startpunkt zum Zeitpunkt t_1.

a)
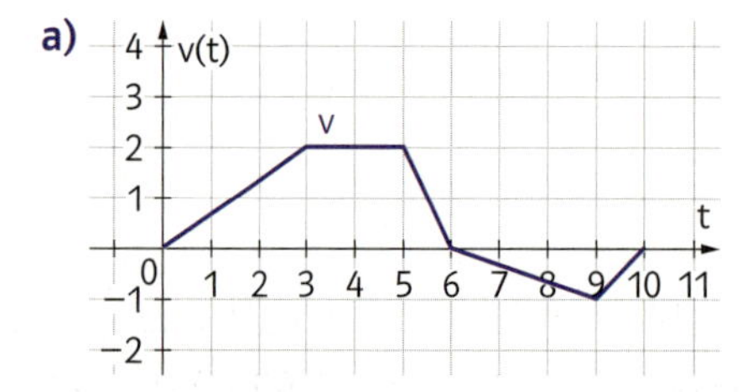

c)
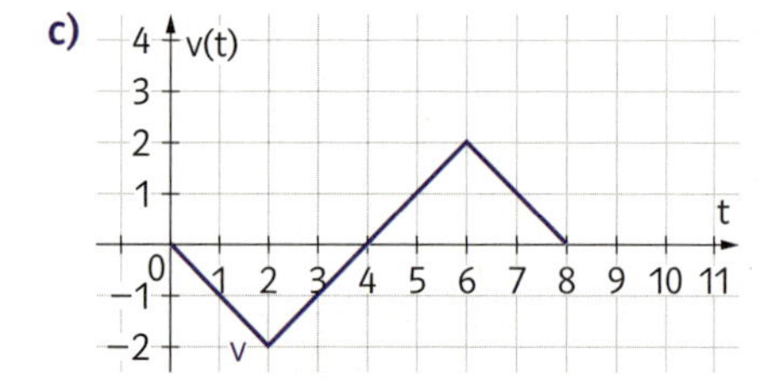

b)
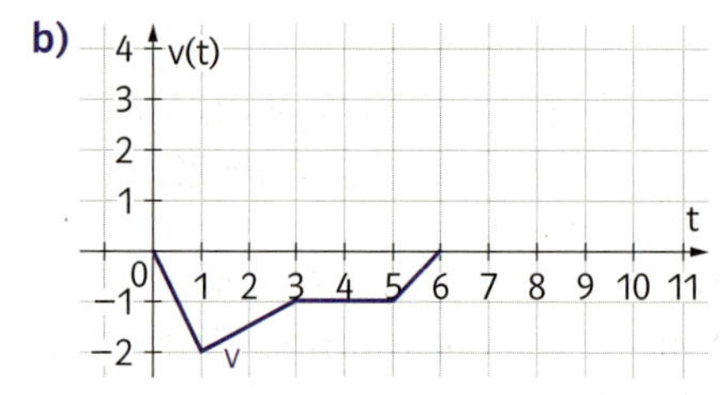

d)
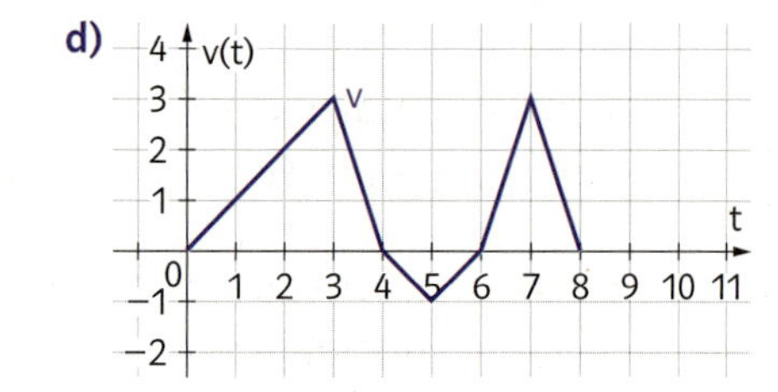

Von einer nicht-negativen Zeit-Beschleunigungsfunktion auf die Geschwindigkeit und den Weg schließen

Das bestimmte Integral einer positiven Zeit-Beschleunigungsfunktion a in einem Zeitintervall $[t_1; t_2]$ gibt die in diesem Zeitintervall herrschende Geschwindigkeitsänderung an.
Die Geschwindigkeitsfunktion kann nach dem Hauptsatz der Differential- und Integralrechnung mithilfe einer Stammfunktion von a ($\int a(t)\,dt = v(t) + c$) exakt berechnet werden.
Ausgehend von der Zeit-Geschwindigkeitsfunktion v kann durch unbestimmtes Integrieren auch wieder die Zeit-Ort-Funktion s ermittelt werden.

MERKE

Integral der Zeit-Beschleunigungsfunktion

Beschreibt eine Zeit-Beschleunigungsfunktion a die Beschleunigung a(t) eines Körpers zum Zeitpunkt t in einem Zeitintervall $[t_1; t_2]$ und ist im betrachteten Zeitraum **a(t) größer oder gleich null**, gilt für die Geschwindigkeitsänderung $v(t_1; t_2)$ in diesem Zeitintervall:

$$v(t_1; t_2) = \int_{t_1}^{t_2} a(t)\,dt = v(t_2) - v(t_1)$$

MUSTER

176. Eine Rakete hat eine Startbeschleunigung von rund $6\,m/s^2$.
Die Beschleunigung ist während des ganzen Fluges als konstant anzunehmen. Die Variable t gibt die Zeit nach dem Start in Sekunden an.

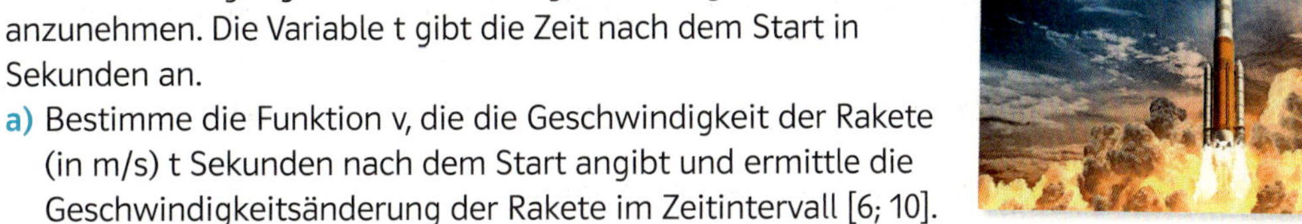

a) Bestimme die Funktion v, die die Geschwindigkeit der Rakete (in m/s) t Sekunden nach dem Start angibt und ermittle die Geschwindigkeitsänderung der Rakete im Zeitintervall [6; 10].

b) Berechne die Höhe der Rakete 240 Sekunden nach dem Start sowie ihre Geschwindigkeit zu diesem Zeitpunkt.

a) Für die konstante Beschleunigung gilt: $a(t) = 6\,m/s^2$. Das unbestimmte Integral der Funktion a liefert die Geschwindigkeitsfunktion $v(t) = \int a(t)\,dt = \int 6\,dt = 6t + c_1$. Die additive Konstante c_1 hat den Wert null, da sie die Anfangsgeschwindigkeit der Rakete angibt und diese beim Start (t = 0) 0 m/s beträgt. Für die Geschwindigkeitsänderung gilt:
$v(10) - v(6) = 60 - 36 = 24\,m/s$

b) Für die Funktion s(t), die die Höhe der Rakete zum Zeitpunkt t beschreibt, gilt:
$s(t) = \int v(t)\,dt = \int 6t\,dt = 3t^2 + c_2$. Die additive Konstante c_2 hat den Wert null, da sie die Höhe der Rakete beim Start (t = 0) angibt und diese zu diesem Zeitpunkt 0 m beträgt.
$s(240) = 3 \cdot 240^2 = 172\,800\,m$ gibt die Höhe der Rakete 240 Sekunden nach dem Start an.
Ihre Geschwindigkeit beträgt zu diesem Zeitpunkt $v(240) = 6 \cdot 240 = 1440\,m/s$.

177. Eine Rakete hat eine (konstante) Startbeschleunigung von $a\,m/s^2$. Berechne ihre Geschwindigkeitsänderung im gegebenen Zeitintervall und den zurückgelegten Weg t Sekunden nach dem Start.

a) a = 5,5; [2; 4]; t = 180
b) a = 7; [1; 3]; t = 60
c) a = 6,3; [1; 5]; t = 120
d) a = 7,25; [5; 6]; t = 200

Wird ein Körper t Sekunden lang aus dem Stand beschleunigt (d.h. seine Anfangsgeschwindigkeit ist null), gibt das Integral der Zeit-Beschleunigungsfunktion über dem Intervall [0; t] die Geschwindigkeit des Körpers zum Zeitpunkt t an.

178. Gegeben ist der Graph der (konstanten) Zeit-Beschleunigungsfunktion a (in m/s^2) eines Körpers, dessen Anfangsgeschwindigkeit $v(0) = 0\,m/s$ ist. Kennzeichne die Geschwindigkeit zum angegebenen Zeitpunkt t (in Sekunden s) und gib die Geschwindigkeit v (in m/s) an.

a) $t = 6\,s$

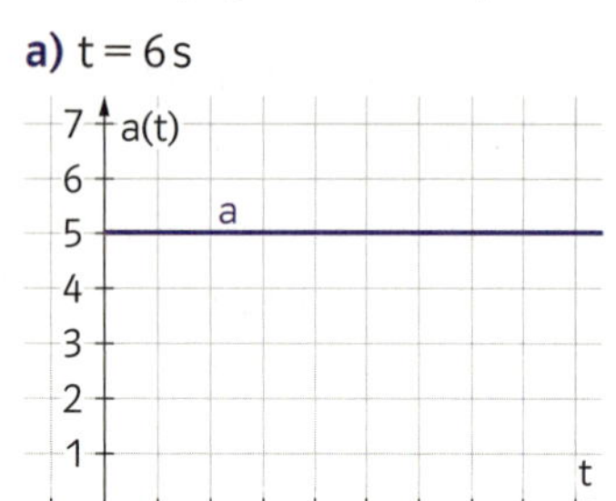

b) $t = 25\,s$

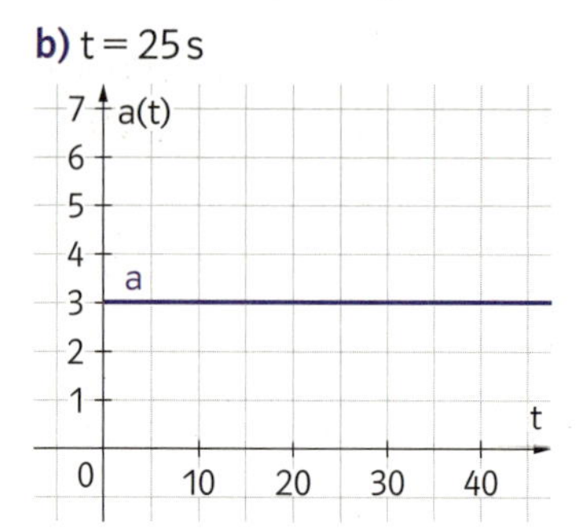

c) $t = 9\,s$

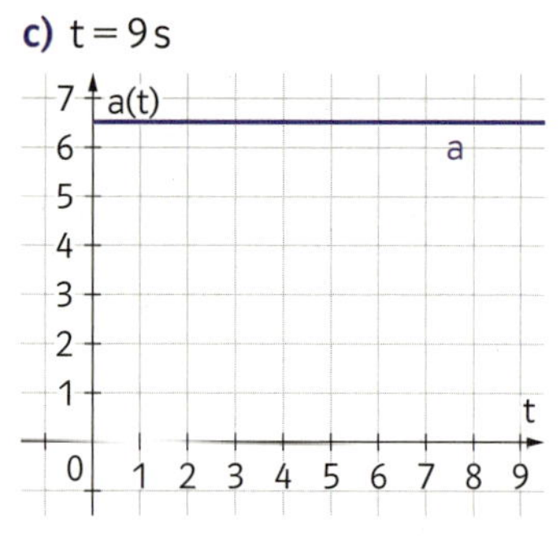

179. Ein Rennwagen startet mit einer konstanten Beschleunigung von $a = 4{,}8\,m/s^2$.

a) Berechne die Geschwindigkeit (in m/s und km/h), die nach zehn Sekunden erreicht wird.
b) Berechne den Weg, der in 15 Sekunden zurückgelegt wird.

180. Ein Flugzeug fliegt mit einer konstanten Geschwindigkeit von v m/s. Es beschleunigt t Sekunden lang mit einer Beschleunigung von $a\,m/s^2$. Berechne die Geschwindigkeit nach der Beschleunigungsphase.

a) $v = 160;\ t = 15;\ a = 6{,}5$ **b)** $v = 120;\ t = 8;\ a = 5{,}8$ **c)** $v = 200;\ t = 10;\ a = 4$

AN-R 4.3 **M** **181.** Die Funktion a beschreibt die Beschleunigung eines Autos aus dem Stand (d.h. $v(0) = 0$, $s(0) = 0$) t Sekunden nach dem Start ($a(t)$ in m/s^2), wobei die Beschleunigung stets abnimmt und beim Erreichen der Höchstgeschwindigkeit gleich null wird. Nach t_1 Sekunden erreicht das Auto seine Höchstgeschwindigkeit.

Interpretiere den Ausdruck $\int_0^{t_1} a(t)\,dt$ in diesem Kontext.

AN-R 4.3 **M** **182.** Die Beschleunigung eines Autos aus dem Stand t Sekunden nach dem Start lässt sich mit der Funktion $a(t) = 3{,}47$ (in m/s^2) modellieren. Ergänze den Text so, dass eine mathematisch korrekte Aussage entsteht.

Acht Sekunden nach dem Start hat das Auto eine Geschwindigkeit von rund ____(1)____ erreicht und dabei einen Weg von rund ____(2)____ zurückgelegt.

(1)	
90 km/h	☐
100 km/h	☐
110 km/h	☐

(2)	
111 m	☐
121 m	☐
131 m	☐

183. Ein Auto beschleunigt aus dem Stand ($s(0) = 0\,m$, $v(0) = 0\,m/s$) gemäß der Funktion a mit $a(t) = 0{,}0025t^2 - 0{,}2t + 4$ (in m/s^2), wobei $a(t)$ bis zum Erreichen der Höchstgeschwindigkeit gilt.

1) Bestimme das Zeitintervall $[0;\ t_1]$, in dem das Auto beschleunigt.
2) Berechne die Länge des Wegs bis zum Erreichen der Höchstgeschwindigkeit.

Von einer beliebigen Zeit-Beschleunigungsfunktion auf die Geschwindigkeit und den Weg schließen

Eine Zeit-Beschleunigungsfunktion a kann auch negative Werte a(t) in einem Zeitintervall annehmen, was dem Abbremsen eines Körpers entspricht.

MUSTER

184. Ein Körper mit der Anfangsgeschwindigkeit $v(0) = 0\,m/s$ wird gemäß der Funktion a $a(t) = -15t^2 + 30t$ (a(t) in m/s^2, t in Sekunden) im Intervall [0; 3] beschleunigt.

a) Skizziere und interpretiere den Verlauf des Graphen der Funktion a.

b) Berechne $\int_0^2 a(t)\,dt$ und deute den erhaltenen Wert im Kontext.

c) Berechne $\int_2^3 a(t)\,dt$ und deute den erhaltenen Wert im Kontext.

d) Berechne $\int_0^3 a(t)\,dt$ und deute den erhaltenen Wert im Kontext.

e) Bestimme die Länge des Wegs im Zeitintervall [1; 2].

a) Die Abbildung zeigt den Verlauf des Graphen von a. Im Intervall (0; 2) verläuft der Graph von a oberhalb der Zeitachse, d.h. der Körper beschleunigt. Für $t > 2$ Sekunden sind die Werte a(t) negativ, d.h. der Körper wird abgebremst.

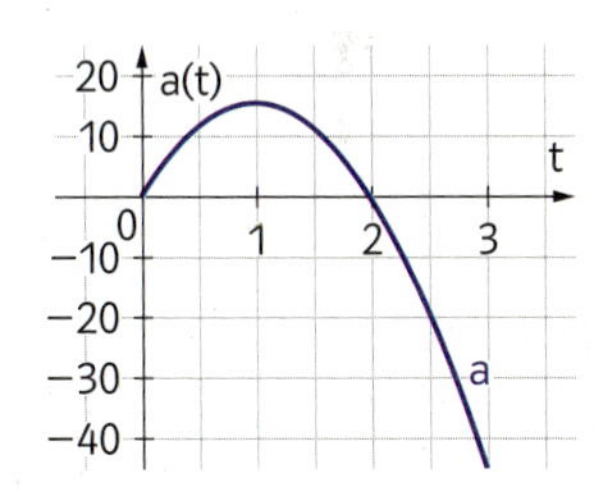

b) Berechnung des Integrals: $\int_0^2 a(t)\,dt = -5t^3 + 15t^2\Big|_0^2 = 20\,m/s$

Nach zwei Sekunden hat der Körper von $0\,m/s$ auf seine maximale Geschwindigkeit von $20\,m/s$ beschleunigt und wird danach wieder abgebremst.

c) Berechnung des Integrals: $\int_2^3 a(t)\,dt = -5t^3 + 15t^2\Big|_2^3 = -20\,m/s$

Im Zeitintervall [2; 3] nimmt die Geschwindigkeit um $20\,m/s$ ab.

d) Für den Wert des Integrals im Intervall [0; 3] gilt: $\int_0^3 a(t)\,dt = -5t^3 + 15t^2\Big|_0^3 = 0\,m/s$

Nach drei Sekunden ist die Geschwindigkeit des Körpers null, d.h. er ist wieder zum Stillstand gekommen.

e) Es gilt: $v(t) = \int a(t)\,dt = -5t^3 + 15t^2$ $(v(0) = 0\,m/s)$.

Das bestimmte Integral $\int_1^2 v(t)\,dt = -\frac{5t^4}{4} + 5t^3\Big|_1^2 = 16{,}25\,m$ gibt den zurückgelegten Weg im Intervall [1; 2] an.

Es können folgende Schlussfolgerungen gezogen werden:

- Das Berechnen des Integrals einer Zeit-Beschleunigungsfunktion a über eine Nullstelle hinweg kann sinnvoll interpretiert werden und ist daher zulässig.
- Das Bilden des Betrags eines negativen Werts von $\int_{t_1}^{t_2} a(t)\,dt$ im Intervall $[t_1; t_2]$ ist nicht sinnvoll, da dadurch genau das Gegenteil, nämlich eine Zunahme der Geschwindigkeit, beschrieben werden würde.

185. Ein Auto beschleunigt aus dem Stand ($s(0) = 0\,m$, $v(0) = 0\,m/s$). Die Beschleunigung nimmt stets ab und wird bei Erreichen der Höchstgeschwindigkeit gleich null. Annähernd t Sekunden nach dem Start wird die Beschleunigung durch die Funktion a mit $a(t) = 0{,}003125t^2 - 0{,}25t + 5$ (in m/s^2) beschrieben. a(t) gilt bis zum Erreichen der Höchstgeschwindigkeit.

a) Bestimme das Zeitintervall $[0; t_1]$, in dem das Auto beschleunigt.
b) Zeichne den Graphen der Funktion a im Intervall $[0; t_1]$ und berechne die Höchstgeschwindigkeit in km/h. Wie wird die Höchstgeschwindigkeit im Graphen von a dargestellt?
c) Berechne die Länge des Wegs, den das Auto bis zum Erreichen der Höchstgeschwindigkeit zurücklegt.
d) Interpretiere den Ausdruck $\int_{10}^{20} a(t)\,dt$ im Kontext.

186. Ein Körper mit der Anfangsgeschwindigkeit $v(0) = 0\,m/s$ wird gemäß der Funktion a mit $a(t) = -\frac{5}{3}t^2 + \frac{20}{3}t$ (a(t) in m/s^2, t in Sekunden) im Intervall [0; 6] beschleunigt.

a) Skizziere und interpretiere den Verlauf des Graphen der Funktion a.
b) Berechne $\int_0^4 a(t)\,dt$ und deute den erhaltenen Wert im Kontext.
c) Berechne $\int_4^6 a(t)\,dt$ ______
d) Berechne $\int_0^6 a(t)\,dt$ ______
e) Bestimme die Länge des Wegs im Zeitintervall [2; 4].

187. Kennzeichne im Graphen der Zeit-Beschleunigungsfunktion a (a(t) in m/s^2) die Änderung der Geschwindigkeit (v(t) in m/s) im Intervall [3; 6].

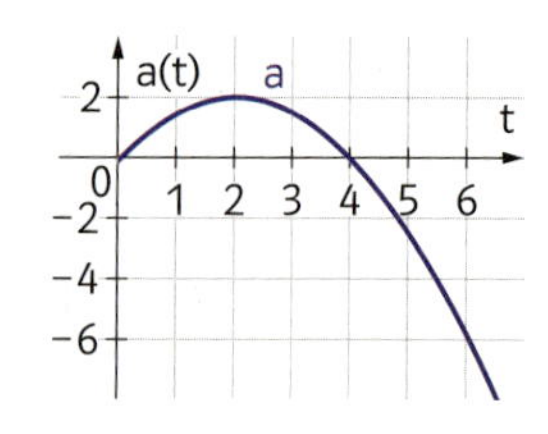

188. Ein Experimentierwagen wird durch eine zusammengedrückte Feder aus der Ruhe beschleunigt und von der ausgedehnten Feder wieder abgebremst. Seine Geschwindigkeit t Sekunden nach dem Start wird durch die Funktion v mit $v(t) = -4t^3 + 12t^2$ (v(t) in m/s, t in Sekunden) modelliert.

a) Berechne die Länge des Wegs, den der Wagen bis zum Erreichen der Maximalgeschwindigkeit zurücklegt.
b) Bestimme den Zeitpunkt, an dem der Wagen die maximale Beschleunigung erreicht und berechne, welchen Weg er bis dahin zurücklegt.
c) a (in m/s^2) ist die Zeit-Beschleunigungsfunktion des Wagens. Interpretiere den Wert des Integrals $\int_0^3 a(t)\,dt$ in diesem Kontext.

189. Ein experimenteller Helikopter wird während eines Auf- und Abwärtsfluges zehn Sekunden lang beobachtet. Zu Beginn der Beobachtung ($t = 0$) befindet er sich 98 m über dem Boden mit einer momentanen Steiggeschwindigkeit von 97,026 m/s. Die Funktion a mit $a(t) = 5{,}694t - 40{,}142$ gibt im Beobachtungszeitraum die Beschleunigung in m/s^2 zur Zeit t in Sekunden an.

a) Berechne den Weg des Helikopters, den er von Beginn der Beobachtung bis zum Erreichen des höchsten Punktes zurückgelegt hat.
b) Berechne den Weg des Helikopters, den er von der zweiten bis zur vierten Sekunde zurücklegt. (Beachte den Verlauf des Graphen der Funktion v.)

KOMPETENZEN

3.3 Naturwissenschaftliche Anwendungen

Lernziele:

- Die Arbeit mit Hilfe von Integralen beschreiben können
- Arbeit in verschiedenen naturwissenschaftlichen Anwendungsaufgaben berechnen können
- Die Änderung einer physikalischen Größe durch Integration der Änderungsrate berechnen können

Grundkompetenz für die schriftliche Reifeprüfung

AN-R 4.3 Das bestimmte Integral in verschiedenen Kontexten deuten und entsprechende Sachverhalte durch Integrale beschreiben können

Viele Größen in den Naturwissenschaften lassen sich durch ein Produkt aus anderen Größen berechnen.

Zusammenhang zwischen Kraft und Arbeit

Zieht man einen Körper mit einer konstanten Kraft F (in Newton N) entlang einer Δs Meter langen Strecke, so berechnet man die dafür benötigte Arbeit W (in Joule J) als Produkt aus Kraft F und zurückgelegtem Weg Δs:
$W = F \cdot \Delta s$[1]
Man kann diesen Vorgang auch graphisch in einem Koordinatensystem mit den Achsen s und F veranschaulichen.
Die Arbeit W entspricht dann der Fläche unter dem Graphen von F.

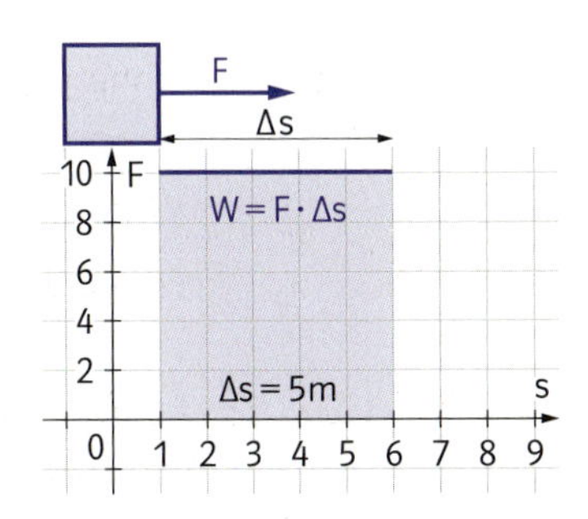

Komplizierter wird die Berechnung, wenn die Kraft nicht konstant ist, sondern sich in Abhängigkeit vom Ort s des Weges verändert ($F = F(s)$).
Die Multiplikation $W = F(s) \cdot \Delta s$ ist jetzt nicht mehr so einfach durchzuführen, da sich F(s) entlang des Weges Δs verändert. Wie schon bei einer konstanten Kraft entspricht der Flächeninhalt zwischen dem Graphen von F und der s-Achse der verrichteten Arbeit. Man kann dieses Problem also lösen, indem man den Flächeninhalt zwischen dem Graphen von F und der s-Achse durch eine Integration berechnet:

$$W(a; b) = \sum_i F(s_i) \cdot \Delta s = \int_a^b F(s)\,ds$$

MERKE

Die Arbeit

Wird ein Körper durch eine Kraft von der Stelle a zur Stelle b bewegt und bezeichnet F(s) den Betrag der Kraft an der Stelle s, so wird dabei die Arbeit W[a; b] verrichtet.

$$W[a; b] = \int_a^b F(s)\,ds$$

Arbeit ist das Integral der Kraft nach dem Weg.

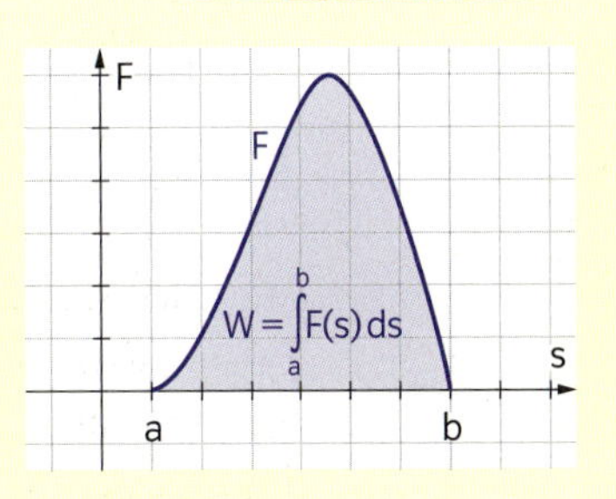

1 Da die Größen F und s Vektoren sind, gilt diese Formel nur, wenn F und s gleiche Richtung haben, wenn man also genau in Bewegungsrichtung zieht.

MUSTER

190. Zieht man eine Spiralfeder auseinander, so ist in einem bestimmten Bereich die dafür benötigte Kraft F (in Newton N) direkt proportional zur Ausdehnung x (in Meter m) aus der Ruhelage der Feder. F (**Federkraft**) kann im Definitionsbereich [0; 0,5] durch die Funktionsgleichung $F(x) = 5 \cdot x$ (**Federgleichung**) beschrieben werden.

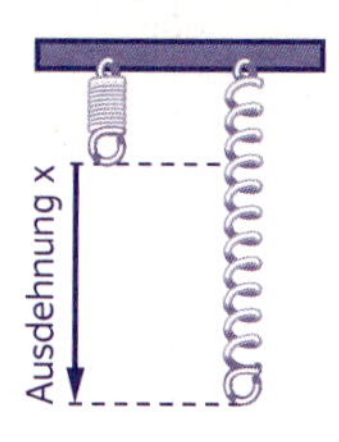

a) Bestimme die Arbeit, die man benötigt, um die Feder von einer Ausdehnung von 20 cm auf 40 cm zu bringen.

b) Die an der Feder verrichtete Arbeit wird als Energie E in der Feder gespeichert. Die Feder wurde um 50 cm aus der Ruhelage ausgedehnt. Bestimme die in ihr gespeicherte Energie.

c) Zeichne die Arbeit, die man benötigt, um eine Feder von einer Ausdehnung von 20 cm auf 40 cm zu bringen, in ein F-x-Diagramm ein.

d) Bestimme allgemein die Arbeit, die man verrichtet, wenn man eine Feder mit der Federkraft $F(x) = k \cdot x$ ($k \in \mathbb{R}^+$) um a Meter aus der Ruhelage ausdehnt.

a) $W[0{,}2;\ 0{,}4] = \int_{0{,}2}^{0{,}4} 5x\,dx = \frac{5x^2}{2}\Big|_{0{,}2}^{0{,}4} = 0{,}3$. Die Arbeit beträgt 0,3 J.

b) $E = W[0;\ 0{,}5] = \int_{0}^{0{,}5} 5x\,dx = \frac{5x^2}{2}\Big|_{0}^{0{,}5} = 0{,}625$. Die Energie beträgt 0,625 J.

c)

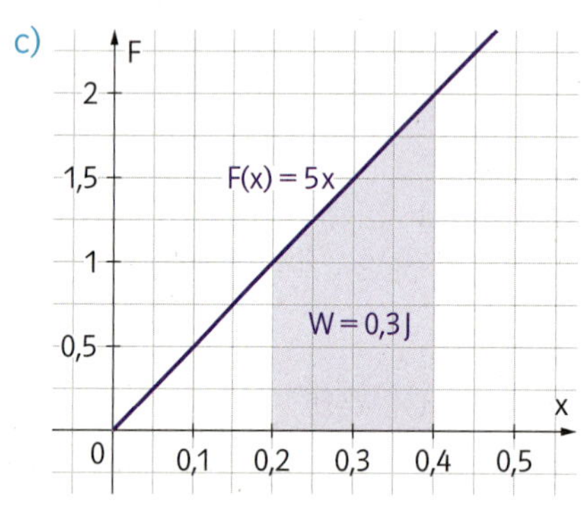

d) $W[0;\ a] = \int_{0}^{a} kx\,dx = \frac{k \cdot x^2}{2}\Big|_{0}^{a} = \frac{1}{2}ka^2$. Die Energie beträgt $\frac{1}{2}ka^2$ J.

191. Die Federgleichung beschreibt die Kraft in Newton, die benötigt wird, um eine Spiralfeder aus der Ruhelage um x Meter auszudehnen. Bestimme die Arbeit W (in Joule J), die benötigt wird, um eine Spiralfeder von der Ausdehnung a auf die Ausdehnung b zu bringen, und stelle den Wert von W in einem passenden F-x-Diagramm dar.

a) $F(x) = 3x$; $a = 0{,}4$; $b = 0{,}6$ **b)** $F(x) = x$; $a = 0$; $b = 0{,}7$ **c)** $F(x) = 0{,}1x$; $a = 0{,}25$; $b = 0{,}5$

AN-R 4.3 M **192.** Um eine Stahlfeder aus der Ruhelage $x = 0$ cm um x cm zu dehnen, ist die Kraft F(x) erforderlich. Interpretiere den Ausdruck $\int_{2}^{5} F(x)\,dx$ im Kontext.

193. Mit F(x) (in Newton N) wird die Kraft F beschrieben, die auf einen Körper an der Stelle x (in Meter m) wirkt. Ein Körper wird durch diese Kraft von der Stelle m zur Stelle n bewegt. Bestimme die dafür notwendige Arbeit W und zeichne den Wert von W in ein geeignetes F-x-Diagramm ein.

a) $F(x) = x^2$; $m = 2$; $n = 3$ **b)** $F(x) = \frac{2}{x^2}$; $m = 1$; $n = 4$ **c)** $F(x) = \sin(x)$; $m = 0{,}5$; $n = 1$

AN-R 4.3 **M** **194.** Ein Körper wird über einen Untergrund gezogen. Der Untergrund hat unterschiedliche Beschaffenheit, sodass an verschiedenen Stellen x verschieden große Kräfte notwendig sind, um den Körper zu bewegen. Im nebenstehenden Diagramm ist der Graph von K abgebildet. K beschreibt die Kraft (in Newton N), mit der ein Körper von der Stelle x (in Meter m) aus bewegt wird. Zeichne in das Diagramm die Arbeit ein, die man benötigt, um den Körper von der Stelle 2 um 50 cm zu verschieben.

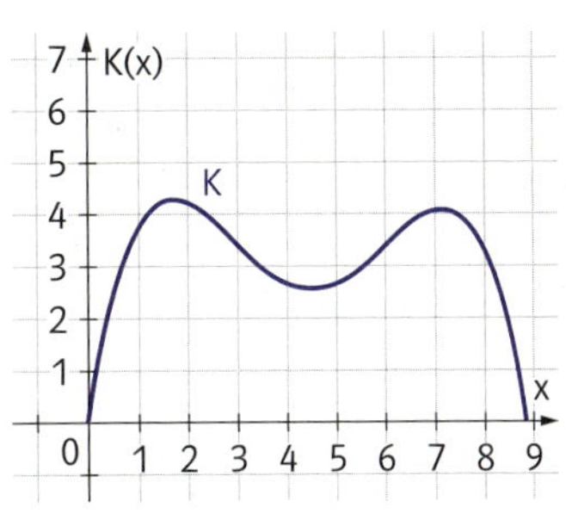

AN-R 4.3 **M** Arbeitsblatt Arbeit yn77ay **195.** In der Abbildung ist der Graph der Luftwiderstandskraft F (in Newton N) auf ein Auto in Abhängigkeit vom Ort x (in Meter m) des Autos abgebildet.
Bestimme den Wert der eingezeichneten Fläche und interpretiere ihn.

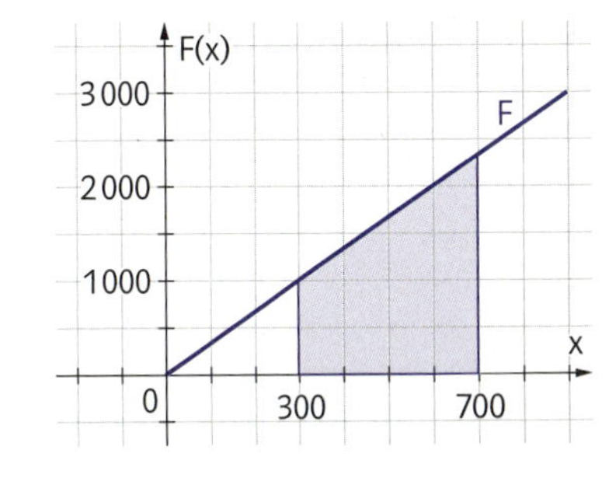

AN-R 4.3 **M** **196.** Eine Zugmaschine verrichtet beim Ziehen eines Baumstammes die Arbeit W (in Joule J). Die Abbildung zeigt den Graphen von W in Abhängigkeit von der Zugstrecke s (in Meter m).
Argumentiere, dass die von der Maschine beim Ziehen aufgewendete Kraft konstant ist und bestimme ihren Wert.

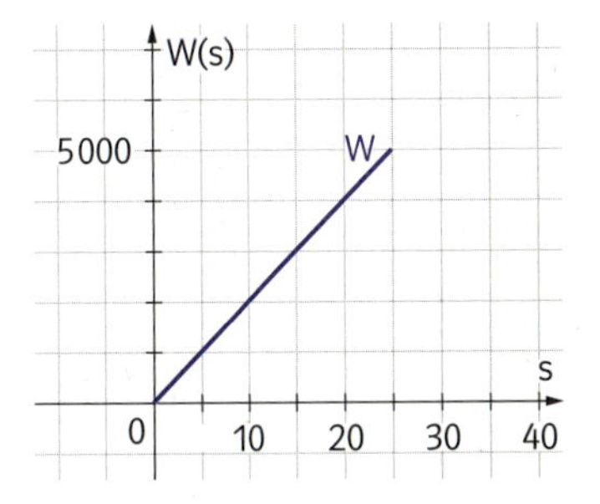

197. Die Gravitationskraft F(r) gibt die gegenseitige Anziehungskraft an, mit welcher sich die Erde und ein Körper im Abstand r anziehen.

$$F(r) = G \cdot \frac{M \cdot m}{r^2}$$

Dabei bezeichnet F die Gravitationskraft in Newton, r den Abstand vom Erdmittelpunkt in Meter (Erdradius ≈ 6378 km), M die Masse der Erde in Kilogramm ($M \approx 5{,}97 \cdot 10^{24}$ kg), m die Masse des Körpers in Kilogramm und G die Gravitationskonstante ($G = 6{,}67 \cdot 10^{-11}\, m^3 kg^{-1} s^{-2}$).

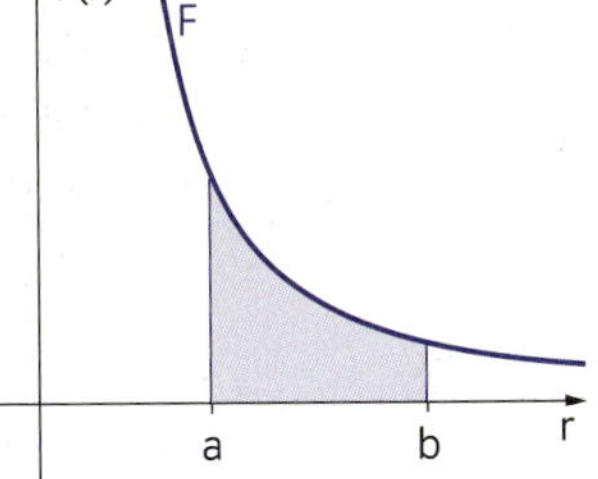

a) Bestimme die Arbeit (in Megajoule MJ), die notwendig ist, um einen Körper mit der Masse 100 kg von der Erdoberfläche aus 10 km hoch zu heben.
b) Interpretiere den Wert der eigezeichneten Fläche A im Kontext.
c) Bestimme eine integralsfreie Formel, mit der man die Arbeit W (in Joule J) berechnen kann, um einen Körper mit der Masse m von der Erdoberfläche aus x Meter hoch zu heben.

Zusammenhang zwischen Leistung und Arbeit

Die Arbeit W (in Joule J) kann auch als Produkt von Leistung P (in Watt W) und der benötigten Zeit Δt (in Sekunden s) berechnet werden: $W = P \cdot \Delta t$
Ist die Leistung von der Zeit t abhängig ($P = P(t)$), so berechnet man die Arbeit mit Hilfe eines Integrals.

MERKE

Die Arbeit

Wird vom Zeitpunkt t_1 bis zum Zeitpunkt t_2 die mit der Zeit veränderliche Leistung P(t) erbracht ($P(t) > 0$ im Intervall $[t_1; t_2]$), so wird dabei die Arbeit $W[t_1; t_2]$ verrichtet.

$$W[t_1; t_2] = \int_{t_1}^{t_2} P(t)\,dt$$

Die Arbeit ist das Integral der Leistung nach der Zeit.

MUSTER

198. Die Leistung P(t) einer Maschine steigt innerhalb einer Stunde linear von 0,5 W auf 2 W an. Bestimme die Arbeit W in kJ, die in dieser Zeit von der Maschine verrichtet wird.

Da P(t) linear ansteigt, gilt: $P(t) = k \cdot t + d$

$$k = \frac{2 - 0{,}5}{3600} = 0{,}000417;\ d = P(0) = 0{,}5 \Rightarrow P(t) = 0{,}000417t + 0{,}5$$

$$W = \int_0^{3600} (0{,}000417t + 0{,}5)\,dt = 4502{,}16$$

Es wird die Arbeit 4,5 kJ verrichtet.

199. Die Leistung P(t) einer Hebevorrichtung steigt innerhalb der Zeit t **1)** linear **2)** exponentiell von a Watt auf b Watt an. Berechne die Arbeit W in kJ, die in dieser Zeit von der Hebevorrichtung verrichtet wird.

a) $a = 10;\ b = 100;\ t = 20\,\text{min}$
b) $a = 50;\ b = 100;\ t = 20\,\text{s}$
c) $a = 20;\ b = 200;\ t = 2\,\text{h}$
d) $a = 2;\ b = 3;\ t = 1\,\text{min}$

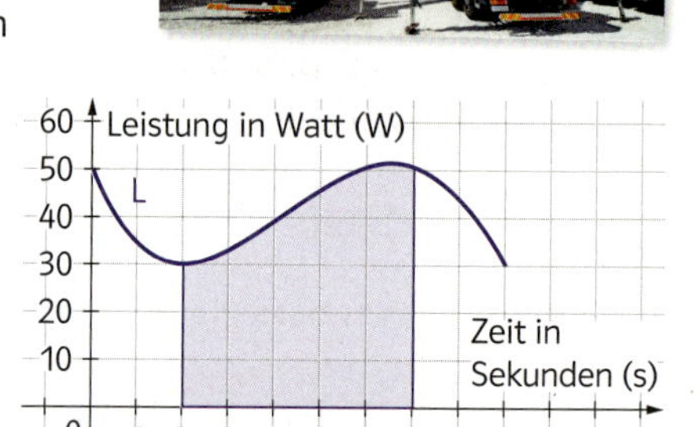

AN-R 4.3 **M** **200.** Die Abbildung zeigt den Graphen einer Funktion, welche die Leistung L einer dimmbaren Lampe beschreibt. Erkläre die Bedeutung des Wertes der eingezeichneten Fläche.

Leistung in Watt (W)
L
Zeit in Sekunden (s)

Integral einer momentanen Änderungsrate

In Lösungswege 7 wurde der Wert der ersten Ableitung an der Stelle x einer physikalischen Größe f als **momentane Änderungsrate** dieser Größe an der Stelle x bezeichnet.

Wenn zum Beispiel p(h) den Luftdruck (in Pascal Pa) in der Höhe h (in Meter m) bezeichnet, so bezeichnet p′(h) die momentane Änderungsrate des Luftdrucks in der Höhe h.

In der Leibniz'schen Schreibweise gilt $p'(h) = \frac{dp}{dh}$.

Aus der allgemeinen Beziehung $\int f(x)\,dx = F(x) + c$ zwischen der Stammfunktion F und einer Funktion f folgt für den Luftdruck p und die Änderungsrate p′ die Beziehung $\int p'(x)\,dx = p(x) + c$, wobei p eine Stammfunktion von p′ ist.

Der Ausdruck $\int_{100}^{500} p'(x)\,dx = p(500) - p(100)$ kann daher als die gesamte Luftdruckänderung bei einer Höhenänderung von 100 m auf 500 m interpretiert werden.

MERKE

Integral einer momentanen Änderungsrate

Ist $f'(x) = \frac{df}{dx}$ die momentane Änderungsrate der Größe f, so bedeutet der Ausdruck

$$\int_a^b f'(x)\,dx = f(b) - f(a)$$

die Änderung der Größe f im Intervall [a; b].

MUSTER

201. Die Änderungsrate des Luftdrucks p (in Pascal Pa) mit der Höhe h (in Metern m über dem Meeresspiegel) kann durch folgende Funktion beschrieben werden: $p'(h) = -0{,}125 \cdot e^{-\frac{1}{7991}h}$.
Bestimme die Änderung des Luftdrucks bei einer Höhenänderung von 1 km auf 2 km.

$$\int_{1000}^{2000} -0{,}125 \cdot e^{-\frac{1}{7991}h}\,dh \approx -104$$

Die Luftdruckänderung beträgt ca. −104 Pa. Der Luftdruck nimmt um ca. 104 Pa ab.

202. N(t) gibt die Anzahl von Bakterien nach t Minuten an. Die momentane Änderungsrate N′(t) kann durch die Funktion $N'(t) = 1000 + 200t$ beschrieben werden.

a) Berechne die Bakterienzunahme in der zehnten und der elften Minute.
b) Nach drei Minuten gibt es 10 000 Bakterien. Bestimme die Anzahl der Bakterien nach fünf Minuten.

203. Die durch einen Leiter fließende Ladung Q(t) (in Coulomb C) ist abhängig von der Zeit t (in Sekunden s). Die Änderungsrate von Q(t) bezeichnet man als elektrische Stromstärke I(t) (in Ampere A). Für I(t) gilt: $I(t) = -0{,}5t^2 + 2$

a) Drücke den Zusammenhang zwischen Q und I in Form einer Gleichung aus.
b) Bestimme die Ladungsmenge, die in den ersten 1,5 Sekunden durch den Leiter fließt.
c) Zeichne den Graphen von I(t) und Q(t) in ein Koordinatensystem ($t \in [0; 2]$), wenn $Q(0) = 0$ ist.

AN-R 4.3 **M**

204. h(t) bezeichnet die Höhe eines Baumes in Zentimeter nach t Jahren. In der Abbildung sieht man den Graphen der momentanen Änderungsrate der Baumhöhe. Zeichne die Höhenänderung des Baumes innerhalb der ersten fünf Jahre in die Abbildung ein.

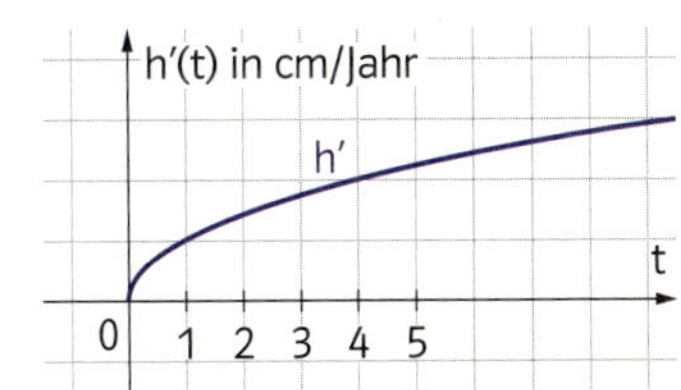

AN-R 4.3 **M**

205. Die Wachstumsgeschwindigkeit v eines Pilzes beträgt konstant 3,5 cm² pro Stunde. Zur Zeit t = 0 h bedeckt der Pilz eine Fläche A von 5 cm². A(t) bezeichnet die vom Pilz bedeckte Fläche nach t Stunden.
Kreuze die zutreffende(n) Aussage(n) an.

A ☐	B ☐	C ☐	D ☐	E ☐
$\int_0^t v(t)\,dt = A(t)$	$\int_0^t v(t)\,dt = 3{,}5$	$\int_1^2 v(t)\,dt = 3{,}5$	$\frac{dA(t)}{dt} = 3{,}5$	$A(t) = 3{,}5t + A(0);\ A(0) = 5$

3.4 Anwendungen aus der Wirtschaft

KOMPETENZEN

Lernziel:

- Die Integrale wirtschaftlicher Funktionen im Sachzusammenhang interpretieren können

Grundkompetenz für die schriftliche Reifeprüfung:

AN-R 4.3 Das bestimmte Integral in verschiedenen Kontexten deuten und entsprechende Sachverhalte durch Integrale beschreiben können

Ökonomische Funktionen sind mathematische Modelle, die den Zusammenhang zwischen den produzierten Mengeneinheiten und den durch die Modelle beschriebenen Größen herstellen.

VORWISSEN

Erlösfunktion E und Gewinnfunktion G

$E(x) = p \cdot x$ p … Verkaufspreis pro Mengeneinheit $G(x) = E(x) - K(x)$

Die Ableitungsfunktionen K′, E′ und G′ werden als **Grenzkostenfunktion**, **Grenzerlösfunktion** und **Grenzgewinnfunktion** bezeichnet. Die Funktionen beschreiben näherungsweise die Änderungen der Größen bei der Produktion von einer zusätzlichen Mengeneinheit.

MERKE

Wirtschaftliche Funktionen

Der funktionale Zusammenhang zwischen der produzierten Menge und den dafür anfallenden (Gesamt-) Kosten (fix und variabel) wird als **Kostenfunktion K** bezeichnet.

Der Übergang von einem degressiven Kostenverlauf zu einem progressiven Kostenverlauf wird als **Kostenkehre** bezeichnet. Die Kostenkehre ist der Wendepunkt der Kostenfunktion K.

Die **Stückkostenfunktion** $\overline{K}$ erhält man, indem man K(x) durch x dividiert: $\overline{K}(x) = \frac{K(x)}{x}$

Die Produktionsmenge x, bei der die Stückkosten $\overline{K}$ am kleinsten werden, wird als **Betriebsoptimum** bezeichnet.

206. Die Kostenfunktion K beschreibt die Gesamtkosten bei der Herstellung von x Mengeneinheiten (ME) eines Artikels in Geldeinheiten (GE). Bestimme die Grenzkosten für x ME und deute den Wert geometrisch sowie im Kontext.

a) $K(x) = 0{,}5x^3 - 6x^2 + 40x + 50$; $x = 2$ ME **b)** $K(x) = 0{,}3x^3 - 3{,}1x^2 + 14x + 30$; $x = 4$ ME

207. In einem Betrieb werden x ME eines Artikels produziert. Die Gesamtkosten werden durch die Kostenfunktion K modelliert. Der Verkaufspreis beträgt p GE/ME. Gib den Grenzgewinn für a ME an und deute den Wert geometrisch und im Kontext.

a) $K(x) = 0{,}25x^3 - 3x^2 + 13x + 85$; $p = 10$ GE; $a = 8$ ME
b) $K(x) = 0{,}2x^3 - 3{,}2x^2 + 21x + 40$; $p = 6$ GE; $a = 4$ ME

Kostenfunktion und Grenzkostenfunktion

MUSTER

208. Gegeben ist die Grenzkostenfunktion K′ mit $K'(x) = 0{,}03x^2 - 6x + 350$.

a) Bestimme den Wert K′(50) und deute ihn im Kontext.

b) Berechne den Wert des Integrals $\int_{50}^{100} K'(x)\,dx$ und deute ihn geometrisch und im gegebenen Kontext.

a) Nach Einsetzen von x = 50 in K′(x) erhält man den Wert der Grenzkostenfunktion bei dieser Produktionsmenge: $K'(50) = 0{,}03 \cdot 50^2 - 6 \cdot 50 + 350 = 125$ GE/ME. Wird die Produktion von 50 ME auf 51 ME erhöht, steigen die Gesamtkosten näherungsweise um 125 GE.

b) Für den Wert des Integrals gilt:

$$\int_{50}^{100} K'(x)\,dx = \int_{50}^{100} (0{,}03x^2 - 6x + 350)\,dx = 3750 \text{ GE}$$

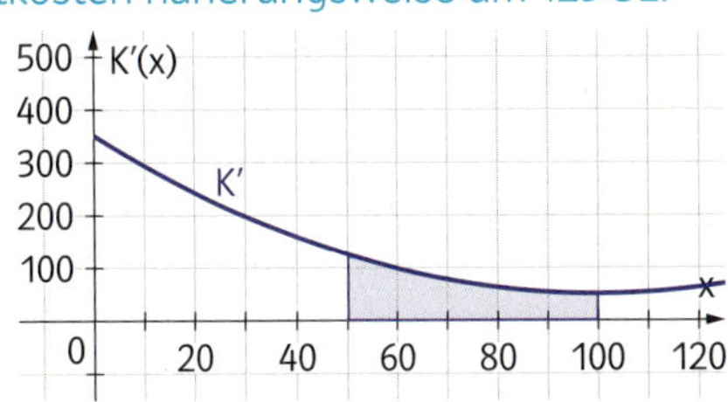

Geometrisch entspricht dieser Wert dem Flächeninhalt zwischen dem Graphen der Funktion K′ und der waagrechten Achse im Intervall [50; 100].
Da K eine Stammfunktion von K′ ist, gibt dieser Wert die Änderung der Gesamtkosten an, wenn die Produktion von 50 ME auf 100 ME erhöht wird.

209. Gegeben ist die Grenzkostenfunktion K′. Berechne den Wert des Integrals und deute ihn im gegebenen Kontext. (K in GE, x in ME)

a) $K'(x) = 2x + 3{,}5;\ \int_{3}^{5} K'(x)\,dx$

b) $K'(x) = 4x + 7;\ \int_{0}^{3} K'(x)\,dx$

c) $K'(x) = 1{,}5x^2 - 3x + 2;\ \int_{2}^{4} K'(x)\,dx$

d) $K'(x) = 2{,}4x^2 - 4x + 3{,}5;\ \int_{1}^{3} K'(x)\,dx$

210. Gegeben ist die Grenzkostenfunktion K′ (K′(x) > 0 für alle x). Deute den gegebenen Term geometrisch und im Kontext.

a) K′(5) **b)** $\int_{0}^{20} K'(x)\,dx$ **c)** K′(a) **d)** $\int_{a}^{b} K'(x)\,dx$

AN-R 4.3 **M** **211.** Gegeben sind die Kostenfunktion K sowie die dazugehörige Grenzkostenfunktion K′. Kreuze die beiden Terme an, die die absolute Kostenänderung beschreiben, wenn die Produktion von a ME auf (a + 1) ME erhöht wird.

A ☐	B ☐	C ☐	D ☐	E ☐
$\int_{0}^{a} K'(x)\,dx$	K(a + 1) – K(a)	K(a + 1)	K′(a)	$\int_{a}^{a+1} K'(x)\,dx$

AN-R 4.3 **M** **212.** Gegeben ist der Graph der Grenzkostenfunktion K′. Deute den im gegebenen Intervall eingezeichneten Flächeninhalt im Kontext.

a)

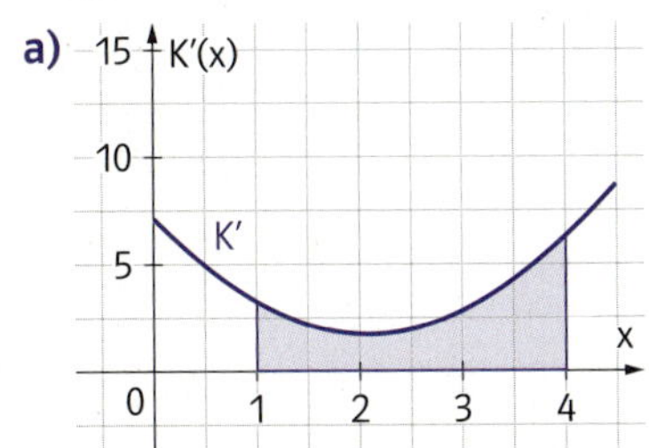

b)

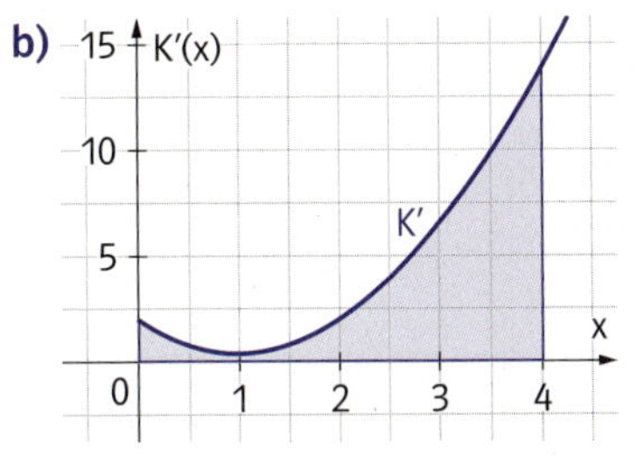

Gewinnfunktion und Grenzgewinnfunktion

MUSTER

213. Gegeben ist die Kostenfunktion K mit $K(x) = 0{,}5x^3 - x^2 + x + 15$. Der Verkaufspreis pro Mengeneinheit beträgt $p = 12$ GE.

a) Stelle die Gewinnfunktion G auf und berechne den Grenzgewinn $G'(3)$. Deute $G'(3)$ geometrisch bzw. im Kontext.

b) Berechne das Integral $\int_1^3 G'(x)\,dx$ und interpretiere es geometrisch und im Kontext.

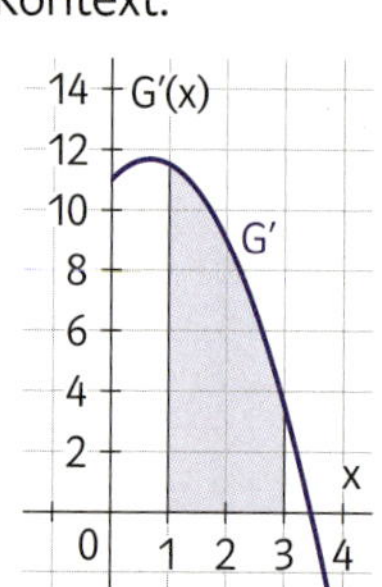

a) Für die Erlösfunktion E gilt: $E(x) = 12x$, für die Gewinnfunktion G gilt:
$G(x) = E(x) - K(x) = 12x - 0{,}5x^3 + x^2 - x - 15 = -0{,}5x^3 + x^2 + 11x - 15$
Für den Grenzgewinn G' gilt: $G'(x) = -1{,}5x^2 + 2x + 11$, d.h.
$G'(3) = 3{,}5$ GE/ME
Geometrisch gibt $G'(3)$ die Steigung der Tangente an G an der Stelle $x = 3$ an, im Kontext (näherungsweise) den für eine zusätzlich abgesetzte Mengeneinheit zu erwartenden Gewinnzuwachs.

b) $\int_1^3 G'(x)\,dx = \int_1^3 (-1{,}5x^2 + 2x + 11)\,dx = 17$ GE. Geometrisch gibt der Wert des Integrals den Inhalt der Fläche zwischen dem Graphen von G' und der waagrechten Achse an. Da G eine Stammfunktion von G' ist, beschreibt der Wert des Integrals die Änderung des Gesamtgewinns bei einer Zunahme der Produktionsmenge von 1 ME auf 3 ME, d.h. $G(3) - G(1) = 17$ GE.

214. Gegeben ist die Kostenfunktion K. Der Verkaufspreis pro Mengeneinheit beträgt p GE.

1) Stelle die Gewinnfunktion G auf, berechne den Grenzgewinn $G'(a)$ und deute $G'(a)$ geometrisch und im Kontext.

2) Berechne und interpretiere das gegebene Integral geometrisch und im Kontext.

a) $K(x) = 0{,}4x^3 - 1{,}2x^2 + 1{,}3x + 12$; $p = 15$; $a = 2$; $\int_1^4 G'(x)\,dx$

b) $K(x) = 0{,}3x^3 - 1{,}1x^2 + 1{,}4x + 17$; $p = 20$; $a = 4$; $\int_0^3 G'(x)\,dx$

c) $K(x) = 0{,}2x^3 - 0{,}75x^2 + 1{,}4x + 21$; $p = 17$; $a = 6$; $\int_3^6 G'(x)\,dx$

AN-R 4.3 **M** **215.** Die Funktionsgraphen stellen den Grenzgewinn G' dar. Kreuze die beiden Graphen an, bei welchen durch eine Erhöhung der abgesetzten Menge von a ME auf b ME eine positive Gewinnänderung beschrieben wird.

A ☐ $a = 3$; $b = 5$

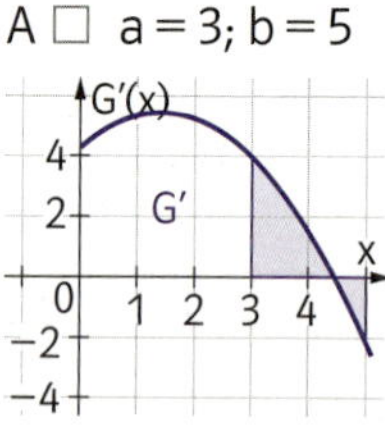

B ☐ $a = 3$; $b = 5$

C ☐ $a = 1$; $b = 5$

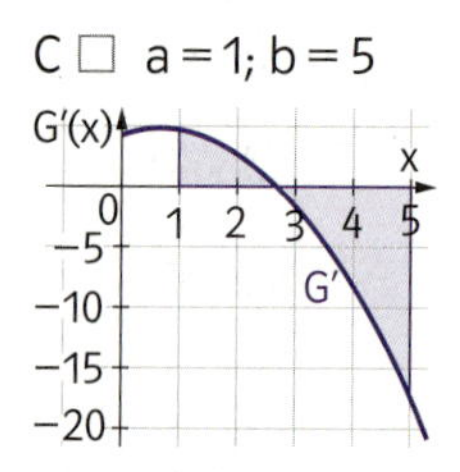

D ☐ $a = 2$; $b = 4$

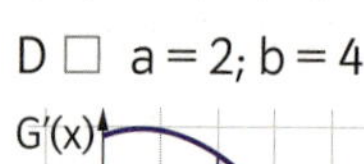

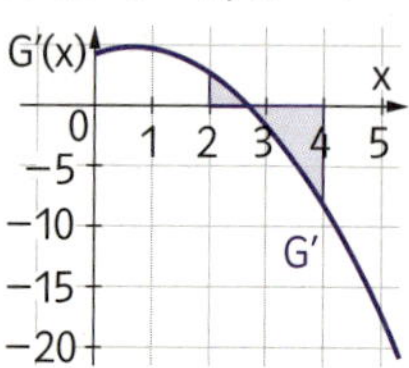

E ☐ $a = 1$; $b = 3$

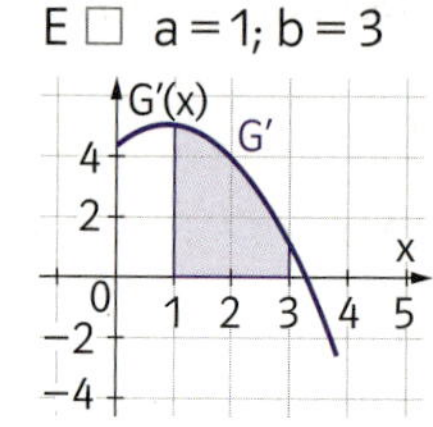

AN-R 4.3 **M**

Arbeitsblatt Nachfragefunktion; Preis-Absatz-Funktion t7mj98

216. Gegeben sind Graphen von Funktionen, die den Grenzgewinn G′ darstellen. Kreuze die beiden Graphen an, bei welchen durch eine Erhöhung der abgesetzten Menge von a ME auf b ME eine negative Gewinnänderung beschrieben wird.

A ☐ $a = 1$, $b = 3$

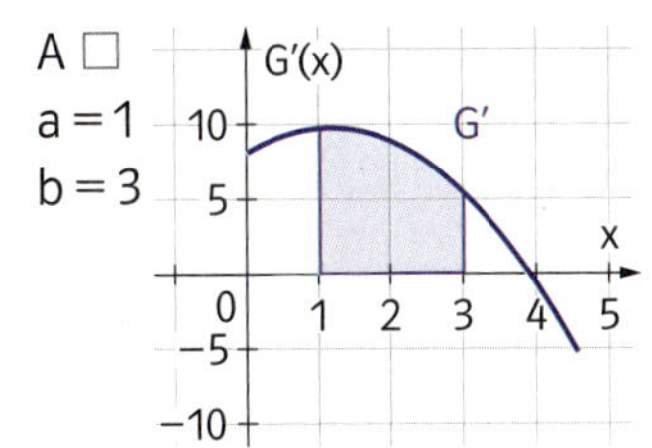

B ☐ $a = 3$, $b = 6$

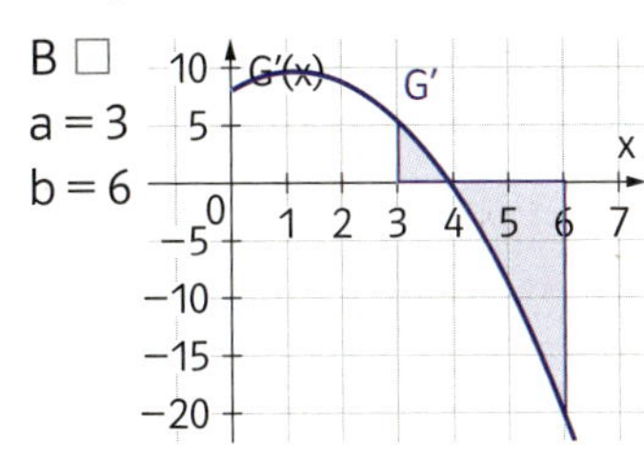

C ☐ $a = 2$, $b = 5$

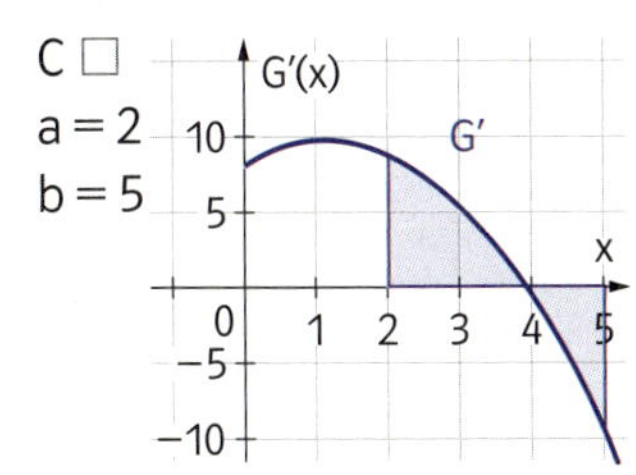

D ☐ $a = 4$, $b = 5$

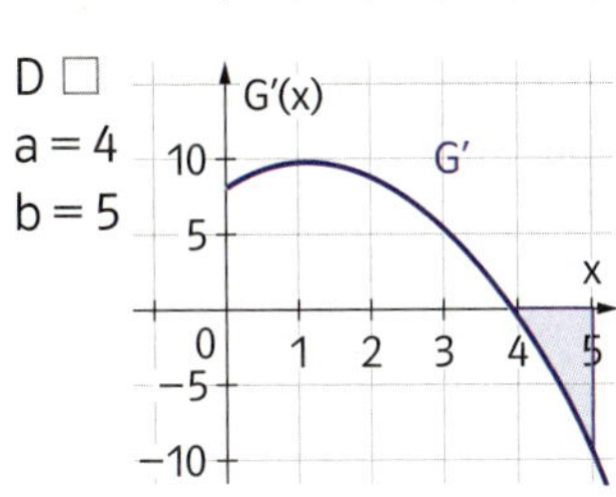

E ☐ $a = 0$, $b = 5$

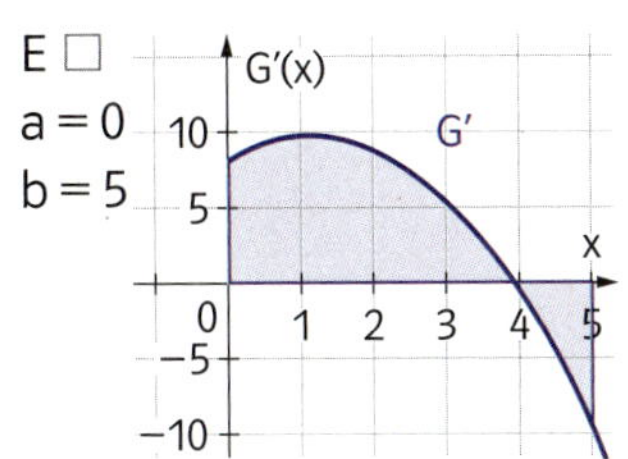

ZUSAMMENFASSUNG

Volumen V von Körpern mit bekannter Querschnittsfläche:
Ist A(z) der Flächeninhalt der Querschnittsfläche eines Körpers in der Höhe z ($a \leq z \leq b$) und A stetig in [a; b], dann gilt für das Volumen V des Körpers in [a; b]: $V = \int_a^b A(z)\,dz$

Volumina von Rotationskörpern:
- bei Drehung von $f(x) = y$ um die x-Achse in ($a \leq x \leq b$): $V = \pi \cdot \int_a^b y^2\,dx$
- bei Drehung von $f(x) = y$ um die y-Achse ($a \leq y \leq b$): $V = \pi \cdot \int_a^b x^2\,dy$

Integrale der Zeit-Geschwindigkeitsfunktion und der Zeit-Beschleunigungsfunktion
Für die bestimmten Integrale von v und a im Zeitintervall $[t_1; t_2]$ gilt:

$w(t_1; t_2) = \int_{t_1}^{t_2} v(t)\,dt = s(t_2) - s(t_1)$ $\quad v(t_1; t_2) = \int_{t_1}^{t_2} a(t)\,dt = v(t_2) - v(t_1)$ $\quad (v(t) \geq 0, a(t) \geq 0$ für alle t)

Kraft – Leistung – Arbeit
Wirkt auf einen Körper entlang eines Weges von Stelle a nach Stelle b die veränderliche Kraft F(s), gilt für die verrichtete Arbeit W: $W = \int_a^b F(s)\,ds$

Wird vom Zeitpunkt t_1 bis zum Zeitpunkt t_2 die veränderliche Leistung P(t) erbracht, so wird dabei die Arbeit W verrichtet: $W = \int_{t_1}^{t_2} P(t)\,dt$

Integral der Grenzkosten- und der Grenzgewinnfunktion
Änderung der Gesamtkosten bei einer Änderung der Produktionsmenge von a ME auf b ME:

$$\int_a^b K'(x)\,dx = K(b) - K(a)$$

Änderung des Gewinns bei einer Änderung der Produktionsmenge von a ME auf b ME:

$$\int_a^b G'(x)\,dx = G(b) - G(a)$$

TRAINING

Vernetzung – Typ-2-Aufgaben

Typ 2 M **217.** Eine Firma beschäftigt sich mit der Herstellung von Vasen. Dazu betrachten sie verschiedene Formen. Die Vase soll 60 cm hoch sein. Es werden drei Varianten überlegt:

Variante A: Die Querschnittsfläche $Q_A(z)$ in der Höhe z soll rechteckig sein. Für die Breite b(z) und die Länge a(z) des Rechtecks in Abhängigkeit von der Höhe z gilt:

$a(z) = 20 \qquad b(z) = 10$

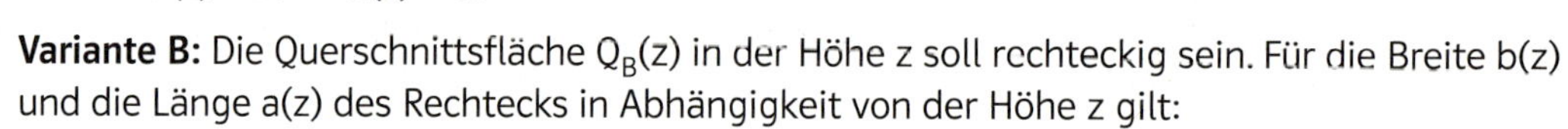

Variante B: Die Querschnittsfläche $Q_B(z)$ in der Höhe z soll rechteckig sein. Für die Breite b(z) und die Länge a(z) des Rechtecks in Abhängigkeit von der Höhe z gilt:

$a(z) = 15 \qquad b(z) = 0{,}5\,z + 12$

Variante C: Die Querschnittsfläche $Q_C(z)$ in der Höhe z soll kreisförmig sein. Für den Radius r(z) in Abhängigkeit von der Höhe z gilt:

$r(z) = 0{,}5\,z + 2$

a) Gegeben sind Aussagen über die Querschnittsflächen der einzelnen Varianten. Kreuze die zutreffende(n) Aussage(n) an.

A	Q_A ist eine konstante Funktion.	☐
B	Q_B wächst für steigendes z linear.	☐
C	Q_C wächst für steigendes z exponentiell.	☐
D	Je größer z ist, desto größer ist der Funktionswert $Q_A(z)$.	☐
E	Q_C ist eine lineare Funktion.	☐

b) Die Firma entscheidet sich für eine andere Variante. Für die Querschnittsfläche Q(z) (in cm^2) in Abhängigkeit von der Höhe z soll gelten: $Q(z) = 0{,}5\,z + 6$

Interpretiere die Werte 0,5 und 6 der Querschnittsfläche im gegebenen Kontext.

Interpretiere den Ausdruck $\int_0^{25} Q(z)\,dz$ im gegebenen Kontext.

Berechne die Wasserhöhe, wenn in die Vase 1,5 l Wasser eingefüllt wurde.

c) W(t) ist die Wassermenge (in ml) in der Vase zum Zeitpunkt t (in Sekunden). Es gilt:

$W'(t) = 12.$

Interpretiere diesen Wert im gegebenen Kontext.

d) Berechne, wie viel Liter Wasser in die Vase passen, wenn sich die Firma für Variante B entscheidet.

e) Für den Verkauf von x Stück einer bestimmten Vase kalkuliert die Firma mit der Grenzkostenfunktion K', die näherungsweise durch die Funktionsgleichung $K'(x) = -0{,}003\,x^2 + 5$ angegeben werden kann (K' in Euro/Stück). Der Graph der Erlösfunktion E für diese Vase ist in der nebenstehenden Abbildung dargestellt. Gib eine Funktionsgleichung der Gewinnfunktion G für diese Vase an, wenn bekannt ist, dass für einen Verkauf von 50 Stück der Gewinn 425 Euro beträgt.

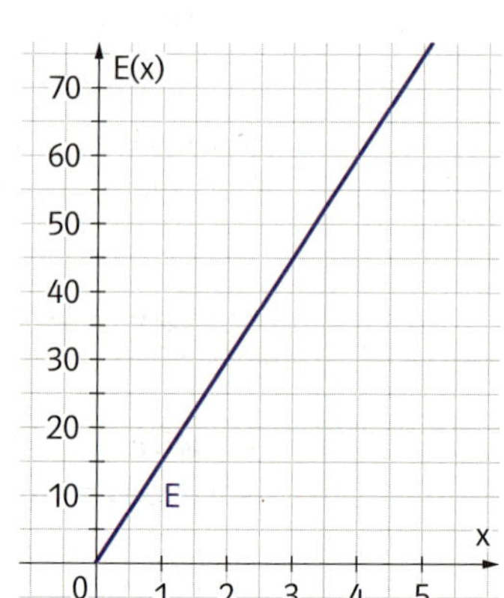

ÜBER-PRÜFUNG

Selbstkontrolle

☐ Ich kann Rauminhalte von Körpern mit bekannter Querschnittsfläche berechnen.

218. Die Querschnittsfläche eines Zelts ist in jeder Höhe z ein Quadrat mit der Seitenlänge $a(z) = -\frac{1}{2}\sqrt{z} + 2$. Berechne das Volumen des Körpers. (Maße in Meter)

219. Der Innenraum eines h = 35 cm hohen Gefäßes besitzt in jeder Höhe z eine annähernd rechteckige Querschnittsfläche. Die Breite des Gefäßes ist in jeder Höhe $b(z) = \frac{5}{7}z + 20$. Die Länge ist am Boden a = 40 cm, am Ende c = 25 cm und nimmt linear ab. Berechne das Volumen des Innenraums.

☐ Ich kann Rauminhalte von Rotationskörpern berechnen.

220. Der Graph der Funktion f mit $f(x) = \frac{x^2}{2} - 1$ rotiert im Intervall [–4; –2] um die **1)** x-Achse **2)** y-Achse. Berechne das Volumen des entstehenden Drehkörpers.

☐ Ich kann von der Geschwindigkeit auf den Weg schließen.

221. Gegeben ist die Zeit-Geschwindigkeitsfunktion v eines sich geradlinig bewegenden Körpers mit $v(t) = 0{,}3t^2 - 2{,}5t + 3$. Berechne den in der ersten Sekunde zurückgelegten Weg und interpretiere ihn geometrisch. (v(t) in Meter, t in Sekunden)

222. Ein Körper kann geradlinig hin- und herbewegt werden. Die Geschwindigkeit v des Körpers ist in Abhängigkeit von der Zeit t dargestellt (v(t) in m/s; t in Sekunden). Bestimme die Entfernung des Körpers vom Startpunkt nach acht Sekunden.

v(t), v, t, 4, 3, 2, 1, 0, –1, 1 2 3 4 5 6 7 8 9

☐ Ich kann von der Beschleunigung auf die Geschwindigkeit und den Weg schließen.

223. Eine Rakete hat eine (konstante) Startbeschleunigung von $4{,}9\,m/s^2$. Berechne die Höhe und die Geschwindigkeit der Rakete 120 Sekunden nach dem Start.

☐ Ich kann Integrale in naturwissenschaftlichen Zusammenhängen deuten.

224. Die Leistung P(t) einer Maschine steigt innerhalb von 3 Minuten exponentiell von 0,5 W auf 4 W an. Bestimme die Arbeit W in J, die in dieser Zeit von der Maschine verrichtet wird.

☐ Ich kann Integrale ökonomischer Funktionen deuten.

225. Gegeben sind die Grenzkostenfunktion K′ und die Grenzgewinnfunktion G′ in Abhängigkeit von den produzierten Mengeneinheiten x (K′(x), G′(x) in GE/ME). Deute die Integrale $\int_a^b K'(x)\,dx$ und $\int_a^b G'(x)\,dx$ im Kontext.

Kompetenzcheck Integralrechnung 2

Grundkompetenz für die schriftliche Reifeprüfung:

☐ AN-R 4.3 Das bestimmte Integral in verschiedenen Kontexten deuten und entsprechende Sachverhalte durch Integrale beschreiben können

AN-R 4.3 M **226.** Gegeben sind die Graphen zweier Funktionen f und g. Das von f und g und der y-Achse begrenzte Flächenstück rotiert um die x-Achse. V sei das Volumen des entstandenen Rotationskörpers. Kreuze die zutreffende(n) Aussage(n) an.

A	$V = \pi \cdot \int_0^a [f^2(x) - g^2(x)]\,dx$	☐
B	$V = \pi \cdot \int_0^a f^2(x)\,dx - \pi \cdot \int_0^a g^2(x)\,dx$	☐
C	$V = \pi \cdot \int_0^a [f(x) - g(x)]^2\,dx$	☐
D	$V = \pi \cdot \int_0^a g^2(x)\,dx - \pi \cdot \int_0^a f^2(x)\,dx$	☐
E	$V = \pi \cdot \int_0^b g^2(x)\,dx - \pi \cdot \int_0^b f^2(x)\,dx$	☐

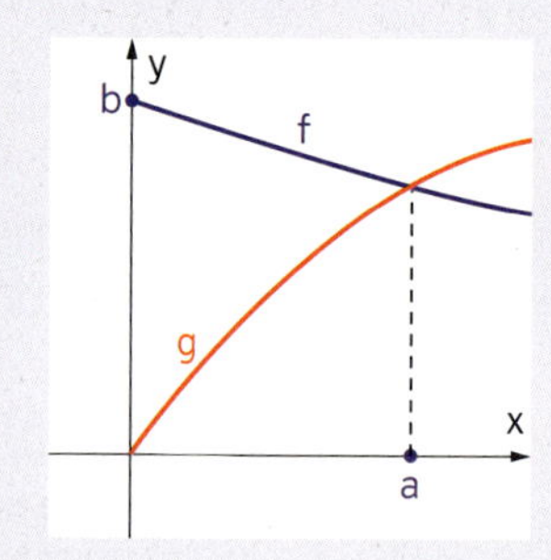

AN-R 4.3 M **227.** Die Geschwindigkeit v eines sich geradlinig bewegenden Gegenstandes wird im Zeitintervall [0; c] durch die Zeit-Geschwindigkeitsfunktion v(t) (in m/s) modelliert. Der Graph von v ist im untenstehenden Koordinatensystem dargestellt. t = 0 bezeichnet den Beginn der Bewegung.

Kreuze die zutreffende(n) Interpretation(en) für den Wert von $\int_0^b v(t)\,dt$ an.

A	der vom Körper zurückgelegte Weg	☐
B	die Gesamtgeschwindigkeit des Körpers im Intervall [0; b]	☐
C	der vom Körper im Intervall [0; b] zurückgelegte Weg	☐
D	die Entfernung des Körpers vom Ausgangspunkt b Sekunden nach dem Start	☐
E	die Geschwindigkeit des Körpers nach b Sekunden	☐

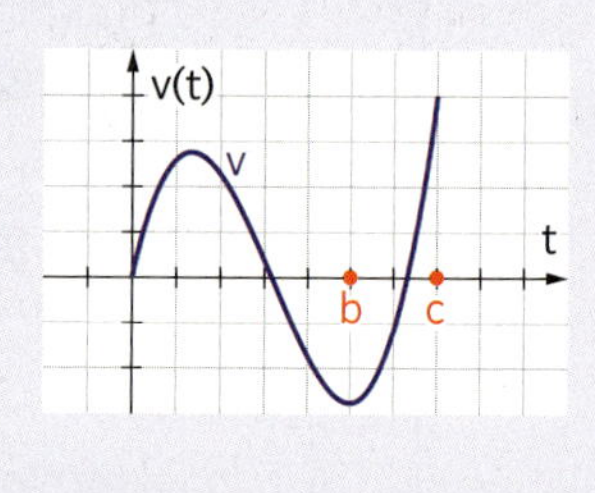

AN-R 4.3 M **228.** W(x) ist die Arbeit, die ein Muskel aufwendet um ein Gewicht x Meter hoch zu heben. Vervollständige den Satz so, dass er mathematisch korrekt ist.

___(1)___ ist die aufgewendete ___(2)___ des Muskels in 2 Meter Höhe.

(1)	
W′(2)	☐
$\int_0^2 W(x)\,dx$	☐
W′(2) − W′(0)	☐

(2)	
Arbeit	☐
Leistung	☐
Kraft	☐

AN-R 4.3 **M** **229.** Ein Motor beginnt zum Zeitpunkt $t = 0$ zu arbeiten. Die Funktion $P(t)$ beschreibt die Leistung eines Motors zum Zeitpunkt t. P ist im ganzen Definitionsbereich positiv.
$W(t)$ beschreibt die Arbeit des Motors bis zum Zeitpunkt t.
Kreuze die zutreffende(n) Beschreibung(en) für die im Zeitintervall $[a; c]$ geleistete Arbeit W an. Für die Zeitpunkte a, b und c gilt: $a < b < c$.

A	B	C	D	E
$\int_a^c P'(t)\,dt$	$\int_0^c P(t)\,dt - \int_0^a P(t)\,dt$	$W(c) - W(a)$	$\int_a^c P(t)\,dt$	$\int_a^c P(t)\,dt + \int_b^c P(t)\,dt$
☐	☐	☐	☐	☐

AN-R 4.3 **M** **230.** $N(t)$ gibt die Anzahl der Mikroben nach t Tagen an ($N(0) = 0$). N' mit $N'(t) = a \cdot t$ ($t \in [0; 5]$) ist die Änderungsrate der Mikrobenanzahl.
Ordne den Beschreibungen den passenden Term zu.

1	die Mikrobenanzahl nach zwei Tagen	
2	die absolute Änderung der Mikrobenanzahl im Intervall [1; 5]	
3	die Mikrobenanzahl nach t Tagen	
4	die Änderung der Mikrobenanzahl vom zweiten bis zum dritten Tag	

A	$\int_0^2 N'(t)\,dt$
B	$\frac{at^2}{2}$
C	$\int_1^5 N(t)\,dt$
D	$\int_2^3 N'(t)\,dt$
E	$N'(2)$
F	$12a$

AN-R 4.3 **M** **231.** Die Abbildung zeigt den Graphen des Grenzgewinnes G'.
Interpretiere die eingezeichnete Fläche im Kontext.

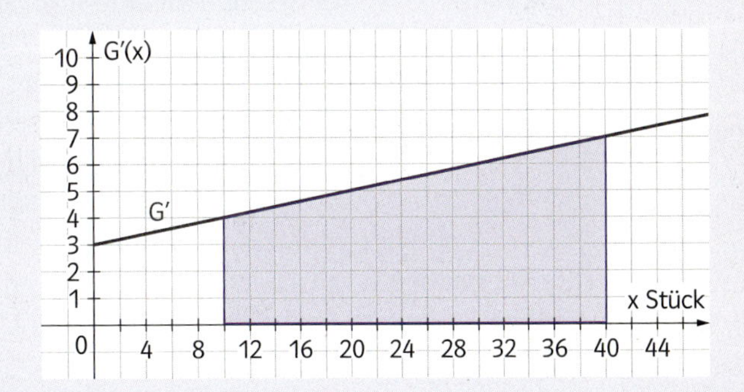

AN-R 4.3 **M** **232.** Gegeben ist der Graph der Grenzkostenfunktion K'.
Zeichne in die Abbildung die variablen Kosten für 40 produzierte Stück ein.

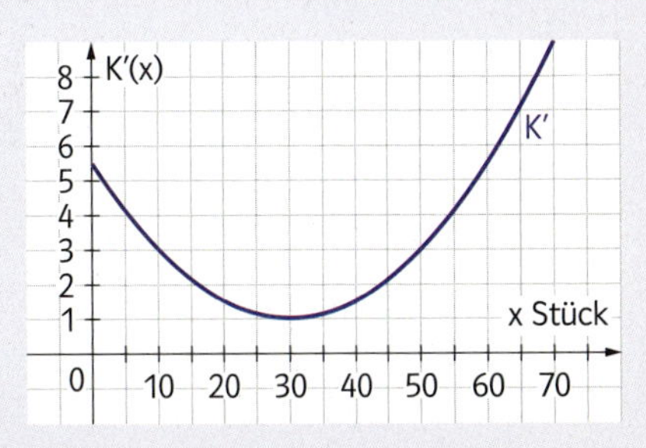

EINSCHUB

Reflexion: Axiome

Das ist einfach so!

Auf diesen zwei Seiten geht es um die Fundamente der Mathematik. Und es geht darum, warum man sich in der Mathematik so sicher sein kann, dass die Erkenntnisse auch sicher richtig sind.
Zum Einstieg die folgende bekannte Erkenntnis:
„Die Winkelsumme im Dreieck beträgt 180°."

Man bezeichnet eine solche Erkenntnis als **mathematischen Satz**. In nebenstehender Abbildung sieht man, dass man aus diesem Satz andere Sätze ableiten kann. Zum Beispiel:
- „Die Winkelsumme in einem Viereck beträgt 360°."
- „Die Winkelsumme in einem Fünfeck beträgt 540°."

Wenn der Satz von der Winkelsumme im Dreieck richtig ist, dann sind auch die anderen beiden davon abgeleiteten Sätze richtig.

Aber Vorsicht: Was gibt uns die Sicherheit, dass der Satz von der Winkelsumme im Dreieck wirklich stimmt?
Das Nachmessen der Winkel in einem Dreieck wäre nicht sehr überzeugend, denn erstens kann man nicht alle Dreiecke (im ganzen Universum) vermessen und zweitens wäre die Winkelmessung an einem konkreten Dreieck nie mit Sicherheit ganz genau.
Man benötigt also eine grundlegendere mathematische Erkenntnis – einen Satz –, von der man behaupten kann, dass sie wahr ist und aus der man auf den Satz von der Winkelsumme im Dreieck schließen kann. Diesen Satz gibt es. Er heißt **Parallelwinkelsatz** und ist in nebenstehender Abbildung veranschaulicht. Der Satz besagt vereinfacht, dass eine Gerade zwei parallele Geraden unter gleichen Winkeln (α, β) schneidet.
Wenn also der Parallelwinkelsatz gilt, dann ist die Winkelsumme in jedem Dreieck 180° und dann ist die Winkelsumme in jedem Viereck 540°.

180° 180°
Die Winkelsumme im Viereck beträgt 360°.

180° 180° 180°
Die Winkelsumme im Fünfeck beträgt 540°.

Die Winkelsumme im Dreieck beträgt 180°.

α γ β α β

Parallelwinkelsatz
α β β α

Aber Vorsicht: Was gibt uns die Sicherheit, dass der Parallelwinkelsatz wirklich stimmt?

Es wird nun klar, dass man endlos so weitermachen und immer wieder von Neuem einen grundlegenderen Satz einfordern könnte. Schon seit Jahrtausenden versuchen Mathematikerinnen und Mathematiker ein sicheres Fundament festzulegen. Dieses Fundament soll aus Sätzen bestehen, die man nicht mehr anzweifelt. Sie sollen so einsichtig sein, dass man sie guten Gewissens als richtig betrachten kann. Diese grundlegenden, als richtig angenommenen Basissätze nennt man **Axiome**.

Die Axiome des Euklid

Vertiefung Euklids Axiome u4yd5m

Der Erste, von dem wir wissen, dass er versucht hat, einen ganzen Zweig der Mathematik aus wenigen Axiomen abzuleiten, war Euklid (3 Jhdt. v. u. Z). Es gelang ihm, die Geometrie aus nur fünf Axiomen zu entwickeln. Diese Geometrie nennt man die **euklidische Geometrie** – sie umfasst die Geometrie in der Ebene. Dies ist die Geometrie, die man auf einem ebenen Blatt Papier mit Bleistift, Lineal und Zirkel durchführen kann.

Arbeitsblatt Übungen mit Axiomensystemen by85fq

Eines dieser fünf Axiome ist das sogenannte **Parallelenaxiom**. Es besagt (in einer abgewandelten Form):

> „Zu jeder Geraden g gibt es durch einen Punkt P außerhalb der Geraden g genau eine Gerade p, die keinen Schnittpunkt mit der Geraden g hat." Die Gerade p nennt man die Parallele zu g durch den Punkt P.

Im 19. Jahrhundert kamen Mathematikerinnen und Mathematiker auf eine fast waghalsige Idee. Was passiert, wenn man eines dieser Axiome einfach abändert? Man ändert das Parallelenaxiom folgendermaßen ab:

> „Es gibt zu keiner Geraden eine parallele Gerade."

Zwei Geraden schneiden einander also immer!

Das scheint zunächst absurd zu sein. Eine Auswirkung dieser Abänderung des Axioms wäre zum Beispiel, dass der Beweis auf S. 80 von der Winkelsumme im Dreieck nicht mehr durchführbar ist, da man für seine Durchführung parallele Geraden benötigen würde. Ein Dreieck hätte nicht mehr die Winkelsumme von 180°!

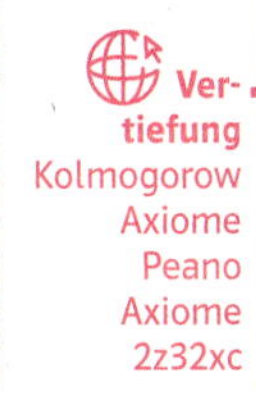

Vertiefung Kolmogorow Axiome Peano Axiome 2z32xc

Man erhält eine neue Art der Geometrie – eine **nichteuklidische Geometrie**. Auf den ersten Blick scheint diese nichteuklidische Geometrie eher eine versponnene Spielerei zu sein, völlig fern der Realität, da wir doch „wissen", dass es zu jeder Geraden eine parallele Gerade gibt. Näher betrachtet ist diese Geometrie aber ganz und gar nicht unrealistisch. Führt man nämlich Geometrie auf einer Kugeloberfläche durch (z. B. auf der Erde), dann sehen Dreiecke ganz anders aus, als auf einem ebenen Blatt Papier. Die Seiten des Dreiecks sind noch immer, wie in der Ebene, die kürzesten Verbindungen zwischen zwei Eckpunkten, nur sind diese kürzesten Verbindungen gekrümmt und liegen auf sogenannten Großkreisen der Kugel, deren Mittelpunkt im Kugelmittelpunkt liegt. Man kann in der Abbildung leicht erkennen, dass das eingezeichnete Dreieck eine Winkelsumme von mehr als 180° hat. So betrachtet ist die nichteuklidische Geometrie für uns „Erdenmenschen" eigentlich realistischer als die euklidische Geometrie.

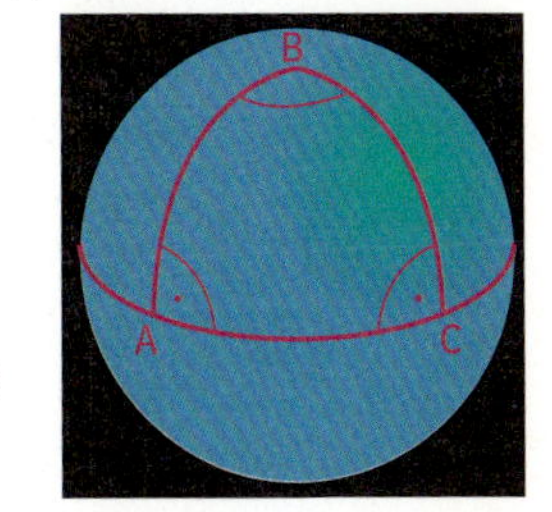

Ebenso hat die Entdeckung der Raumkrümmung durch Albert Einstein dazu geführt, dass die euklidische Geometrie nicht zur Beschreibung des Raumes im Universum geeignet ist.
Und was ist nun mit der dir so vertrauten, in der Schule gelehrten Geometrie des Euklid und dem Parallelenaxiom? Sie gelten nur auf kleinem Raum, nämlich nur solange Krümmungen vernachlässigbar sind – zum Beispiel auf einer Seite in deinem Mathematikheft.

4 Dynamische Systeme

Ein berühmter griechischer Philosoph (Heraklit, ca. 500 v.u.Z.) prägte den Satz „panta rhei“ (alles fließt). Er drückte damit aus, dass sich alle Dinge in der Zeit verändern. Wir würden heute sagen: „Nix is fix!“. Es liegt in der Natur des Menschen, solche Veränderungen vorhersehen und beeinflussen zu wollen.

Um solche zeitabhängigen Prozesse zu modellieren, verwendet die Mathematik dynamische Systeme. Angewendet werden diese dynamischen Systeme in allen Gebieten, in denen zeitlich sich ändernde Größen untersucht werden, z.B. zur Beschreibung von Klimaveränderungen, von Entwicklungen in der Wirtschaft, von unterschiedlichsten Abläufen, von ökologischen Prozessen, …

Die beste Möglichkeit, die zukünftige Entwicklung einer Größe vorherzusagen, ist es, ein Naturgesetz (z.B. das Gravitationsgesetz) zu finden, das diese zeitliche Veränderung beschreibt.

Sehr oft jedoch sind die Gesetzmäßigkeiten, die die Veränderung einer Größe bewirken, nicht bekannt. In diesem Fall beobachtet man eine Zeit lang die Veränderung dieser Größe und schließt daraus auf deren zukünftige Entwicklung. Auf einer Insel könnte man z.B. feststellen, dass sich eine Tierpopulation stark vermehrt. Gleichzeitig weiß man aber, dass die Population durch einige Faktoren (Nahrungsangebot, Größe der Insel) beschränkt ist. Du wirst in diesem Kapitel lernen, wie man das Wachstum einer solchen Population mit Hilfe des beschränkten Wachstums modellieren kann.

Größen in der Natur verändern sich aber nicht nur mit der Zeit, sondern sie beeinflussen auch einander. Das Klima, die Entwicklung einer Person oder einer Gesellschaft werden zum Beispiel von vielen Faktoren beeinflusst.

Diese gegenseitigen Einflüsse können sehr komplex sein. Manche Größen können einander verstärken, andere einander abschwächen. Eine Methode über derartige Einflüsse nachzudenken, diese zu beschreiben und deren Auswirkungen zu beurteilen, bieten Wirkungsdiagramme und Flussdiagramme.

4.1 Diskrete Wachstumsmodelle und Abnahmemodelle

KOMPETENZEN

Lernziele:

- Diskrete lineare und exponentielle Wachstumsmodelle erkennen und anwenden können
- Diskrete beschränkte Wachstumsmodelle erkennen und anwenden können
- Lineare Differenzengleichungen aufstellen und lösen können

Grundkompetenz für die schriftliche Reifeprüfung:

AN-R 1.4 Das systemdynamische Verhalten von Größen durch Differenzengleichungen beschreiben bzw. diese im Kontext deuten können

Lineare Differenzengleichungen

Wird die Änderung einer Bestandsgröße y z.B. jede ganze Sekunde, jede ganze Minute, jede ganze Stunde usw. betrachtet, spricht man von einem **diskreten Wachstums- bzw. Abnahmemodell (diskreten dynamischen System)**. Dabei beschreibt y_0 den Bestand zu Beginn der Beobachtung, y_1 den Bestand nach einer Zeiteinheit usw. Diese Vorgänge werden oft mit Differenzengleichungen beschrieben. (Wird die Änderung der Bestandsgröße hingegen zu jeder beliebigen (reellen) Zeit zugelassen, handelt es sich um ein **kontinuierliches Wachstums- oder Abnahmemodell**, das in 4.2 genauer betrachtet wird.)

MERKE

Lineare Differenzengleichung

Bezeichnet y_n den Bestand einer Größe nach n Zeiteinheiten und ist y_0 gegeben, dann nennt man eine Gleichung der Form $y_{n+1} = a \cdot y_n + b$ $(a \neq 0)$ eine lineare Differenzengleichung.

Anmerkungen

- Man nennt die Darstellung $y_{n+1} = a \cdot y_n + b$ auch rekursive Darstellung der Folge y_n (vgl. Lösungswege 6). Die Angabe einer Anfangsbedingung (z.B. y_0) ist unbedingt notwendig.
- Der Name „Differenzengleichung" kommt daher, dass man $y_{n+1} = a \cdot y_n + b$ auf die Form $y_{n+1} - y_n = T(y_n)$ bringen kann, wobei $T(y_n)$ ein Term in Abhängigkeit von y_n ist.
- Es ist eine lineare Differenzengleichung, da y_{n+1} von y_n nur linear abhängt. Dies bedeutet nicht, dass es sich hierbei um eine lineare Zu- oder Abnahme handeln muss.
- Die explizite Darstellung von y wird Lösung der Differenzengleichung genannt.
- Auf den folgenden Seiten wird angenommen, dass y_n keine negativen Werte annimmt.

AN-R 1.4 M **233.** Die Tabelle enthält Werte einer Größe zum Zeitpunkt n $(n \in \mathbb{N})$. Die zeitliche Entwicklung kann durch eine Differenzengleichung der Form $y_{n+1} = a \cdot y_n + b$ beschrieben werden. Bestimme die Werte der beiden reellen Parameter a und b.

a)

n	0	1	2	3	4
y_n	13	23	43	83	163

b)

n	2	3	6	7
y_n	8139,5	32555,5	2083499,5	8333995,5

TIPP → Stelle evtl. ein lineares Gleichungssystem mit zwei Unbekannten auf und löse dieses.

MUSTER

234. Stelle eine Differenzengleichung der Form $y_{n+1} = a \cdot y_n + b$ auf und bringe diese auf die Darstellung $y_{n+1} - y_n = T(y_n)$.

a) Der Betrag (in €) in einem Sparschwein nach n Tagen wird mit y_n bezeichnet. Jeden Tag werden 5 Cent in dieses Sparschwein geworfen. Am Beginn ist das Sparschwein leer.

b) Der Betrag (in €) auf einem Konto nach n Jahren wird mit y_n bezeichnet. Jedes Jahr kommen 1% Zinsen dazu. Am Beginn sind 500 € auf dem Konto.

c) Der Betrag (in €) auf einem Konto nach n Jahren ist y_n. Jedes Jahr kommen 0,5% Zinsen dazu und es werden 200 € einbezahlt. Am Beginn sind 500 € auf dem Konto.

a) Da jeden Tag 5 Cent in das Sparschwein kommen, erhält man y_{n+1}, indem man zu y_n 5 Cent addiert. Es gilt daher: $y_{n+1} = y_n + 0{,}05$, $y_0 = 0$ €.
Durch Umformung erhält man: $y_{n+1} - y_n = 0{,}05$, $y_0 = 0$ €

b) Da man jedes Jahr 1% Zinsen bekommt, erhält man y_{n+1}, indem man y_n mit 1,01 multipliziert. Es gilt daher: $y_{n+1} = 1{,}01 \cdot y_n$, $y_0 = 500$ €.
Um auf die Form $y_{n+1} - y_n = T(y_n)$ zu kommen, sind Umformungen notwendig.

$$y_{n+1} = 1{,}01 \cdot y_n \mid -y_n \quad \Rightarrow \quad y_{n+1} - y_n = 1{,}01 \cdot y_n - y_n \quad \Rightarrow \quad y_{n+1} - y_n = 0{,}01 \cdot y_n$$

c) Da man jedes Jahr 0,5% Zinsen bekommt, erhält man y_{n+1}, indem man y_n mit 1,005 multipliziert. Da aber auch 200 € einbezahlt werden, gilt:

$$y_{n+1} = 1{,}005 \cdot y_n + 200, \; y_0 = 500 \text{ €}.$$

Um auf die Form $y_{n+1} - y_n = T(y_n)$ zu kommen, sind Umformungen notwendig.

$$y_{n+1} = 1{,}005 \cdot y_n + 200 \quad \mid -y_n$$
$$y_{n+1} - y_n = 1{,}005 \cdot y_n - y_n + 200 \quad \Rightarrow \quad y_{n+1} - y_n = 0{,}005 \cdot y_n + 200$$

235. Stelle eine Differenzengleichung der Form $y_{n+1} = a \cdot y_n + b$ auf und bringe diese auf die Darstellung $y_{n+1} - y_n = T(y_n)$. Gib weiters die Werte der Parameter a und b an.

a) Der Betrag (in €) in einem Sparschwein nach n Tagen wird mit y_n bezeichnet. Jeden Tag werden 2 € aus diesem Sparschwein genommen. Am Beginn sind 50 € im Sparschwein.

b) Die Länge eines Haars nach n Monaten wird mit y_n bezeichnet. Das Haar wächst in einem Monat 0,9 cm. Am Beginn der Beobachtung ist das Haar 0,5 cm lang.

c) Die Anzahl der Einwohner einer Stadt nach n Jahren wird mit y_n bezeichnet. Jedes Jahr vergrößert sich die Bevölkerung in dieser Stadt um 315 Personen. Am Beginn der Beobachtung waren 9 315 Personen in dieser Stadt.

d) Der Betrag (in €) auf einem Konto nach n Jahren wird mit y_n bezeichnet. Jedes Jahr kommen 0,8% Zinsen dazu. Am Beginn sind 1500 € auf dem Konto.

e) Die Anzahl der Einwohner einer Stadt nach n Jahren wird mit y_n bezeichnet. Jedes Jahr vergrößert sich die Bevölkerung in dieser Stadt um 2,3 Prozent. Am Beginn der Beobachtung waren 17 215 Personen in dieser Stadt.

f) Der Wert einer Maschine nach n Jahren wird mit y_n bezeichnet. Jedes Jahr verliert die Maschine 12% ihres Werts. Der Neuwert der Maschine war 39 800 €.

g) Der Betrag (in €) auf einem Konto nach n Jahren wird mit y_n bezeichnet. Jedes Jahr kommen 0,8% Zinsen dazu. Weiters werden jedes Jahr 50 € abgehoben. Am Beginn sind 5 000 € auf dem Konto.

h) Der Bestand eines Waldes (in m^3) nach n Jahren wird mit y_n bezeichnet. Am Beginn waren 134 000 m^3 Wald vorhanden. Der Holzbestand nimmt jährlich um 2 Prozent zu. Außerdem werden am Anfang jedes Jahres 800 m^3 Wald geschlägert.

Im Folgenden werden für die lineare Differenzengleichung $y_{n+1} = a \cdot y_n + b$ drei Fälle betrachtet:

- $y_{n+1} = y_n + b$ $(a = 1)$
- $y_{n+1} = a \cdot y_n$ $(a > 0, b = 0)$
- $y_{n+1} = a \cdot y_n + b$ $(a > 0$, b beliebig)

Diskretes lineares Modell – $y_{n+1} = y_n + b$

Ist bei einer linearen Differenzengleichung $a = 1$, so erkennt man durch Umformung, dass die absolute Änderung pro Einheit konstant ist. Es gilt: $\mathbf{y_{n+1} - y_n = b}$

Diese Eigenschaft erinnert an lineare Funktionen. Deshalb spricht man in diesem Zusammenhang von einem **linearen Modell**. Die explizite Form von y erhält man durch:

$y_1 = y_0 + b$, $y_2 = y_1 + b = y_0 + 2b$, $y_3 = y_2 + b = y_0 + 3b$, usw. $\Rightarrow$ explizite Form: $y_n = y_0 + n \cdot b$

Bei diesen Überlegungen ist zu beachten, dass eine Bestandsgröße y nicht zwangsläufig von der Zeit abhängig sein muss. Beschreibt y zum Beispiel die Kosten für eine bestimmte Obstsorte, ist y abhängig von der gekauften Obstmenge. Gibt y_n die Kosten für n gekaufte Kilogramm dieser Obstsorte an, wird durch $y_{n+1} - y_n = b$ der Kilopreis ausgedrückt.

MERKE

Diskretes lineares Modell

Das **lineare Modell** ist durch die **lineare Differenzengleichung** $y_{n+1} = y_n + b$ und den Anfangswert y_0 festgelegt. $y_{n+1} - y_n = b$ beschreibt die **absolute Änderung** des Bestands zwischen zwei aufeinanderfolgenden Zeitpunkten. Für die explizite Darstellung gilt:

$$y_n = y_0 + n \cdot b \text{ mit } n \in \mathbb{N}$$

MUSTER

236. Ein in einer Höhle hängender Tropfstein ist 1,034 m lang und wächst jährlich um 2 mm. y_n beschreibt die Länge des Tropfsteins nach n Jahren in Metern.

a) Gib die Längenänderung des Tropfsteins von einem Jahr zum nächsten durch eine Differenzengleichung an.

b) Beschreibe die Länge des Tropfsteins in expliziter Darstellung.

a) Da der jährliche Längenzuwachs 2 mm = 0,002 m beträgt, gilt $y_{n+1} - y_n = 0{,}002$, $y_0 = 1{,}034$ m.

b) Mit $y_0 = 1{,}034$ und $b = 0{,}002$ ergibt sich $y_n = 1{,}034 + 0{,}002n$.

237. Gegeben ist ein Vorgang, der sich durch eine Differenzengleichung beschreiben lässt.

1) Begründe, dass es sich bei diesem Vorgang um ein diskretes lineares Wachstum handelt.

2) Gib eine Differenzengleichung sowie eine explizite Darstellung von y an.

a) Ein Leihwagen kostet 100 € Grundgebühr und pro gefahrenem Kilometer werden 0,50 € verrechnet. Dabei gibt y_n den Gesamtpreis für n gefahrene Kilometer an.

b) Dino nimmt sich vor, wöchentlich 15 € seines Taschengeldes zu sparen. Dabei gibt y_n den angesparten Betrag nach n Wochen an.

c) Von einem Konto mit 2 300 € Guthaben werden monatlich k Euro abgebucht. Dabei beschreibt y_n den Kontostand nach n Monaten.

d) Ein 1,2 cm langer Fingernagel wächst wöchentlich um 0,7 mm. Dabei beschreibt y_n die Länge des Fingernagels in Millimeter (mm) nach n Wochen.

238. Die Bevölkerung eines Landes ist vom Jahr 2006 bis zum Jahr 2016 von 7 Millionen auf 7,2 Millionen gestiegen. Es wird angenommen, dass die Bevölkerung jährlich um dieselbe Personenzahl ansteigt. y_n gibt die Bevölkerungszahl in Millionen nach n Jahren an.

a) Beschreibe die Änderung der Einwohnerzahl von einem Jahr zum nächsten durch eine lineare Differenzengleichung der Form $y_{n+1} = a \cdot y_n + b$.

b) Beschreibe die Einwohnerzahl des Landes in expliziter Form und bestimme auf Basis dieses Modells die Einwohnerzahl des Landes im Jahr 2025.

239. Der Anschaffungspreis eines Wagens beträgt 60 000 €. Nach drei Jahren beträgt der Wert bei linearer Abschreibung (d.h. jedes Jahr vermindert sich der Wert um denselben Betrag) nur mehr 37 500 €. y_n gibt den Wert des Wagens nach n Jahren an.

a) Beschreibe die Wertminderung des Wagens von einem Jahr zum nächsten durch eine lineare Differenzengleichung der Form $y_{n+1} = y_n + b$.

b) Gib den Wert des Wagens in expliziter Form an und bestimme auf Basis dieses Modells die Anzahl der Jahre, nach denen der Wert des Wagens 0 € beträgt.

AN-R 1.4 **M** **240.** Eine Kerze ist 15 cm hoch und brennt unter idealen Bedingungen in 30 Minuten vollständig ab. y_n beschreibt die Höhe der Kerze nach n Minuten in cm. Ergänze den fehlenden Wert:

$y_{n+1} - y_n =$ ______ $\quad y_0 = 15$

AN-R 1.4 **M** **241.** Die Höhe y einer Pflanze nimmt in einem bestimmten Zeitraum wöchentlich um 2 mm zu. Die Anfangshöhe beträgt 15 mm. Beschreibe die Höhe (in mm) y_n der Pflanze nach n Wochen durch eine Differenzengleichung der Form $y_{n+1} = a \cdot y_n + b$.

Technologie Darstellung lineare Modelle qp4x6k

242. Die Menge eines Bestands nach n Zeiteinheiten wird mit y_n bezeichnet. Die Veränderung des Bestands ist durch eine lineare Differenzengleichung der Form $y_{n+1} = y_n + b$, $y_0 = 2$ gegeben.

a) Die Menge des Bestands y kann auch durch eine lineare Funktion y mit $y(x) = kx + d$ modelliert werden. Gib an, welche Zusammenhänge zwischen k, d, b und y_0 bestehen.

b) Welche Aussagen kann man für $b > 0$, $b < 0$ bzw. $b = 0$ machen?

c) Stelle die Werte der Differenzengleichung $y_{n+1} = y_n + 2$, $y_0 = 1$ in einem Koordinatensystem dar.

Diskretes exponentielles Modell – $y_{n+1} = a \cdot y_n$, $a > 0$

Bei dieser Art von Differenzengleichung erhält man den Wert y_{n+1}, indem man y_n mit einem Faktor a multipliziert. Diese Eigenschaft erinnert für $a > 0$ an exponentielle Funktionen. Aus diesem Grund nennt man dieses Modell auch **exponentielles Modell**.
Die explizite Form erhält man durch:
$y_1 = a \cdot y_0$, $y_2 = a \cdot y_1 = a^2 \cdot y_0$, $y_3 = a \cdot y_2 = a^3 \cdot y_0$ usw. $\Rightarrow$ explizite Form $y_n = a^n \cdot y_0$
Ist $a > 1$, dann handelt es sich um eine exponentielle Zunahme.
Ist $0 < a < 1$, dann handelt es sich um eine exponentielle Abnahme und die Größe y geht für n gegen unendlich gegen null.

MERKE

Diskretes exponentielles Modell

Das **exponentielle Modell** ist durch die **lineare Differenzengleichung** $y_{n+1} = a \cdot y_n$ und den Anfangswert y_0 festgelegt. Für die explizite Darstellung gilt:

$$y_n = a^n \cdot y_0 \quad \text{mit } n \in \mathbb{N}$$

243. Gegeben ist ein Vorgang, der sich durch eine Differenzengleichung beschreiben lässt.

1) Gib für y_n eine lineare Differenzengleichung der Form $y_{n+1} = a \cdot y_n + b$ an.

2) Gib eine explizite Darstellung für y_n an und berechne y_n für $n = 5$; 8 und 12.

a) Die Mieten für Wohnraum steigen jährlich um rund 3,5 %. Gegenwärtig zahlt jemand 780 € Miete. y_n beschreibt die Höhe der Miete nach n Jahren.

b) Das Holzvolumen eines Waldes wird gegenwärtig auf 50 000 m³ geschätzt. Der Holzbestand wächst jährlich um rund 2,5 %. y_n gibt den Holzbestand nach n Jahren an.

AN-R 1.4 **M** **244.** Kreuze jene Differenzengleichung(en) an, die mit gegebenem Anfangswert $y_0 = 20$ eine exponentielle Abnahme beschreibt (beschreiben).

A ☐	B ☐	C ☐	D ☐	E ☐
$y_{n+1} = 2 \cdot y_n$	$y_{n+1} = y_n - 3$	$y_{n+1} = 0{,}5 \cdot y_n$	$y_{n+1} = 0{,}2 \cdot y_n$	$y_{n+1} = y_n + 5$

AN-R 1.4 **M** **245.** Ergänze die Lücken so, dass eine mathematisch korrekte Aussage entsteht.

Eine lineare Differenzengleichung der Form $y_{n+1} = a \cdot y_n + b$ beschreibt genau dann eine exponentielle Zunahme, wenn ___(1)___ und ___(2)___ ist.

(1)	
$a > 1$	☐
$0 < a < 1$	☐
$a < 0$	☐

(2)	
$b > 0$	☐
$b < 0$	☐
$b = 0$	☐

Bringt man eine Differenzengleichung der Form $y_{n+1} = a \cdot y_n$ mit $a > 0$ und y_0 auf die Form $y_{n+1} - y_n = T(y_n)$, erhält man:

$y_{n+1} = a \cdot y_n \quad | - y_n \quad \Rightarrow \quad y_{n+1} - y_n = a \cdot y_n - y_n \quad \Rightarrow \quad y_{n+1} - y_n = y_n \cdot (a - 1)$

Dabei ist folgender Zusammenhang erkennbar:

MERKE

Diskretes exponentielles Modell – Eigenschaft

Eine lineare Differenzengleichung der Form $y_{n+1} = a \cdot y_n$ kann auf $y_{n+1} - y_n = y_n \cdot (a - 1)$ umgeformt werden. Man erkennt, dass bei einem exponentiellen Modell die **Differenz** $y_{n+1} - y_n$ **direkt proportional** zu y_n ist. Dabei nennt man $(a - 1)$ den Proportionalitätsfaktor.

MUSTER

246. Ein Organismus wird von 300 Viren befallen, die sich stündlich um 20 % vermehren. y_n gibt die Anzahl der Viren an, die sich n Stunden nach dem Virenbefall im Organismus befinden.

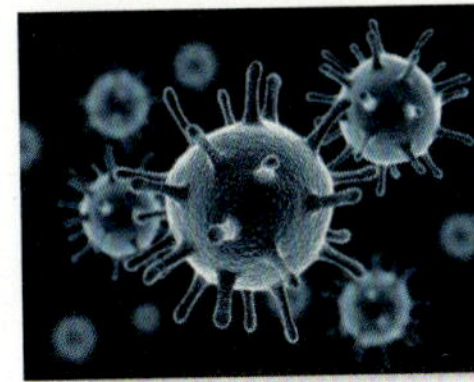

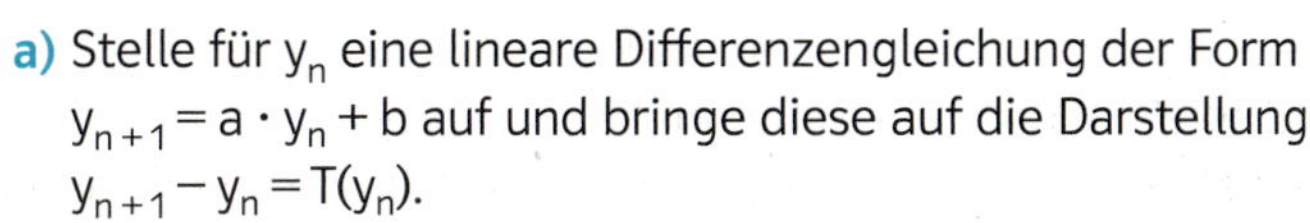

a) Stelle für y_n eine lineare Differenzengleichung der Form $y_{n+1} = a \cdot y_n + b$ auf und bringe diese auf die Darstellung $y_{n+1} - y_n = T(y_n)$.

b) Beschreibe die Anzahl der Viren im Organismus in expliziter Form.

a) Es gilt $y_0 = 300$. Da sich die Anzahl der Viren stündlich um 20 % vermehren, gilt: $a = 1{,}2$

$\Rightarrow \quad y_{n+1} = 1{,}2 \cdot y_n,\ y_0 = 300$

Durch Subtraktion von y_n, erhält man: $y_{n+1} - y_n = 0{,}2 \cdot y_n$ mit $y_0 = 300$

(Für den Proportionalitätsfaktor gilt: $a - 1 = 1{,}2 - 1 = 0{,}2$.)

b) explizite Form: $y_n = 300 \cdot 1{,}2^n$

AN-R 1.4 M **247.** Die Höhe y einer Pflanze nimmt in einem bestimmten Zeitraum um 3 % pro Woche zu.
y_n gibt die Höhe der Pflanze in cm nach n Wochen an.
Für die Höhe der Pflanze zu Beginn der Beobachtung gilt $y_0 = 8$ cm.
Ergänze den fehlenden Teil:

$y_{n+1} - y_n =$ ____________

248. Gegeben ist ein Vorgang, der sich durch eine Differenzengleichung beschreiben lässt.
1) Stelle für y_n eine lineare Differenzengleichung der Form $y_{n+1} = a \cdot y_n + b$ auf und bringe diese auf die Darstellung $y_{n+1} - y_n = T(y_n)$.
2) Beschreibe y_n in expliziter Form.

a) Ein Kapital von 4 000 € wird auf einem mit 0,5 % p.a. verzinsten Sparbuch angelegt. y_n beschreibt das Kapital nach einer Laufzeit von n Jahren.
b) Ein Lichtstrahl, der ins Wasser fällt, wird pro Meter Wassertiefe um rund 10 % schwächer. y_n beschreibt die Lichtstärke in einer Tiefe von n Metern, y_0 ist die Lichtstärke vor dem Eintritt des Lichtstrahls ins Wasser.

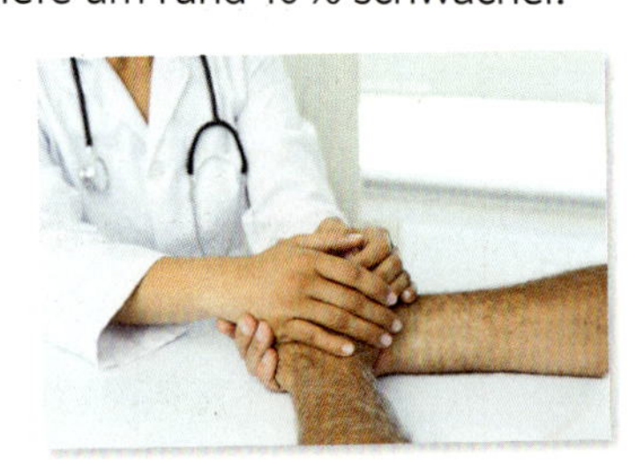

c) Einem Patienten werden 15 mg eines Medikaments verabreicht. Jede Stunde nimmt die Wirkstoffmenge um 12 % ab. y_n beschreibt die Wirkstoffmenge, die sich n Stunden nach der Verabreichung des Medikaments noch im Körper befindet.

AN-R 1.4 M **249.** Für eine Bestandsgröße y_n nach n Zeiteinheiten gilt der Zusammenhang $y_{n+1} - y_n = y_n \cdot (u - 1)$.
Kreuze die zutreffende(n) Aussage(n) an.

Arbeitsblatt Exponentielle Modelle 8ds996

A	Die Gleichung kann als lineare Differenzengleichung der Form $y_{n+1} = a \cdot y_n + b$ gedeutet werden.	☐
B	Die Veränderung pro Zeiteinheit ist direkt proportional zum momentanen Bestand.	☐
C	Ist $u > 1$, so wächst y_n exponentiell.	☐
D	Ist $0 < u < 1$, so wird der Bestand immer größer.	☐
E	Die absolute Änderung pro Zeiteinheit ist immer gleich.	☐

AN-R 1.4 M **250.** Für die Menge w_n eines Wirkstoffs n Stunden nach der Einnahme gilt $w_{n+1} - w_n = w_n \cdot (-0{,}2)$, $w_0 = 200$ mg.
Kreuze die zutreffende(n) Aussage(n) an.

A	Die Wirkstoffmenge im Körper nimmt zu.	☐
B	Die Wirkstoffmenge im Körper nimmt um 20 Prozent pro Stunde ab.	☐
C	Die Veränderung der Wirkstoffmenge pro Zeiteinheit ist direkt proportional zur momentanen Wirkstoffmenge.	☐
D	Die Wirkstoffmenge im Körper ist ab einem gewissen Zeitraum negativ.	☐
E	Je mehr Stunden vergangen sind, desto größer ist der Betrag der absoluten Änderung pro Zeiteinheit.	☐

Technologie Darstellung Exponentielle Modelle q87f6r

251. Die Menge eines Bestands nach n Zeiteinheiten wird mit y_n bezeichnet. Die Veränderung des Bestands ist durch eine lineare Differenzengleichung der Form $y_{n+1} = a \cdot y_n$, $y_0 = 2$ gegeben.

a) Die Menge des Bestands y kann auch durch eine Exponentialfunktion y mit $y(x) = u \cdot b^x$ modelliert werden. Gib an, welche Zusammenhänge zwischen a, u, b und y_0 bestehen.

b) Welche Aussagen kann man für $a > 1$, $0 < a < 1$ machen?

c) Stelle die Werte der Differenzengleichung $y_{n+1} = 0{,}5 \cdot y_n$, $y_0 = 10$ in einem Koordinatensystem dar.

Weitere diskrete Modelle – $y_{n+1} = a \cdot y_n + b$, $a > 0$, $b \neq 0$

Betrachtet man Modelle, die sich gemäß der Differenzengleichung $y_{n+1} = a \cdot y_n + b$, $a > 0$, $b \neq 0$ verändern, so sind diese Modelle für $a \neq 1$ weder exponentiell noch linear. Je nach Wahl der Parameter a und b können Aussagen über die Bestandsgröße getätigt werden.
Die explizite Form der Differenzengleichung ist gegeben durch (siehe Anhang Beweise, Seite 281):

$$y_n = a^n \cdot y_0 + b \cdot \frac{1-a^n}{1-a}$$

MERKE

Explizite Darstellung einer linearen Differenzengleichung

Die explizite Form einer **linearen Differenzengleichung** $y_{n+1} = a \cdot y_n + b$ mit dem Anfangswert y_0 ist gegeben durch: $y_n = a^n \cdot y_0 + b \cdot \frac{1-a^n}{1-a}$, $a \neq 1$

Wirkung der Parameter a und b

Technologie Darstellung Wirkung der Parameter s9k6r2

Die folgende Tabelle gibt einen Überblick über das Verhalten der Bestandsgröße in Abhängigkeit von den Parametern a und b. Als graphische Unterstützung verwende die nebenstehende Online – Ergänzung.

	$0 < a < 1$	$a > 1$
$b > 0$	Lässt man n gegen unendlich gehen, so erhält man: $\lim\limits_{n \to \infty} y_n = \lim\limits_{n \to \infty}\left(a^n y_0 + b \cdot \frac{1-a^n}{1-a}\right) = \frac{b}{1-a}$ In diesem Fall gibt es eine Schranke, die nicht über- bzw. unterschritten wird. $\frac{b}{1-a}$ wird Wachstumsgrenze W genannt.	Betrachtet man die explizite Form und lässt n gegen unendlich gehen, so wird y_n immer größer. Es liegt ein unbeschränktes Wachstum vor.
$b < 0$	Da beide Parameter eine Abnahme bewirken, wird die Größe y_n ab einem bestimmten n den Wert 0 annehmen.	Hier sind drei Verhaltensmuster möglich: $y_1 > y_0 \Rightarrow$ unbeschränktes Wachstum $y_1 = y_0 \Rightarrow$ der Bestand verändert sich nicht $y_1 < y_0 \Rightarrow$ y_n wird ab einem bestimmten n den Wert 0 annehmen

252. 1) Gib an, wie sich y_n für größer werdende n verändert.
2) Bestimme die explizite Darstellung von y_n.

a) $y_{n+1} = 0{,}5 \cdot y_n + 3$, $y_0 = 4$
b) $y_{n+1} = 0{,}8 \cdot y_n + 5$, $y_0 = 100$
c) $y_{n+1} = 0{,}4 \cdot y_n - 20$, $y_0 = 10$
d) $y_{n+1} = 0{,}98 \cdot y_n - 35$, $y_0 = 30$
e) $y_{n+1} = 1{,}5 \cdot y_n + 14$, $y_0 = 10$
f) $y_{n+1} = 0{,}4 \cdot y_n + 3$, $y_0 = 10$
g) $y_{n+1} = 0{,}6 \cdot y_n - 14$, $y_0 = 10$
h) $y_{n+1} = 2{,}9 \cdot y_n + 25$, $y_0 = 4$
i) $y_{n+1} = 3 \cdot y_n - 5$, $y_0 = 5$
j) $y_{n+1} = 5 \cdot y_n - 120$, $y_0 = 30$
k) $y_{n+1} = 12 \cdot y_n - 14$, $y_0 = 38$
l) $y_{n+1} = 0{,}5 \cdot y_n$, $y_0 = 1$
m) $y_{n+1} = 2 \cdot y_n + 5$, $y_0 = 8$
n) $y_{n+1} = 0{,}8 \cdot y_n - 10$, $y_0 = 50$

Die Wachstumsgrenze – $y_{n+1} = a \cdot y_n + b,\ 0 < a < 1,\ b > 0$

Wie in der Tabelle auf S. 89 gezeigt, gibt es für den Fall $0 < a < 1$ und $b > 0$ eine Wachstumsgrenze $W = \frac{b}{1-a}$. Mit den folgenden Umformungen kann man zeigen, dass bei derartigen Systemen die absolute Änderung zweier aufeinanderfolgenden Zeiteinheiten direkt proportional zur Differenz $W - y_n$ (auch Freiraum genannt) ist. Der Freiraum gibt den Bereich an, in dem die Bestandsgröße noch wachsen kann. Es gilt:

$$y_{n+1} = a \cdot y_n + b \quad |-y_n \qquad \Rightarrow \qquad y_{n+1} - y_n = y_n \cdot (a-1) + b = b - (1-a) \cdot y_n$$

Hebt man nun $(1 - a)$ heraus, erhält man:

$$y_{n+1} - y_n = (1-a) \cdot \left(\frac{b}{1-a} - y_n\right) \qquad \Rightarrow \qquad y_{n+1} - y_n = (1-a) \cdot (W - y_n)$$

MERKE

Diskretes beschränktes Modell

Eine lineare Differenzengleichung der Form $y_{n+1} = a \cdot y_n + b$ mit $0 < a < 1$ und $b > 0$ kann auf $y_{n+1} - y_n = k \cdot (W - y_n)$ mit $W = \frac{b}{1-a}$ und $k = 1 - a$ umgeformt werden. Dabei wird W als Wachstumsgrenze und $W - y_n$ als Freiraum bezeichnet. Die absolute Änderung zweier aufeinanderfolgenden Zeiteinheiten y_n und y_{n+1} ist direkt proportional zur Differenz $W - y_n$.

MUSTER

253. Die Ausdehnung einer Bakterienkultur wird täglich vermessen. In einer $80\,cm^2$ großen Petrischale stellt man am ersten Tag eine Fläche von $2\,cm^2$ fest. Die von den Bakterien eingenommene Fläche nimmt täglich um 20 % der noch freien Fläche der Petrischale zu. y_n beschreibt die Ausdehnung der Bakterien in der Petrischale in cm^2 nach n Tagen.
Stelle für y_n eine Differenzengleichung der Form $y_{n+1} - y_n = k \cdot (W - y_n)$ auf und bringe diese auf die Darstellung $y_{n+1} = a \cdot y_n + b$.

Durch die Fläche der Petrischale ist eine Wachstumsgrenze $W = 80\,cm^2$ gegeben.
Der Proportionalitätsfaktor ist $k = 20\,\% = 0{,}2$.
Für die Differenzengleichung gilt: $y_{n+1} - y_n = 0{,}2 \cdot (80 - y_n) = 16 - 0{,}2\,y_n$ mit $y_0 = 2\,cm^2$
Durch Umformung erhält man die rekursive Darstellung $y_{n+1} = y_n + 16 - 0{,}2\,y_n = 0{,}8\,y_n + 16$ mit $y_0 = 2\,cm^2$.

254. Die Ausdehnung einer Bakterienkultur wird täglich vermessen. In einer $95\,cm^2$ großen Petrischale stellt man am ersten Tag eine Fläche von $5\,cm^2$ fest. Der von den Bakterien eingenommene Flächeninhalt nimmt täglich um 15 % des noch freien Flächeninhalts der Petrischale zu. y_n beschreibt die Ausdehnung der Bakterien in der Petrischale in cm^2 nach n Tagen.

Stelle für y_n eine Differenzengleichung der Form $y_{n+1} - y_n = k \cdot (W - y_n)$ auf und bringe diese auf die Darstellung $y_{n+1} = a \cdot y_n + b$.

Arbeitsblatt Diskretes beschränktes Wachstum a2yw2q

255. Die Tierpopulation in einem bestimmten Gebiet besteht zu Beginn aus zehn Tieren. Man nimmt an, dass in diesem Gebiet nicht mehr als 1000 Tiere dieser Art leben können. Jährlich wächst die Tierpopulation um 12 % des noch vorhandenen Freiraums. y_n beschreibt die Anzahl der Tiere nach n Jahren.
Stelle für y_n eine Differenzengleichung der Form $y_{n+1} - y_n = k \cdot (W - y_n)$ auf und bringe diese auf die Darstellung $y_{n+1} = a \cdot y_n + b$.

256. Eine Tasse Tee wird abgekühlt. Zu Beginn beträgt die Temperatur der Flüssigkeit 90° C. Die Umgebungstemperatur ist 20° C. y_n gibt die Temperatur des Tees nach n Minuten an. Die Temperaturänderung erfolgt direkt proportional zur Temperaturdifferenz zwischen der Temperatur des Tees und der Umgebungstemperatur. Der Proportionalitätsfaktor ist 4,5 %. Stelle für y_n eine Differenzengleichung der Form $y_{n+1} - y_n = k \cdot (W - y_n)$ auf und bringe diese auf die Darstellung $y_{n+1} = a \cdot y_n + b$.

AN-R 1.4 **M** **257.** Von einer Größe y_n nach n Tagen mit $y_0 = 12$ ist bekannt, dass die absolute Änderung von y_n und y_{n+1} direkt proportional zu $(50 - y_n)$ ist. Der Proportionalitätsfaktor ist 2,5 %. Stelle eine lineare Differenzengleichung der Form $y_{n+1} = a \cdot y_n + b$ auf.

258. Gegeben ist eine lineare Differenzengleichung. Bestimme für die Bestandsgröße – wenn möglich – die Wachstumsgrenze W und gib die Gleichung in der Form $y_{n+1} - y_n = k \cdot (W - y_n)$ an.

a) $y_{n+1} = 0{,}5 \cdot y_n + 8,\ y_0 = 4$
b) $y_{n+1} = 0{,}34 \cdot y_n + 25,\ y_0 = 100$
c) $y_{n+1} = 0{,}2 \cdot y_n + 5,\ y_0 = 8$
d) $y_{n+1} = 1{,}3 \cdot y_n + 4,\ y_0 = 5$
e) $y_{n+1} = 0{,}9 \cdot y_n + 40,\ y_0 = 35$
f) $y_{n+1} = 0{,}05 \cdot y_n + 7800,\ y_0 = 14$
g) $y_{n+1} = 0{,}8 \cdot y_n + 3,\ y_0 = 30$
h) $y_{n+1} = 0{,}4 \cdot y_n - 5,\ y_0 = 1200$

AN-R 1.4 **M** **259.** Für eine Bestandsgröße y_n gilt der Zusammenhang $y_{n+1} - y_n = k \cdot (W - y_n)$, $W > 0$, $0 < k < 1$. W wird als Wachstumsgrenze, $W - y_n$ als Freiraum bezeichnet. Kreuze die zutreffende(n) Aussage(n) an.

Arbeitsblatt Weitere Maturaformate zu Differenzengleichungen cw6t8f

A	Die Gleichung kann auf die Form $y_{n+1} = a \cdot y_n + b$ mit $a > 1$ und $b > 0$ gebracht werden.	☐
B	Der Zuwachs pro Zeiteinheit ist direkt proportional zur Wachstumsgrenze.	☐
C	Mit zunehmender Zeit wird der Zuwachs immer geringer.	☐
D	Es liegt ein diskretes Wachstumsmodell vor.	☐
E	Die Gleichung kann auf die Form $y_{n+1} = a \cdot y_n + b$ mit $0 < a < 1$ und $b > 0$ gebracht werden.	☐

AN-R 1.4 **M** **260.** Eine Pflanzenkultur vermehrt sich auf der Wasseroberfläche. Für die durch die Pflanzenkultur belegte Fläche y_n nach n Wochen (in dm^2) gilt: $y_{n+1} = 0{,}99 \cdot y_n + 300,\ y_0 = 1$
Kreuze die zutreffende(n) Aussage(n) an.

A	Die von der Pflanzenkultur belegte Fläche nimmt jede Woche ab.	☐
B	Laut diesem Modell werden nicht mehr als $30\,000\,dm^2$ durch die Pflanzenkultur belegt sein.	☐
C	Es liegt ein unbeschränktes Wachstum vor.	☐
D	Je länger die Pflanzenkultur existiert, desto geringer ist ihr Zuwachs.	☐
E	Die durch die Pflanzenkultur belegte Fläche nimmt exponentiell zu.	☐

4.2 Kontinuierliche Wachstumsmodelle und Abnahmemodelle

KOMPETENZEN

Lernziele:

- Einfache Differentialgleichungen, insbesondere $y' = k \cdot y$, lösen können (AN-L 1.5)
- Kontinuierliche lineare und exponentielle Wachstumsmodelle erkennen und anwenden können
- Kontinuierliche beschränkte Wachstumsmodelle erkennen und anwenden können

Um die diskreten Änderungsmodelle auf den kontinuierlichen Fall erweitern zu können, werden im Folgenden Differentialgleichungen und deren Lösungen besprochen.

Lösen der Differentialgleichung $y'(t) = m$ mit $m \in \mathbb{R}$

Kommt in einer Gleichung die Ableitung y' einer Bestandsgröße y vor, spricht man von einer Differentialgleichung. y wird als Lösung der Differentialgleichung bezeichnet. Dabei ist zu beachten, dass y eine Funktion darstellt. Wenn die Bestandsgröße von der Zeit abhängt (d.h. eine Funktion der Zeit ist), schreibt man $y(t)$ bzw. $y'(t)$. Im Folgenden sollen die Lösungen von Differentialgleichungen der Art $y'(t) = m$ bestimmt werden.

Die Lösung der Differentialgleichung $y'(t) = m$ kann durch eine unbestimmte Integration gefunden werden:

$y(t) = \int y'(t)\,dt = \int m \cdot dt = m \cdot t + c \quad \Rightarrow$ **allgemeine Lösung** der Differentialgleichung

$y_0 = y(0)$ ist die Bestandsgröße zu Beginn der Beobachtung, die **Anfangsbedingung**.
Mit der Anfangsbedingung kann ein Wert für $c \in \mathbb{R}$ konkret bestimmt werden:
$y_0 = y(0) = m \cdot 0 + c = c \quad \Rightarrow \quad y(t) = m \cdot t + y_0 \quad \Rightarrow$ **spezielle Lösung** der Differentialgleichung

MERKE

Lösung der Differentialgleichung $y'(t) = m$

Ist $y'(t) = m$ eine Differentialgleichung mit der Anfangsbedingung $y(0) = y_0$, dann lautet die Lösung: $\quad y(t) = m \cdot t + y_0$

Auch der Wert der Bestandsgröße y zu jedem anderen Zeitpunkt kann als Bedingung zum Auffinden der speziellen Lösung der Differentialgleichung verwendet werden.

MUSTER

261. Löse die Differentialgleichung $y'(t) = -4$ mit der Bedingung $y(3) = 1$ bzw. $P = (3 \mid 1)$. Dabei ist P ein Punkt auf dem Graphen der gesuchten Funktion y.

Man bestimmt zuerst die allgemeine Lösung der Differentialgleichung durch Integrieren:

$$y(t) = \int y'(t)\,dt = \int -4 \cdot dt = -4 \cdot t + c$$

Durch Einsetzen der gegebenen Bedingung erhält man den Wert für c:

$$y(3) = -4 \cdot 3 + c = 1 \quad \Rightarrow \quad -12 + c = 1 \quad \Rightarrow \quad c = 13$$

Die spezielle Lösung der Differentialgleichung lautet $y(t) = -4t + 13$.

262. Löse die Differentialgleichung mit der gegebenen Anfangsbedingung.

a) $y'(t) = 3 \quad y(0) = 2$
b) $y'(t) = -11 \quad y(0) = 4$
c) $y'(t) = 10 \quad y(0) = 7$
d) $y'(t) = -9 \quad y(0) = -5$
e) $y'(t) = 7 \quad y(0) = 0$
f) $y'(t) = -1 \quad y(0) = 1$

263. Löse die Differentialgleichung mit der gegebenen Bedingung.

a) $y'(t) = -2 \quad y(-2) = 3$
b) $y'(t) = 6 \quad y(4) = -5$
c) $y'(t) = 1 \quad y(2) = 2$
d) $y'(t) = 0{,}5 \quad P = (1|1)$
e) $y'(t) = 1{,}8 \quad P = (5|-2)$
f) $y'(t) = -2{,}4 \quad P = (-7|-1)$

TECHNOLOGIE

Technologie Anleitung Lösen von Differentialgleichungen 4w3r7x

Lösen von Differentialgleichungen

Geogebra:	LöseDgl[Gleichung, Anfangsbedingung]	Beispiel: LöseDgl[y' = 5, (0, −3)] ⇒ y = 5x − 3
TI-Nspire:	deSolve(Gleichung and Bedingung, t, y)	Beispiel: deSolve(y' = 5 and y(0) = −3, t, y) ⇒ y = 5t − 3

Lösen der Differentialgleichung $y'(t) = m \cdot y(t)$ mit $m \in \mathbb{R}$

In dieser Art von Differentialgleichungen treten ein Vielfaches der Bestandsgröße y und deren Ableitung y' gemeinsam auf.

Da $y'(t) = \frac{dy}{dt}$ gilt, kann man die Differentialgleichung umschreiben:

$\frac{dy}{dt} = m \cdot y(t)$ bzw. $\frac{dy}{dt} = m \cdot y$ (vereinfachte Schreibweise)

Jetzt folgt die sogenannte **Trennung der Variablen**. Die Methode „Trennung der Veränderlichen“ geht auf Johann Bernoulli zurück, der sie 1694 in einem Brief an Gottfried Wilhelm Leibniz verwendete. Beachte, dass es sich beim Ausdruck $\frac{dy}{dt}$ um keinen Bruch im eigentlichen Sinn handelt. Die Vorgangsweise, ihn dennoch so zu behandeln, führt aber zu einer Lösung der Differentialgleichung.

$$\frac{dy}{dt} = m \cdot y \quad | \cdot dt \quad \Rightarrow \quad dy = m \cdot y \cdot dt \quad | : y \quad \Rightarrow \quad \frac{1}{y}dy = m \cdot dt$$

Man integriert nun auf beiden Seiten der Gleichung und erhält die **allgemeine Lösung** der Differentialgleichung**.** Dabei ist zu beachten, dass auf der linken Seite der Gleichung eine andere Integrationsvariable auftritt als auf der rechten Seite:

$$\int \frac{1}{y} dy = \int m \cdot dt \quad \Rightarrow \quad \ln(y) + c_1 = m \cdot t + c_2 \quad | - c_1$$

$$\ln(y) = m \cdot t + c_2 - c_1 \quad (c_2 - c_1 \text{ wird durch die reelle Zahl } c \text{ ersetzt})$$

$$\ln(y) = m \cdot t + c \quad | e^{()}$$

$$y = y(t) = e^{m \cdot t + c} = e^{m \cdot t} \cdot e^c = e^{m \cdot t} \cdot r \quad (e^c \text{ wird durch } r \text{ ersetzt})$$

Mit der Anfangsbedingung $y_0 = y(0)$ bestimmt man durch Einsetzen den Wert der reellen Zahl r und somit die **spezielle Lösung** der Differentialgleichung:

$$y(0) = e^{m \cdot 0} \cdot r = r = y_0 \quad \Rightarrow \quad y = y_0 \cdot e^{m \cdot t}$$

MERKE

Lösung der Differentialgleichung $y'(t) = m \cdot y(t)$

Ist $y'(t) = m \cdot y(t)$ eine Differentialgleichung mit der Anfangsbedingung $y(0) = y_0$, dann lautet die Lösung: $y(t) = y_0 \cdot e^{m \cdot t}$

264. Löse die Differentialgleichung schrittweise.

a) $y'(t) = 2y(t) \quad y(0) = 1$
b) $y'(t) = y(t) \quad y(0) = -4$
c) $y'(t) = -y(t) \quad y(0) = 3$
d) $y'(t) = -3y(t) \quad y(0) = -1$
e) $y'(t) = 0{,}2y(t) \quad y(0) = 1$
f) $y'(t) = 0{,}1y(t) \quad y(0) = 0{,}2$

MUSTER

265. Löse die Differentialgleichung $y'(t) = -2y(t)$ mit $P = (-2|1)$.

Durch Trennung der Variablen erhält man die allgemeine Lösung der Gleichung:

$$\frac{dy}{dt} = -2y \Rightarrow \frac{1}{y}dy = -2 \cdot dt \Rightarrow \int \frac{1}{y}dy = \int -2 \cdot dt$$

$$\ln(y) = -2t + c \quad | \, e^{()}$$

$$y = e^{-2t+c} = e^{-2t} \cdot e^c = e^{-2t} \cdot r$$

Man setzt $P = (-2|1)$ ein und erhält einen reellen Wert für r: $1 = e^{-2 \cdot (-2)} \cdot r \Rightarrow \frac{1}{e^4} = r$

Die spezielle Lösung der Differentialgleichung lautet: $y(t) = \frac{1}{e^4} \cdot e^{-2t}$

266. Löse die Differentialgleichung mit der gegebenen Bedingung.

a) $y'(t) = -y(t) \quad y(3) = 1$
b) $y'(t) = 5y(t) \quad y(-1) = 2$
c) $y'(t) = 4y(t) \quad y(4) = 5$
d) $y'(t) = 1{,}5y(t) \quad P = (1|-1)$
e) $y'(t) = -3{,}4y(t) \quad P = (-3|-1)$
f) $y'(t) = 0{,}2y(t) \quad P = (-4|5)$

Lösen der Differentialgleichung $y'(t) = m \cdot (W - y(t))$ mit $m, W \in \mathbb{R}$

Differentialgleichungen dieser Art lassen sich mit der Methode der Trennung der Variablen lösen.
Man setzt $y'(t) = \frac{dy}{dt}$ und verwendet die vereinfachte Schreibweise $y(t) = y$:

$$\frac{dy}{dt} = m \cdot (W - y) \Rightarrow \frac{1}{W-y}dy = m \cdot dt$$

$$\int \frac{1}{W-y}dy = \int m \cdot dt \quad | \text{ Lösen durch Substitution}$$

$$-\ln(W-y) + c_1 = m \cdot t + c_2 \quad | -c_1$$

$$-\ln(W-y) = m \cdot t + c \quad | \cdot (-1);\ c_2 - c_1 = c$$

$$\ln(W-y) = -m \cdot t - c \quad | \, e^{()}$$

$$W - y = e^{-m \cdot t - c} = e^{-m \cdot t} \cdot e^{-c} = e^{-m \cdot t} \cdot r \quad | \, r = e^{-c}$$

$$W - e^{-m \cdot t} \cdot r = y$$

$y(t) = W - e^{-m \cdot t} \cdot r$ … **allgemeine Lösung** der Differentialgleichung

Mit der Anfangsbedingung $y_0 = y(0)$ gilt:

$$y_0 = W - e^{-m \cdot 0} \cdot r = W - e^0 \cdot r = W - r \Rightarrow y_0 - W = -r \Rightarrow r = W - y_0$$

Durch Einsetzen in die allgemeine Lösung erhält man die **spezielle Lösung** der Gleichung:

$$y(t) = W - e^{-m \cdot t} \cdot (W - y_0) = W - (W - y_0) \cdot e^{-m \cdot t}$$

MERKE

Lösung der Differentialgleichung $y'(t) = m \cdot (W - y(t))$

Ist $y'(t) = m \cdot (W - y(t))$ eine Differentialgleichung mit der Anfangsbedingung $y(0) = y_0$, $m, W \neq 0$, dann lautet die Lösung: $y(t) = W - (W - y_0) \cdot e^{-m \cdot t}$

MUSTER

267. Löse die Differentialgleichung $y'(t) = 0{,}2 \cdot (10 - y(t))$ mit $y(0) = 4$ schrittweise.

Man formt die Gleichung um und trennt dadurch die Variablen. Danach wird integriert:

$\frac{dy}{dt} = 0{,}2 \cdot (10 - y) \Rightarrow \frac{1}{10-y}dy = 0{,}2\,dt \Rightarrow \int \frac{1}{10-y}dy = \int 0{,}2\,dt \Rightarrow \ln(10-y) = -0{,}2t - c \Rightarrow$
$10 - y = e^{-0{,}2t} \cdot e^{-c}$ bzw. $y = 10 - e^{-0{,}2t} \cdot e^{-c} = 10 - r \cdot e^{-0{,}2t}$ Da $y(0) = 4$ ist, gilt:
$4 = 10 - r \cdot e^{-0{,}2 \cdot 0} \Rightarrow r = 6$ Die spezielle Lösung der Differentialgleichung lautet:
$y(t) = 10 - 6 \cdot e^{-0{,}2t}$

268. Löse die Differentialgleichung mit der gegebenen Anfangsbedingung.

a) $y'(t) = 0{,}4 \cdot (12 - y(t))$ $y(0) = 2$
b) $y'(t) = 3 \cdot (10 - y(t))$ $y(0) = 1$
c) $y'(t) = 0{,}5 \cdot (20 - y(t))$ $y(0) = 4$
d) $y'(t) = 7 - y(t)$ $y(0) = 5$
e) $y'(t) = 0{,}2 \cdot (30 - y(t))$ $y(0) = 10$
f) $y'(t) = 2 \cdot (11 - y(t))$ $y(0) = 3$

269. Löse die Differentialgleichung mit der gegebenen Bedingung.

a) $y'(t) = 0{,}1 \cdot (3 - y(t))$ $y(1) = 4$
b) $y'(t) = 2 \cdot (8 - y(t))$ $y(3) = 1$
c) $y'(t) = 0{,}2 \cdot (30 - y(t))$ $y(2) = 5$
d) $y'(t) = 2{,}2 \cdot (8 - y(t))$ $y(1) = 1$
e) $y'(t) = 4 \cdot (30 - y(t))$ $y(5) = 6$
f) $y'(t) = 5 \cdot (11 - y(t))$ $y(6) = 2$

Kontinuierliches lineares Wachstumsmodell und Abnahmemodell

Wird die Änderung einer Bestandsgröße y zu jedem beliebigen denkbaren Zeitpunkt ohne Zeitlücken betrachtet, spricht man von einem kontinuierlichen Wachstums- bzw. Abnahmemodell. Dabei beschreibt y_0 den Bestand zu Beginn der Beobachtung.
Ist dabei die momentane Änderungsrate konstant k, ändert sich der Bestand y linear. Mathematisch wird die momentane Änderungsrate durch die erste Ableitung beschrieben. D.h. die kontinuierliche lineare Änderung der Bestandsgröße y(t) kann durch $y'(t) = k$ beschrieben werden. Die so erhaltene Differentialgleichung hat die Lösung $y(t) = k \cdot t + y_0$ mit $t \in \mathbb{R}_0^+$.

MERKE

Kontinuierliches lineares Modell

Die Bestandsgröße y verändert sich linear, wenn die momentane Änderungsrate zu jedem beliebigen Zeitpunkt konstant ist. Mit der Anfangsbedingung $y(0) = y_0$ gilt:

$y'(t) = k \Rightarrow y(t) = k \cdot t + y_0$ mit $t \in \mathbb{R}_0^+$

MUSTER

270. Ein vom Boden einer Höhle emporwachsender Tropfstein (Stalagmit) hat eine Höhe von 1200 mm. Die momentane Wachstumsgeschwindigkeit ist 3 mm/Jahr. Modelliere die Änderung der Höhe des Stalagmiten durch eine Differentialgleichung und gib deren Lösung an. Bestimme die Höhe des Stalagmiten nach 20,5 Jahren.

Für die Höhenänderung gilt die Differentialgleichung $y'(t) = 3$.
Mit $y_0 = 1200$ mm hat diese Differentialgleichung die Lösung:
$y(t) = 3t + 1200,\ t \in \mathbb{R}_0^+$
Nach 20,5 Jahren hat der Stalagmit eine Höhe von
$y(20{,}5) = 3 \cdot 20{,}5 + 1200 = 1261{,}5$ mm erreicht.

Arbeitsblatt Weitere Beispiele zu kont. lin. Wachstumsmodellen 5j7728

271. Ein Gärtner pflanzt einen Baum. Zu diesem Zeitpunkt ragt er einen Meter aus dem Boden heraus. Die momentane Wachstumsgeschwindigkeit ist 10 cm/Jahr.

a) Beschreibe die Höhenänderung des Baumes (in Metern m) durch eine Differentialgleichung, gib deren Lösung an und berechne die Höhe des Baumes nach 10,75 Jahren.
b) Berechne, nach wie vielen Jahren der Baum eine Höhe von fünf Metern erreicht hat.

272. Der Wirkstoff eines Medikaments wird vom Körper abgebaut, wobei y(t) die Wirkstoffmenge (in mg) im Körper t Stunden nach Einnahme des Medikaments beschreibt. Es gilt $y'(t) = -0{,}1$.

a) Interpretiere die Gleichung $y'(t) = -0{,}1$ im Kontext.
b) Nach wie vielen Stunden ist ein Wirkstoff ($y(0) = 150$ mg) vom Körper abgebaut?

Kontinuierliches exponentielles Modell

Vertiefung
Kontinuierliches exponentielles Wachstumsmodell
b3cm8n

Ändert sich eine Größe y in einem Zeitintervall $[t; t + \Delta t]$ exponentiell, ist die mittlere Änderungsrate in diesem Zeitintervall direkt proportional zu y(t). D.h. $\frac{y(t+\Delta t) - y(t)}{\Delta t} = m \cdot y(t)$, $m \in \mathbb{R}\backslash\{0\}$. Strebt Δt gegen null, gilt: $\lim\limits_{\Delta t \to 0} \frac{y(t+\Delta t) - y(t)}{\Delta t} = m \cdot y(t)$ bzw. $y'(t) = m \cdot y(t)$.

Die Lösung einer solchen Differentialgleichung lautet $y(t) = y_0 \cdot e^{m \cdot t}$ mit dem Anfangsbestand $y_0 = y(0)$ und $t \in \mathbb{R}_0^+$. Die Zahl $m \in \mathbb{R}$ wird als Proportionalitätsfaktor bezeichnet. Für $m > 0$ wird eine Zunahme und für $m < 0$ eine Abnahme modelliert.

MERKE

Kontinuierliches exponentielles Modell

Die Bestandsgröße y verändert sich exponentiell, wenn die momentane Änderungsrate y' zu jedem beliebigen Zeitpunkt proportional zum Bestand y ist. Mit der Anfangsbedingung $y(0) = y_0$ gilt:

$$y'(t) = m \cdot y(t) \quad \Leftrightarrow \quad y(t) = y_0 \cdot e^{m \cdot t} \quad m \neq 0$$

Der zugehörige Graph der Funktion y mit $m > 0$ ist in der Abbildung dargestellt.

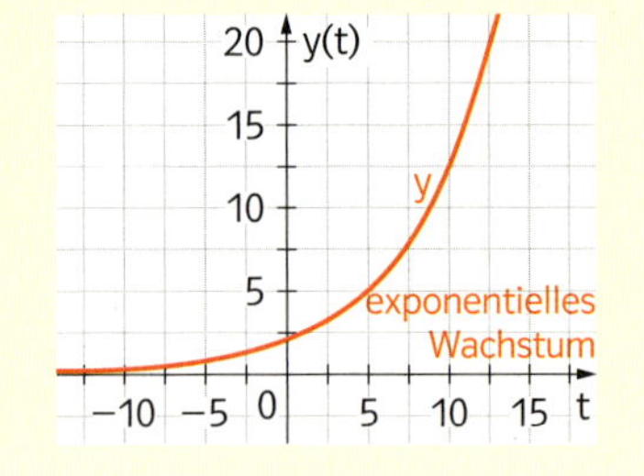

MUSTER

273. Die Bakterienkultur in einer Petrischale bedeckt zu Beginn der Beobachtung eine Fläche von $10\,cm^2$. Die momentane Änderungsrate des von den Bakterien bedeckten Flächeninhalts ist zu jedem beliebigen Zeitpunkt (in Stunden t) direkt proportional zum aktuellen Flächeninhalt. Der Proportionalitätsfaktor ist 0,02.

a) Beschreibe den Änderungsprozess des von der Bakterienkultur bedeckten Flächeninhalts y(t) (in cm^2) nach t Stunden durch eine Differentialgleichung und löse sie.
b) Bestimme den von den Bakterien bedeckten Flächeninhalt nach 4,75 Stunden.
c) Gib die Zeit an, nach der sich der Flächeninhalt verdreifacht hat.

a) Es gilt: $y'(t) = 0{,}02 \cdot y(t)$. Ausgehend von $y_0 = 10\,cm^2$ gilt für die Lösung: $y(t) = 10 \cdot e^{0{,}02 \cdot t}$.
b) Setzt man 4,75 in die Lösung der Differentialgleichung ein, erhält man den nach dieser Zeitspanne durch die Bakterienkultur bedeckten Flächeninhalt: $y(4{,}75) \approx 11\,cm^2$
c) Man sucht die Zeit, nach der $y(t) = 3 \cdot 10 = 30\,cm^2$ ist. Dazu löst man die dazugehörige Exponentialgleichung: $30 = 10 \cdot e^{0{,}02 \cdot t} \Rightarrow 3 = e^{0{,}02 \cdot t} \Rightarrow \ln(3) = 0{,}02 \cdot t \Rightarrow t = \frac{\ln(3)}{0{,}02} \approx 54{,}93$
Nach rund 55 Stunden hat sich der Flächeninhalt verdreifacht.

274. Eine Zellkultur auf einem Nährboden nimmt eine Fläche von $20\,cm^2$ ein. Die momentane Änderungsrate des von der Zellkultur bedeckten Flächeninhalts ist zu jedem beliebigen Zeitpunkt (in Stunden) direkt proportional zum aktuellen Flächeninhalt.
Der Proportionalitätsfaktor beträgt 0,03.
a) Stelle eine Differentialgleichung für das Wachstum der Zellkultur auf und löse sie.
b) Berechne den Flächeninhalt der Zellkultur nach 4,25 Stunden.
c) Bestimme, nach wie vielen Stunden sich der Flächeninhalt verdoppelt hat.

275. Bei einem exponentiellen Änderungsprozess ist die momentane Änderungsrate zu jedem beliebigen Zeitpunkt 25 % des aktuellen Bestandes y. Kreuze die Differentialgleichung an, die diesen Vorgang korrekt beschreibt.

A ☐	B ☐	C ☐	D ☐	E ☐	F ☐
$y'(t) = 16 \cdot y(t)$	$y'(t) = 4 \cdot y(t)$	$2 \cdot y'(t) = y(t)$	$4 \cdot y'(t) = y(t)$	$y'(t) = \frac{1}{2} \cdot y(t)$	$y'(t) = 2 \cdot y(t)$

276. Der Luftdruck p auf Meeresniveau beträgt normgemäß $p_0 = 1$ bar. Mit zunehmender Höhe nimmt der Luftdruck ab. Die momentane Änderungsrate des Luftdrucks in jeder beliebigen Höhe h (in Metern m) ist direkt proportional zum Luftdruck in der aktuellen Höhe. Stelle für die Abnahme des Luftdrucks eine Differentialgleichung auf und löse diese.

277. Bei einem Zerfallsprozess gibt N(t) die Menge (in mg) des noch vorhandenen radioaktiven Elements t Minuten nach Beobachtungsbeginn an.

a) Interpretiere die Differentialgleichung $N'(t) = -0{,}005 \cdot N(t)$ in diesem Kontext und löse sie für $N(0) = 8$ mg.
b) Bestimme die Halbwertszeit dieses radioaktiven Elements.

Kontinuierliches beschränktes Modell

Ist eine Größe y in einem Zeitintervall $[t; t + \Delta t]$ beschränkt wachsend mit der Wachstumsgrenze W, ist die mittlere Änderungsrate in diesem Zeitintervall direkt proportional zum noch vorhandenen Freiraum $(W - y(t))$. D.h. $\frac{y(t+\Delta t) - y(t)}{\Delta t} = m \cdot (W - y(t))$, $m \in \mathbb{R}\setminus\{0\}$. Strebt Δt gegen null, gilt: $\lim\limits_{\Delta t \to 0} \frac{y(t+\Delta t) - y(t)}{\Delta t} = m \cdot (W - y(t))$ bzw. $y'(t) = m \cdot (W - y(t))$.
Die Lösung einer solchen Differentialgleichung lautet $y(t) = W - (W - y_0) \cdot e^{-m \cdot t}$ $(t \in \mathbb{R}_0^+)$ mit dem Anfangsbestand $y_0 = y(0)$, der Wachstumsgrenze W und dem Freiraum $W - y_0$.

MERKE

Kontinuierliches beschränktes Wachstumsmodell

Die Bestandsgröße y wächst beschränkt, wenn die momentane Änderungsrate y′ direkt proportional zum momentanen Freiraum und $W - y_0 > 0$ ist. Mit der Anfangsbedingung $y(0) = y_0$, der Wachstumsgrenze W und dem Freiraum $W - y_0$ gilt:

$$y'(t) = m \cdot (W - y(t)) \quad \Leftrightarrow \quad y(t) = W - (W - y_0) \cdot e^{-m \cdot t}$$

Der zugehörige Graph der Funktion y mit $W - y_0 > 0$ ist in der Abbildung dargestellt.

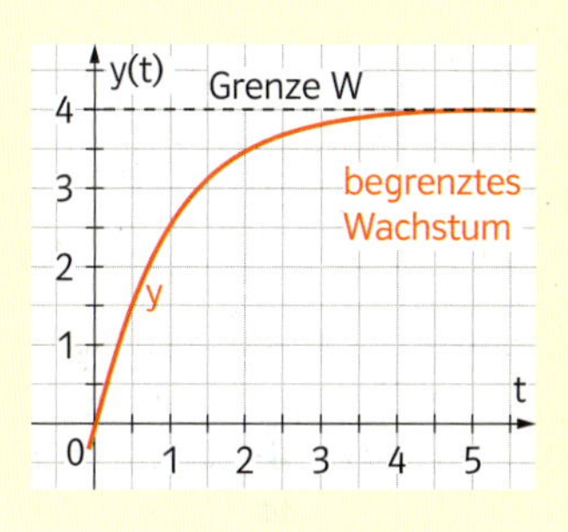

MUSTER

278. Ein bei 220 °C gebackener Kuchen wird in der 20 °C warmen Küche auf den Tisch gestellt. Man weiß aus Beobachtungen, dass die momentane Temperaturänderung des Kuchens zu jedem beliebigen Zeitpunkt (in Minuten) rund 12,6 % der Differenz zur Umgebungstemperatur beträgt. **a)** Beschreibe die momentane Temperaturänderung durch eine Differentialgleichung und gib deren Lösung an. **b)** Bestimme die Temperatur des Kuchens nach 15 Minuten.

a) Für die Differentialgleichung gilt mit dem Proportionalitätsfaktor $m = 12{,}6\,\% = 0{,}126$:
$y'(t) = 0{,}126\,(20 - y(t))$
Die Lösung der Differentialgleichung ist $y(t) = 20 - (20 - 220) \cdot e^{-0{,}126t} = 20 + 200 \cdot e^{-0{,}126t}$.
b) Man setzt 15 in die Lösungsfunktion der Differentialgleichung ein:
$y(15) = 20 + 200 \cdot e^{-0{,}126 \cdot 15} \approx 50{,}2$. Nach 15 Minuten ist der Kuchen auf ca. 50 °C abgekühlt.

279. Der Kaffee in einer Tasse hat eine momentane Temperatur von 80 °C. Die Temperaturänderung des Kaffees in der Tasse ist zu jedem beliebigen Zeitpunkt (in Minuten) rund 20 % der Differenz zur Umgebungstemperatur. Die Raumtemperatur beträgt 22 °C.

a) Gib eine Differentialgleichung und ihre Lösung für die momentane Temperaturänderung an.
b) Bestimme die Temperatur des Kaffees nach drei Minuten.
c) Berechne, nach wie vielen Minuten die Temperatur des Kaffees auf 35 °C gesunken ist.

280. Beim Lösen von Kochsalz in destilliertem Wasser kann die gelöste Menge an Salz einen bestimmten Wert (die Sättigungsgrenze) nicht überschreiten. Bei 100 g destilliertem Wasser beträgt die Sättigungsgrenze 36 g Kochsalz. Beobachtungen zeigen, dass die Momentangeschwindigkeit, mit der sich die gelöste Salzmenge y nach t Minuten ändert, direkt proportional zur Menge des noch lösbaren Salzes ist. Der Proportionalitätsfaktor ist 0,0501. Gib eine Differentialgleichung und deren Lösung für die Menge y(t) der nach t Minuten gelösten Kochsalzmenge an.

Kontinuierliches logistisches Modell

Eine Größe y ist in einem Zeitintervall $[t; t + \Delta t]$ logistisch wachsend mit der Wachstumsgrenze W, wenn die mittlere Änderungsrate in diesem Zeitintervall direkt proportional zum vorhandenen Bestand y(t) **und** zum noch vorhandenen Freiraum (W − y(t)) ist.

D.h. $\frac{y(t + \Delta t) - y(t)}{\Delta t} = m \cdot y(t) \cdot (W - y(t)),\ m \in \mathbb{R}\setminus\{0\}$.

Strebt Δt gegen null, gilt: $\lim\limits_{\Delta t \to 0} \frac{y(t + \Delta t) - y(t)}{\Delta t} = m \cdot y(t) \cdot (W - y(t))$ bzw. $y'(t) = m \cdot y(t) \cdot (W - y(t))$.

Die Lösung einer solchen Differentialgleichung lautet $y(t) = \frac{y_0 \cdot W}{y_0 + (W - y_0) \cdot e^{-W \cdot m \cdot t}}$ $(t \in \mathbb{R}_0^+)$ mit dem Anfangsbestand $y_0 = y(0)$, der Wachstumsgrenze W und dem Freiraum $W - y_0$.

MERKE

Kontinuierliches logistisches Wachstum

y(t) gibt den aktuellen Bestand, W die Wachstumsgrenze und (W − y(t)) den aktuellen Freiraum an. Sind y_0 der anfängliche Bestand, $(W - y_0)$ der anfängliche Freiraum und m ein Proportionalitätsfaktor, gilt:

$$y'(t) = m \cdot y(t) \cdot (W - y(t)) \quad \Leftrightarrow \quad y(t) = \frac{y_0 \cdot W}{y_0 + (W - y_0) \cdot e^{-W \cdot m \cdot t}}$$

Der zugehörige Graph der Funktion y(t) hat die Form:

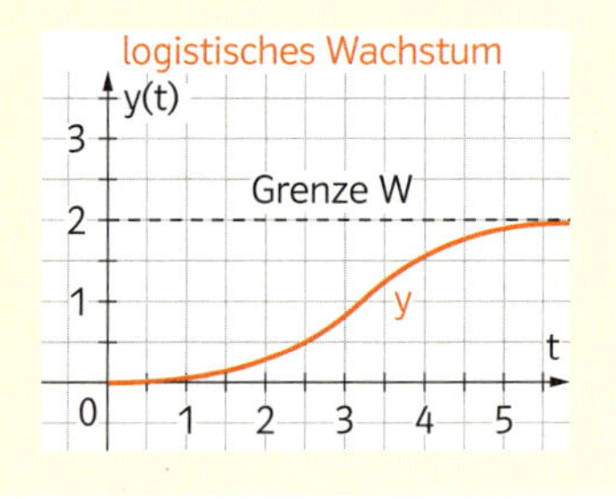

Anfänglich verläuft bei diesem Modell die Entwicklung der Bestandsgröße näherungsweise exponentiell. Bei Annäherung an die Sättigungsgrenze kann die weitere Entwicklung der Bestandsgröße näherungsweise als begrenztes Wachstum beschrieben werden. Daraus resultiert auch der charakteristische Verlauf des zugehörigen Funktionsgraphen.

281. Die Funktion h(t) beschreibt die Höhe einer Hopfensorte in Metern nach t Wochen. Diese Hopfensorte kann eine maximale Höhe von 6 Metern erreichen. Die momentane Höhenänderung zu jedem beliebigen Zeitpunkt t ist direkt proportional zur aktuellen Höhe h und zum noch vorhandenen Freiraum. Biologen geben einen Proportionalitätsfaktor von 0,0634 an. Stelle den Kontext durch eine Differentialgleichung dar und löse sie.

282. Zeige, dass $y(t) = \frac{1}{1 + 9e^{-0{,}4t}}$ eine Lösung der Differentialgleichung $y'(t) = 0{,}4 \cdot y(t) \cdot (1 - y(t))$ mit $y(0) = 0{,}1$ ist.

4.3 Wirkungsdiagramme und Flussdiagramme

KOMPETENZEN

Lernziele:

- Wirkungsdiagramme erstellen und deuten können
- Flussdiagramme erstellen und deuten können

Wirkungsdiagramme (Ursache – Wirkung) – Rückkopplung

Wirkungsdiagramme (auch Ursache-Wirkungsdiagramme) dienen der graphischen Veranschaulichung einander beeinflussender Komponenten. Diese rein qualitative Modellierung beschreibt nicht die tatsächliche Größe einzelner Diagrammteile, sondern nur deren mögliche Größenänderungen. (Wirkungs-)Pfeile weisen auf die Beeinflussungsrichtung hin, die Zeichen „+" und „–" auf eine positive bzw. negative Wirkung der ersten Komponente auf die zweite. Die gegenseitige Beeinflussung zweier Komponenten nennt man Rückkopplung. Von dieser gibt es unterschiedliche Arten. Dies soll anhand von zwei Beispielen verdeutlicht werden:

A ⇄ B

1) Für die Verzinsung eines Kapitals gilt: je höher das Kapital desto höher auch die Zinsen und umgekehrt. In beiden Richtungen besteht eine **gleichsinnige Wirkung (+)**. Man spricht in diesem Fall von einer **„eskalierenden" Rückkopplung** und kennzeichnet diese mit e im Wirkungsdiagramm.

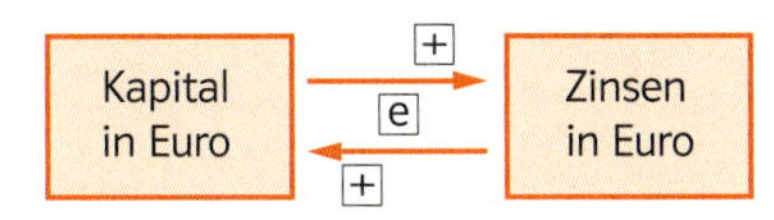

2) Die Zunahme der Anzahl der Touristen in einer bestimmten Region bedeutet eine Zunahme der dortigen Umweltbelastung. Es besteht eine **gleichsinnige Wirkung (+)**. Eine Zunahme der Umweltbelastung führt jedoch in der Regel zu einer Abnahme der Zahl der Touristen, da die Urlaubsregion dadurch für Besucher immer unattraktiver wird. Es besteht eine **gegensinnige Wirkung (–)**. In diesem Fall spricht man von einer **„stabilisierenden" Rückkopplung** (bezeichnet mit s im Wirkungsdiagramm).

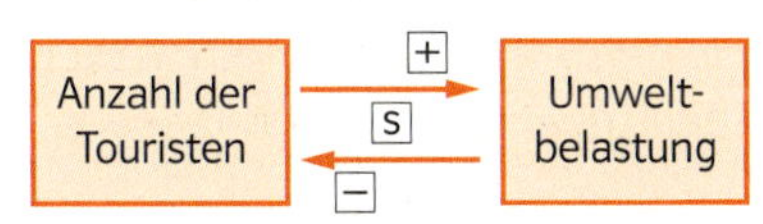

MERKE

Arten von Wirkungen und Rückkopplungen

Gleichsinnige Wirkung (+): Eine Zunahme von Komponente 1 führt zu einer Zunahme von Komponente 2. (Umgekehrt führt eine Abnahme von Komponente 1 auch zu einer Abnahme von Komponente 2.)

Gegensinnige Wirkung (–): Eine Zunahme von Komponente 1 führt zu einer Abnahme von Komponente 2. (Umgekehrt führt eine Abnahme von Komponente 1 auch zu einer Zunahme von Komponente 2.)

Eskalierende Rückkopplung (e): Zwischen zwei Komponenten besteht in beiden Richtungen eine gleichsinnige oder in beiden Richtungen eine gegensinnige Wirkung.

Stabilisierende Rückkopplung (s): Zwischen zwei Komponenten besteht in der einen Richtung eine gleichsinnige und in der anderen Richtung eine gegensinnige Wirkung.

283. Ergänze die Wirkungen und gib die Art der Rückkopplung an.

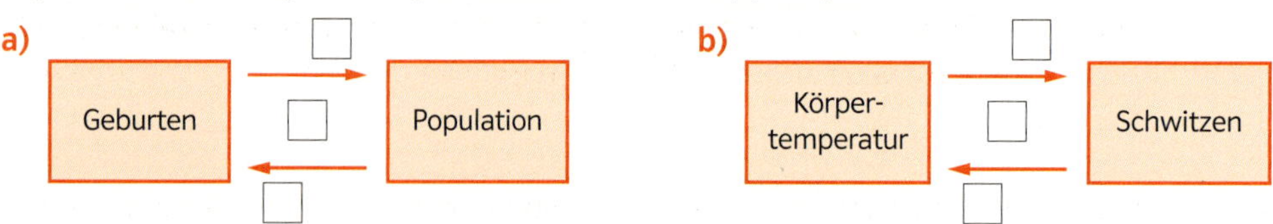

Indirekte Wirkung: In einer Kette mit mehreren Komponenten kann man eine Aussage über die tendenzielle Wirkung der ersten auf die letzte Komponente treffen:

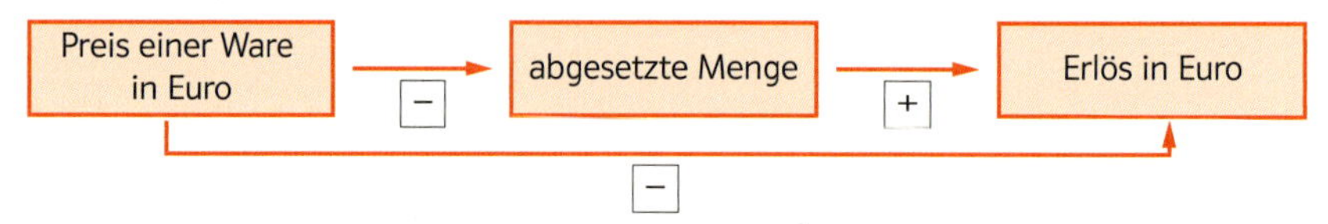

Die Erhöhung des Preises einer Ware führt zu einer Verringerung der abgesetzten Menge, was wiederum zu einem geringeren Erlös führt. Insgesamt ist also die indirekte Wirkung des Preises einer Ware auf den Erlös mit „–" zu beurteilen.

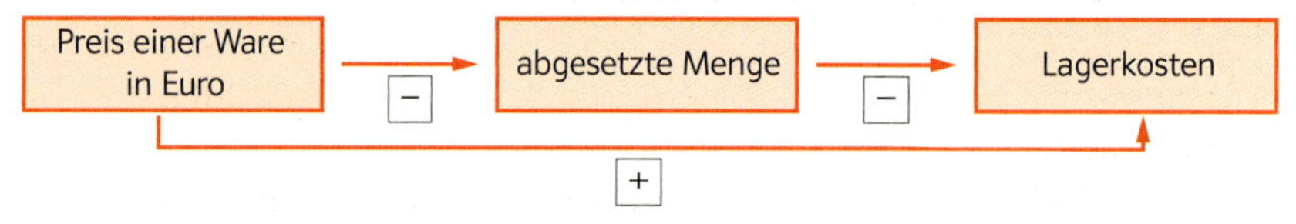

Die Erhöhung des Preises einer Ware führt zu einer Verringerung der abgesetzten Menge, was zu höheren Lagerkosten führt, da eine größere Stückzahl der Ware im Lager bleibt. Insgesamt ist also die indirekte Wirkung des Preises auf die Lagerkosten mit „+" zu beurteilen.

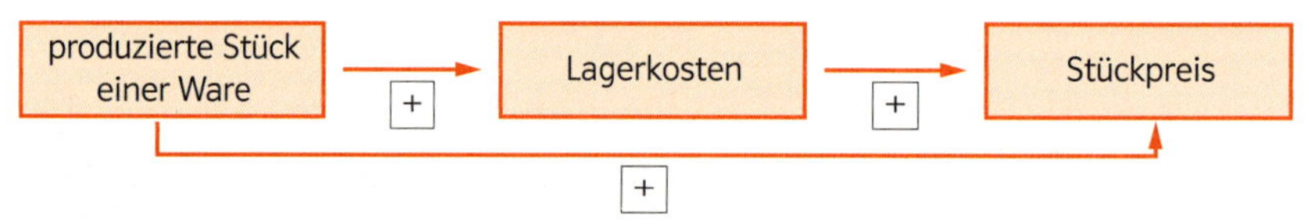

Eine Erhöhung der Stückzahl führt zu höheren Lagerkosten, was den Stückpreis erhöht, somit beurteilt man die indirekte Wirkung mit „+".

Daraus lässt sich eine Regel zur einfacheren Beurteilung indirekter Wirkungen formulieren:

MERKE

Vorzeichenregel

- Tritt in einer Kette mit mehreren Komponenten in einer Richtung eine ungerade Anzahl von „–" auf, ist die Gesamtwirkung mit „–" zu beurteilen.
- Tritt in einer Kette mit mehreren Komponenten in einer Richtung eine gerade Anzahl von „–" auf, ist die Gesamtwirkung mit „+" zu beurteilen. Treten in einer Kette mit mehreren Komponenten in einer Richtung nur gleichsinnige Wirkungen (+) auf, ist die Gesamtwirkung mit „+" zu beurteilen.

284. Beurteile im Wirkungsdiagramm die Gesamtwirkung der ersten auf die letzte Komponente.

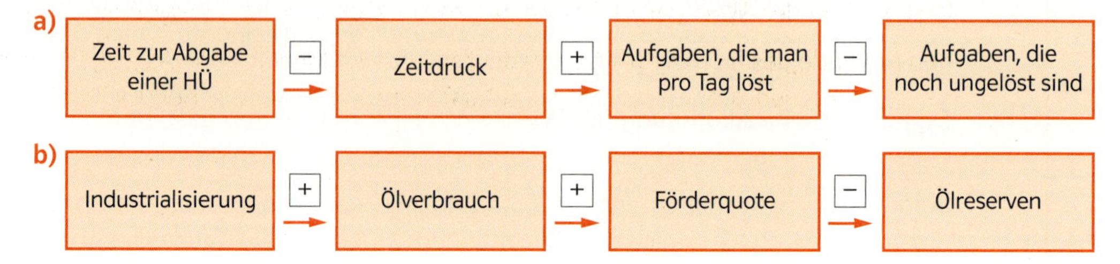

Mit Hilfe der Vorzeichenregel lassen sich nun auch Rückkopplungen über mehrere Komponenten leicht beurteilen. Hat man in einem Kreis eine gerade Anzahl von „–", handelt es sich um eine eskalierende Rückkopplung (+), bei einer ungeraden Anzahl um eine stabilisierende (–).

285. Bestimme Wirkungen zwischen den Komponenten und gib die Art der Rückkopplung an.

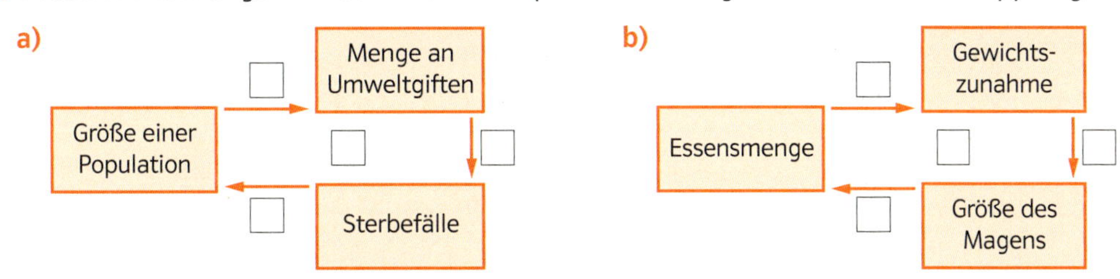

Arbeitsblatt
Wirkungs-diagramme interpretieren
ii73yt

286. Im Ursache-Wirkungs-Diagramm sind Zusammenhänge verschiedener Komponenten im Zusammenhang mit einer Virusinfektion veranschaulicht.

a) Beschreibe die Wirkungen zwischen „Dauer der Krankheit" und „Medikamentendosis" bzw. „Dauer der Krankheit" und „Anzahl der Viren". Gib jeweils die Art der Rückkopplung an.

b) Finde drei Wege in einer Richtung über mehr als zwei Komponenten und beurteile die Gesamtwirkung.

c) Finde drei Rückkopplungen über mehr als zwei Komponenten und gib deren Art an.

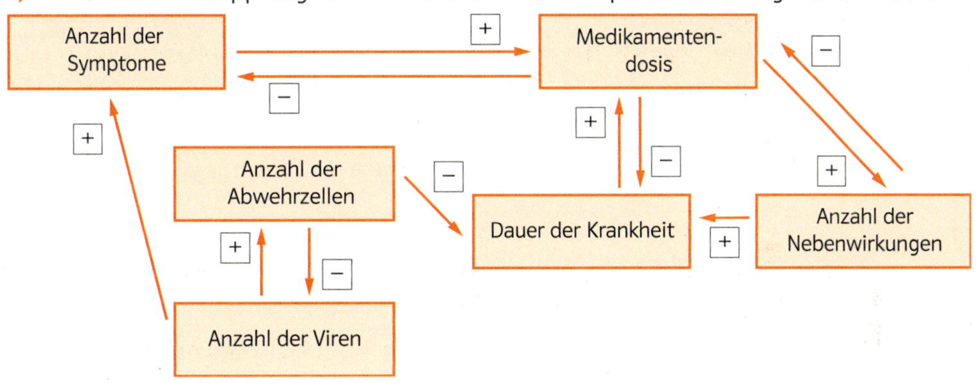

Flussdiagramme

Sich verändernde Systeme können auch durch Flussdiagramme dargestellt werden, die im Gegensatz zu Wirkungsdiagrammen **quantitative Darstellungsformen** sind und somit auch Wachstumsmodelle graphisch veranschaulichen können.

Sogenannte **Bestandsgrößen**, durch ▭ dargestellt, verändern ihre Werte durch Zuflüsse und Abflüsse. Diese Veränderungen werden durch **Flusspfeile** ⟹ symbolisiert und hängen von der Länge des betrachteten Zeitabschnitts ab. **Flussraten**, durch ⍜ dargestellt, beschreiben den **Wert der Veränderung** pro Zeitabschnitt. Wolkensymbole ⌘ am Anfang und am Ende des Flussdiagramms bedeuten, dass im Modell keine Aussagen darüber gemacht werden können, woher der Zufluss kommt oder wo der Abfluss hinführt.

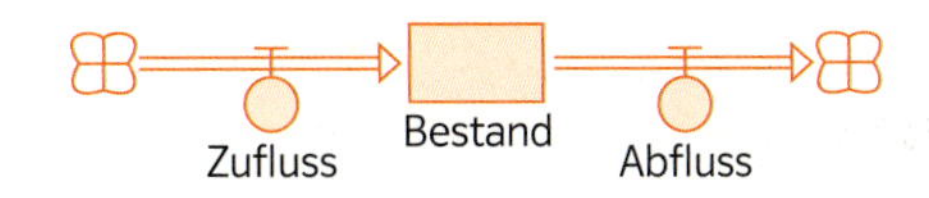

Die Änderung der Zahl der Touristen, die eine Region besuchen, kann zum Beispiel durch folgendes Flussdiagramm veranschaulicht werden:

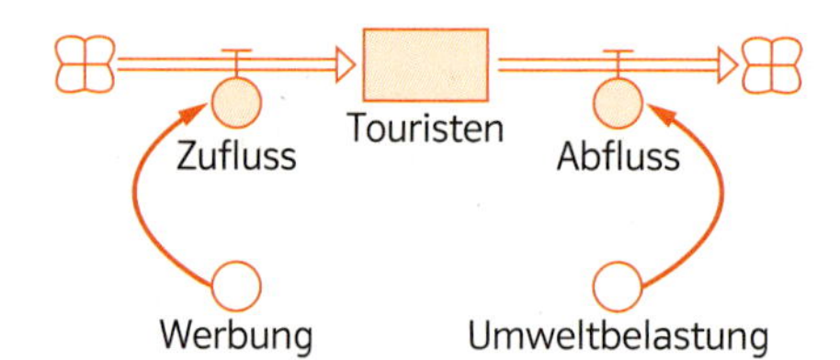

Die Bestandsgröße „Touristen" kann zu- oder abnehmen. Sie nimmt durch gezielte Werbung für die Region zu, durch die durch den Tourismus ausgelöste erhöhte Umweltbelastung ab. Die **Hilfsgrößen** „Werbung" und „Umweltbelastung" (symbolisch durch ◯ dargestellt) beeinflussen die systemdynamischen Flussraten von Zu- und Abnahme der Zahl der Touristen. Wirkungen zwischen den einzelnen Größen werden durch die schon von den Wirkungsdiagrammen bekannten **Wirkungspfeile** ⟶ gekennzeichnet.

MERKE

Flussdiagramme

Der amerikanische Systemwissenschaftler Jay Wright Forrester entwickelte die sogenannten Flussdiagramme, um Systeme dynamischer Prozesse zu veranschaulichen. Verwendete Symbolik:

Bestandsgröße	▭	gibt den Bestand einer Größe zu einem bestimmten Zeitpunkt an
Flussrate	⫯	gibt den konstanten Zu- bzw. Abfluss pro Zeiteinheit an
Flusspfeil	⇒	stellt den Zu- bzw. Abfluss bezüglich der Bestandsgröße dar
Wirkungspfeil	⟶	stellt die Wirkung von einer Größe auf eine andere dar
Hilfsgröße	◯	beeinflusst die Flussrate ⇒ Flussrate wird veränderlich
Wolkensymbol	⊞	stellt den Anfang bzw. das Ende von Zu- bzw. Abflüssen dar (Anfang und Ende werden aber nicht näher betrachtet.)

287. Erstelle ein Flussdiagramm für die Änderung einer Population P (Bestandsgröße) mit einer konstanten Anzahl von Geburten g und Sterbefällen s (Flussraten) pro Zeitabschnitt.

MUSTER

288. Erstelle ein Flussdiagramm für die Änderung des Lagerbestandes L einer Firma pro Zeitabschnitt, wobei die Anzahl der produzierten und verkauften Mengeneinheiten p und v direkt proportional zum Lagerbestand sein soll.

Bezeichne die beiden Proportionalitätsfaktoren (Hilfsgrößen) mit k_1 und k_2.

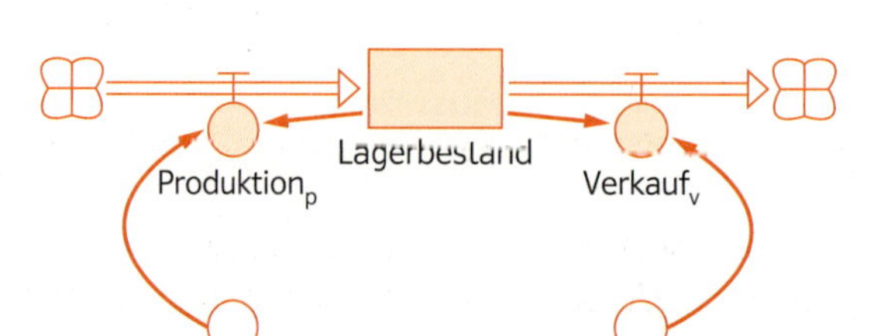

Der Lagerbestand vergrößert sich durch neuproduzierte Ware und verringert sich durch deren Verkauf.
Die Änderung des Lagerbestandes ist direkt proportional mit den Koeffizienten k_1 und k_2 zum aktuellen Lagerbestand. L, k_1 und k_2 wirken auf p und v.

Da p und v aufgrund der Proportionalitätsfaktoren auch durch den Lagerbestand beeinflusst werden, werden Wirkungspfeile auch vom Lagerbestand zu den Flussraten gezeichnet.

289. Erstelle ein Flussdiagramm für die Änderung einer Population P durch Geburten g und Sterbefälle s, die pro Zeitabschnitt direkt proportional zur Population sind.

290. Erstelle ein Flussdiagramm für die Änderung eines Kapitals K, das zu einem gleichbleibenden Jahreszinssatz p_1 verzinst wird, wenn jährlich a Euro des Kapitals abgehoben werden.

Flussdiagramme zum Beschreiben von Wachstums- bzw. Abnahmemodellen

Die charakteristischen Eigenschaften der in Kapitel 4.1 besprochenen Wachstums- bzw. Abnahmemodelle in Form der Differenzengleichung $y_{n+1} = a \cdot y_n + b$ lassen sich durch Flussdiagramme veranschaulichen. Ergänzend soll auch das logistische Wachstumsmodell erwähnt werden.

Lineares Wachstumsmodell: Zum Beispiel vermehrt sich eine Tierpopulation in gleichen Zeitabschnitten immer um denselben Wert.
Mathematisches Modell: $y_{n+1} = y_n + b$
Der Zuwachs b wird von keinen anderen Größen beeinflusst und ist daher konstant.

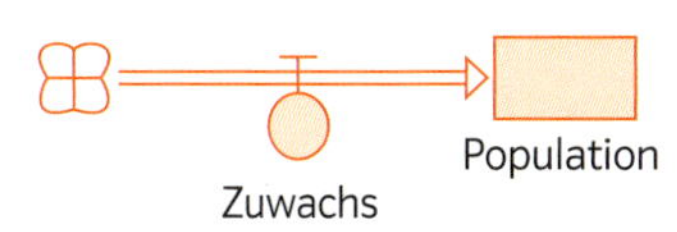

Exponentielles Wachstumsmodell: Die relative Änderung (z.B. der Bevölkerung eines Landes) ist in gleichen Zeitabschnitten konstant.
Mathematisches Modell: $y_{n+1} = y_n + (a-1) \cdot y_n$
Auf den Zuwachs $(a-1) \cdot y_n$ wirken die Wachstumsrate $(a-1)$ und der aktuelle Bestand y_n.

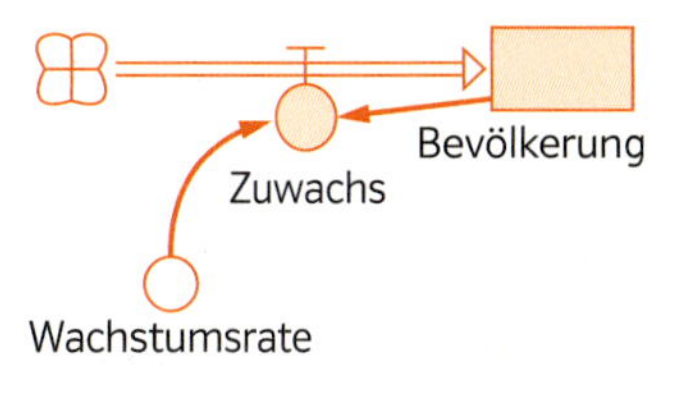

Beschränktes Wachstumsmodell: Die Änderung einer Bestandsgröße in gleichen Zeitabschnitten ist direkt proportional zum momentan vorhandenen Freiraum. Der aktuelle Bestand, die Wachstumsgrenze und die Wachstumsrate wirken auf den Zuwachs. Mathematisches Modell: $y_{n+1} = y_n + (1-a) \cdot (W - y_n)$ mit $W = \frac{b}{1-a}$. Der Zuwachs $(1-a) \cdot (W - y_n)$ wird vom Freiraum $(W - y_n)$ und der Wachstumsrate $(1-a)$ beeinflusst.

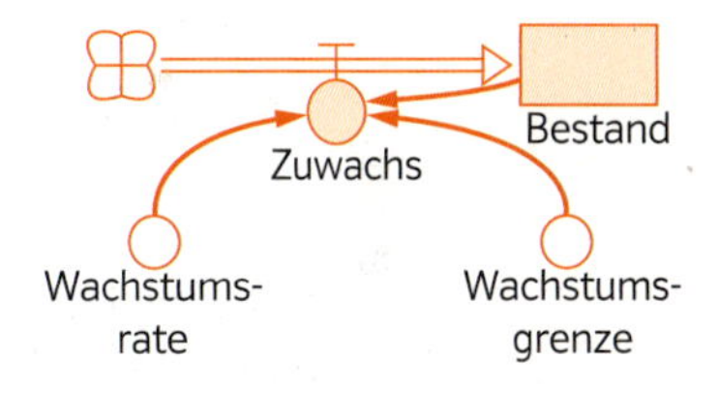

Logistisches Wachstumsmodell: Die Änderung einer Bestandsgröße ist in gleichen Zeitabschnitten direkt proportional zum momentan vorhandenen Freiraum und zum momentanen Bestand. Mathematisches Modell: $y_{n+1} = y_n + (1-a) \cdot y_n \cdot (W - y_n)$ mit $W = \frac{b}{1-a}$.
Der Zuwachs $(1-a) \cdot y_n \cdot (W - y_n)$ wird vom Freiraum $(W - y_n)$, der Wachstumsrate $(1-a)$ und dem aktuellen Bestand y_n beeinflusst.

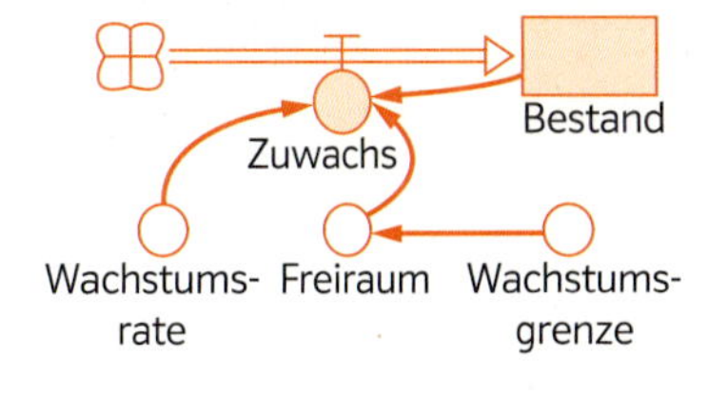

291. Interpretiere die Flussraten des Diagramms im Hinblick auf die unterschiedlichen Wachstums- bzw. Abnahmemodelle und gib das jeweilige mathematische Modell an.

a)

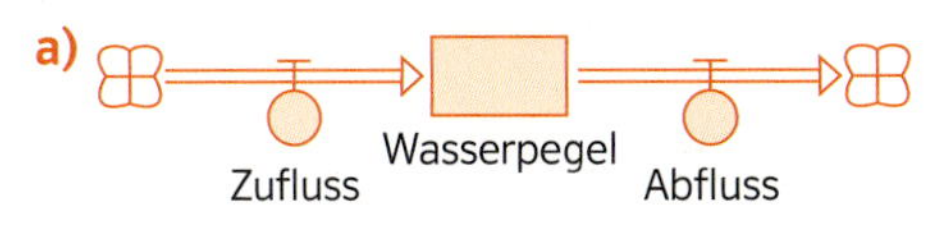

b)

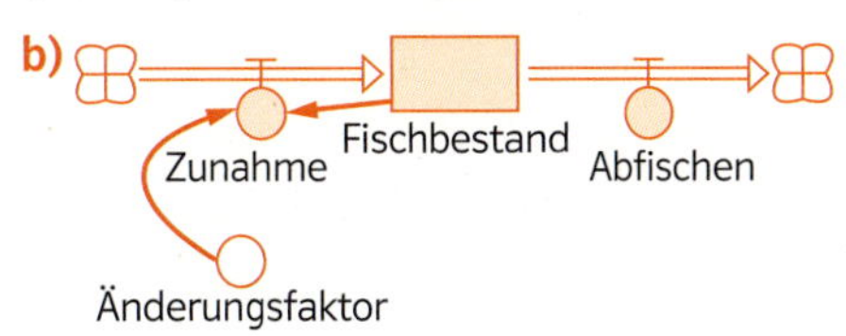

292. Interpretiere die Flussraten des Diagramms im Hinblick auf die unterschiedlichen Wachstums- bzw. Abnahmemodelle und gib das jeweilige mathematische Modell an.

a) Wachstum, Pflanzenhöhe, Wachstumsfaktor, Freiraum, Wachstumsgrenze

b)

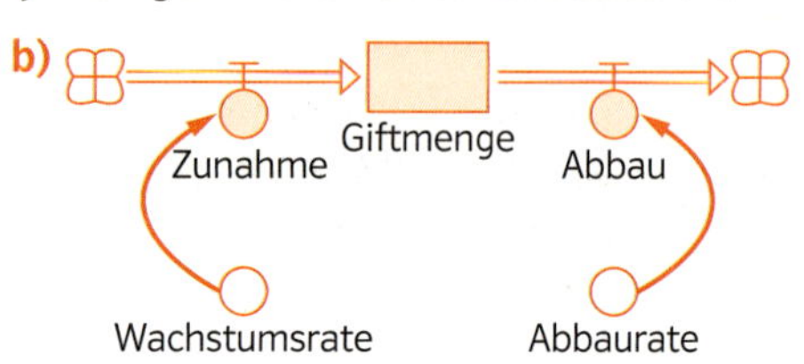

Arbeitsblatt
Flussdiagramme interpretieren und aufstellen
822v7v

293. Gib das mathematische Modell an und stelle den Sachverhalt durch ein Flussdiagramm dar.

a) Eine Schafherde vergrößert sich durch Zukauf von Tieren monatlich um v Tiere.

b) Eine Hasenpopulation vergrößert sich halbjährlich um p% des aktuellen Bestandes und nimmt im gleichen Zeitraum um q% des aktuellen Bestandes ab.

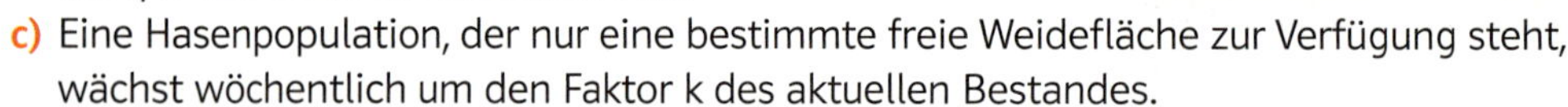

c) Eine Hasenpopulation, der nur eine bestimmte freie Weidefläche zur Verfügung steht, wächst wöchentlich um den Faktor k des aktuellen Bestandes.

294. Erstelle zu den Aufgaben 271, 274, 279 und 281 ein passendes Flussdiagramm.

ZUSAMMENFASSUNG

Lineare Differenzengleichung:

$y_{n+1} = a \cdot y_n + b \ (a \neq 0)$ y_n … Bestand einer Größe nach n Zeiteinheiten; y_0 … Anfangswert

Diskrete Wachstumsmodelle und Abnahmemodelle

Lineares Modell: $y_{n+1} = y_n + b$; absolute Änderung ist konstant: $y_{n+1} - y_n = b$;
explizite Darstellung: $y_n = y_0 + n \cdot b$ mit $n \in \mathbb{N}$

Exponentielles Modell: $y_{n+1} = a \cdot y_n$;
explizite Darstellung: $y_n = y_0 \cdot a^n$ mit $n \in \mathbb{N}$
$a > 1$ … exponentielle Zunahme; $0 < a < 1$ … exponentielle Abnahme

Beschränktes Modell: $y_{n+1} - y_n = k \cdot (W - y_n)$ mit $W = \frac{b}{1-a}$ und $k = 1 - a$, $0 < a < 1$ und $b > 0$;
W … Wachstumsgrenze; $W - y_n$ … Freiraum
absolute Änderung $(y_{n+1} - y_n)$ ist direkt proportional zu $W - y_n$

Kontinuierliche Wachstumsmodelle und Abnahmemodelle mit dem aktuellen Bestand y

Lineares Modell: $y'(t) = k \iff y(t) = k \cdot t + y_0$ mit $t \in \mathbb{R}_0^+$

Exponentielles Modell: $y'(t) = m \cdot y(t) \iff y(t) = y_0 \cdot e^{m \cdot t}$

Beschränktes Modell: $y'(t) = m \cdot (W - y(t)) \iff y(t) = W - (W - y_0) \cdot e^{-m \cdot t}$

Logistisches Modell: $y'(t) = m \cdot y(t) \cdot (W - y(t)) \iff y(t) = \frac{y_0 \cdot W}{y_0 + (W - y_0) \cdot e^{-W \cdot m \cdot t}}$

Dynamische Prozesse können qualitativ durch **Wirkungsdiagramme** und quantitativ durch **Flussdiagramme** beschrieben werden.

Mit **Flussdiagrammen** lassen sich **Wachstumsmodelle** graphisch veranschaulichen.

TRAINING

Vernetzung – Typ-2-Aufgaben

M **295.** Der Bestand an Personenkraftwägen ist in Österreich von 4441027 im Jahr 2010 auf 4758048 im Jahr 2015 angestiegen (Quelle: Statistik Austria).

a) Jemand möchte die Veränderung des PKW-Bestandes pro Jahr durch ein lineares Modell beschreiben.
- Bestimme die mittlere Änderungsrate des PKW-Bestandes pro Jahr im Zeitraum von 2010 bis 2015.
- Gib eine Differenzengleichung nach diesem Modell an, die den Bestand x an PKWs beschreibt. Dabei gibt x_n den Bestand nach n Jahren an.

$x_0 = 4441027$ $\qquad$ $x_{n+1} =$ ____________

b) Der PKW-Bestand in Abhängigkeit von der Anzahl der vergangenen Jahre soll durch ein exponentielles Wachstumsmodell beschrieben werden.
- Bestimme die durchschnittliche jährliche prozentuelle Zunahme des PKW-Bestandes im Zeitraum von 2010 bis 2015.
- Gib eine Differenzengleichung nach diesem Modell an, die den Bestand x an PKWs beschreibt. Dabei gibt x_n den Bestand nach n Jahren an.

$x_0 = 4441027$ $\qquad$ $x_{n+1} =$ ____________

Zeichne ein Flussdiagramm, das die Änderung des PKW-Bestandes pro Jahr darstellt.

c) Erkläre, aus welchen Gründen weder ein lineares noch ein exponentielles Wachstumsmodell die langfristige Entwicklung des PKW-Bestandes in Österreich korrekt beschreibt. Welches Wachstumsmodell (welche Wachstumsmodelle) könnte (könnten) die über einen längeren Zeitraum betrachtete Entwicklung des PKW-Bestandes sinnvoller modellieren?

d) Die lineare Differenzengleichung $y_{n+1} = 0{,}95 \cdot y_n + 300\,000$ beschreibt die Entwicklung des PKW-Bestandes in einem bestimmten Land (n in Jahren).
- Begründe, dass es sich dabei um ein diskretes beschränktes Wachstumsmodell handelt.
- Bestimme die Wachstumsgrenze W für den PKW-Bestand des Landes.
- Ermittle in der Differenzengleichung $y_{n+1} = a \cdot y_n + 300\,000$ den Wert des Parameters a so, dass $W = 5\,000\,000$ ist.

ÜBERPRÜFUNG

Selbstkontrolle

☐ Ich kann diskrete lineare Wachstums- bzw. Abnahmemodelle erkennen und mit einer Differenzengleichung beschreiben.

296. Die Bevölkerung eines Landes ist vom Jahr 2010 bis zum Jahr 2016 von 4 Millionen auf 3,7 Millionen gesunken. Es wird angenommen, dass die Bevölkerung jährlich um dieselbe Personenzahl sinkt. y_n gibt die Bevölkerungszahl in Millionen nach n Jahren an. Stelle die Änderung der Bevölkerungszahl durch die lineare Differenzengleichung $y_{n+1} = y_n + b$ dar.

☐ Ich kann diskrete exponentielle Wachstums- bzw. Abnahmemodelle erkennen und mit einer Differenzengleichung beschreiben.

297. Ein PKW, der 32 000 € kostet, verliert jährlich etwa 20 % seines Anschaffungswerts. y_n beschreibt den Wert des PKWs nach n Jahren. Stelle für y_n eine lineare Differenzengleichung der Form $y_{n+1} = a \cdot y_n + b$ auf und bringe diese in die Form $y_{n+1} - y_n = T(y_n)$.

☐ Ich kann diskrete beschränkte Wachstums- bzw. Abnahmemodelle erkennen und mit einer Differenzengleichung beschreiben.

298. Von einem Kredit (Höhe 10 000 €, Jahreszinssatz 9 %) werden jährlich 1 000 € abbezahlt. Beschreibe die Entwicklung der Restschuld y_n nach n Jahren durch eine lineare Differenzengleichung.

☐ Ich kann Differentialgleichungen lösen.

299. Löse die Differentialgleichung mit der gegebenen Bedingung.

a) $y'(t) = -2{,}3\,y(t)$ $\quad y(2) = 1$

b) $y'(t) = 1{,}2 \cdot (5 - y(t))$ $\quad y(1) = 2$

☐ Ich kann kontinuierliche Wachstums- bzw. Abnahmemodelle erkennen und mit Differentialgleichungen beschreiben.

300. Die momentane Änderungsrate eines Kapitals ($y_0 = 3\,000$) zu jedem beliebigen Zeitpunkt (in Jahren) ist direkt proportional zur aktuellen Höhe des Kapitals (Proportionalitätsfaktor 0,0296). Beschreibe die Kapitalentwicklung durch eine Differentialgleichung und gib deren Lösungsfunktion an.

301. In einem 22 °C warmen Raum ändert sich die Temperatur einer Suppe zu jedem beliebigen Zeitpunkt (in Minuten) um rund 11 % der Differenz zur Umgebungstemperatur. Modelliere die Temperaturabnahme durch eine Differentialgleichung.

☐ Ich kann dynamische Prozesse durch Wirkungsdiagramme und Flussdiagramme beschreiben.

302. Welche Arten von Wirkungen und Rückkopplungen zwischen zwei Komponenten gibt es? Wie kann man die Gesamtwirkung in einer Kette von mehreren Komponenten beurteilen?

Kompetenzcheck Dynamische Systeme

Grundkompetenz für die schriftliche Reifeprüfung:

☐ AN-R 1.4 Das systemdynamische Verhalten von Größen durch Differenzengleichungen beschreiben bzw. diese im Kontext deuten können

AN-R 1.4 M **303.** Ein Populationswachstum ist durch die Differenzengleichung $x_{n+1} = x_n + 0{,}08 \cdot x_n - 80$ mit $x_0 = 700$ gegeben. Dabei beschreibt x_n die Anzahl der Individuen der Population nach n Jahren. Kreuze die beiden zutreffenden Aussagen an.

A	Der Bestand der Population nimmt zu.	☐
B	Langfristig nähert sich der Bestand der Population dem Wert 620.	☐
C	Der Bestand der Population nimmt ab.	☐
D	Es gilt: $x_2 = 650{,}08$	☐
E	Von einem Jahr zum nächsten nimmt die Anzahl der Individuen um 8% zu.	☐

AN-R 1.4 M **304.** Eine Tierpopulation x nimmt innerhalb eines Jahres um 6% zu. x_n gibt die Anzahl der Individuen nach n Jahren an.
Stelle eine Differenzengleichung auf, die die Entwicklung der Tierpopulation beschreibt.

$x_0 = 120$ $\qquad x_{n+1} - x_n =$ ____________________

AN-R 1.4 M **305.** Eine Person nimmt alle 24 Stunden ein Medikament mit 100 mg Wirkstoff ein. Vom Körper werden 65% des vorhandenen Wirkstoffs innerhalb von 24 Stunden abgebaut. x_n gibt die n Tage nach der ersten Einnahme des Medikaments vorhandene Wirkstoffmenge (in mg) im Körper an. Kreuze die Differenzengleichung an, die diesen Sachverhalt richtig beschreibt.

A	$x_{n+1} = 0{,}65 \cdot x_n + 100$	☐
B	$x_{n+1} = x_n + 100 \cdot 0{,}36$	☐
C	$x_{n+1} = 0{,}35 \cdot (x_n + 100)$	☐
D	$x_{n+1} = 1{,}65 \cdot x_n - 100$	☐
E	$x_{n+1} = (x_n + 0{,}35) \cdot 100$	☐
F	$x_{n+1} = 0{,}35 \cdot x_n + 100$	☐

AN-R 1.4 M **306.** In einem Fischteich gibt es zu Beginn der Beobachtungsphase eine Tierpopulation von 500 Fischen. Die Anzahl der Fische vergrößert sich jährlich um rund 12%. Pro Jahr werden 100 Tiere abgefischt.
x_n gibt die Anzahl der im Teich vorhandenen Fische nach n Jahren an.
Stelle eine Differenzengleichung auf, die diesen Sachverhalt beschreibt.

$x_{n+1} =$ ____________________

AN-R 1.4 M **307.** Gegeben ist die lineare Differenzengleichung $y_{n+1} = a \cdot y_n + b$. Für welche Parameterwerte wird dadurch ein beschränktes Modell mit der Wachstumsgrenze W beschrieben? Kreuze die zutreffende Bedingung an.

A ☐	B ☐	C ☐	D ☐	E ☐	F ☐
$a > 1;\ b > 0$	$a > 1;\ b = 0$	$a > 5;\ b < 0$	$0 < a < 2;\ b \neq 0$	$0 < a < 1;\ b > 0$	$a < 0;\ b > 0$

5 Stetige Zufallsvariablen

Zufallsvariablen konnten bis jetzt immer bestimmte (abzählbare, diskrete) Werte annehmen: Anzahl von Kugeln, Augenzahlen von Würfeln, Anzahl von Personen, …
Es gibt jedoch Zufallsvariablen, für die jeder Wert in einem Intervall passen kann, z. B. könnte eine Maschine Mehlpackungen derart abfüllen, dass deren Massen jeden Wert zwischen 980 g und 1020 g annehmen.

Es geht in diesem Kapitel also wieder um eines der ganz großen Themen in der Mathematik: um den Unterschied zwischen „**diskret**" und „**kontinuierlich**". Dieser Gegensatz macht sich zum Beispiel schon an der Zahlengeraden bemerkbar. Eine Gerade ist etwas Kontinuierliches, also ein Objekt, das keine Zwischenräume besitzt. Will man diese mit Zahlen beschreiben (füllen), so gelingt das mit ganzen Zahlen nicht, da sich ja zwischen den ganzen Zahlen noch Lücken befinden (die ganzen Zahlen sind diskret). „Befüllt" man die Gerade mit Bruchzahlen, so gelingt das schon besser, aber es befinden sich noch immer unendlich viele Lücken zwischen den einzelnen rationalen Zahlen (erstaunlicherweise gibt es dabei auf der Geraden immer noch mehr Lücken als Zahlen).

Erst mit den irrationalen Zahlen gelingt es, diese Lücken zu schließen und somit konnte man mit deren „Entdeckung" erstmals in der Geschichte der Menschheit ein kontinuierliches Objekt (die Gerade) mit Zahlen (den reellen Zahlen) beschreiben.

Der Übergang von „diskret" zu „kontinuierlich" macht sich auch bei der Entwicklung der Differentialrechnung bemerkbar. Während die Durchschnittsgeschwindigkeit immer eine Ortsveränderung zwischen zwei einzelnen Punkten beschreibt, ist es Leibniz und Newton gelungen, kontinuierliche Ortsveränderungen durch die Momentangeschwindigkeit zu beschreiben.

Auch in der modernen Physik ist das Gegensatzpaar „diskret-kontinuierlich" eines der großen Themen:

Licht verhält sich einerseits wie ein Teilchen (Lichtquanten), andererseits verhält es sich auch wie eine kontinuierliche Größe (Lichtwelle). Ebenso kann ein Elektron sowohl diskrete Teilcheneigenschaften als auch kontinuierliche Welleneigenschaften haben.

In diesem Kapitel werden wir sehen, wie der Wahrscheinlichkeitsbegriff von Laplace, mit dem wir bisher gearbeitet haben und der bei diskreten Zufallsvariablen sehr erfolgreich war, bei kontinuierlichen Zufallsvariablen zu großen Problemen führt. Du kannst diese Probleme schon vorausahnen, wenn du versuchst, nebenstehende Aufgaben zu lösen.

Die Lösung dieser Probleme liegt übrigens in der Flächeninhaltsberechnung mit Hilfe von Integralen. Wie man die „gute alte" Flächeninhaltsberechnung für die Wahrscheinlichkeitsrechnung nutzen kann, das erfährst du in diesem Kapitel.

Wie wahrscheinlich ist es einen Zweier zu würfeln?

In dem Sack sind alle reellen Zahlen zwischen 1 und 6. Wie wahrscheinlich ist es die Zahl 2 zu ziehen?

5.1 Dichte- und Verteilungsfunktionen

KOMPETENZEN

Lernziele:

- Den Begriff „stetige Zufallsvariable" kennen
- Eigenschaften einer (Wahrscheinlichkeits-) Dichtefunktion kennen
- Eigenschaften einer (stetigen) Verteilungsfunktion kennen
- Verteilungs- und Dichtefunktionen interpretieren und modellieren können

VORWISSEN

Arbeitsblatt Übungen mit Zufallsvariablen 6w2v67

308. Die Zufallsvariable X bezeichnet die Anzahl der „Sechser", die beim sechsmaligen Werfen eines Würfels auftreten.

1) Bestimme die Werte, die X annehmen kann.
2) Gib die Wahrscheinlichkeitsfunktion f von X an und stelle sie in einem Stabdiagramm dar.
3) Bestimme die Verteilungsfunktion F der Zufallsvariablen X und zeichne ihren Graphen.

Stetige Zufallsvariablen

In Lösungswege 7 wurden Zufallsvariablen mit einer gemeinsamen Eigenschaft betrachtet: Die Anzahl der Werte dieser Zufallsvariablen waren alle abzählbar. Das bedeutet: Die Werte, die diese Zufallsvariable annehmen kann, können durchnummeriert werden. Solche Zufallsvariablen nennt man **diskret**.

Vertiefung „Überabzählbare Mengen" 5t24vu

Nun werden als Zufallsvariablen statt diskreter Größen (z. B. Anzahl, Gewinn in Euro, Schuhgrößen) solche Größen betrachtet, deren Werte nicht abzählbar sind. Diese treten meistens bei Messungen auf (z. B. die Messung von Längen, Zeitspannen, Gewichten). Solche Zufallsvariablen können beliebige Werte innerhalb eines Intervalls annehmen. Als Wert der Zufallsvariablen kommt also jede reelle Zahl innerhalb eines Intervalls infrage. Derartige Zufallsvariablen nennt man **stetig**.

MUSTER

309. Beurteile, ob es sich um eine diskrete oder stetige Zufallsvariable handelt.

a) Die Zufallsvariable X bezeichnet die Anzahl der Kinder in einem Kindergarten (mit 145 Kindern), die das Mittagessen am nächsten Tag in Anspruch nehmen werden.
b) Die Zufallsvariable X bezeichnet die Milchmenge (in cm^3) in einer 1 l-Milchpackung.

a) X kann die Werte $X_1 = 0$, $X_2 = 1$, $X_3 = 2$, …, $X_{146} = 145$ annehmen. Die Werte der Zufallsvariablen sind also durchnummerierbar und damit abzählbar. X ist eine diskrete Zufallsvariable.

b) X kann alle Werte innerhalb eines Intervalls annehmen. Je nach Genauigkeit der Abfüllanlage könnte X z. B. jeden Wert aus dem Intervall $x \in [980; 1020]$ annehmen. Die möglichen Werte für X können also nicht abgezählt werden. X ist eine stetige Zufallsvariable.

MERKE

Stetige Zufallsvariable

Kann eine Zufallsvariable X jeden Wert aus einem Intervall der reellen Zahlen annehmen, so nennt man sie **stetige Zufallsvariable**.

310. Beurteile, ob es sich bei X um eine diskrete oder stetige Zufallsvariable handelt. Begründe deine Antwort. Die Zufallsvariable X bezeichnet

a) die Anzahl der Besucher bei einem Fest.
b) die Verweildauer vor einem Bild im Museum.
c) den Preis einer Hotelübernachtung.
d) das Gewicht eines Apfels.

R **311. 1)** Die Zufallsvariable X bezeichnet die Körpergröße von Personen. Jemand behauptet: „Da ich mit meinem Maßband nur auf Millimeter genau messen kann, ist X eine diskrete Zufallsvariable." Verfasse eine begründete Beurteilung dieser Aussage.

2) Die Zufallsvariable X bezeichnet den Prozentanteil der Jugendlichen, die bei einer Schulsprecherinnenwahl für eine Kandidatin stimmen werden.
Beurteile, ob es sich bei X um eine stetige oder diskrete Zufallsvariable handelt und begründe deine Entscheidung.

VORWISSEN

312. In einem landwirtschaftlichen Forschungszentrum wird die Höhe h von 500 Sonnenblumen untersucht. Folgende Tabelle zeigt die Ergebnisse der Untersuchung:

Höhe in cm	$h < 50$	$50 \leq h < 80$	$80 \leq h < 120$	$120 \leq h < 170$	$170 \leq h < 190$	$190 \leq h < 210$
Anzahl der Blumen	11	29	191	232	27	10

Stelle die absoluten Häufigkeiten des Untersuchungsergebnisses als Histogramm dar.

Die Wahrscheinlichkeitsdichtefunktion einer stetigen Zufallsvariablen

Bei diskreten Zufallsvariablen kann man mit Hilfe der Wahrscheinlichkeitsverteilung jedem Wert der Zufallsvariablen die entsprechende Wahrscheinlichkeit zuordnen. Wie die folgenden (Gedanken-) Experimente zeigen, führt diese Vorgangsweise bei stetigen Zufallsvariablen zu einem mathematischen Problem.
Als Beispiel für eine stetige Zufallsvariable betrachtet man die Zufallsvariable X, die jeden Wert aus dem Intervall [0,5; 6,5] annehmen kann.
Möchte man nun die Wahrscheinlichkeit für einen bestimmten Wert von X berechnen (zum Beispiel $P(X = 5)$), führt dies zu einem mathematischen Problem, das in den folgenden vier Gedankenexperimenten veranschaulicht wird.

Wie in den Abbildungen veranschaulicht, werden auf dem Intervall [0,5; 6,5] gleichartige Töpfe aufgestellt. Die Anzahl der Töpfe vergrößert sich von einem Experiment zum anderen. In diese Töpfe wird nun zufällig eine Kugel geworfen. Es wird dabei angenommen, dass die Kugel in jedem der Töpfe mit der gleichen Wahrscheinlichkeit landen kann.

Die Zufallsvariable X bezeichnet die Zahl in der Mitte des Topfbodens.

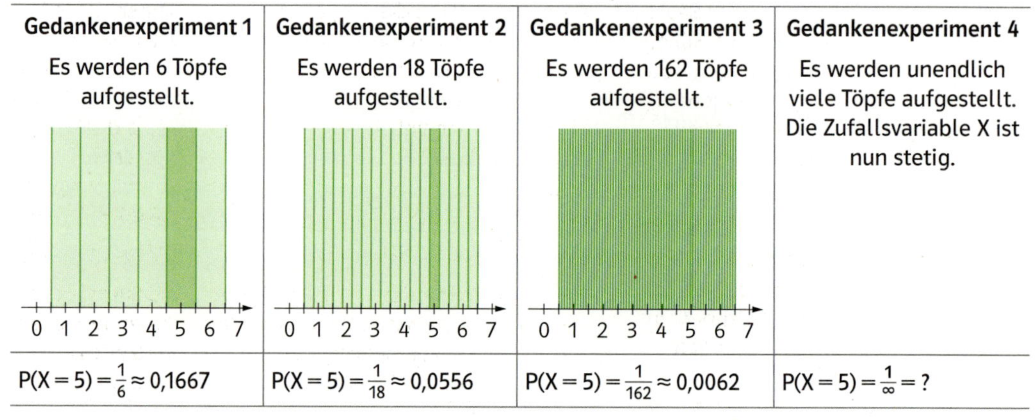

Gedankenexperiment 1	Gedankenexperiment 2	Gedankenexperiment 3	Gedankenexperiment 4
Es werden 6 Töpfe aufgestellt.	Es werden 18 Töpfe aufgestellt.	Es werden 162 Töpfe aufgestellt.	Es werden unendlich viele Töpfe aufgestellt. Die Zufallsvariable X ist nun stetig.
0 1 2 3 4 5 6 7	0 1 2 3 4 5 6 7	0 1 2 3 4 5 6 7	
$P(X = 5) = \frac{1}{6} \approx 0{,}1667$	$P(X = 5) = \frac{1}{18} \approx 0{,}0556$	$P(X = 5) = \frac{1}{162} \approx 0{,}0062$	$P(X = 5) = \frac{1}{\infty} = ?$

Anhand dieser Gedankenexperimente erkennt man deutlich, dass man für einzelne Werte einer stetigen Zufallsvariablen keine Wahrscheinlichkeit angeben kann. Am ehesten könnte man vermuten, dass die Wahrscheinlichkeit, dass die Kugel genau auf die Zahl 5 fällt, null beträgt.

Arbeitsblatt Glücksrad, Urne 59ui2r

313. 1) Ein fairer 6-, 12-, 100-seitiger Spielwürfel wird geworfen. Die Zufallsvariable X bezeichnet die gewürfelte Augenzahl. Bestimme jeweils $P(X = 6)$.

2) Ein unendlich-seitiger Spielwürfel wird geworfen. (Wie sieht dieser „Würfel" aus?) Beschreibe die Schwierigkeiten $P(X = 6)$ zu bestimmen.

314. 1) Ein Glücksrad wird in 10, 100, 1000 durchnummerierte gleich große Sektoren geteilt. Bestimme jeweils die Wahrscheinlichkeit, dass beim einmaligen Drehen des Glücksrades der Sektor mit der Zahl 1 angezeigt wird.

2) Drehe in einem Gedankenexperiment ein Glücksrad mit zwei Metern Umfang, an dessen Rand ein Maßband mit zwei Metern Länge angebracht ist. X bezeichnet die Zahl (in Meter), die beim einmaligen Drehen am Maßband angezeigt wird.
Beschreibe die Schwierigkeit, die Wahrscheinlichkeit $P(X = 1)$ zu bestimmen.

Technologie Darstellung Grenzübergang 79w8ev

Das Problem bei stetigen Zufallsvariablen besteht darin, dass man einzelnen Werten der Variablen keine Wahrscheinlichkeit zuordnen kann. Die Lösung für dieses Problem erkennt man, wenn man **Histogramme** der Wahrscheinlichkeitsverteilung für die Gedankenexperimente 1 bis 3 aus Seite 110 anfertigt, in denen die Flächeninhalte der Säulen den Wahrscheinlichkeiten entsprechen. Mit den Histogrammen wird dann die Wahrscheinlichkeit für ein Intervall der Zufallsvariablen X (z. B. $P(4 \leq X \leq 6)$) berechnet und veranschaulicht.

Gedankenexperiment 1	**Gedankenexperiment 2**	**Gedankenexperiment 3**
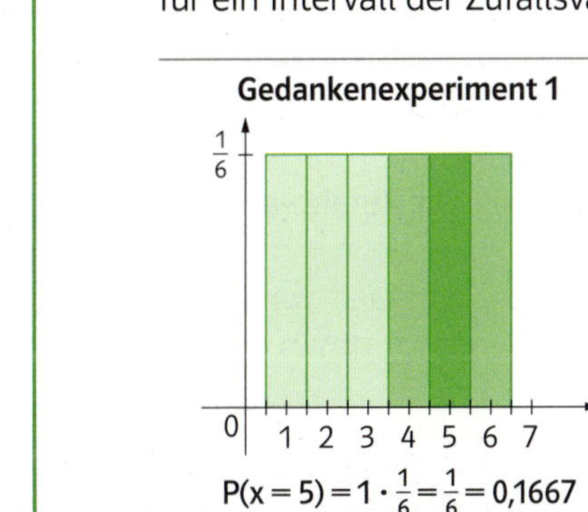 $P(x = 5) = 1 \cdot \frac{1}{6} = \frac{1}{6} = 0{,}1667$	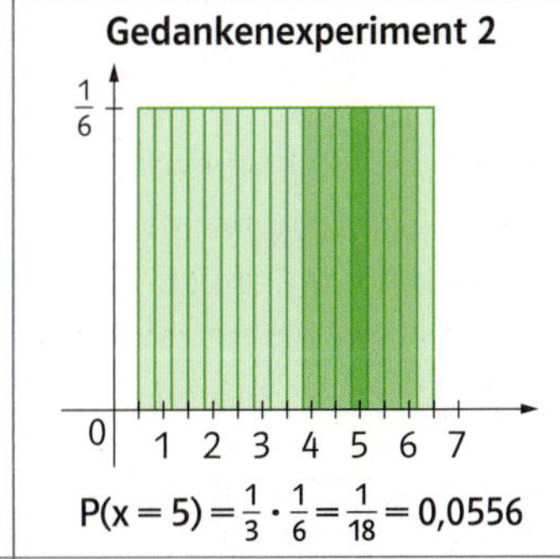 $P(x = 5) = \frac{1}{3} \cdot \frac{1}{6} = \frac{1}{18} = 0{,}0556$	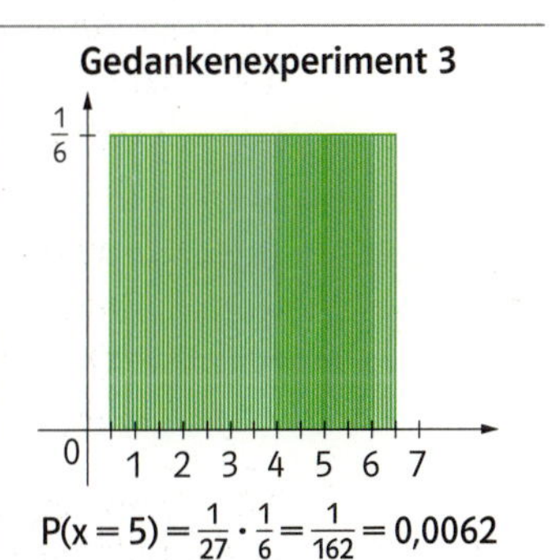 $P(x = 5) = \frac{1}{27} \cdot \frac{1}{6} = \frac{1}{162} = 0{,}0062$
Da die Zufallsvariable sechs Werte annehmen kann, besteht das Histogramm aus sechs Säulen. Da jede Säule die Breite 1 hat, muss die Höhe jeder Säule $\frac{1}{6}$ betragen, sodass der Flächeninhalt jeder Säule der Wahrscheinlichkeit $\left(\frac{1}{6}\right)$ entspricht.	Da die Zufallsvariable 18 Werte annehmen kann, besteht das Histogramm aus 18 Säulen. Da jede Säule die Breite $\frac{6}{18} = \frac{1}{3}$ hat, muss die Höhe jeder Säule $\frac{1}{6}$ betragen, sodass der Flächeninhalt der Säule der Wahrscheinlichkeit $\left(\frac{1}{18}\right)$ entspricht.	Da die Zufallsvariable 162 Werte annehmen kann, besteht das Histogramm aus 162 Säulen. Da jede Säule die Breite $\frac{6}{162} = \frac{1}{27}$ hat, muss die Höhe jeder Säule $\frac{1}{6}$ betragen, sodass der Flächeninhalt der Säule der Wahrscheinlichkeit $\left(\frac{1}{162}\right)$ entspricht.
$P(4 \leq X \leq 6) = 3 \cdot \frac{1}{6} = \frac{3}{6}$ Die Summe der Flächeninhalte dieser drei Balken von X = 4 bis X = 6 entspricht dieser Wahrscheinlichkeit.	$P(4 \leq X \leq 6) = 7 \cdot \frac{1}{18} = \frac{7}{18}$ ($3 \cdot 2 + 1 = 7$ Balken) Die Summe der Flächeninhalte dieser sieben Balken von X = 4 bis X = 6 entspricht dieser Wahrscheinlichkeit.	$P(4 \leq X \leq 6) = 55 \cdot \frac{1}{162}$ ($27 \cdot 2 + 1 = 55$ Balken) Die Summe der Flächeninhalte dieser 55 Balken von X = 4 bis X = 6 entspricht dieser Wahrscheinlichkeit.

Man beachte, dass alle Histogramme die Balkenhöhe $\frac{1}{6}$ haben, dieser Wert aber nicht mehr in allen Histogrammen den Wahrscheinlichkeiten für die Werte der Zufallsvariablen entspricht.

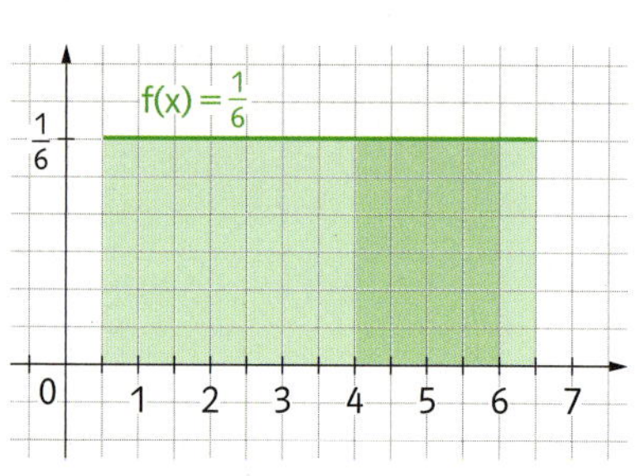

Bei der Unterteilung des Intervalls in unendlich viele Boxen (stetige Zufallsvariable), kann man sich das Histogramm als eine Aneinanderreihung von unendlich vielen Strichen mit der Höhe $\frac{1}{6}$ vorstellen. Diese Vorstellung ist in der Abbildung veranschaulicht. Aus diesem Diagramm kann man zwar nicht die Wahrscheinlichkeit für den Wert einer einzelnen Zufallsvariablen, allerdings aber für ein Intervall der Zufallsvariablen bestimmen. Es entspricht dem Flächeninhalt des Histogramms in diesem Intervall. $P(4 \leq X \leq 6) = 2 \cdot \frac{1}{6} = \frac{2}{6} \approx 0{,}33$

Da der Gesamtflächeninhalt des Histogramms die Gesamtwahrscheinlichkeit darstellt, muss er 1 betragen.

Bei stetigen Zufallsvariablen ist es also nicht sinnvoll, die Wahrscheinlichkeit für einen einzelnen Wert der Zufallsvariablen anzugeben. Allerdings kann man die Wahrscheinlichkeit für Intervalle der Zufallsvariablen als Flächeninhalt unter dem Graphen einer Funktion f, die man **(Wahrscheinlichkeits-) Dichtefunktion** nennt, bestimmen. Für die stetige Zufallsvariable aus Gedankenexperiment 4 lautet die Gleichung der Dichtefunktion im Intervall [0,5; 6,5]: $f(x) = \frac{1}{6}$. Außerhalb dieses Intervalls ist $f(x) = 0$.

MERKE

Die (Wahrscheinlichkeits-) Dichtefunktion

Die Funktion f heißt (Wahrscheinlichkeits-) Dichtefunktion einer Zufallsvariablen X, wenn sie folgende Eigenschaften aufweist: 1) $f(x) \geq 0$; für alle $x \in \mathbb{R}$ 2) $\int_{-\infty}^{\infty} f(x)\,dx = 1$

Beachte:

- f(a) entspricht nicht der Wahrscheinlichkeit $P(X = a)$.
- $P(a \leq X \leq b) = \int_a^b f(x)\,dx$
- Die Wahrscheinlichkeit, dass die Zufallsvariable einen Wert im Intervall [a; b] annimmt, entspricht dem Flächeninhalt zwischen dem Graphen von f und der x-Achse in [a; b].
- Da $P(X = a) = P(a \leq X \leq a) = \int_a^a f(x)\,dx = 0$ gilt, ist die Wahrscheinlichkeit, dass X einen bestimmten Wert a annimmt gleich 0. Daher gilt auch: $P(a \leq X \leq b) = P(a < X < b)$.

MUSTER

Technologie
Anleitung
Abschnittsweise definierte Funktionen
th7ri7

315. Zeichne den Graphen von f und zeige, dass die Funktion f die Dichtefunktion einer Zufallsvariablen X sein kann.

$$f(x) = \begin{cases} 0; & x < 2 \\ 0{,}5x - 1; & 2 \leq x \leq 4 \\ 0; & x > 4 \end{cases}$$

Untersuchung der Eigenschaften von f:

1) $f(x) \geq 0$ für $x \in \mathbb{R}$ und

2) $\int_{-\infty}^{\infty} f(x)\,dx = \frac{2 \cdot 1}{2} = 1$ (Inhalt der Dreiecksfläche unter f) $\Rightarrow$ f ist eine Dichtefunktion.

Technologie
Anleitung
Uneigentliches
Integral
ym2b5h

316. Zeichne den Graphen von f und beurteile, ob die Funktion f die Dichtefunktion einer Zufallsvariablen X sein kann.

a) $f(x) = \begin{cases} 0; & x < 1 \\ 0{,}1; & 1 \leq x \leq 11 \\ 0; & x > 11 \end{cases}$

c) $f(x) = \begin{cases} 0; & x < 0 \\ x^2; & 0 \leq x \leq \sqrt[3]{3} \\ 0; & x > \sqrt[3]{3} \end{cases}$

e) $f(x) = \begin{cases} 0; & x < -1 \\ x; & -1 \leq x \leq 1 \\ 0; & x > 1 \end{cases}$

b) $f(x) = \begin{cases} 0; & x < 2 \\ x - 3; & 2 \leq x \leq 3 \\ 0; & x > 3 \end{cases}$

d) $f(x) = \begin{cases} 0; & x < 0 \\ \cos(x); & 0 \leq x \leq \frac{\pi}{2} \\ 0; & x > \frac{\pi}{2} \end{cases}$

f) $f(x) = \begin{cases} 0; & x < 50 \\ x; & 50 \leq x \leq 60 \\ 0; & x > 60 \end{cases}$

317. Kreuze die Funktion(en) an, die Dichtefunktion(en) einer Zufallsvariablen X sein kann (können).

A ☐

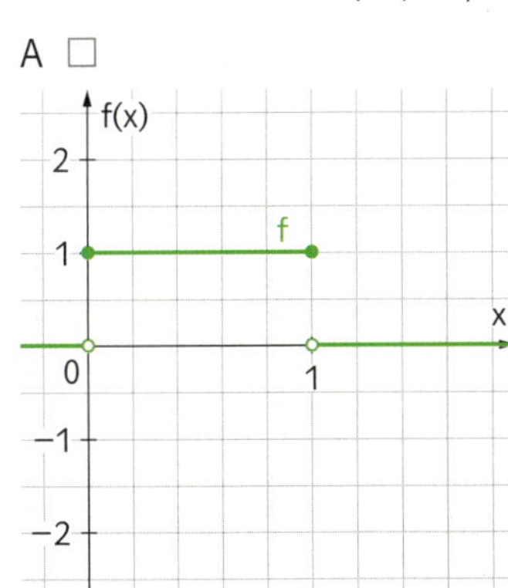

B ☐

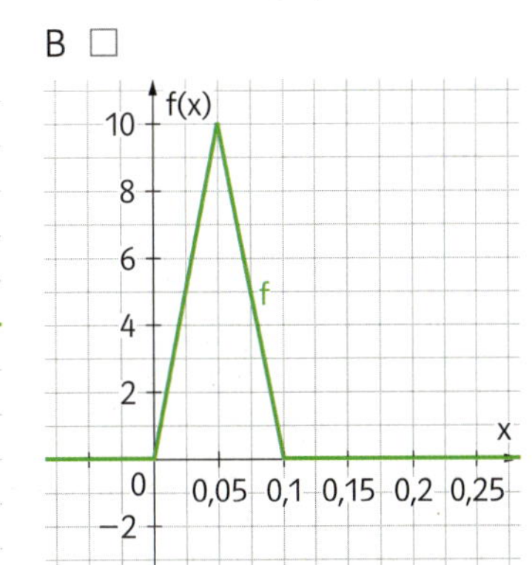

C ☐

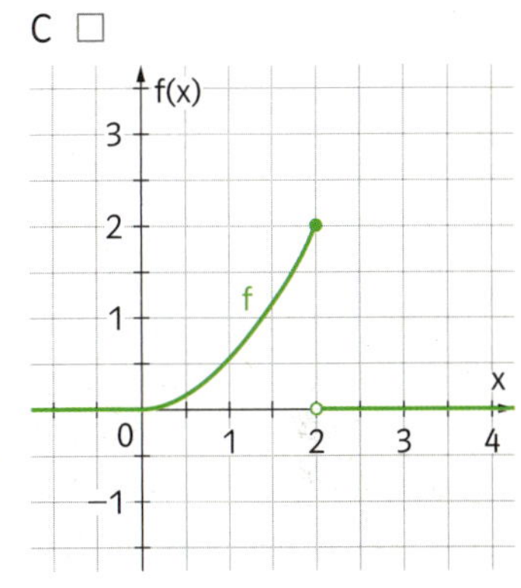

MUSTER

318. Die Zufallsvariable X besitzt die Dichtefunktion f mit

$$f(x) = \begin{cases} 0; & x < 0 \\ 0{,}02\,x; & 0 \leq x \leq 10 \\ 0; & x > 10 \end{cases}.$$

Bestimme die Wahrscheinlichkeit für $P(1 < X < 9)$ und veranschauliche sie mit Hilfe des Graphen von f.

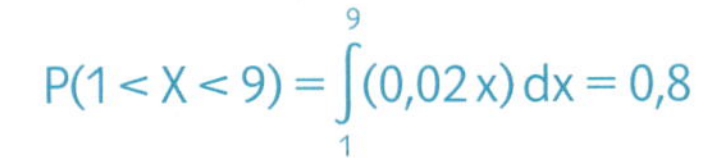

$$P(1 < X < 9) = \int_1^9 (0{,}02\,x)\,dx = 0{,}8$$

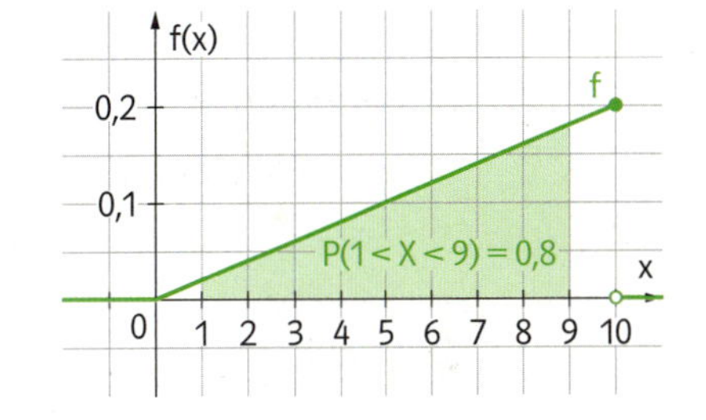

Arbeitsblatt
Dichtefunktion
3nv623

319. Die Zufallsvariable X besitzt die Dichtefunktion f mit $f(x) = \begin{cases} 0; & x < 2 \\ -0{,}5x + 2; & 2 \leq x \leq 4 \\ 0; & x > 4 \end{cases}$.

Bestimme die angegebene Wahrscheinlichkeit und veranschauliche sie mit Hilfe des Graphen von f.

a) $P(1 \leq X \leq 3)$
b) $P(X \leq 3)$
c) $P(1 \leq X)$
d) $P(2 \leq X \leq 4)$
e) $P(0 \leq X \leq 2)$
f) $P(X = 3)$
g) $P(-5 \leq X \leq 5)$
h) $P(X = 4)$

320. Die Zufallsvariable X besitzt die Dichtefunktion f.
Bestimme die angegebene Wahrscheinlichkeit $P(a < X < b)$ und veranschauliche sie mit Hilfe des Graphen von f.

a) $f(x) = \begin{cases} 0; & x < 1 \\ 3 \cdot e^{-x}; & 1 \leq x \leq 3{,}366 \\ 0; & x > 3{,}366 \end{cases}$; $a = 1$; $b = 2$

b) $f(x) = \begin{cases} 0; & x < 1 \\ 0{,}5 \cdot \ln x; & 1 \leq x \leq 3{,}591 \\ 0; & x > 3{,}591 \end{cases}$; $a = 2$; $b = 3$

321. Die stetige Zufallsvariable X gibt die Kosten in Millionen Euro an, die man wahrscheinlich für ein geplantes Projekt ausgeben wird. X besitzt die Dichtefunktion f. Kreuze die zutreffende(n) Aussage(n) an.

A	Mit 50 % Wahrscheinlichkeit wird das Projekt mindestens 3 Mio. Euro kosten.	☐
B	Mit 75 % Wahrscheinlichkeit wird das Projekt mehr als 3,5 Mio. Euro kosten.	☐
C	Mit 25 % Wahrscheinlichkeit wird das Projekt höchstens 2,5 Mio. Euro kosten.	☐
D	Das Projekt wird sicher weniger als 4 Mio. Euro kosten.	☐
E	Am wahrscheinlichsten sind die Kosten von 4 Mio. Euro.	☐

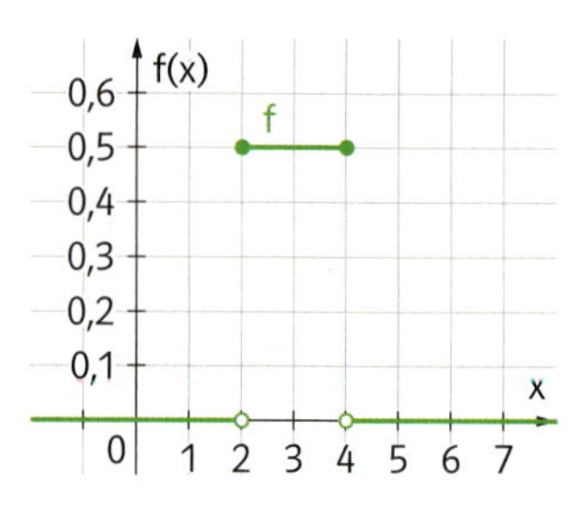

Die Verteilungsfunktion einer stetigen Zufallsvariablen

Die **Verteilungsfunktion** F für eine stetige Zufallsvariable X wird analog zur Verteilungsfunktion für diskrete Zufallsvariablen definiert. F(a) gibt die Wahrscheinlichkeit an, dass die Zufallsvariable einen Wert kleiner oder gleich a annimmt: $F(a) = P(X \leq a)$.

MERKE

Die Verteilungsfunktion einer stetigen Zufallsvariablen X

Die Funktion F heißt **Verteilungsfunktion** der Zufallsvariablen X mit der Dichtefunktion f, wenn sie folgende Eigenschaften aufweist:

1) $F(a) = P(X \leq a) = \int_{-\infty}^{a} f(x)\,dx$

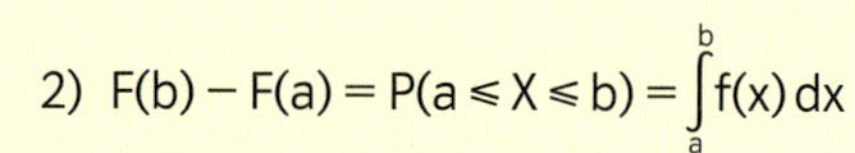

2) $F(b) - F(a) = P(a \leq X \leq b) = \int_{a}^{b} f(x)\,dx$

3) F steigt monoton bis auf den maximalen Wert 1 an (s. Graph. Aufg. 322).
F ist Stammfunktion von f: $\int f(x)\,dx = F(x) + c$ und $F'(x) = f(x)$

MUSTER

322. Zeichne zur Dichtefunktion f mit $f(x) = \begin{cases} 0; & x < 1 \\ \frac{1}{x}; & 1 \leq x \leq e \\ 0; & x > e \end{cases}$ den Graphen der Verteilungsfunktion.

Da die Verteilungsfunktion die Stammfunktion von f ist, gilt:

$$F(x) = \begin{cases} 0; & x < 1 \\ \ln x; & 1 \leq x \leq e \\ 0; & x > e \end{cases}$$

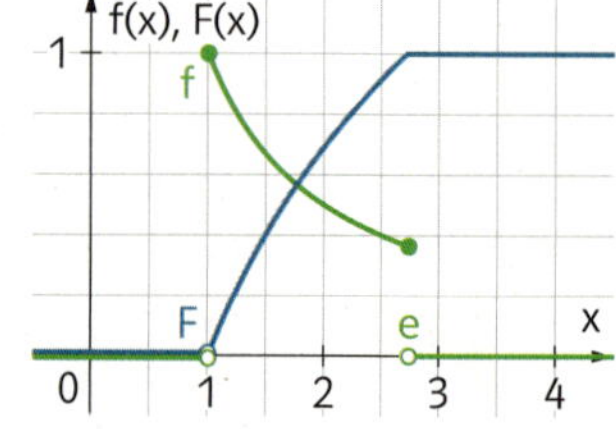

Berechnung von F(x):

$$F(x) = \int\left(\tfrac{1}{x}\right)dx = \ln x + c \text{ und } F(e) = \ln(e) + c = 1 \Rightarrow c = 0 \Rightarrow F(x) = \ln(x)$$

323. Zeichne zur gegebenen Dichtefunktion f den Graphen der Verteilungsfunktion F.

a) $f(x) = \begin{cases} 0; & x < 1 \\ 0{,}1; & 1 \leq x \leq 11 \\ 0; & x > 11 \end{cases}$ **b)** $f(x) = \begin{cases} 0; & x < 0 \\ 0{,}5x; & 0 \leq x \leq 2 \\ 0; & x > 2 \end{cases}$ **c)** $f(x) = \begin{cases} 0; & x < 0 \\ \sin(x); & 0 \leq x \leq \frac{\pi}{2} \\ 0; & x > \frac{\pi}{2} \end{cases}$

324. Zeichne zu der gegebenen Dichtefunktion f mit $f(x) = \begin{cases} 0; & x < 0 \\ x^3; & 0 \leq x \leq \sqrt{2} \\ 0; & x > \sqrt{2} \end{cases}$ den Graphen der Verteilungsfunktion F. Berechne die Werte und veranschauliche sie in deiner Zeichnung.

1) $F(1)$ **2)** $P(X \leq 0{,}5)$ **3)** $F(\sqrt{2}) - F(1)$ **4)** $P(1 < X < \sqrt{2})$

325. In der Abbildung ist der Graph der Dichtefunktion f einer stetigen Zufallsvariablen abgebildet. F ist die Verteilungsfunktion von f. Kreuze alle Ausdrücke an, welche den grünen Flächeninhalt bezeichnen.

A	$F(7)$	☐
B	$F(7) - F(5)$	☐
C	$P(5 \leq X \leq 7)$	☐
D	$f(7) - f(5)$	☐
E	$\int_5^7 f(x)\,dx$	☐

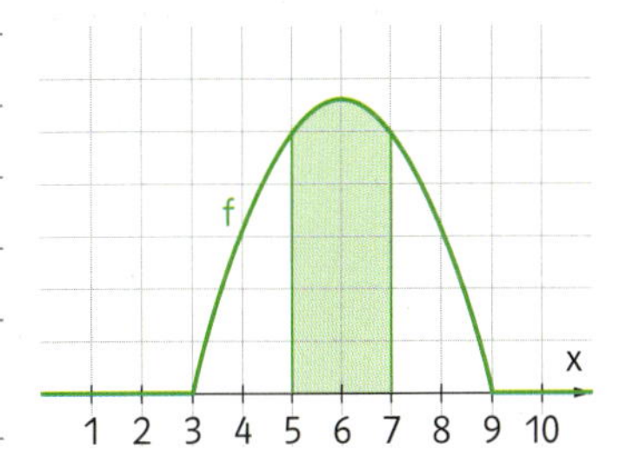

326. Die Graphik stellt die Dichtefunktion f einer Zufallsvariablen X dar. Skizziere die nebenstehende Abbildung des Graphen, zeichne darin die Werte der angegebenen Terme ein und interpretiere sie als entsprechende Wahrscheinlichkeit.

Arbeitsblatt Verteilungsfunktion 7wb5c5

a) $F(30)$ **c)** $F(33) - F(23)$ **e)** $1 - F(25)$
b) $F(25)$ **d)** $F(27) - F(20)$ **f)** $1 - F(30)$

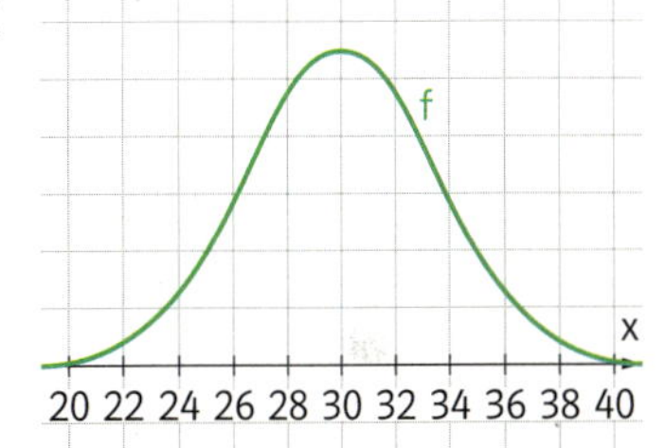

327. **1)** Drücke die angegebene Wahrscheinlichkeit der Zufallsvariablen X mit Hilfe der Verteilungsfunktion F von X aus.
2) Veranschauliche in nebenstehendem Graphen die gegebene Wahrscheinlichkeit als Fläche unter der Dichtefunktion f.

Arbeitsblatt Interpretation der Verteilungsfunktion 9w7qw9

a) $P(X \leq a)$ **c)** $P(a < X \leq b)$ **e)** $1 - P(X < a)$ **g)** $P(X \leq a \text{ oder } X \geq b)$
b) $P(X > a)$ **d)** $1 - P(X > a)$ **f)** $P(X < a)$ **h)** $1 - P(a \leq X \leq b)$

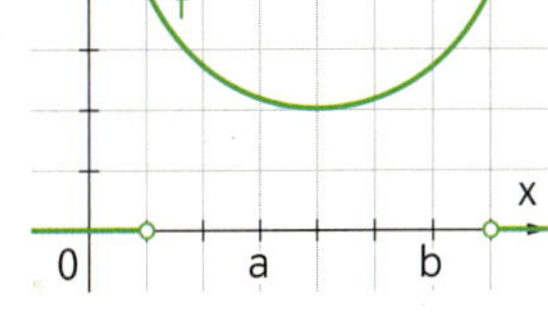

328. Die Abbildung zeigt den Graphen der Verteilungsfunktion F einer Zufallsvariablen X. Interpretiere die eingezeichneten Längen a, b und c als Wahrscheinlichkeiten.

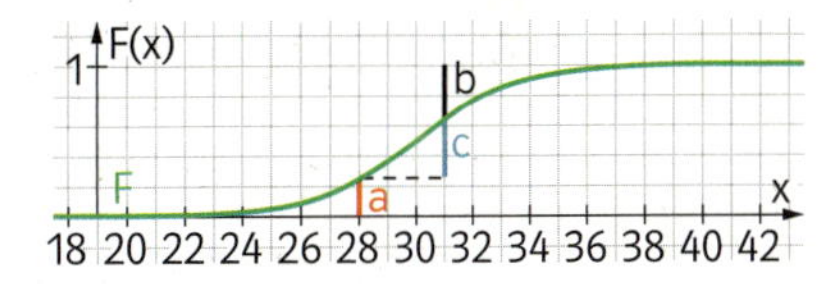

329. Die Zufallsvariable X bezeichnet die Funktionsdauer eines bestimmten Handymodells in Jahren. Der Graph der dazugehörigen Verteilungsfunktion F ist abgebildet.

a) Lies aus der Graphik die Wahrscheinlichkeit ab, dass ein Handy kürzer **1)** als 1,8 **2)** als 2,4 **3)** als 3,2 Jahre funktioniert.
b) Lies aus der Graphik die Wahrscheinlichkeit ab, dass ein Handy länger als 2,5 Jahre funktioniert.
c) Lies aus der Graphik die maximale und die minimale Lebensdauer eines Handys ab.
d) Skizziere den Graphen der passenden Dichtefunktion f.

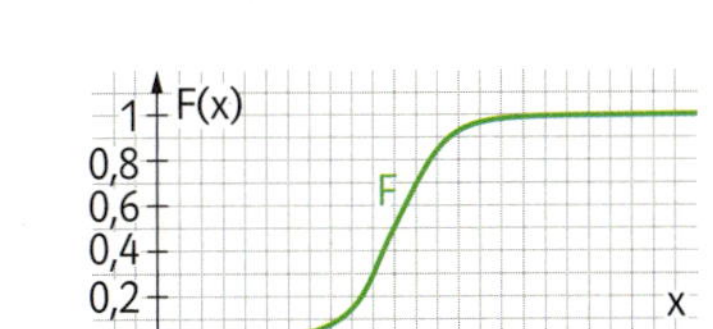

330. Die Zufallsvariable X bezeichnet die Masse von Äpfeln einer Apfelsorte in Gramm (g). Die Abbildung zeigt den Graphen der Dichtefunktion f von X.

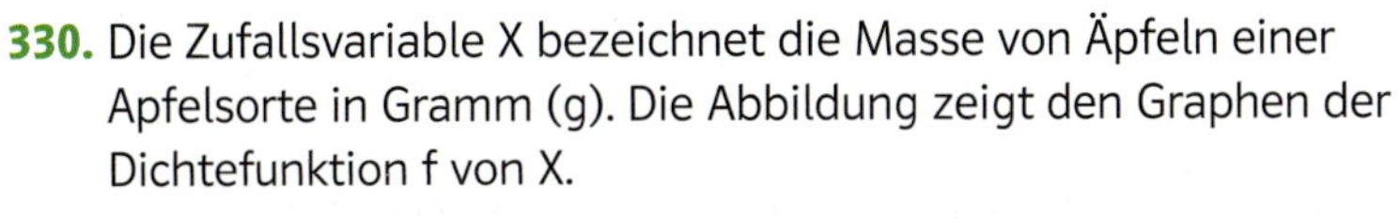

a) Veranschauliche den Wert von F(150) in der Abbildung und interpretiere ihn.
b) Veranschauliche den Wert von $P(200 < X < 250)$ in der Abbildung und interpretiere ihn.
c) Zeichne die Wahrscheinlichkeit, dass ein Apfel mindestens 250 g wiegt, in die Abbildung ein.

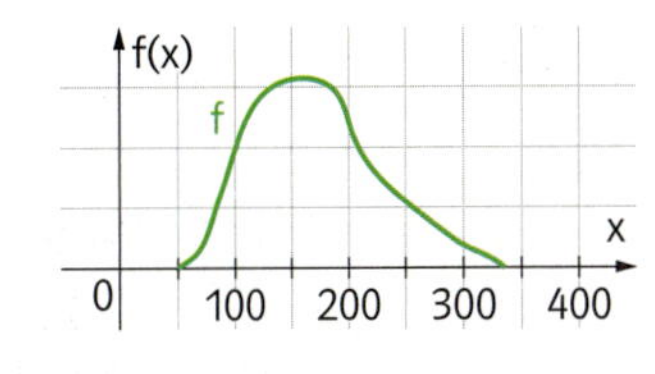

5.2 Erwartungswert, Varianz und Standardabweichung einer stetigen Zufallsvariablen

KOMPETENZEN

Lernziel:

- Erwartungswert, Varianz und Standardabweichung einer stetigen Zufallsvariablen berechnen und interpretieren können

VORWISSEN

Die Definitionen für Erwartungswert und Varianz einer stetigen Zufallsvariablen sind:

MERKE

X ist eine diskrete Zufallsvariable, die die Werte x_i ($i = 1, 2, 3, 4, \ldots$) annimmt, mit der Wahrscheinlichkeitsfunktion $f(x_i) = P(X = x_i)$.

Erwartungswert der Zufallsvariablen X

$$E(X) = \mu = x_1 \cdot f(x_1) + x_2 \cdot f(x_2) + x_3 \cdot f(x_3) + \ldots$$

Varianz der Zufallsvariablen X

$$V(X) = \sigma^2 = (x_1 - \mu)^2 \cdot f(x_1) + (x_2 - \mu)^2 \cdot f(x_2) + (x_3 - \mu)^2 \cdot f(x_3) + \ldots$$

Arbeitsblatt Erwartungswert und Varianz bestimmen m6m9kj

331. Die Zufallsvariable X bezeichnet die Augensumme bei einem Wurf mit 2 Würfeln. Bestimme den Erwartungswert und die Standardabweichung von X.

Analog zu diskreten Zufallsvariablen definiert man Dichtefunktionen f für stetige Zufallsvariablen. Aus den Summen im diskreten Fall werden Integrale im stetigen Fall.

MERKE

Erwartungswert μ einer stetigen Zufallsvariablen

$$E(X) = \mu = \int_{-\infty}^{\infty} x \cdot f(x)\,dx$$

Varianz σ² und Standardabweichung σ einer stetigen Zufallsvariablen

$$V(x) = \sigma^2 = \int_{-\infty}^{\infty} (x - \mu)^2 \cdot f(x)\,dx \qquad \sigma = \sqrt{V} \ldots \text{ Standardabweichung}$$

MUSTER

Technologie Anleitung μ und σ von stetigen Zufallsvariablen bestimmen w8s9ed

332. Die Zufallsvariable X besitzt die Dichtefunktion f mit $f(x) = \begin{cases} 0; & x < 0 \\ x; & 0 \le x \le 1 \\ -x + 2; & 1 < x \le 2 \\ 0; & x > 2 \end{cases}$.

a) Bestimme den Erwartungswert von X.

b) Bestimme die Standardabweichung von X.

Die entsprechenden Integrale werden für jeden Definitionsbereich einzeln berechnet.

a) $E(X) = \mu = \int_{-\infty}^{0} x \cdot f(x)\,dx + \int_{0}^{1} x \cdot f(x)\,dx + \int_{1}^{2} x \cdot f(x)\,dx + \int_{2}^{\infty} x \cdot f(x)\,dx =$

$= \int_{-\infty}^{0} x \cdot 0\,dx + \int_{0}^{1} x \cdot x\,dx + \int_{1}^{2} x \cdot (-x + 2)\,dx + \int_{2}^{\infty} x \cdot 0\,dx \overset{\text{Technologie}}{\rightarrow} = 1$

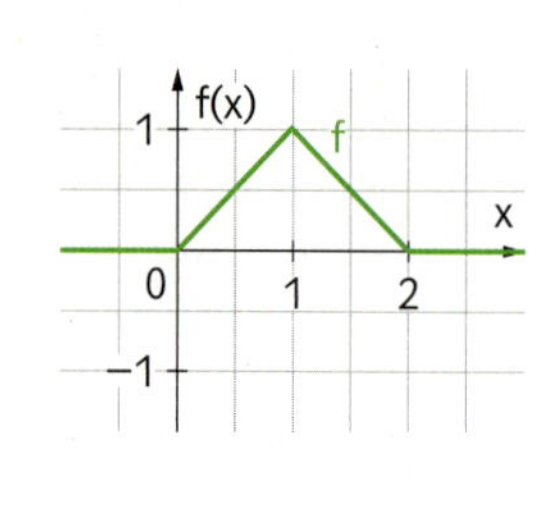

b) $V(x) = \sigma^2 = \int_{-\infty}^{0} (x - 1)^2 \cdot 0\,dx + \int_{0}^{1} (x - 1)^2 \cdot x\,dx + \int_{1}^{2} (x - 1)^2 \cdot (-x + 2)\,dx +$

$+ \int_{2}^{\infty} (x - 1)^2 \cdot 0\,dx = \overset{\text{Technologie}}{\rightarrow} = \frac{1}{6} \quad \Rightarrow \quad \sigma = \sqrt{\frac{1}{6}} \approx 0{,}41$

Arbeitsblatt Erwartungswert und Varianz berechnen 7w28hv

333. Die Zufallsvariable X besitzt die Dichtefunktion f.
1) Bestimme den Erwartungswert von X.
2) Bestimme die Standardabweichung von X.
3) Bestimme die Wahrscheinlichkeit $P(\mu - \sigma \leq X \leq \mu + \sigma)$.

a) $f(x) = \begin{cases} 0; & x < -2 \\ \frac{3}{32}(4 - x^2); & -2 \leq x \leq 2 \\ 0; & x > 2 \end{cases}$

b) $f(x) = \begin{cases} 0; & x < 0 \\ 0{,}5 \cdot e^{-0{,}5x}; & x \geq 0 \end{cases}$

334. Bei einer Bergbahn kommt alle zehn Minuten eine Gondel. Die Zufallsvariable X ist die Wartezeit bis zum Eintreffen der nächsten Gondel. X besitzt die Dichtefunktion f mit

$$f(x) = \begin{cases} 0; & x < 0 \\ \frac{1}{10}; & 0 \leq X \leq 10 \\ 0; & x > 10 \end{cases}.$$

1) Bestimme den Erwartungswert von X und interpretiere diesen.
2) Bestimme die Standardabweichung von X.
3) Bestimme die Wahrscheinlichkeit $P(\mu - \sigma \leq X \leq \mu + \sigma)$ und interpretiere den erhaltenen Wert.

ZUSAMMENFASSUNG

Die (Wahrscheinlichkeits-) Dichtefunktion f einer stetigen Zufallsvariablen X

f hat folgende Eigenschaften:

1) $f(x) \geq 0; x \in \mathbb{R}$

2) $\int_{-\infty}^{\infty} f(x)\,dx = 1$

Ist f(x) eine Dichtefunktion von X so gilt:

$P(a \leq X \leq b) = \int_a^b f(x)\,dx$

$P(X = a) = 0$

Die Verteilungsfunktion F einer stetigen Zufallsvariablen X

F hat folgende Eigenschaften:

1) $F(a) = P(X \leq a) = \int_{-\infty}^{a} f(x)\,dx$

2) $F(b) - F(a) = P(a \leq X \leq b) = \int_a^b f(x)\,dx$ f …Dichtefunktion von X

3) F steigt monoton bis auf den maximalen Wert 1 an.

Erwartungswert μ und Varianz σ² einer stetigen Zufallsvariablen

$E(X) = \mu = \int_{-\infty}^{\infty} x \cdot f(x)\,dx$

$V(x) = \sigma^2 = \int_{-\infty}^{\infty} (x - \mu)^2 \cdot f(x)\,dx$ σ ist die Standardabweichung von X.

TRAINING

Vernetzung – Typ-2-Aufgaben

Typ 2 M

335. Vielen Bereichen in unserem Alltag wird zur besseren Planung ein mathematisches Modell zugrunde gelegt. Eine häufige Tätigkeit in unserem Alltag ist Warten. Wir warten am Telefon in der Warteschleife, beim Arzt, auf den Bus …
Die Zufallsvariable X bezeichnet die Wartezeit (in Minuten) auf den nächsten Bus. Die Verteilungsfunktion von X ist F mit $F(x) = \frac{x-a}{b-a}$ im Intervall [a; b] mit $a, b \in \mathbb{R}^+$.

a) Zeige, dass die minimale Wartezeit a Minuten und die maximale Wartezeit b Minuten beträgt.

b) Berechne die Dichtefunktion von X für die Parameter a = 1 und b = 9.

c) Die stetige Zufallsvariable X heißt gleichverteilt, wenn sie eine Dichtefunktion f mit

$$f(x) = \begin{cases} 0; & x < a \\ \frac{1}{b-a}; & a \leq X \leq b;\ a, b \in \mathbb{R} \text{ und } a < b \text{ besitzt.} \\ 0; & x > b \end{cases}$$

Zeige, dass der Erwartungswert einer gleichverteilten Zufallsvariablen immer der Mittelpunkt des Intervalls [a;b] ist.

336. Die Zufriedenheit von Nutzern elektronischer Geräte hängt sehr von deren Lebensdauer ab. Diese wiederum ist an die Lebensdauer ihrer elektronischen Bauteile gebunden.
Die Zufallsvariable X ist die Lebensdauer (in Jahren) eines elektronischen Bauteils. Die Dichtefunktion von X ist f mit $f(x) = \frac{(x-3)^2}{9}$ und die Verteilungsfunktion von X ist F mit

$F(x) = \frac{1}{27}x^3 - \frac{1}{3}x^2 + x$ im Intervall [0; 3] gegeben.

a) Zeige, dass für f außerhalb des Intervalls [0; 3] gelten muss: f(x) = 0.

b) Der Modus einer Zufallsvariablen ist der Maximalwert der Dichtefunktion.
Bestimme den Modus von X.

c) Das Perzentil x_P einer Zufallsvariablen bezeichnet jene Stelle der Verteilungsfunktion, an der diese den Wert P erreicht.
Bestimme das Perzentil $x_{0,9}$ von X.

d) Skizziere den Graphen von f und zeichne den Wert von a, für den gilt P(X < a) = 0,5, in diesen ein.

337. Die Absatzmenge eines Produktes hängt nicht nur vom Preis ab, sondern auch von zufälligen Faktoren. So z. B. wird der Absatz von Speiseeis vom Wetter, der Verkauf von Schipässen von der Schneehöhe beeinflusst. Die Zufallsvariable X ist die Absatzmenge X eines Produktes (in tausend Stück). Der Verkaufspreis beträgt 10 € pro Stück.

Die Dichtefunktion von X ist f mit $f(x) = \begin{cases} 0; & x < 0 \\ 0{,}0012\,x^3 - 0{,}024\,x^2 + 0{,}12\,x; & 0 \leq x \leq 10 \\ 0; & x > 10 \end{cases}$.

a) Bestimme die Wahrscheinlichkeit, dass mehr als 4000 Stück verkauft werden.

b) Bestimme den Erwartungswert des Erlöses, den man beim Verkauf dieses Produktes erzielt.

c) Bestimme das Maximum von f und zeige, dass F an dieser Stelle die größte Steigung besitzt.

ÜBERPRÜFUNG

Selbstkontrolle

☐ Ich kann den Begriff „stetige Zufallsvariable" sinnvoll zuordnen.

WS-R 3.1 M **338.** Kreuze die stetige(n) Zufallsvariable(n) X an.

A	X bezeichnet die Anzahl der Buben in einer Klasse.	☐
B	X bezeichnet die Temperatur des Meerwassers.	☐
C	X bezeichnet die Länge eines Fingernagels.	☐
D	X bezeichnet die durchschnittliche Meerestemperatur.	☐
E	X bezeichnet die Anzahl der geernteten Äpfel.	☐

☐ Ich kenne die Eigenschaften einer (Wahrscheinlichkeits-) Dichtefunktion.

339. Zeichne den Graphen von f und beurteile, ob die Funktion f die Dichtefunktion einer Zufallsvariablen X sein kann. $f(x) = \begin{cases} 0; & x < 1 \\ 0{,}1; & 1 \leq x \leq 11 \\ 0; & x > 11 \end{cases}$

☐ Ich kenne die Eigenschaften einer (stetigen) Verteilungsfunktion.

340. F ist die Verteilungsfunktion und f die Dichtefunktion einer stetigen Zufallsvariablen X ($X \in [0; 10]$ und $a, b \in [0; 10]$). Kreuze die richtige(n) Aussage(n) an.

A ☐	B ☐	C ☐	D ☐	E ☐
$F'(x) = f(x)$	$P(a < X < b) = f(b) - f(a)$	$P(X = a) = F(a)$	$F(b) = \int_{-\infty}^{b} f(x)\,dx$	$F(10) = 1$

☐ Ich kann Verteilungs- und Dichtefunktionen interpretieren und modellieren.

341. Die Zufallsvariable X bezeichnet die voraussichtliche Gesprächsdauer (in Minuten) eines Gesprächs bei einer Telefon-Hotline. Die Verteilungsfunktion F von X steigt in [0; 5] linear an.

1) Bestimme die Gleichung der Dichtefunktion f von X und interpretiere den Wert F(3).

2) Begründe die Richtigkeit der folgenden Gleichung: $P(2 < X < 5) = 1 - F(2)$.

☐ Ich kann die Begriffe Erwartungswert, Varianz und Standardabweichung von stetigen Zufallsvariablen berechnen und interpretieren.

342. Die Zufallsvariable X bezeichnet die Funktionsdauer einer Glühbirne in Stunden. X besitzt die Dichtefunktion f mit $f(x) = \begin{cases} 0; & x < 1 \\ 0{,}1; & 1 \leq x \leq 11 \\ 0; & x > 11 \end{cases}$. Bestimme die mittlere Lebensdauer einer Glühbirne sowie die Varianz und die Standardabweichung von X.

Reflexion: Gödels Unvollständigkeitssatz

Schon seit der Antike haben Menschen versucht, die Mathematik auf ein sicheres Fundament zu stellen. Dazu entwickelte man ein so genanntes **formales System** aus Axiomen, Definitionen und Ableitungsregeln, um alle wahren mathematischen Sätze durch logisches Schließen abzuleiten – also zu beweisen. Die Regeln der Logik[1] sollten dabei folgerichtiges Denken gewährleisten.
Dennoch stieß man dabei immer wieder auf ein Dilemma: Mit vielen formalen Systemen ließen sich eigenartige, unentscheidbare mathematische Sätze, sogenannte **Antinomien**, ableiten. Diese Antinomien waren oft von der Art, wie rechts dargestellt. Überlege einmal, ob die beiden Sätze auf der blauen und auf der grünen Karte falsch oder richtig sind. Wahrscheinlich wird es dir wie den meisten Menschen ergehen: Die beiden Sätze springen immer wieder zwischen Falschsein und Wahrsein hin und her. Es ist unmöglich deren Wahrheit oder Falschheit festzustellen.

Der Satz auf der grünen Karte darunter ist falsch!

Der Satz auf der blauen Karte darüber ist richtig!

Im Jahr 1900 träumte **David Hilbert**, der damals einflussreichste Mathematiker der Welt, seinen Traum: Alle forschenden Mathematikerinnen und Mathematiker des 20. Jahrhunderts sollten ein formales System als Grundlage der gesamten Mathematik finden, das **widerspruchsfrei** ist und in dem Sinn **vollständig** ist, dass man innerhalb des Systems alle wahren Sätze ableiten kann.

Widerspruchsfreiheit

In der klassischen Logik gilt der **„Satz vom ausgeschlossenen Dritten":** Wenn eine mathematische Aussage wahr ist, dann ist die Verneinung dieser Aussage falsch (siehe auch Lösungswege 6, Seite 153). Zum Beispiel folgt aus der Falschheit der Aussage „Ein Hund ist ein Vogel." die Richtigkeit der Verneinung dieser Aussage „Ein Hund ist nicht ein Vogel." Ein formales System ist genau dann **widerspruchsfrei,** wenn eine Aussage und deren Verneinung nicht beide abgeleitet, also bewiesen werden können.
Sollte es in einem mathematischen System möglich sein, eine Aussage und ihre Verneinung zu beweisen, so führte dies zu einer mathematischen Katastrophe! Es wäre dann durch logisches Schließen möglich, von jedem (noch so falschen) Satz zu zeigen, dass er wahr ist! An folgendem Beispiel wird gezeigt, wie man in einem solchen Fall die Existenz von Einhörnern mit Hilfe der Logik beweisen kann.

Der (rein logische) Beweis, dass Einhörner existieren

Vertiefung
Wahrheitstabelle
dv2w4f

Eine kleine Anfangsüberlegung zur Logik: Wenn in der Mathematik zwei Sätze mit dem Wort „oder" verknüpft werden, so ist diese zusammengesetzte „oder"-Aussage genau dann wahr, wenn beide Aussagen wahr sind oder wenn auch nur eine der beiden Aussagen wahr ist. Zum Beispiel: Der zusammengesetzte „oder"-Satz „x ist eine gerade Zahl oder x ist durch drei teilbar" ist für $x = 9$ wahr, weil der zweite Teilsatz wahr ist (obwohl der erste Teilsatz offensichtlich falsch ist).
Man kann auch umgekehrt vorgehen: Wenn man weiß, dass der zusammengesetzte „oder"-Satz „Ein Hund ist ein Vogel oder Hilbert wurde in Königsberg geboren" wahr ist, dann weiß man, dass Hilbert in Königsberg geboren wurde. Denn wenn der erste Teilsatz falsch ist, muss der zweite Teilsatz wahr sein, damit der zusammengesetzte „oder"-Satz wahr ist.

1) Die Logik ist ein Teilgebiet der Mathematik

Aber:
Wenn die Zahl 1021 keine Primzahl ist, dann existiere ich!

Die Zahl 1021 ist eine Primzahl. Bilden wir durch Verknüpfung der Aussagen „1021 ist eine Primzahl“ und „Es existieren Einhörner“ den folgenden „oder“-Satz: „1021 ist eine Primzahl *oder* es existieren Einhörner“. Dieser Satz ist wahr, weil die erste Aussage wahr ist. Über den Wahrheitsgehalt des zweiten Satzes wird nichts ausgesagt. Wir betonen: Dieser zusammengesetzte Satz ist wahr! Wäre aber auch die Verneinung des ersten Satzes (also „1021 ist keine Primzahl“) wahr, so ist dessen Verneinung (also „1021 ist eine Primzahl“) falsch (Satz vom ausgeschlossenen Dritten). Daraus ergibt sich, da der zusammengesetzte Satz ja bereits als wahr erkannt wurde, dass der zweite Teilsatz wahr sein muss: Es existieren also Einhörner!!
Während in anderen Wissenschaften ein Widerspruch nicht so gravierend ist (es wird z.B. nicht gleich die ganze Wissenschaft der Geschichte in Frage gestellt, nur weil zwei Datierungen einander widersprechen), so breitet sich ein Widerspruch in der Mathematik ungehindert und zerstörerisch aus, weil dann alle Aussagen (und auch ihre Verneinungen) beweisbar sind.
1931 zerstörte der österreichische Mathematik **Kurt Gödel** den ersten Teil von Hilberts Traum, indem er folgenden Satz bewies: **Die Widerspruchsfreiheit der Mathematik kann in einem formalen System nicht bewiesen werden.**

Vollständigkeit[2) 3)]

Um den Begriff „Vollständigkeit“ eines formalen Systems zu verstehen, muss man zuerst den Unterschied zwischen "beweisbar" und „wahr“ klarer als bisher herausarbeiten. Man betrachte das rechts beschriebene formale System (das p-g-System). Man wendet ausgehend vom Axiom (der einzige Satz der anfangs da ist), zweimal die Ableitungsregel (AR) an:

- **p** - **g** - - $\xrightarrow{AR}$ - - - **p** - **g** - - - $\xrightarrow{AR}$ - - - **p** - **g** - - - -

> Das p-g-System
> – definierte Symbole: p, g, -
> – einziges Axiom: „- **p** - **g** - -“
> – einzige Ableitungsregel (AR): Wenn „x **p** - **g** x -“ ein Satz ist, dann ist auch „x - **p** - **g** x - -“ ein Satz.
> x steht dabei für eine Anzahl von Strichen.

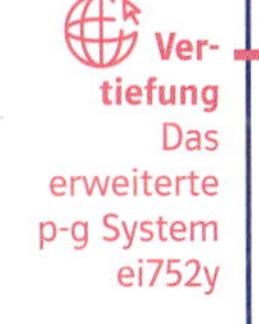
Vertiefung Das erweiterte p-g System ei752y

Das Ergebnis - - - **p** - **g** - - - - ist im p-g-System ein **beweisbarer Satz**, da er in diesem formalen System entsprechend der Ableitungsregel richtig abgeleitet wurde.
Man kann diese Sätze realitätsnah interpretieren. Interpretiert man die Anzahl der Striche als Zahl, „ p“ als „plus“ und „g“ als „ist gleich“, so bekommen diese rein formal abgeleiteten und bedeutungslosen Sätze eine Bedeutung für uns: „1 plus 1 ist gleich zwei“, „2 plus 1 ist gleich drei“, „3 plus 1 ist gleich 4“. Diese derart interpretierten Sätze sind allesamt „wahr“ in dem Sinn, dass sie in unserer Welt stimmen (z.B. drei Bücher und ein Buch ist gleich vier Bücher). Man kann erkennen, dass alle (in unserer Realität) wahren Additionen der Zahl 1 zu einer beliebigen Zahl mit Hilfe des p-g Systems beweisbar sind. Es gibt aber in unserer Realität wahre Additionen, die im p-g-System nicht beweisbar (ableitbar) sind. Zum Beispiel die Addition $3 + 4 = 7$. Das p-g-System ist also **unvollständig: Das heißt, nicht jeder wahre Satz kann auch bewiesen werden**.
Nun könnte man das p-g-System so erweitern, dass jede wahre Addition auch beweisbar ist. Das würde aber keine Vollständigkeit erzeugen. 1931 zerstörte Kurt Gödel auch den zweiten Teil von Hilberts Traum. Er bewies den Satz: **Jedes hinreichend starke formale System, das widerspruchsfrei ist, ist unvollständig.** Hinreichend stark bedeutet, dass man zumindest etwas über natürliche Zahlen aussagen kann. In der Mathematik wird es keinem formalen System je gelingen, alle Wahrheiten zu beweisen.

---

2) Hier dient eine Auseinandersetzung mit den Vertiefungen auf S. 81 dem leichteren Verständnis.
3) Idee aus: Hofstadter, Douglas R. (1985): Gödel, Escher, Bach, Klett-Cotta

6 Normalverteilte Zufallsvariablen

Ist das Wesen der Wahrscheinlichkeitsrechnung nicht faszinierend?

Während der Ausgang eines einzelnen Versuches nicht vorhersehbar, also völlig zufällig ist, so ist der Ausgang vieler gleichartiger Versuche sehr genau vorhersehbar und berechenbar. Der Mathematik ist es – zumindest in diesem Sinn – gelungen, zukünftige Ereignisse zu berechnen.

In der siebenten Klasse hast du bereits erfahren, dass sich viele Wahrscheinlichkeitsprobleme durch das Modell der Binomialverteilung mathematisch beschreiben lassen. In diesem Kapitel wirst du ein Modell kennenlernen, das noch viel häufiger in der Praxis der Wahrscheinlichkeitsrechnung und Statistik angewandt wird: die Normalverteilung.

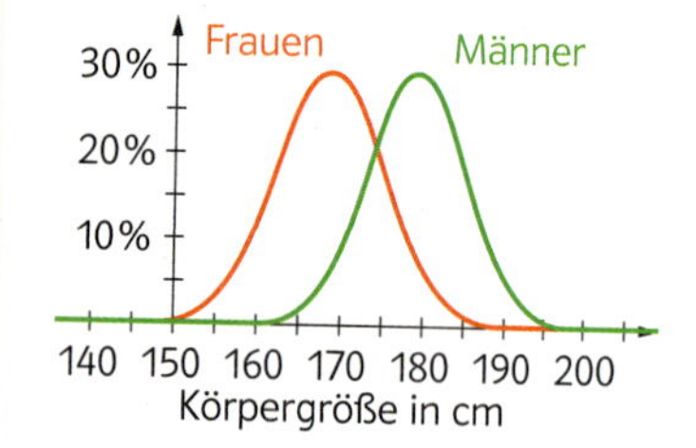

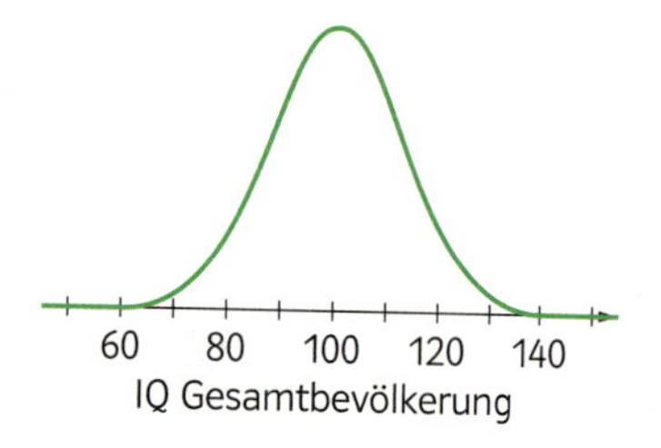

Als in der ersten Hälfte des 19. Jahrhunderts ein gewisser Adolphe Quételet aus Belgien versuchte, durch Messungen den Durchschnittsmenschen („l'homme moyen") zu ermitteln, machte er bei seinen Messungen des Brustumfanges eine unerwartete Entdeckung: Obwohl der Brustumfang individuell sehr verschieden ausfällt, folgen die Häufigkeiten der Brustumfänge aber in ihrer Gesamtheit einem bestimmten Muster. Sie gruppieren sich um einen häufigsten Wert in der Mitte und fallen links und rechts davon symmetrisch ab. Diese seltsame Regelmäßigkeit stellte er auch bei allen anderen Messungen von Körpermaßen (z. B. Körpergröße) fest.

Wie sooft in der Geschichte der Mathematik wurde die passende mathematische Beschreibung einer solchen Häufigkeitsverteilung schon viele Jahre davor gefunden. Die von Carl Friedrich Gauß beschriebene Normalverteilung fand nun eine praktische Anwendung am Menschen.

Schon Quételet erweiterte als Soziologe die Anwendung der Gauß-Verteilung auf soziale und psychologische Untersuchungsgrößen. Im Laufe der Jahre wurden Bereiche für Berechnungen mithilfe der Normalverteilung in beinahe allen Wissenschaftsgebieten gefunden. Das macht sie zu einer der wichtigsten und am häufigsten genutzten Wahrscheinlichkeitsverteilungen.

Und falls du irgendwann einmal in Zukunft mit höherer Mathematik in Berührung kommst, dann könnte die Normalverteilung durchaus dabei sein.

Adolphe Lambert Quételet (1796–1874)

6.1 Die Normalverteilung

KOMPETENZEN

Lernziele:

- Die Eigenschaften von normalverteilten Zufallsvariablen kennen
- Den Graphen der Dichtefunktion einer normalverteilten Zufallsvariablen skizzieren und interpretieren können
- Die Wahrscheinlichkeiten von normalverteilten Zufallsvariablen berechnen können
- Mit der Normalverteilung, auch in anwendungsorientierten Bereichen, arbeiten können (WS-L 3.5)
- Wahrscheinlichkeiten der σ-Intervalle kennen

Grundkompetenz für die schriftliche Reifeprüfung:

WS-R 3.4 Normalapproximation der Binomialverteilung interpretieren und anwenden können

Viele stetige Zufallsvariablen ergeben sich aus der Summe vieler einzelner, unabhängiger Zufallsvariablen, von denen keine einen besonders großen Einfluss hat. Wird zum Beispiel von einer Maschine Milch abgefüllt und bezeichnet die stetige Zufallsvariable X die abgefüllte Milchmenge, so hängt diese von vielen Zufallsvariablen ab: Temperatur, Abnützungsgrad der Maschine, Zusammensetzung der Milch, Luftfeuchtigkeit, Verschmutzungsgrad der Maschine, Milchmenge u.s.w.
Ermittelt man durch eine Untersuchung die Dichtefunktion einer solchen Zufallsvariablen, so hat deren Graph oft eine charakteristische **Glockenform**.
Der **„Zentrale Grenzwertsatz"** besagt nun, dass derartige Zufallsvariablen unter bestimmten Voraussetzungen **normalverteilt** sind. Ihre Dichtefunktion f ist die **Dichtefunktion der Normalverteilung**.

MERKE

Die Dichtefunktion einer normalverteilten Zufallsvariablen

Besitzt eine stetige Zufallsvariable X mit dem Erwartungswert μ und der Standardabweichung σ die Dichtefunktion f mit

$f(x) = \frac{1}{\sqrt{2\pi} \cdot \sigma} \cdot e^{-\frac{1}{2}\left(\frac{x-\mu}{\sigma}\right)^2}$,

so nennt man die Zufallsvariable X **normalverteilt**.
Man sagt: X ist eine $N(\mu; \sigma)$-verteilte Zufallsvariable.

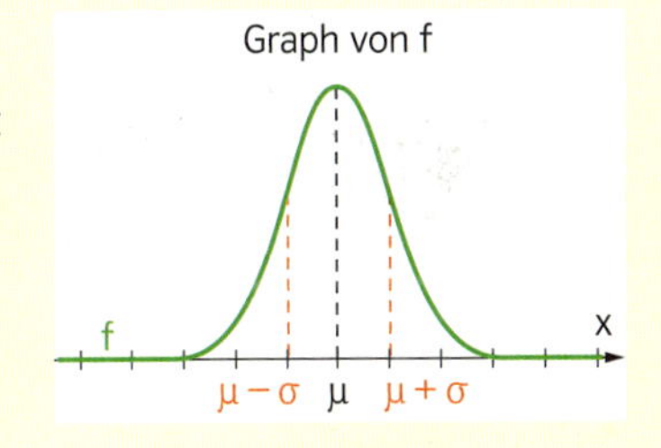

Diese Funktion wird nach ihrem Entdecker Carl Friedrich Gauß (1777–1855) auch **„Gauß-Funktion"** genannt und ihr Graph wegen der charakteristischen Form auch als **„Gauß'sche Glockenkurve"** bezeichnet.

Carl Friedrich Gauß

343. Gegeben ist die Dichtefunktion f einer normalverteilten Zufallsvariablen X.
1) Skizziere den Graphen von f.
2) Bestimme das Maximum von f. Was fällt dir auf?
3) Bestimme die Wendestellen von f. Welcher Zusammenhang mit dem Erwartungswert und der Standardabweichung von X fällt dir auf?

a) $f(x) = \frac{1}{\sqrt{2\pi} \cdot 5} \cdot e^{-\frac{1}{2}\left(\frac{x-3}{5}\right)^2}$

b) $f(x) = \frac{1}{\sqrt{18\pi}} \cdot e^{-\frac{1}{2}\left(\frac{x+3}{3}\right)^2}$

c) $f(x) = \frac{1}{\sqrt{18\pi}} \cdot e^{-\frac{1}{2}\left(\frac{x}{3}\right)^2}$

d) $f(x) = \frac{1}{\sqrt{2\pi}} \cdot e^{-\frac{1}{2}x^2}$

e) $f(x) = \frac{1}{\sqrt{2\pi}} \cdot e^{-\frac{1}{2}(x-3)^2}$

f) $f(x) = \frac{1}{\sqrt{50\pi}} \cdot e^{-\frac{1}{2}\left(\frac{x-5}{5}\right)^2}$

Aus den Ergebnissen von Aufgabe 343 folgt:

MERKE

Eigenschaften der Gauß-Funktion f

Die Gauß'sche Glockenkurve hat folgende Eigenschaften:

1) Das lokale Maximum von f ist an der Stelle μ.
2) Die Wendepunkte von f sind an den Stellen $\mu - \sigma$ und $\mu + \sigma$.
3) f nähert sich asymptotisch der x-Achse an.
4) f ist symmetrisch zur Geraden $x = \mu$.

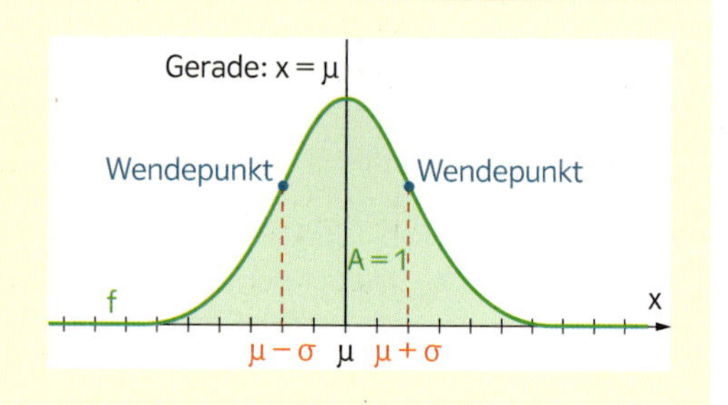

Anmerkungen:

– Alle Funktionswerte von f sind positiv: $f(x) \geq 0$; für alle $x \in \mathbb{R}$
– Der Flächeninhalt zwischen dem Graphen von f und der x-Achse beträgt 1: $\int_{-\infty}^{\infty} f(x)\,dx = 1$

344. Bestimme durch Ablesen aus den Graphen die Funktionsgleichungen der abgebildeten Gauß'schen Glockenkurven. Lies jeweils die Extremstelle und die Wendestellen ab. (Alle gesuchten Stellen haben ganzzahlige Werte.)

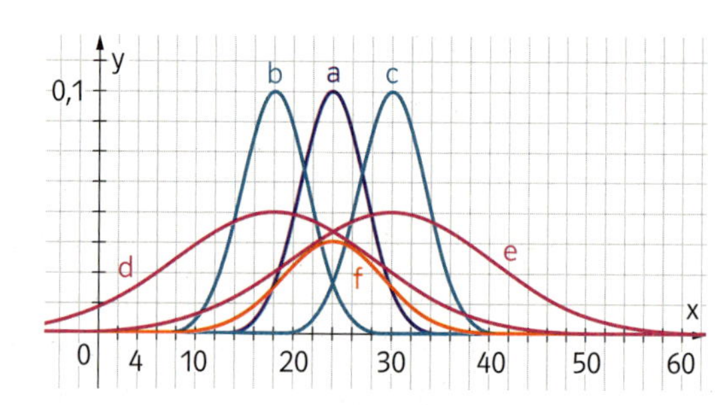

WS-R 3.4 M **345.** Ordne den Graphen von Dichtefunktionen normalverteilter Zufallsvariablen die passenden Erwartungswerte μ und Standardabweichungen σ zu.

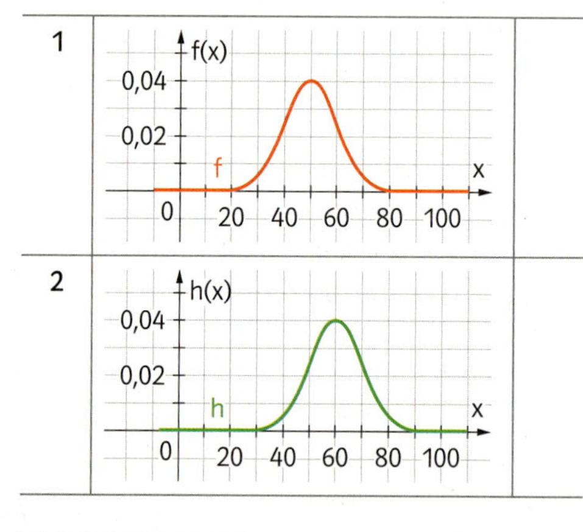

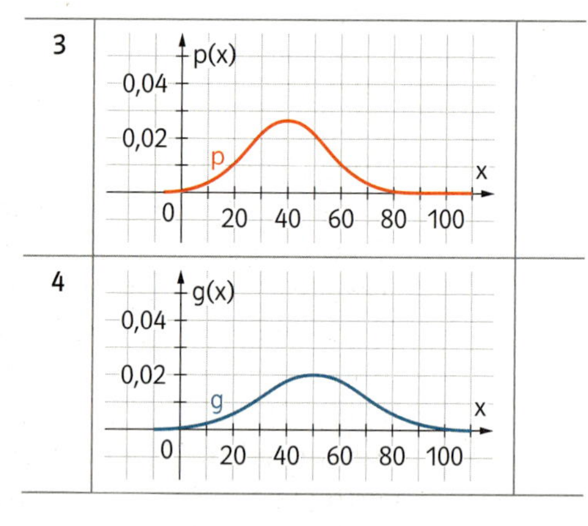

A	B	C	D	E	F
$\mu = 40$; $\sigma = 15$	$\mu = 50$; $\sigma = 20$	$\mu = 50$; $\sigma = 10$	$\mu = 40$; $\sigma = 20$	$\mu = 60$; $\sigma = 5$	$\mu = 60$; $\sigma = 10$

TECHNOLOGIE

Technologie Anleitung Gauß'sche Glockenkurve rx3x5p

Graph der Dichtefunktion der Normalverteilung

Geogebra:	Normal[<Erwartungswert>, <Standardabweichung>, x] Beispiel: Normal[18, 4, x]
TI-Nspire:	Graph: f(x) = normPdf(x, 18, 4) Window: x ∈ [– 5; 40], y ∈ [0; 0,2]

346. Zeichne die Graphen der entsprechenden Dichtefunktionen in ein Koordinatensystem und formuliere Unterschiede und Zusammenhänge.

a) N(10; 1) N(10; 2) N(10; 3)
b) N(100; 10) N(100; 20) N(100; 30)
c) N(300; 20) N(200; 20) N(100; 20)
d) N(500; 10) N(400; 10) N(200; 10)

WS-R 3.4 M
Technologie
Darstellung
Einfluss von μ und σ auf den Graphen
qn7hr8

347. X ist eine N(μ; σ)-verteilte Zufallsvariable mit der Dichtefunktion f.
Fülle die Lücken, sodass ein mathematisch korrekter Satz entsteht.

a) Wenn man nur den Parameter μ verkleinert, dann verschiebt sich der Graph von f nach ____(1)____ und der Funktionswert des Maximums von f ____(2)____.

(1)	
links	☐
rechts	☐
unten	☐

(2)	
wird kleiner	☐
wird größer	☐
bleibt gleich	☐

b) Wenn man nur den Parameter σ vergrößert, dann gilt: Der Funktionswert des Maximums von f ____(1)____ und der Graph wird ____(2)____.

(1)	
wird kleiner	☐
wird größer	☐
bleibt gleich	☐

(2)	
breiter	☐
schmäler	☐
weder breiter noch schmäler	☐

348. Zeige, dass die Dichtefunktion f der Normalverteilung N(μ; σ) folgende Eigenschaft hat:

a) f besitzt ein lokales Maximum an der Stelle μ.
b) Die Wendepunkte von f sind an den Stellen $\mu - \sigma$ und $\mu + \sigma$.
c) Der Graph von f ist symmetrisch zur Geraden $x = \mu$.

TIPP → Zeige, dass gilt: $f(\mu - c) = f(\mu + c)$

Berechnung von Wahrscheinlichkeiten mit Technologieeinsatz

Da man Wahrscheinlichkeiten stetiger Zufallsvariablen als Flächeninhalte unter einer (Wahrscheinlichkeits-) Dichtefunktion interpretieren kann, berechnet man Wahrscheinlichkeiten normalverteilter Zufallsvariablen mit Hilfe von Flächeninhalten unter der entsprechenden Gauß'schen Glockenkurve. Betrachtet man zum Beispiel eine N(500; 50)-verteilte Zufallsvariable X, so entspricht die Wahrscheinlichkeit $P(X \leq 575)$ dem markierten Flächeninhalt in der nebenstehenden Abbildung der Gauß'schen Glockenkurve. Dieser wird durch das folgende Integral berechnet:

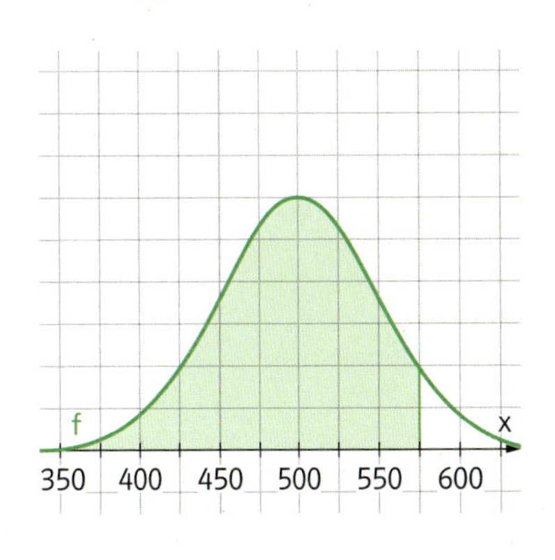

$$P(X \leq 575) = \int_{-\infty}^{575} \frac{1}{\sqrt{2\pi} \cdot 50} \cdot e^{-\frac{1}{2}\left(\frac{x-500}{50}\right)^2} dx$$

Das Aufsuchen von Stammfunktionen gestaltet sich selten so einfach, wie bisher gezeigt. Zum Beispiel kann man die Stammfunktion der Gauß-Funktion nicht angeben. Die Wahrscheinlichkeiten (= Flächeninhalte) in diesem Kapitel werden daher mit Technologieeinsatz berechnet. Die Berechnung ohne Technologieeinsatz wird anschließend im Abschnitt 6.2 vorgestellt. $P(X \leq 575) = \int_{-\infty}^{575} \frac{1}{\sqrt{2\pi} \cdot 50} \cdot e^{-\frac{1}{2}\left(\frac{x-500}{50}\right)^2} dx \xrightarrow{\text{Technologie}} = 0{,}9332$

TECHNOLOGIE

Technologie
Anleitung Wahrscheinlichkeiten der Normalverteilung berechnen
8js658

Berechnung von Wahrscheinlichkeiten $P(X \leq a)$ normalverteilter Zufallsvariablen

Geogebra:	Normal[<Erwartungswert>, <Standardabweichung>, a] Beispiel: Normal[500, 50, 575] = 0,9332
TI-Inspire:	normCdf(– ∞, 575, 500, 50) = 0,9332 oder menu 5 5 2

MUSTER

349. Eine Abfüllanlage füllt Gries-Säckchen ab. Das Abfüllgewicht in Gramm (g) ist normalverteilt mit N (500; 5).
Stelle die Wahrscheinlichkeit als Flächeninhalt unter der Gauß-Funktion dar und bestimme die Wahrscheinlichkeit, dass ein abgefülltes Säckchen

a) weniger als 490 g wiegt.

b) mehr als 505 g wiegt.

c) zwischen 495 und 505 g wiegt.

Technologie
Anleitung Normalverteilung mit Wahrscheinlichkeitsrechner berechnen
fn8xg7

a) $P(X < 490) = \int_{-\infty}^{490} \frac{1}{\sqrt{2\pi} \cdot 5} \cdot e^{-\frac{1}{2}\left(\frac{x-500}{5}\right)^2} dx \approx 0{,}0228 = 2{,}28\,\%$

b) $P(X > 505) = \int_{505}^{\infty} \frac{1}{\sqrt{2\pi} \cdot 5} \cdot e^{-\frac{1}{2}\left(\frac{x-500}{5}\right)^2} dx \approx 0{,}1587 = 15{,}87\,\%$

c) $P(495 \leq X \leq 505) = \int_{495}^{505} \frac{1}{\sqrt{2\pi} \cdot 5} \cdot e^{-\frac{1}{2}\left(\frac{x-500}{5}\right)^2} dx \approx 0{,}6827 = 68{,}27\,\%$

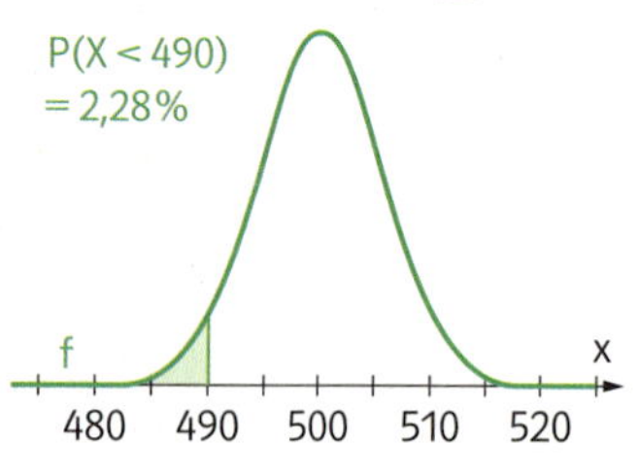

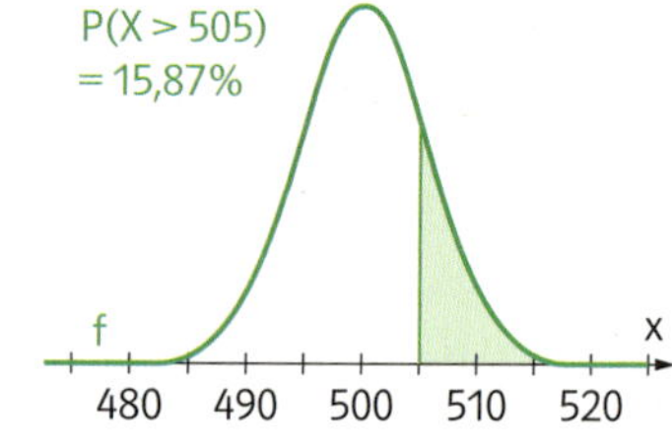

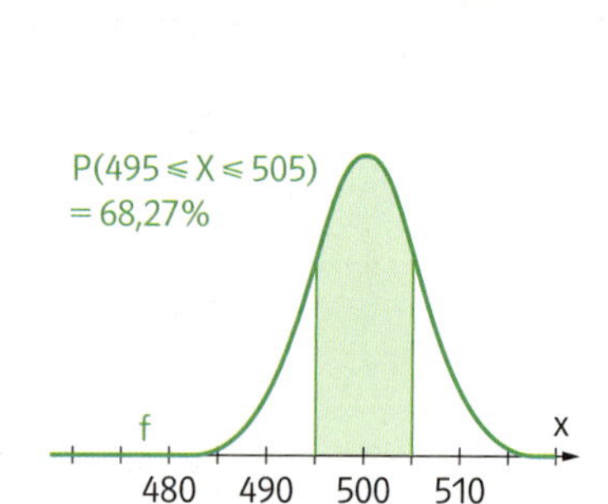

TECHNOLOGIE

Technologie
Anleitung $P(a \leq X \leq b)$ berechnen
f5k6yg

$P(a \leq X \leq b)$ einer $N(\mu; \sigma)$-verteilten Zufallsvariablen X berechnen

Geogebra:	Normal[μ, σ, b] – Normal[μ, σ, a] Beispiel: Normal[500, 5, 505] – Normal[500, 5, 495] = 0,6827
TI-Nspire:	normCdf(495, 505, 500, 5) = 0,6827

350. Die Funktionsdauer X in Jahren eines elektronischen Bauelementes ist N(5; 0,5)-normalverteilt. Bestimme die Wahrscheinlichkeit, dass die Funktionsdauer eines Bauelementes

a) weniger als 4 Jahre beträgt.
b) höchstens 6 Jahre beträgt.
c) maximal 5 Jahre beträgt.
d) weniger als 4,25 Jahre beträgt.

351. Das Gewicht von Kokosnüssen ist normalverteilt mit dem Erwartungswert 1300 g und der Standardabweichung 60 g. Berechne die Wahrscheinlichkeit, dass eine Kokosnuss

a) mehr als 1300 g wiegt.
b) mindestens 1200 g wiegt.
c) mehr als 1350 g wiegt.
d) mindestens 1225 g wiegt.

352. Der tägliche Wasserverbrauch (in Liter l) eines Haushaltes ist N(234; 23)-verteilt. Wie groß ist die Wahrscheinlichkeit, dass der tägliche Wasserverbrauch

a) zwischen 200 l und 250 l beträgt?
b) mindestens 185 l und höchstens 234 l beträgt?
c) mehr als 211 l und weniger als 257 l beträgt?
d) zwischen 150 l und 170 l beträgt?

353. Der Kopfumfang (in cm) von Neugeborenen einer Stadt ist N(33; 2)-verteilt. Berechne die Wahrscheinlichkeit, dass der Kopfumfang eines Neugeborenen

a) weniger als 30 cm oder mehr als 36 cm beträgt.
b) höchstens 33 cm oder mindestens 34 cm beträgt.
c) weniger als 26 cm oder mehr als 40 cm beträgt.

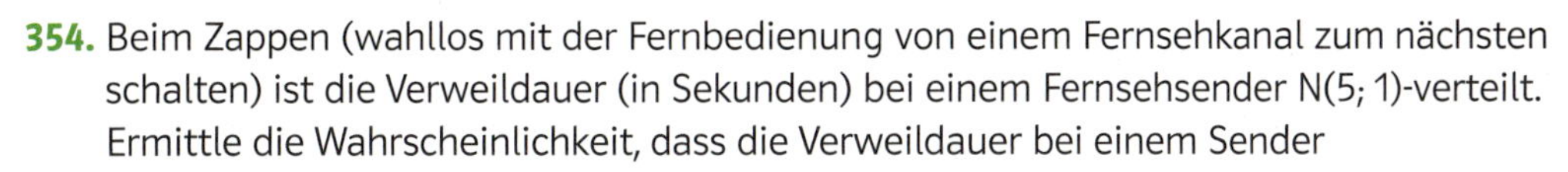

354. Beim Zappen (wahllos mit der Fernbedienung von einem Fernsehkanal zum nächsten schalten) ist die Verweildauer (in Sekunden) bei einem Fernsehsender N(5; 1)-verteilt. Ermittle die Wahrscheinlichkeit, dass die Verweildauer bei einem Sender

a) mehr als 2 Sekunden vom Erwartungswert abweicht.
b) weniger als 2 Sekunden vom Erwartungswert abweicht.
c) zwischen 4 und 5 Sekunden beträgt.
d) mindestens 4 Sekunden beträgt.
e) höchstens 9 Sekunden beträgt.

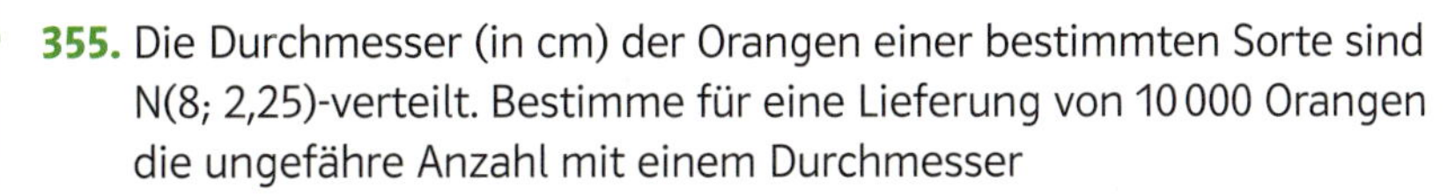

355. Die Durchmesser (in cm) der Orangen einer bestimmten Sorte sind N(8; 2,25)-verteilt. Bestimme für eine Lieferung von 10 000 Orangen die ungefähre Anzahl mit einem Durchmesser

a) von weniger als 6 cm.
b) zwischen 7 cm und 9 cm.
c) von mindestens 7 cm.
d) von höchstens 10 cm.
e) mit weniger als 1 cm Abweichung vom Erwartungswert.
f) mit mehr als 2 cm Abweichung vom Erwartungswert.

R **356.** Die Intervalle (in Minuten) zwischen den U-Bahn-Zügen in einer Station sind N(5; 1)-verteilt. Der Leiter der Verkehrsbetriebe stellt die folgende Behauptung auf. Nimm dazu mit mathematischen Argumenten Stellung.

a) Die durchschnittliche Wartezeit beträgt 5 Minuten.
b) Man wartet maximal 9 Minuten auf die nächste U-Bahn.
c) Die meisten Fahrgäste warten weniger als 5 Minuten auf die nächste U-Bahn.

357. Die Zufallsvariable X bezeichnet die Masse von Schokoladetafeln. Die Masse beträgt durchschnittlich 102 g mit einer Standardabweichung von 2 g.
Kreuze die zutreffende(n) Aussage(n) an.

A	$P(101 < X < 103)$ ist größer als $P(100 < X < 102)$.	☐
B	Ungefähr die Hälfte aller Tafeln wiegt maximal 102 g.	☐
C	Keine Tafel wiegt mehr als 108 g.	☐
D	Alle Tafeln wiegen zwischen 100 g und 104 g.	☐
E	Mehr als die Hälfte aller Tafeln wiegt mehr als 100 g.	☐

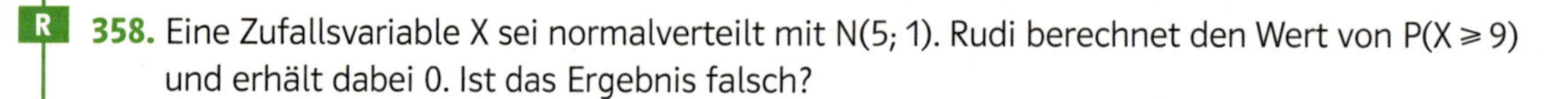

R **358.** Eine Zufallsvariable X sei normalverteilt mit N(5; 1). Rudi berechnet den Wert von $P(X \geq 9)$ und erhält dabei 0. Ist das Ergebnis falsch?

R **359.** In den vorhergehenden Aufgaben wird davon ausgegangen, dass eine Zufallsvariable normalverteilt ist. Da es auch andere Wahrscheinlichkeitsverteilungen gibt, müsste man eigentlich zuerst zeigen, dass diese Annahme gilt. Überlege: Wie kann man überprüfen, ob eine Zufallsvariable normalverteilt ist?

Zusammenhänge zwischen den Wahrscheinlichkeiten einer normalverteilten Zufallsvariablen

Aufgrund der Symmetrie der Dichtefunktion f der Normalverteilung und aufgrund der Tatsache, dass der Flächeninhalt zwischen f und der x-Achse 1 beträgt, ergeben sich viele Zusammenhänge:

MERKE

Zusammenhänge zwischen den Wahrscheinlichkeitsberechnungen

- $P(X > c) = 1 - P(X \leq c)$
- $P(X < \mu) = P(X > \mu) = 0{,}5$
- $P(X < \mu - a) = P(X > \mu + a)$

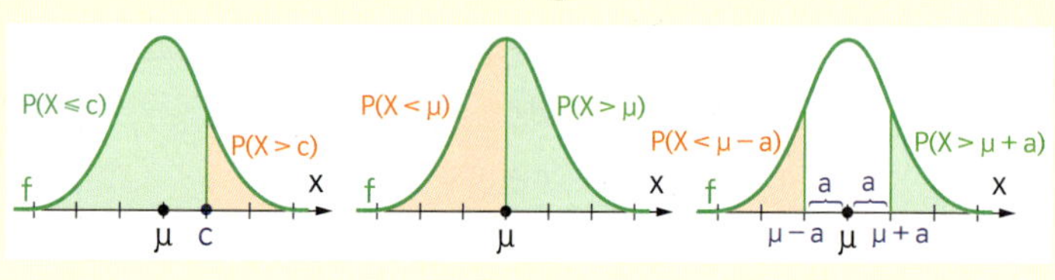

360. Beschreibe den Zusammenhang zwischen den Wahrscheinlichkeiten einer normalverteilten Zufallsvariablen X mit N(100; 3) mit einer Gleichung und berechne dann die Wahrscheinlichkeiten.

a) $P(X \leq 97)$; $P(X < 97)$
b) $P(X \leq 95)$; $P(X > 95)$
c) $P(X \geq 104)$; $1 - P(X < 104)$
d) $P(X \leq 96)$; $P(96 < X < 104)$
e) $P(X < 93)$; $P(X > 107)$
f) $P(X > 94)$; $P(X < 106)$

TIPP → Versuche die Zusammenhänge zuerst graphisch zu erkennen und dann mit Hilfe einer Gleichung zu formulieren.

361. X ist eine normalverteilte Zufallsvariable mit N(4; σ). Gegeben ist $P(X \leq 3) = 0{,}2$. Bestimme nur mit Hilfe dieses Wertes die angegebene Wahrscheinlichkeit.

a) $P(X > 3)$ **b)** $P(X > 5)$ **c)** $P(3 \leq X \leq 5)$ **d)** $P(3 < X \leq 4)$ **e)** $P(4 \leq X < 5)$

362. X ist eine normalverteilte Zufallsvariable mit N(350; σ). Gegeben ist $P(X \geq 330) = 0{,}6$. Bestimme nur mit Hilfe dieses Wertes die angegebene Wahrscheinlichkeit.

a) $P(X \leq 370)$ **b)** $P(X > 350)$ **c)** $P(X \leq 330)$ **d)** $P(330 < X \leq 350)$

363. X ist eine N(500; 20)-verteilte Zufallsvariable.
In der Abbildung sieht man den Graphen der Dichtefunktion f von X. Der Flächeninhalt der markierten Fläche hat den Wert b.
Drücke die angegebenen Wahrscheinlichkeiten durch b aus.

a) $P(490 < x < 510)$
b) $P(X < 490)$
c) $P(X > 510)$
d) $P(500 < X < 510)$

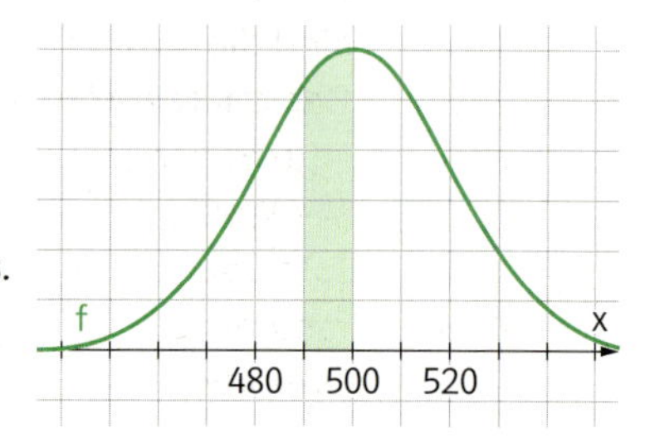

364. Das Körpergewicht einer Personengruppe ist normalverteilt mit N(70; 4).

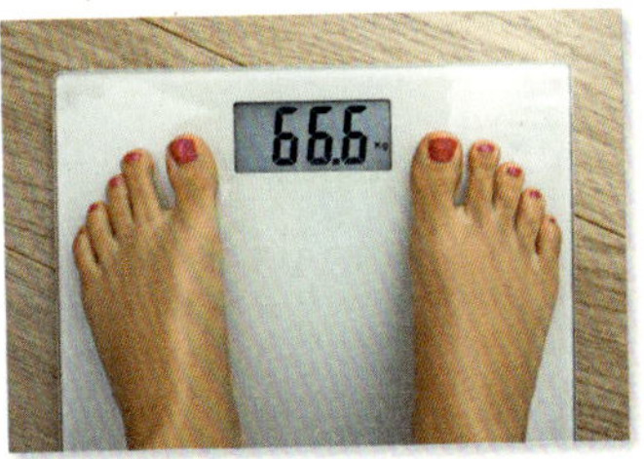

1) Bestimme den Wert des angegebenen Ausdrucks.
2) Stelle den Wert als Flächeninhalt unter der Gauß-Kurve dar.
3) Interpretiere den Wert.

a) $P(X < 66) + P(X > 67)$
b) $1 - P(X < 74)$
c) $1 - P(X \geq 69)$
d) $P(X \leq 72) - P(X \leq 65)$
e) $0{,}5 - P(X < 60)$
f) $1 - P(70 \leq X \leq 80)$

WS-R 3.4 M **365.** X beschreibt eine normalverteilte Zufallsvariable. Kreuze die Aussage(n) an, die jedenfalls richtig ist (sind). Das Intervall $[a; b]$ mit $a, b \in \mathbb{R}$ ist symmetrisch um den Erwartungswert μ.

A	$P(X \leq a) < P(X \leq b)$	☐
B	$P(X \leq a) + P(X > a) = 1$	☐
C	$P(X = b) = 0$	☐
D	$P(X \leq a) = P(X \geq b)$	☐
E	$P(a \leq X \leq b) = P(X \leq b) - P(X < a)$	☐

WS-R 3.4 M **366.** Gegeben sind Graphen von Dichtefunktionen normalverteilter Zufallsvariablen. Ordne den Termen die entsprechenden Graphen mit dem passenden grünen Flächeninhalt zu.

1	$P(X \leq a) - P(X \leq b)$	
2	$1 - P(X \geq a)$	
3	$P(X \leq a) + P(X > a)$	
4	$1 - P(X \leq b)$	

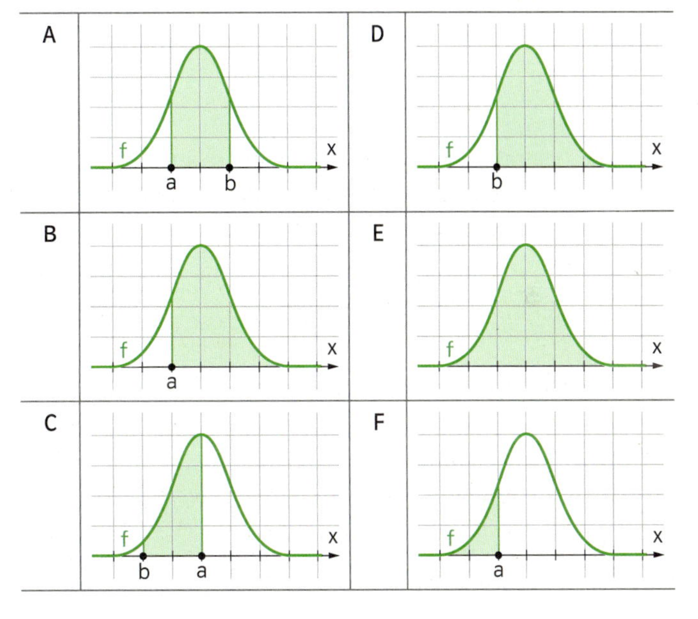

Sigma-Intervalle

Um die Wahrscheinlichkeiten einer normalverteilten Zufallsvariablen abschätzen zu können, sind die sogenannten Sigma-Intervalle sehr hilfreich.
Das σ-Intervall ist ein um den Erwartungwert μ symmetrisches Intervall $[\mu - \sigma; \mu + \sigma]$ der $N(\mu; \sigma)$-verteilten Zufallsvariablen X.
Die Wahrscheinlichkeit, dass eine normalverteilte Zufallsvariable einen Wert aus diesem Intervall annimmt, beträgt immer ca. 68,3 %. Das 2σ- und 3σ-Intervall ist jeweils analog festgelegt. Die Wahrscheinlichkeit für das 2σ-Intervall beträgt $\approx$ 95,4 % und für das 3σ-Intervall ist sie $\approx$ 99,7%. (Beweis für das 1σ-Intervall: Kapitel 6.2. S.137 Aufg. 399)

MERKE

σ-Intervalle

Gegeben ist eine normalverteilte Zufallsvariable X mit der Dichtefunktion f

1σ-Intervall

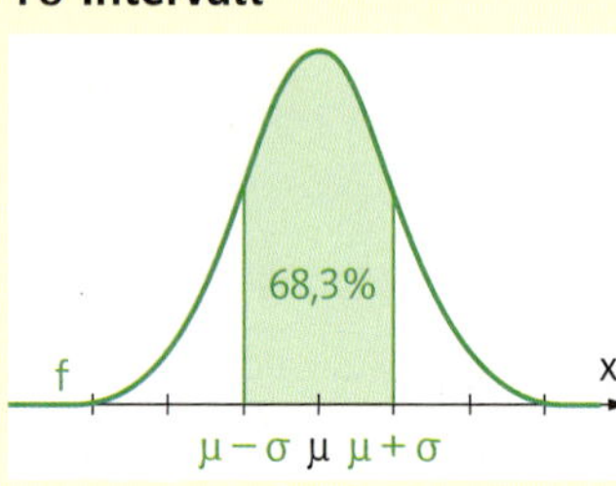

$P(\mu - \sigma \leq X \leq \mu + \sigma) \approx 0{,}683$

2σ-Intervall

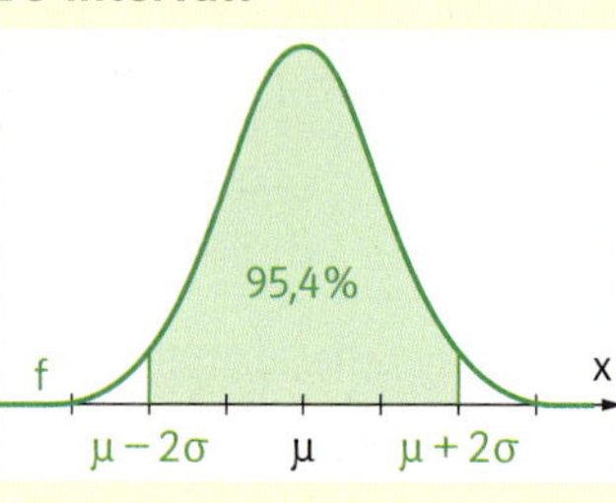

$P(\mu - 2\sigma \leq X \leq \mu + 2\sigma) \approx 0{,}954$

3σ-Intervall

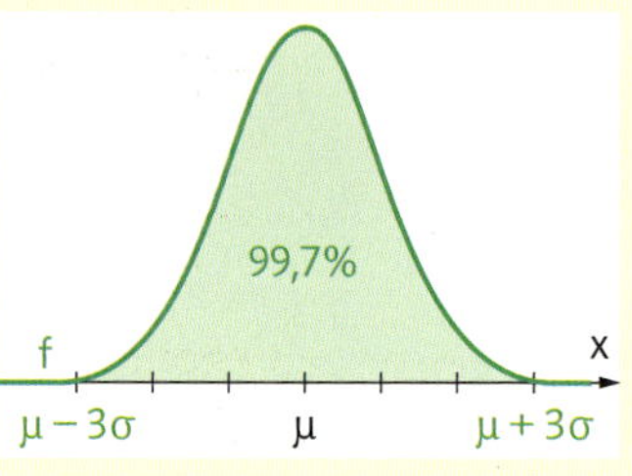

$P(\mu - 3\sigma \leq X \leq \mu + 3\sigma) \approx 0{,}997$

MUSTER

367. Die Länge einer bestimmten Fischart ist ungefähr normalverteilt mit $\mu = 31\,\text{cm}$ und $\sigma = 1{,}5\,\text{cm}$.

a) Wieviel Prozent der Fische sind zwischen 29,5 cm und 32,5 cm lang?
b) In welchem symmetrischen Intervall um den Erwartungswert liegen 99,7% der Fischlängen?
c) Wieviel Prozent der Fische sind größer als 34 cm?

a) Das angegebene Intervall ist genau das 1σ-Intervall $[31 - 1{,}5;\ 31 + 1{,}5]$, daher liegt die Länge von ca. 68,3 % aller Fische in diesem Intervall.
b) Es ist nach dem 3σ-Intervall gefragt: $[31 - 3 \cdot 1{,}5;\ 31 + 3 \cdot 1{,}5]$.
99,7% der Fische sind zwischen 26,5 cm und 35,5 cm lang.
c) $P(X > 34)$ ist in nebenstehender Abbildung genau der Bereich rechts des 2σ-Intervalls.
Da das 2σ-Intervall 95,4 % beträgt, umfasst der gesuchte Bereich die Wahrscheinlichkeit

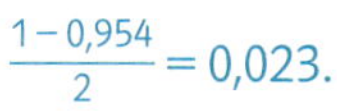

$\frac{1 - 0{,}954}{2} = 0{,}023.$

2,3 % der Fische sind länger als 34 cm.

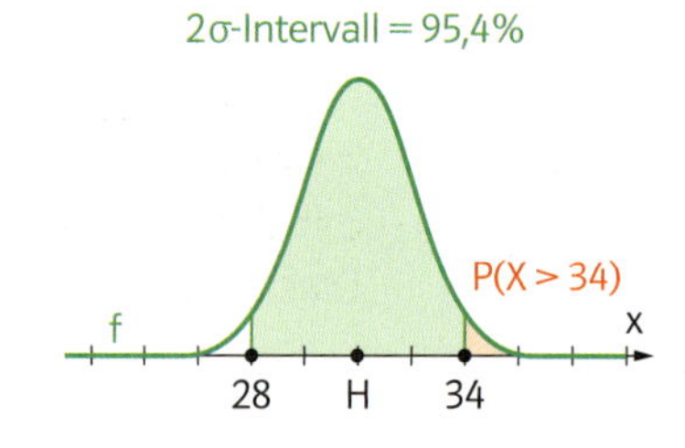

368. Die Länge (in Zentimeter cm) von Nägeln ist normalverteilt mit N(5; 1,2). Bestimme die Wahrscheinlichkeit des angegebenen Längenbereichs mit Hilfe der Wahrscheinlichkeiten der Sigma-Intervalle.

a) [3,8; 6,2] **b)** [2,6; 7,4] **c)** länger als 6,2 cm **d)** kürzer als 1,4 cm

369. Die Körpermasse (in Kilogramm kg) einer Altersgruppe ist normalverteilt mit $\mu = 37\,\text{kg}$ und $\sigma = 3\,\text{kg}$. Bestimme die Wahrscheinlichkeit des angegebenen Massenbereichs mit Hilfe der Wahrscheinlichkeiten der Sigma-Intervalle.

a) [37; 40] **b)** [31; 37] **c)** schwerer als 43 kg **d)** leichter als 31 kg

370. Die Lebensdauer von Glühbirnen (in Stunden h) ist normalverteilt mit dem Erwartungswert 890 h und der Standardabweichung 50 h. Bestimme ein symmetrisches Intervall um den Erwartungswert, in dem die Lebensdauer von p % der Glühbirnen liegt.

a) p = 99,7 **b)** p = 68,3 **c)** p = 95,4

371. Zeige mit Hilfe einer Rechnung an einem selbstgewählten Beispiel, dass eine normalverteilte Zufallsvariable mit der Wahrscheinlichkeit

a) 68,3 % einen Wert aus dem 1σ-Intervall annimmt.
b) 95,4 % einen Wert aus dem 2σ-Intervall annimmt.
c) 99,7 % einen Wert aus dem 3σ-Intervall annimmt.

Die Verteilungsfunktion einer normalverteilten Zufallsvariablen

Technologie
Anleitung Verteilungsfunktion 3sn6yu

In Kapitel 5 wurde der Begriff „Verteilungsfunktion F" einer stetigen Zufallsvariablen X besprochen. Ist f die Dichtefunktion einer normalverteilten Zufallsvariablen, dann heißt $F(x) = P(X \leq x)$ die Verteilungsfunktion der Zufallsvariablen X.

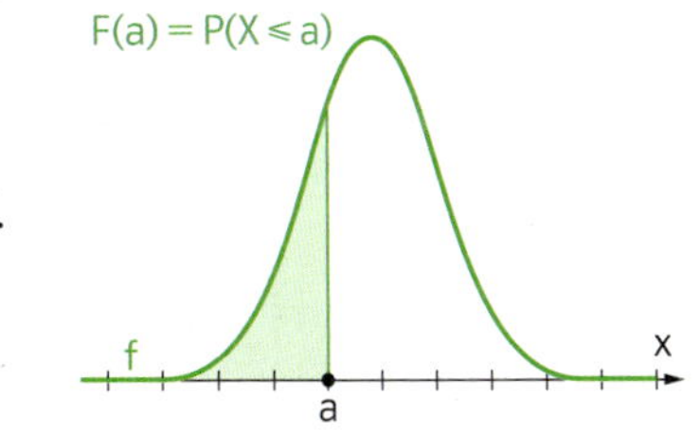

Es gilt daher:

1) $F(a) = P(X \leq a) = \int_{-\infty}^{a} f(x)\,dx$

2) $F(b) - F(a) = P(a \leq X \leq b) = \int_{a}^{b} f(x)\,dx$

Die Abbildung zeigt den Graphen der Verteilungsfunktion F einer normalverteilten Zufallsvariablen mit dem Erwartungswert μ.
Der Graph von F nähert sich asymptotisch dem Wert 1 an und μ ist die Wendestelle des Graphen von F.

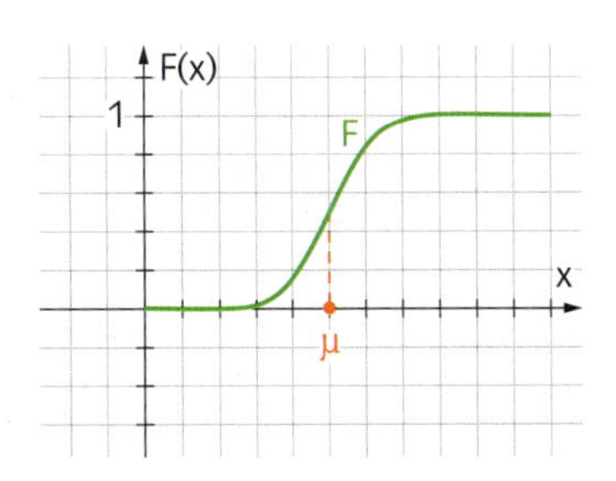

MUSTER

372. X ist eine normalverteilte Zufallsvariable. Drücke die angeführte Wahrscheinlichkeit mit Hilfe der Verteilungsfunktion F aus und veranschauliche die Wahrscheinlichkeit am Graphen der Dichtefunktion von X.

a) $P(X \leq 5)$ **b)** $P(X > 7)$ **c)** $P(5 \leq X \leq 7)$

a) Laut Definition der Verteilungsfunktion ist $P(X \leq 5) = F(5)$.	b) Da $P(X > 7) = 1 - P(X \leq 7)$ gilt: $P(X > 7) = 1 - F(7)$	c) Da $P(5 \leq X \leq 7) = P(X \leq 7) - P(X \leq 5)$ gilt: $P(5 \leq X \leq 7) = F(7) - F(5)$
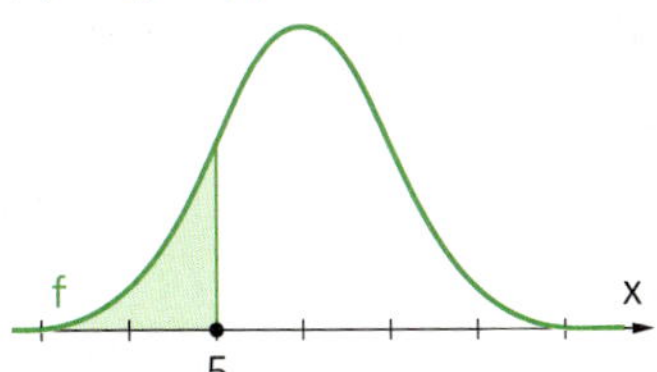	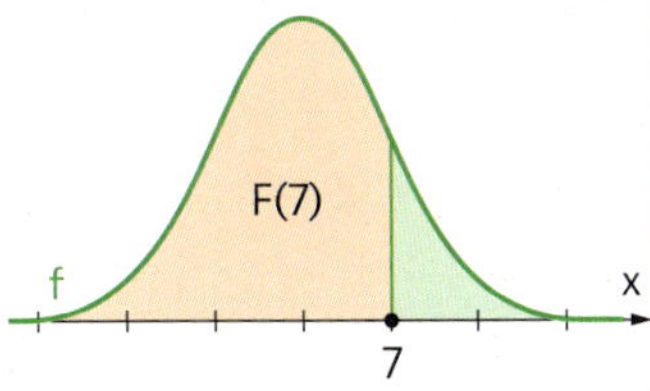	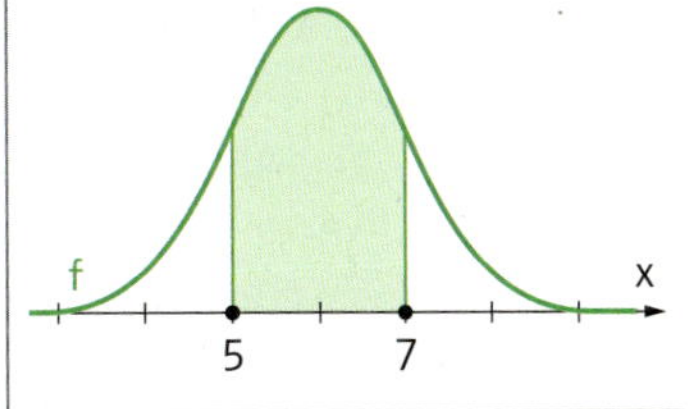

373. X ist eine normalverteilte Zufallsvariable. Drücke die angeführte Wahrscheinlichkeit mit Hilfe der Verteilungsfunktion F aus. Es gilt $a < b$.

a) $P(X \leq 10)$
b) $P(2 \leq X \leq 4)$
c) $P(X \geq 11)$
d) $P(a \leq X \leq b)$
e) $P(7 < X < 8)$
f) $P(a \geq X \text{ oder } b \leq X)$

374. X ist eine normalverteilte Zufallsvariable. Drücke die angeführte Wahrscheinlichkeit mit Hilfe der Verteilungsfunktion F aus. Es gilt $a < b$.

a) $P(X > 23)$ **b)** $P(X < a)$ **c)** $P(20 < X < 23)$ **d)** $P(X > a)$ **e)** $P(a < X \text{ oder } b > X)$

375. X ist eine normalverteilte Zufallsvariable. [a; b] ist ein symmetrisches Intervall um den Erwartungswert. Es gilt $F(a) = 0{,}3$. Berechne den Wert des angegebenen Ausdrucks und interpretiere ihn als Wahrscheinlichkeit.

a) $F(b)$ **b)** $F(b) - F(a)$ **c)** $1 - F(b)$ **d)** $1 - F(a)$ **e)** $\frac{F(b) - F(a)}{2}$

376. X ist eine normalverteilte Zufallsvariable mit dem Erwartungswert μ und der Standardabweichung σ. [a; b] ist ein symmetrisches Intervall um den Erwartungswert. Kreuze die zutreffende(n) Aussage(n) an.

A	$F(a) = F(b)$	☐
B	$F(b) = 1 - F(a)$	☐
C	$F(\mu) = 0{,}5$	☐
D	$F(\mu + \sigma) - F(\mu - \sigma) \approx 0{,}683$	☐
E	$F(a) = 1 - F(b)$	☐

377. f ist die Dichtefunktion einer normalverteilten Zufallsvariablen X. Schreibe die eingezeichneten Flächeninhalte mit Hilfe der Verteilungsfunktion F an. Die Stellen a, b liegen symmetrisch um den Erwartungswert.

a)

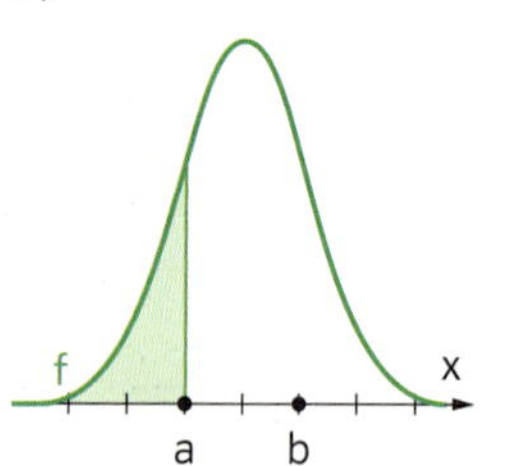

b)

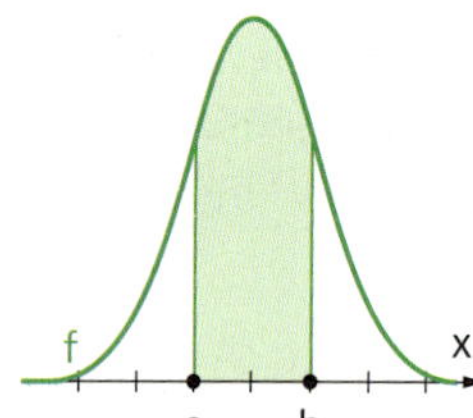

c)

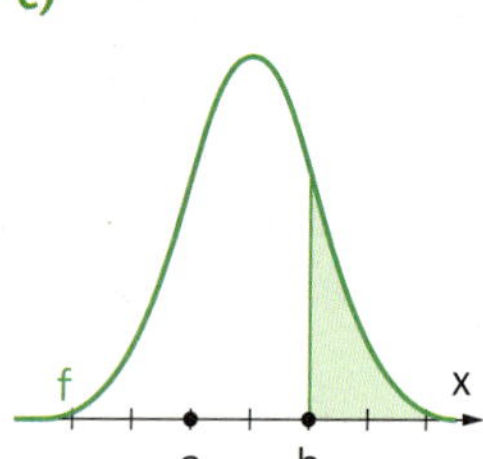

d)

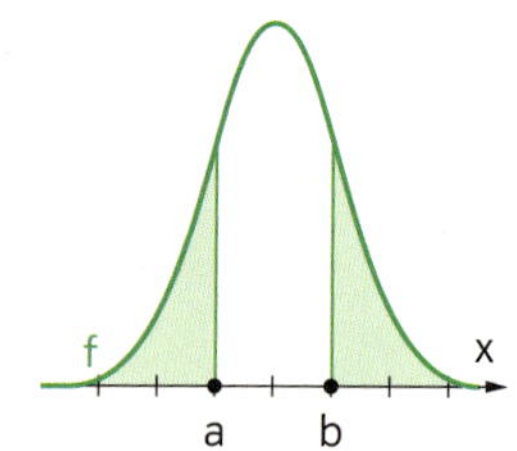

378. Zeichne die Graphen der entsprechenden Verteilungsfunktionen in ein Koordinatensystem.

a) N(0; 1), N(0; 0,5), N(0; 2) **b)** N(100; 10), N(90; 10), N(110; 10)

379. Die Dicke D von Holzbrettern (in mm) ist eine normalverteilte Zufallsvariable. Die Abbildung zeigt den Graphen der Verteilungsfunktion F von D. Zeichne in die Abbildung den folgenden Wert ein:

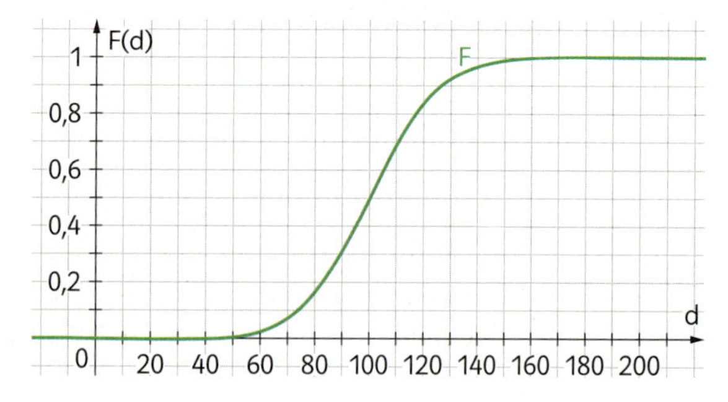

a) den Erwartungswert (μ) von D
b) die Wahrscheinlichkeit, dass die Dicke kleiner als 100 mm ist
c) die Wahrscheinlichkeit, dass die Dicke größer als 100 mm ist
d) die Dicke d, die ein Fünftel aller Holzbretter nicht erreicht
e) die Dicke e, die von 60 % aller Holzbretter überschritten wird

6.2 Die Standard-Normalverteilung

KOMPE-TENZEN

Lernziele:

- Die Eigenschaften von normalverteilten Zufallsvariablen kennen
- Wahrscheinlichkeiten mit Hilfe der Standard-Normalverteilung berechnen können
- Normalverteilte Zufallsvariablen standardisieren können
- Mit der Tabelle der Standard-Normalverteilung umgehen können
- Mit der Normalverteilung, auch in anwendungsorientierten Bereichen, arbeiten können (WS-L 3.5)

Grundkompetenz für die schriftliche Reifeprüfung:

WS-R 3.4 Normalapproximation der Binomialverteilung interpretieren und anwenden können

Da die Stammfunktion der Dichtefunktion f einer normalverteilten Zufallsvariablen X nicht angegeben werden kann, ist die Integration und damit die Berechnung von Wahrscheinlichkeiten ohne Technologieeinsatz sehr schwierig. Um diese Berechnungen auch ohne Technologie zu ermöglichen, verwendet man die Standard-Normalverteilung.

N(0; 1), die Normalverteilung mit den Parametern $\mu = 0$ und $\sigma = 1$, nennt man **Standard-Normalverteilung**. Ihre Dichtefunktion wird mit $\varphi(x)$ und ihre Verteilungsfunktion mit $\Phi(x)$ bezeichnet. Mit Hilfe der Standard-Normalverteilung N(0; 1) kann man die Wahrscheinlichkeiten von allen anderen N(μ; σ)-verteilten Zufallsvariablen berechnen.

MERKE

Die Standard-Normalverteilung

Ist X eine normalverteilte Zufallsvariable mit dem Erwartungswert $\mu = 0$ und der Standardabweichung $\sigma = 1$, so wird ihre Dichtefunktion mit φ und ihre Verteilungsfunktion mit Φ bezeichnet.

$\varphi(x) = \frac{1}{\sqrt{2\pi}} \cdot e^{-\frac{1}{2}x^2}$ Dichtefunktion der Standard-Normalverteilung

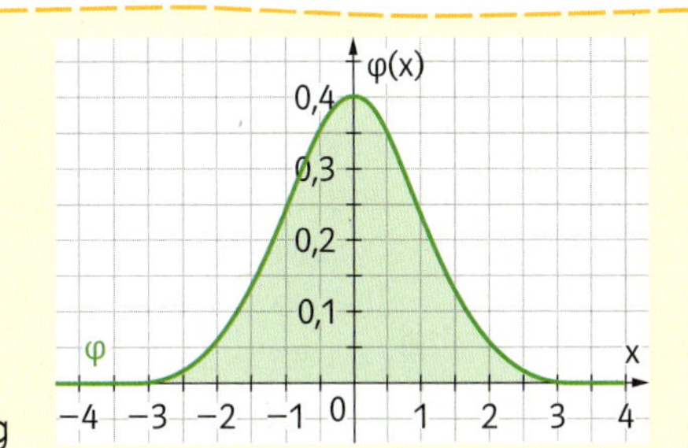

WS-R 3.4 M **380.** X ist eine normalverteilte Zufallsvariable mit dem Erwartungswert 0 und der Standardabweichung 1. Φ ist die Verteilungsfunktion von X. Kreuze die zutreffende(n) Aussage(n) an.

A	$\Phi(-1) = 1 - \Phi(1)$	☐
B	$\Phi(0) = 0$	☐
C	$P(-1 \leq X \leq 1) = \Phi(1) - \Phi(-1)$	☐
D	$\Phi(3) = \Phi(2) + \Phi(1)$	☐
E	$P(0 \leq X \leq 1) = \Phi(1) - 0{,}5$	☐

WS-R 3.4 M **381.** Φ ist die Verteilungsfunktion einer standardnormalverteilten Zufallsvariablen X. Kreuze die zutreffende(n) Aussage(n) an.

A	$\Phi(x) = \Phi(-x)$	☐
B	$1 - \Phi(-x) = \Phi(x)$	☐
C	$2\Phi(x) - 1 = \Phi(x) - \Phi(-x)$	☐
D	$1 - \Phi(x) = \Phi(-x)$	☐
E	$\Phi(0) = 0{,}5$	☐

Im Anhang auf Seite 287 findest du die Tabelle der Verteilungsfunktion Φ einer $N(0; 1)$-verteilten Zufallsvariablen Z. Es ist üblich, den Wert der standardnormalverteilten Zufallsvariablen Z mit z zu bezeichnen. Die Verwendungsmöglichkeiten der Φ-Tabelle werden an drei Beispielen erläutert.

Wahrscheinlichkeit durch Verteilungsfunktion Φ ausdrücken	graphische Veranschaulichung der Wahrscheinlichkeit	Aus der Φ-Tabelle auf Seite 287 den Wert ermitteln	Ergebnis
$P(Z \leq 1{,}23) = \Phi(1{,}23)$	φ, x, $\Phi(1{,}23)$, −1,23, 0, 1,23	z | Φ(−z) | Φ(z) | D(z) 1,22 | 1112 | 8888 | 7775 1,23 | 1093 | **8907** | 7813 1,24 | 1075 | 8925 | 7850	$P(Z \leq 1{,}23) = 0{,}8907$
$P(Z \leq -1{,}23) = \Phi(-1{,}23)$	φ, x, $\Phi(-1{,}23)$, −1,23, 0, 1,23	z | Φ(−z) | Φ(z) | D(z) 1,22 | 1112 | 8888 | 7775 1,23 | **1093** | 8907 | 7813 1,24 | 1075 | 8925 | 7850	$P(Z \leq -1{,}23) = 0{,}1093$
$P(-1{,}23 \leq Z \leq 1{,}23) =$ $= D(1{,}23)$	φ, x, $D(1{,}23)$, −1,23, 0, 1,23	z | Φ(−z) | Φ(z) | D(z) 1,22 | 1112 | 8888 | 7775 1,23 | 1093 | 8907 | **7813** 1,24 | 1075 | 8925 | 7850	$P(-1{,}23 \leq Z \leq 1{,}23) =$ $= 0{,}7813$

Um $\Phi(1{,}23)$ zu berechnen, sucht man in den z-Spalten den Wert $z = 1{,}23$. Danach liest man daneben in der $\Phi(z)$-Spalte den entsprechenden Wert ab. Von den Φ-Werten in der Tabelle sind aus Platzgründen nur die Dezimalstellen angegeben („8 907" ≙ 0,8907). So erhält man $\Phi(1{,}23) = 0{,}8907$.
Ebenso kann man mit Hilfe der Spalte $\Phi(-z)$ den Wert der Verteilungsfunktion für negative z-Werte ermitteln: $\Phi(-1{,}23) = 0{,}1093$. In der Spalte D(z) kann man den Wert für ein symmetrisches Intervall um $\mu = 0$ ablesen. $D(1{,}23) = \Phi(-1{,}23 \leq X \leq 1{,}23) = 0{,}7813$

382. Zeige graphisch oder rechnerisch, dass folgende Beziehung gilt:

a) $\Phi(-z) = 1 - \Phi(z)$ **b)** $D(z) = 2\,\Phi(z) - 1$

MUSTER

383. Z ist eine $N(0; 1)$-verteilte Zufallsvariable. Bestimme mit Hilfe der Φ-Tabelle den Wert der Wahrscheinlichkeit.

a) $P(Z \leq -1{,}12)$ **b)** $P(Z \geq 2{,}34)$ **c)** $P(-0{,}5 \leq Z \leq 0{,}5)$

a) $P(Z \leq -1{,}12) = \Phi(-1{,}12) =$ (nachschauen in der Tabelle) $= 0{,}1314$

b) $P(Z \geq 2{,}34) = 1 - P(Z < 2{,}34) = 1 - \Phi(2{,}34) \overset{\text{Tabelle}}{\rightarrow} = 1 - 0{,}9904 = 0{,}0096$

c) $P(-0{,}5 \leq Z \leq 0{,}5)$ ist ein symmetrisches Intervall um den Erwartungswert 0.
Die Wahrscheinlichkeit entspricht dem Tabellenwert von $D(0{,}5) = 0{,}3829$

384. X ist eine $N(0; 1)$-verteilte Zufallsvariable. Bestimme mit Hilfe der Φ-Tabelle den Wert der Verteilungsfunktion. Schreibe den erhaltenen Wert als Wahrscheinlichkeit an und stelle ihn graphisch mit Hilfe der Dichtefunktion φ dar.

a) $\Phi(1)$ **c)** $\Phi(2{,}1)$ **e)** $\Phi(0{,}23)$ **g)** $\Phi(1{,}96)$
b) $\Phi(-2)$ **d)** $\Phi(-2{,}9)$ **f)** $\Phi(-0{,}76)$ **h)** $\Phi(-2{,}61)$

385. Φ bezeichnet die Verteilungsfunktion der Standard-Normalverteilung. Berechne den Wert des Terms:

a) $\Phi(1{,}23) + \Phi(-0{,}36) =$ ______

b) $\Phi(-2{,}1) - \Phi(-2{,}3) =$ ______

c) $2 \cdot \Phi(1) =$ ______

386. X ist eine N(0; 1)-verteilte Zufallsvariable. Bestimme mit Hilfe der Φ-Tabelle den Wert der Wahrscheinlichkeit.

a) $P(X \leq 2)$
b) $P(X \geq 2)$
c) $P(X \leq -0{,}53)$
d) $P(X \geq -2{,}13)$
e) $P(-1 \leq X \leq 1)$
f) $P(-0{,}34 \leq X \leq 0{,}34)$
g) $P(-2 \leq X \leq 0)$
h) $P(0 \leq X \leq 1)$

387. φ ist die Dichtefunktion einer normalverteilten Zufallsvariablen mit dem Erwartungswert 0 und der Standardabweichung 1. Ergänze die Textteile durch Ankreuzen so, dass eine mathematisch korrekte Aussage entsteht.

(1)	
−2	☐
1	☐
2	☐

(2)	
kleinste Steigung	☐
größte Steigung	☐
Steigung 0	☐

Der Graph von φ hat an der Stelle ____(1)____ die ____(2)____.

R **388.** Warum ist die Verteilungsfunktion der Standard-Normalverteilung nur für z Werte von −3,00 bis 3,00 tabelliert? Stelle eine begründete Vermutung an.

Umkehraufgaben

MUSTER

389. Bestimme den Wert von z, für den gilt $\Phi(z) = 0{,}89$.

Man sucht in der z-Spalte der Φ-Tabelle den Wert, der dem Wert 0,89 am nächsten liegt. Nun liest man z ab:
$z = 1{,}23$

z	Φ(−z)	Φ(z)	D(z)
1,22	1112	8888	7775
1,23	1093	8907	7813
1,24	1075	8925	7850

390. Bestimme den Wert von z.

a) $\Phi(z) = 0{,}05$ b) $\Phi(z) = 0{,}99$ c) $\Phi(z) = 0{,}95$ d) $\Phi(z) = 0{,}5$ e) $\Phi(z) = 0{,}67$

391. Bestimme den Wert von z.

a) $D(z) = 0{,}95$ b) $D(z) = 0{,}99$ c) $D(z) = 0{,}90$ d) $D(z) = 0{,}975$

Die Standardisierung einer normalverteilten Zufallsvariablen

Um mit Hilfe der standardnormalverteilten Zufallsvariablen Z die Wahrscheinlichkeiten von normalverteilten Zufallsvariablen X mit Erwartungswert μ und Standardabweichung σ zu bestimmen, muss man die Werte x der N(μ; σ)-Verteilung in z-Werte einer N(0; 1)-Verteilung transformieren. Die Transformation wird durch die Gleichung $z = \frac{x-\mu}{\sigma}$ beschrieben (= **Standardisierung**).
x und z besitzen durch diese Transformation die Eigenschaft
$F(x) = \Phi\left(\frac{x-\mu}{\sigma}\right)$, also gilt: $P(X \leq x) = P(Z \leq z)$.
Dadurch kann man die Werte aller N(μ; σ) Verteilungsfunktionen in der Tabelle der N(0; 1) Verteilungsfunktion ablesen.

Es ist X zum Beispiel eine normalverteilte Zufallsvariable mit $\mu = 12$ und $\sigma = 3$. Will man die Wahrscheinlichkeit für $P(X \leq 7{,}5)$ ohne Technologieeinsatz bestimmen, geht man in folgenden drei Schritten vor:

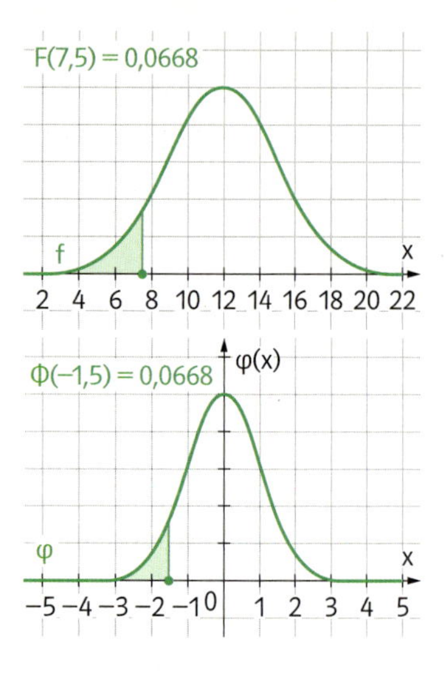

1) Man überlegt, wie man die gesuchte Wahrscheinlichkeit mit der Verteilungsfunktion F bestimmen würde:
   $P(X \leq 7{,}5) = F(7{,}5)$
2) Man standardisiert den Wert der Verteilungsfunktion:
   $z = \frac{x - \mu}{\sigma} = \frac{7{,}5 - 12}{3} = -1{,}5$
3) Da $F(7{,}5) = \Phi(-1{,}5)$ gilt, ermittelt man den Wert von $\Phi(-1{,}5)$ mit Hilfe der N(0; 1)-Tabelle und erhält die gesuchte Wahrscheinlichkeit:
   $P(X \leq 7{,}5) = F(7{,}5) = \Phi(-1{,}5) = 0{,}0668$

Hinweis zur Bedeutung des transformierten z-Wertes

Der bei der Transformation von $x = 7{,}5$ erhaltene z-Wert $z = -1{,}5$ hat die Bedeutung, dass der Wert $x = 7{,}5$ im Abstand $1{,}5 \cdot \sigma$ unter dem Erwartungswert $\mu = 12$ liegt.

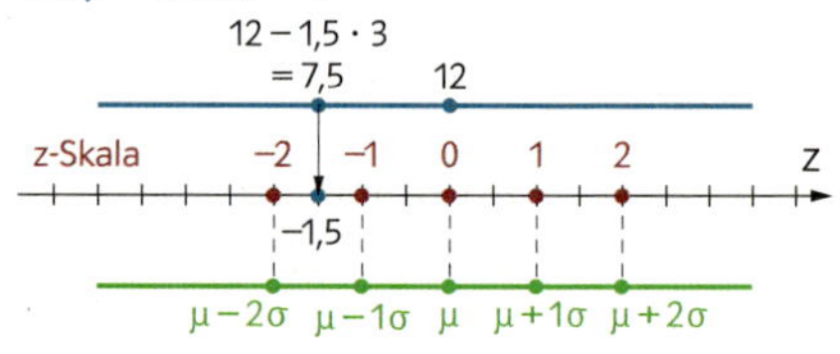

Diesen allgemein gültigen Zusammenhang kann man an folgender Umformung der Transformationsgleichung erkennen:

$$z = \frac{x - \mu}{\sigma} \Rightarrow x - \mu = z \cdot \sigma$$

Der Wert von z gibt also den Abstand x vom Erwartungswert μ in Vielfachen von σ an.

MUSTER

392. Eine Maschine erzeugt Nägel, deren Länge X (in Millimeter) N(50; 3)-normalverteilt ist. Bestimme die Wahrscheinlichkeit mit Hilfe der Standard-Normalverteilung.

a) $P(45 \leq X)$ **b)** $P(45 \leq X \leq 52)$

a) $P(45 \leq X) = 1 - F(45) = 1 - \Phi\left(\frac{45-50}{3}\right) \approx 1 - \Phi(-1{,}67) = 1 - 0{,}0475 = 0{,}9525 = 95{,}25\,\%$

b) $P(45 \leq X \leq 52) = F(52) - F(45) = \Phi\left(\frac{52-50}{3}\right) - \Phi\left(\frac{45-50}{3}\right) \approx \Phi(0{,}67) - \Phi(-1{,}67) = 0{,}7486 - 0{,}0475 =$
$= 0{,}7011 = 70{,}11\,\%$

393. Das Gewicht (in Gramm g) einer Apfelsorte ist normalverteilt mit $\mu = 65$ g und $\sigma = 20$ g. Bestimme mit Hilfe der Standard-Normalverteilung die Wahrscheinlichkeit, dass ein Apfel

a) mehr als 80 g wiegt. **c)** zwischen 40 g und 65 g wiegt.
b) maximal 70 g wiegt. **d)** mindestens 60 g wiegt.

394. Die Haltbarkeit (in Tagen) einer Obstsorte ist normalverteilt mit N(15; 1). Bestimme mit Hilfe der Standard-Normalverteilung die Wahrscheinlichkeit, dass das Obst

a) weniger als 13 Tage hält. **c)** mindestens 10 Tage hält.
b) maximal 14 Tage hält. **d)** zwischen 13 und 17 Tage hält.

395. Die Länge L von Wollfäden (in Meter) ist N(30; 0,1)-verteilt. Berechne die Wahrscheinlichkeit mit Hilfe der Standard-Normalverteilung und interpretiere den Wert. (Verwende dabei die Begriffe „mindestens" bzw. „höchstens".)

a) $P(30{,}2 \leq L)$ **c)** $P(29{,}9 \leq L \leq 30)$ **e)** $P(33 \leq L)$
b) $P(L \leq 29{,}8)$ **d)** $P(L \leq 30{,}4)$ **f)** $P(29{,}7 \leq L \leq 29{,}8)$

WS-R 3.4 **M** **396.** Eine Zufallsvariable X ist normalverteilt mit dem Erwartungswert 10 und der Standardabweichung 2. Φ ist die Verteilungsfunktion der Standard-Normalverteilung.
Ordne die äquivalenten Ausdrücke einander zu.

1	$P(X \leq 8)$	
2	$P(X \geq 14)$	
3	$P(8 \leq X \leq 12)$	
4	$P(X \leq 6)$	

A	$2 \cdot \Phi(1) - 1$
B	$\Phi(-2)$
C	$\Phi(1)$
D	$1 - \Phi(1)$
E	$\Phi(6)$
F	$\Phi(2)$

397. Drücke die angegebene Wahrscheinlichkeit für die $N(\mu; \sigma)$-verteilte Zufallsvariable X nur mit Hilfe
1) der passenden Dichtefunktion f aus.
2) der passenden Verteilungsfunktion F aus.
3) der Dichtefunktion φ der Standard-Normalverteilung aus.
4) der Verteilungsfunktion Φ der Standard-Normalverteilung aus.

a) $P(X \leq a)$ **b)** $P(X \geq a)$ **c)** $P(a \leq X \leq b)$

398. An welcher Stelle findet man in der N(0; 1)-Tabelle die Wahrscheinlichkeit des
a) 1σ-Intervalls? **b)** 2σ-Intervalls? **c)** des 3σ-Intervalls?

399. Zeige mit Hilfe der Standard-Normalverteilung, dass für alle normalverteilten Zufallsvariablen Folgendes gilt:
$P(\mu - \sigma < X < \mu + \sigma) = 68{,}27\,\%$

400. Berechne die Aufgaben 350 bis 355 mit Hilfe der Standard-Normalverteilung.

Umkehraufgaben

Arbeitsblatt
[Um]kehraufgaben
mit Standard-
[Nor]malverteilung
38bj5i

401. Die Zufallsvariable X ist normalverteilt mit dem Erwartungswert $\mu = 40$ und der Standardabweichung $\sigma = 23$. Bestimme den Wert von a.
a) $P(X \leq a) = 0{,}8$ **c)** $P(40 - a \leq X \leq 40 + a) = 0{,}5$
b) $P(X \geq a) = 0{,}44$ **d)** $P(X < 40 + a) = 0{,}67$

402. Die Masse einer bestimmten Muschelart ist normalverteilt mit dem Erwartungswert 256 g und der Standardabweichung 14 g.
a) Welche Masse überschreiten 40 % aller Muscheln?
b) Die 10 % der Muscheln, die die kleinste Masse haben, nennt man „Minimuscheln". Bis zu welcher Masse gehört eine Muschel zu den Minimuscheln?
c) In welchem symmetrischen Intervall um den Erwartungswert liegt die Masse von 80 % aller Muscheln?

403. Auf einer Zielscheibe sind die Abstände (in Zentimeter) der Treffer vom Mittelpunkt der Zielscheibe N(30; 10)-verteilt.
In welchem Abstand vom Mittelpunkt muss man treffen, dass der Treffer zu **a)** den besten 10 % **b)** zu den schlechtesten 25 % **c)** zu den mittleren 30 % zählt?

6.3 Bestimmung von Parametern der Normalverteilung

KOMPETENZEN

Lernziele:

- Intervalle einer normalverteilten Zufallsvariablen berechnen können
- Ein um den Erwartungswert symmetrisches Intervall bei gegebener Wahrscheinlichkeit angeben können
- Die Parameter μ und σ einer normalverteilten Zufallsvariablen berechnen können
- Mit der Normalverteilung, auch in anwendungsorientierten Bereichen, arbeiten können (WS-L 3.5)

Grundkompetenz für die schriftliche Reifeprüfung:

WS-R 3.4 Normalapproximation der Binomialverteilung interpretieren und anwenden können

Bei der Berechnung einer Wahrscheinlichkeit $P(X \leq a)$ einer normalverteilten Zufallsvariablen treten vier Größen auf: P, a, μ und σ. Prinzipiell ist es also notwendig, dass drei dieser Größen bekannt sind, um die vierte Größe eindeutig ermitteln zu können. Es sind somit, je nachdem welche Größen gegeben sind, vier verschiedene Aufgabentypen möglich.

In diesem Kapitel werden die noch nicht bearbeiteten Aufgabentypen betrachtet.

Berechnung von Intervallen einer normalverteilten Zufallsvariablen

MUSTER

Vertiefung: Anleitung zur Berechnung mit Hilfe der Standardnormalverteilung y9bb2d

Technologie: Anleitung Intervalle einer Normalverteilung berechnen m68ha8

404. Eine Maschine füllt Zuckerpackungen ab. Die Füllmenge X (in Gramm g) wird als normalverteilt mit N(505; 10) angenommen.

a) Welches Mindestgewicht haben 90 % der Packungen?

b) In welchem symmetrischen Intervall um den Erwartungswert liegen 95 % der Packungen?

a) Es wird die Füllmenge gesucht, über der 90 % der Packungen liegen. Man sucht also ein k, für das gilt $P(X \geq k) = 0{,}9$.

Bezeichnet f mit $f(x) = \frac{1}{\sqrt{2\pi} \cdot \sigma} \cdot e^{-\frac{1}{2}\left(\frac{x-\mu}{\sigma}\right)^2}$ die Dichtefunktion von X, so kann man k ermitteln, indem man mit einem elektronischen Hilfsmittel die Gleichung $\int_k^{\infty} f(x)\,dx = 0{,}9$ nach k auflöst. Der Wert von k beträgt k = 492,18. Alternativ kann man auch die Gleichung $\int_{-\infty}^{k} f(x)\,dx = 0{,}1$ lösen. Man erhält ebenfalls k = 492,18.

90 % der Packungen haben mindestens 492 g.

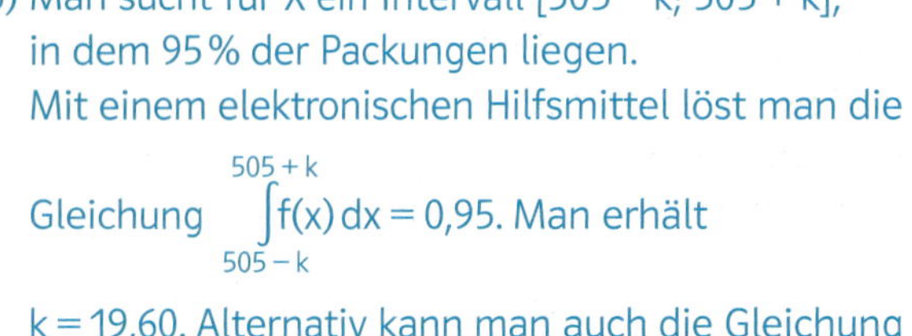

b) Man sucht für X ein Intervall [505 – k; 505 + k], in dem 95 % der Packungen liegen. Mit einem elektronischen Hilfsmittel löst man die Gleichung $\int_{505-k}^{505+k} f(x)\,dx = 0{,}95$. Man erhält k = 19,60. Alternativ kann man auch die Gleichung $\int_{-\infty}^{a} f(x)\,dx = 0{,}025$ lösen. Man erhält a = 485,40.

Das gesuchte Intervall lautet: [505 – 19,60; 505 + 19,60] = [485,40; 524,60]

405. Gegeben ist eine normalverteilte Zufallsvariable X mit $N(\mu; \sigma)$. Bestimme den Wert für k.

a) $N(200; 4)$; $P(X \leq k) = 0{,}34$
b) $N(167; 8)$; $P(X \geq k) = 0{,}34$
c) $N(23; 7)$; $P(X \leq k) = 0{,}995$
d) $N(3283; 34{,}1)$; $P(X \geq k) = 0{,}05$
e) $N(193; 1)$; $P(\mu - k \leq X \leq \mu + k) = 0{,}99$
f) $N(82{,}2; 2{,}3)$; $P(\mu - k \leq X \leq \mu + k) = 0{,}9$

TECHNO-LOGIE

Technologie Anleitung Integralgrenzen berechnen i683xn

Grenze x des bestimmten Integrals $\int_{-\infty}^{x} \frac{1}{\sqrt{2\pi} \cdot \sigma} \cdot e^{-\frac{1}{2}\left(\frac{x-\mu}{\sigma}\right)^2} dx = p$ berechnen

Geogebra	(im CAS-Fenster): Normal(μ; σ; x) = p numerisch lösen Beispiel: Normal(505; 10; x) = 0,1 numerisch lösen: x = 492,18
TI-Nspire:	invNorm(p, μ, σ) Beispiel: invNorm(0,1, 505, 10) ≈ 492,18

406. Gegeben ist eine $N(\mu; \sigma)$-verteilte Zufallsvariable X. Bestimme ein symmetrisches Intervall [a; b] um den Erwartungswert, dessen Werte mit einer Wahrscheinlichkeit von γ angenommen werden ($P(a \leq X \leq b) = \gamma$).

a) $N(381; 14)$; $\gamma = 0{,}95$
b) $N(0; 1)$; $\gamma = 0{,}99$
c) $N(1000; 15{,}23)$; $\gamma = 0{,}90$
d) $N(398; 5{,}6)$; $\gamma = 0{,}95$
e) $N(38; 4)$; $\gamma = 0{,}90$
f) $N(5{,}2; 0{,}82)$; $\gamma = 0{,}99$

407. Das Gewicht einer Gruppe von Personen ist normalverteilt mit $\mu = 78$ kg und $\sigma = 2{,}1$ kg. Welches **a)** Mindestgewicht **b)** Maximalgewicht haben 75 % der Personen?
c) In welchen symmetrischen Bereich um den Erwartungswert fällt das Gewicht von 99 % der Personen?
d) Als Normalgewicht definiert man einen Gewichtsbereich symmetrisch um den Erwartungswert, den 80 % der Personen erreichen. Berechne das Intervall für das Normalgewicht.

408. Die Wartezeit in der Telefonwarteschleife eines Amtes (in Minuten) ist normalverteilt mit dem Erwartungswert 3,5 und der Standardabweichung 1,1.
Wie lange müssen 90 % aller Anrufer und Anruferinnen **a)** mindestens **b)** höchstens warten?
c) In welchem symmetrischen Intervall um den Erwartungswert liegen 50 % aller Wartezeiten?

409. Die Länge von Holzstiften ist normalverteilt mit $N(\mu; \sigma)$. Als Ausschuss werden jene a % der Stifte festgelegt, die um mehr als einen bestimmten Wert vom Erwartungswert der Länge abweichen. Bestimme jene Stiftlängen, die als Ausschuss aussortiert werden.

a) $N(300; 10)$; $a = 5$
b) $N(43; 3{,}4)$; $a = 10$
c) $N(5000; 23{,}2)$; $a = 1$

Berechnung des Erwartungswertes μ einer normalverteilten Zufallsvariablen

MUSTER

Technologie Anleitung Erwartungswert einer Normalverteilung berechnen je95zq

P(X ≥ 490) = 0,75
μ = 497
f
x
440 460 480 500 520 540

410. Eine Maschine füllt Zuckerpackungen ab. Die Abfüllmenge X ist normalverteilt mit der Standardabweichung $\sigma = 10$ g. Man weiß, dass 75 % aller Packungen mehr als 490 g wiegen. Bestimme den Erwartungswert μ der Abfüllmenge.

Es ist f mit $f(x) = \frac{1}{\sqrt{2\pi} \cdot \sigma} \cdot e^{-\frac{1}{2}\left(\frac{x-\mu}{\sigma}\right)^2}$ die Dichtefunktion einer normalverteilten Zufallsvariablen X. Für den gesuchten Erwartungswert muss gelten $P(X \geq 490) = 0{,}75$. Mit einem elektronischen Hilfsmittel löst man folgende Gleichung nach der Variablen μ auf: $\int_{490}^{\infty} \frac{1}{\sqrt{2\pi} \cdot 10} \cdot e^{-\frac{1}{2}\left(\frac{x-\mu}{10}\right)^2} dx = 0{,}75$. Man erhält $\mu = 496{,}74$. Der gesuchte Erwartungswert der Abfüllmenge beträgt ca. 497 g.

Vertiefung
Anleitung zur Berechnung des Erwartungswerts mit Hilfe der Standard-Normalverteilung
d78q3a

411. Die Füllmenge von Kartoffelchips-Packungen ist annähernd normalverteilt. Die Abfüllanlage hat eine Standardabweichung von 10 g. Auf welchen Erwartungswert muss man die Maschine einstellen, sodass 90 % der Packungen mehr als 200 g wiegen?

412. Eine Firma erzeugt Marmorkugeln, deren Durchmesser normalverteilt sind. Die Maschine produziert diese Kugeln mit einer Standardabweichung von 2 mm. Bestimme den Erwartungswert der produzierten Kugeln, sodass genau a % der Kugeln einen größeren Durchmesser als 100 mm haben.

a) a = 10 **b)** a = 90 **c)** a = 50 **d)** a = 99

413. Die Dicke (in Millimeter mm) von Blechplatten ist normalverteilt mit N(μ; 0,05). Bestimme den Erwartungswert der Blechdicke, wenn man weiß, dass

a) 1 % der Platten dicker als 2,1 mm sind.
b) 25 % der Platten mindestens 1,8 mm dick sind.
c) 75 % der Platten höchstens 2,2 mm dick sind.
d) 50 % der Platten dicker als 3 mm sind.

Berechnung der Standardabweichung σ einer normalverteilten Zufallsvariablen

MUSTER

Technologie
Anleitung Standardabweichung einer Normalverteilung berechnen
7r58pg

Vertiefung
Anleitung zur Berechnung der Standardabweichung mit Hilfe der Standard-Normalverteilung
fs33vc

414. Eine Maschine füllt Zuckerpackungen ab.
Die Abfüllmenge X ist normalverteilt mit dem Erwartungswert μ = 490 g. Aus Untersuchungen weiß man, dass 90 % aller Packungen zwischen 481 und 499 g wiegen.
Bestimme die Standardabweichung σ der Abfüllmenge.

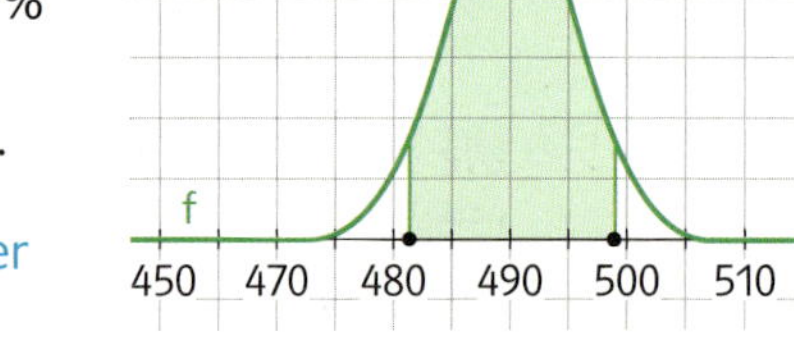

Es ist f mit $f(x) = \frac{1}{\sqrt{2\pi}\cdot\sigma}\cdot e^{-\frac{1}{2}\left(\frac{x-\mu}{\sigma}\right)^2}$ die Dichtefunktion einer normalverteilten Zufallsvariablen X. Für die gesuchte Standardabweichung muss gelten P(481 ≤ X ≤ 499) = 0,9. Mit einem elektronischen Hilfsmittel löst man folgende Gleichung nach der Variablen σ auf: $\int_{481}^{499}\frac{1}{\sqrt{2\pi}\cdot\sigma}\cdot e^{-\frac{1}{2}\left(\frac{x-490}{\sigma}\right)^2}dx = 0{,}9$.

Man erhält σ = 5,4716. Die gesuchte Standardabweichung beträgt ca. 5,47.

415. Die Lebensdauer X von Eintagsfliegen ist normalverteilt mit dem Erwartungswert μ = 1 Tag. Bestimme die Standardabweichung von X, wenn man weiß, dass 90 % aller Fliegen zwischen 22 h und 26 h leben. Interpretiere den erhaltenen Wert.

416. Es wird angenommen, dass die normale Körpertemperatur von Menschen normalverteilt ist mit einem Erwartungswert von 36,7°.
Bestimme die Standardabweichung der Körpertemperatur, wenn man weiß, dass

a) 80 % der Menschen eine Temperatur von mehr als 36,5 °C haben.
b) 95 % der Menschen eine Temperatur von höchstens 37 °C haben.
c) 99 % der Menschen eine Temperatur zwischen 36,2 °C und 37,2 °C haben.

417. Die Abfüllmenge X (in Milliliter ml) von Flaschen ist normalverteilt. 50 % der Flaschen enthalten mehr als 500 ml. Wie groß darf die Standardabweichung von X höchstens sein, damit

a) mit 95 % Sicherheit mehr als 495 ml in jeder Flasche sind?
b) mit 99 % Sicherheit mehr als 495 ml in jeder Flasche sind?

6.4 Annäherung der Binomialverteilung durch die Normalverteilung

KOMPETENZEN

Lernziele:

- Die Binomialverteilung durch die Normalverteilung approximieren können
- Die Bedingung für eine zulässige Approximierung der Binomialverteilung durch eine Normalverteilung kennen
- Mit der Normalverteilung, auch in anwendungsorientierten Bereichen, arbeiten können (WS-L 3.5)

Grundkompetenzen für die schriftliche Reifeprüfung:

WS-R 3.3 Situationen erkennen und beschreiben können, in denen mit Binomialverteilung modelliert werden kann

WS-R 3.4 Normalapproximation der Binomialverteilung interpretieren und anwenden können

VORWISSEN

MERKE

Die Binomialverteilung

Ein Versuch wird n-mal unter gleichen Bedingungen durchgeführt und das Ereignis E („Erfolg") tritt dabei immer mit der Wahrscheinlichkeit p ein. Bezeichnet die Zufallsvariable X die Anzahl der Versuche, bei denen das Ereignis E eintritt, gilt für die Wahrscheinlichkeit $P(X = k)$:

$$P(X = k) = \binom{n}{k} \cdot p^k \cdot (1 - p)^{n-k} \text{ mit } 0 \leq p \leq 1 \text{ und } k = 0, 1, 2, 3, \ldots, n$$

Die diskrete Zufallsvariable X heißt dann **binomialverteilt**.

Für den Erwartungswert μ einer binomialverteilten Zufallsvariablen gilt:

$$\mu = n \cdot p$$

Für die Standardabweichung σ einer binomialverteilten Zufallsvariablen gilt:

$$\sigma = \sqrt{n \cdot p \cdot (1 - p)}$$

Technologie Anleitung Binomialverteilung m7tk4u

418. In einer Urne sind 60 rote und 40 weiße Kugeln. Es wird zehnmal mit Zurücklegen aus der Urne gezogen. Die Zufallsvariable X bezeichnet die Anzahl der gezogenen roten Kugeln.

a) Beurteile, ob X eine binomialverteilte Zufallsvariable ist.
b) Zeichne das Liniendiagramm zur Wahrscheinlichkeitsverteilung von X.
c) Bestimme den Erwartungswert und die Standardabweichung von X und interpretiere den Erwartungswert.

419. Ein Test besteht aus 80 Fragen mit jeweils vier Antwortmöglichkeiten, von denen jeweils nur eine richtig ist. Die Antworten werden zufällig angekreuzt.

a) Bestimme die Wahrscheinlichkeit, mindestens 30 Fragen richtig zu beantworten.
b) Bestimme die Wahrscheinlichkeit, zwischen 10 und 20 Fragen richtig zu beantworten.
c) Bestimme den Erwartungswert und die Standardabweichung von X.

WS-R 3.3 M **420.** Kreuze die binomialverteilte(n) Zufallsvariable(n) X an.

A	Aus einer Urne mit roten und weißen Kugeln wird 100-mal mit Zurücklegen gezogen. X bezeichnet die Anzahl der gezogenen weißen Kugeln.	☐
B	Eine Münze wird dreimal geworfen. X bezeichnet die Anzahl der Versuche, bei denen die Münze „Kopf" zeigt.	☐
C	Aus einer Klasse werden zufällig fünf Personen für eine Mannschaft ausgewählt. X bezeichnet die Anzahl der ausgewählten Buben.	☐
D	Eine Maschine produziert Radierer mit 1% Ausschuss. X bezeichnet die Anzahl der Ausschussteile in einer Lieferung von 50 Radierern.	☐
E	In einer Lieferung von 50 Stück befinden sich 10 kaputte Radierer. Es wird eine Stichprobe von 5 Stück entnommen. X bezeichnet die Anzahl der defekten Radierer.	☐

Zeichnet man die Verteilungsfunktion einer binomialverteilten Zufallsvariablen X als Balkendiagramm, in dem jedem Wert der Zufallsvariablen ein Balken mit der Breite 1 und entsprechender Wahrscheinlichkeit als Höhe zugeordnet wird, so erhält man ein **Histogramm** (d.h. der Flächeninhalt der einzelnen Balken entspricht den jeweiligen Wahrscheinlichkeiten, vgl. Kap 5 S.111).

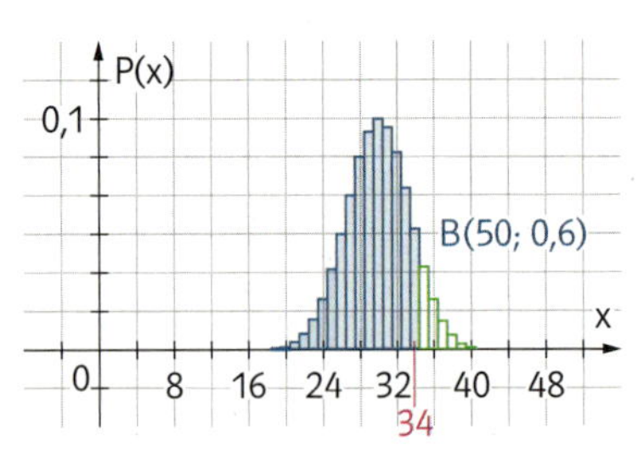

Die Wahrscheinlichkeiten der binomialverteilten Zufallsvariablen X können somit als Flächeninhalte dargestellt werden.
In der Abbildung ist das Histogramm einer binomialverteilten Zufallsvariablen mit $n = 50$ und $p = 0{,}6$ dargestellt (B(50; 0,6)). Der blaue Flächeninhalt entspricht der Wahrscheinlichkeit $P(X \leq 34)$.

Es fällt auf, dass die Form des Histogramms einer Gauß'schen Glockenkurve ähnlich ist.
Und tatsächlich liefert der Graph der Dichtefunktion der Normalverteilung mit $\mu = n \cdot p = 50 \cdot 0{,}6 = 30$ und $\sigma = \sqrt{n \cdot p \cdot (1-p)} = \sqrt{50 \cdot 0{,}6 \cdot 0{,}4} = 3{,}46$ eine recht gute Annäherung an das Histogramm.

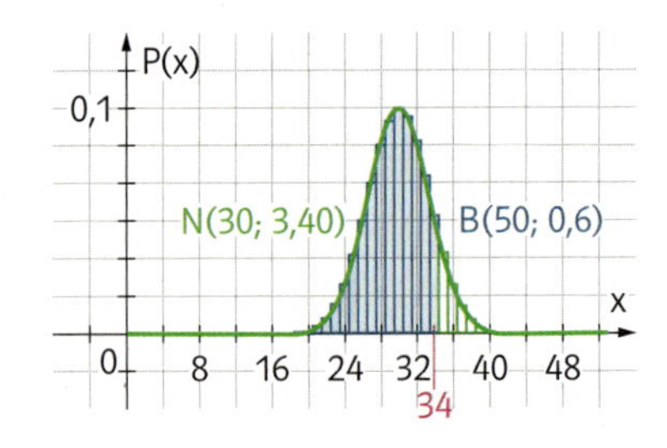

Die Berechnung von $P(X \leq 34)$ mit Hilfe der Binomialverteilung B(50; 0,6) liefert folgendes Ergebnis:

$$P(X \leq 34) = P(X = 0) + P(X = 1) + \ldots + P(X = 34) \approx 0{,}9045 \approx 90\,\%$$

Die Berechnung von $P(X \leq 34)$ mit Hilfe der Normalverteilung N(30; 3,46) liefert folgendes Ergebnis:

$$P(X \leq 34) \approx 0{,}8762 \approx 88\,\%$$

Die Annäherung der Binomialverteilung durch die Normalverteilung ist schon recht gut. Diese wird umso besser, je größer n der Binomialverteilung wird. Das kann man an folgender Tabelle mitverfolgen:

n	Berechnung mit Binomialverteilung B(n; 0,6)	Berechnung mit Normalverteilung $N(n \cdot 0{,}6; \sqrt{n \cdot 0{,}6 \cdot 0{,}4})$	Differenz der Wahrscheinlichkeiten
100	$P(X \leq 61) = 0{,}6178$	$P(X \leq 61) = 0{,}5809$	0,0369
1000	$P(X \leq 610) = 0{,}7507$	$P(X \leq 610) = 0{,}7407$	0,01
10 000	$P(X \leq 6\,500) = 0{,}980$	$P(X \leq 6\,100) = 0{,}9794$	0,0006

Aus Erfahrung hat sich folgende „Faustregel" bewährt:

MERKE

Approximation der Binomialverteilung durch die Normalverteilung

Eine Binomialverteilung B(n; p) mit den Parametern n und p nähert sich mit steigendem n der Normalverteilung N(μ; σ) mit $\mu = n \cdot p$ und $\sigma = \sqrt{n \cdot p \cdot (1-p)}$ an. (**Satz von Moivre-Laplace**)

In der Praxis gilt die Approximation als ausreichend gut, wenn folgende Bedingung erfüllt ist:

$$\sigma^2 = n \cdot p \cdot (1-p) \geq 9 \text{ oder } \sigma = \sqrt{n \cdot p \cdot (1-p)} \geq 3$$

WS-R 3.4 M **421.** Kreuze alle Binomialverteilungen B(n; p) an, bei denen eine Annäherung durch eine Normalverteilung zulässig ist.

a)

A	B(100; 0,9)	☐
B	B(100; 0,09)	☐
C	B(20; 0,5)	☐
D	B(200; 0,5)	☐
E	B(1000; 0,01)	☐

b)

A	B(3000; 0,5)	☐
B	B(3000; 0,09)	☐
C	B(3000; 0,9)	☐
D	B(2000; 0,1)	☐
E	B(500; 0,01)	☐

WS-R 3.4 M **422.** Vervollständige den Satz so, dass eine mathematisch korrekte Aussage entsteht.

Die Binomialverteilung ____(1)____ darf durch die Normalverteilung ____(2)____ approximiert werden.

(1)	
B(1800; 0,1)	☐
B(600; 0,3)	☐
B(300; 0,6)	☐

(2)	
N(180; 8,49)	☐
N(180; 13,41)	☐
N(180; 0,72)	☐

MUSTER

423. In einer Stadt gibt es erfahrungsgemäß 5 % Schwarzfahrer. Bestimme die Wahrscheinlichkeit, dass man unter 1000 kontrollierten Personen

a) höchstens 50 Schwarzfahrer findet.
b) mindestens 30 Schwarzfahrer findet.
c) zwischen 30 und 60 Schwarzfahrer findet.
d) genau 50 Schwarzfahrer findet.

Die Zufallsvariable X bezeichnet die Anzahl der Schwarzfahrer unter 1000 kontrollierten Personen. X ist binomialverteilt. Da $\sigma = \sqrt{1000 \cdot 0{,}05 \cdot (1-0{,}05)} \approx 6{,}89$ ist, kann man die Berechnungen durch eine Normalverteilung N(50; 6,89) approximieren.

a) $P(X \leq 50) = 50\,\%$ b) $P(X \geq 30) \approx 99{,}8\,\%$ c) $P(30 \leq X \leq 60) \approx 92\,\%$

d) 1. Art: Diese Fragestellung lässt sich eigentlich nicht mit der Approximation berechnen, da die Wahrscheinlichkeit für einen bestimmten Wert der Zufallsvariablen bei der Normalverteilung immer 0 ist. Man muss daher auf die Binomialverteilung zurückgreifen.

$$P(X = 50) = \binom{1000}{50} \cdot 0{,}05^{50} \cdot 0{,}95^{950} = 0{,}0578 \approx 5{,}8\,\%$$

2. Art: Durch die Berechnung der Wahrscheinlichkeit $P(49{,}5 < X < 50{,}5)$ mit Hilfe der Normalverteilung N(50; 6,89), kann man eine Approximation erreichen.
Die Berechnung ergibt: $P(49{,}5 < X < 50{,}5) = 5{,}8\,\%$

424. Bei der Produktion von Skateboards weisen erfahrungsgemäß 20 % der erzeugten Boards Fehler in der Bemalung auf. Berechne die Wahrscheinlichkeit, dass sich unter 500 Boards

a) weniger als 110 fehlerhafte befinden.
b) mindestens 110 fehlerhafte befinden.
c) zwischen 100 und 110 fehlerhafte befinden.
d) genau 110 fehlerhafte befinden.

425. Es wird 1000-mal mit einem 6-seitigen Spielwürfel gewürfelt. X bezeichnet die Anzahl der Einser unter diesen 1000 Würfen. Bestimme die angegebene Wahrscheinlichkeit und interpretiere ihren Wert.

a) $P(X \geq 150)$ **b)** $P(150 \leq X \leq 200)$ **c)** $P(X \leq 150)$ **d)** $P(150 \leq X \leq 180)$

426. Eine Münze wird 100 000-mal geworfen. X bezeichnet die Anzahl der dabei auftretenden Würfe, die „Kopf" zeigen. Bestimme die angegebene Wahrscheinlichkeit.

a) $P(X \geq 60\,000)$
b) $P(49\,500 \leq X \leq 50\,500)$
c) $P(X \leq 49\,000)$
d) $P(49\,000 \leq X \leq 50\,000)$

427. In einer Urne befinden sich 100 weiße und 900 rote Kugeln. Es wird 100-mal mit Zurücklegen aus der Urne gezogen. X bezeichnet die Anzahl der gezogenen weißen Kugeln. Bestimme die angegebene Wahrscheinlichkeit sowohl mit Hilfe einer Binomialverteilung als auch mit Hilfe der Approximation durch eine Normalverteilung. Bestimme die Differenz der Ergebnisse.

a) $P(X \leq 9)$ **b)** $P(8 \leq X \leq 12)$ **c)** $P(X \geq 10)$ **d)** $P(6 \leq X \leq 9)$ **e)** $P(X > 0)$

WS-R 3.4 M **428.** Ein erfahrener Lotteriespieler hat eruiert, dass bei einer Lotterie jedes fünfte Los gewinnt.
Bestimme die Wahrscheinlichkeit, dass sich unter den 1000 Losen, die der Lotteriespieler im Laufe von Jahren gekauft hat, mehr als 200 Gewinnlose befinden. (Verwende dabei die Approximation durch eine Normalverteilung.)

429. Die Keimfähigkeit der Samen einer bestimmten Pflanzenart liegt bei 80,5 %.
Es werden 1000 Samen gekauft und angepflanzt. X bezeichnet die Anzahl der Keimlinge, die man aus diesen Samen erhält. Bestimme ein symmetrisches Intervall um den Erwartungswert von X, in dem mit 95 % Wahrscheinlichkeit die Anzahl der Keimlinge liegt.

430. Eine Firma füllt Kaffeesäcke ab. Erfahrungsgemäß ist jeder fünfzigste Sack so schlecht befüllt, dass er nicht in den Verkauf gelangen kann. Es werden 1000 Säcke abgefüllt. Wie viele schlecht abgefüllte Säcke befinden sich mit 99 % Wahrscheinlichkeit höchstens unter ihnen?

WS-R 3.4 M **431.** In einer Großstadt besitzt jeder zehnte Autobesitzer ein gelbes Auto.
Gib ein symmetrisches Intervall um den Erwartungswert an, in dem sich unter 1000 Autobesitzern mit 95 % Wahrscheinlichkeit die Anzahl der Besitzer von gelben Autos dieser Stadt befindet.

WS-R 3.4 M **432.** X ist eine binomialverteilte Zufallsvariable, die durch eine Normalverteilung angenähert wird. Ihr Erwartungswert ist 900 und ihre Standardabweichung ist 20.
Φ ist die Verteilungsfunktion der Standard-Normalverteilung.
Ordne die äquivalenten Ausdrücke einander zu.

1	$P(X \leq 900)$	
2	$P(X \geq 920)$	
3	$P(840 < X < 960)$	
4	$P(X \leq 860)$	

A	$2 \cdot \Phi(3) - 1$
B	$1 - \Phi(-1)$
C	$\Phi(3)$
D	$1 - \Phi(1)$
E	$\Phi(-2)$
F	$\Phi(0)$

WS-R 3.4 M **433.** In der Abbildung sieht man den Graphen der Dichtefunktion φ einer standardnormalverteilten Zufallsvariablen mit dem Erwartungswert 0 und der Standardabweichung 1.
Ein Würfel wird 1000-mal geworfen. X bezeichnet die Anzahl der dabei auftretenden Würfe mit einer Augenzahl größer als 4.
Veranschauliche in der Abbildung den Wert von $P(X \geq 311)$.

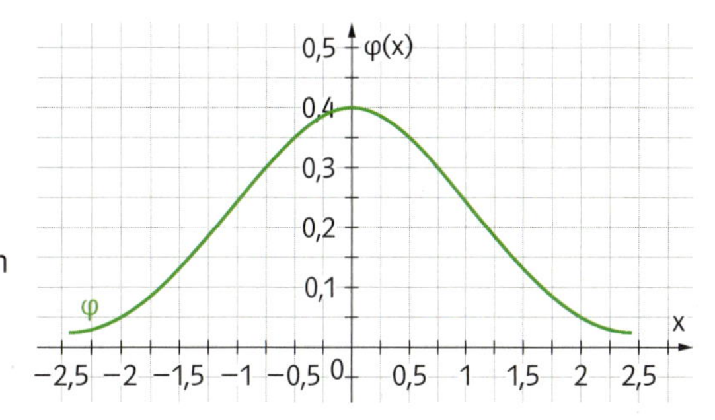

ZUSAMMENFASSUNG

Dichtefunktion einer normalverteilten Zufallsvariablen X

$$f(x) = \frac{1}{\sqrt{2\pi} \cdot \sigma} \cdot e^{-\frac{1}{2}\left(\frac{x-\mu}{\sigma}\right)^2}$$

μ…Erwartungswert
σ…Standardabweichung

Die Schreibweise $N(\mu; \sigma)$ bezeichnet eine Normalverteilung mit den Parametern μ und σ.

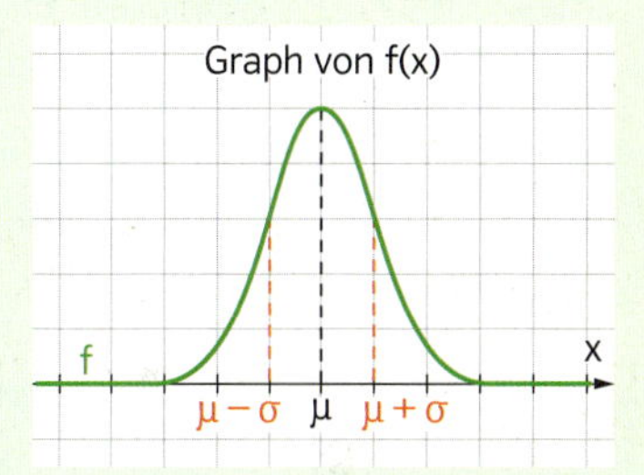

Verteilungsfunktion einer normalverteilten Zufallsvariablen

Ist f die Dichtefunktion einer normalverteilten Zufallsvariablen, dann heißt

$F(x) = P(X \leq x)$

die Verteilungsfunktion der Zufallsvariablen X.

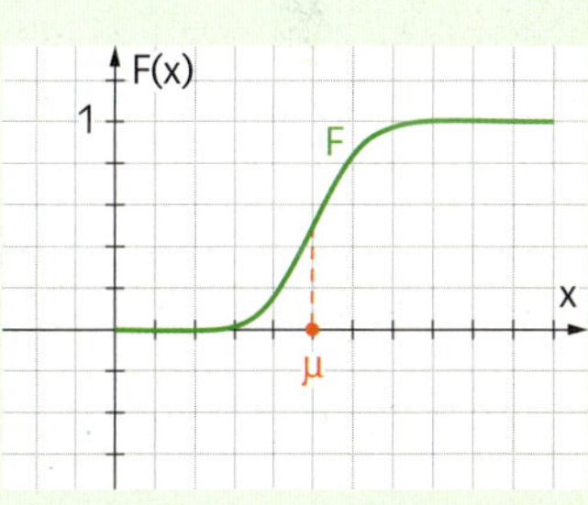

Standard-Normalverteilung

$\varphi(z) = \frac{1}{\sqrt{2\pi}} \cdot e^{-\frac{1}{2}z^2}$ … Dichtefunktion der Standard-Normalverteilung $N(0; 1)$

$\Phi(z)$…Verteilungsfunktion der Standard-Normalverteilung

Transformationsgleichung: $z = \frac{x-\mu}{\sigma}$

Approximation der Binomialverteilung durch die Normalverteilung

Eine Binomialverteilung $B(n; p)$ mit den Parametern n und p nähert sich mit steigendem n der Normalverteilung $N(\mu; \sigma)$ mit $\mu = n \cdot p$ und $\sigma = \sqrt{n \cdot p \cdot (1-p)}$ an. (**Satz von Moivre-Laplace**)

In der Praxis gilt die Approximation als ausreichend gut, wenn folgende Bedingung erfüllt ist:

$n \cdot p \cdot (1-p) \geq 9$ oder $\sigma = \sqrt{n \cdot p \cdot (1-p)} \geq 3$

TRAINING

Vernetzung – Typ-2-Aufgaben

Typ 2 M **434. Alte Stufen**

Jahrhunderte alte Steinstufen sind in der Mitte mehr abgenutzt als zu ihren Rändern hin.
Eine Untersuchung an alten Treppen hat ergeben, dass die Abnutzung näherungsweise einer Normalverteilung unterliegt.
Dabei bezeichnet die Zufallsvariable X die Entfernung (in Zentimeter cm) vom Mittelpunkt der Stufe. $P(X = a)$ bezeichnet die Wahrscheinlichkeit, dass jemand in der Entfernung a auf die Stufe tritt. Ein positiver Wert von a bezeichnet eine Entfernung, die vom Mittelpunkt aus nach rechts gemessen wird und ein negativer Wert von a bezeichnet eine Entfernung, die vom Stufenmittelpunkt aus nach links gemessen wird.

a) Eine Stufe ist 90 cm breit. Die Wahrscheinlichkeit, dass man mehr als 40 cm vom Stufenmittelpunkt entfernt auf die Stufe tritt beträgt 0,5 %.
Bestimme einen symmetrischen Bereich um den Stufenmittelpunkt, auf den 90 % der Stufenbenutzer treten.

b) Es gilt die Annahme, dass durch jeden Tritt auf die Stufe an dieser Stelle $5 \cdot 10^{-4}$ mm vom Steinmaterial der Stufe abgenutzt werden.
Bestimme die Abnutzung der Stufe in einem 5 cm breiten symmetrischen Intervall um den Stufenmittelpunkt, wenn angenommen wird, dass X normalverteilt ist, mit dem Erwartungswert 0 und der Standardabweichung 8 cm und wenn die Stufe bereits 100 000-mal betreten worden ist.

c) Die Halbwertsbreite einer Funktion mit einem lokalen Maximum ist die Differenz zwischen den beiden Argumentwerten, für die die Funktionswerte auf die Hälfte des Maximums abgesunken sind.
Zeige, dass die Halbwertsbreite der Dichtefunktion der Standard-Normalverteilung $2 \cdot \sqrt{2\ln(2)}$ beträgt.

d) X ist eine normalverteilte Zufallsvariable mit dem Erwartungswert 0 und der Standardabweichung 1. Φ ist die Verteilungsfunktion und φ ist die Dichtefunktion von X. Kreuze die zutreffende(n) Aussage(n) an.

A	$\Phi(0{,}3) = 1 - \Phi(0{,}7)$	☐
B	$\Phi(0) = \int_{-\infty}^{0} \varphi(x)\,dx$	☐
C	$P(-0{,}5 \leq X \leq 0{,}5) = \Phi(0{,}5) - \Phi(-0{,}5)$	☐
D	$\Phi(2) - \Phi(1) = \int_{1}^{2} \Phi(x)\,dx$	☐
E	$P(-1 \leq X \leq 0) = 0{,}5 - \Phi(-1)$	☐

ÜBERPRÜFUNG

Selbstkontrolle

☐ Ich kenne die Eigenschaften von normalverteilten Zufallsvariablen.

WS-R 3.4 **M** **435.** Gegeben ist eine binomialverteilte Zufallsvariable X, die durch eine Normalverteilung mit dem Erwartungswert μ approximiert wird. Kreuze die auf X zutreffende(n) Aussage(n) an.

A	$P(X = \mu) = 1$	☐
B	$P(X < a) = 1 - P(X > a);\ a \in \mathbb{R}$	☐
C	$P(X < \mu + a) = P(X > \mu - a);\ a \in \mathbb{R}$	☐
D	$P(X < \mu) = 1 - P(X < \mu);\ a \in \mathbb{R}$	☐
E	$P(X = a) = 0;\ a \in \mathbb{R}$	☐

☐ Ich kann den Graphen der Dichtefunktion der Normalverteilung skizzieren und interpretieren.

436. Skizziere den Graphen der Dichtefunktion f einer N(10; 2)-verteilten Zufallsvariablen in das Koordinatensystem.

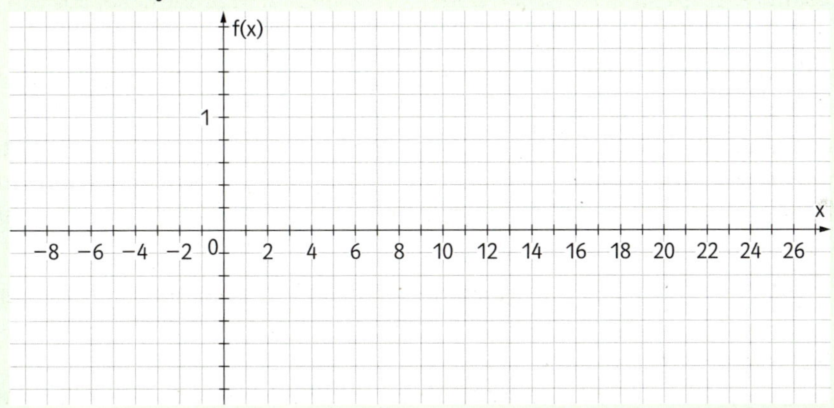

☐ Ich kann die Normalverteilung in anwendungsorientierten Bereichen verwenden.

437. Die Masse von Hühnereiern ist annähernd normalverteilt mit dem Erwartungswert 50 g und der Standardabweichung 6 g. Bestimme die Wahrscheinlichkeit, dass ein Ei mindestens 60 g wiegt.

☐ Ich kenne die Wahrscheinlichkeiten der σ-Intervalle.

WS-R 3.4 **M** **438.** Vervollständige den Satz so, dass eine mathematisch korrekte Aussage entsteht.

Für eine N(0; 1)-verteilte Zufallsvariable X gilt: ____(1)____ beträgt ____(2)____.

(1)	
$P(\mu - \sigma \le X \le \mu + \sigma)$	☐
$P(-\sigma \le X \le +\sigma)$	☐
$P(\mu - 1 \le X \le \mu + 1)$	☐

(2)	
50 %	☐
95,4 %	☐
68,3 %	☐

☐ Ich kann Wahrscheinlichkeiten mit Hilfe der Standard-Normalverteilung berechnen.

439. X ist eine N(100; 1)-verteilte Zufallsvariable. Φ ist die Verteilungsfunktion der Standard-Normalverteilung.
Bestimme den Wert von a.
$P(X \leq 98{,}5) = \Phi(a)$ a = ____________

☐ Ich kann Intervalle einer normalverteilten Zufallsvariablen berechnen.

440. Der Durchmesser von handgefertigten Keramiktellern ist annähernd normalverteilt mit $\mu = 23\,\text{cm}$ und $\sigma = 0{,}3\,\text{cm}$.
Berechne den Durchmesser, den 95 % aller Keramikteller überschreiten.

☐ Ich kann ein symmetrisches Intervall um den Erwartungswert bei gegebener Wahrscheinlichkeit angeben.

441. Der Durchmesser von handgefertigten Keramiktellern ist annähernd normalverteilt mit $\mu = 23\,\text{cm}$ und $\sigma = 0{,}3\,\text{cm}$.
Bestimme ein symmetrisches Intervall um den Erwartungswert, in dem sich die Durchmesser der Teller mit 95 % Wahrscheinlichkeit befinden.

☐ Ich kann die Parameter μ und σ einer normalverteilten Zufallsvariablen berechnen.

442. Der Krümmungsradius von Feldgurken wird gemessen. Die Messungen ergaben für den Krümmungsradius einen Erwartungswert von 35 cm. 60 % aller untersuchten Gurken weisen einen Krümmungsradius von weniger als 40 cm auf.
Bestimme unter der Annahme, dass der Krümmungsradius normalverteilt ist, die Standardabweichung des Krümmungsradius.

☐ Ich kann die Binomialverteilung durch die Normalverteilung approximieren.

WS-R 3.4 M **443.** Eine faire Münze wird 500-mal geworfen.
Bestimme mit Hilfe einer approximierenden Normalverteilung die Wahrscheinlichkeit, dass weniger als 270-mal „Kopf" geworfen wird.

☐ Ich kenne die Bedingung, wann eine Approximation der Binomialverteilung zulässig ist.

WS-R 3.4 M **444.** Nenne die Bedingung, unter der die Approximation einer Binomialverteilung B(n; p) durch eine Normalverteilung zulässig ist.
Gib die Parameter μ und σ der approximierenden Normalverteilung an.

Kompetenzcheck Stetige Wahrscheinlichkeitsverteilungen und beurteilende Statistik 1

Grundkompetenz für die schriftliche Reifeprüfung:

☐ WS-R 3.4 Normalapproximation der Binomialverteilung interpretieren und anwenden können

WS-R 3.4 M **445.** Vervollständige den Satz so, dass eine mathematisch korrekte Aussage entsteht.

Die Binomialverteilung ____(1)____ darf durch die Normalverteilung ____(2)____ approximiert werden.

(1)	
B(100; 0,1)	☐
B(10; 0,1)	☐
B(1000; 0,1)	☐

(2)	
N(10; 3)	☐
N(100; 9,49)	☐
N(100; 0,1)	☐

WS-R 3.4 M **446.** X ist eine binomialverteilte Zufallsvariable, die durch eine Normalverteilung angenähert wird. Ihr Erwartungswert ist 500 und ihre Standardabweichung ist 25.
Φ ist die Verteilungsfunktion der Standard-Normalverteilung.
Ordne die äquivalenten Ausdrücke einander zu.

1	$P(X \leq 475)$	
2	$P(X \geq 550)$	
3	$P(475 < X < 525)$	
4	$P(X \leq 500)$	

A	$2 \cdot \Phi(1) - 1$
B	$1 - \Phi(2)$
C	$\Phi(1)$
D	$1 - \Phi(1)$
E	$\Phi(2)$
F	$\Phi(0)$

WS-R 3.4 M **447.** In einer Großstadt fährt jeder fünfte Fahrradfahrer ohne Helm.
Gib ein symmetrisches Intervall um den Erwartungswert an, in dem sich unter 2000 Radfahrern mit 99 % Wahrscheinlichkeit die Anzahl der Radfahrer, die ohne Helm unterwegs sind, befindet.

WS-R 3.4 M **448.** Eine Zufallsvariable X ist normalverteilt mit $N(\mu; \sigma)$.
f ist die Dichtefunktion von X, F ist die Verteilungsfunktion von X und Φ ist die Verteilungsfunkton der Standard-Normalverteilung.
Kreuze die zutreffende(n) Aussage(n) an.

A	$F(X = a) = \Phi(a);\ a \in \mathbb{R}$	☐
B	$P(X < a) = \Phi\left(\frac{a - \mu}{\sigma}\right);\ a \in \mathbb{R}$	☐
C	$\Phi(a) = \int_{-\infty}^{a} \frac{1}{\sqrt{2\pi}} e^{-\frac{1}{2}x^2} dx;\ a \in \mathbb{R}$	☐
D	$P(X < a) = F(a);\ a \in \mathbb{R}$	☐
E	$P(X < a) = \int_{-\infty}^{a} f(x)\,dx;\ a \in \mathbb{R}$	☐

WS-R 3.4 M **449.** In der Abbildung sieht man den Graphen der Dichtefunktion f einer normalverteilten Zufallsvariablen mit dem Erwartungswert $\mu = 0$ und der Standardabweichung $\sigma = 2{,}5$.
Veranschauliche im Graphen den Wert von $P(X > \mu + \sigma)$.

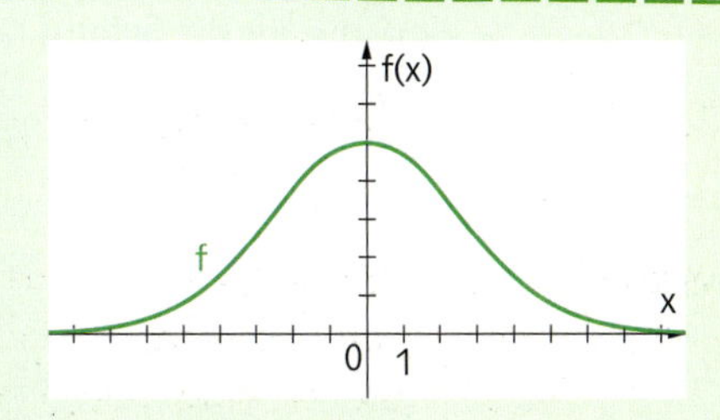

7 Schließende und beurteilende Statistik

Viele Medien erfüllen ihren Informationsauftrag, indem sie über Erkenntnisse aus Umfragen berichten. Häufig wird in Diskussionen mit Ergebnissen von Umfragen argumentiert. Aber kann man aus einer Befragung von wenigen Personen auf Eigenschaften oder Meinungen aller schließen?

Die Antwort lautet: Ja, aber…

In diesem Kapitel wirst du erfahren, wie du die Qualität von Umfragen und deren Ergebnisse bewerten kannst.

Und du wirst danach erkennen können, welche wichtigen Informationen bei nebenstehenden Umfragen fehlen.

Medienberichte über Umfragen

Nur 18 % glauben, dass ihr Arbeitsplatz durch Digitalisierung und Automatisierung gefährdet ist.

Wie profil in seiner aktuellen Ausgabe berichtet, machen sich nur 18 % der Berufstätigen in Österreich Sorgen, dass ihr Arbeitsplatz durch Digitalisierung und Roboter mittelfristig verloren geht. Nur 6 % sind in sehr großer Sorge. 12 % sehen die Entwicklung eher bedrohlich, geht aus einer vom Meinungsforschungsinstitut Unique Research für profil durchgeführten Umfrage hervor. Fast die Hälfte der Befragten macht sich überhaupt keine Sorgen. 36 % bleiben trotz der vielen Studien über riesige Umwälzungen auf dem Arbeitsmarkt eher entspannt.

Methode: Online-Befragung
Zielgruppe: Österr. Bevölkerung ab 16 J.
Max Schwankungsbreite der Ergebnisse: +/– 4,4 Prozentpunkte
Sample: n = 500 Befragte
Feldarbeit: 18. bis 21. April 2017

Quelle: profil.at [22.4.2017]

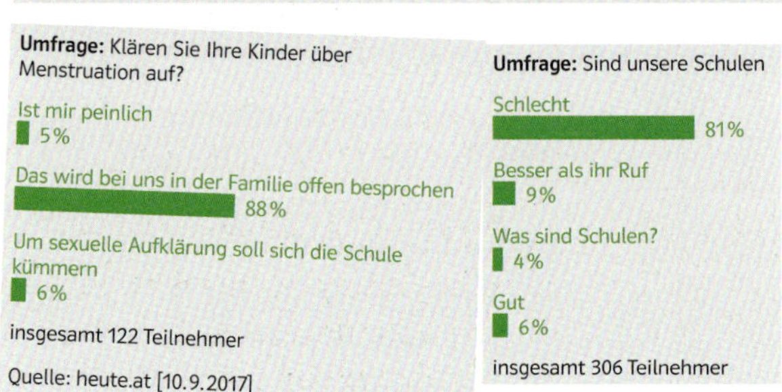

Antibiotikum oder homöopathische Globuli? Was hilft wirklich?

Immer wieder stehen wir vor der Situation, dass eine (zumindest bis jetzt) gültige Erkenntnis oder gängige Meinung angezweifelt wird. Und nun muss man sich entscheiden: Soll man die alte Erkenntnis beibehalten oder einer Alternative mehr Vertrauen schenken?

Um sich bei der Lösung dieses Problems nicht nur auf persönliche Ansichten und Erfahrungen verlassen zu müssen, können wir mathematisches Know-how heranziehen: Die beurteilende Statistik liefert objektive Kriterien zur Einschätzung der Situation und zur Entscheidungsfindung.

Dabei arbeitet die Mathematik ähnlich wie ein Richter, der die Schuld eines Angeklagten feststellen muss.

Grundsätzlich geht ein Richter in einem Strafrechtsprozess dabei von der **Unschuld des Angeklagten** aus. Wenn zu wenige Hinweise für die Schuld des Angeklagten sprechen, wird weiterhin die Unschuld des Angeklagten angenommen. Ob diese Annahme auch tatsächlich zweifelsfrei wahr ist, wird nicht festgestellt. Erst wenn es **genügend** Hinweise gibt, die für die **Schuld** des Angeklagten sprechen, wird die Annahme der Unschuld verworfen und der Angeklagte vom Richter für schuldig befunden. Ob diese Annahme auch tatsächlich zweifelsfrei wahr ist, wird nicht festgestellt. Wie man diese juristische Vorgehensweise in eine Rechnung umsetzt, wirst du in diesem Kapitel erfahren.

schuldig gesprochen ≠ schuldig sein
nicht schuldig gesprochen ≠ unschuldig sein

oder

7.1 Schließende Statistik

KOMPE-
TENZEN

Lernziele:

- Einen Schätzbereich für relative Häufigkeiten in einer Stichprobe ermitteln können
- Einen Schätzbereich interpretieren können
- Ein Konfidenzintervall für den relativen Anteil ermitteln können
- Konfidenzintervalle interpretieren können

Grundkompetenz für die schriftliche Reifeprüfung:

WS-R 4.1 Konfidenzintervalle als Schätzung für eine Wahrscheinlichkeit oder einen unbekannten Anteil p interpretieren (frequentistische Deutung) und verwenden können; Berechnungen auf Basis der Binomialverteilung oder einer durch die Normalverteilung approximierten Binomialverteilung durchführen können

Bei der **schließenden Statistik** geht es darum, Zusammenhänge zwischen dem relativen Anteil eines Merkmals in der Grundgesamtheit und der relativen Häufigkeit h eines Merkmals in einer Stichprobe zu beschreiben.
Besteht eine Grundgesamtheit aus sehr vielen Elementen, so ist es sehr aufwendig, diese auf ein bestimmtes Merkmal hin zu untersuchen. Will man die Essensgewohnheiten aller Einwohner Österreichs (**Grundgesamtheit**) untersuchen, so müsste man in einer großangelegten Befragung alle Einwohner befragen. Einfacher ist es, eine geeignete Auswahl an Personen aus der Grundgesamtheit zu treffen (**Stichprobe**) und von der relativen Häufigkeit h in der Stichprobe auf die Wahrscheinlichkeit p in der Grundgesamtheit zu schließen.

von der Grundgesamtheit auf die Stichprobe schließen – Schätzbereich	von der Stichprobe auf die Grundgesamtheit schließen – Konfidenzintervall
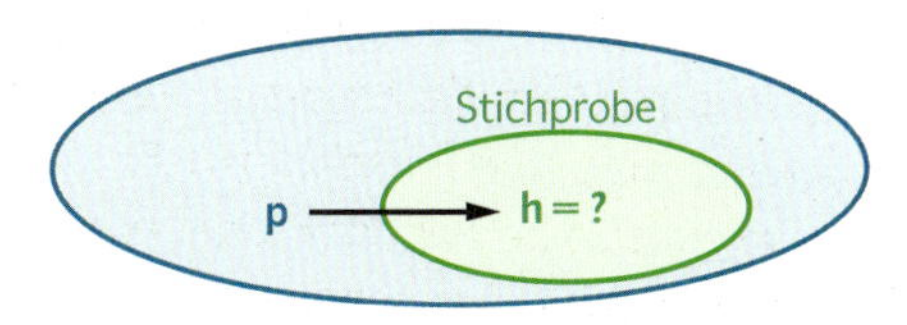	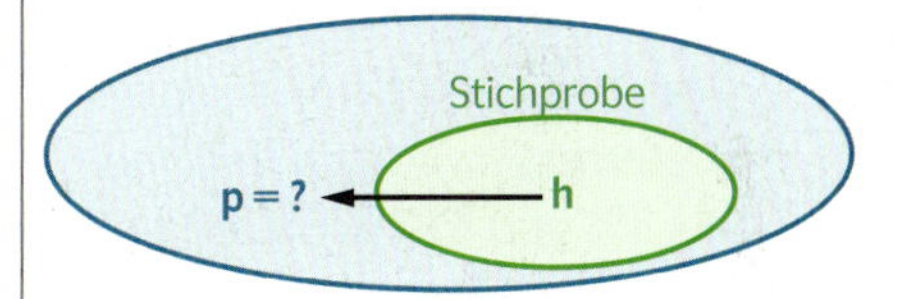
Weiß man zum Beispiel, dass 60 % aller Einwohner Österreichs täglich Gemüse essen (p = 0,6), so werden in einer Stichprobe von 100 Einwohnern nicht genau 60 Personen täglich Gemüse essen. Es können mit einer bestimmten Wahrscheinlichkeit auch nur 55 oder sogar 90 Personen sein. 90 Personen sind allerdings intuitiv unwahrscheinlicher als 55 Personen. Man kann also mit Hilfe eines bekannten relativen Anteils p nur einen Schätzbereich von h bestimmen.	Von der bekannten relativen Häufigkeit h in einer geeigneten Stichprobe kann man nicht mit Sicherheit auf einen bestimmten Wert von p in der Grundgesamtheit schließen. Ist zum Beispiel der Anteil h der Personen, die täglich Gemüse essen, in einer Stichprobe gleich 12 %, so wird in der Grundgesamtheit die Wahrscheinlichkeit p für „täglich Gemüse essende Personen" mit einer bestimmten Wahrscheinlichkeit in einem Intervall um 12 % liegen. Dieses Intervall für p nennt man Konfidenzintervall von p.
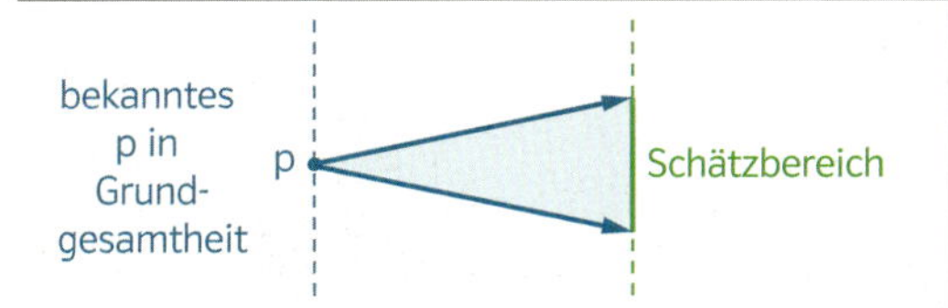	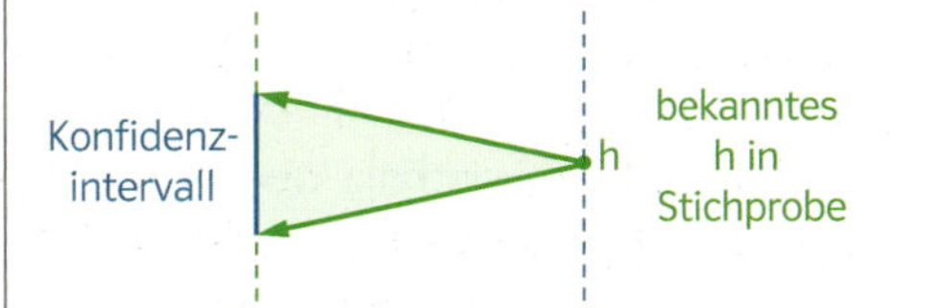

In der Praxis ist aus weiter oben genannten Gründen der Schluss von h auf p bedeutender.
In diesem Kapitel werden **Schätzbereiche** für h und **Konfidenzintervalle** für p berechnet.

Schätzbereiche für die relative Häufigkeit h in einer Stichprobe ermitteln

Technologie
Anleitung Schätzbereich bei Normalverteilung ermitteln 7c5ig3

Man weiß, dass der Frauenanteil an der österreichischen Bevölkerung $p = 51\,\%$ beträgt. Wählt man nun eine zufällige Stichprobe von 250 Personen, so ist die Anzahl X der Frauen in dieser Stichprobe eine binomialverteilte Zufallsvariable mit den Parametern $\mu = n \cdot p = 250 \cdot 0{,}51 = 127{,}5$ und $\sigma = \sqrt{250 \cdot 0{,}51 \cdot 0{,}49} \approx 7{,}90$. Da $\sigma > 3$ ist, kann man die Binomialverteilung durch eine Normalverteilung N(127,5; 7,90) annähern.
Will man nun ein Intervall um μ ermitteln, in dem zum Beispiel mit der Wahrscheinlichkeit $\gamma = 0{,}95$ (= **Sicherheit des Schätzbereiches**) die Anzahl der Frauen in der Stichprobe liegt, so sucht man zunächst ein k, das folgende Gleichung erfüllt:

$$P(\mu - k \leq X \leq \mu + k) = 0{,}95$$

Die Variable k kann man mit Hilfe eines elektronischen Hilfsmittels ermitteln.
Man erhält $k = 15{,}48 \Rightarrow P(112{,}02 \leq X \leq 142{,}98) = 0{,}95$.
Der entsprechende Bereich in der Dichtefunktion der Normalverteilung ist in der nebenstehenden Abbildung eingezeichnet.

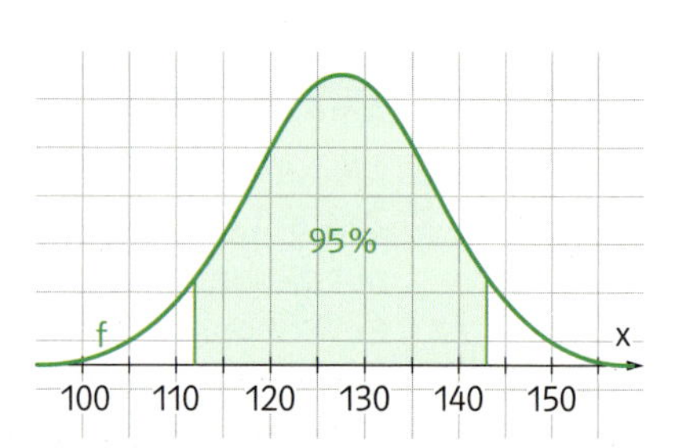

Beachte: Die Intervallgrenzen werden nicht mathematisch gerundet. Das Intervall wird zur Sicherheit an beiden Grenzen immer vergrößert. Die Anzahl der Frauen liegt dann mit einer Wahrscheinlichkeit von **mindestens** $\gamma = 0{,}95$ im Intervall [112; 143].
Als 0,95-Schätzbereich für die relative Häufigkeit h in der Stichprobe erhält man: $\frac{112}{250} \leq h \leq \frac{143}{250}$.
Der **γ-Schätzbereich** von h für $\gamma = 0{,}95$ ist daher: $[0{,}448; 0{,}572] = [44{,}8\,\%; 57{,}2\,\%]$.
Das bedeutet: Eine Stichprobe von 250 Personen aus Österreich wird mit 95%-iger Wahrscheinlichkeit zwischen 44,8 % und 57,2 % Frauen enthalten.

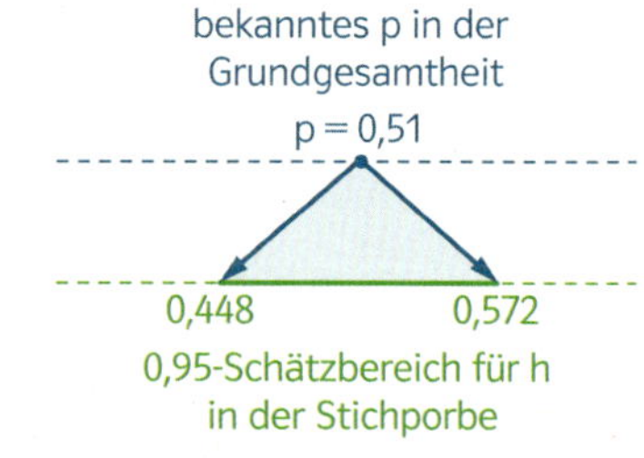

MERKE

γ-Schätzbereich für die relative Häufigkeit h in einer Stichprobe

In einer Grundgesamtheit tritt ein Merkmal mit der Wahrscheinlichkeit p auf. Schätzt man nun die relative Häufigkeit dieses Merkmals in einer Stichprobe vom Umfang n, so bezeichnet der γ-Schätzbereich ein symmetrisches Intervall um p, das die relative Häufigkeit h mit der Wahrscheinlichkeit γ enthält. γ bezeichnet die **Sicherheit** des Schätzbereiches.

Interpretation des Schätzbereiches

Würde man viele Stichproben vom Umfang n ziehen, so würde in ca. $\gamma \cdot 100\,\%$ der Stichproben die relative Häufigkeit des Merkmals in den Schätzbereich fallen.

Anmerkungen

- Für γ sind die Werte 0,95 und 0,99 üblich.
- Es wird immer vorausgesetzt, dass in der Stichprobe die untersuchten Merkmale mit ähnlicher Wahrscheinlichkeit auftreten, wie in der Grundgesamtheit. In der Praxis ist die Auswahl einer passenden Stichprobe eine große Herausforderung.

MUSTER

Technologie
Anleitung
Schätzbereich
bei Binomial-
verteilung
ermitteln
cx38nn

450. Eine Firma produziert Teile mit einem Ausschuss von 2 %. Bestimme den γ-Schätzbereich für die relative Häufigkeit für die Anzahl der Ausschussteile, die eine Stichprobe von 1000 Teilen mit einer Sicherheit von 99 % enthält und interpretiere das Ergebnis.

Die Zufallsvariable X bezeichnet die Anzahl der Ausschussteile in der Stichprobe. X ist binomialverteilt und kann durch eine Normalverteilung mit den Parametern $\mu = 1000 \cdot 0{,}02 = 20$ und $\sigma = \sqrt{1000 \cdot 0{,}02 \cdot 0{,}98} = 4{,}427$ angenähert werden. Die Sicherheit soll $\gamma = 0{,}99$ betragen.
Man sucht also ein symmetrisches Intervall um den Erwartungswert $\mu = 20$, in das die Anzahl der Ausschussteile mit der Wahrscheinlichkeit 0,99 fällt.

$$P(20 - k \leq X \leq 20 + k) = 0{,}99$$

Die Berechnung mit einem elektronischen Hilfsmittel ergibt: $k = 11{,}40$.
Die Anzahl der Ausschussteile X der Stichprobe wird mit mindestens 99 %-iger Wahrscheinlichkeit einen Wert aus dem Intervall [8; 32] annehmen.
Der γ-Schätzbereich für die relative Häufigkeit in der Stichprobe ist

$$\left[\frac{8}{1000}; \frac{32}{1000}\right] = [0{,}008; 0{,}032].$$

Interpretation: Würde man sehr viele Stichproben vom Umfang 1000 ziehen, so würden ca. 99 % der Stichproben zwischen 8 und 32 Ausschussteile enthalten.

451. Der Anteil der Linkshänder in einer Bevölkerungsgruppe beträgt 13 %.
1) Bestimme die Anzahl der Linkshänder, die sich in einer Schule mit 300 Schülerinnen und Schülern mit einer Sicherheit von γ befinden.
2) Bestimme den γ-Schätzbereich für die relative Häufigkeit der Anzahl der Linkshänder in dieser Schule.

a) $\gamma = 0{,}90$ b) $\gamma = 0{,}95$ c) $\gamma = 0{,}99$

452. In einer Befragung von 500 Personen gibt der Anteil h an, dass nebenstehendes Foto bei ihnen Urlaubsstimmung auslöse. Der Anteil der Personen, die die gleiche Stimmungsassoziation haben, wurde bei einer früheren Untersuchung mit 34 % ermittelt. Untersuche, ob h in den 0,95-Schätzbereich fällt.

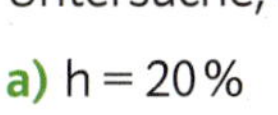

a) h = 20 % c) h = 40 %
b) h = 30 % d) h = 50 %

453. Die Partei A hat nach der letzten Wahl einen Wähleranteil in der Gesamtbevölkerung von 31 %. Bestimme den Wähleranteil dieser Partei in einer Stichprobe von n Personen mit 95 %-iger Sicherheit.

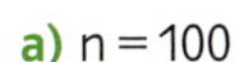

a) n = 100 b) n = 500 c) n = 1000 d) n = 10 000

454. Ein Würfel wird n-mal geworfen. Bestimme einen 1) 0,90-; 2) 0,95-; 3) 0,99-Schätzbereich für die Anzahl der geworfenen Sechser.

a) n = 100 b) n = 500 c) n = 1000

455. 67% der Beschäftigten einer Stadt fahren mindestens einmal pro Woche mit dem Rad zur Arbeit.

1) Bestimme jeweils einen 0,90-Schätzbereich für die relative Häufigkeit der Anzahl der Personen, die mindestens in einer Gruppe von 200 Beschäftigten, 400 Beschäftigten oder 600 Beschäftigten anzutreffen sind.

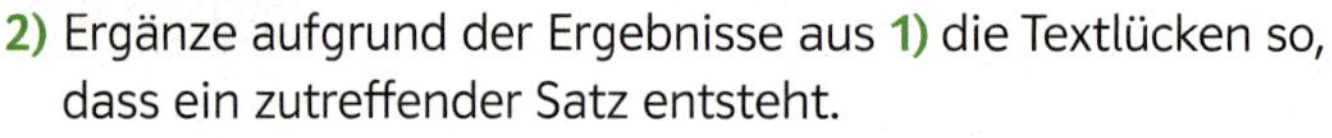

2) Ergänze aufgrund der Ergebnisse aus **1)** die Textlücken so, dass ein zutreffender Satz entsteht.

Je ______________ der Umfang der Stichprobe ist, desto ______________ ist der γ-Schätzbereich.

456. Die Zeitschrift „Morgen“ lesen p Prozent aller erwachsenen Einwohner einer Stadt.

1) Bestimme jeweils für p = 30, 40, 50, 60, 70 einen 0,95-Schätzbereich für die relative Häufigkeit der Anzahl der Personen, die sich in einer Gruppe von 600 Einwohnern dieser Stadt befinden. Runde die relative Häufigkeit auf drei Dezimalstellen.

2) Ergänze aufgrund der Ergebnisse aus **1)** die Textlücken so, dass ein zutreffender Satz entsteht.

Je ______________ der Anteil p eines Merkmals in der Grundgesamtheit ist, desto ______________ ist der γ-Schätzbereich für den relativen Anteil in der Stichprobe.

Arbeitsblatt Schätzbereiche cb6535

457. Der 0,99-Schätzbereich eines Merkmals in einer Stichprobe von 1000 Stück wird mit [120; 180] angegeben.
Kreuze die aufgrund der Angabe zutreffende(n) Aussage(n) an.

A	Man wird in der Stichprobe mit Sicherheit zwischen 120 und 180 Stück mit dem Merkmal finden.	☐
B	Der 95%-Schätzbereich wäre kleiner gewesen.	☐
C	Man geht in dieser Untersuchung von einer Wahrscheinlichkeit dieses Merkmals von 15% in der Grundgesamtheit aus.	☐
D	Wäre die Stichprobe größer gewesen, würde sich der Schätzbereich für die relative Häufigkeit ändern.	☐
E	Von 100 Stichproben würde mindestens eine Stichprobe weniger als 120 oder mehr als 180 Stück mit dem Merkmal enthalten.	☐

R **458.** Österreichweit hatten 20% aller Schülerinnen und Schüler bei der Matura einen ausgezeichneten Erfolg. Die Direktorin einer Schule möchte nun einen γ-Schätzbereich für den Anteil der ausgezeichneten Erfolge für die 98 Maturantinnen und Maturanten ihrer Schule ermitteln.
Wovon hängt die Zuverlässigkeit des Ergebnisses ab?

R **459.** Eine Münze wird 1000-mal geworfen. Dabei zeigt sie 550-mal „Kopf“.
Reflektiere, ob es sich um eine faire Münze handelt.

Definition eines Konfidenzintervalls

Im vorigen Abschnitt wurde von der bekannten Wahrscheinlichkeit p eines Merkmals in der Grundgesamtheit auf die relative Häufigkeit h dieses Merkmals in einer Stichprobe geschlossen. Nun betrachtet man den umgekehrten Fall: Es wird erarbeitet, wie man von der bekannten relativen Häufigkeit h in einer Stichprobe auf die unbekannte Wahrscheinlichkeit p in der Grundgesamtheit schließen kann.
Die Wahrscheinlichkeit p in der Grundgesamtheit ist zwar unbekannt, aber sie ist ein feststehender Wert. Da die Wahrscheinlichkeit eines Merkmals in der Grundgesamtheit dem **relativen Anteil** dieses Merkmals in der Grundgesamtheit entspricht, steht dieser Wert von Anfang an fest, es ist nur im Allgemeinen ein großer Aufwand, diesen zu ermitteln, da man die gesamte Grundgesamtheit untersuchen müsste. Man geht nun folgendermaßen vor:

Zuerst wählt man eine Wahrscheinlichkeit γ, mit der man die unbekannte (aber feststehende) Wahrscheinlichkeit p abschätzen möchte. Man nennt γ „**die Sicherheit der Abschätzung**".

Jeder mögliche Wert von p in der Grundgesamtheit besitzt einen Schätzbereich für die relative Häufigkeit in der Stichprobe.
Als gute Abschätzung für p werden alle Werte von p bezeichnet, in deren γ-Schätzbereich die relative Häufigkeit der Stichprobe fällt. Alle Werte von p, die diese Eigenschaft haben, bilden das **Konfidenzintervall mit der Sicherheit** γ für die unbekannte Wahrscheinlichkeit p in der Grundgesamtheit. Anhand der nebenstehenden Abbildung wird dieser Zusammenhang noch einmal verdeutlicht:

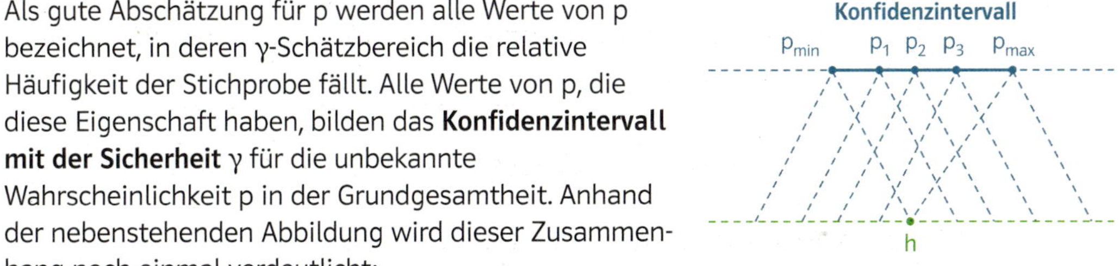

Im Konfidenzintervall $[p_{min}; p_{max}]$ liegen alle Werte für p, deren Schätzbereiche die ermittelte relative Häufigkeit h der Stichprobe enthalten.

MERKE

Definition des γ-Konfidenzintervalls

Um die unbekannte Wahrscheinlichkeit p eines Merkmals in einer Grundgesamtheit abzuschätzen, ermittelt man die relative Häufigkeit h dieses Merkmals in einer Stichprobe.
Das γ-Konfidenzintervall von p umfasst alle Werte von p, deren γ-Schätzbereiche h enthalten.

Interpretation des Konfidenzintervalls

Würde man sehr oft Stichproben vom Umfang n nehmen, so würde in ca. $\gamma \cdot 100\,\%$ der Stichproben die unbekannte (aber feststehende) Wahrscheinlichkeit p im Konfidenzintervall der Stichprobe enthalten sein.

Anmerkungen

- Für γ sind die Werte 0,95 und 0,99 üblich.
- Es gibt auch eine weitere Interpretationsmöglichkeit für das Konfidenzintervall:
  Die Wahrscheinlichkeit, dass eine zufällig gewählte Stichprobe auf ein Konfidenzintervall führt, das den unbekannten (aber feststehenden) Wert von p enthält, ist $\gamma \cdot 100\,\%$.

Berechnung des Konfidenzintervalls

Vertiefung
Konfidenzintervall ohne Vereinfachungen ermitteln
ch453p

Um das Konfidenzintervall ohne großen Rechenaufwand zu ermitteln, nimmt man zwei Vereinfachungen vor.

1) Man nimmt an, dass die Zufallsvariable X binomialverteilt ist, und nähert die Binomialverteilung durch eine Normalverteilung an.
2) Zu jedem möglichen Wert p der Grundgesamtheit gibt es einen Schätzbereich für die relative Häufigkeit h in der Stichprobe, welchen man mit der entsprechenden Normalverteilung mit den jeweiligen Parametern $\mu = n \cdot p$ und $\sigma = \sqrt{n \cdot p \cdot (1-p)}$ berechnen kann. Die zweite Vereinfachung besteht darin, dass man diesen (verschiedenen) Normalverteilungen denselben Parameter $\sigma = \sqrt{n \cdot h \cdot (1-h)}$ zuweist. h ist dabei die bekannte relative Häufigkeit der Stichprobe.

Das Konfidenzintervall wird nun mit den genannten Vereinfachungen in einem Beispiel berechnet:
Bei einer Befragung von 1000 Personen zeigen 215 Personen eine Präferenz für die Partei A. Man will nun von der bekannten relativen Häufigkeit $h = \frac{215}{1000} = 0{,}215$ der Stichprobe auf die unbekannte Wahrscheinlichkeit p (= relativer Anteil) für die Präferenz von A in der Grundgesamtheit schließen. Die Sicherheit soll 0,95 betragen.
Das gesuchte Konfidenzintervall lautet $[p_{min}; p_{max}]$.
Man betrachtet die Graphen der Dichtefunktonen (1. Vereinfachung) der beiden (noch unbekannten) Normalverteilungen $N_{min}\left(n \cdot p_{min}; \sqrt{n \cdot h \cdot (1-h)}\right)$ und $N_{max}\left(n \cdot p_{max}; \sqrt{n \cdot h \cdot (1-h)}\right)$ in der nebenstehenden Abbildung. In der Mitte dieser Dichtefunktionen ist der Graph der (bekannten) Dichtefunktion $N\left(n \cdot h; \sqrt{n \cdot h \cdot (1-h)}\right)$ dargestellt. Die Graphen aller drei Dichtefunktionen haben verschiedene Lagen, aber die gleiche, symmetrische Form, da sie Normalverteilungen mit demselben Parameter σ darstellen (Vereinfachung 2). Dadurch muss das gesuchte Konfidenzintervall $[p_{min}; p_{max}]$ symmetrisch zu $p = h$ liegen. Aus den Definitionen des Konfidenzintervalls und der Symmetrie der Graphen folgt, dass die Graphen der beiden Dichtefunktionen von N_{min} und N_{max} so liegen müssen, dass die relative Häufigkeit h den linken bzw. rechten Rand des jeweiligen 95 %-Schätzbereiches bildet.

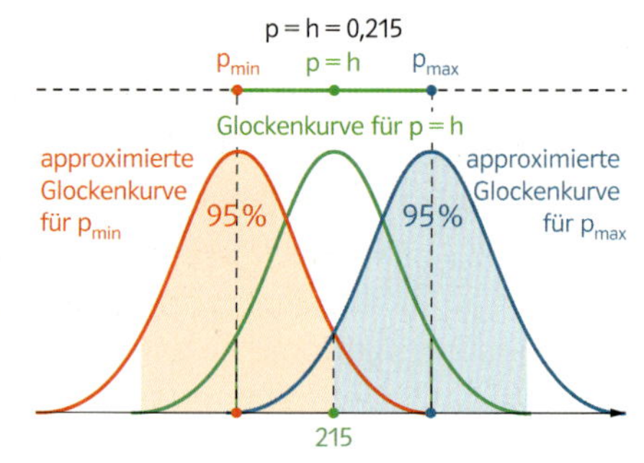

Aus Symmetriegründen muss der 95 %-Schätzbereich der bekannten grünen Dichtefunktion mit dem Intervall $[n \cdot p_{min}; n \cdot p_{max}]$ übereinstimmen. Da man h aus der Stichprobe kennt, kann man diesen Schätzbereich berechnen. Daraus kann man danach die Grenzen des Konfidenzintervalls p_{min} und p_{max} bestimmen:

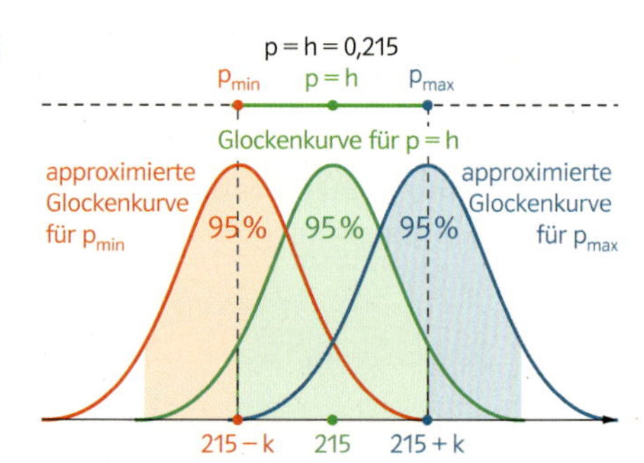

Der grüne Graph entspricht der Normalverteilung $N\left(n \cdot h; \sqrt{n \cdot h \cdot (1-h)}\right) = N(215; 12{,}99)$.

$$P(215 - k \le X \le 215 + k) = 0{,}95$$

Technologie
Anleitung Symmetrisches Intervall bestimmen
f8r2z3

Daraus kann man den Wert für k mit einem elektronischen Hilfsmittel oder mit Hilfe der Standard-Normalverteilung berechnen.

$$F(215 + k) = \Phi\left(\frac{(215 + k) - 215}{12{,}99}\right) = 0{,}975 = \Phi(1{,}96) \quad \Rightarrow \quad \frac{(215 + k) - 215}{12{,}99} = 1{,}96 \quad \Rightarrow \quad k = 25{,}46$$

Also ist $P(189{,}54 \leq X \leq 240{,}46) = 0{,}95$.

$$p_{min} = \frac{189{,}54}{1000} \approx 0{,}1895 \quad \text{und} \quad p_{max} = \frac{240{,}46}{1000} \approx 0{,}2405$$

Das gesuchte 95 %-Konfidenzintervall lautet daher: [18,9 %; 24,1 %].

Beachte: Die Intervallgrenzen werden nicht mathematisch gerundet. Das Intervall wird zur Sicherheit an beiden Grenzen immer vergrößert.

Mit Hilfe der Vereinfachungen kann man eine Formel zur Berechnung des γ-Konfidenzintervalls herleiten (siehe Anhang Beweise, Seite 281).

MERKE

Formel zur Berechnung des (approximierten) γ-Konfidenzintervalls

γ-Konfidenzintervall für $p = \left[h - z \cdot \sqrt{\frac{h \cdot (1-h)}{n}};\ h + z \cdot \sqrt{\frac{h \cdot (1-h)}{n}}\right]$

$\varepsilon = z \cdot \sqrt{\frac{h \cdot (1-h)}{n}}$ … Abweichung von h; die halbe Intervallbreite

p … unbekannte (abzuschätzende) Wahrscheinlichkeit für das Auftreten eines Merkmals in der Grundgesamtheit

h … relative Häufigkeit des Merkmals in der Stichprobe

n … Umfang der Stichprobe

$\Phi(z) = \frac{\gamma + 1}{2}$ $\qquad z \approx 1{,}96$ für $\gamma = 0{,}95$ $\qquad z \approx 2{,}575$ für $\gamma = 0{,}99$

γ … **Sicherheit oder Vertrauensniveau** des Konfidenzintervalls

$\alpha = 1 - \gamma$ … **Irrtumswahrscheinlichkeit**

MUSTER

460. Bei einer Kundenbefragung eines Telefonanbieters gaben 350 von 500 Kunden an, mit dem Service des Anbieters sehr zufrieden zu sein. Bestimme ein 0,99-Konfidenzintervall für den Anteil der sehr zufriedenen Kunden dieses Anbieters

a) mit Hilfe der Standard-Normalverteilung.

b) mit Hilfe der obigen Formel.

a) $h = \frac{350}{500} = 0{,}7$. Es wird eine Normalverteilung mit $\mu = 500 \cdot 0{,}7 = 350$ und $\sigma = \sqrt{500 \cdot 0{,}7 \cdot 0{,}3} = 10{,}25$ angenommen.

$P(350 - k \leq X \leq 350 + k) = 0{,}99 \quad \Rightarrow \quad F(350 + k) = \frac{\gamma + 1}{2} = \frac{0{,}99 + 1}{2} = 0{,}995$ (wobei F die Verteilungsfunktion der entsprechenden Normalverteilung ist).

$F(350 + k) = \Phi\left(\frac{(350 + k) - 350}{10{,}25}\right) = 0{,}995 = \Phi(2{,}575) \quad \Rightarrow \quad \frac{(350 + k) - 350}{10{,}25} = 2{,}575 \quad \Rightarrow \quad k = 26{,}39$

Man kann k ebenso mit einem elektronischen Hilfsmittel berechnen.

Also ist $P(323{,}61 \leq X \leq 376{,}39) = 0{,}99$.

$$p_{min} = \frac{323{,}61}{500} \approx 0{,}647 \quad \text{und} \quad p_{max} = \frac{376{,}39}{500} \approx 0{,}752$$

Das gesuchte 99 %-Konfidenzintervall lautet daher: [64 %; 76 %]

b) γ-Konfidenzintervall für $p = \left[h - z \cdot \sqrt{\frac{h \cdot (1-h)}{n}};\ h + z \cdot \sqrt{\frac{h \cdot (1-h)}{n}}\right] =$

$= \left[0{,}7 - 2{,}575 \cdot \sqrt{\frac{0{,}7 \cdot (1 - 0{,}7)}{500}};\ 0{,}7 + 2{,}575 \cdot \sqrt{\frac{0{,}7 \cdot (1 - 0{,}7)}{500}}\right] \approx [64\,\%; 76\,\%]$

461. Bei einer Befragung von 1000 Personen der Wahlberechtigten zeigen 215 Personen eine Präferenz für die Partei A.
Berechne das 0,99-Konfidenzintervall der Präferenz für Partei A unter allen Wahlberechtigten

a) mit Hilfe der Standard-Normalverteilung.

b) mit Hilfe der Formel.

TECHNO-LOGIE

Technologie
Anleitung Konfidenzintervall ermitteln
x94z3x

Konfidenzintervall für Normalverteilung berechnen

Geogebra:	GaußAnteilSchätzer[<Stichprobenanteil>, <Stichprobengröße>, <Signifikanzniveau>] Beispiel: GaußAnteilSchätzer[0.215, 1000, 0.95] = {0.1895; 0, 2405}
TI-Nspire:	Statistik / Konfidenzintervalle / 1-Prop z-Interval Menü 6 6 5 Beispiel: [x … 215, n … 1000, [Level … 0,95] = {0,1895; 0,2105}

Arbeitsblatt
Konfidenzintervall
n3e957

462. Die österreichische Schülervertretung befragt 500 Schülerinnen und Schüler. 389 davon geben an, zu viel Hausübung zu bekommen.

Bestimme ein γ-Konfidenzintervall für den Anteil der Schülerinnen und Schüler in ganz Österreich, die angeben zu viel Hausübung zu bekommen.

a) $\gamma = 95\,\%$ **b)** $\gamma = 99\,\%$ **c)** $\gamma = 90\,\%$

WS-R 4.1 **M** **463.** Bei einer Befragung von 750 Personen, gaben 367 Personen an, täglich öffentliche Verkehrsmittel zu benutzen.
Berechne ein 0,95-Konfidenzintervall für den relativen Anteil der Personen in der Gesamtbevölkerung, die täglich ein öffentliches Verkehrsmittel benutzen.

WS-R 4.1 **M** **464.** Im Rahmen einer österreichischen Marktforschung zeigen von 600 repräsentativ ausgewählten Personen 514 eine Präferenz für die Apfelsorte „Lavanttaler Bananenapfel".
Berechne ein 0,99-Konfidenzintervall für den relativen Anteil der Personen in der Gesamtbevölkerung Österreichs, die diese Apfelsorte bevorzugen.

Arbeitsblatt
Konfidenzintervall ermitteln
mm79bi

465. Bei einer Befragung von n Personen zeigen H Personen eine Präferenz für die Partei B. Berechne ein γ-Konfidenzintervall für die Wahrscheinlichkeit, dass in der Gesamtbevölkerung eine Person eine Präferenz für die Partei B hat.

a) $n = 1000;\ H = 500;\ \gamma = 0{,}95$ **c)** $n = 1000;\ H = 500;\ \gamma = 0{,}99$ **e)** $n = 50;\ H = 25;\ \gamma = 0{,}95$
b) $n = 2000;\ H = 1000;\ \gamma = 0{,}95$ **d)** $n = 1000;\ H = 300;\ \gamma = 0{,}99$ **f)** $n = 50;\ H = 25;\ \gamma = 0{,}99$

WS-R 4.1 **M** **466.** Eine Schule möchte die Zufriedenheit ihrer Schülerinnen und Schüler durch die Untersuchung einer Stichprobe ermitteln. Eine Befragung ergab ein 0,90-Konfidenzintervall von [88 %; 90 %]. Interpretiere die Werte des Konfidenzintervalls.

467. Um den Ausschussanteil einer Produktion zu bestimmen, wird eine Stichprobe von 800 produzierten Stücken untersucht. 119 davon weisen Mängel auf.
Nach Optimierungen im Produktionsablauf wird neuerlich eine Stichprobe vom Umfang 800 untersucht. In der neuen Stichprobe befinden sich nur noch 105 mangelhafte Stücke. Haben die Optimierungsaufgaben eine Verbesserung gebracht? Unterstütze deine Antwort mit mathematischen Argumenten.

Technologie
Darstellung Einfluss der Parameter auf das Konfidenzintervall
qd28gi

Konfidenzintervall – der Einfluss der Parameter

In diesem Abschnitt wird der Einfluss der Parameter h, γ und n aus der Formel zur Berechnung eines Konfidenzintervalls untersucht. Es wird zunächst das Konfidenzintervall für ein Vergleichsbeispiel berechnet. Danach wird untersucht, wie sich die Veränderung nur eines einzigen Parameters auf die Breite des Konfidenzintervalls auswirkt.

Vergleichsbeispiel:

Parameterwerte n = 1000; h = 0,4; γ = 0,95 Konfidenzintervall: [0,37; 0,43] Breite: 0,06

	Parameter n		Parameter γ		Parameter h		
Variation	n = 500	n = 1500	γ = 0,90	γ = 0,99	h = 0,1	h = 0,5	h = 0,8
Intervall	[0,36; 0,44]	[0,38; 0,42]	[0,375; 0,425]	[0,36; 0,44]	[0,08; 0,12]	[0,469; 0,531]	[0,78; 0,82]
Breite	0,08	0,04	0,05	0,08	0,04	0,062	0,04
Auswirkung des Parameters auf das Konfidenzintervall	Je größer der Umfang der Stichprobe ist, desto schmäler ist das Konfidenzintervall.		Je höher das Vertrauensniveau festgelegt wird, desto breiter ist das Konfidenzintervall.		Bei der relativen Häufigkeit h = 0,5 ist das Konfidenzintervall am breitesten. Je mehr h vom Wert 0,5 abweicht, desto schmäler wird das Konfidenzintervall.		

468. Es sind jeweils die Parameter n, h und γ zur Berechnung dreier Konfidenzintervalle I_1, I_2 und I_3 gegeben. Ordne die Konfidenzintervalle I_1, I_2 und I_3 ihrer Breite nach. Beginne mit dem breitesten Intervall.

a) I_1: n = 5000; h = 0,7; γ = 0,99 I_2: n = 5000; h = 0,6; γ = 0,99 I_3: n = 5000; h = 0,9; γ = 0,99
b) I_1: n = 5000; h = 0,7; γ = 0,99 I_2: n = 1000; h = 0,7; γ = 0,99 I_3: n = 6000; h = 0,7; γ = 0,99
c) I_1: n = 5000; h = 0,7; γ = 0,99 I_2: n = 5000; h = 0,7; γ = 0,90 I_3: n = 5000; h = 0,7; γ = 0,95

469. Verändert man ausschließlich einen Parameter n, h oder γ bei der Berechnung des Konfidenzintervalls, so verändert sich dessen Breite.
Argumentiere mit Hilfe der Formel zur Berechnung des Konfidenzintervalls, dass folgende Aussage zutreffend ist.

a) Je größer der Umfang der Stichprobe ist, desto schmäler ist das Konfidenzintervall.
b) Je größer das Vertrauensniveau festgelegt wird, desto breiter ist das Konfidenzintervall.
c) Bei der relativen Häufigkeit h = 0,5 ist das Konfidenzintervall am breitesten.

WS-R 4.1 M **470.** Bei einer Umfrage wurden 600 Personen befragt, ob sie in diesem Jahr planen auf Urlaub zu fahren. Als Ergebnis erhielt man das 0,95-Konfidenzintervall [58 %; 62 %].
Kreuze die aufgrund dieses Ergebnisses zutreffende(n) Aussage(n) an.

A	Hätte man 1000 Personen befragt, wäre das Konfidenzintervall breiter geworden.	☐
B	Ein 0,99-Konfidenzintervall wäre bei gleich bleibender Anzahl der Befragten breiter.	☐
C	Es haben bei der Umfrage ungefähr 360 Personen angegeben einen Urlaub zu planen.	☐
D	Hätten mehr Personen angegeben einen Urlaub zu planen, so wäre das Konfidenzintervall schmäler geworden.	☐
E	Es planen auf jeden Fall zwischen 58 % und 62 % der Grundgesamtheit einen Urlaub.	☐

WS-R 4.1 M **Arbeitsblatt** Auswirkung der Parameter auf das Konfidenzintervall q8gr6a

471. Bei einer Umfrage wurden 1000 Personen gefragt, ob sie die Zeitung „SWEN" lesen. Als Ergebnis erhielt man das 0,99-Konfidenzintervall [45%; 55%].
Kreuze die aufgrund dieses Ergebnisses zutreffende(n) Aussage(n) an.

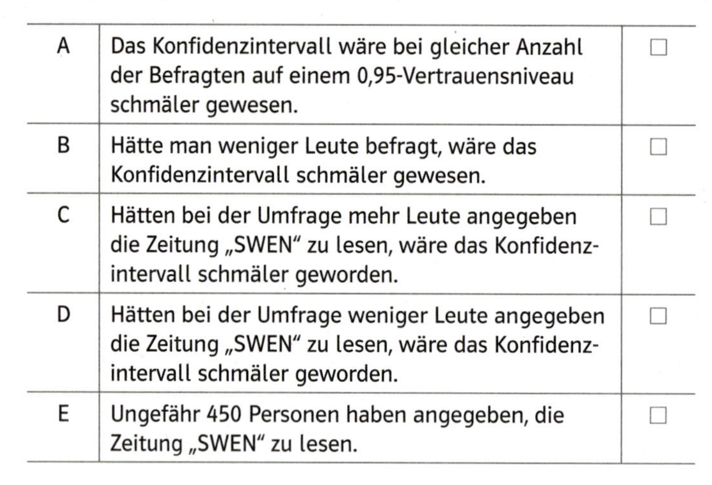

A	Das Konfidenzintervall wäre bei gleicher Anzahl der Befragten auf einem 0,95-Vertrauensniveau schmäler gewesen.	☐
B	Hätte man weniger Leute befragt, wäre das Konfidenzintervall schmäler gewesen.	☐
C	Hätten bei der Umfrage mehr Leute angegeben die Zeitung „SWEN" zu lesen, wäre das Konfidenzintervall schmäler geworden.	☐
D	Hätten bei der Umfrage weniger Leute angegeben die Zeitung „SWEN" zu lesen, wäre das Konfidenzintervall schmäler geworden.	☐
E	Ungefähr 450 Personen haben angegeben, die Zeitung „SWEN" zu lesen.	☐

WS-R 4.1 M

472. Von einer Stichprobe sind jeweils der Stichprobenumfang n, die relative Häufigkeit h eines beobachteten Merkmals und das Konfidenzniveau γ gegeben. Ordne jeder Stichprobe das richtige Konfidenzintervall zu.

1	$n = 500$ $h = 0{,}3$ $\gamma = 0{,}95$	
2	$n = 200$ $h = 0{,}3$ $\gamma = 0{,}99$	
3	$n = 500$ $h = 0{,}3$ $\gamma = 0{,}99$	
4	$n = 1000$ $h = 0{,}4$ $\gamma = 0{,}95$	

A	p_1 p_2 0,3 0,32 0,34 0,36 0,38 0,4 0,42 0,44 0,46 0,48 0,5
B	p_1 p_2 0,2 0,22 0,24 0,26 0,28 0,3 0,32 0,34 0,36 0,38 0,4
C	p_1 p_2 0,3 0,32 0,34 0,36 0,38 0,4 0,42 0,44 0,46 0,48 0,5
D	p_1 p_2 0,2 0,22 0,24 0,26 0,28 0,3 0,32 0,34 0,36 0,38 0,4
E	p_1 p_2 0,2 0,22 0,24 0,26 0,28 0,3 0,32 0,34 0,36 0,38 0,4
F	p_1 p_2 0,2 0,22 0,24 0,26 0,28 0,3 0,32 0,34 0,36 0,38 0,4

Die Sicherheit eines gegebenen Konfidenzintervalls berechnen

MUSTER

Technologie
Anleitung
Sicherheit eines Konfidenzintervalls berechnen
zm3vw7

473. In einer Zeitschrift wird der Anteil der Personen, die mit den Oppositionsparteien zufrieden sind, mit einem Konfidenzintervall von [0,80; 0,84] angegeben. Die Behauptung stützt sich auf eine Befragung von 200 Personen. Berechne die Sicherheit dieser Behauptung.

Da die Mitte des Konfidenzintervalls der relativen Häufigkeit in der Stichprobe entspricht, gilt $h = 0{,}82$. Da der Term $z \cdot \sqrt{\frac{h \cdot (1-h)}{n}}$ aus der Formel zur Berechnung des Konfidenzintervalls der halben Breite des Konfidenzintervalls entspricht, gilt: $0{,}02 = z \cdot \sqrt{\frac{0{,}82 \cdot 0{,}18}{200}}$

$\Rightarrow \quad z \approx 0{,}74 \quad \Rightarrow \quad \Phi(0{,}74) = \frac{\gamma + 1}{2} \quad \Rightarrow \quad \gamma = 2 \cdot \Phi(0{,}74) - 1 = 2 \cdot 0{,}7704 - 1 = 0{,}54$

Die Sicherheit beträgt ca. 54 %.

Arbeitsblatt
Sicherheit eines Konfidenzintervalls berechnen
2fe854

474. Bei einer Befragung von n Personen wurde das Konfidenzintervall $[p_1; p_2]$ ermittelt. Berechne die Sicherheit des Konfidenzintervalls.

a) $n = 2000;\ p_1 = 0{,}33;\ p_2 = 0{,}37$
b) $n = 2000;\ p_1 = 0{,}31;\ p_2 = 0{,}33$
c) $n = 1000;\ p_1 = 0{,}77;\ p_2 = 0{,}83$
d) $n = 2000;\ p_1 = 0{,}77;\ p_2 = 0{,}83$
e) $n = 500;\ p_1 = 0{,}02;\ p_2 = 0{,}08$
f) $n = 50;\ p_1 = 0{,}08;\ p_2 = 0{,}32$

WS-R 4.1 M **475.** Bei einer Befragung von 1500 Personen gaben 21 % an, die Partei A zu wählen. Aufgrund der Befragung behauptet ein Meinungsforschungsinstitut, dass der Stimmenanteil der Partei A zwischen 19 % und 23 % liegen wird. Bestimme den Wert der Sicherheit γ, mit der diese Behauptung aufgestellt wurde.

WS-R 4.1 M **476.** In einer Stichprobe von 500 Stück einer Produktion wurden 23 defekte Produkte entdeckt. Bestimme den Wert der Sicherheit γ, bei dem das Konfidenzintervall eine Breite von 0,01 hat.

Den Stichprobenumfang für ein Konfidenzintervall ermitteln

Plant man eine Untersuchung mit Hilfe einer Stichprobe, so ist es von Vorteil den Stichprobenumfang im Vorfeld zu ermitteln, da der Stichprobenumfang maßgeblich die Breite des Konfidenzintervalls der Abschätzung und die Kosten der Untersuchung bestimmt.
Will man zum Beispiel die unbekannte Wahrscheinlichkeit p in einer Grundgesamtheit mit Hilfe eines Konfidenzintervalls $[h - \varepsilon; h + \varepsilon]$ und mit der Sicherheit γ abschätzen, so kann man den geeigneten Stichprobenumfang mit Hilfe der Formel für das Konfidenzintervall bestimmen.
Aus $\varepsilon = z \cdot \sqrt{\frac{h \cdot (1-h)}{n}}$ kann man n berechnen: $n = \frac{h \cdot (1-h) \cdot z^2}{\varepsilon^2}$.
Der Wert für z ergibt sich aus der gewünschten Sicherheit: $z \approx 1{,}96$ für $\gamma = 0{,}95$ und $z \approx 2{,}575$ für $\gamma = 0{,}99$.
Der Wert für die halbe Konfidenzintervallbreite ε kann ebenfalls frei gewählt werden.
Da man noch keine Stichprobe gezogen hat (da man deren Umfang n erst bestimmen will) kann man für h die relative Häufigkeit früherer Umfragen wählen, wenn man mit keiner großen Abweichung rechnet. Sollte für h noch kein Erfahrungswert existieren, so wählt man $h = 0{,}5$, da man dadurch n sicherheitshalber möglichst groß macht.

MERKE

Ermittlung des Stichprobenumfangs n

Soll ein Konfidenzintervall die Breite 2ε besitzen, so kann man den passenden Stichprobenumfang n mit folgender Formel berechnen:

$$n = \frac{h \cdot (1-h) \cdot z^2}{\varepsilon^2}$$

$h = 0{,}5$, falls keine Abschätzung für h bekannt ist
ε … halbe Breite des gewünschten Konfidenzintervalls
$\Phi(z) = \frac{1+\gamma}{2}$

MUSTER

477. Eine Firma plant eine Befragung zur Zufriedenheit ihrer Mitarbeiter und Mitarbeiterinnen. Sie will ein Ergebnis mit 99%-iger Sicherheit und einer Konfidenzintervallbreite von 0,04. Wie viele Mitarbeiter sollte sie unter der in **a)** bzw. **b)** gegebenen Annahme befragen, um festzustellen, wie hoch der Anteil der „sehr zufriedenen" Mitarbeiter ist?

a) Es wird aus Erfahrung angenommen, dass der Anteil der „sehr zufriedenen" Mitarbeiter bei ca. 78% liegt.

b) Die letzte Befragung ist schon so lange her, dass keine Annahme über den Anteil der „sehr zufriedenen" Mitarbeiter gemacht werden kann.

a) $n = \frac{0{,}78 \cdot (1-0{,}78) \cdot 2{,}575^2}{0{,}02^2} \approx 2\,844{,}5$ Die Befragung müsste 2845 Mitarbeiterinnen und Mitarbeiter umfassen.

b) Da keine Erfahrung über den Anteil vorliegt, nimmt man $h = 0{,}5$.

$n = \frac{0{,}5 \cdot (1-0{,}5) \cdot 2{,}575^2}{0{,}02^2} \approx 4\,144{,}1$ Die Befragung müsste 4145 Mitarbeiterinnen und Mitarbeiter umfassen.

478. Ein Meinungsforschungsinstitut plant eine Befragung über den Marktanteil eines Produktes. Das Konfidenzintervall soll eine Sicherheit von 95% haben und eine Konfidenzintervallbreite von 6%. Wie viele Personen sollte das Institut unter der in **a)** bzw. **b)** gegebenen Annahme befragen, um festzustellen, wie hoch der Marktanteil des Produktes ist?

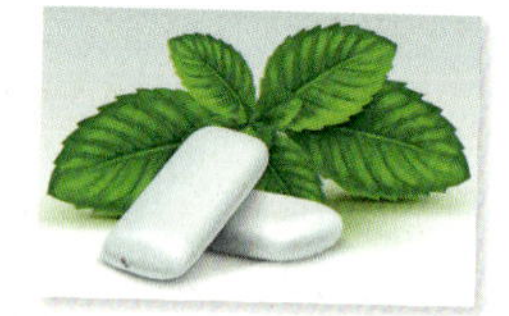

a) Es wird aus einer früheren Untersuchung angenommen, dass der Marktanteil in etwa bei 78% liegt.

b) Die letzte Befragung ist schon so lange her, dass keine Annahme über den Marktanteil gemacht werden kann.

479. Die Mitarbeiter eines Ministeriums planen eine Befragung zur Zufriedenheit der Bürgerinnen und Bürger mit der Europäischen Union. Das Konfidenzintervall für den Anteil der zufriedenen Bürgerinnen und Bürger soll unter der in **a)** bzw. **b)** gegebenen Annahme eine Sicherheit von 90% haben und eine Konfidenzintervallbreite von 5%. Bestimme die Anzahl der Personen, die das Ministerium befragen soll, um festzustellen, wie hoch der Anteil der mit der EU zufriedenen Bürger in der Gesamtbevölkerung ist.

a) Es wird aufgrund einer früheren Umfrage angenommen, dass der Anteil der zufriedenen Personen bei etwa 66% liegt.

b) Es wird vorab keine Annahme über den Anteil der zufriedenen Bürgerinnen und Bürger gemacht.

WS-R 4.1 **M** **480.** Die Wirkung eines Medikamentes soll überprüft werden.
Bestimme die Anzahl der Personen, an denen das Medikament getestet werden soll, wenn man ein 0,99-Konfidenzintervall von der Breite 1% bestimmen will.

KOMPE-
TENZEN

7.2 Beurteilende Statistik

Lernziele:

- Einfache Hypothesentests durchführen können und ihr Ergebnis erläutern können (WS-L 4.2)
- Die Grundzüge des Testens von Hypothesen kennen
- Einseitige und zweiseitige Hypothesentests durchführen und deren Ergebnisse interpretieren können

Die Aufgabe der **beschreibenden Statistik** ist es, Daten und deren Eigenschaften mit Parametern (z. B. Mittelwert, Median, Standardabweichung, ...) zu beschreiben und darzustellen (z. B. Balkendiagramme, Boxplot,...).
Die **schließende Statistik** versucht, von den Eigenschaften einer Stichprobe auf die Eigenschaften der Grundgesamtheit (oder umgekehrt) zu schließen.
Die **beurteilende Statistik** versucht, Annahmen über die Eigenschaften einer Grundgesamtheit mit Hilfe von Stichproben zu beurteilen.

Einseitiger Hypothesentest

Problem 1

Eine Eier-Transportfirma behauptet, dass sie so sorgsam mit dem ihr anvertrauten Gut umgeht, dass lediglich 15 % aller Eier während des Transports beschädigt werden. Ein Kunde dieser Firma will diese Angabe mit Hilfe einer Stichprobe von 80 gelieferten Eiern überprüfen. Aber wie soll der Kunde das entscheiden?
Sollte die Lieferfirma mit ihrer Angabe recht haben, so wären 15 % zerbrochene Eier – also zwölf zerbrochene Eier – in der Stichprobe zu erwarten. Genau zwölf zerbrochene Eier in der Stichprobe vorzufinden wäre allerdings auch zufällig.
Sollte die geplante Stichprobe aber 16 zerbrochene Eier enthalten, so wäre das ein starker Hinweis darauf, dass mit der Angabe der Lieferfirma etwas nicht stimmt.
Allerdings wären natürlich auch 16 zerbrochene Eier möglich, falls die Angabe der Transportfirma zutrifft. Vielleicht hat man einfach nur eine ungünstige Stichprobe erwischt. Ab welcher Anzahl zerbrochener Eier in der Stichprobe sollte man der Angabe der Lieferfirma misstrauen?

Problem 2

Eine Eier-Transportfirma behauptet, dass 96 % ihrer Kunden mit ihrem Preis-Leistungs-Verhältnis zufrieden sind. Ein Konkurrent schätzt diese Angabe als zu hoch ein. Er möchte diese Behauptung überprüfen und dafür 1000 Personen befragen. Wie viele Personen dürften bei der Befragung höchstens mit dem Preis-Leistungs-Verhältnis zufrieden sein, damit man die Einschätzung der Firma als übertrieben bezeichnen kann?

Bei beiden geschilderten Problemen geht es darum, inwieweit eine relative Häufigkeit in einer Stichprobe etwas über die angenommene Wahrscheinlichkeit eines Merkmals in der Grundgesamtheit aussagt. Widerlegt die Häufigkeit in der Stichprobe die Annahme über die Grundgesamtheit oder nicht?
Die allgemeine Vorgangsweise zur mathematisch fundierten Beantwortung solcher Fragen wird im Folgenden anhand dieser beiden Beispiele erläutert.
Dabei werden auch die Fachbegriffe bei Hypothesentests eingeführt.

Problem 1	Problem 2
1) **Nullhypothese H_0** festlegen H_0 beschreibt den Wert der zu beurteilenden Wahrscheinlichkeit p_0.	
H_0: $p_0 = 0{,}15$	H_0: $p_0 = 0{,}96$
2) **Alternativhypothese H_1** formulieren H_1 beschreibt die Vermutung bezüglich H_0.	
In diesem Kontext will der Kunde überprüfen, ob die tatsächliche Wahrscheinlichkeit p für kaputte Eier größer als der angegebene Wert p_0 ist: H_1: $p > 0{,}15$ (**rechtsseitiger Test**)	In diesem Beispiel will man überprüfen, ob die tatsächliche Wahrscheinlichkeit p kleiner als der angegebene Wert p_0 ist: H_1: $p < 0{,}96$ (**linksseitiger Test**)
3) **Maximale Irrtumswahrscheinlichkeit** α festlegen Die Irrtumswahrscheinlichkeit ist die Wahrscheinlichkeit, dass man H_1 annimmt und H_0 nicht annimmt (verwirft), obwohl H_0 richtig ist. Sie wird vereinbart.	
$\alpha = 0{,}05$	$\alpha = 0{,}01$
4) **Annahmebereich (kritische Werte) für H_1** bestimmen Der Annahmebereich ist jener Wertebereich der Zufallsvariablen X, bei dessen Eintreten in der Stichprobe die Alternativhypothese H_1 angenommen wird.	
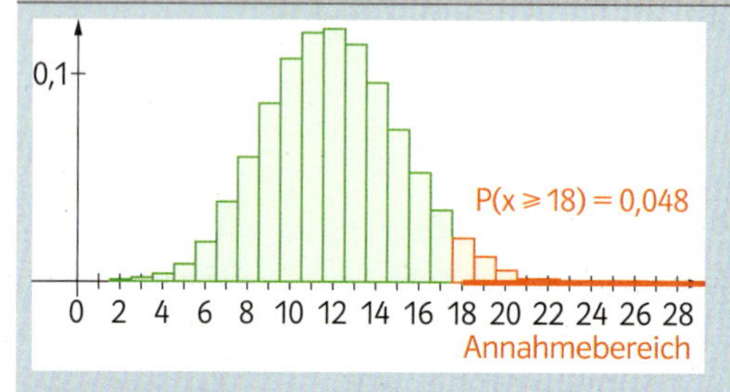	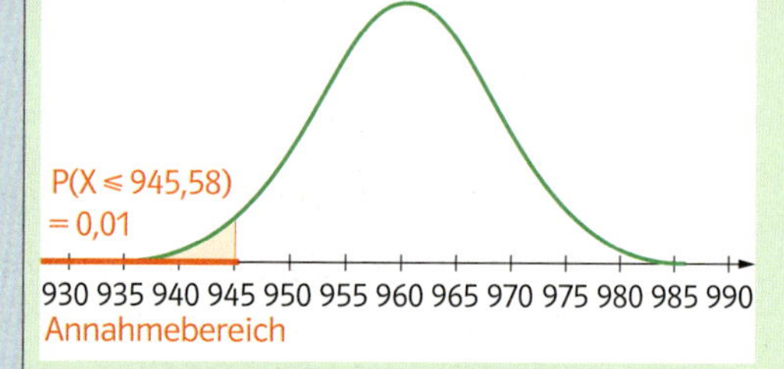
Man geht von H_0 aus und bezeichnet mit X die Anzahl der zerbrochenen Eier in der Stichprobe. X ist binomialverteilt mit $n = 80$ und $p_0 = 0{,}15$. Jene Werte k von X für die gilt $P(X \geq k) \leq 0{,}05$ umfassen den Annahmebereich. Der Annahmebereich von H_1 liegt also am rechten Rand der Wahrscheinlichkeitsverteilung (rechtsseitiger Test). Durch Ausprobieren (mit Technologieeinsatz) erhält man: $P(X \geq 17) = 0{,}0837$. $k = 17$ fällt also nicht in den Annahmebereich. $P(X \geq 18) = 0{,}048$ (rote Fläche) $k = 18$ fällt in den Annahmebereich. Ebenso fallen auch alle $k > 18$ in den Annahmebereich. Dass die Anzahl der kaputten Eier in der Stichprobe größer oder gleich 18 ist, ist also unter der Angabe des Lieferanten (H_0) durchaus möglich, allerdings beträgt die Wahrscheinlichkeit dafür weniger als die vereinbarte Irrtumswahrscheinlichkeit $\alpha = 5\,\%$. In diesem Fall müsste man H_1 annehmen und H_0 verwerfen und würde sich mit einer Wahrscheinlichkeit von weniger als $\alpha = 5\,\%$ irren. Der Annahmebereich ist also $X \geq 18$. 18 wird als **kritischer Wert** bezeichnet.	Man geht von H_0 aus und bezeichnet mit X die Anzahl der zufriedenen Kunden in der Stichprobe. X ist binomialverteilt, kann aber durch eine Normalverteilung mit $\mu = 1000 \cdot 0{,}96 = 960$ und $\sigma = \sqrt{1000 \cdot 0{,}96 \cdot 0{,}04} \approx 6{,}20$ angenähert werden. Jene Werte k von X für die gilt $P(X \leq k) \leq 0{,}01$ umfassen den Annahmebereich. Der Annahmebereich von H_1 liegt also am linken Rand der Dichtefunktion (linksseitiger Test). Die Berechnung (mit einem elektronischen Hilfsmittel) ergibt: $P(X \leq 945{,}58) \leq 0{,}01$ (rote Fläche). D. h. alle $k \leq 945$ fallen in den Annahmebereich. Dass die Befragung weniger als 946 zufriedene Kunden ergibt, ist unter der Angabe des Lieferanten durchaus möglich, allerdings sehr unwahrscheinlich. Sind bei der Befragung also weniger als 946 Kunden zufrieden, so kann man H_1 annehmen und irrt sich nur mit einer Wahrscheinlichkeit von $\alpha = 1\,\%$. Der Annahmebereich ist also $X \leq 945$. 945 wird als **kritischer Wert** dieses Tests bezeichnet.

5) Stichprobe ziehen und untersuchen	
Eine Stichprobe von 80 Eiern ergibt 16 zerbrochene Eier ($X = 16$).	Eine Befragung von 1000 Personen ergibt 941 zufriedene Kunden.
6) Ergebnis beurteilen H_1 wird angenommen oder H_1 wird nicht angenommen. Über H_0 sind bei Hypothesentests keine Aussagen möglich.	
Der Wert der Zufallsvariablen $X = 16$ fällt nicht in den Annahmebereich, man wird die Alternativhypothese also nicht annehmen. Man kann aufgrund der Rechnung und aufgrund der Festlegung auf $\alpha = 0{,}05$ also behaupten, dass H_1 nicht gilt.	Der Wert der Zufallsvariablen $X = 941$ fällt in den Annahmebereich, man wird die Alternativhypothese also annehmen. Man kann aufgrund der Rechnung und aufgrund der Festlegung auf $\alpha = 0{,}01$ also behaupten, dass H_1 gilt. Man irrt sich dabei höchstens mit einer Wahrscheinlichkeit von 1%.

Anmerkungen

- übliche Werte für α sind 0,05 und 0,01
- bei $\alpha = 0{,}05$ spricht man von einem **signifikanten Test**
- bei $\alpha = 0{,}01$ spricht man von einem **hochsignifikanten Test**
- $\gamma = 1 - \alpha$ ist das **Signifikanzniveau** des Tests

MERKE

Interpretation der Ergebnisse eines Hypothesentests

Die Annahme der Alternativhypothese bedeutet nicht, dass die Alternativhypothese sicher richtig ist. Sie bedeutet lediglich, dass man sich höchstens mit der (Irrtums-) Wahrscheinlichkeit α irrt, wenn man die Alternativhypothese annimmt.
Würde man also viele Tests durchführen und dabei jedes Mal die Alternativhypothese annehmen, wenn der Wert der Zufallsvariablen in den Annahmebereich fällt, dann würde man sich bei höchstens $\alpha \cdot 100\,\%$ der Tests irren.
Sollte die Alternativhypothese nicht angenommen werden, bedeutet das nicht, dass die Nullhypothese stimmt. In diesem Fall kann man weder über die Gültigkeit von H_0 noch über die Gültigkeit von H_1 etwas aussagen. Der Test liefert kein Ergebnis.

MUSTER

Technologie Anleitung Hypothesentest bei Binomialverteilung durchführen 8rq3i8

481. Es wird behauptet, dass 60% aller Achtzehnjährigen mehr als 50 Euro wöchentliches Taschengeld bekommen. Es soll eine Befragung von 50 Achtzehnjährigen durchgeführt werden.

a) Jemand will diese Behauptung überprüfen und vermutet, dass der Prozentsatz niedriger ist. Formuliere eine Nullhypothese H_0 und eine Alternativhypothese H_1. Bestimme einen Annahmebereich für H_1 mit einer Irrtumswahrscheinlichkeit α von 5%.

b) Jemand will diese Behauptung überprüfen und vermutet, dass der Prozentsatz höher ist. Formuliere eine Nullhypothese H_0 und eine Alternativhypothese H_1. Bestimme einen Annahmebereich für H_1 mit einer Irrtumswahrscheinlichkeit α von 5%.

a) H_0: Der Anteil der Achtzehnjährigen mit mehr als 50 € wöchentlichem Taschengeld beträgt $p_0 = 0{,}6$.

H_1: $p < 0{,}6$

X bezeichnet die Anzahl der Achtzehnjährigen mit höherem Taschengeld in der Stichprobe. X ist binomialverteilt mit $B(50;\, 0{,}6)$. Jene Werte k von X für die gilt $P(X \leq k) \leq 0{,}05$ umfassen den Annahmebereich.
Die Berechnung (mit einem elektronischen Hilfsmittel) ergibt:

$P(X \leq 23) = 0{,}0314$ und $P(X \leq 24) = 0{,}0573$. Also gilt: $P(X \leq 23) \leq 0{,}05$.
Der Annahmebereich ist: $X \leq 23$.
Wenn weniger als 24 Achtzehnjährige der Stichprobe angeben, mehr als 50 Euro Taschengeld zu bekommen, kann man H_1 mit einer Irrtumswahrscheinlichkeit von 5 % annehmen und H_0 verwerfen.

b) H_0: Der Anteil der Achtzehnjährigen mit mehr als 50 € wöchentlichem Taschengeld beträgt $p_0 = 0{,}6$.

H_1: $p > 0{,}6$

X bezeichnet die Anzahl der Achtzehnjährigen mit höherem Taschengeld in der Stichprobe. X ist binomialverteilt mit B(50; 0,6). Jene Werte k von X für die gilt $P(X \geq k) \leq 0{,}05$ umfassen den Annahmebereich.
Die Berechnung (mit einem elektronischen Hilfsmittel) ergibt:
$P(X \geq 36) = 0{,}054$ und $P(X \geq 37) = 0{,}028$. Also gilt für $P(X \geq 37) \leq 0{,}05$.
Der Annahmebereich ist: $X \geq 37$. Wenn mehr als 36 Achtzehnjährige der Stichprobe angeben, mehr als 50 Euro Taschengeld zu bekommen, so kann man H_1 mit einer Irrtumswahrscheinlichkeit von 5 % annehmen und H_0 verwerfen.

TECHNO-LOGIE

Technologie
Anleitung
Einseitiger
Hypothesentest
3tq7ui

Hypothesentest für Normalverteilung durchführen

Geogebra:	GaußAnteilTest[<Stichprobenanteil>, <Stichprobengröße>, <Vermuteter Anteil>, <Seite>]	Ergebnis: Liste = {Wert der Wahrscheinlichkeit, Testprüfgröße z}
	Beispiel: GaußAnteilTest[0.2125, 80, 0.15, „>"]	Liste1 = {0.0587; 1,5656}

482. Eine Bürgerinitiative behauptet, dass n von m Einwohnern einer Stadt den Bau einer Umfahrungsstraße befürworten. Es sollen e Einwohner befragt werden.

1) Formuliere eine Null- und eine Alternativhypothese für einen linksseitigen Test und bestimme ein Annahmeintervall mit k % Irrtumswahrscheinlichkeit. Interpretiere das Ergebnis.

2) Formuliere eine Null- und eine Alternativhypothese für einen rechtsseitigen Test und bestimme ein Annahmeintervall mit k % Irrtumswahrscheinlichkeit. Interpretiere das Ergebnis.

a) $n = 2$; $m = 3$; $e = 1000$; $k = 1$ **b)** $n = 1$; $m = 2$; $e = 500$; $k = 5$ **c)** $n = 4$; $m = 5$; $e = 50$; $k = 2$

Arbeitsblatt
Einseitiger
Hypothesentest
p4g4ss

483. Der Anteil eines Merkmals in der Grundgesamtheit wird mit p_0 angenommen. Es wird eine Stichprobe vom Umfang n gezogen. Bestimme eine Alternativhypothese H_1 und einen Annahmebereich für H_1 für einen **1)** linksseitigen Test **2)** rechtsseitigen Test mit der Irrtumswahrscheinlichkeit α.

a) $p_0 = 0{,}3$; $n = 1000$; $\alpha = 0{,}05$ **c)** $p_0 = 0{,}3$; $n = 500$; $\alpha = 0{,}05$ **e)** $p_0 = 0{,}5$; $n = 20$; $\alpha = 0{,}05$
b) $p_0 = 0{,}4$; $n = 800$; $\alpha = 0{,}05$ **d)** $p_0 = 0{,}3$; $n = 30$; $\alpha = 0{,}01$ **f)** $p_0 = 0{,}5$; $n = 35$; $\alpha = 0{,}05$

484. Bei einer Produktion wird ein Ausschussanteil von 5 % angenommen. Eine Untersuchung an einer Stichprobe von 500 produzierten Stück ergab 20 Stück Ausschuss.

1) Formuliere eine geeignete Null- und eine geeignete Alternativhypothese.

2) Mit welcher Irrtumswahrscheinlichkeit würde man mit diesem Untersuchungsergebnis die Alternativhypothese annehmen?

3) Bestimme einen Annahmebereich für H_1 mit der Irrtumswahrscheinlichkeit von 5 % und interpretiere das Ergebnis.

Zweiseitiger Hypothesentest

Technologie
Anleitung Zweiseitigen Hypothesentest durchführen x6g4e6

Problemstellung
Eine Eier-Transportfirma weiß aus langjähriger Erfahrung, dass 15 % der Eier beim Transport kaputtgehen. Sie will einen neuen Typ von Eierkartons ausprobieren und mit Hilfe einer Stichprobe von 1000 transportierten Eiern untersuchen, ob die neue Verpackung den Anteil der kaputten Eier verändert.

1) **Nullhypothese H_0** festlegen
H_0 beschreibt den Wert p_0 der zu beurteilenden Wahrscheinlichkeit.

H_0: $p_0 = 0{,}15$

2) **Alternativhypothese H_1** formulieren
H_1 beschreibt die Vermutung, die man bezüglich H_0 hegt.

In diesem Kontext will der Lieferant untersuchen, ob sich der tatsächliche Wert p von p_0 unterscheidet. Es kann dabei sowohl eine Erhöhung als auch eine Verminderung von p_0 festgestellt werden.

H_1: $p \neq 0{,}15$

3) **Maximale Irrtumswahrscheinlichkeit** α festlegen
Die Irrtumswahrscheinlichkeit ist die Wahrscheinlichkeit, dass man H_1 annimmt und H_0 nicht annimmt (verwirft), obwohl H_0 richtig ist. Sie wird vereinbart.

$\alpha = 0{,}05$

4) **Annahmebereich für H_1** bestimmen
Der Annahmebereich ist jener Wertebereich der Zufallsvariablen X, bei deren Eintreten in der Stichprobe die Alternativhypothese H_1 angenommen wird.
Der Annahmebereich von H_1 ist der **Ablehnungsbereich** von H_0.

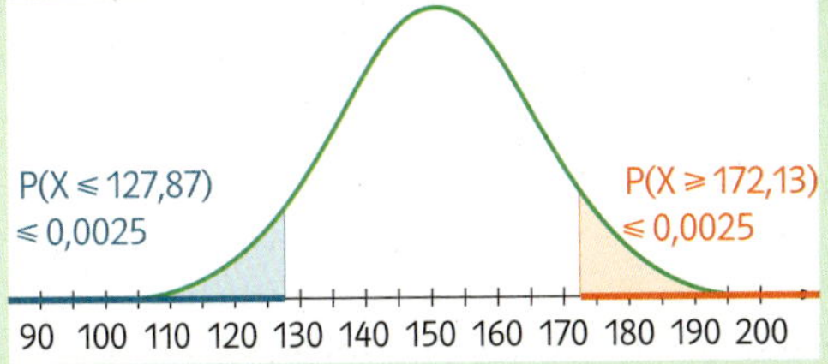

Man geht von H_0 aus und bezeichnet mit X die Anzahl der kaputten Eier in der Stichprobe. X ist binomialverteilt, kann aber durch eine Normalverteilung mit $\mu = 1000 \cdot 0{,}15 = 150$ und $\sigma = \sqrt{1000 \cdot 0{,}15 \cdot 0{,}85} \approx 11{,}29$ angenähert werden. Da man untersucht, ob sich p von p_0 unterscheidet, kann p kleiner oder größer als p_0 angenommen werden. Der Annahmebereich von 5 % muss daher auf das untere und obere Ende der Glockenkurve aufgeteilt werden.
Es wird also zwei Annahmebereiche mit einer Irrtumswahrscheinlichkeit von je 2,5 % geben:
- $P(X \leq k) \leq 0{,}025$ (blaue Fläche) und
- $P(X \geq k) \leq 0{,}025$ (rote Fläche).

Die Berechnung ergibt:
$P(X \leq 127{,}87) \leq 0{,}025$ (blau) und $P(X \geq 172{,}13) \leq 0{,}025$ (rot).
Der Annahmebereich ist also $X \leq 127$ und $X \geq 173$.

5) Stichprobe ziehen und untersuchen

Eine Stichprobe von 1000 Eiern ergibt 173 zerbrochene Eier ($X = 173$).

6) Ergebnis beurteilen
H_1 wird angenommen oder H_1 wird nicht angenommen. Über H_0 sind bei Hypothesentests keine Aussagen möglich!

Der Wert der Zufallsvariablen $X = 173$ fällt in den Annahmebereich, man wird die Alternativhypothese also annehmen. Man kann aufgrund der Rechnung und aufgrund der Festlegung auf $\alpha = 0{,}05$ also behaupten, dass H_1 gilt. Man irrt sich dabei höchstens mit einer Wahrscheinlichkeit von 5 %.

MUSTER

485. Eine Münze soll darauf untersucht werden, ob sie fair ist, d.h. ob sie „Kopf" und „Zahl" mit der gleichen Wahrscheinlichkeit zeigt. Formuliere eine passende Null- und Alternativhypothese und bestimme einen Annahmebereich für H_1 mit der Irrtumswahrscheinlichkeit 1%, wenn die Münze 20-mal geworfen wird und interpretiere das Ergebnis.

Die Zufallsvariable X bezeichnet die Anzahl der Würfe, bei denen die Münze „Kopf" anzeigt, wenn zwanzigmal gewürfelt wird. Es wird von einer fairen Münze ausgegangen, also H_0: $p_0 = 0{,}5$. Da die Wahrscheinlichkeit für „Kopf" bei einer möglicherweise unfairen Münze sowohl kleiner als auch größer als 0,5 sein kann, wählt man für H_1: $p \neq 0{,}5$. Es wird also zwei Annahmebereiche mit einer Irrtumswahrscheinlichkeit von je 0,5% geben. Einen, in dem jene Werte von X liegen, für die $P(X \leq k) \leq 0{,}005$ ist und einen, in dem jene Werte von X liegen, für die $P(X \geq k) \leq 0{,}005$ ist. Da für die Binomialverteilung von X gilt $\sigma = \sqrt{20 \cdot 0{,}5 \cdot 0{,}5} \approx 2{,}2$, kann man nicht durch eine Normalverteilung approximieren.
Die Berechnungen ergeben: $P(X \leq 4) = 0{,}0059$ $\quad P(X \leq 3) = 0{,}0013 \leq 0{,}005 \Rightarrow$
$X \leq 3$ ist das linke Intervall des Annahmebereiches von H_1.
$P(X \geq 16) = 0{,}0059$ $\quad P(X \geq 17) = 0{,}0013 \leq 0{,}005 \Rightarrow$
$X \geq 17$ ist das rechte Intervall des Annahmebereiches von H_1.
Wenn also bei 20 Münzwürfen weniger als 4-mal und mehr als 16-mal „Kopf" auftritt, kann man H_0 mit einer Irrtumswahrscheinlichkeit von 1% verwerfen.

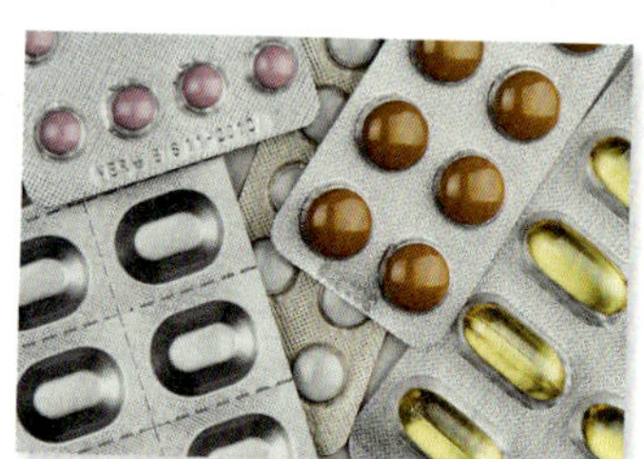

486. Ein Medikament zeigte bisher bei 90% der Anwendungen ein positives Ergebnis. Die Zusammensetzung des Medikamentes wird geringfügig modifiziert. Formuliere eine passende Null- und Alternativhypothese. Bestimme einen Annahmebereich für H_1 mit der Irrtumswahrscheinlichkeit α, wenn n Anwendungen des Medikamentes untersucht werden.

a) $n = 500$; $\alpha = 0{,}05$ **c)** $n = 200$; $\alpha = 0{,}05$ **e)** $n = 5\,000$; $\alpha = 0{,}1$
b) $n = 500$; $\alpha = 0{,}01$ **d)** $n = 200$; $\alpha = 0{,}01$ **f)** $n = 5\,000$; $\alpha = 0{,}05$

Arbeitsblatt
Zweiseitiger Hypothesentest
24xn8k

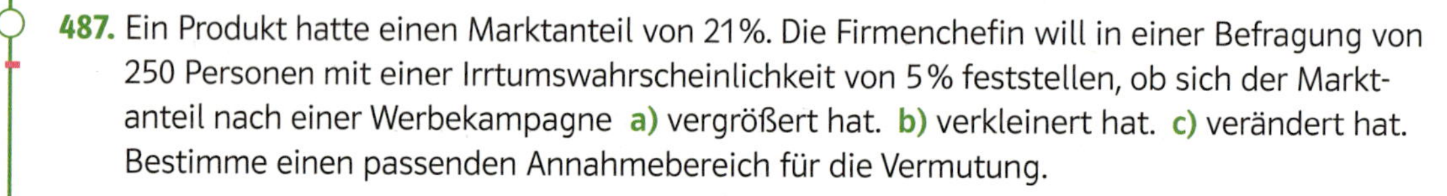

487. Ein Produkt hatte einen Marktanteil von 21%. Die Firmenchefin will in einer Befragung von 250 Personen mit einer Irrtumswahrscheinlichkeit von 5% feststellen, ob sich der Marktanteil nach einer Werbekampagne **a)** vergrößert hat. **b)** verkleinert hat. **c)** verändert hat. Bestimme einen passenden Annahmebereich für die Vermutung.

488. Bevorzugen Menschen eine bestimmte Apfelgröße? Zwei Äpfel verschiedener Größe werden auf einen Tisch gelegt. 300 Probanden können sich nun für einen der Äpfel entscheiden.
1) Formuliere eine passende Nullhypothese H_0 und eine Alternativhypothese H_1.
2) Bestimme einen Ablehnungsbereich für H_0 mit dem Signifikanzniveau 0,95.
3) Zeige, dass der Annahmebereich gleich dem 0,95-Konfidenzintervall für $p = 0{,}5$ ist.

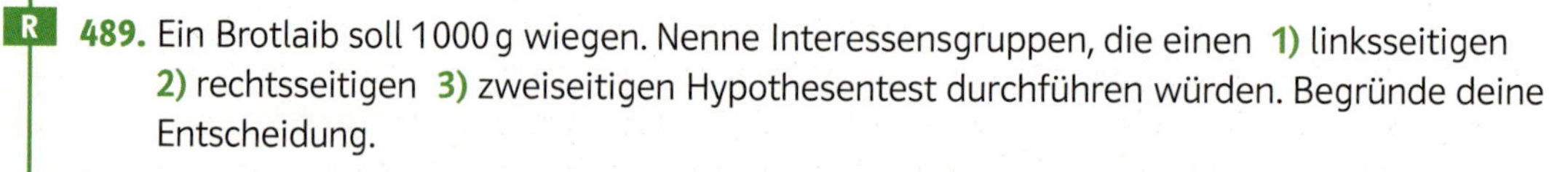

R **489.** Ein Brotlaib soll 1000 g wiegen. Nenne Interessensgruppen, die einen **1)** linksseitigen **2)** rechtsseitigen **3)** zweiseitigen Hypothesentest durchführen würden. Begründe deine Entscheidung.

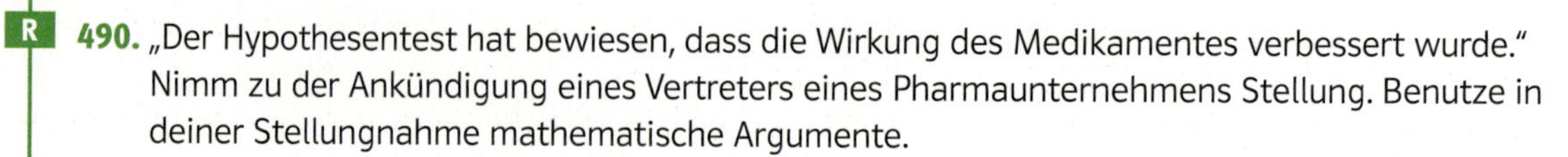

R **490.** „Der Hypothesentest hat bewiesen, dass die Wirkung des Medikamentes verbessert wurde." Nimm zu der Ankündigung eines Vertreters eines Pharmaunternehmens Stellung. Benutze in deiner Stellungnahme mathematische Argumente.

R **491.** Ein Würfel zeigt bei 100 Würfen 25 „Sechser". Ist der Würfel unfair? Begründe deine Behauptung mit mathematischen Argumenten.

ZUSAMMENFASSUNG

γ-Schätzbereich für h

In einer Grundgesamtheit tritt ein Merkmal mit der Wahrscheinlichkeit p auf. Schätzt man nun die relative Häufigkeit h dieses Merkmals in einer Stichprobe vom Umfang n, so bezeichnet der γ-Schätzbereich ein symmetrisches Intervall um p, das h mit der Wahrscheinlichkeit γ enthält. γ bezeichnet die **Sicherheit** des Schätzbereichs.

Interpretation des Schätzbereichs

Würde man viele Stichproben vom Umfang n ziehen, so würde in ca. $\gamma \cdot 100\,\%$ der Stichproben die relative Häufigkeit des Merkmals in den Schätzbereich fallen.

Definition des γ-Konfidenzintervalls

Um die unbekannte Wahrscheinlichkeit p eines Merkmals in einer Grundgesamtheit abzuschätzen, ermittelt man die relative Häufigkeit h dieses Merkmals in einer Stichprobe.
Das γ-Konfidenzintervall von p umfasst alle Werte von p, deren γ-Schätzbereiche h enthalten.

Interpretation des Konfidenzintervalls

Würde man sehr oft Stichproben vom Umfang n nehmen, so würde in ca. $\gamma \cdot 100\,\%$ der Stichproben die unbekannte Wahrscheinlichkeit p in das Konfidenzintervall der Stichprobe fallen.

Formel zur Berechnung des (approximierten) γ-Konfidenzintervalls

γ-Konfidenzintervall für $p = [h - \varepsilon; h + \varepsilon]$ mit $\varepsilon = z \cdot \sqrt{\frac{h \cdot (1-h)}{n}}$

p … unbekannte (abzuschätzende) Wahrscheinlichkeit für das Auftreten eines Merkmals in der Grundgesamtheit
h … relative Häufigkeit des Merkmals in der Stichprobe
n … Umfang der Stichprobe

$\Phi(z) = \frac{\gamma + 1}{2}$ $z \approx 1{,}96$ für $\gamma = 0{,}95$ $z \approx 2{,}575$ für $\gamma = 0{,}99$

γ … **Sicherheit oder Vertrauensniveau** des Konfidenzintervalls

Ermittlung des Stichprobenumfangs n

$n = \frac{h \cdot (1-h) \cdot z^2}{\varepsilon^2}$ $h = 0{,}5$, falls keine Abschätzung bekannt ist

ε … halbe Breite des gewünschten Konfidenzintervalls

Interpretation der Ergebnisse eines Hypothesentests

Die Annahme der Alternativhypothese bedeutet nicht, dass die Alternativhypothese sicher richtig ist. Sie bedeutet lediglich, dass man sich höchstens mit der (Irrtums-) Wahrscheinlichkeit α irrt, wenn man die Alternativhypothese annimmt.
Würde man also viele Tests durchführen und dabei jedes Mal die Alternativhypothese annehmen, wenn der Wert der Zufallsvariablen in den Annahmebereich fällt, dann würde man sich bei höchstens $\alpha \cdot 100\,\%$ der Tests irren.
Sollte die Alternativhypothese nicht angenommen werden, bedeutet das nicht, dass die Nullhypothese stimmt. In diesem Fall kann man weder über die Gültigkeit von H_0 noch über die Gültigkeit von H_1 etwas aussagen. Der Test hat kein Ergebnis.

TRAINING

Vernetzung – Typ-2-Aufgaben

Typ 2 M **492.** Eine Baufirma möchte eine neuartige Wärmedämmung aus Schafwolle anbieten. Das Angebot ist für die Baufirma erst dann wirtschaftlich zu vertreten, wenn zumindest 10 % aller Bauherren diese Wärmedämmung für ihr Haus auswählen.
Eine Umfrage unter 250 künftigen Bauherren zeigt, dass 28 Bauherren eine Wärmedämmung aus Schafwolle bestellen würden.

a) Die Baufirma möchte aufgrund dieser Umfrage mit 90 %-iger Sicherheit wissen, ob mindestens 10 % aller Bauherren eine Wärmedämmung aus Schafwolle bestellen werden. Beurteile aufgrund einer Berechnung, ob das Angebot der neuartigen Wärmedämmung für die Baufirma wirtschaftlich vertretbar ist.

b) Würden sich nach einem Jahr bei einer neuerlichen Befragung von 250 Bauherren mehr Bauherren für die Bestellung einer Schafwolldämmung entscheiden, so könnte die Baufirma mit 95 %-iger Sicherheit damit rechnen, dass die neue Dämmmethode ein wirtschaftlicher Erfolg wird.
Bestimme die Anzahl der Bauherren, die sich bei der neuen Befragung für eine Dämmung aus Schafwolle entscheiden müssten, damit die Dämmung mit 95 %-iger Sicherheit ein Erfolg wird.

c) Erläutere den Zusammenhang, der zwischen Stichprobenumfang, Sicherheitswahrscheinlichkeit und Breite des Konfidenzintervalls besteht.

d) Bestimme die Anzahl der Bauherren, die befragt werden müssten, um ein Konfidenzintervall der Breite 0,02 mit einer Sicherheit von 99 % zu erhalten.

e) 1000 Bauherren wurden auch gefragt, ob ihnen eine ökologische Bauweise wichtig ist. Als Ergebnis erhielt man das 95 %-Konfidenzintervall [60 %; 66 %].
Kreuze die beiden aufgrund dieses Ergebnisses zutreffenden Aussagen an.

A	Das Konfidenzintervall wäre auf einem 0,90-Vertrauensniveau schmäler gewesen.	☐
B	Hätte man weniger Bauherren befragt, wäre das Konfidenzintervall schmäler gewesen.	☐
C	Hätten bei der Umfrage mehr Bauherren angegeben, dass ihnen eine ökologische Bauweise wichtig ist, wäre das Konfidenzintervall schmäler geworden.	☐
D	Hätten bei der Umfrage 50 % der Bauherren angegeben, dass ihnen ökologisches Bauen wichtig ist, wäre das Konfidenzintervall schmäler geworden.	☐
E	Ungefähr 650 Bauherren haben bei der Umfrage angegeben, dass ihnen ökologisches Bauen wichtig ist.	☐

ÜBERPRÜFUNG

Selbstkontrolle

☐ Ich kann den Schätzbereich für die relative Häufigkeit in einer Stichprobe ermitteln.

493. Der Anteil der Raucherinnen und Raucher in einer Bevölkerungsgruppe beträgt 33 %. Bestimme den Schätzbereich für die Anzahl der Raucherinnen und Raucher, die sich in einer Gruppe von 145 Personen dieser Bevölkerungsgruppe mit einer Sicherheit von mindestens 95 % befinden.

494. Erfahrungsgemäß gibt es unter den Gästen einer Pension 25 % Vegetarier. Bestimme den Schätzbereich für die Anzahl der Vegetarier, die sich mit mindestens 90 %-iger Sicherheit unter den erwarteten 64 Gästen befindet.

☐ Ich kann den Schätzbereich interpretieren.

495. Der 95 %-Schätzbereich eines Merkmals in einer Stichprobe von 2 000 Stück wird mit [160; 320] angegeben. Kreuze die zutreffende(n) Aussage(n) an.

A	Man geht in dieser Untersuchung von einer relativen Häufigkeit dieses Merkmals von 12 % in der Grundgesamtheit aus.	☐
B	Wäre die Stichprobe kleiner, würde sich der Schätzbereich verändern.	☐
C	Der 90 %-Schätzbereich wäre bei gleich großer Stichprobe kleiner gewesen.	☐
D	Von 1 000 derartigen Stichproben würden ungefähr 95 % der Stichproben zwischen 160 und 320 Stück mit dem Merkmal enthalten.	☐
E	Man wird in der Stichprobe sicher zwischen 160 und 320 Stück mit dem Merkmal finden.	☐

☐ Ich kann Konfidenzintervalle ermitteln.

WS-R 4.1 M **496.** Bei einer Befragung von 890 Personen gaben 654 Personen an, eine Kreditkarte zu besitzen. Berechne ein 95 %-Konfidenzintervall für den relativen Anteil der Personen in der Gesamtbevölkerung, die eine Kreditkarte benutzen.

☐ Ich kann Konfidenzintervalle interpretieren.

WS-R 4.1 M **497.** Bei einer Umfrage wurden 800 Personen befragt, ob sie gut geschlafen haben. Als Ergebnis erhielt man das 99 %-Konfidenzintervall [55 %; 61 %].
Kreuze die aufgrund dieses Ergebnisses zutreffende(n) Aussage(n) an.

A	Hätte man 700 Personen befragt und wäre die relative Häufigkeit gleich geblieben, wäre das Konfidenzintervall breiter geworden.	☐
B	Ein 95 %-Konfidenzintervall wäre bei gleich bleibender Anzahl der Befragten breiter.	☐
C	Es haben bei der Umfrage ungefähr 464 Personen angegeben gut zu schlafen.	☐
D	Hätten mehr Personen angegeben gut zu schlafen, so wäre das Konfidenzintervall schmäler geworden.	☐
E	Auf jeden Fall schlafen zwischen 55 % und 61 % der Grundgesamtheit gut.	☐

☐ Ich kann die Sicherheit eines Konfidenzintervalls berechnen.

WS-R 4.1 M **498.** In einer Schule wird der Anteil der an Kunst und Kultur interessierten Schülerinnen und Schüler mit 76% und mit einem Konfidenzintervall von [74%; 78%] angegeben. Die Behauptung stützt sich auf die Befragung einer Stichprobe von 545 Jugendlichen.
Berechne die Sicherheit dieser Behauptung.

☐ Ich kann den Stichprobenumfang für ein Konfidenzintervall ermitteln.

499. Die Zufriedenheit von Kunden soll überprüft werden.
Wie viele Kunden soll man befragen, wenn man ein 0,95-Konfidenzintervall für den relativen Anteil aller zufriedenen Kunden mit der Breite 0,02 bestimmen will?

500. Aus einer erst kürzlich durchgeführten Untersuchung weiß man, dass 80% der Fische eines Flusses Forellen sind. Wie viele Fische muss man auswählen, um ein Konfidenzintervall von ±2% für den Anteil der Forellen in diesem Fluss mit 99%-iger Sicherheit zu bestimmen.

☐ Ich kann einen einseitigen Hypothesentest durchführen.

501. Der Marktanteil eines Produktes A liegt bei 45%. Nach einer Marketingaktion hofft die Marketingmanagerin, dass sich der Marktanteil innerhalb der Produktgruppe erhöht hat. Eine Untersuchung ergab, dass sich unter 500 verkauften Stück dieser Produktgruppe 240-mal das Produkt A befand.
1) Formuliere eine geeignete Null- und eine geeignete Alternativhypothese.
2) Mit welcher Irrtumswahrscheinlichkeit würde man mit diesem Untersuchungsergebnis die Alternativhypothese annehmen?
3) Bestimme einen Annahmebereich für H_1 mit der Irrtumswahrscheinlichkeit von 5%.

☐ Ich kann einen zweiseitigen Hypothesentest durchführen.

502. Eine Partei hatte bei der letzten Wahl einen Wähleranteil von 31%. Nun soll mittels einer Befragung von 500 Personen festgestellt werden, ob sich der Wähleranteil verändert hat. Formuliere eine passende Nullhypothese H_0 und eine passende Alternativhypothese H_1. Bestimme einen Annahmebereich für H_1 mit einer Irrtumswahrscheinlichkeit von 1%.

☐ Ich kann die Ergebnisse von Hypothesentests interpretieren.

503. Aufgrund des Untersuchungsergebnisses wird die Alternativhypothese H_1 mit einer Irrtumswahrscheinlichkeit von 5% nicht angenommen. Welche der beiden Interpretationen ist zutreffend?
Interpretation 1:
Würde man diesen Hypothesentest 1000-mal durchführen, dann würde man sich bei der Beurteilung des Testergebnisses höchstens 50-mal irren.
Interpretation 2:
Die Nullhypothese H_0 wird mit einer Irrtumswahrscheinlichkeit von 5% angenommen.

Kompetenzcheck Stetige Wahrscheinlichkeitsverteilungen und beurteilende Statistik 2

Grundkompetenz für die schriftliche Reifeprüfung:

☐ WS-R 4.1 Konfidenzintervalle als Schätzung für eine Wahrscheinlichkeit oder einen unbekannten Anteil p interpretieren (frequentistische Deutung) und verwenden können; Berechnungen auf Basis der Binomialverteilung oder einer durch die Normalverteilung approximierten Binomialverteilung durchführen können

---

WS-R 4.1 M **504.** Bei einer Stichprobe von 600 Personen gaben 215 Personen an, Weihnachten nicht zu Hause zu feiern.
Gib ein 95%-Konfidenzintervall für den Anteil der Personen in der Gesamtbevölkerung an, die Weihnachten nicht zu Hause feiern.

WS-R 4.1 M **505.** Eine Zeitschrift erhält nach einer Telefonbefragung folgendes Ergebnis: 67% der Personen sind mit dem Fernsehprogramm höchst zufrieden. Die Untersuchung umfasste 500 Personen. Die Schwankungsbreite des Prozentsatzes wird mit ±4% angegeben.
Bestimme die Sicherheit des Umfrageergebnisses.

WS-R 4.1 M **506.** Bei einer Umfrage wurden 1000 Personen befragt, ob sie morgens frühstücken. Als Ergebnis erhielt man das 95%-Konfidenzintervall [48%; 52%].

Kreuze die aufgrund dieses Ergebnisses zutreffende(n) Aussage(n) an.

A	Hätte man 1200 Personen befragt, wäre das Konfidenzintervall schmäler geworden.	☐
B	Ein 90%-Konfidenzintervall wäre mit gleich bleibender Anzahl der Befragten breiter.	☐
C	Es haben bei der Umfrage ungefähr 500 Personen angegeben morgens zu frühstücken.	☐
D	Hätten weniger Personen angegeben morgens zu frühstücken, so wäre das Konfidenzintervall breiter geworden.	☐
E	Auf jeden Fall frühstücken morgens zwischen 48% und 52% aller Personen.	☐

WS-R 4.1 M **507.** In der unten abgebildeten Graphik ist ein Konfidenzintervall dargestellt. Die Sicherheit beträgt 95%.

Konfidenzintervall

0,13 0,23

Bestimme die Größe der untersuchten Stichprobe.

EINSCHUB

Die Kompensationsprüfung in Mathematik

Wenn bei der Reifeprüfung deine schriftliche Klausurarbeit in Mathematik negativ beurteilt wird, hast du zwei Möglichkeiten:

1. Du entscheidest dich, die schriftliche Reifeprüfung in Mathematik beim nächsten Klausurtermin zu wiederholen.
   Diese Möglichkeit bietet sich vor allem an, wenn du erkannt hast, dass dein Wissen bei den Grundkompetenzen noch erhebliche Lücken aufweist, du dich aber zum momentanen Zeitpunkt auf die anderen Prüfungen konzentrieren willst.
2. Du stellst einen Antrag, eine **mündliche Kompensationsprüfung** in Mathematik absolvieren zu dürfen, um die negative Beurteilung der schriftlichen Arbeit noch beim selben Termin zu kompensieren (auszugleichen).
   In diesem Fall vermeidest du zwar einen Terminverlust, musst aber schon ein bis zwei Wochen später zeigen, dass du die mathematischen Grundkompetenzen eigentlich beherrschst.

Die **Kompensationsprüfung in Mathematik** wird jährlich vom Bundesministerium zentral erstellt, wobei die Aufgaben auf Basis des Grundkompetenzenkataloges entwickelt werden. Bei jeder Prüfung werden alle vier Inhaltsbereiche in fünf verschiedenen kompetenzorientierten Aufgaben abgedeckt. Zusätzlich gibt es bei jeder Aufgabe eine **„Leitfrage"**. Mit Hilfe dieser Fragen soll bei der Prüfung geklärt werden, ob du vernetzt denken kannst. Bei Beantwortung der Leitfrage reflektierst du über Teile des Bereichs, aus welchem die jeweilige Frage stammt. Für die gesamte Prüfung (fünf Aufgaben mit Leitfragen) bekommst du ca. 30 Minuten Vorbereitungs- und 25 Minuten Prüfungszeit. Beim Prüfungsgespräch musst du deine Überlegungen und deine Rechengänge erläutern.

Die Benotung der Kompensationsprüfung hängt davon ab, wie viele Aufgaben und Leitfragen du vollständig beantwortet hast. Da bei der Beurteilung deiner Gesamtleistung die Note der schriftlichen Reifeprüfung und die Note der Kompensationsprüfung herangezogen werden, kannst du insgesamt maximal ein „Befriedigend" erreichen.

Schema für die Beurteilung einer Kompensationsprüfung

Note	positiv beantwortete Teile der Kompensationsprüfung
„Sehr gut"	5 GK-Aufgaben + 2 Leitfragen bzw. 4 GK-Aufgaben + 3 Leitfragen
„Gut"	5 GK-Aufgaben + 1 Leitfrage, 4 GK-Aufgaben + 2 Leitfragen bzw. 3 GK-Aufgaben + 3 Leitfragen
„Befriedigend"	5 GK-Aufgaben + 0 Leitfragen, 4 GK-Aufgaben + 1 Leitfrage bzw. 3 GK-Aufgaben + 2 Leitfragen
„Genügend"	4 GK-Aufgaben + 0 Leitfragen bzw. 3 GK-Aufgaben + 1 Leitfrage

Exemplarische Kompensationsaufgaben

Prüfung 1

AG-R 3.4 M

Aufgabe 1

Zeichne eine Gerade g durch den Punkt $H = (0 \mid 2)$ und den Punkt $J = (1 \mid 1)$ ins kartesische Koordinatensystem. Gib eine Parameterdarstellung der Geraden g an.

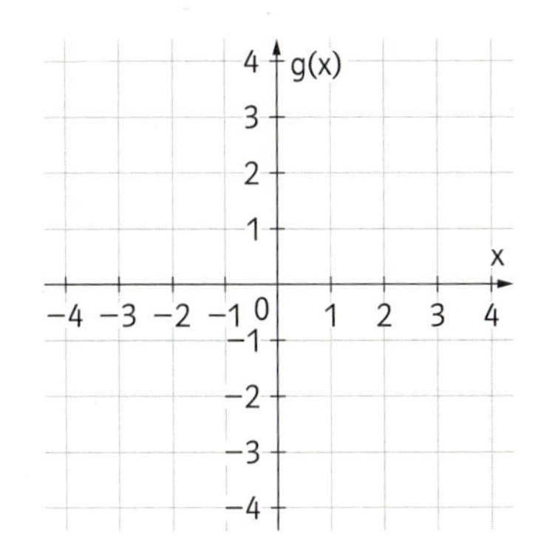

Leitfrage:

Nenne weitere Möglichkeiten, die Geradengleichung anzugeben und erläutere die Zusammenhänge zwischen diesen.

WS-R 1.3 M

Aufgabe 2

In einer Druckerei wird das Monatsgehalt der Angestellten erhoben und als Datenliste dargestellt (Werte in €): 1238; 3755; 2050; 1087; 1300; 2100; 2100; 1544
Ermittle den Modus, das arithmetische Mittel und den Median dieser Datenmenge und interpretiere die Ergebnisse im Kontext.

Leitfrage:

Erläutere, wie sich folgende Änderungen auf die obigen Kennzahlen auswirken:

1) Alle Angestellten bekommen eine Gehaltserhöhung von a %.

2) Ein neuer Mitarbeiter (Monatsgehalt: b €, $b > 2300$ €) wird angestellt.

AN-R 3.2 M

Aufgabe 3

Gegeben ist eine Polynomfunktion vierten Grades. Zeichne den Graphen der ersten Ableitungsfunktion f' in die Abbildung ein und erläutere deine Vorgangsweise.

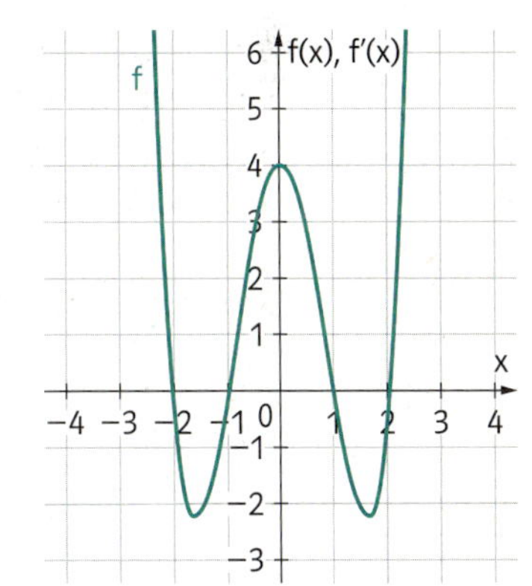

Leitfrage:

Beschreibe die Zusammenhänge zwischen den Graphen von Polynomfunktionen und ihren Ableitungsfunktionen anhand signifikanter Stellen. Gehe dabei auf die Monotonie und die Krümmung ein. Erläutere allgemein, wie viele Nullstellen, Extremstellen und Wendestellen eine Polynomfunktion n-ten Grades besitzen kann und begründe deine Aussagen.

AG-R 4.1 M

Aufgabe 4

Gegeben ist ein rechtwinkliges Dreieck ABC ($\gamma = 90°$) mit $\alpha = 43°$ und der Hypotenuse $c = 20$ cm. Berechne den Umfang des Dreiecks und beschreibe deine Vorgangsweise.

Leitfrage:

Betrachte die Winkelfunktionen am Einheitskreis. Es gilt $\tan\alpha = \frac{\sin\alpha}{\cos\alpha}$. Leite aus dieser Beziehung die Vorzeichen und die Definitionsmenge der Tangensfunktion für
1) $\alpha \in [0°; 90°]$ **2)** $\alpha \in [90°; 180°]$ **3)** $\alpha \in [180°; 270°]$ **4)** $\alpha \in [270°; 360°]$ her.

FA-R 5.1 M

Aufgabe 5

Frau Schafhober gewinnt mit 42 Jahren 31 500 € im Lotto. Sie bringt den kompletten Betrag zur Bank und legt ihn als Pensionsvorsorge an. Er wird mit einem Zinssatz von 0,4 % pro Jahr verzinst. Ermittle den Geldbetrag, den Frau Schafhober bei Pensionsantritt (65 Jahre) mit dieser Anlageform erhalten würde und erläutere deine Vorgangsweise.

Leitfrage:

Bei dieser Aufgabe geht es um das exponentielle Wachstum. Leite aus dem Zerfallsgesetz (exponentielle Abnahme) $N(t) = N_0 \cdot a^t$ mit $0 < a < 1$ eine Formel zur Berechnung der Halbwertszeit her, wobei $N_0 = N(0)$ der positive Anfangswert und $N(t)$ der Wert zum Zeitpunkt t ist. Erkläre, wie sich die Halbwertszeit verändert, wenn a größer wird.

Prüfung 2

AG-R 1.1 M

Aufgabe 1

Kreuze alle Zahlenmengen an, in denen die jeweilige Zahl liegt.

	$\mathbb{N}$	$\mathbb{Z}$	$\mathbb{Q}$	$\mathbb{R}$
$1{,}4 \cdot 10^4$	☐	☐	☐	☐
$-\frac{\sqrt[3]{8}}{2}$	☐	☐	☐	☐
$\sqrt{-21}$	☐	☐	☐	☐
0,012	☐	☐	☐	☐

Leitfrage:

Gib für die Zahlenmengen $\mathbb{N}$, $\mathbb{R}$ und $\mathbb{C}$ jeweils alle Rechenoperationen an, die in der jeweiligen Menge abgeschlossen sind.
Gib für diejenigen Rechenoperationen, die in einer Zahlenmenge nicht abgeschlossen sind, jeweils ein konkretes Beispiel an, das dies zeigt.

AN-R 4.3 M

Aufgabe 2

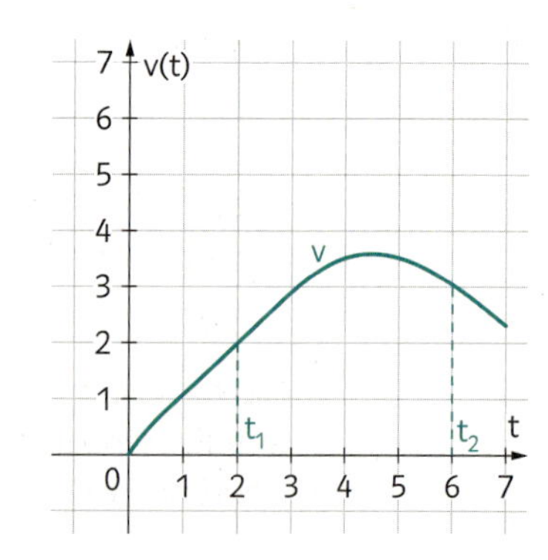

Die Abbildung zeigt die Geschwindigkeit v der Gewichtszunahme eines Welpen (in kg/Monat) in Abhängigkeit von der Zeit t (in Monaten). Gib an, welche Größe durch den Ausdruck $\int_{t_1}^{t_2} v(t)\,dt$ in diesem Zusammenhang berechnet werden kann und veranschauliche diese in der Abbildung.

Leitfrage:

Interpretiere den Wert des Terms $\frac{\int_{t_1}^{t_2} v(t)\,dt}{t_2 - t_1}$ im gegebenen Zusammenhang.

Ab einem bestimmten Zeitpunkt ist die Funktion v monoton fallend. Erläutere, was über die Gewichtszunahme ab diesem Zeitpunkt ausgesagt werden kann.

AN-R 3.3 M

Aufgabe 3

Gegeben ist ein Graph einer Polynomfunktion f, auf welchem die Punkte $A = (a \mid 0)$, $B = (b_1 \mid b_2)$, $C = (c_1 \mid c_2)$ und $D = (d \mid 0)$ liegen. Der Punkt B ist ein Tiefpunkt, der Punkt D ist ein Hochpunkt sowie ein Nullpunkt. Der Punkt A ist ebenfalls ein Nullpunkt. Der Punkt C ist ein Wendepunkt des Graphen von f.

Gib an, ob die drei Aussagen richtig oder falsch sind, stelle diese gegebenenfalls richtig und interpretiere sie im Hinblick auf den Verlauf des Graphen.

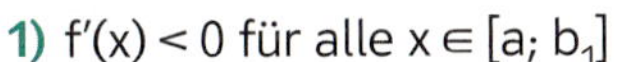

1) $f'(x) < 0$ für alle $x \in [a; b_1]$
2) $f'(x) = 0$ für $x = d$
3) $f''(x) > 0$ für alle $x \in [c_1; d]$

Leitfrage:

Durch die Punkte C und D wird eine Sekante gelegt. Gib die Steigung der Sekante in Abhängigkeit von c_1, c_2 und d an.
Beschreibe die Änderung der Steigung, wenn sich der Punkt D dem Punkt C nähert.

WS-R 3.2 M

Aufgabe 4

Bei einer Mathematikschularbeit kommen drei Aufgaben vor, bei welchen es jeweils sechs Aussagen gibt, wobei immer nur eine zutreffend ist. Die Zufallsvariable X beschreibt die Anzahl der richtig gelösten Aufgaben, wenn man zufällig ankreuzt. Gib die zugrundeliegende Wahrscheinlichkeitsverteilung an und ermittle den Erwartungswert und die Standardabweichung von X.

Leitfrage:

Ermittle die Anzahl der Fragen, die bei diesem Aufgabentyp (1 aus 6) zumindest gestellt werden müssen, damit die Wahrscheinlichkeit, dass eine Schülerin bzw. ein Schüler bei zufälligem Ankreuzen keine Aufgabe löst, unter 10 % sinkt.

WS-R 4.1 M

Aufgabe 5

Bei einer Umfrage gaben in Österreich von 500 Personen 83 an, dass sie schon einmal einen privaten Fitnesstrainer bzw. eine Fitnesstrainerin hatten. Berechne ein 95 %-Konfidenzintervall für den Anteil aller Personen aus Österreich, die schon einmal eine(n) Privattrainer(in) gebucht haben.

Leitfrage:

Gib an, unter welchen zwei unterschiedlichen Bedingungen man bei gleichem Stichprobenanteil h ein kleineres Konfidenzintervall erhalten würde.
Begründe deine Aussagen.

M zur Matura mit Lösungswege

Liebe Schülerin, lieber Schüler,

auf dieser Doppelseite wird gezeigt, wie das Mathematik-Lehrwerk Lösungswege dich in der achten Klasse auf die Matura vorbereiten kann, und zwar im

- **Schulbuch**
- **Arbeitsheft**
- **Maturatraining**.

Schulbuch

Zu den **vier Bereichen**
- Algebra und Geometrie
- Funktionale Abhängigkeiten
- Analysis
- Wahrscheinlichkeit und Statistik

gibt es Kapitel zur **Matura-Vorbereitung.**

→ **alle Inhalte von Klasse 5 bis 8**

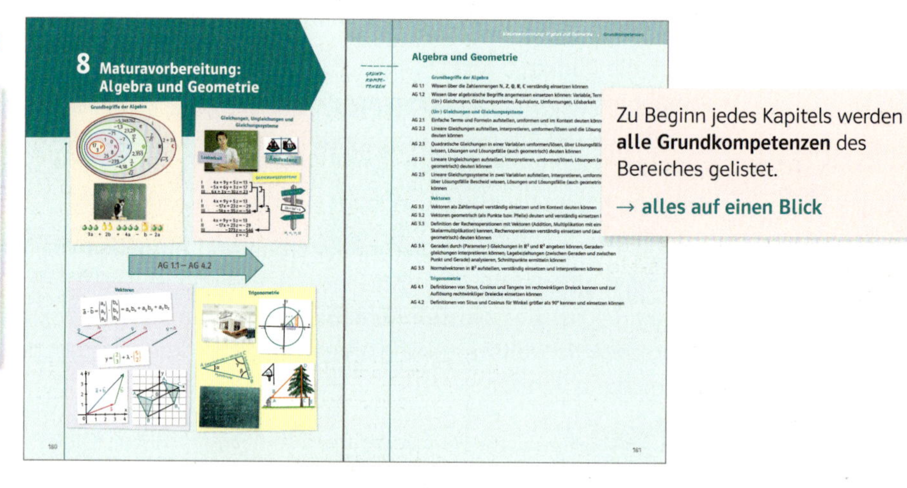

Zu Beginn jedes Kapitels werden **alle Grundkompetenzen** des Bereiches gelistet.

→ **alles auf einen Blick**

Zu jeder **Grundkompetenz** gibt es eine Sammlung von **repräsentativen Aufgaben.**

→ **alles im Matura-Format**

Am Ende jedes Bereichs werden **passende Typ-2-Aufgaben** angeboten.

→ **vernetzte Inhalte**

Das Kapitel 12 bietet eine umfangreiche Sammlung von Typ-2-Aufgaben.

→ **viel Material zum Üben**

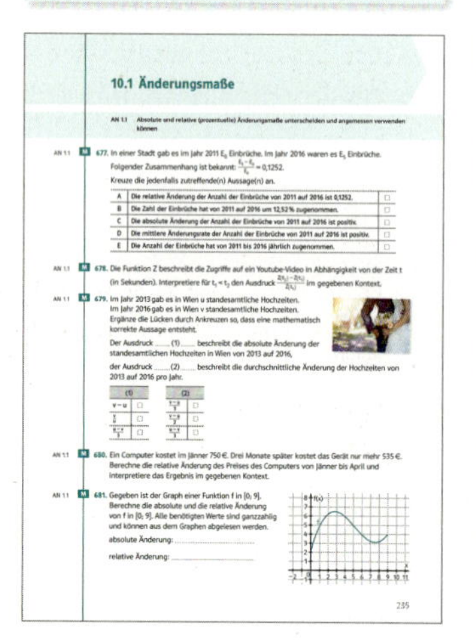

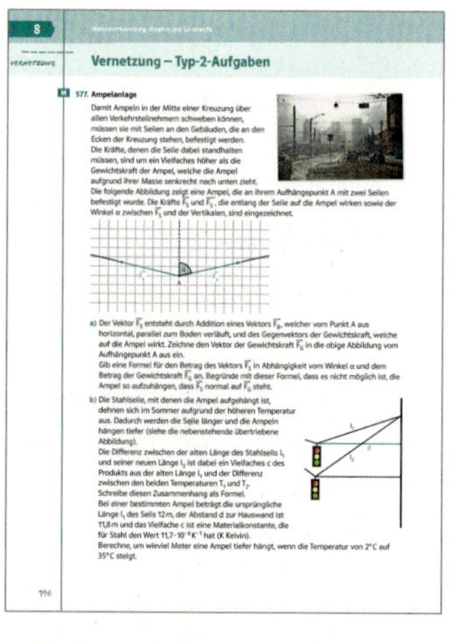

Arbeitsheft

Im Lösungswege Arbeitsheft 8 befinden sich zwei **Probe-Maturen**.

→ **zwei Testläufe**

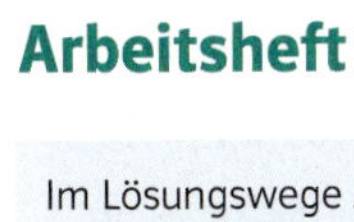

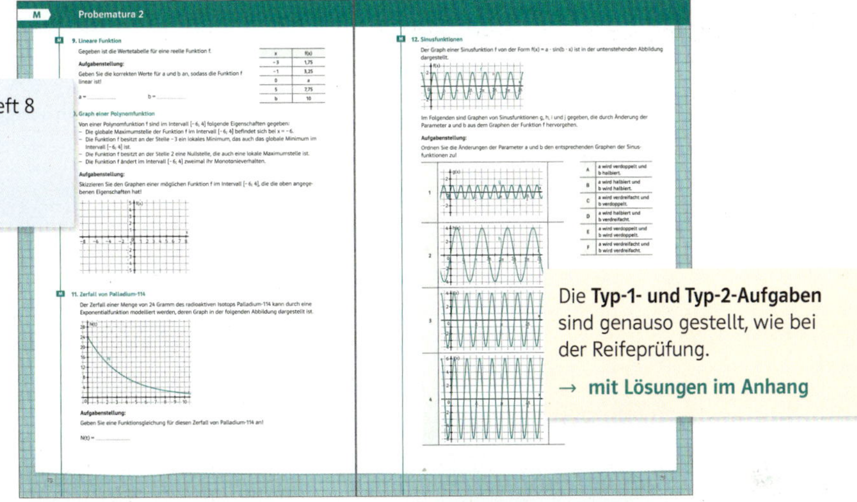

Die **Typ-1- und Typ-2-Aufgaben** sind genauso gestellt, wie bei der Reifeprüfung.

→ **mit Lösungen im Anhang**

Maturatraining

Zu Beginn des Maturatrainings sind alle 73 Grundkompetenzen aufgelistet.

→ **Übersicht erhalten**

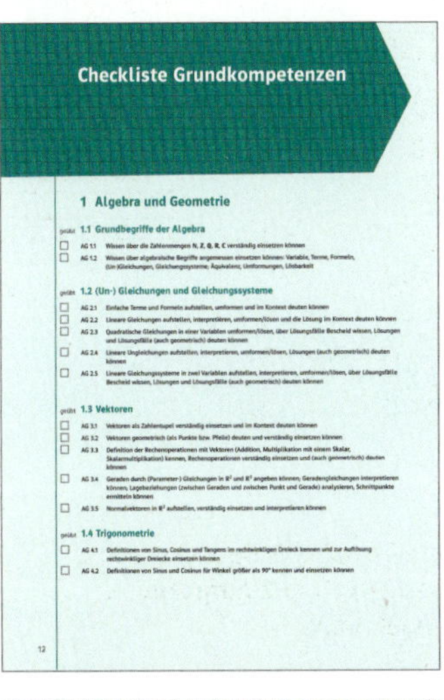

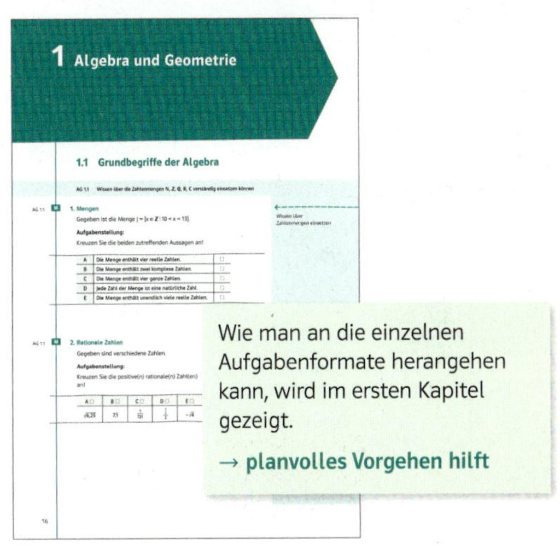

Wie man an die einzelnen Aufgabenformate herangehen kann, wird im ersten Kapitel gezeigt.

→ **planvolles Vorgehen hilft**

Zu jeder **Grundkompetenz** gibt es eine Sammlung von **gestaffelten Aufgaben**, die auf **Teilkompetenzen** eingehen.

→ **Teilkompetenzen erarbeiten**

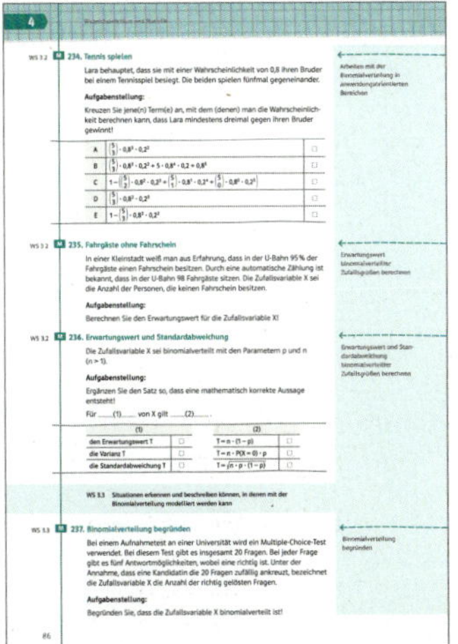

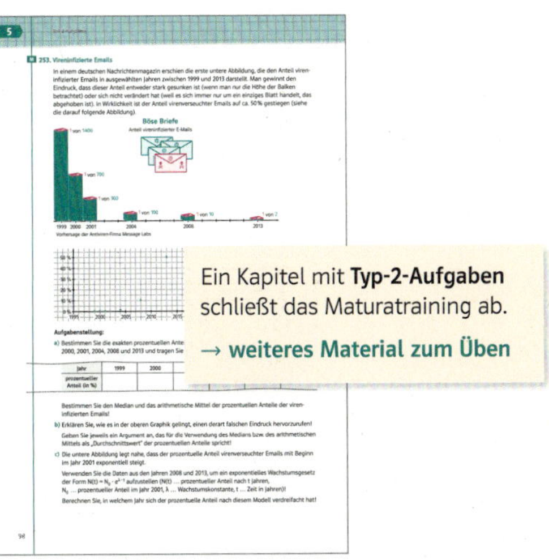

Ein Kapitel mit **Typ-2-Aufgaben** schließt das Maturatraining ab.

→ **weiteres Material zum Üben**

Alle Lösungen sind im Anhang.

→ **leicht gemachtes Überprüfen**

8 Maturavorbereitung: Algebra und Geometrie

AG-R 1.1 – AG-R 4.2

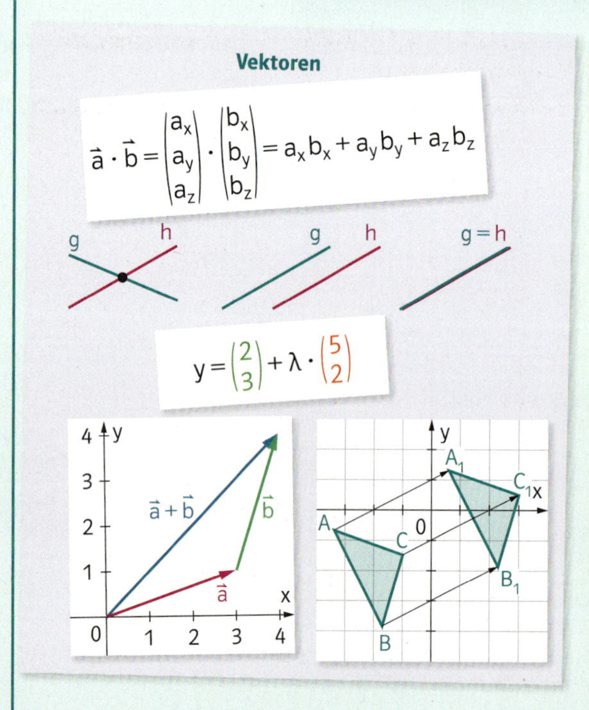

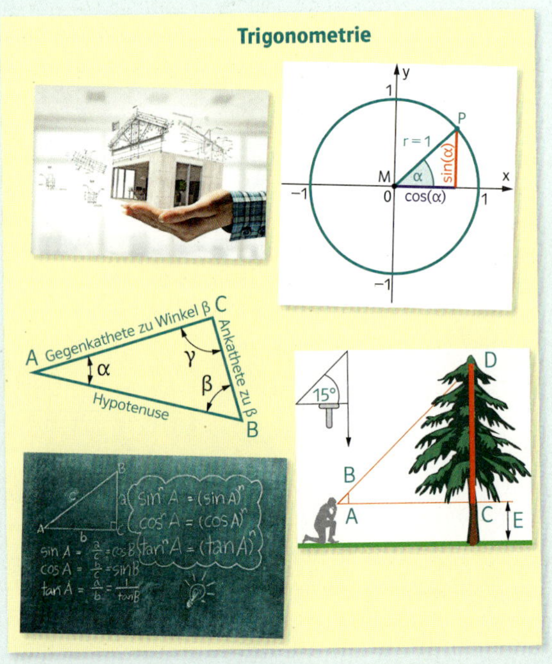

Algebra und Geometrie

GRUND-KOMPE-TENZEN

Grundbegriffe der Algebra

AG-R 1.1 Wissen über die Zahlenmengen ℕ, ℤ, ℚ, ℝ, ℂ verständig einsetzen können

AG-R 1.2 Wissen über algebraische Begriffe angemessen einsetzen können: Variable, Terme, Formeln, (Un-) Gleichungen, Gleichungssysteme; Äquivalenz, Umformungen, Lösbarkeit

(Un-) Gleichungen und Gleichungssysteme

AG-R 2.1 Einfache Terme und Formeln aufstellen, umformen und im Kontext deuten können

AG-R 2.2 Lineare Gleichungen aufstellen, interpretieren, umformen/lösen und die Lösung im Kontext deuten können

AG-R 2.3 Quadratische Gleichungen in einer Variablen umformen/lösen, über Lösungsfälle Bescheid wissen; Lösungen und Lösungsfälle (auch geometrisch) deuten können

AG-R 2.4 Lineare Ungleichungen aufstellen, interpretieren, umformen/lösen, Lösungen (auch geometrisch) deuten können

AG-R 2.5 Lineare Gleichungssysteme in zwei Variablen aufstellen, interpretieren, umformen/lösen können; über Lösungsfälle Bescheid wissen; Lösungen und Lösungsfälle (auch geometrisch) deuten können

Vektoren

AG-R 3.1 Vektoren als Zahlentupel verständig einsetzen und im Kontext deuten können

AG-R 3.2 Vektoren geometrisch (als Punkte bzw. Pfeile) deuten und verständig einsetzen können

AG-R 3.3 Definition der Rechenoperationen mit Vektoren (Addition, Multiplikation mit einem Skalar, Skalarmultiplikation) kennen; Rechenoperationen verständig einsetzen und (auch geometrisch) deuten können

AG-R 3.4 Geraden durch (Parameter-) Gleichungen in $\mathbb{R}^2$ und $\mathbb{R}^3$ angeben können; Geradengleichungen interpretieren können; Lagebeziehungen (zwischen Geraden und zwischen Punkt und Gerade) analysieren und Schnittpunkte ermitteln können

AG-R 3.5 Normalvektoren in $\mathbb{R}^2$ aufstellen, verständig einsetzen und interpretieren können

Trigonometrie

AG-R 4.1 Definitionen von Sinus, Cosinus und Tangens im rechtwinkligen Dreieck kennen und zur Auflösung rechtwinkliger Dreiecke einsetzen können

AG-R 4.2 Definitionen von Sinus und Cosinus für Winkel größer als 90° kennen und einsetzen können

WISSEN KOMPAKT

Grundbegriffe der Algebra

Zahlenmengen

$\mathbb{N}$ ... Menge der natürlichen Zahlen $\mathbb{Z}$... Menge der ganzen Zahlen

AG-R 1.1

$\mathbb{Q} = \left\{\frac{p}{q} \middle| p \in \mathbb{Z} \text{ und } q \in \mathbb{Z} \text{ und } q \neq 0\right\}$ ... Menge der rationalen Zahlen

$\mathbb{R}$ ... Menge der reellen Zahlen $\mathbb{R}\backslash\mathbb{Q}$ ... Menge der irrationalen Zahlen

$\mathbb{C}$ ... Menge der komplexen Zahlen

N Z Q I R C

AG-R 1.2

Algebraische Begriffe

- Term: sinnvoller mathematischer Ausdruck (z. B. $3a - 2b$; 3,4)
- Formel: beschreibt den Zusammenhang zwischen Größen (z. B. $u = 2 \cdot (a + b)$)
- Gleichung: zwei mit einem Gleichheitszeichen verbundene Terme (z. B. $3x - 2 = x + 5$)
- Lösung: Variablenwert(e), für den (die) die Gleichung wahr ist
  Äquivalente Gleichungen besitzen dieselbe(n) Lösung(en).

(Un-) Gleichungen und Gleichungssysteme

AG-R 2.1

Terme und Formeln

z. B. 35 % von x Euro $\Rightarrow 0{,}35 \cdot x$ $A = \frac{a \cdot b}{2} \Rightarrow b = \frac{2A}{a}$

AG-R 2.2

Äquivalenzumformungen

Auf beiden Seiten der Gleichung wird dieselbe Zahl addiert bzw. subtrahiert.
Beide Seiten der Gleichung werden mit derselben Zahl ($\neq 0$) multipliziert bzw. durch diese dividiert.
Die Lösungsmenge der Gleichung ändert sich dadurch nicht.

AG-R 2.2

Lineare Gleichungen

- Lineare Gleichungen mit einer Variablen: $a \cdot x + b = 0$ ($a, b \in \mathbb{R}$, $a \neq 0$)
  Eine lineare Gleichung mit einer Variablen hat genau eine Lösung.
- Lineare Gleichungen mit zwei Variablen: $a \cdot x + b \cdot y + c = 0$ ($a, b \in \mathbb{R}$, nicht gleichzeitig 0)
  Alle Zahlenpaare $(x \mid y)$, die die Gleichung erfüllen, bilden die Lösung.
  Geometrisch sind das alle Punke $(x \mid y)$, die auf der zugehörigen Geraden liegen.
  Eine lineare Gleichung mit zwei Variablen kann als Gleichung einer Geraden angesehen werden.

AG-R 2.3

Quadratische Gleichungen

- Quadratische Gleichung: $a \cdot x^2 + b \cdot x + c = 0$ ($a, b, c \in \mathbb{R}$, $a \neq 0$).
- normierte quadratische Gleichung: $x^2 + p \cdot x + q = 0$
- Lösungsformeln: $x_{1,2} = \frac{-b \pm \sqrt{b^2 - 4ac}}{2a}$ bzw. $x_{1,2} = -\frac{p}{2} \pm \sqrt{\frac{p^2}{4} - q}$ mit den Diskriminanten
  $D = b^2 - 4ac$ bzw. $D = \frac{p^2}{4} - q$
- Lösungsfälle einer quadratische Gleichung mit der Diskriminante D:
  - $D > 0 \rightarrow$ zwei reelle Lösungen
  - $D = 0 \rightarrow$ eine reelle Lösung
  - $D < 0 \rightarrow$ keine reelle Lösung

AG-R 2.4

Lineare Ungleichungen

Eine lineare Ungleichung ist ein Ausdruck, in dem die Relationszeichen $<, \leq, >$ oder $\geq$ auftreten.
z.B. $3x > 5$

AG-R 2.5

Lineare Gleichungssysteme mit zwei Variablen

Ein lineares Gleichungssystem mit zwei Variablen hat die Form
I: $a \cdot x + b \cdot y = c$
II: $d \cdot x + e \cdot y = f$ $\quad (a, b, c, d, e, f \in \mathbb{R})$
Alle Zahlenpaare $(x \mid y)$, die beide Gleichungen erfüllen, bilden die Lösung.

Anzahl der Lösungen
- eine Lösung → $r \cdot \begin{pmatrix} a \\ b \end{pmatrix} \neq \begin{pmatrix} d \\ e \end{pmatrix}$ für alle $r \in \mathbb{R}, r \neq 0$, d.h. die Vektoren sind keine Vielfachen voneinander
- unendlich viele Lösungen → es gibt ein $r \in \mathbb{R}, r \neq 0$, für das gilt: $r \cdot \begin{pmatrix} a \\ b \end{pmatrix} = \begin{pmatrix} d \\ e \end{pmatrix}$ und $r \cdot c = f$
- keine Lösung → es gibt ein $r \in \mathbb{R}, r \neq 0$, für das gilt: $r \cdot \begin{pmatrix} a \\ b \end{pmatrix} = \begin{pmatrix} d \\ e \end{pmatrix}$ aber $r \cdot c \neq f$

Vektoren

AG-R 3.1

Unter einem Vektor versteht man ein n-Tupel reeller Zahlen.

$A = \begin{pmatrix} a_1 \\ a_2 \\ \vdots \\ a_n \end{pmatrix}$ und $B = \begin{pmatrix} b_1 \\ b_2 \\ \vdots \\ b_n \end{pmatrix}$ sind Vektoren aus $\mathbb{R}^n$ $(n \neq 0)$.

z.B. monatliche Fixkosten in Euro der Personen D, E und F: $\begin{pmatrix} D \\ E \\ F \end{pmatrix} = \begin{pmatrix} 1200 \\ 2000 \\ 897 \end{pmatrix}$

AG-R 3.2

Darstellung von Vektoren

Ein Vektor der Ebene kann durch genau einen Punkt oder unendlich viele parallele, gleich lange Pfeile mit gleicher Orientierung dargestellt werden.

z.B. Punkt $A = (2 \mid 3)$; Vektorpfeil $\vec{a} = \begin{pmatrix} 2 \\ 3 \end{pmatrix}$

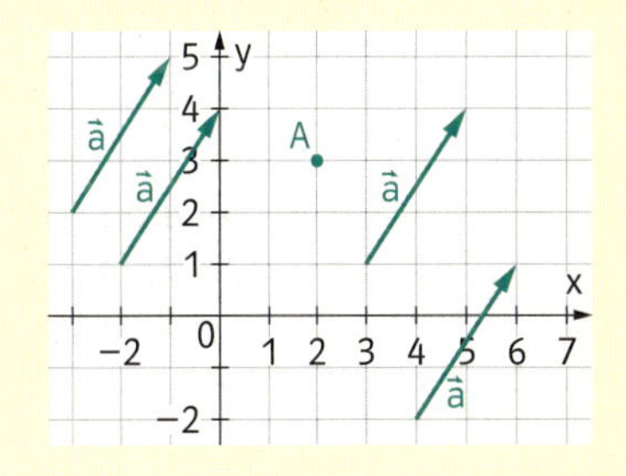

AG-R 3.3

Rechenoperationen mit Vektoren

Vektoren werden koordinatenweise addiert bzw. subtrahiert. Ein Vektor wird mit $r \in \mathbb{R}$ multiplizert, indem jede Koordinate mit r multipliziert wird.

$A \pm B = \begin{pmatrix} a_1 \pm b_1 \\ a_2 \pm b_2 \\ \cdots \\ a_n \pm b_n \end{pmatrix}$ $\qquad r \cdot A = \begin{pmatrix} r \cdot a_1 \\ r \cdot a_2 \\ \cdots \\ r \cdot a_n \end{pmatrix}$

Bei der Addition bzw. Subtraktion zweier Vektoren und der Multiplikation eines Vektors mit einem Skalar (einer reellen Zahl) erhält man als Ergebnis wieder einen Vektor.

Zwei Vektoren $\vec{a}, \vec{b}$ sind zueinander parallel, wenn der eine Vektor ein Vielfaches des anderen Vektors ist:

$\vec{a} = r \cdot \vec{b}$ mit $r \in \mathbb{R} \setminus \{0\}$

AG-R 3.4

Darstellungsformen und Lagebeziehungen von Geraden

- $g: X = P + t \cdot \vec{a}, t \in \mathbb{R}$ (Parameterdarstellung)
- $g: \vec{n} \cdot X = \vec{n} \cdot P$ (Normalvektordarstellung)
- $g: a \cdot x + b \cdot y = c$ (allgemeine Geradengleichung)

Lagebeziehung zweier Geraden

2 Geraden in der Ebene können parallel, ident oder schneidend sein.

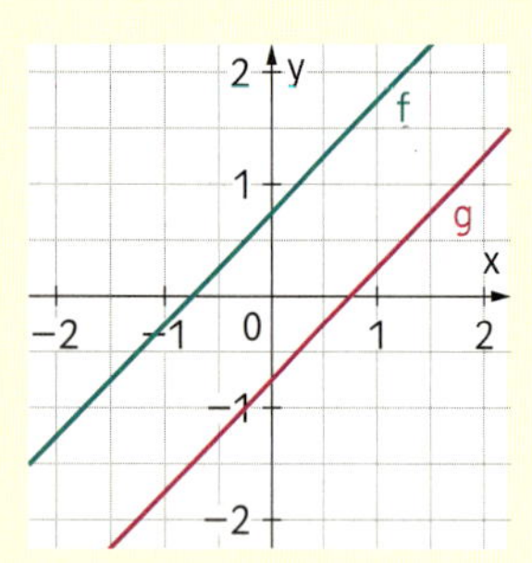

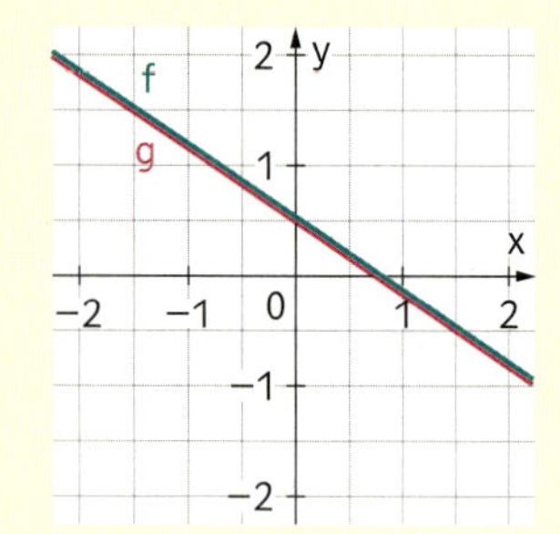

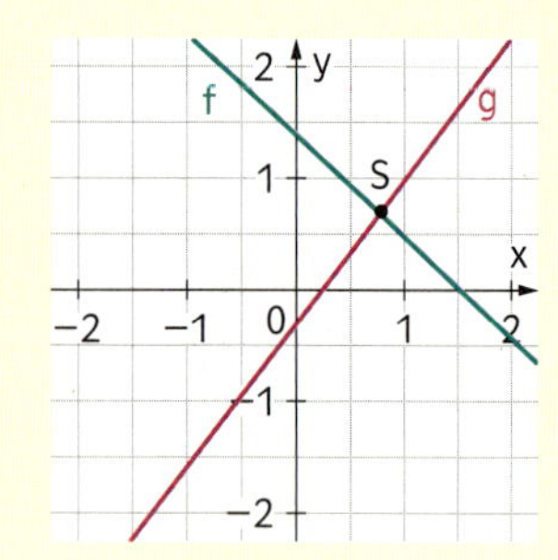

AG-R 3.5

Normalvektoren

Zum Vektor $\vec{a} = \begin{pmatrix} a_1 \\ a_2 \end{pmatrix}$ sind die Vektoren $\begin{pmatrix} -a_2 \\ a_1 \end{pmatrix}$ und $\begin{pmatrix} a_2 \\ -a_1 \end{pmatrix}$ (und auch jedes Vielfache dieser Vektoren) Normalvektoren.

Es gilt: $\begin{pmatrix} a_1 \\ a_2 \end{pmatrix} \cdot \begin{pmatrix} -a_2 \\ a_1 \end{pmatrix} = \begin{pmatrix} a_1 \\ a_2 \end{pmatrix} \cdot \begin{pmatrix} a_2 \\ -a_1 \end{pmatrix} = 0$ (Orthogonalitätskriterium)

Trigonometrie

Winkelfunktionen im rechtwinkeligen Dreieck

AG-R 4.1

$\sin(\alpha) = \frac{\text{Gegenkathete}}{\text{Hypotenuse}} = \frac{G}{H}$ $\qquad \cos(\alpha) = \frac{\text{Ankathete}}{\text{Hypotenuse}} = \frac{A}{H}$ $\qquad \tan(\alpha) = \frac{\text{Gegenkathete}}{\text{Ankathete}} = \frac{G}{A}$

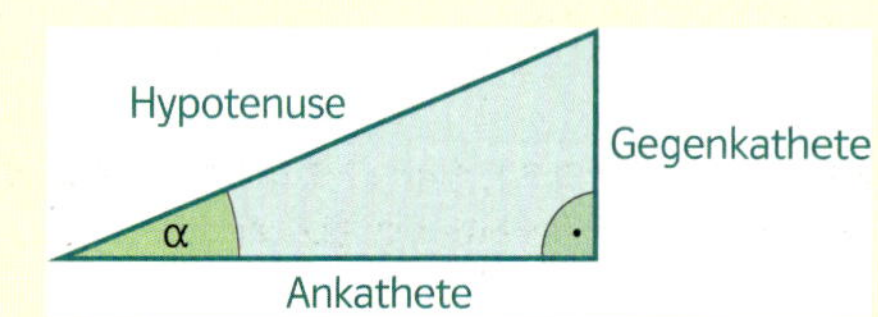

AG-R 4.2

Sinus und Cosinus im Einheitskreis

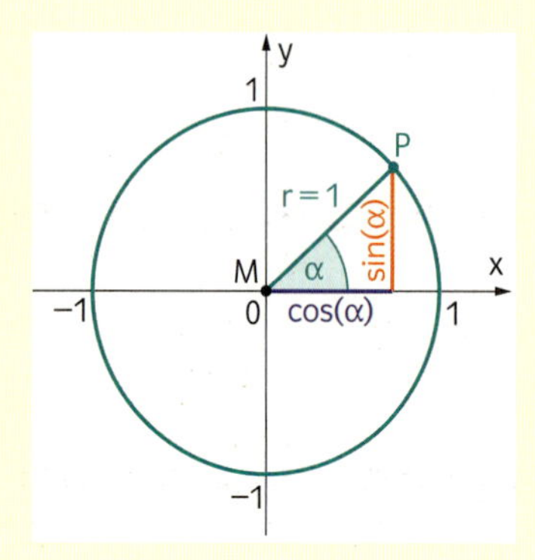

	I	II	III	IV
sin(x)	+	+	−	−
cos(x)	+	−	−	+
tan(x)	+	−	+	−

8.1 Grundbegriffe der Algebra

AG-R 1.1 Wissen über die Zahlenmengen ℕ, ℤ, ℚ, ℝ, ℂ verständig einsetzen können

AG-R 1.1 **M** **508.** Kreuze die beiden Zahlen an, die in der Menge ℚ liegen.

A ☐	B ☐	C ☐	D ☐	E ☐
$\frac{2\pi}{3}$	$\frac{\sqrt{5}}{2}$	e^{-2}	$\frac{\sqrt{81}}{3}$	$2 \cdot 10^{-3}$

AG-R 1.1 **M** **509.** Kreuze diejenige(n) Zahl(en) an, die ein Element (Elemente) der Menge ℤ ist (sind).

A ☐	B ☐	C ☐	D ☐	E ☐
$-\sqrt[3]{27} : 3$	3π	$2{,}3 \cdot 10^{-1}$	$0{,}02 \cdot 10$	$\sqrt{45} \cdot \sqrt{5}$

AG-R 1.1 **M** **510.** Die Textfelder sind so zu ergänzen, dass eine korrekte mathematische Aussage entsteht.

Die Differenz zweier ____(1)____ Zahlen ist immer eine ____(2)____ Zahl.

(1)	
natürlicher	☐
negativer rationaler	☐
reeller	☐

(2)	
ungerade natürliche	☐
irrationale	☐
ganze	☐

AG-R 1.1 **M** **511.** Gegeben sind Aussagen über Zahlenmengen. Kreuze die beiden zutreffenden Aussagen an.

A	Jede rationale Zahl ist auch eine natürliche Zahl.	☐
B	Jede ganze Zahl ist eine komplexe Zahl.	☐
C	Jede Quadratwurzel einer positiven ganzen Zahl liegt in der Menge der irrationalen Zahlen.	☐
D	$\sqrt{11}$ liegt in der Menge der rationalen Zahlen.	☐
E	Es gibt reelle Zahlen, die sich als Bruch darstellen lassen.	☐

AG-R 1.2 Wissen über algebraische Begriffe angemessen einsetzen können: Variable, Terme, Formeln, (Un-)Gleichungen, Gleichungssysteme; Äquivalenz, Umformungen, Lösbarkeit

AG-R 1.2 **M** **512.** Gegeben ist der Term $\frac{2a}{x} + \frac{b}{y}$ mit $x, y \neq 0$. Kreuze den (die) zum Term äquivalenten Term(e) an.

A ☐	B ☐	C ☐	D ☐	E ☐
$\frac{1}{xy} \cdot (2ay + b)$	$\frac{2ay + b}{xy}$	$\frac{2ay + bx}{xy}$	$4 \cdot \left(\frac{a}{2x} + \frac{b}{4y}\right)$	$4 \cdot \left(\frac{a}{2x} + \frac{b}{y}\right)$

AG-R 1.2 **M** **513.** Welche Terme sind zum Term $\sqrt[4]{x^2}$ äquivalent? Kreuze die beiden zutreffenden Terme an.

A ☐	B ☐	C ☐	D ☐	E ☐
$x^{-\frac{2}{4}}$	$x^{\frac{4}{2}}$	$x\sqrt{x}$	$\sqrt{x}$	$x^{\frac{2}{4}}$

AG-R 1.2 **M** **514.** Gegeben ist die Gleichung $-ax + b = -c$ mit $a, b, c \in \mathbb{R}^+$. Kreuze die zutreffende Lösung an.

A ☐	B ☐	C ☐	D ☐	E ☐	F ☐
$x = \frac{-b-c}{a}$	$x = \frac{b-c}{a}$	$x = \frac{-b+c}{a}$	$x = \frac{b+c}{a}$	$x = \frac{b+c}{-a}$	$x = \frac{a}{b+c}$

8.2 (Un-)Gleichungen und Gleichungssysteme

AG-R 2.1 Einfache Terme und Formeln aufstellen, umformen und im Kontext deuten können

AG-R 2.1 M **515.** Die reelle Zahl $a \neq 0$ wird um $\frac{2}{5}$ ihres Werts vermindert und das Ergebnis wird um 35% vergrößert. Gib einen Term T(a) an, der diesen Sachverhalt mathematisch beschreibt.

$T(a) =$ ______________

AG-R 2.1 M **516.** Die Kantenlänge a eines Würfels wird um 10% verkürzt. Dadurch verkleinert sich das Volumen des Würfels. Auf wieviel Prozent verkleinert sich das Würfelvolumen? Kreuze den zutreffenden Prozentsatz an.

A ☐	B ☐	C ☐	D ☐	E ☐	F ☐
72,9%	0,1%	27,1%	99,9%	0,271%	0,729%

AG-R 2.1 M **517.** Marlena macht von Freitag bis Sonntag eine Wanderung. Am Freitag legt sie x km zurück, am Samstag marschiert sie y km und am Sonntag z km. Gib in Worten an, was der Term $\frac{x+y+z}{3}$ in diesem Zusammenhang beschreibt.

____

AG-R 2.1 M **518.** Für die Periodendauer T (in Sekunden) einer harmonischen Schwingung eines Federpendels gilt der Zusammenhang: $T = 2\pi\sqrt{\frac{m}{D}}$. Dabei ist m die Masse des schwingenden Körpers in Kilogramm und D die Federkonstante in N/m (Newton pro Meter).

Drücke die Federkonstante D in Abhängigkeit von T und m aus.

$D =$ ______________

AG-R 2.2 Lineare Gleichungen aufstellen, interpretieren, umformen/lösen und die Lösung im Kontext deuten können

AG-R 2.2 M **519.** Das Doppelte einer reellen Zahl z ist um fünf größer als die reelle Zahl y. Kreuze die Aussage an, die diesen Sachverhalt mathematisch beschreibt.

A ☐	B ☐	C ☐	D ☐	E ☐	F ☐
$2z+5=y$	$2z+y=5$	$2z=y-5$	$2z+y-5=0$	$2z-y=5$	$2z=5y$

AG-R 2.2 M **520.** An einem Nachmittag besuchen x Erwachsene und y Kinder ein Museum. Der Eintrittspreis für einen Erwachsenen beträgt a Euro, der für ein Kind b Euro. Erkläre, was die Gleichung $x \cdot a + y \cdot b = 8\,500$ in diesem Sachzusammenhang ausdrückt.

____

AG-R 2.3 Quadratische Gleichungen in einer Variablen umformen/lösen, über Lösungsfälle Bescheid wissen; Lösungen und Lösungsfälle (auch geometrisch) deuten können

AG-R 2.3 M **521.** Die Gesamtkosten (in Geldeinheiten GE) bei der Produktion von x Mengeneinheiten (ME) eines bestimmten Artikels werden durch die Funktion K mit $K(x) = 0{,}05x^2 + 20x + 312\,500$ modelliert.
Ermittle rechnerisch, bei wie vielen Mengeneinheiten (ME) die Gesamtkosten 648 500 GE betragen.

AG-R 2.3 M **522.** Von einer quadratischen Gleichung $x^2 + px - 15 = 0$ mit $p \in \mathbb{R}$ kennt man die Lösung $x_1 = -3$.
Bestimme in der Grundmenge $G = \mathbb{R}$ die Lösung x_2 dieser Gleichung.

$x_2 =$ ______

AG-R 2.3 M **523.** Gegeben ist die Gleichung $ax^2 + b = 0$ mit $a, b \in \mathbb{R}$, $a \neq 0$. Welche Bedingungen müssen erfüllt sein, damit die Gleichung keine reelle Lösung besitzt? Kreuze die beiden zutreffenden Aussagen an.

A ☐	B ☐	C ☐	D ☐	E ☐
$a < 0$ und $b < 0$	$a < 0$ und $b > 0$	$a > 0$ und $b > 0$	$a > 0$ und $b < 0$	$a < 0$ und $b = 0$

AG-R 2.3 M **524.** Gegeben ist die Gleichung $(x + 5)^2 = a$. Bestimme alle Werte $a \in \mathbb{R}$, für die die Gleichung zwei unterschiedliche reelle Lösungen besitzt.

AG-R 2.3 M **525.** Ergänze die Textlücken im folgenden Satz durch Ankreuzen der jeweils richtigen Satzteile so, dass eine mathematisch korrekte Aussage entsteht.

Der Graph der Funktion f mit $f(x) = x^2 + x + q$ und $q \in \mathbb{R}$ hat jedenfalls ___(1)___, wenn ___(2)___ gilt.

(1)	
keinen Schnittpunkt mit der x-Achse	☐
einen Berührpunkt mit der x-Achse	☐
zwei Schnittpunkte mit der x-Achse	☐

(2)	
$q \neq \frac{1}{4}$	☐
$q > 0$	☐
$q = \frac{1}{4}$	☐

AG-R 2.3 M **526.** Gegeben ist die Funktion g mit $g(x) = 3x^2 + bx + 3$ und $b \in \mathbb{R}$. Bestimme alle Werte für b, für die der Graph von g einen Berührpunkt mit der x-Achse besitzt.

$b =$ ______

AG-R 2.3 M **527.** Gegeben ist die Funktion h mit $h(x) = x^2 - 4x + 2k$ und $k \in \mathbb{R}$. Gib ein Intervall an, in dem alle Werte für k liegen, für die der Graph von h zwei Schnittpunkte mit der waagrechten Achse besitzt.

$k \in$ ______

AG-R 2.3 M **528.** „Vermindert man das Quadrat einer reellen Zahl um das Sechsfache dieser Zahl, so erhält man −9."
Übersetze diese Aussage in eine Gleichung und bestimme mit ihr die reelle Zahl.

AG-R 2.4 Lineare Ungleichungen aufstellen, interpretieren, umformen/lösen, Lösungen (auch geometrisch) deuten können

AG-R 2.4 **M** **529.** Gegeben ist die lineare Ungleichung $5x > y - 2$. Welche Zahlenpaare sind eine Lösung der Ungleichung? Kreuze die beiden zutreffenden Zahlenpaare an.

A ☐	B ☐	C ☐	D ☐	E ☐
$(1\mid-2)$	$(-1\mid2)$	$(0\mid4)$	$(4\mid0)$	$(-2\mid-1)$

AG-R 2.4 **M** **530.** Ordne den Bereichen in der oberen Spalte eine passende Ungleichung aus der unteren Spalte zu.

1

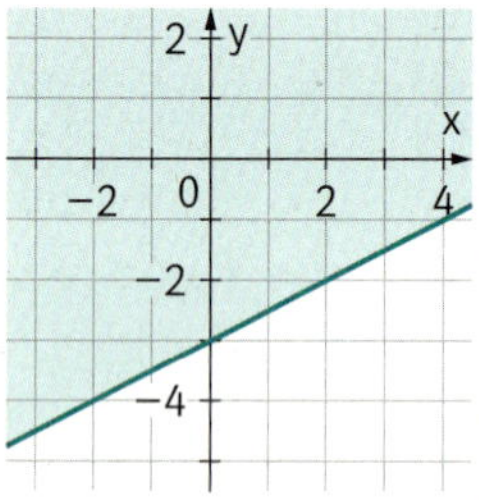

2

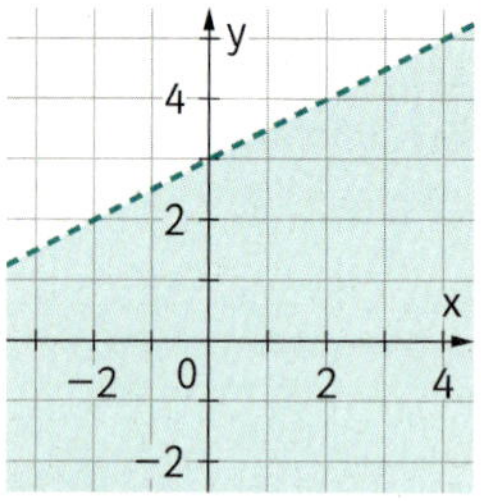

3

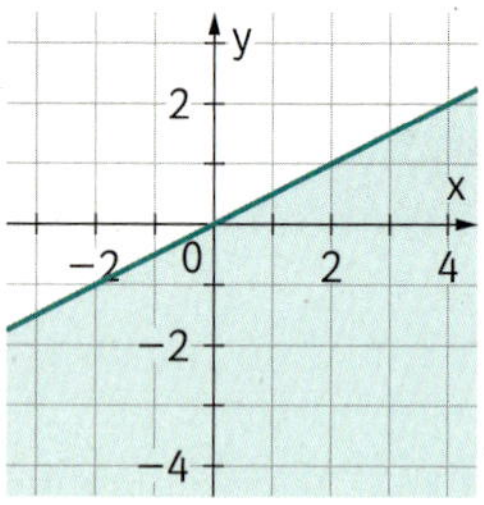

4

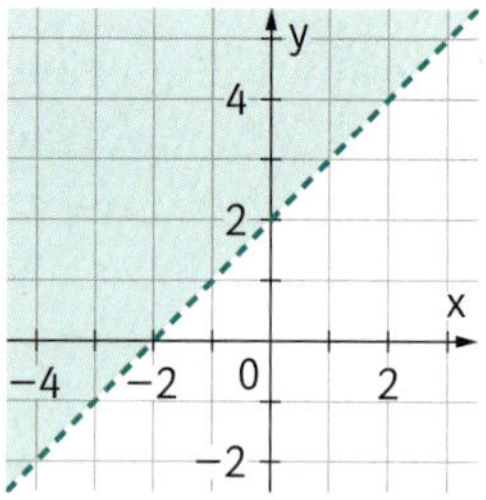

1	2	3	4

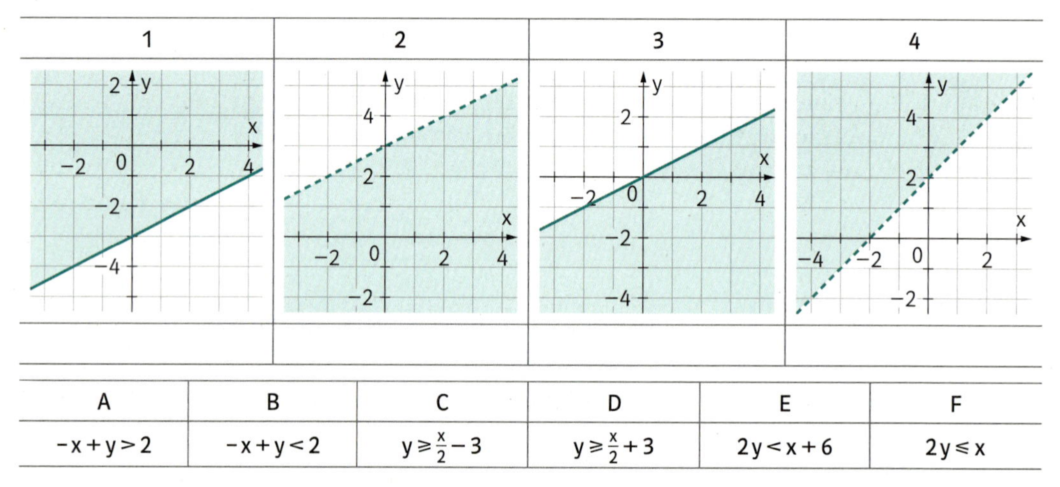

A	B	C	D	E	F
$-x+y>2$	$-x+y<2$	$y \geq \frac{x}{2}-3$	$y \geq \frac{x}{2}+3$	$2y<x+6$	$2y \leq x$

AG-R 2.4 **M** **531.** Eine lineare Ungleichung wird mit der Grundmenge $\mathbb{Z}$ gelöst und hat die Lösung $x \leq -2$. Kreuze die zutreffende(n) Darstellung(en) der Lösungsmenge an.

A	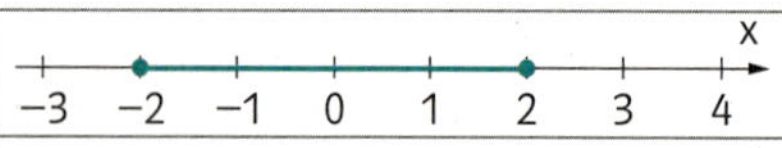	☐
B	$L=\{\ldots,-4,-3,-2\}$	☐
C	$L=\{x \in \mathbb{Z} \mid x<-1\}$	☐
D	$L=(-\infty\,;-2]$	☐
E	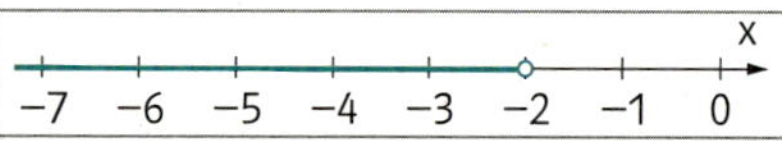	☐

AG-R 2.4 **M** **532.** Die Mieten sollen erhöht werden. Der Hauseigentümer schlägt zwei Varianten vor:
1) Eine Erhöhung der aktuellen Miete um einen Fixbetrag von 20 € oder
2) eine Erhöhung der aktuellen Miete um 4 %.
Bestimme die Miete m, bis zu welcher der zweite Vorschlag für den Mieter günstiger ist.

AG-R 2.4 **M** **533.** Ergänze die Textlücken so, dass eine korrekte mathematische Aussage entsteht.

Die Ungleichung ____(1)____ hat die Lösung ____(2)____.

(1)	
$-a+bx>0$ mit $a, b \in \mathbb{R}^+$	☐
$a-bx>0$ mit $a, b \in \mathbb{R}^+$	☐
$-b-ax<0$ mit $a, b \in \mathbb{R}^+$	☐

(2)	
$x<-\frac{a}{b}$	☐
$x<\frac{b}{-a}$	☐
$\frac{a}{b}>x$	☐

AG-R 2.5 Lineare Gleichungssysteme in zwei Variablen aufstellen, interpretieren, umformen/lösen können; über Lösungsfälle Bescheid wissen; Lösungen und Lösungsfälle (auch geometrisch) deuten können

AG-R 2.5 **M** **534.** Mischt man 15 Liter der Alkoholsorte A mit 30 Litern der Alkoholsorte B, erhält man eine 40%-ige Alkoholsorte. Werden jedoch 30 Liter von Sorte A mit 15 Litern der Sorte B gemischt, wird die Mischung 30%-ig. Stelle ein lineares Gleichungssystem auf, mit dem man die Prozentgehalte p_A und p_B der beiden Alkoholsorten berechnen kann.

I: ______________________

II: ______________________

AG-R 2.5 **M** **535.** In einer Schachtel befinden sich dreimal so viele rote Kugeln wie weiße. Die Anzahl der weißen Kugeln ist um 16 kleiner als die der roten Kugeln. Kreuze das Gleichungssystem aus zwei linearen Gleichungen in den Variablen $x, y \in \mathbb{R}$ an, das diesen Sachverhalt mathematisch beschreibt. Dabei gibt x die Anzahl der roten, y die Anzahl der weißen Kugeln an.

A ☐	B ☐	C ☐	D ☐	E ☐	F ☐
I: $3x = y$ II: $x - y = 16$	I: $x - 3y = 0$ II: $x + y = 16$	I: $3x - y = 0$ II: $x - y = 16$	I: $x + 3y = 0$ II: $x + y = 16$	I: $x - 3y = 0$ II: $16x = y$	I: $x - 3y = 0$ II: $x - y = 16$

AG-R 2.5 **M** **536.** Gegeben ist ein Gleichungssystem aus zwei linearen Gleichungen in den Variablen $x, y \in \mathbb{R}$.
I: $x + 5y = -10$
II: $a \cdot x + 9y = c$ mit $a, c \in \mathbb{R}$
Ermittle diejenigen Werte für a und c, für die das Gleichungssystem unendlich viele Lösungen hat.

AG-R 2.5 **M** **537.** Gib das Gleichungssystem und dessen Lösung an, das in nebenstehendem Graphen durch zwei lineare Funktionen dargestellt ist.

I: ______________________

II: ______________________

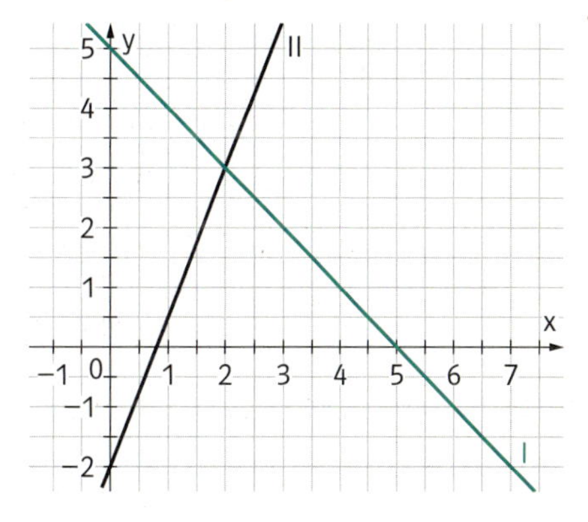

AG-R 2.5 **M** **538.** Gegeben ist ein Gleichungssystem mit zwei linearen Gleichungen in den Variablen $x, y \in \mathbb{R}$; $a, k, d \in \mathbb{R}^+$:
I: $a \cdot x + 3y = 1$
II: $k \cdot x + 5y = d$
Kreuze die Bedingung an, die erfüllt sein muss, damit das Gleichungssystem unendlich viele Lösungen besitzt.

A	$k = \frac{5a}{3}$ und $d \neq \frac{5}{3}$	☐
B	$k = \frac{3a}{5}$ und $d = \frac{3}{5}$	☐
C	$k \neq \frac{5a}{3}$ und $d = \frac{5}{3}$	☐
D	$k = \frac{a}{5}$ und $d = \frac{1}{3}$	☐
E	$k \neq \frac{5a}{3}$ und $d \neq \frac{5}{3}$	☐
F	$k = \frac{5a}{3}$ und $d = \frac{5}{3}$	☐

8.3 Vektoren

AG-R 3.1 Vektoren als Zahlentupel verständig einsetzen und im Kontext deuten können

AG-R 3.1 **M** **539.** In einem Betrieb werden fünf unterschiedliche Artikel erzeugt und im Vektor $A = (a_1 | a_2 | a_3 | a_4 | a_5)$ zusammengefasst. Die Preise der einzelnen Artikel in Euro werden durch den Preisvektor $P = (p_1 | p_2 | p_3 | p_4 | p_5)$ angegeben.
Interpretiere den Ausdruck $A \cdot P$ im gegebenen Kontext.

AG-R 3.1 **M** **540.** In einem kleinen Geschäft werden zehn Produkte zum Verkauf angeboten. Der Lagerbestandsvektor L gibt die vorhandenen Stückzahlen der Produkte vor der Ladenöffnung an einem bestimmten Tag an, der Preisvektor P die einzelnen Verkaufspreise und der Verkaufsvektor V die Verkaufszahlen der Produkte für diesen Tag.
Gib die Bedeutung des Ausdrucks $(L - V) \cdot P$ in diesem Zusammenhang an.

AG-R 3.1 **M** **541.** Ein Betrieb produziert und verkauft fünf unterschiedliche Artikel. Die einzelnen produzierten Mengeneinheiten werden im Vektor M dargestellt. Die Gesamtkosten, die bei der Produktion der in M angegebenen Mengeneinheiten anfallen, werden im Kostenvektor K zusammengefasst. Die fünf unterschiedlichen Verkaufspreise für die Produkte werden im Preisvektor P angegeben. Gib den Gewinnvektor G an.

AG-R 3.2 Vektoren geometrisch (als Punkte bzw. Pfeile) deuten und verständig einsetzen können

AG-R 3.2 **M** **542.** Gegeben ist eine Pfeildarstellung der Vektoren $\vec{a}$ und $\vec{b}$. Gib die Koordinaten der beiden Vektoren an. (Die Seitenlänge eines Quadrats entspricht 1 Längeneinheit.)

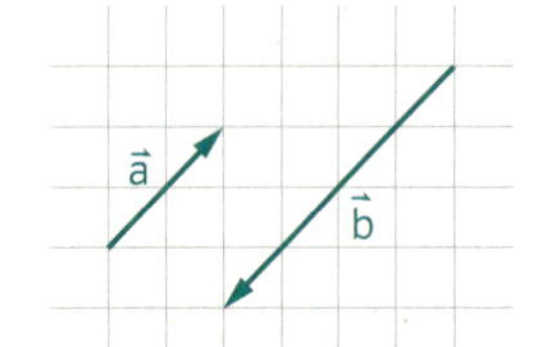

$\vec{a} =$ ______________

$\vec{b} =$ ______________

AG-R 3.2 **M** **543.** Im abgebildeten Koordinatensystem sind Punkte und Vektorpfeile eingezeichnet. Kreuze die beiden zutreffenden Aussagen an.

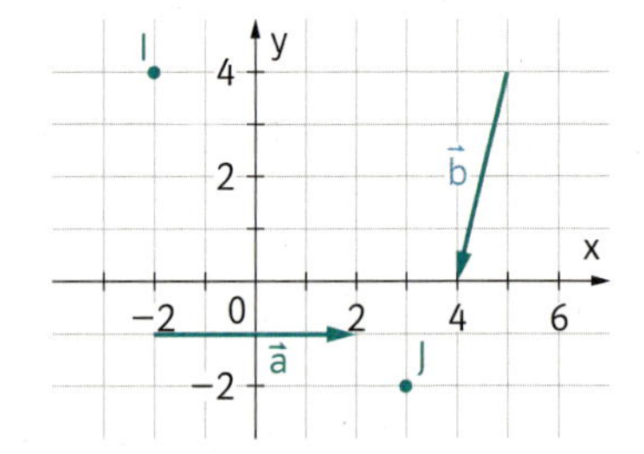

A ☐	B ☐	C ☐	D ☐	E ☐
$J = (3 \mid -2)$	$\vec{b} = \begin{pmatrix} 1 \\ -4 \end{pmatrix}$	$I = (2 \mid 4)$	$\vec{b} = \begin{pmatrix} -1 \\ -4 \end{pmatrix}$	$\vec{a} = \begin{pmatrix} 0 \\ 4 \end{pmatrix}$

AG-R 3.2 **M** **544.** Gegeben ist ein Quader mit quadratischer Grundfläche.
Die Länge der Grundkante ist 3 Längeneinheiten, die Höhe ist 6 Längeneinheiten. D liegt im Koordinatenursprung.
Gib die Koordinaten des Vektors $\overrightarrow{HF}$ an.

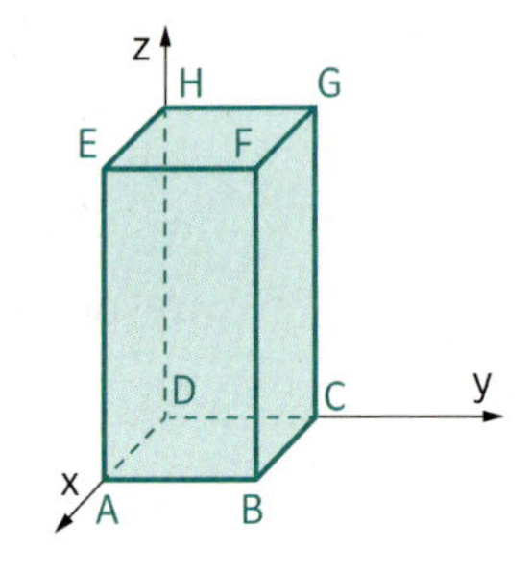

AG-R 3.3 Definition der Rechenoperationen mit Vektoren (Addition, Multiplikation mit einem Skalar, Skalarmultiplikation) kennen; Rechenoperationen verständig einsetzen und (auch geometrisch) deuten können

AG-R 3.3 **M** **545.** Gegeben sind die Vektoren $\vec{a}$, $\vec{b}$, $\vec{c}$ und $\vec{d}$ sowie die Punkte A, B, C und D. Kreuze die zutreffende(n) Aussage(n) an.

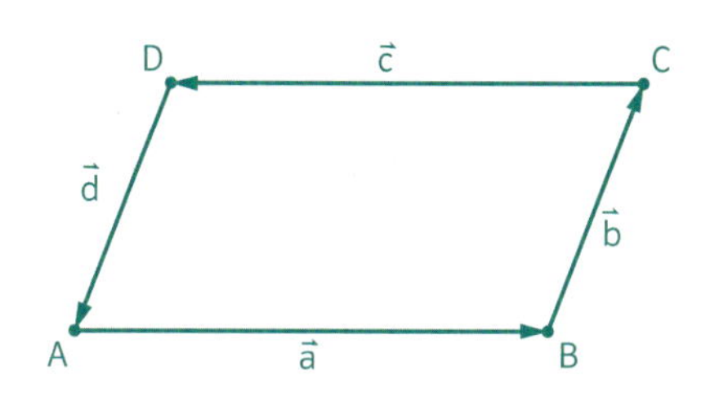

A	$\vec{a}+\vec{b}=\vec{c}$	☐
B	$\vec{b}=-\vec{d}$	☐
C	$\overrightarrow{BD}=-(\vec{a}+\vec{d})$	☐
D	$\vec{d}-\vec{a}=\vec{b}$	☐
E	$\vec{a}+\vec{b}+\vec{c}+\vec{d}=0$	☐

AG-R 3.3 **M** **546.** Gegeben sind die Vektoren $\vec{a}$, $\vec{b}$ und $\vec{c}$. Welche der folgenden Terme stellen eine reelle Zahl dar? Kreuze die beiden zutreffenden Terme an.

A ☐	B ☐	C ☐	D ☐	E ☐
$2\cdot(\vec{a}-\vec{b})\cdot\vec{c}$	$\frac{2}{3}\cdot(\vec{a}-\vec{b})$	$2\vec{a}+3\vec{b}$	$(2\vec{a}-\vec{b})+5\vec{c}$	$0{,}1\cdot\vec{c}\cdot\vec{a}+\vec{b}^2$

AG-R 3.3 **M** **547.** Gegeben sind die Vektoren $\vec{x}=\begin{pmatrix}-3\\5\end{pmatrix}$ und $\vec{y}=\begin{pmatrix}y_1\\-4\end{pmatrix}$. Bestimme die Koordinate y_1 des Vektors $\vec{y}$ so, dass die Vektoren $\vec{x}$ und $\vec{y}$ parallel sind. $y_1=$ ________

AG-R 3.3 **M** **548.** Gegeben sind die beiden Vektoren $\vec{a}, \vec{b} \in \mathbb{R}^3$. Kreuze die zutreffende(n) Aussage(n) bezüglich der Vektoren an.

A	Ist das Produkt $\vec{a}\cdot\vec{b}$ null, stehen die Vektoren normal aufeinander.	☐
B	$(\vec{a}+\vec{b})\cdot 1{,}2$ ist ein Element der reellen Zahlen.	☐
C	Das Skalarprodukt der Vektoren $\vec{a}$ und $\vec{b}$ ist ein Vektor.	☐
D	Die Vektoren $-0{,}5\cdot\vec{b}$ und $\vec{b}$ sind parallel.	☐
E	Der Vektor $\frac{1}{2}\cdot\vec{a}$ ist halb so lang wie der Vektor $\vec{a}$.	☐

AG-R 3.3 **M** **549.** Gegeben sind die beiden Vektoren $\vec{a}=\begin{pmatrix}1\\-3\\2\end{pmatrix}$ und $\vec{b}=\begin{pmatrix}-4\\b_2\\5\end{pmatrix}$. Bestimme die Koordinate $b_2 \in \mathbb{R}$ so, dass die Vektoren einen rechten Winkel miteinander einschließen.

$b_2=$ ________

AG-R 3.4 Geraden durch (Parameter-) Gleichungen in $\mathbb{R}^2$ und $\mathbb{R}^3$ angeben können; Geradengleichungen interpretieren können; Lagebeziehungen (zwischen Geraden und zwischen Punkt und Gerade) analysieren und Schnittpunkte ermitteln können

AG-R 3.4 **M** **550.** Gegeben sind die Geraden g: $X=\begin{pmatrix}1\\-3\end{pmatrix}+t\cdot\begin{pmatrix}-2\\4\end{pmatrix}$ und h: $y=k\cdot x+5$.

Bestimme $k \in \mathbb{R}$ so, dass die beiden Geraden normal aufeinander stehen.

$k=$ ________

AG-R 3.4 **M** **551.** Gegeben sind die Geraden $g: X = \begin{pmatrix} 2 \\ 1 \end{pmatrix} + t \cdot \begin{pmatrix} 1 \\ -1 \end{pmatrix}$ und $h: X = \begin{pmatrix} 1 \\ 5 \end{pmatrix} + s \cdot \begin{pmatrix} a \\ 4 \end{pmatrix}$.

Bestimme $a \in \mathbb{R}$ so, dass die beiden Geraden parallel zueinander sind.

$a =$ ______________

AG-R 3.4 **M** **552.** Gegeben ist die Gerade g mit der Gleichung $-2x + y = -5$. Gib eine Gleichung von g in Parameterdarstellung an.

AG-R 3.4 **M** **553.** Gegeben ist die Gerade g mit der Gleichung $X = \begin{pmatrix} -2 \\ 1 \end{pmatrix} + t \cdot \begin{pmatrix} 3 \\ -2 \end{pmatrix}$ mit $t \in \mathbb{R}$.

Kreuze die beiden Gleichungen an, die ebenfalls die Gerade g beschreiben.

A ☐	B ☐	C ☐	D ☐	E ☐
$3x - 2y = -1$	$X = \begin{pmatrix} -2 \\ 1 \end{pmatrix} + s \cdot \begin{pmatrix} 2 \\ 3 \end{pmatrix}$	$-2x + y = -1$	$X = \begin{pmatrix} -2 \\ 1 \end{pmatrix} + s \cdot \begin{pmatrix} -1{,}5 \\ 1 \end{pmatrix}$	$2x + 3y = -1$

AG-R 3.4 **M** **554.** Gegeben sind die Gerade $g: X = \begin{pmatrix} -2 \\ -3 \end{pmatrix} + t \cdot \begin{pmatrix} 6 \\ -1 \end{pmatrix}$ und der Punkt $P = (10 \mid -5)$.

Überprüfe rechnerisch, ob der Punkt P auf der Geraden g liegt.

AG-R 3.4 **M** **555.** Gegeben sind die Gerade $g: X = \begin{pmatrix} 2 \\ 0 \\ -1 \end{pmatrix} + t \cdot \begin{pmatrix} -3 \\ 1 \\ 4 \end{pmatrix}$ und der Punkt $P = (3{,}2 \mid p_2 \mid p_3)$ mit $p_2, p_3 \in \mathbb{R}$.

Bestimme die Koordinaten p_2 und p_3 so, dass der Punkt P auf der Geraden g liegt.

$p_2 =$ ______________ $p_3 =$ ______________

AG-R 3.4 **M** **556.** Die Gerade h geht durch die Punkte $A = (-4 \mid 1 \mid 2)$ und $B = (1 \mid 1 \mid -2)$. Kreuze die beiden Parameterdarstellungen an, die diese Gerade beschreiben.

A ☐	B ☐	C ☐	D ☐	E ☐
$X = \begin{pmatrix} 6 \\ 1 \\ 6 \end{pmatrix} + t \cdot \begin{pmatrix} 5 \\ 0 \\ -4 \end{pmatrix}$	$X = \begin{pmatrix} 6 \\ 1 \\ -6 \end{pmatrix} + t \cdot \begin{pmatrix} 5 \\ 0 \\ -4 \end{pmatrix}$	$X = \begin{pmatrix} -4 \\ 1 \\ 2 \end{pmatrix} + t \cdot \begin{pmatrix} 5 \\ 0 \\ -4 \end{pmatrix}$	$X = \begin{pmatrix} 11 \\ 2 \\ -1 \end{pmatrix} + t \cdot \begin{pmatrix} 5 \\ 0 \\ -4 \end{pmatrix}$	$X = \begin{pmatrix} 1 \\ 1 \\ 1 \end{pmatrix} + t \cdot \begin{pmatrix} 5 \\ 0 \\ -4 \end{pmatrix}$

AG-R 3.4 **M** **557.** Gegeben ist die Gerade g durch eine Parameterdarstellung $g: X = \begin{pmatrix} 1 \\ 3 \\ -4 \end{pmatrix} + t \cdot \begin{pmatrix} -3 \\ 0 \\ 1 \end{pmatrix}$.

Kreuze die beiden Geraden an, die parallel, aber nicht ident zu g sind.

A ☐	B ☐	C ☐	D ☐	E ☐
$X = \begin{pmatrix} 1 \\ 2 \\ 4 \end{pmatrix} + t \cdot \begin{pmatrix} -1 \\ 0 \\ 1 \end{pmatrix}$	$X = \begin{pmatrix} 0 \\ 0 \\ 4 \end{pmatrix} + t \cdot \begin{pmatrix} 3 \\ 0 \\ -1 \end{pmatrix}$	$X = \begin{pmatrix} 0 \\ 0 \\ 4 \end{pmatrix} + t \cdot \begin{pmatrix} -3 \\ 0 \\ -1 \end{pmatrix}$	$X = \begin{pmatrix} -8 \\ 2 \\ -1 \end{pmatrix} + t \cdot \begin{pmatrix} -1{,}5 \\ 0 \\ 0{,}5 \end{pmatrix}$	$X = \begin{pmatrix} -8 \\ 2 \\ -1 \end{pmatrix} + t \cdot \begin{pmatrix} 3 \\ 0 \\ 1 \end{pmatrix}$

AG-R 3.4 **M** **558.** Die beiden Geraden $g: x - a \cdot y = 4$ und $h: X = t \cdot \begin{pmatrix} 1 \\ b \end{pmatrix}$ schneiden einander im Punkt $S = (1 \mid -3)$.
Bestimme die beiden Geradengleichungen.

AG-R 3.5 Normalvektoren in $\mathbb{R}^2$ aufstellen, verständig einsetzen und interpretieren können

AG-R 3.5 M **559.** Welche der nachfolgenden Vektoren sind zum Vektor $\vec{a} = \begin{pmatrix} -2 \\ 5 \end{pmatrix}$ normal?
Kreuze die beiden zutreffenden Vektoren an.

A ☐	B ☐	C ☐	D ☐	E ☐
$\begin{pmatrix} 5 \\ 2 \end{pmatrix}$	$\begin{pmatrix} -5 \\ 2 \end{pmatrix}$	$\begin{pmatrix} 5 \\ 1 \end{pmatrix}$	$\begin{pmatrix} -2,5 \\ -1 \end{pmatrix}$	$\begin{pmatrix} -2,5 \\ 1 \end{pmatrix}$

AG-R 3.5 M **560.** Gegeben ist der durch einen Pfeil veranschaulichte Vektor $\vec{a}$.
Gib zum Vektor $\vec{a}$ einen halb so langen Normalvektor $\vec{n}$ an.
(Die Seitenlänge eines Quadrats entspricht 1 Längeneinheit.)

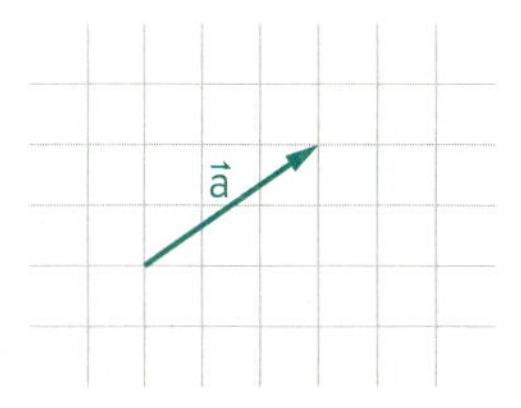

$\vec{n} =$ ____________

AG-R 3.5 M **561.** Gegeben sind die Vektoren $\vec{a} = \begin{pmatrix} 7 \\ -3 \end{pmatrix}$ und $\vec{b} = \begin{pmatrix} -1,5 \\ -3,5 \end{pmatrix}$.
Begründe rechnerisch, dass die beiden Vektoren $\vec{a}$ und $\vec{b}$ normal aufeinander stehen.

AG-R 3.5 M **562.** Gegeben ist der Vektor $\vec{a} = \begin{pmatrix} -1 \\ -3 \end{pmatrix}$. Gib zum Vektor $\vec{a}$ vier Normalvektoren an.

AG-R 3.5 M **563.** Gegeben ist der Vektor $\vec{a} = \begin{pmatrix} a_1 \\ a_2 \end{pmatrix}$. Der Vektor $\vec{n}$ ist ein Normalvektor zu $\vec{a}$. Kreuze die beiden jedenfalls zutreffenden Aussagen an.

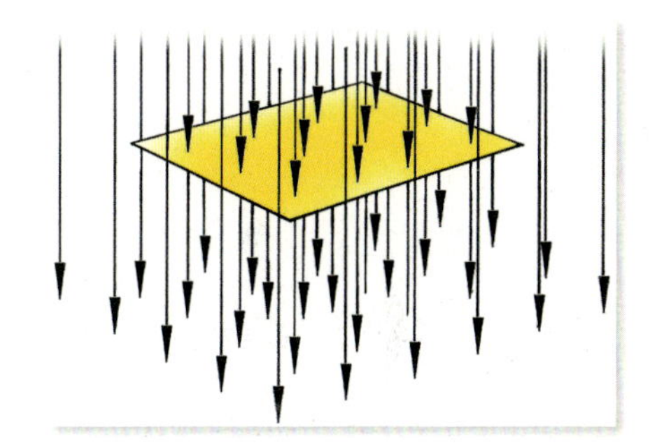

A	Die Vektoren $\vec{a}$ und $\vec{n}$ sind gleich lang.	☐
B	Der Vektor $\vec{n}$ ist parallel zum Vektor $\begin{pmatrix} -a_2 \\ a_1 \end{pmatrix}$.	☐
C	Das Skalarprodukt der Vektoren $\vec{a}$ und $\vec{n}$ ist null.	☐
D	Das Skalarprodukt der Vektoren $\vec{a}$ und $\vec{n}$ ist der Nullvektor.	☐
E	Das Skalarprodukt der Vektoren $\vec{a}$ und $\vec{n}$ ist kleiner als null.	☐

AG-R 3.5 M **564.** Ergänze die Textlücken so, dass eine korrekte mathematische Aussage entsteht.

Der Vektor ___(1)___ schließt mit dem Vektor $\begin{pmatrix} 1 \\ k \end{pmatrix}$ einen Winkel von 90° ein, wenn k den Wert ___(2)___ hat.

(1)	
$\vec{a} = \begin{pmatrix} 3 \\ -4 \end{pmatrix}$	☐
$\vec{b} = \begin{pmatrix} -3 \\ -4 \end{pmatrix}$	☐
$\vec{c} = \begin{pmatrix} 3 \\ 4 \end{pmatrix}$	☐

(2)	
$k = \frac{4}{3}$	☐
$k = -\frac{4}{3}$	☐
$k = \frac{3}{4}$	☐

8.4 Trigonometrie

AG-R 4.1 Definitionen von Sinus, Cosinus und Tangens im rechtwinkligen Dreieck kennen und zur Auflösung rechtwinkliger Dreiecke einsetzen können

AG-R 4.1 **M** **565.** Ein b Meter breites Gebäude hat eine Dachneigung von $\alpha°$.
Drücke die Giebelhöhe h durch b und α aus.

h = ____________

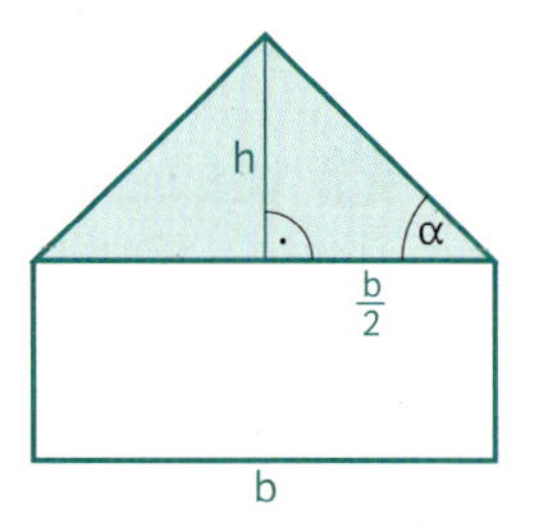

AG-R 4.1 **M** **566.** Zu einer bestimmten Tageszeit wirft eine a Meter große Person einen b Meter langen Schatten. Kreuze die Gleichung an, mit der das Maß des Winkels α, mit dem die Sonnenstrahlen auf dem Boden auftreffen, berechnet werden kann.

A ☐	B ☐	C ☐	D ☐	E ☐	F ☐
$a \cdot \tan(\alpha) = b$	$b \cdot \sin(\alpha) = a$	$b \cdot \cos(\alpha) = a$	$b \cdot \tan(\alpha) = a$	$\sin(\alpha) = \frac{b}{a}$	$\tan(\alpha) = \frac{b}{a}$

AG-R 4.1 **M** **567.** Die Kantenlänge eines Würfels ist 8 cm.
Berechne den Neigungswinkel α, den die Raumdiagonale d mit der Grundfläche des Würfels einschließt.

$\alpha \approx$ ____________

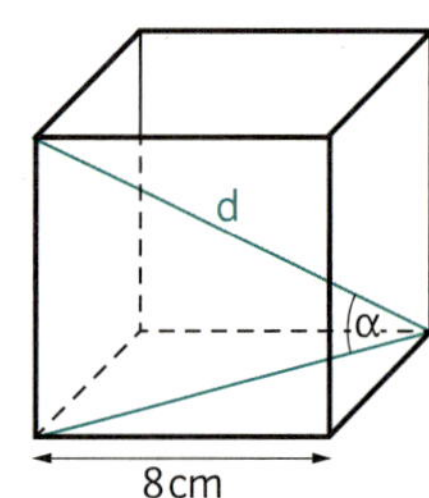

AG-R 4.1 **M** **568.** Ein Flugzeug fliegt in 750 m Höhe auf die Landebahn eines Flughafens zu. Zum Anfang und zum Ende der Landebahn werden die Tiefenwinkel 30° bzw. 18° gemessen. Berechne die Länge L der Landebahn.

L ≈ ____________

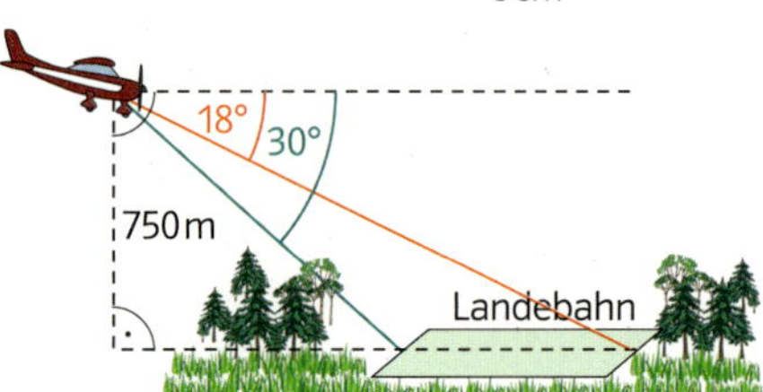

AG-R 4.1 **M** **569.** Gegeben ist ein rechtwinkliges Dreieck wie in nebenstehender Skizze.
Kreuze die beiden zutreffenden Aussagen an.

A ☐	B ☐	C ☐	D ☐	E ☐
$c = a \cdot \tan(\alpha)$	$c = b \cdot \sin(\alpha)$	$a \cdot \cos(\alpha) = c$	$\sin(\gamma) = \frac{c}{b}$	$\frac{a}{c} = \tan(\alpha)$

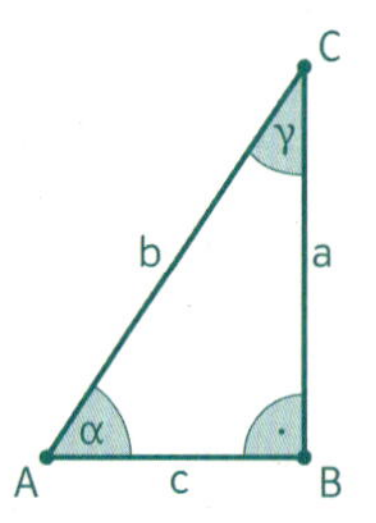

AG-R 4.1 **M** **570.** Von einem rechtwinkligen Dreieck ABC sind die Längen der Seiten a und b bekannt. Gib eine Formel zur Berechnung des Winkels α an.

$\alpha =$ ____________

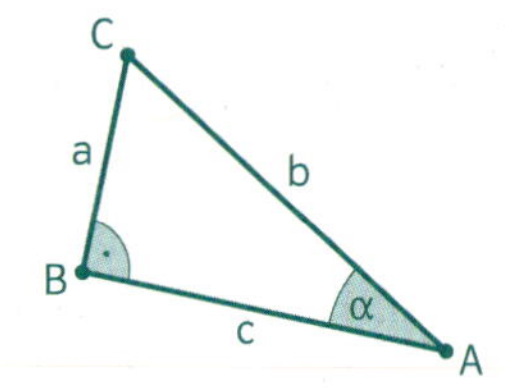

AG-R 4.2 Definitionen von Sinus und Cosinus für Winkel größer als 90° kennen und einsetzen können

AG-R 4.2 **M** **571.** Der Punkt $P = \left(-\frac{9}{15} \middle| -\frac{12}{15}\right)$ liegt auf dem Einheitskreis.
Gib für den Winkel α den Cosinuswert an.

$\cos(\alpha) =$ ____________

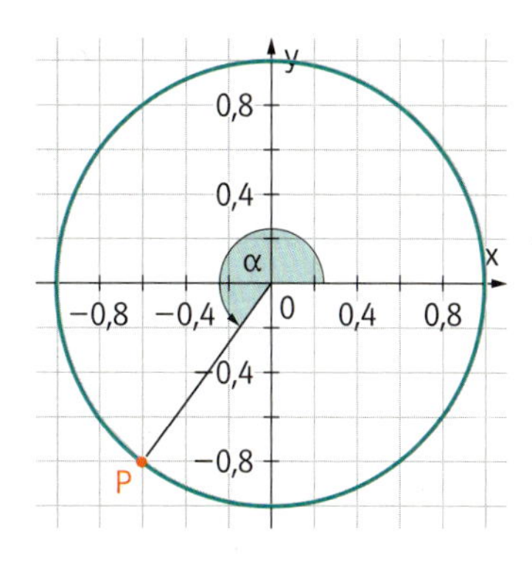

AG-R 4.2 **M** **572.** Gib im Intervall [0°; 360°] alle Winkel α an, für die gilt: $\cos(\alpha) = 0,5$

AG-R 4.2 **M** **573.** Zeichne im Einheitskreis alle Winkel α aus [0°; 360°] ein, für die $\cos(\alpha) = -0,4$ gilt.

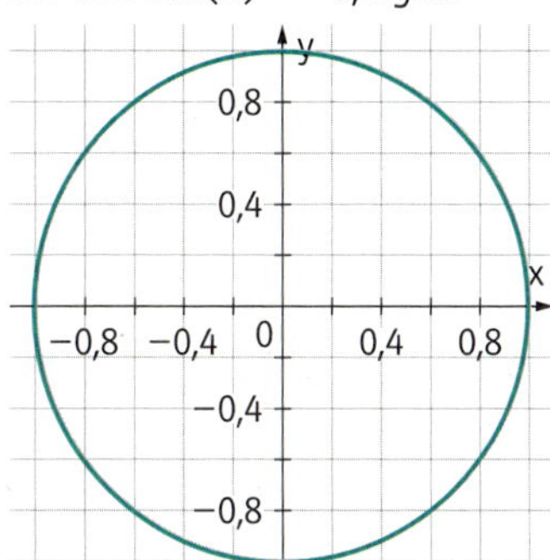

AG-R 4.2 **M** **574.** Zeichne im Einheitskreis alle Winkel α aus [0°; 360°] ein, für die $\sin(\alpha) = 0,6$ gilt.

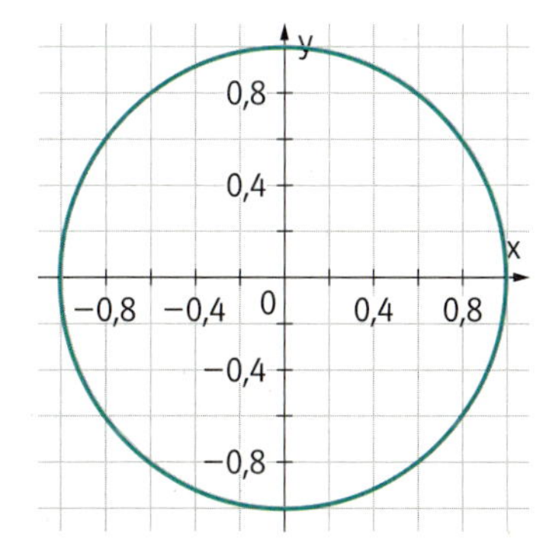

AG-R 4.2 **M** **575.** In der Graphik sind die Winkel α und β im Einheitskreis dargestellt. Kreuze die zutreffende(n) Aussage(n) an.

A	$\cos(\beta) = -\cos(\alpha)$	☐
B	$\sin(\beta) = 0,8$	☐
C	$\cos(\alpha) = 0,6$	☐
D	$\sin(180° + \alpha) = -\sin(\alpha)$	☐
E	$\sin(\alpha) = \cos(\beta)$	☐

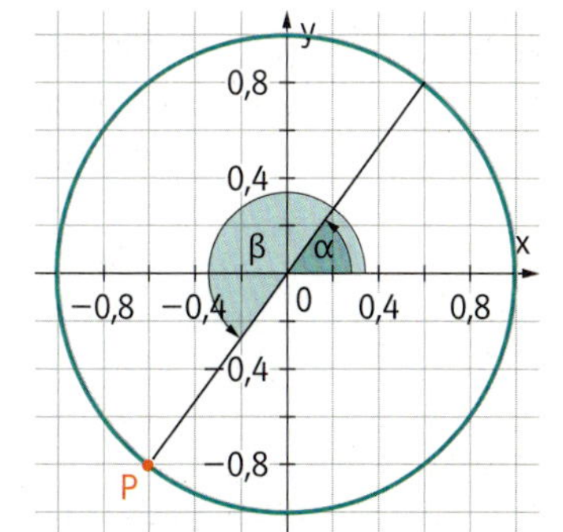

AG-R 4.2 **M** **576.** Für einen Winkel $\alpha \in [0°; 360°]$ gilt: $\cos(\alpha) > 0$ und $\sin(\alpha) < 0$.
Kreuze die für einen solchen Winkel zutreffende Aussage an.

A ☐	B ☐	C ☐	D ☐	E ☐	F ☐
$\alpha \in (0°; 90°)$	$\alpha \in (90°; 180°)$	$\alpha \in (180°; 270°)$	$\alpha \in (270°; 360°)$	$\alpha = 270°$	$\alpha = 360°$

VERNETZUNG

Vernetzung – Typ-2-Aufgaben

M **577. Ampelanlage**

Damit Ampeln in der Mitte einer Kreuzung über allen Verkehrsteilnehmern schweben können, müssen sie mit Seilen an den Gebäuden, die an den Ecken der Kreuzung stehen, befestigt werden. Die Kräfte, denen die Seile dabei standhalten müssen, sind um ein Vielfaches höher als die Gewichtskraft der Ampel, welche die Ampel aufgrund ihrer Masse senkrecht nach unten zieht.
Die folgende Abbildung zeigt eine Ampel, die an ihrem Aufhängepunkt A mit zwei Seilen befestigt wurde. Die Kräfte $\vec{F_S}$ und $\vec{F_S}'$, die entlang der Seile auf die Ampel wirken sowie der Winkel α zwischen $\vec{F_S}$ und der Vertikalen, sind eingezeichnet.

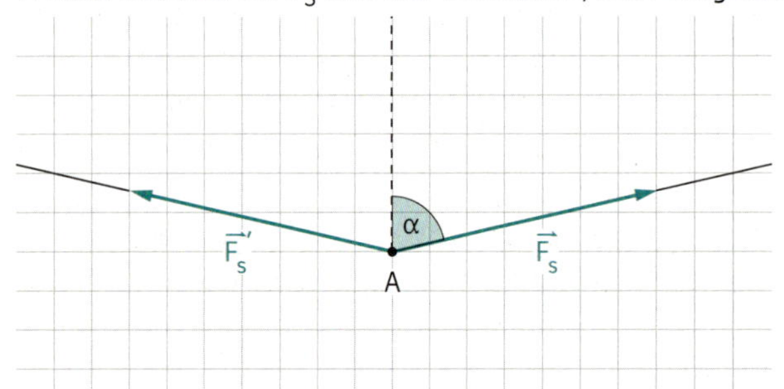

a) Der Vektor $\vec{F_S}$ entsteht durch Addition eines Vektors $\vec{F_B}$, welcher vom Punkt A aus horizontal, parallel zum Boden verläuft, und des Gegenvektors der Gewichtskraft, welche auf die Ampel wirkt. Zeichne den Vektor der Gewichtskraft $\vec{F_G}$ in die obige Abbildung vom Aufhängepunkt A aus ein.
Gib eine Formel für den Betrag des Vektors $\vec{F_S}$ in Abhängigkeit vom Winkel α und dem Betrag der Gewichtskraft $\vec{F_G}$ an. Begründe mit dieser Formel, dass es nicht möglich ist, die Ampel so aufzuhängen, dass $\vec{F_S}$ normal auf $\vec{F_G}$ steht.

b) Die Stahlseile, mit denen die Ampel aufgehängt ist, dehnen sich im Sommer aufgrund der höheren Temperatur aus. Dadurch werden die Seile länger und die Ampeln hängen tiefer (siehe die nebenstehende übertriebene Abbildung).

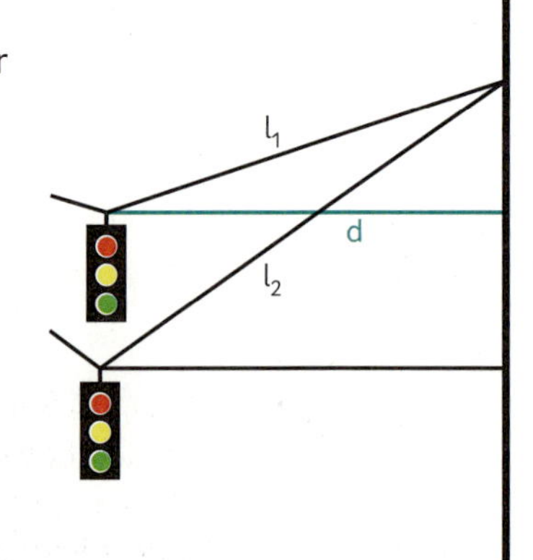

Die Differenz zwischen der alten Länge des Stahlseils l_1 und seiner neuen Länge l_2 ist dabei ein Vielfaches c des Produkts aus der alten Länge l_1 und der Differenz zwischen den beiden Temperaturen T_1 und T_2.
Schreibe diesen Zusammenhang als Formel.
Bei einer bestimmten Ampel beträgt die ursprüngliche Länge l_1 des Seils 12 m, der Abstand d zur Hauswand ist 11,8 m und das Vielfache c ist eine Materialkonstante, die für Stahl den Wert $11{,}7 \cdot 10^{-6}\,K^{-1}$ hat (K Kelvin).
Berechne, um wieviel Meter eine Ampel tiefer hängt, wenn die Temperatur von 2 °C auf 35 °C steigt.

NETZUNG

M **578. Über den Wolken**

New York ist von Wien in der Luftlinie etwa 6 800 km entfernt. Jede Woche verkehren mehrere Flüge zwischen diesen beiden Städten, wobei die Dauer des Fluges von äußeren Einflüssen, wie z. B. der Windgeschwindigkeit, abhängt.

a) Durch Rückenwind erhöht sich die Geschwindigkeit eines Flugzeugs um 50 km/h. Stelle eine Gleichung mit den Variablen v (für die Geschwindigkeit) und t (für die Zeitdauer) auf, die beschreibt, dass man bei einer um 50 km/h höheren Geschwindigkeit eine halbe Stunde weniger Zeit benötigt, um die 6 800 km zurückzulegen.
Ohne Rückenwind gilt $v \cdot t = 6800$. Durch Einsetzen und Umformen ergibt sich aus der obigen Gleichung die äquivalente Beziehung $50t^2 - 25t - 3400 = 0$.
Löse diese Gleichung und deute das Ergebnis im Kontext.

b) Zwei Flugzeuge starten gleichzeitig in New York und Wien und fliegen einander entgegen. Das „Wiener Flugzeug" bewegt sich mit einer Reisegeschwindigkeit von 850 km/h, das „New Yorker Flugzeug" bewegt sich durch Gegenwind mit nur 750 km/h. Im folgenden Koordinatensystem sind auf den Achsen die zurückgelegte Flugzeit t und die Entfernung der Flugzeuge von Wien aufgetragen.
Stelle die Zeit-Ort-Funktionen der Flüge der beiden Flugzeuge graphisch dar und interpretiere den Schnittpunkt der gezeichneten Linien im Kontext. Berechne den Schnittpunkt mit einer Gleichung.

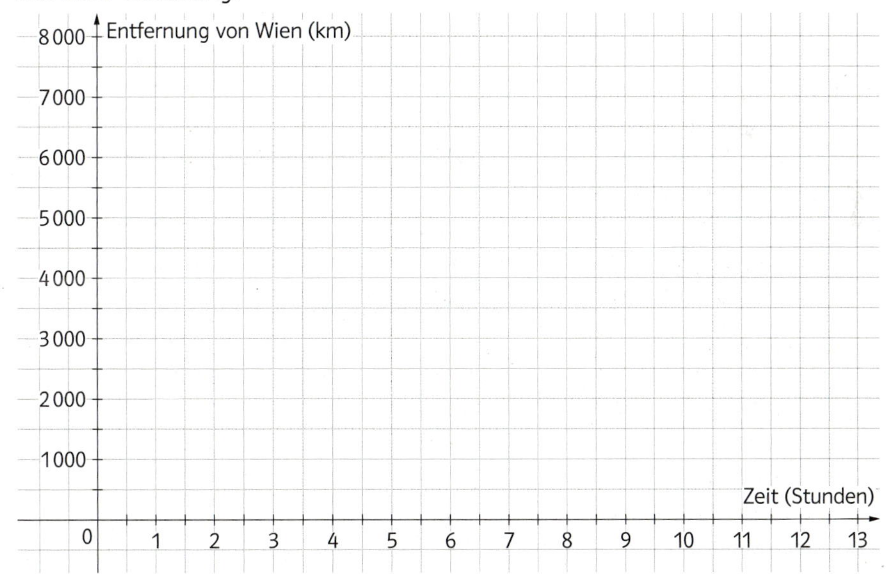

c) Nach dem Start geht ein Flugzeug zunächst in den Steigflug. Die Geschwindigkeit im Steigflug beträgt etwa 300 km/h. Um die Reiseflughöhe in einer gewissen vorgegebenen Zeit zu erreichen, muss der Steigungswinkel α passend gewählt werden.
Gib eine Formel an, mit der man den benötigten Steigungswinkel α berechnen kann, wenn die Reiseflughöhe h und die Zeit t, in der diese erreicht werden soll, vorgegeben sind.
Berechne die Höhenzunahme pro zurückgelegtem Kilometer am Boden, wenn der Steigungswinkel 8° beträgt.

9 Maturavorbereitung: Funktionale Abhängigkeiten

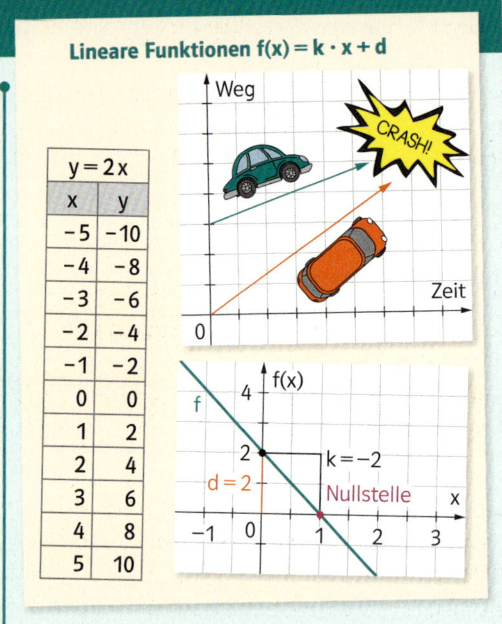

y = 2x	
x	y
−5	−10
−4	−8
−3	−6
−2	−4
−1	−2
0	0
1	2
2	4
3	6
4	8
5	10

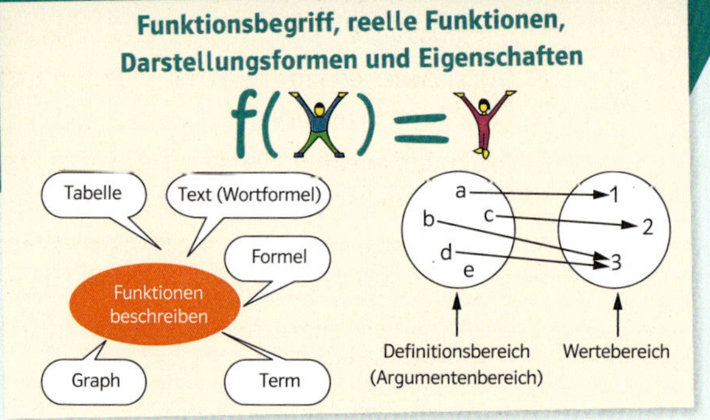

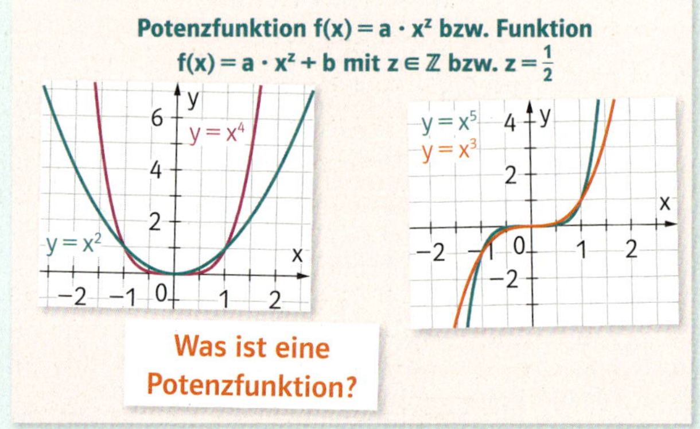

FA-R 1.1 – FA-R 6.6

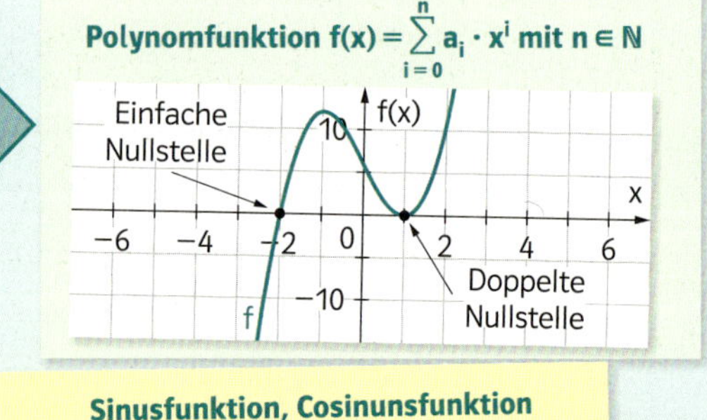

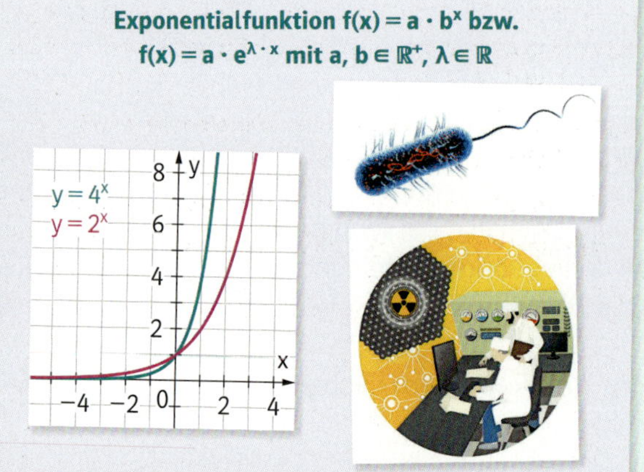

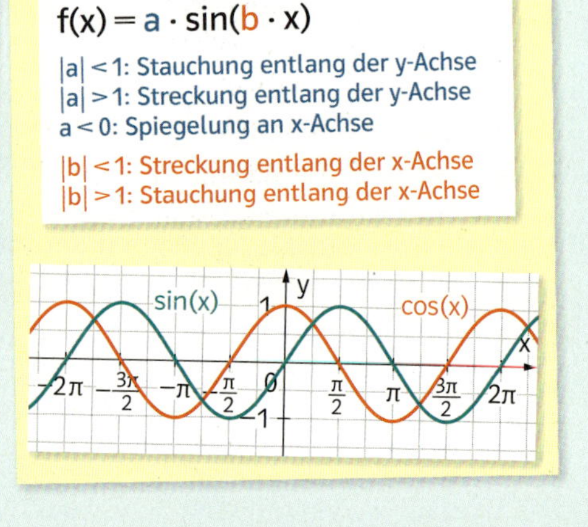

Funktionale Abhängigkeiten

GRUND-KOMPE-TENZEN

Funktionsbegriff, reelle Funktionen, Darstellungsformen und Eigenschaften

FA-R 1.1 Für gegebene Zusammenhänge entscheiden können, ob man sie als Funktionen betrachten kann

FA-R 1.2 Formeln als Darstellung von Funktionen interpretieren und dem Funktionstyp zuordnen können

FA-R 1.3 Zwischen tabellarischen und graphischen Darstellungen funktionaler Zusammenhänge wechseln können

FA-R 1.4 Aus Tabellen, Graphen und Gleichungen von Funktionen Werte(paare) ermitteln und im Kontext deuten können

FA-R 1.5 Eigenschaften von Funktionen erkennen, benennen, im Kontext deuten und zum Erstellen von Funktionsgraphen einsetzen können: Monotonie, Monotoniewechsel (lokale Extrema), Wendepunkte, Periodizität, Achsensymmetrie, asymptotisches Verhalten, Schnittpunkte mit den Achsen

FA-R 1.6 Schnittpunkte zweier Funktionsgraphen graphisch und rechnerisch ermitteln und im Kontext interpretieren können

FA-R 1.7 Funktionen als mathematische Modelle verstehen und damit verständig arbeiten können

FA-R 1.8 Durch Gleichungen (Formeln) gegebene Funktionen mit mehreren Veränderlichen im Kontext deuten können; Funktionswerte ermitteln können

FA-R 1.9 Einen Überblick über die wichtigsten (unten aufgeführten) Typen mathematischer Funktionen geben und ihre Eigenschaften vergleichen können

Lineare Funktionen $f(x) = k \cdot x + d$

FA-R 2.1 Verbal, tabellarisch, graphisch oder durch eine Gleichung (Formel) gegebene lineare Zusammenhänge als lineare Funktionen erkennen bzw. betrachten können; zwischen diesen Darstellungsformen wechseln können

FA-R 2.2 Aus Tabellen, Graphen und Gleichungen linearer Funktionen Werte(paare) sowie die Parameter k und d ermitteln und im Kontext deuten können

FA-R 2.3 Die Wirkung der Parameter k und d kennen und die Parameter in unterschiedlichen Kontexten deuten können

FA-R 2.4 Charakteristische Eigenschaften kennen und im Kontext deuten können: $f(x+1) = f(x) + k$; $\frac{f(x_2) - f(x_1)}{x_2 - x_1} = k = [f'(x)]$

FA-R 2.5 Die Angemessenheit einer Beschreibung mittels linearer Funktion bewerten können

FA-R 2.6 Direkte Proportionalität als lineare Funktion vom Typ $f(x) = k \cdot x$ beschreiben können

Potenzfunktionen $f(x) = a \cdot x^z + b$ mit $z \in \mathbb{Z}$ oder mit $f(x) = a \cdot x^{\frac{1}{2}} + b$

FA-R 3.1 Verbal, tabellarisch, graphisch oder durch eine Gleichung (Formel) gegebene Zusammenhänge dieser Art als entsprechende Potenzfunktionen erkennen bzw. betrachten können; zwischen diesen Darstellungsformen wechseln können

FA-R 3.2 Aus Tabellen, Graphen und Gleichungen von Potenzfunktionen Werte(paare) sowie die Parameter a und b ermitteln und im Kontext deuten können

FA-R 3.3 Die Wirkung der Parameter a und b kennen und die Parameter im Kontext deuten können

FA-R 3.4 Indirekte Proportionalität als Potenzfunktion vom Typ $f(x) = \frac{a}{x}$ (bzw. $f(x) = a \cdot x^{-1}$) beschreiben können

Polynomfunktionen $f(x) = \sum_{i=0}^{n} a_i \cdot x^i$ mit $n \in \mathbb{N}$

FA-R 4.1 Typische Verläufe von Graphen in Abhängigkeit vom Grad der Polynomfunktion (er)kennen

FA-R 4.2 Zwischen tabellarischen und graphischen Darstellungen von Zusammenhängen dieser Art wechseln können

FA-R 4.3 Aus Tabellen, Graphen und Gleichungen von Polynomfunktionen Funktionswerte, aus Tabellen und Graphen sowie aus einer quadratischen Funktionsgleichung Argumentwerte ermitteln können

FA-R 4.4 Den Zusammenhang zwischen dem Grad der Polynomfunktion und der Anzahl der Null-, Extrem- und Wendestellen wissen

Exponentialfunktion $f(x) = a \cdot b^x$ bzw. $f(x) = a \cdot e^{\lambda \cdot x}$ mit $a, b \in \mathbb{R}^+$, $\lambda \in \mathbb{R}$

FA-R 5.1 Verbal, tabellarisch, graphisch oder durch eine Gleichung (Formel) gegebene exponentielle Zusammenhänge als Exponentialfunktion erkennen bzw. betrachten können; zwischen diesen Darstellungsformen wechseln können

FA-R 5.2 Aus Tabellen, Graphen und Gleichungen von Exponentialfunktionen Werte(paare) ermitteln und im Kontext deuten können

FA-R 5.3 Die Wirkung der Parameter a und b (bzw. e^{λ}) kennen und die Parameter in unterschiedlichen Kontexten deuten können

FA-R 5.4 Charakteristische Eigenschaften ($f(x + 1) = b \cdot f(x)$; $[e^x]' = e^x$) kennen und im Kontext deuten können

FA-R 5.5 Die Begriffe „Halbwertszeit“ und „Verdoppelungszeit“ kennen, die entsprechenden Werte berechnen und im Kontext deuten können

FA-R 5.6 Die Angemessenheit einer Beschreibung mittels Exponentialfunktion bewerten können

Sinusfunktion, Cosinusfunktion

FA-R 6.1 Graphisch oder durch eine Gleichung (Formel) gegebene Zusammenhänge der Art $f(x) = a \cdot \sin(b \cdot x)$ als allgemeine Sinusfunktion erkennen bzw. betrachten können; zwischen diesen Darstellungsformen wechseln können

FA-R 6.2 Aus Graphen und Gleichungen von allgemeinen Sinusfunktionen Werte(paare) ermitteln und im Kontext deuten können

FA-R 6.3 Die Wirkung der Parameter a und b kennen und die Parameter im Kontext deuten können

FA-R 6.4 Periodizität als charakteristische Eigenschaft kennen und im Kontext deuten können

FA-R 6.5 Wissen, dass $\cos(x) = \sin\left(x + \frac{\pi}{2}\right)$

FA-R 6.6 Wissen, dass gilt: $[\sin(x)]' = \cos(x)$, $[\cos(x)]' = -\sin(x)$

WISSEN KOMPAKT

Funktionsbegriff, reelle Funktionen, Darstellungsformen und Eigenschaften

FA-R 1.1

Funktion

Eine Funktion ist eine eindeutige Zuordnung. Jedem x-Wert wird genau ein y-Wert zugeordnet.

FA-R 1.2

Formeln als Funktionen

z. B. $A(r) = r^2 \cdot \pi$ (Flächeninhalt des Kreises) → Deutung als quadratische Funktion in Abhängigkeit von r

FA-R 1.3

Darstellung von Funktionen

Funktionen können in Form einer Tabelle, eines Graphen oder als Term bzw. Funktionsgleichung dargestellt werden.

z. B.

x	f(x)
−2	4
−1	1
0	0
1	1
2	4
3	9

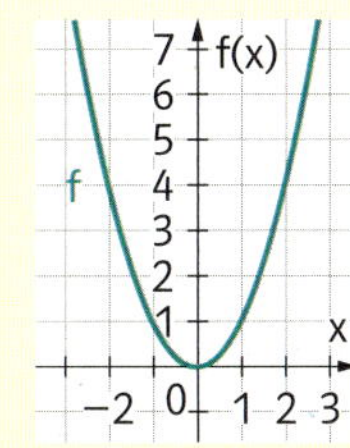

$f(x) = x^2$

FA-R 1.4

Wertepaare ermitteln

Wertepaare können durch Ablesen aus der Tabelle bzw. dem Graphen oder aus der Funktionsgleichung ermittelt werden.

FA-R 1.5

Eigenschaften von Funktionen

- Monotonie
  $f: D \to \mathbb{R}$ ($D \in \mathbb{R}$) ist eine reelle Funktion und A ist eine Teilmenge von D.
  Werden die Funktionswerte von f in A für größer werdende Argumente größer/kleiner oder bleiben diese gleich, dann ist f monoton steigend/fallend und nicht streng monoton.
- Extremstellen
  - Für eine globale Maximumstelle p einer Funktion f gilt: $f(p) \geq f(x)$ für alle $x \in D$.
  - Für eine globale Minimumstelle p einer Funktion f gilt: $f(p) \leq f(x)$ für alle $x \in D$.
  - Als lokale Maximumstelle/Minimumstelle einer Funktion f bezeichnet man eine Stelle p, bei der ein Monotoniewechsel stattfindet.
- Wendestellen
  Die Stelle x heißt Wendestelle von f, wenn sich in x das Krümmungsverhalten von f ändert.
- Symmetrie und Periodizität
  Eine reelle Funktion f mit der Eigenschaft
  - $f(x) = f(-x)$ für alle x aus der Definitionsmenge, nennt man eine gerade Funktion. Ihr Graph ist symmetrisch bezüglich der y-Achse.
  - $f(x) = -f(-x)$ nennt man ungerade Funktion. Ihr Graph ist symmetrisch bezüglich des Koordinatenursprungs.
  - $f(x) = f(x + p)$ für alle x aus der Definitionsmenge, $p \in \mathbb{R}^+$, nennt man eine periodische Funktion mit Periode p.
- Asymptotisches Verhalten
  Tendenz des Graphen von f, sich einer Geraden anzunähern
- Schnittpunkte mit den Koordinatenachsen
  Schnittpunkt mit der x-Achse: $f(x) = 0$ Schnittpunkt mit der y-Achse: $S = (0 \mid f(0))$

FA-R 1.6

Schnittpunkte zweier Funktionsgraphen

$f: D_f \to \mathbb{R}$ und $g: D_g \to \mathbb{R}$ sind zwei reelle Funktionen mit $D_{f,g} \subseteq \mathbb{R}$. x_1 ist eine Schnittstelle von f und g, wenn $f(x_1) = g(x_1)$ gilt.

FA-R 1.7

Funktionen als mathematische Modelle

Die Funktion $K(x) = a x^3 + b x^2 + c x + d$ kann z. B. die Gesamtkosten bei der Produktion von x Mengeneinheiten einer Ware beschreiben.

FA-R 1.8

Deuten von Formeln als Funktionen

Das Volumen $V(r, h) = \frac{1}{3} \cdot r^2 \cdot \pi \cdot h$ eines Drehkegels z. B. kann als Funktion in Abhängigkeit von r und h aufgefasst werden. Eine Änderung von r und/oder h wirkt sich auch auf das Volumen V aus.

FA-R 1.9

Typen mathematischer Funktionen

Je nach Funktionsterm bzw. Graph unterscheidet man zwischen diversen Funktionstypen, z. B. linearen Funktionen, Potenz-, Polynom-, Exponential- oder Winkelfunktionen.

Lineare Funktion $f(x) = k \cdot x + d$

FA-R 2.1

$f(x) = k \cdot x + d$ (mit $k, d \in \mathbb{R}$) Der Graph ist immer eine Gerade.

FA-R 2.2

Die Parameter k und d

Der Parameter d ist der Funktionswert an der Stelle $x = 0$: $f(0) = d$
Die Steigung k kann aus zwei beliebigen Wertepaaren ermittelt werden:

$k = \frac{\Delta y}{\Delta x} = \frac{\text{Differenz der Funktionswerte zweier Punkte}}{\text{Differenz der Argumente der Punkte}}$ (Differenzenquotient)

FA-R 2.3

Wirkung der Parameter k und d

$S = (0 \mid d)$ ist der Schnittpunkt des Graphen einer linearen Funktion mit der senkrechten Achse.
Eine lineare Funktion mit $d = 0$ verläuft durch den Ursprung und heißt homogen, mit $d \neq 0$ inhomogen.

k … Änderung der Funktionswerte, wenn das Argument x um eins vergrößert wird
$k > 0$ … der Graph ist steigend
$k < 0$ … der Graph ist fallend
$k = 0$ … der Graph ist parallel zur x-Achse (waagrecht)

FA-R 2.4

Charakteristische Eigenschaften einer linearen Funktion f mit $f(x) = k \cdot x + d$

Wird das Argument x um 1 vergrößert, ändern sich die Funktionswerte um k: $f(x + 1) = f(x) + k$

In jedem Intervall $[x_1; x_2]$ gilt: $\frac{f(x_2) - f(x_1)}{x_2 - x_1} = k = f'(x)$

FA-R 2.5

Linearer Zusammenhang

Zwischen zwei Größen x und y besteht ein linearer Zusammenhang, wenn sich für gleich lange x-Intervalle die Funktionswerte y immer um denselben Wert k ändern.

FA-R 2.6

Direkte Proportionalität

Zwischen x und y besteht ein direkt proportionaler Zusammenhang, wenn gilt:

$y = k \cdot x$, $k \in \mathbb{R}^+$ ($k = \frac{y}{x}$ … Proportionalitätsfaktor)

Potenzfunktion $f(x) = a \cdot x^z + b$ mit $z \in \mathbb{Z}$ oder mit $f(x) = a \cdot x^{\frac{1}{2}} + b$

FA-R 3.1

Potenzfunktion

$f(x) = a \cdot x^r$, $a, r \in \mathbb{R}$, $a \neq 0$

- Ist der Exponent gerade, dann ist die Funktion gerade.
- Ist der Exponent ungerade, dann ist die Funktion ungerade.

Wurzelfunktion: $f(x) = x^{\frac{1}{2}} = \sqrt{x}$ mit $D = \mathbb{R}_0^+$

FA-R 3.2

Parameter a und b bestimmen

Bei Funktionen der Form $f(x) = a \cdot x^r + b$, $r \in \mathbb{Z}$, $a, b \in \mathbb{R}$ und $f(x_1) = y_1$ gilt:

$f(0) = b$ $\qquad \frac{y_1 - b}{x_1^r} = a$

FA-R 3.3

Wirkung der Parameter a und b

- Ist $|a| > 1$ wird die ursprüngliche Potenzfunktion x^r entlang der y-Achse gestreckt.
- Ist $|a| < 1$ wird die ursprüngliche Potenzfunktion x^r entlang der y-Achse gestaucht.
- b bewirkt eine Verschiebung des Graphen von $a \cdot x^r$ entlang der y-Achse.

FA-R 3.4

Indirekte Proportionalität

Zwischen den Größen x und y besteht ein indirekt proportionaler Zusammenhang, wenn gilt:

$y = \frac{k}{x}$, $k \in \mathbb{R}^+$ $\quad$ ($k = x \cdot y$ ... Proportionalitätsfaktor)

Polynomfunktion $f(x) = \sum_{i=0}^{n} a_i x^i$ mit $n \in \mathbb{N}$

FA-R 4.1

Verläufe von Polynomfunktionen

Eine Funktion der Form $f(x) = a_n x^n + a_{n-1} x^{n-1} + a_{n-2} x^{n-2} + \ldots + a_1 x + a_0$ mit $a_0, a_1, a_2, a_3, \ldots, a_n \in \mathbb{R}$, $a_n \neq 0$ und $n \in \mathbb{N} \setminus \{0\}$ nennt man Polynomfunktion n-ten Grades.

Mögliche Verläufe von Funktionsgraphen:

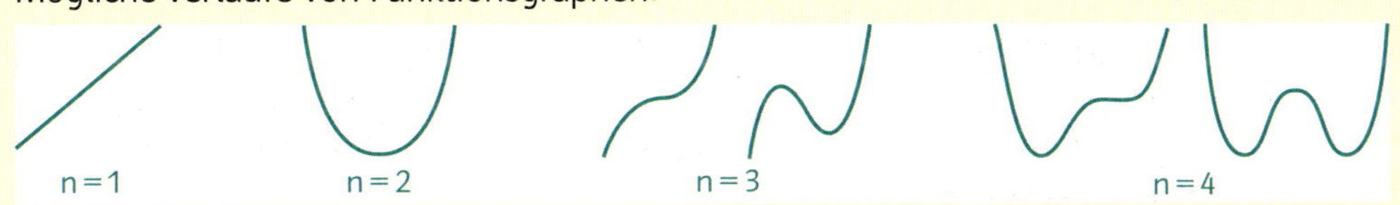

FA-R 4.2

Ablesen von Wertepaaren

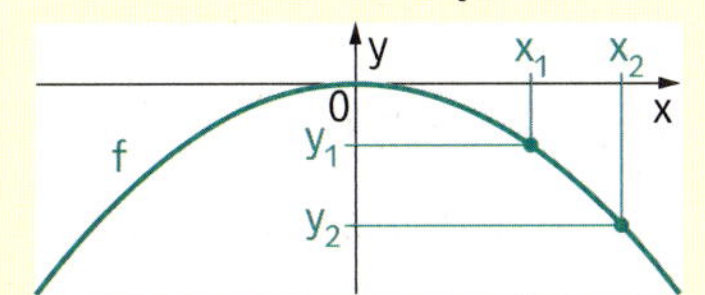

FA-R 4.3

Funktionswerte und Argumente ermitteln

Funktionswerte ermitteln: für x Zahlen in den Funktionsterm einsetzen bzw. aus Tabellen und Graphen für bestimmte x-Werte die entsprechenden y-Werte ablesen
Argumente ermitteln: für gegebene y-Werte die entsprechenden x-Werte aus Tabellen oder Graphen ablesen bzw. die Gleichung $f(x) = y$ nach x lösen

FA-R 4.4

Grad der Funktion $\Leftrightarrow$ Anzahl der Nullstellen, Extremstellen, Wendestellen

Eine Polynomfunktion n-ten Grades besitzt

- höchstens n Nullstellen
- höchstens $n - 1$ Extremstellen
- höchstens $n - 2$ Wendestellen.

Exponentialfunktion $f(x) = a \cdot b^x$ bzw. $f(x) = a \cdot e^{\lambda \cdot x}$ mit $a, b \in \mathbb{R}^+, \lambda \in \mathbb{R}$

FA-R 5.1

Exponentialfunktion

$f(x) = a \cdot b^x$ ($a \in \mathbb{R}\backslash\{0\}$ und $b \in \mathbb{R}^+$)
natürliche Exponentialfunktion: $f(x) = a \cdot e^{\lambda \cdot x}$ mit $\lambda \in \mathbb{R}$; $b = e^{\lambda}$ bzw. $\lambda = \ln(b)$

FA-R 5.2

Wertepaare ermitteln

Funktionswerte ermitteln: für x Zahlen in den Funktionsterm einsetzen bzw. aus Tabellen und Graphen für bestimmte x-Werte die entsprechenden y-Werte ablesen
Argumente ermitteln: für gegebene y-Werte die entsprechenden x-Werte aus Tabellen oder Graphen ablesen bzw. die Exponentialgleichung $a \cdot b^x = y$ nach x lösen

FA-R 5.3

Wirkung der Parameter a und b

	$f(x) = a \cdot b^x$	$f(x) = a \cdot e^{\lambda \cdot x}$
exponentielles Wachstum	$b > 1$	$\lambda > 0$
exponentielle Abnahme	$0 < b < 1$	$\lambda < 0$
$x = 0$	$f(0) = a$	

FA-R 5.4

Charakteristische Eigenschaften der Exponentialfunktion $f(x) = a \cdot b^x$

Es gilt: $f(0) = a$ und $f(x + 1) = f(x) \cdot b$ bzw. $f(x + h) = f(x) \cdot b^h$

FA-R 5.5

Halbwertszeit/Verdopplungszeit

$N(t) = N_0 \cdot e^{\lambda \cdot t}$ beschreibt einen Änderungsprozess.
Halbwertszeit τ: Zeit, in der sich N halbiert: → $\tau = \frac{\ln(0{,}5)}{\lambda}$
Verdopplungszeit T: Zeit, in der sich N verdoppelt: → $T = \frac{\ln(2)}{\lambda}$

FA-R 5.6

Exponentieller Zusammenhang

Vergrößert man das Argument einer Exponentialfunktion um 1 (um n), dann ändert sich der Funktionswert um das b-Fache (auf das b^n-Fache).

Sinusfunktion, Cosinusfunktion

FA-R 6.1

Sinusfunktion

Für f mit $f(x) = a \cdot \sin(b \cdot x)$ gilt:

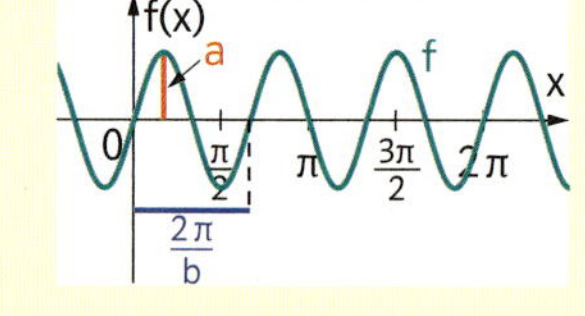

FA-R 6.3

Wirkung der Parameter a und b

Für die Parameter a und b in der Funktionsgleichung $f(x) = a \cdot \sin(b \cdot x)$ gilt:
a … maximale Auslenkung b … Anzahl der kompletten Schwingungen auf einer Länge von 2π

FA-R 6.4

Periodizität

Für die (kleinste) Periodenlänge p der Funktion f mit $f(x) = a \cdot \sin(b \cdot x)$ gilt: $p = \frac{2\pi}{b}$

FA-R 6.5

Zusammenhang zwischen Sinus und Cosinus

Verschiebt man den Graphen der Sinusfunktion entlang der x-Achse um $\frac{\pi}{2}$ nach links, erhält man den Graphen der Cosinusfunktion.

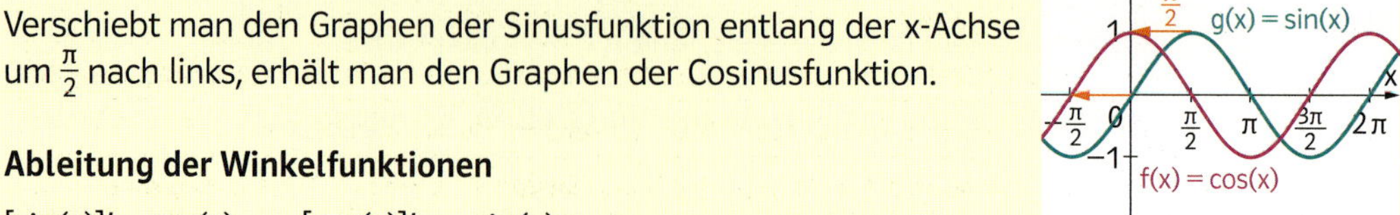

FA-R 6.6

Ableitung der Winkelfunktionen

$[\sin(x)]' = \cos(x)$ $[\cos(x)]' = -\sin(x)$

9.1 Funktionsbegriff, reelle Funktionen, Darstellungsformen und Eigenschaften

FA-R 1.1 Für gegebene Zusammenhänge entscheiden können, ob man sie als Funktionen betrachten kann

FA-R 1.1 **M** **579.** Im Zuge einer Umfrage wird eine Liste erstellt, in der von allen Jugendlichen einer Klasse die Marken der Handys erhoben werden, die sie besitzen.
Gib an, welche Bedingung erfüllt sein muss, damit es sich bei der Zuordnung Jugendliche → Handymarke in dieser Klasse um eine Funktion handelt.

FA-R 1.1 **M** **580.** Im Folgenden sind Zuordnungen zwischen Zahlenmengen durch Graphen und Wertetabellen gegeben. Kreuze jene Zuordnung(en) an, die (eine) Funktion(en) zeigt (zeigen).

A

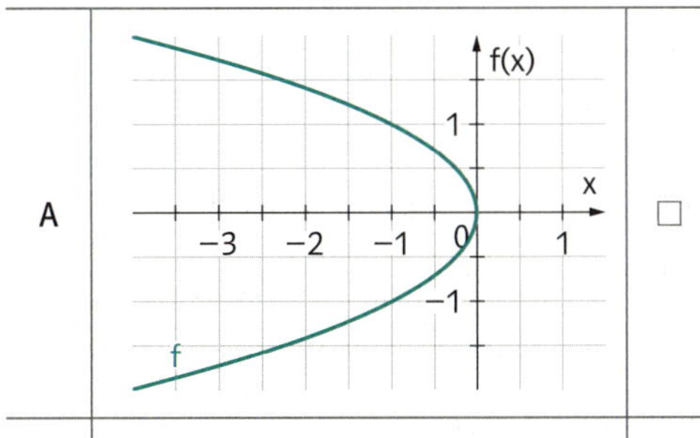

☐

B

x	f(x)
−2	6
−1	−2
0	3
1	−5
2	−2
3	1

☐

C

☐

D

x	f(x)
5	1
4	2
3	3
0	2
3	1
4	2

☐

E

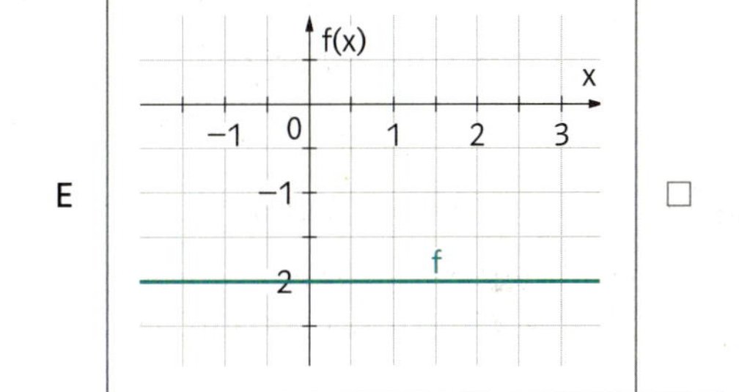

☐

FA-R 1.1 **M** **581.** Kreuze jene Beschreibung(en) von Zuordnungen an, die (eine) Funktion(en) darstellen.

A	Den Hemden in einem Kleidungsgeschäft werden Farben zugeordnet.	☐
B	Den Gehältern einer Firma werden Kontonummern zugeordnet.	☐
C	Den Bestellungen in einem Online-Shop werden die Rechnungsbeträge zugeordnet.	☐
D	Den Preisen eines Bestellkatalogs werden Waren zugeordnet.	☐
E	Den Mitgliedern eines Sportvereins werden ihre Geburtstage zugeordnet.	☐

FA-R 1.2 Formeln als Darstellung von Funktionen interpretieren und dem Funktionstyp zuordnen können

FA-R 1.2 M **582.** Die Zentripetalkraft F_Z ist in der Physik jene Kraft, die einen Körper auf einer Kreisbahn hält. Sie kann durch die Formel $F_Z = \frac{m \cdot v^2}{r}$ berechnet werden. Dabei sind m die Masse des Körpers, v seine Geschwindigkeit und r sein Abstand von der Drehachse. Skizziere einen Graphen der Funktion $F_Z(r)$, die jedem Abstand von der Drehachse die jeweils wirkende Zentripetalkraft zuordnet. Die Parameter m und v werden dabei konstant und ≠ 0 gehalten.

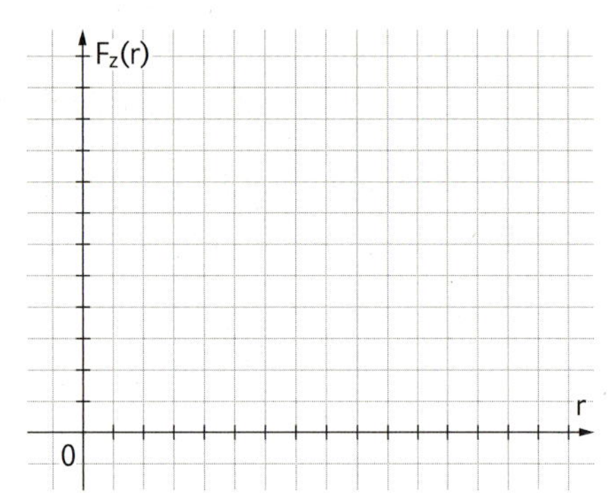

FA-R 1.2 M **583.** Eine Skifahrerin, die einen Hang im Schuss hinunterfährt, wird durch zwei Reibungskräfte gebremst – durch den Luftwiderstand und die Reibung zwischen Skiern und Schnee. Der Gesamtwiderstand kann durch die Formel $F_R = \mu \cdot m \cdot g \cdot \cos(\alpha) + k \cdot v^2$ berechnet werden. Dabei bedeutet μ die so genannte Gleitreibungszahl (vom Material der Skier und der Konsistenz des Schnees abhängig), m die Masse der Skifahrerin, g die Erdbeschleunigung ($g \approx 10\,m/s^2$), α den Winkel zwischen dem Hang und der Horizontalen, k eine Proportionalitätskonstante und v die Geschwindigkeit der Skifahrerin.

Kreuze jene beiden Abbildungen an, in denen die Graphen der Funktion F_R in Abhängigkeit von m oder v dargestellt sind, wobei die anderen Größen jeweils konstant gehalten werden.

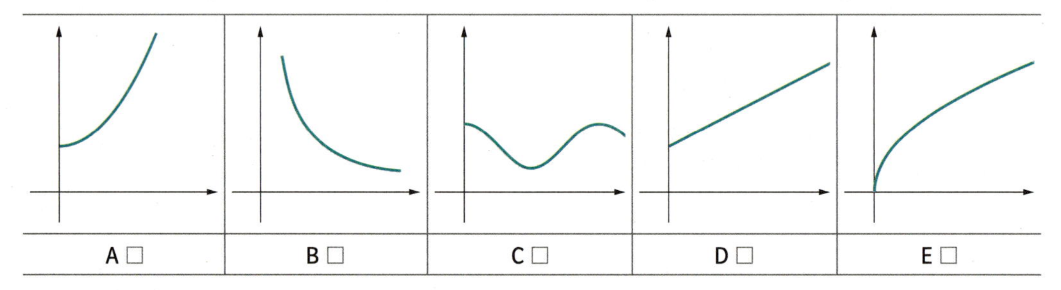

A ☐	B ☐	C ☐	D ☐	E ☐

FA-R 1.2 M **584.** Der Zusammenhang zwischen den fünf Größen u, v, h, k und β ist durch die Formel $k = \frac{u^v \sin(\beta)}{h}$ gegeben. Vervollständige den Satz so, dass er mathematisch korrekt ist.

Die Funktion ____(1)____ lässt sich als ____(2)____ schreiben.

(1)	
k(β) mit v, h und u konstant	☐
k(h) mit v, u und β konstant	☐
k(v) mit u, h und β konstant	☐

(2)	
indirekte Proportionalitätsfunktion der Form $f(x) = \frac{k}{x}$ $(k \neq 0)$	☐
lineare Funktion der Form $f(x) = k \cdot x + d$ $(k, d \neq 0)$	☐
Potenzfunktion der Form $f(x) = a \cdot x^z$ $(a, z \neq 0)$	☐

FA-R 1.3 Zwischen tabellarischen und graphischen Darstellungen funktionaler Zusammenhänge wechseln können

FA-R 1.3 M **585.** Die Funktion f ist durch ihren Funktionsgraphen gegeben. Fülle die Wertetabelle anhand des Graphen aus (alle Werte sind ganzzahlig).

x	f(x)
-3	
-2	
1	
2	
3	

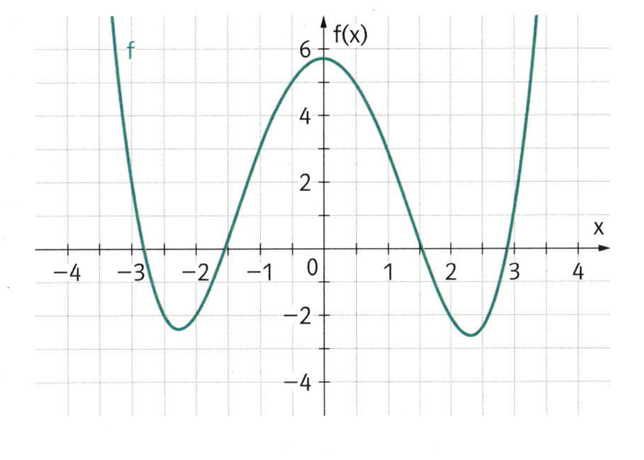

FA-R 1.4 Aus Tabellen, Graphen und Gleichungen von Funktionen Werte(paare) ermitteln und im Kontext deuten können

FA-R 1.4 M **586.** Ein Körper wird aus einer Höhe von 100 Metern fallen gelassen. Die Funktion h ordnet jedem Zeitpunkt t (in Sekunden) die Höhe h (in Meter) zu. Der Graph der Funktion h ist abgebildet. Kreuze die beiden zutreffenden Aussagen an.

A	$h(80) = 2$	☐
B	Der Körper erreicht nach der Hälfte der Zeit die halbe Höhe.	☐
C	$h(4) - h(2) = 80$	☐
D	Der Körper legt in den ersten beiden Sekunden 20 Meter zurück.	☐
E	$h(4) = 20$	☐

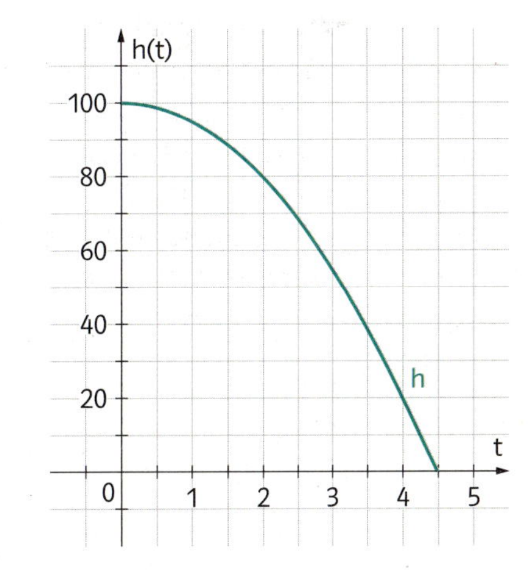

FA-R 1.4 M **587.** Im Folgenden sind die Graphen der Funktionen f, g und h in einem Koordinatensystem dargestellt. Kreuze die zutreffende(n) Aussage(n) an.

A	Wenn $x > 2$ ist, ist $f(x) > h(x)$.	☐
B	$g(0) = h(0)$	☐
C	Im Intervall $[-1; 1]$ ist $g(x) < f(x)$.	☐
D	$f(2) = h(2)$	☐
E	g(x) ist für alle x kleiner als h(x).	☐

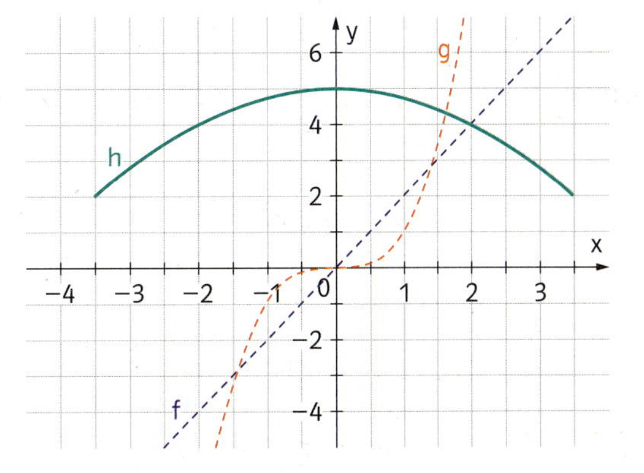

FA-R 1.5 Eigenschaften von Funktionen erkennen, benennen, im Kontext deuten und zum Erstellen von Funktionsgraphen einsetzen können: Monotonie, Monotoniewechsel (lokale Extrema), Wendepunkte, Periodizität, Achsensymmetrie, asymptotisches Verhalten, Schnittpunkte mit den Achsen

FA-R 1.5 M **588.** Von einer stetigen, reellen Funktion f sind im Intervall [−6; 4] einige Eigenschaften gegeben.

- Die globale Maximumstelle der Funktion f im Intervall [−6; 4] befindet sich bei $x = -6$.
- Die Funktion f besitzt an der Stelle −3 ein lokales Minimum, das auch das globale Minimum im Intervall [−6; 4] ist.
- Die Funktion f besitzt an der Stelle 2 eine Nullstelle, die auch eine lokale Maximumstelle ist.
- Die Funktion f ändert im Intervall [−6; 4] genau zweimal ihr Monotonieverhalten.

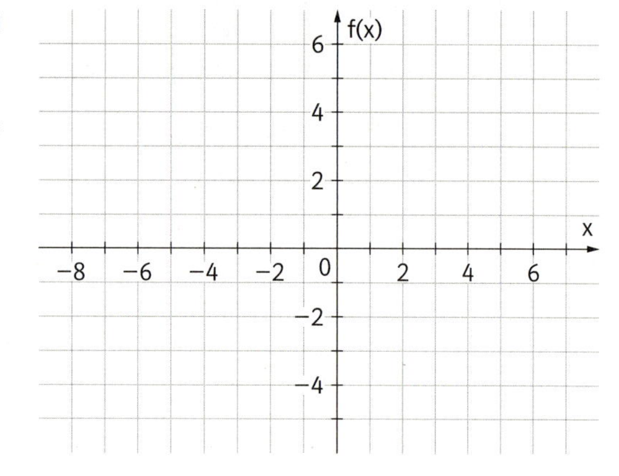

Skizziere den Graphen einer möglichen Funktion f im Intervall [−6; 4], welche die oben angegebenen Eigenschaften hat, in das nebenstehende Koordinatensystem.

FA-R 1.6 Schnittpunkte zweier Funktionsgraphen graphisch und rechnerisch ermitteln und im Kontext interpretieren können

FA-R 1.6 M **589.** In der Graphik werden zwei Internet-Streamingdienste für Filme verglichen. Interpretiere die Koordinaten des Schnittpunkts der beiden Graphen.

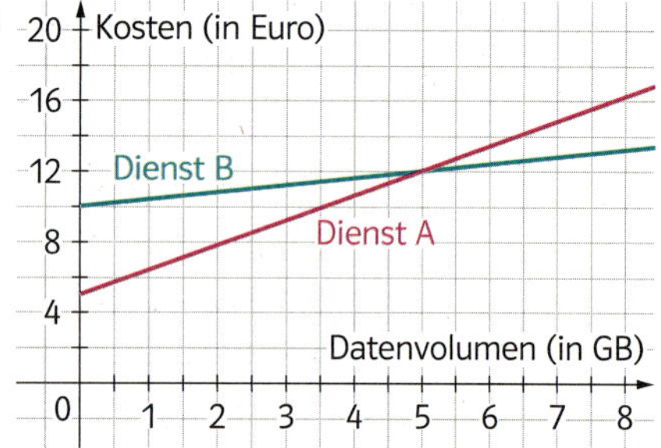

FA-R 1.6 M **590.** Gegeben sind die beiden Funktionen f und g mit $f(x) = -x^2 + 4x + 2$ und $g(x) = -4x + 18$.
Bestimme alle Schnittpunkte der Graphen der beiden Funktionen.

FA-R 1.7 Funktionen als mathematische Modelle verstehen und damit verständig arbeiten können

FA-R 1.7 M **591.** Die Höhe des Bierschaums in einem frisch eingeschenkten Glas Bier wird durch die Funktion h mit $h(t) = 8{,}5 \cdot 0{,}75^t$ (h in cm, t in Minuten) beschrieben.
Erkläre, warum sich die Funktion h zur Berechnung der Höhe des Bierschaums nach sechs Stunden nicht eignet.

FA-R 1.7 M **592.** Grüner Tee soll mit ca. 80° heißem Wasser aufgebrüht werden. Jemand lässt deshalb kochend heißes Wasser 7 Minuten lang in einer Glaskanne abkühlen, bevor er den Tee aufgießt. Bestimme unter der Voraussetzung, dass das Wasser nach 7 Minuten 80° hat, einen diesem exponentiellen Vorgang zugrunde gelegten Funktionsterm.

FA-R 1.8 Durch Gleichungen (Formeln) gegebene Funktionen mit mehreren Veränderlichen im Kontext deuten können; Funktionswerte ermitteln können

FA-R 1.8 M **593.** Der Bremsweg s eines Autos kann durch die Formel $s = 0{,}5 \cdot \frac{v^2}{a}$ berechnet werden. Dabei sind v die Geschwindigkeit des Autos am Beginn der Bremsung und a die (negative) Beschleunigung der Bremsung. Kreuze die zutreffende(n) Aussage(n) an.

A	Halbiert man die Geschwindigkeit, so sinkt der Bremsweg auf ein Viertel.	☐
B	Erhöht sich die Beschleunigung um 20 %, so sinkt der Bremsweg um 20 %.	☐
C	Verdoppelt man v und vervierfacht man a, so ändert sich der Bremsweg nicht.	☐
D	Sinkt die Beschleunigung auf 8 % des Ausgangswerts, so sinkt der Bremsweg auf 64 % des Ausgangswerts.	☐
E	Bei zwei Fünftel der Beschleunigung des Ausgangswerts steigt der Bremsweg auf das 2,5-Fache.	☐

FA-R 1.8 M **594.** Von einer Funktion L, die von den Größen m, n und p abhängt, kennt man folgende Eigenschaften.

1. Verdoppelt man p, so sinkt der Funktionswert von L auf ein Viertel.
2. Bei einer Verdoppelung von n verdoppelt sich L.
3. Verdreifacht man m, so verneunfacht sich L.

Gib eine mögliche Funktionsgleichung für die Funktion L an, sodass alle Eigenschaften erfüllt sind.

FA-R 1.9 Einen Überblick über die wichtigsten Typen mathematischer Funktionen geben, ihre Eigenschaften vergleichen können

FA-R 1.9 M **595.** Gegeben sind Beschreibungen über die Änderung von Funktionswerten und Funktionsgleichungen einiger Funktionen. Ordne jeder Beschreibung eine passende Funktionsgleichung zu.

Beschreibung		
1	$f(x+1) = f(x) + 2$	
2	$f(4x) = 2 \cdot f(x)$	
3	$f(x+2) = 9 \cdot f(x)$	
4	$f(2x) = \frac{1}{2} \cdot f(x)$	

Funktionsgleichung	
A	$f(x) = \frac{2}{x}$
B	$f(x) = 2x + 3$
C	$f(x) = 2^x$
D	$f(x) = \sqrt{x}$
E	$f(x) = 3x^2$
F	$f(x) = 2 \cdot 3^x$

FA-R 1.9 M **596.** Der Graph einer Funktion f ist symmetrisch zur zweiten Achse. Kreuze die auf diese Bedingung zutreffenden beiden Funktionsgleichungen an.

A	B	C	D	E
$f(x) = -4x$	$f(x) = 4x^4$	$f(x) = 4 \cdot x^{-2}$	$f(x) = 4 + \sqrt{x}$	$f(x) = 4^{-x}$
☐	☐	☐	☐	☐

9.2 Lineare Funktionen

FA-R 2.1 Verbal, tabellarisch, graphisch oder durch eine Gleichung (Formel) gegebene lineare Zusammenhänge als lineare Funktionen erkennen bzw. betrachten können; zwischen diesen Darstellungsformen wechseln können

FA-R 2.1 **M** **597.** Gegeben sind verschiedene Wertetabellen. Kreuze jene Wertetabelle(n) an, die die Wertetabelle(n) einer linearen Funktion sein könnte(n).

A	x	−3	−2	−1	☐
	f(x)	5	7	9	
B	x	3	4	5	☐
	f(x)	4	1	−2	
C	x	6	7	9	☐
	f(x)	3	4,5	7,5	
D	x	−1	1	3	☐
	f(x)	3	6	12	
E	x	0	5	7	☐
	f(x)	11	21	25	

FA-R 2.1 **M** **598.** Gegeben ist eine Gleichung $a x + b y = c$ mit $a, b \in \mathbb{R}^+$, $c \in \mathbb{R}^-$. Formt man diese Gleichung auf $y = f(x)$ um, erhält man eine lineare Funktion f. Stelle die Funktionsgleichung von f auf und zeichne einen möglichen Graphen von f in das Koordinatensystem.

$f(x) =$ ______________

FA-R 2.1 **M** **599.** Ein Stromanbieter bietet folgendes Modell an:
Man bezahlt 16 € Grundgebühr und zusätzlich 15 Cent pro kWh (Kilowattstunde).
Es seien K(x) die Kosten (in Euro €) beim Verbrauch von x kWh.
Stelle eine Funktionsgleichung für K auf. $K(x) =$ ______________

FA-R 2.2 Aus Tabellen, Graphen und Gleichungen linearer Funktionen Werte(paare) sowie die Parameter k und d ermitteln und im Kontext deuten können

FA-R 2.2 **M** **600.** Gegeben ist der Graph einer linearen Funktion f. Bestimme die Funktionsgleichung von f.

$f(x) =$ ______________

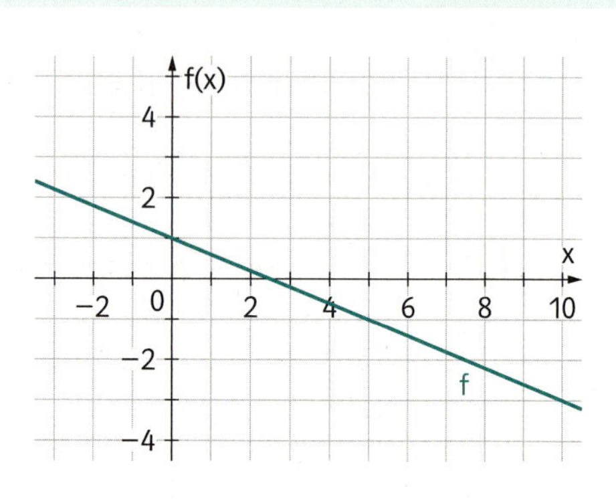

FA-R 2.2 **M** **601.** Von einer linearen Funktion f kennt man die Bedingungen: $f(2) = 4$ und $f(-1) = -2$. Bestimme die Parameter k und d der linearen Funktion f mit

$f(x) = k x + d$. $k =$ _____ $d =$ _____

FA-R 2.2 **M** **602.** Die Abbildung zeigt eine Gerade sowie ein Steigungsdreieck. Gib einen Ausdruck für die Steigung k dieser Geraden in Abhängigkeit von u und v an.

k = ______________________

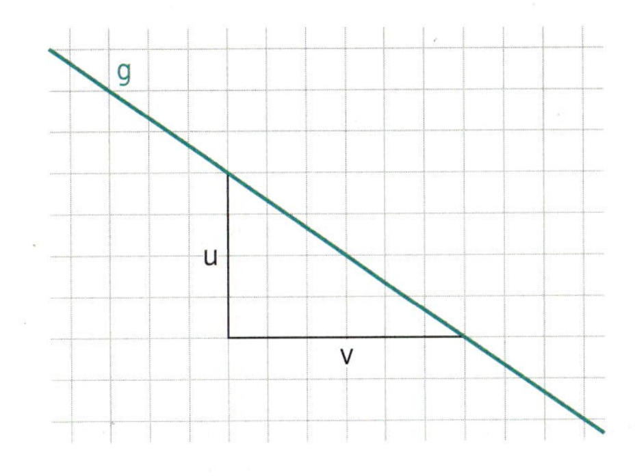

FA-R 2.3 Die Wirkung der Parameter k und d kennen und die Parameter in unterschiedlichen Kontexten deuten können

FA-R 2.3 **M** **603.** In der Abbildung ist der Graph der Funktion f mit $f(x) = -\frac{2}{3}x + 3$. Zeichne die x-Achse so ein, dass der Graph richtig dargestellt ist. Ein Kästchen hat eine Seitenlänge von einer Einheit.

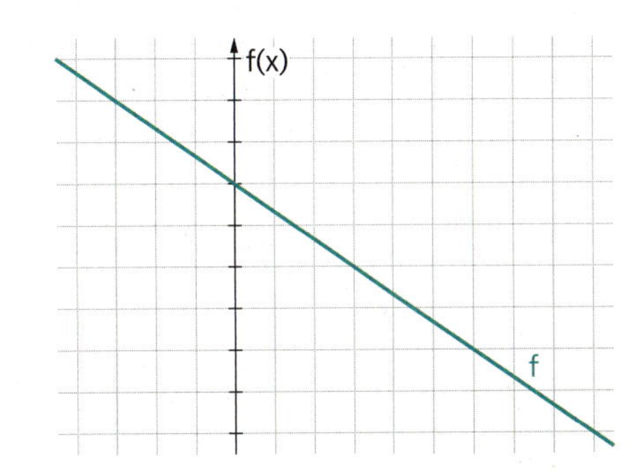

FA-R 2.3 **M** **604.** Ein Handwerker verrechnet für einen Einsatz (abhängig von seiner Arbeitszeit x in Stunden) K(x) Euro. Die Kosten werden mittels einer linearen Funktion K mit $K(x) = a\,x + b$ berechnet. Vervollständige den Satz so, dass er mathematisch korrekt ist. Der Parameter b steht für die ____(1)____, der Parameter a für die ____(2)____.

(1)	
Gesamtkosten	☐
Kosten pro Stunde	☐
Kosten, die man unabhängig von der Arbeitszeit zahlen muss	☐

(2)	
Kosten der gesamten Arbeitszeit	☐
Fahrtzeit	☐
Kostenänderung pro zusätzlicher Stunde Arbeitszeit	☐

FA-R 2.3 **M** **605.** Die Länge L einer brennenden Kerze in Abhängigkeit von der Brenndauer x kann durch eine lineare Funktion L mit $L(x) = u\,x + v$ modelliert werden. Interpretiere die Parameter u und v im gegebenen Kontext.

FA-R 2.4 Charakteristische Eigenschaften kennen und im Kontext deuten können:

$$f(x+1) = f(x) + k; \frac{f(x_2) - f(x_1)}{x_2 - x_1} = k = [f'(x)]$$

FA-R 2.4 **M** **606.** Von einer linearen Funktion f, kennt man folgende Bedingungen:
$f(0) = 7$ $\quad f(x+2) = f(x) + 12$
Gib die Funktionsgleichung der Funktion f an.

f(x) = ______________________

FA-R 2.4 **M** **607.** Gegeben ist eine lineare Funktion f mit $f(x) = kx + d$. Kreuze die zutreffende(n) Aussage(n) an.

A	$f(x+3) = f(x) + 3$	☐
B	$f(x-1) = f(x) - k$	☐
C	$f(0) = d$	☐

D	$\frac{f(b) - f(a)}{b - a} = k$, $b > a$	☐
E	$f'(a) = k$ $(a \in \mathbb{R})$	☐

FA-R 2.5 Die Angemessenheit einer Beschreibung mittels linearer Funktion bewerten können

FA-R 2.5 **M** **608.** Für manche Zusammenhänge eignen sich lineare Modelle der Form $f(x) = kx + d$. Gegeben sind einige Abhängigkeiten. Für welche Zusammenhänge ist ein lineares Model sinnvoll möglich? Kreuze den (die) zutreffende(n) Sachverhalt(e) an.

A	Der zurückgelegte Weg s ist abhängig von der Zeit t bei konstanter Geschwindigkeit v.	☐
B	Die Einwohnerzahl E einer Stadt ist abhängig von der Zeit, wenn diese jährlich um a Personen wächst.	☐
C	Das Geld G in einem Sparschwein ist abhängig von der Zeit, wenn monatlich b Euro abgehoben werden.	☐
D	Das Geld G auf einem Sparbuch ist abhängig von der Zeit, wenn es zu a Prozent verzinst ist und man monatlich b Euro abhebt.	☐
E	Die Geschwindigkeit v ist abhängig von der Zeit (bei konstanter Strecke s).	☐

FA-R 2.5 **M** **609.** Für manche geometrische Zusammenhänge eignen sich lineare Modelle der Form $f(x) = kx + d$. Kreuze die zutreffende(n) Aussage(n) an, die durch ein lineares Modell darstellbar ist (sind).

A	Der Umfang U eines Quadrats ist von der Seitenlänge a abhängig.	☐
B	Das Volumen V eines Zylinders mit konstantem Radius r ist von der Höhe h des Zylinders abhängig.	☐
C	Die Oberfläche O eines Quaders mit konstanten Seitenlängen a und b ist von der Höhe h des Quaders abhängig.	☐
D	Das Volumen V einer Kugel ist vom Radius r der Kugel abhängig.	☐
E	Die Diagonale d eines Quadrats ist von der Seitenlänge a des Quadrats abhängig.	☐

FA-R 2.6 Direkte Proportionalität als lineare Funktion vom Typ $f(x) = k \cdot x$ beschreiben können

FA-R 2.6 **M** **610.** Die Variablen x und y stehen in einem direkt proportionalen Zusammenhang. Kreuze die zutreffende(n) Aussage(n) an.

A	Der Zusammenhang kann durch eine Gerade dargestellt werden, die durch den Ursprung des Koordinatensystems geht.	☐
B	Verdoppelt man x, so wird auch y verdoppelt.	☐
C	Der Zusammenhang kann durch eine lineare Funktion f mit $f(x) = y = kx + d$ $(d \neq 0)$ beschrieben werden.	☐
D	Wird y halbiert, so wird x verdoppelt.	☐
E	Für die beiden Variablen x und y gilt: $y = k \cdot x$, $k \neq 0$	☐

9.3 Potenzfunktionen

FA-R 3.1 Verbal, tabellarisch, graphisch oder durch eine Gleichung (Formel) gegebene Zusammenhänge dieser Art als entsprechende Potenzfunktionen erkennen bzw. betrachten können; zwischen diesen Darstellungsformen wechseln können

FA-R 3.1 **M** **611.** Gegeben ist die Funktion f mit $f(x) = -1{,}2\,x^n$ ($n \in \mathbb{N}$). Der Graph der Funktion soll genau eine lokale Extremstelle besitzen. Kreuze die beiden passenden Exponenten an.

A	B	C	D	E
$n = 1$	$n = 2$	$n = 3$	$n = 4$	$n = 5$
☐	☐	☐	☐	☐

FA-R 3.1 **M** **612.** Ordne dem jeweiligen Funktionsgraphen seine passende Funktionsgleichung zu.

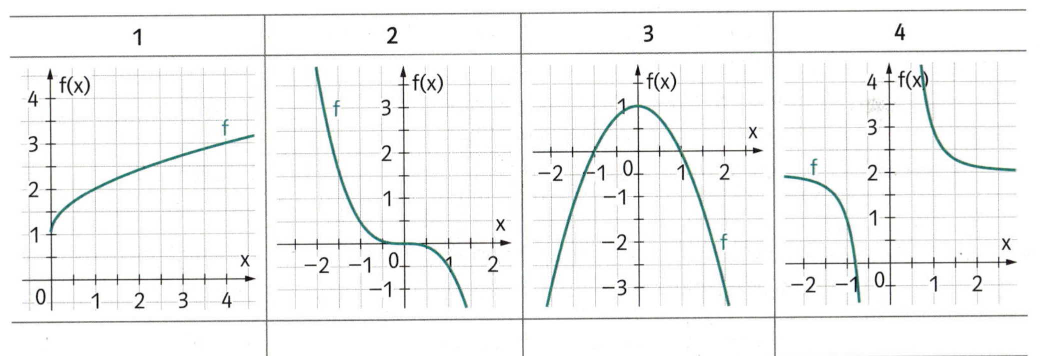

A	B	C	D	E	F
$f(x) = x^{-3} + 2$	$f(x) = \frac{x^3}{2}$	$f(x) = x^2 + 1$	$f(x) = -x^2 + 1$	$f(x) = \sqrt{x} + 1$	$f(x) = -\frac{x^3}{2}$

FA-R 3.2 Aus Tabellen, Graphen und Gleichungen von Potenzfunktionen Werte(paare) sowie die Parameter a und b ermitteln und im Kontext deuten können

FA-R 3.2 **M** **613.** Gegeben ist der Graph der Funktion f mit $f(x) = a \cdot x^3 + b$. Bestimme die Werte der Parameter a und b.

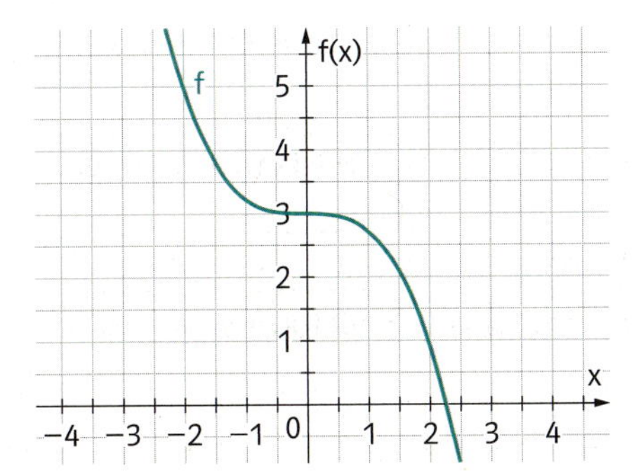

a = ______________

b = ______________

FA-R 3.2 M **614.** Gegeben sind eine Funktion f mit $f(x) = a \cdot x^2 + b$ ($a, b \in \mathbb{Z}$) und Wertepaare von Punkten auf dem Graphen von f. Bestimme die Werte der Parameter a und b.

x	−1	0	1	2	3
f(x)	2	−1	2	11	26

a = ______________ b = ______________

FA-R 3.2 M **615.** Gegeben ist die Funktion f mit $f(x) = \frac{a}{2}\sqrt{x} + b$ ($a, b \in \mathbb{R}$). Kreuze den Punkt (die Punkte) an, der (die) auf dem Graphen von f liegt(en).

A	B	C	D	E
$A = (-4 \mid a + b)$	$B = (0 \mid b)$	$C = \left(1 \middle\vert \frac{a}{2} + b\right)$	$D = \left(3 \middle\vert \frac{3a}{2} + b\right)$	$E = (4 \mid a + b)$
☐	☐	☐	☐	☐

FA-R 3.3 Die Wirkung der Parameter a und b kennen und die Parameter im Kontext deuten können

FA-R 3.3 M **616.** Gegeben sind die Graphen von zwei Funktionen f und g mit $f(x) = a \cdot x^2 + b$ und $g(x) = c \cdot x^2 + d$ ($a, b, c, d \in \mathbb{R}$). Kreuze die zutreffende(n) Aussage(n) an.

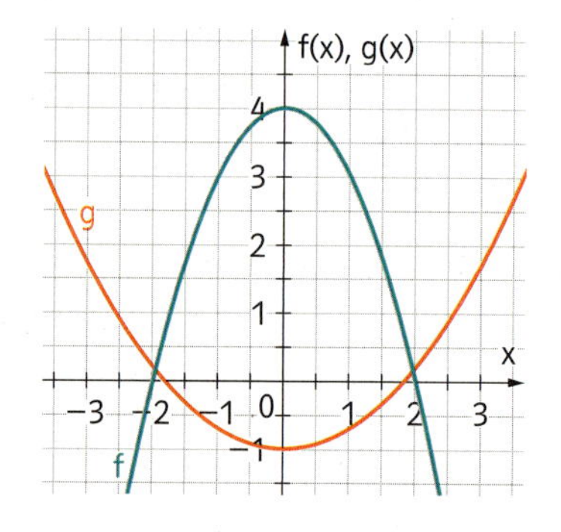

A	B	C	D	E
$b < d$	$a < c$	$a > c$	$b > d$	$c < b$
☐	☐	☐	☐	☐

FA-R 3.3 M **617.** Gegeben sind die Graphen der Funktionen f und g mit $f(x) = a \cdot x^2 + b$ und $g(x) = c \cdot x^2 + d$ ($a, b, c, d \in \mathbb{R}$). Kreuze die beiden zutreffenden Aussagen an.

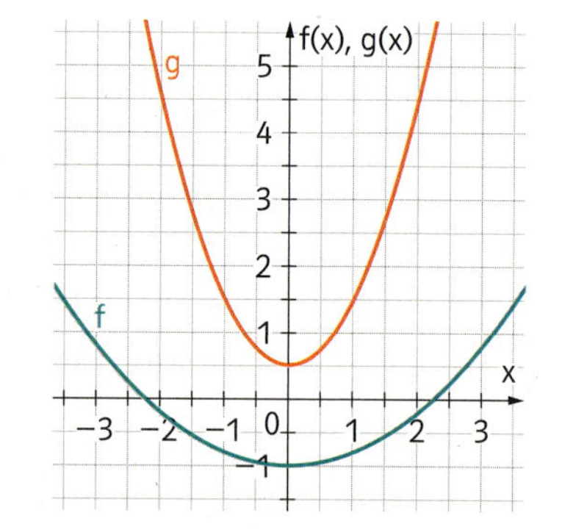

A	$a < c$	☐
B	$d < 0$	☐
C	$b > 0$	☐
D	$a < 0$ und $c > 0$	☐
E	$b \in \mathbb{R}^-$ und $d \in \mathbb{R}^+$	☐

FA-R 3.3 M **618.** Gegeben ist die Funktion f mit $f(x) = a \cdot x^3 + b$ ($a, b \in \mathbb{R}$, $a > 0$, $b < 0$). Kreuze die beiden zutreffenden Aussagen an.

A	Der Graph von f ist streng monoton fallend für alle $x \in \mathbb{R}$.	☐
B	Der Punkt $P = (0 \mid b)$ liegt auf dem Graphen von f.	☐
C	Der Parameter b bewirkt eine Verschiebung des Funktionsgraphen nach links.	☐
D	f besitzt genau drei Nullstellen.	☐
E	Der Graph von f ist streng monoton steigend für alle $x \in \mathbb{R}$.	☐

FA-R 3.3 M **619.** Skizziere den Graphen einer Funktion f mit $f(x) = a \cdot x^{-2} + b$; $a, b \in \mathbb{R}$, $a < 0$, $b > 0$.

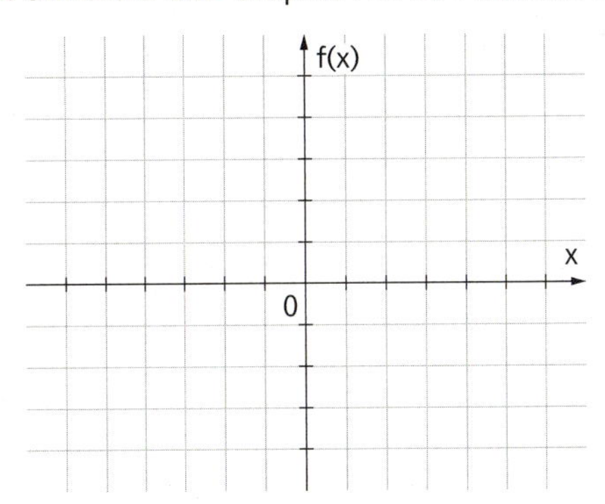

FA-R 3.4 Indirekte Proportionalität als Potenzfunktion vom Typ $f(x) = \frac{a}{x}$ (bzw. $f(x) = a \cdot x^{-1}$) beschreiben können

FA-R 3.4 M **620.** Gegeben ist die Funktion g mit $g(x) = a \cdot x^z + b$ mit $z \in \mathbb{Z}$ und $a, b \in \mathbb{R}$. Bestimme die Werte für die Parameter z und b so, dass durch f ein indirekt proportionaler Zusammenhang dargestellt wird.

z = ______________ b = ______________

FA-R 3.4 M **621.** Ein PKW bewegt sich auf einer s = 50 km langen Strecke mit einer konstanten Geschwindigkeit v (in km/h). Die Funktion Z mit Z(v) beschreibt die für die Strecke s benötigte Zeit. Gib die Funktionsgleichung an.

Z(v) = ______________

FA-R 3.4 M **622.** Um ein Becken leerzupumpen, kommen vier Pumpen mit gleicher Leistung zum Einsatz. Die vier Pumpen benötigen 30 Stunden, um das Becken zu leeren. Die Abhängigkeit der zum Entleeren des Beckens benötigten Zeit T und der Anzahl der Pumpen x (mit gleicher Leistung) kann durch eine Funktionsgleichung beschrieben werden. Gib die Funktionsgleichung an.

T(x) = ______________

FA-R 3.4 M **623.** Von den fünf durch Wertepaare dargestellten Potenzfunktionen f, g, h, i und j beschreiben zwei einen indirekt proportionalen Zusammenhang. Kreuze die beiden Funktionen, für die das gilt, an.

x	1	2	3	
f(x)	1,5	1	0,75	☐
g(x)	1	0,75	0,6	☐
h(x)	3	1,5	1	☐
i(x)	1	3	1,5	☐
j(x)	1,5	0,75	0,5	☐

9.4 Polynomfunktionen

FA-R 4.1 Typische Verläufe von Graphen in Abhängigkeit vom Grad der Polynomfunktion (er)kennen

FA-R 4.1 **M** **624.** Gegeben sind die Graphen von vier Polynomfunktionen. Gib zu jeder graphischen Darstellung den minimalen Grad des Funktionsterms an.

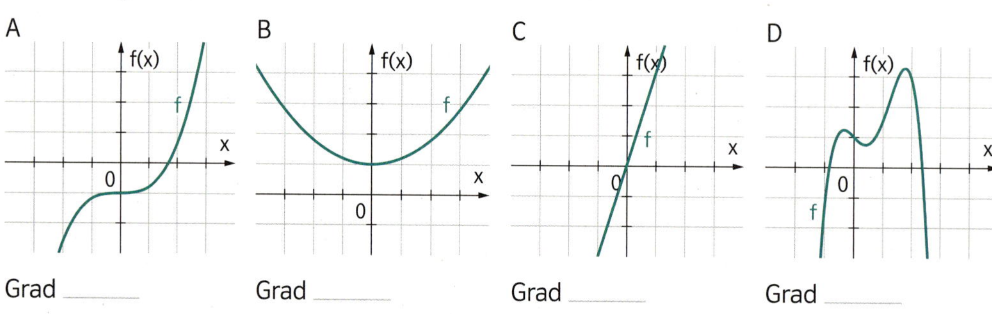

Grad ______ Grad ______ Grad ______ Grad ______

FA-R 4.1 **M** **625.** Gegeben sind vier Polynomfunktionen mit a, b, c ∈ ℝ. Ordne jedem Graphen eine passende Funktionsgleichung zu.

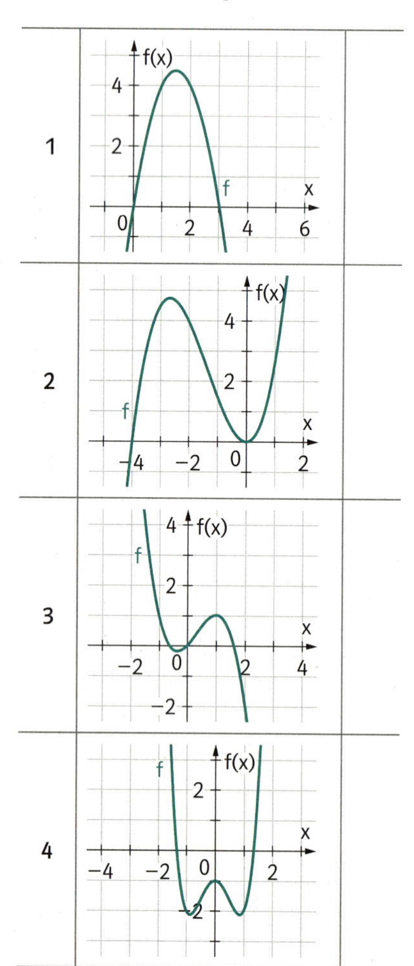

A	$f(x) = a\,x^4 + b\,x^2 + c$ $a > 0$ und $b, c < 0$
B	$f(x) = a\,x^2 + b\,x$ $a < 0$ und $b > 0$
C	$f(x) = a\,x^4 + b\,x^2 + c$ $a, b, c < 0$
D	$f(x) = a\,x^2 + b\,x$ $a, b > 0$
E	$f(x) = a\,x^3 + b\,x^2$ $a > 0$ und $b > 0$
F	$f(x) = a\,x^3 + b\,x^2 + c\,x$ $a < 0$ und $b, c > 0$

FA-R 4.2 Zwischen tabellarischen und graphischen Darstellungen von Zusammenhängen dieser Art wechseln können

FA-R 4.2 **M** **626.** Von vier Polynomfunktionen f_1, f_2, f_3 und f_4 kennt man die Funktionswerte f(x) an einigen Stellen x. Ordne jeder Tabelle einen möglichen Graphen zu.

1

x	$f_1(x)$
−1	−2
0	−1
1	−2

2

x	$f_2(x)$
−1	4
0	2
1	0

3

x	$f_3(x)$
−1	1
0	−2
1	1

4

x	$f_4(x)$
−1	−1
0	0
1	1

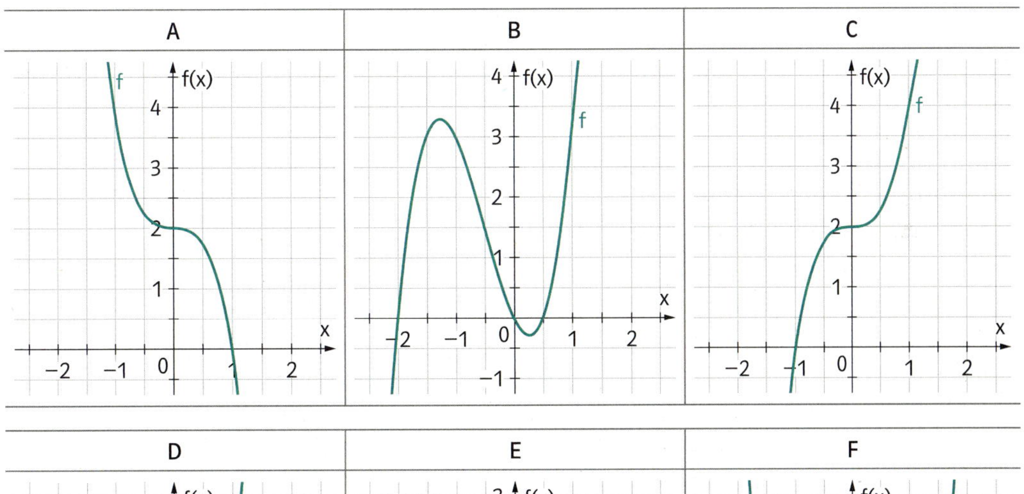

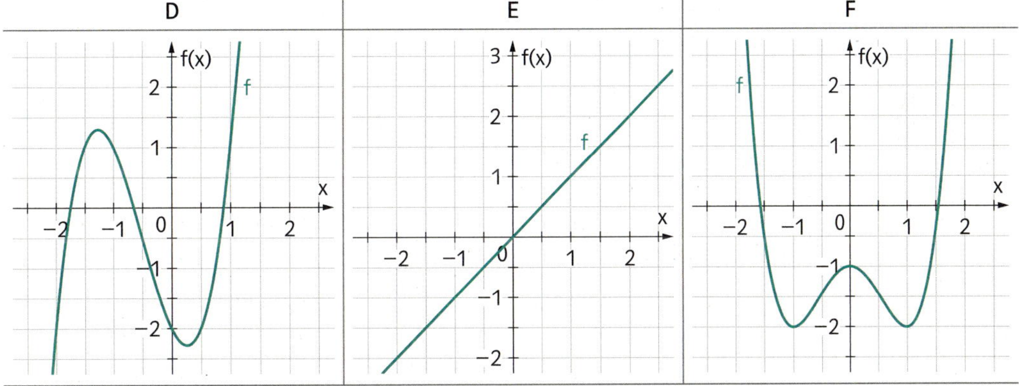

FA-R 4.2 **M** **627.** Gegeben ist der Graph einer Polynomfunktion f vierten Grades. Ergänze die Wertetabelle von f.

x	−2	−1	0	1
f(x)				

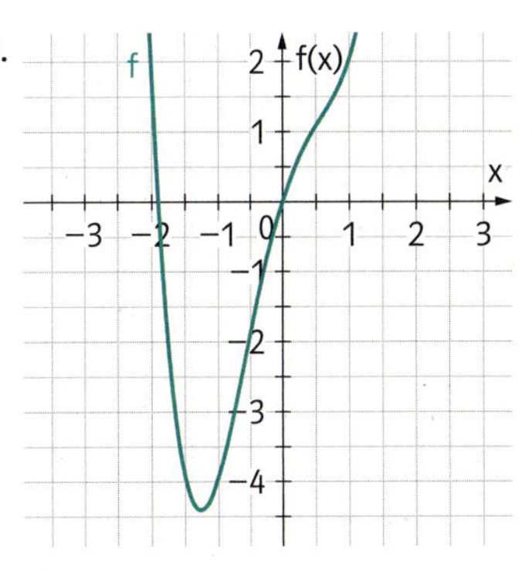

FA-R 4.2 **M** **628.** Eine Polynomfunktion f mit $f(x) = a \cdot x^3 + b$ $(a, b \in \mathbb{R})$ ist durch die Funktionswerte $f(-2) = 6$, $f(-1) = 2{,}5$, $f(0) = 2$ und $f(1) = 1{,}5$ eindeutig bestimmt.
Zeichne den Graphen von f in das Koordinatensystem.

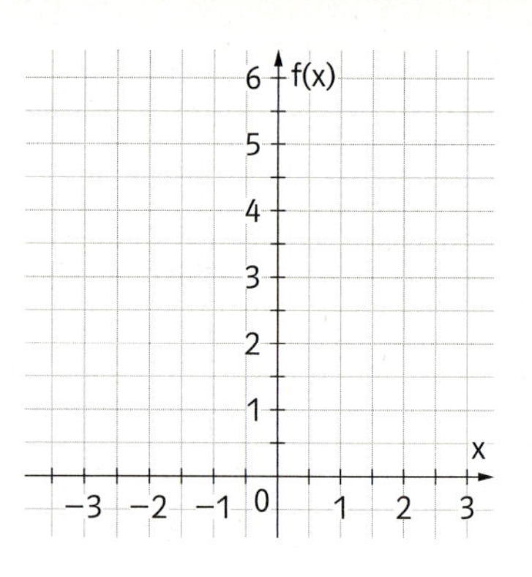

FA-R 4.3 **Aus Tabellen, Graphen und Gleichungen von Polynomfunktionen Funktionswerte, aus Tabellen und Graphen sowie aus einer quadratischen Funktionsgleichung Argumentwerte ermitteln können**

FA-R 4.3 **M** **629.** Gegeben ist die Funktion f mit $f(x) = -0{,}4x^2 + 20$.
Berechne jene Stellen, an der die Funktion den Wert null annimmt.

FA-R 4.3 **M** **630.** Gegeben ist die Funktion f mit $f(x) = x^2 - 3x - 18$.
Berechne alle Werte von x, für die $f(x) = 10$ gilt.

FA-R 4.3 **M** **631.** Gegeben ist der Graph einer Polynomfunktion f vom Grad 3.
Gib an, für welche x_1 bzw. x_2 aus dem dargestellten Bereich $f(x_1 + 1) = -2$ bzw. $f(x_2 - 1) = 3$ gilt.

$x_1 =$ ______ $x_2 =$ ______

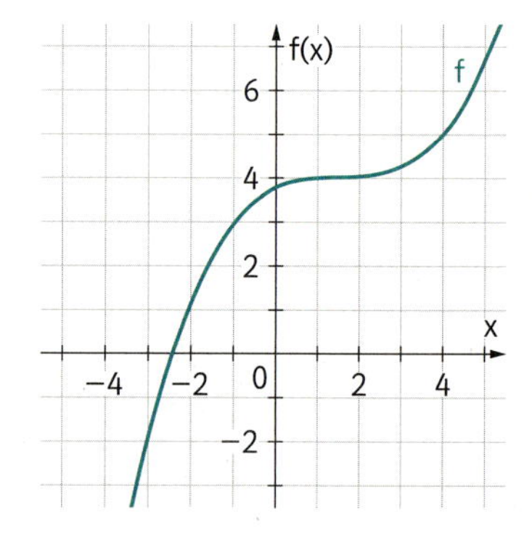

FA-R 4.4 **Den Zusammenhang zwischen dem Grad der Polynomfunktion und der Anzahl der Null-, Extrem- und Wendestellen wissen**

FA-R 4.4 **M** **632.** Gegeben sind Aussagen über Polynomfunktionen. Kreuze die zutreffende(n) Aussage(n) an.

A	Besitzt eine Polynomfunktion zwei Nullstellen, ist sie sicher vom Grad 2.	☐
B	Jede Polynomfunktion vom Grad 2 besitzt ein lokales Extremum.	☐
C	Besitzt eine Polynomfunktion genau einen Wendepunkt, ist sie vom Grad 3.	☐
D	Eine Polynomfunktion vom Grad 4 hat immer vier Nullstellen.	☐
E	Eine Polynomfunktion vom Grad 3 hat höchstens zwei lokale Extremstellen.	☐

FA-R 4.4 **M** **633.** Gegeben ist eine Polynomfunktion f vierten Grades mit $f(x) = a \cdot x^4 + b \cdot x^2$ mit $a, b \in \mathbb{R}$, $a \neq 0$.
Ergänze die Textlücken so, dass eine mathematisch korrekte Aussage entsteht.

Gilt ___(1)___, hat der Graph von der Funktion f jedenfalls ___(2)___.

(1)	
$a < 0$ und $b < 0$	☐
$a > 0$ und $b > 0$	☐
$a > 0$ und $b < 0$	☐

(2)	
zwei reelle Nullstellen	☐
drei reelle Nullstellen	☐
vier reelle Nullstellen	☐

9.5 Exponentialfunktion

FA-R 5.1 Verbal, tabellarisch, graphisch oder durch eine Gleichung (Formel) gegebene exponentielle Zusammenhänge als Exponentialfunktion erkennen bzw. betrachten können; zwischen diesen Darstellungsformen wechseln können

FA-R 5.1 **M** **634.** Gegeben ist der Ausschnitt einer Wertetabelle einer Funktion f der Form $f(x) = a \cdot b^x$ ($a, b \in \mathbb{R}^+$). Bestimme die Funktionsgleichung von f.

x	3	5
f(x)	2	18

f(x) = ______________________

FA-R 5.1 **M** **635.** Gegeben ist der Graph einer Exponentialfunktion f mit $f(x) = a \cdot b^x$. Bestimme die Funktionsgleichung von f.

f(x) = ______________________

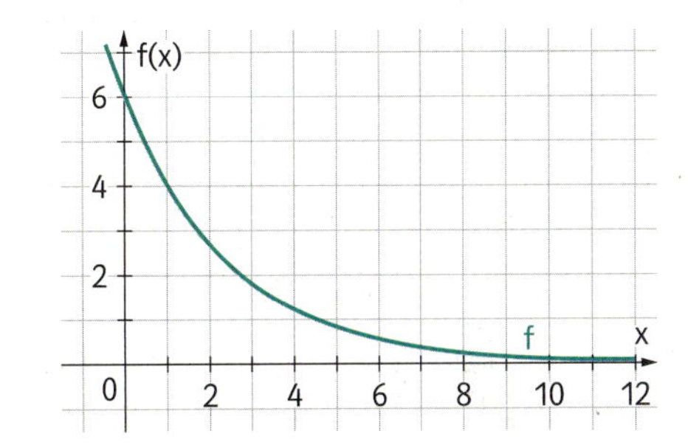

FA-R 5.1 **M** **636.** Gegeben ist der Graph der Exponentialfunktion f mit $f(x) = 100 \cdot \left(\frac{3}{5}\right)^x$, wobei die Skalierung der x- und y-Achse fehlt. Ergänze die Skalierungen so, dass der Graph der Funktion richtig dargestellt ist.

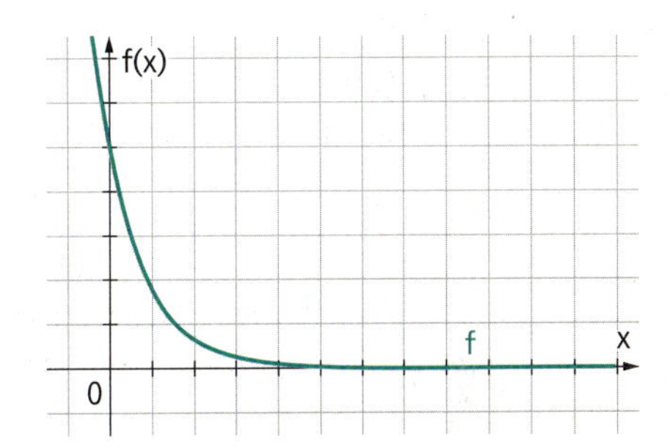

FA-R 5.1 **M** **637.** Eine Tierpopulation besteht am Anfang der Beobachtung aus u Tieren. Diese vermehren sich jährlich um c %. Die Anzahl T der Tiere zum Zeitpunkt x kann durch eine Exponentialfunktion T der Form $T(x) = a \cdot b^x$ beschrieben werden. Stelle die Funktionsgleichung von T auf.

T(x) = ______________________

FA-R 5.1 **M** **638.** Gegeben sind fünf Graphen, von denen zwei die Graphen einer Exponentialfunktion f mit $f(x) = a \cdot b^x$ ($a, b \in \mathbb{R}^+$) darstellen. Kreuze die beiden Graphen an.

A	B	C	D	E
[Graph]	[Graph]	[Graph]	[Graph]	[Graph]
☐	☐	☐	☐	☐

FA-R 5.2 Aus Tabellen, Graphen und Gleichungen von Exponentialfunktionen Werte(paare) ermitteln und im Kontext deuten können

FA-R 5.2 M **639.** Gegeben ist ein Ausschnitt einer Wertetabelle einer Exponentialfunktion f. Ergänze die fehlenden Funktionswerte.

x	−3	−2	−1	0	2
f(x)	8		2		

FA-R 5.2 M **640.** Gegeben ist eine Exponentialfunktion f mit $f(x) = \left(\frac{2}{5}\right)^x$. Bestimme jene Stelle x, an der die Funktion f den Wert $\frac{25}{4}$ annimmt.

FA-R 5.2 M **641.** Gegeben ist eine Exponentialfunktion f mit $f(x) = 3^x$. Bestimme jene Stelle x, an der die Funktion f den Wert $\sqrt[3]{9}$ annimmt.

FA-R 5.2 M **642.** Ein Kochtopf wird in einen Kühlraum gestellt. Seine Temperatur T (in °C) nach t Minuten kann durch $T(t) = 68 \cdot 0{,}88^t$ modelliert werden. Kreuze die zutreffende(n) Aussage(n) an.

A	Zu Beginn hat der Kochtopf eine Temperatur von 68°C.	☐
B	Nach zwei Minuten hat der Kochtopf eine Temperatur von ca. 53°C.	☐
C	Ca. alle 5,42 Minuten halbiert sich die Temperatur des Kochtopfs.	☐
D	Die Temperatur des Kochtopfs nimmt ab einem bestimmten Zeitpunkt wieder zu.	☐
E	Die Temperatur des Kochtopfs nimmt stündlich um 12 Prozent ab.	☐

FA-R 5.3 Die Wirkung der Parameter a und b (bzw. e^λ) kennen und die Parameter in unterschiedlichen Kontexten deuten können

FA-R 5.3 M **643.** Es sind fünf Exponentialfunktionen gegeben. Kreuze jene Exponentialfunktion(en) an, die einen exponentiellen Abnahmeprozess beschreibt (beschreiben).

A	B	C	D	E
$f(x) = 3 \cdot 0{,}7^x$	$f(x) = 3 \cdot 1{,}7^x$	$f(x) = 3 \cdot e^{0{,}23x}$	$f(x) = 3 \cdot e^{-1{,}23x}$	$f(x) = 3 \cdot 0{,}87^x$
☐	☐	☐	☐	☐

FA-R 5.3 M **644.** Gegeben sind die Graphen zweier Exponentialfunktionen f mit $f(x) = a \cdot b^x$ und h mit $h(x) = c \cdot d^x$. Kreuze die zutreffende(n) Aussage(n) an.

A	a > c	☐
B	a < c	☐
C	b > d	☐

D	b < d	☐
E	a = b	☐

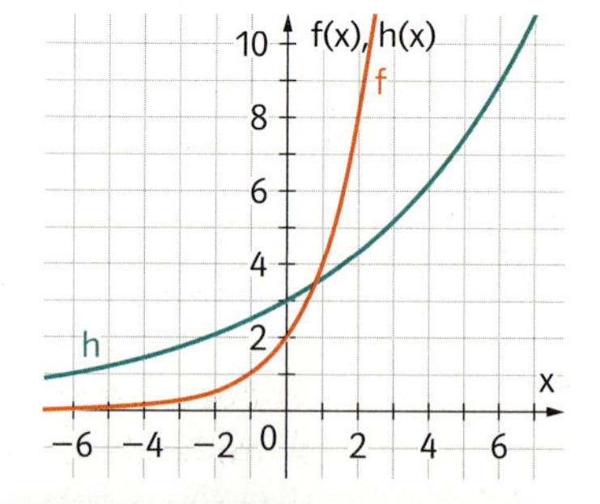

FA-R 5.3 M **645.** Die Anzahl der Bakterien in einer Probe zum Zeitpunkt t (in Stunden) kann durch $A(t) = 40 \cdot 1{,}41^t$ modelliert werden.
Interpretiere die beiden Werte 40 und 1,41 im gegebenen Kontext.

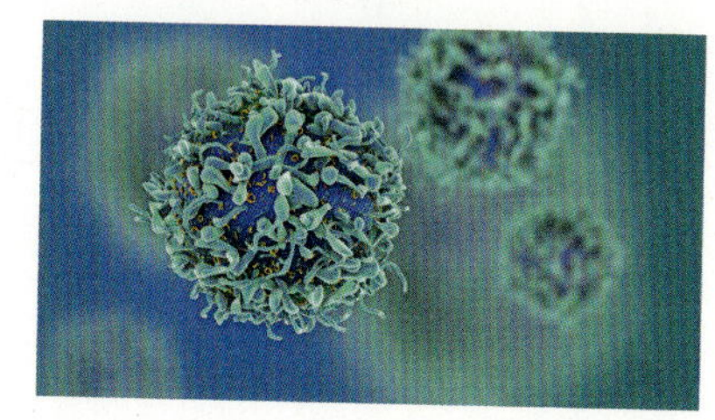

FA-R 5.3 **M** **646.** Die Anzahl E der Bewohner in Abhängigkeit von der Zeit t (in Jahren) kann durch ein exponentielles Modell $E(t) = a \cdot b^t$ beschrieben werden. Interpretiere die Parameter a und b im gegebenen Kontext.

FA-R 5.3 **M** **647.** Gegeben sind die Graphen zweier Exponentialfunktionen f und h mit $f(x) = a \cdot b^x$ und $h(x) = c \cdot d^x$.
Kreuze die beiden zutreffenden Aussagen an.

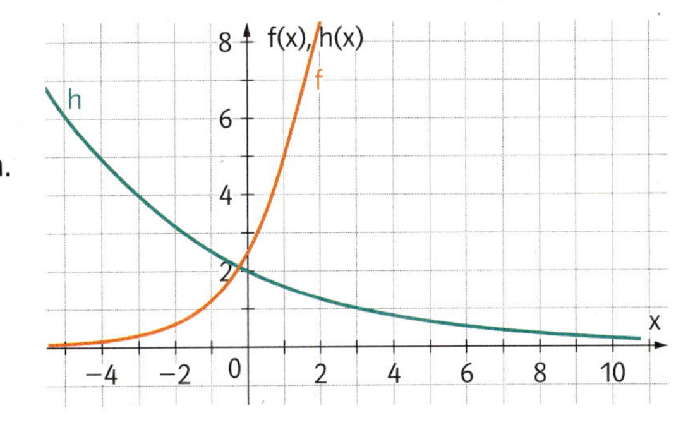

A	$a > 1$ und $c > 2{,}5$	☐
B	$a > c$ und $b > d$	☐
C	$a < c$ und $b < d$	☐
D	$b > 1$ und $d < 1$	☐
E	$b > 1$ und $d > 1$	☐

FA-R 5.3 **M** **648.** Gegeben sind Aussagen über Exponentialfunktionen der Form $f(x) = a \cdot b^x$ ($a, b \in \mathbb{R}^+$, $b \neq 1$).
Kreuze jene Aussage(n) an, die auf alle Exponentialfunktionen dieser Form zutrifft (zutreffen).

A	Der Graph von f schneidet die y-Achse im Punkt $(0 \mid b)$.	☐
B	Die Funktion f ist für $b > 1$ streng monoton steigend.	☐
C	Ist $a < 1$, dann ist f streng monoton fallend.	☐
D	Es gilt: $f(0) = a$	☐
E	Ist $b < a$, dann ist f streng monoton fallend.	☐

FA-R 5.4 Charakteristische Eigenschaften ($f(x+1) = b \cdot f(x)$; $[e^x]' = e^x$) kennen und im Kontext deuten können

FA-R 5.4 **M** **649.** Gegeben ist eine Exponentialfunktion f mit $f(x) = a \cdot 1{,}2^x$. Ergänze den Satz so, dass er mathematisch korrekt ist.

Erhöht man das Argument von f um ___(1)___,

dann erhöht sich der Funktionswert ___(2)___.

(1)	
1	☐
2	☐
3	☐

(2)	
um 1,2	☐
auf das 3,6-Fache	☐
um 72,8 Prozent	☐

FA-R 5.4 **M** **650.** Gegeben ist eine Exponentialfunktion f mit $f(x) = a \cdot b^x$ ($a, b \in \mathbb{R}^+$, $b \neq 1$). Kreuze die beiden zutreffenden Aussagen an.

A	B	C	D	E
$f(x+1) = f(x) \cdot a$	$f(x+1) = f(x) \cdot b$	$f(0) = b$	$\frac{f(x+k)}{f(x)} = b^k$	$f(x+1) = f(x) + 1$
☐	☐	☐	☐	☐

FA-R 5.4 M **651.** Gegeben sind Aussagen über Exponentialfunktionen der Form $f(x) = a \cdot e^x$ ($a \in \mathbb{R}^+$). Kreuze jene Aussage(n) an, die auf alle Exponentialfunktionen dieser Form zutrifft (zutreffen).

A	Die Funktionswerte von f und die Funktionswerte der Ableitungsfunktion von f stimmen an allen Stellen überein.	☐
B	Der Graph von f ist streng monoton steigend.	☐
C	Erhöht man das Argument von f um 1, dann erhöht sich der Funktionswert auf das e-Fache.	☐
D	Erhöht man das Argument von f um 1, dann erhöht sich der Funktionswert um $(e-1) \cdot 100\,\%$.	☐
E	Es gilt $f(x+1) < f(x)$ für alle x.	☐

FA-R 5.5 Die Begriffe Halbwertszeit und Verdoppelungszeit kennen, die entsprechenden Werte berechnen und im Kontext deuten können

FA-R 5.5 M **652.** Gegeben ist der Graph eines exponentiellen Wachstumsprozesses. Lies aus dem Graphen die Verdoppelungszeit v ab.

v = ______________

80 f(t)
60
40
20
0
20 40 60 80 100 120 140
t
f

FA-R 5.5 M **653.** Bei einem Experiment wird Bier in ein Glas gefüllt. Die Höhe h des Bierschaums (in mm) in Abhängigkeit von der Zeit t (in Sekunden) kann durch eine Exponentialfunktion h mit $h(t) = 27 \cdot 0{,}992^t$ modelliert werden.
Bestimme die Halbwertszeit der Höhe des Bierschaums.

FA-R 5.6 Die Angemessenheit einer Beschreibung mittels Exponentialfunktion bewerten können

FA-R 5.6 M **654.** Gegeben sind verschiedene Zusammenhänge. Kreuze jene beiden Zusammenhänge an, welche sich durch eine Exponentialfunktion beschreiben lassen.

A	Die Länge eines Fingernagels wächst ca. um 0,1 mm pro Woche.	☐
B	Das Geld auf einem Sparbuch wird um p% pro Jahr verzinst. Alle fünf Monate werden r Euro einbezahlt.	☐
C	Die Anzahl der Bakterien nimmt stündlich um 2% zu.	☐
D	Die Anzahl der Bakterien verdoppelt sich alle drei Stunden.	☐
E	Ein Gehalt vermehrt sich jährlich um c Euro.	☐

FA-R 5.6 M **655.** Kreuze jene Aussage(n) an, die auf einen Wachstumsprozess f zutreffen muss (müssen), damit ein exponentielles Modell sinnvoll ist.

A	Die absolute Änderung von f ist in gleich langen Zeitintervallen gleich groß.	☐
B	Die relative Änderung von f ist in gleich langen Zeitintervallen gleich groß.	☐
C	Die relative Änderung von f ist unabhängig vom Anfangswert.	☐
D	Die mittlere Änderungsrate von f ist in gleich langen Zeitintervallen annähernd gleich groß.	☐
E	Der Quotient zweier aufeinanderfolgender Funktionswerte ist konstant.	☐

9.6 Sinusfunktion, Cosinusfunktion

FA-R 6.1 Graphisch oder durch eine Gleichung (Formel) gegebene Zusammenhänge der Art $f(x) = a \cdot \sin(b \cdot x)$ als allgemeine Sinusfunktion erkennen bzw. betrachten können; zwischen diesen Darstellungsformen wechseln können

FA-R 6.1 **M** **656.** Skizziere den Graphen der Funktion f mit $f(x) = -2 \cdot \sin(0{,}5x)$ in das Koordinatensystem.

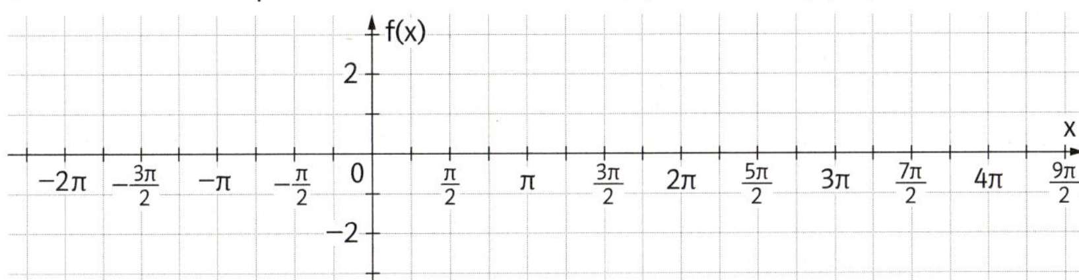

FA-R 6.1 **M** **657.** Gegeben ist der Graph einer allgemeinen Sinusfunktion f mit $f(x) = a \cdot \sin(bx)$. Bestimme die Parameter a und b ($b > 0$).

a = ______

b = ______

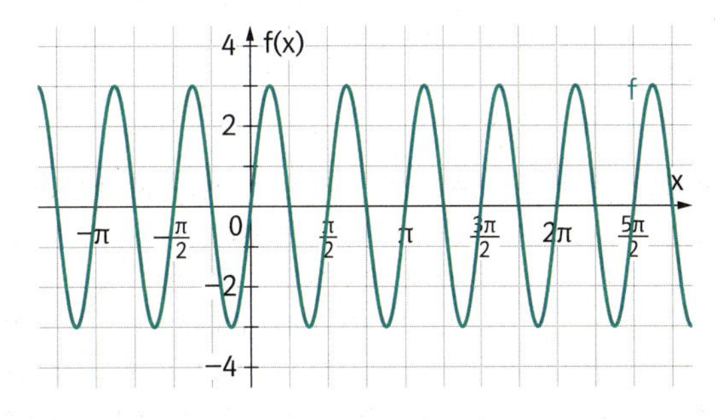

FA-R 6.1 **M** **658.** Ordne jedem Graphen die passende Funktionsgleichung zu.

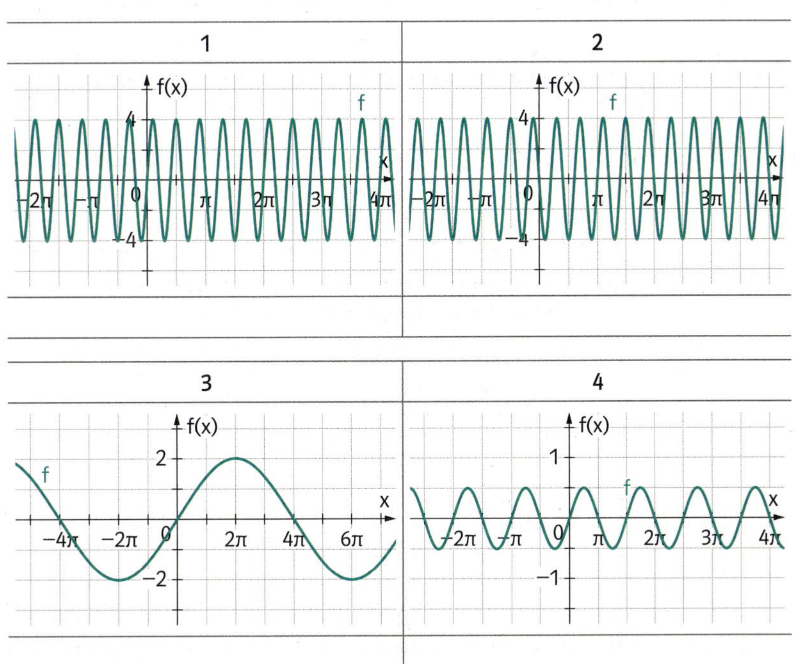

A	B	C	D	E	F
$f(x) = 5 \cdot \sin(4x)$	$f(x) = 0{,}5 \cdot \sin(2x)$	$f(x) = 2 \cdot \sin(0{,}5x)$	$f(x) = 4 \cdot \sin(5x)$	$f(x) = 2 \cdot \sin(0{,}25x)$	$f(x) = -4 \cdot \sin(5x)$

FA-R 6.2 Aus Graphen und Gleichungen von allgemeinen Sinusfunktionen Werte(paare) ermitteln und im Kontext deuten können

FA-R 6.2 **M** **659.** Gegeben ist der Graph der Sinusfunktion f mit $f(x) = 2 \cdot \sin(3x)$. Es fehlt die Skalierung der x-Achse. Trage die richtigen Argumente in die Lücken ein.

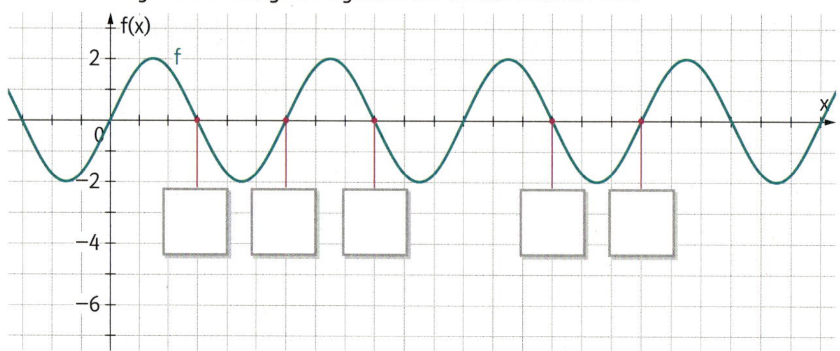

FA-R 6.2 **M** **660.** Gegeben ist die allgemeine Sinusfunktion f mit $f(x) = 2 \cdot \sin(2x)$. Bestimme alle Stellen p in $[0; 2\pi]$ mit $f(p) = 2$.

FA-R 6.3 Die Wirkung der Parameter a und b kennen und die Parameter im Kontext deuten können

FA-R 6.3 **M** **661.** Gegeben sind die Graphen zweier allgemeiner Sinusfunktionen f mit $f(x) = a \cdot \sin(bx)$ und h mit $h(x) = c \cdot \sin(dx)$ $(b, d > 0)$. Kreuze die zutreffende(n) Aussage(n) an.

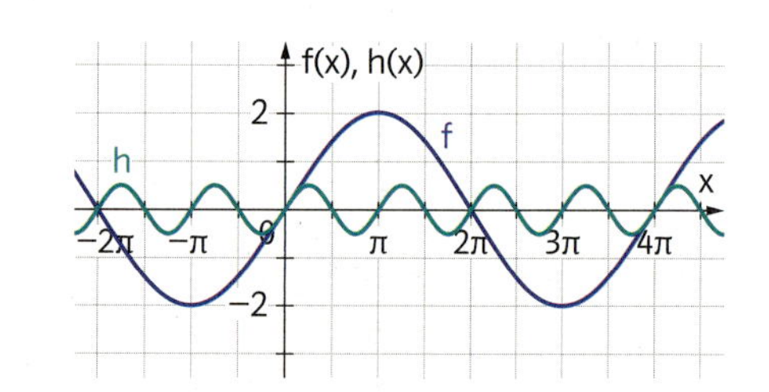

A	$a > c$ und $b > d$	☐
B	$a < c$ und $b < d$	☐
C	$a > c$ und $b < d$	☐
D	$a > 1$ und $b < 1$	☐
E	$c < 1$ und $d > 1$	☐

FA-R 6.3 **M** **662.** Gegeben sind die Graphen der beiden Funktionen f mit $f(x) = \sin(bx)$ und h mit $h(x) = a \cdot \sin(bx)$. Ergänze den Satz so, dass er mathematisch korrekt ist.

Der Graph von h entsteht aus dem Graphen von f

durch ____(1)____ entlang der y-Achse und

durch ____(2)____ entlang der x-Achse.

(1)	
Streckung mit dem Faktor 2	☐
Stauchung mit dem Faktor 0,5	☐
Streckung mit dem Faktor 1	☐

(2)	
Stauchung mit dem Faktor 4	☐
Stauchung mit dem Faktor 0,25	☐
Streckung mit dem Faktor 3	☐

FA-R 6.3 **M** **663.** Gegeben ist die Funktion f mit $f(x) = a \cdot \sin(bx)$. Das Aussehen der Funktion f kann man durch Veränderung des Graphen der Funktion h mit $h(x) = \sin(x)$ ableiten. Wie verändern die einzelnen Parameterwerte das Aussehen des Graphen der Funktion h? Ordne den Parameterwerten die entsprechenden Auswirkungen auf das Aussehen von f im Vergleich zu h zu.

1	$a = 4$	
2	$b = 4$	
3	$a = \frac{1}{4}$	
4	$b = \frac{1}{4}$	

A	Die Schwingungsdauer wird vervierfacht.
B	Verschiebung entlang der y-Achse um 3
C	Stauchung des Graphen entlang der y-Achse
D	vierfache Frequenz
E	Phasenverschiebung um 3
F	vierfache Amplitude

FA-R 6.3 **M** **664.** Gegeben ist der Graph einer Sinusfunktion f mit $f(x) = a \cdot \sin(bx)$. Zeichne den Graphen einer weiteren Sinusfunktion h mit $h(x) = c \cdot \sin(dx)$, wobei folgende Bedingungen erfüllt sein müssen: $c < a$, $b > d$ und $b, d > 0$

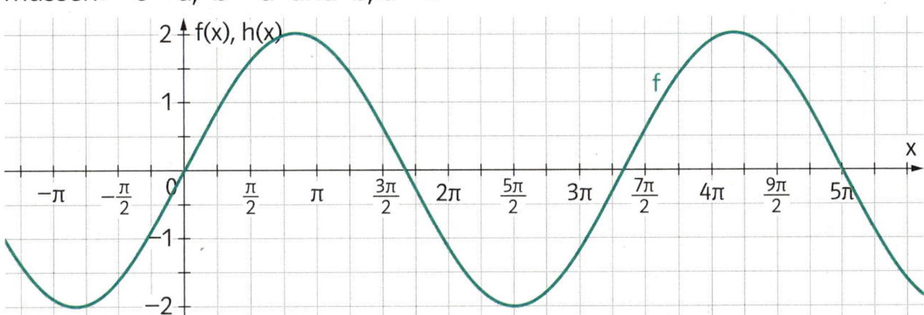

FA-R 6.3 **M** **665.** Gegeben ist der Graph einer Sinusfunktion f mit $f(x) = a \cdot \sin(bx)$. Zeichne den Graphen einer weiteren Sinusfunktion h mit $h(x) = c \cdot \sin(dx)$, wobei folgende Bedingungen erfüllt sein müssen: $c = 2 \cdot a$, $d = 0{,}5 \cdot b$ und $b, d > 0$

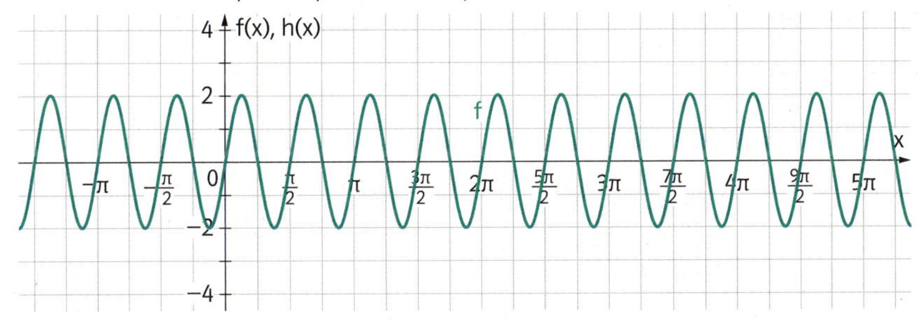

FA-R 6.4 Periodizität als charakteristische Eigenschaft kennen und im Kontext deuten können

FA-R 6.4 **M** **666.** Gegeben ist der Graph einer Funktion f der Form $f(x) = a \cdot \sin(bx)$. Bestimme die kleinste Zahl p so, dass für alle x gilt $f(x + p) = f(x)$.

p = ______

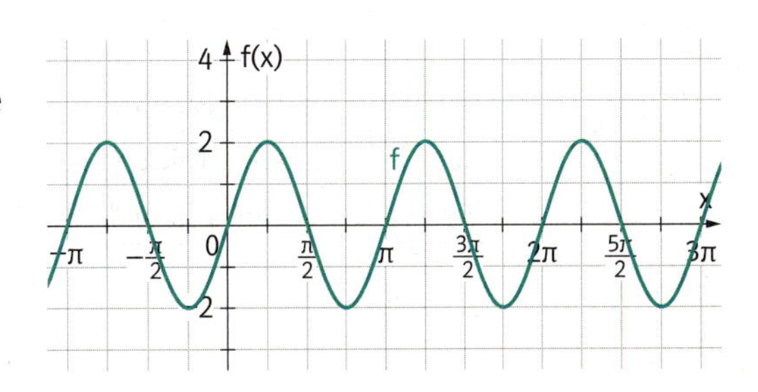

FA-R 6.4 **M** **667.** Gegeben ist die Sinusfunktion f mit $f(x) = a \cdot \sin(0{,}5x)$. Ergänze den Satz so, dass er mathematisch korrekt ist. Die Funktion f ist ___(1)___, weil gilt ___(2)___.

(1)	
periodisch mit kleinster Periode π	☐
periodisch mit kleinster Periode 4π	☐
nicht periodisch	☐

(2)	
$f(x - 4\pi) = f(x)$ für alle x	☐
$f(x + \pi) = f(x)$ für alle x	☐
$f(x + 2\pi) \neq f(x)$ für alle x	☐

FA-R 6.4 **M** **668.** Gegeben ist die Funktion f mit $f(x) = 2{,}5 \cdot \sin(3x)$. Bestimme die kleinste Periode p von f.

p = ______

FA-R 6.4 **M** **669.** Gegeben ist die Funktion f mit $f(x) = -3{,}5 \cdot \sin(0{,}2x)$. Bestimme die kleinste Periode p von f.

p = ______

FA-R 6.5 Wissen, dass $\cos(x) = \sin\left(x + \frac{\pi}{2}\right)$

FA-R 6.5 **M** **670.** Gegeben ist die Funktion f mit $f(x) = 2 \cdot \sin\left(x + \frac{\pi}{2}\right)$. Schreibe diese Funktion mit Hilfe der Cosinusfunktion an.

FA-R 6.5 **M** **671.** Gegeben ist die Funktion f mit $f(x) = 3 \cdot \cos\left(x + \frac{\pi}{2}\right)$. Schreibe diese Funktion mit Hilfe der Sinusfunktion an.

FA-R 6.6 Wissen, dass gilt: $[\sin(x)]' = \cos(x)$, $[\cos(x)]' = -\sin(x)$

FA-R 6.6 **M** **672.** Gegeben ist die Funktion f mit $f(x) = \sin(x)$. Kreuze die zutreffende(n) Aussage(n) an.

A	Wird f dreimal abgeleitet erhält man die Funktion g mit $g(x) = \cos(x)$.	☐
B	Wird f k-mal abgeleitet, wobei k ein Vielfaches von 4 ist, erhält man die Funktion g mit $g(x) = \sin(x)$.	☐
C	Wird f k-mal abgeleitet, wobei k ein Vielfaches von 2 ist, erhält man die Funktion g mit $g(x) = -\sin(x)$.	☐
D	Bildet man die Ableitungsfunktion von h mit $h(x) = \cos(x)$ und differenziert diese noch einmal, erhält man die Funktion f.	☐
E	Wird f k-mal abgeleitet, wobei k ein Vielfaches von 3 ist, erhält man die Funktion g mit $g(x) = -\cos(x)$.	☐

FA-R 6.6 **M** **673.** Gegeben ist der Graph der Funktion f mit $f(x) = -\sin(x)$. Zeichne den Graphen der Ableitungsfunktion von f in das Koordinatensystem ein.

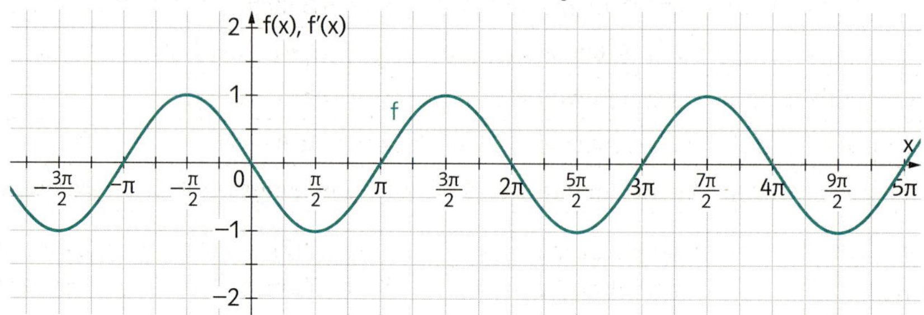

Vernetzung – Typ-2-Aufgaben

M 674. Die Atmosphäre der Erde

Mit zunehmender Höhe verändern sich die Umweltbedingungen in der Atmosphäre der Erde. Die folgende Abbildung zeigt die Veränderungen von Temperatur, Druck und Dichte in Zusammenhang mit der Höhe über dem Erdboden. Die Dichte ρ ist dabei als der Quotient $\frac{m}{V}$ definiert, wobei m die Masse einer bestimmten Menge Luft (in kg) bedeutet und V jenes Volumen (in m^3) ist, das diese Menge Luft einnimmt. Die Höhe h wird in Kilometer (km), der Druck p in Hectopascal (hPa) und die Temperatur in °C bzw. Kelvin (K) gemessen.

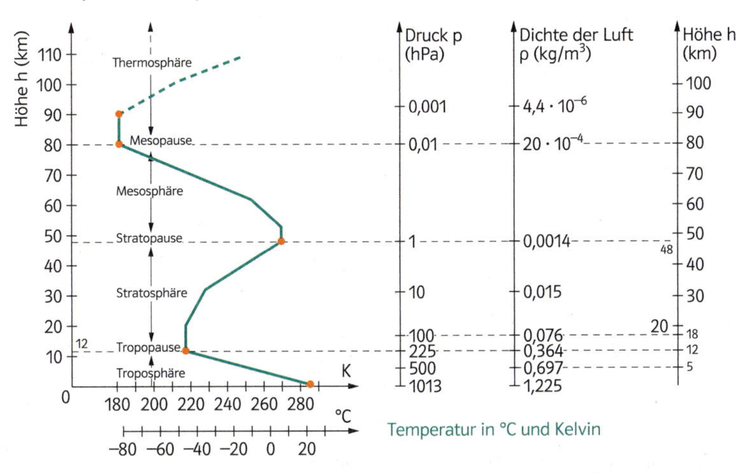

a) Die Dichte der Luft in Abhängigkeit von der Höhe lässt sich im Höhenintervall [5; 18] durch eine lineare Funktion beschreiben. Begründe dies anhand der in der obigen Abbildung angegebenen Werte.
Jemand behauptet: „Bei konstanter Masse stehen die Dichte und das Volumen der Luft in einem direkt proportionalen Zusammenhang." Ist diese Behauptung richtig? Begründe deine Antwort.

b) Der Druck p nimmt in der Atmosphäre exponentiell mit der Höhe h ab. Stelle eine Exponentialfunktion der Form $p(h) = p_0 \cdot e^{\lambda h}$ auf, die diese Abnahme beschreibt. Verwende dafür die Werte bei den Höhen 12 km und 48 km.
Gib an, auf welchen Prozentsatz der Druck sinkt, wenn die Höhe um 5 km zunimmt und begründe, dass dieser Wert weder von der Ausgangshöhe noch vom Ausgangsdruck abhängt.

c) Die Temperatur kann in Abhängigkeit von der Höhe im Höhenintervall [0; 110] durch eine Funktion T angenähert werden. Kreuze die zutreffende(n) Aussage(n) an.

A	Die Funktion T besitzt im Intervall [0; 110] ein eindeutiges globales Minimum.	☐
B	Im Höhenintervall [48; 80] gilt für alle h_1, h_2 mit $h_1 < h_2$, dass $T(h_1) < T(h_2)$ ist.	☐
C	Die Funktion T ist im Intervall [12; 48] streng monoton steigend.	☐
D	Die Funktion T ist symmetrisch bezüglich der Achse $h = 48$.	☐
E	Die Funktion T besitzt im Intervall [0; 110] ein eindeutiges globales Maximum.	☐

Die Abnahme der Temperatur im Höhenintervall [0; 12] lässt sich durch eine Abnahme des Luftdrucks und einer damit einhergehenden Vergrößerung des Volumens einer bestimmten Menge Luft erklären. Der näherungsweise Zusammenhang zwischen der

VERNETZUNG

Temperatur T und dem Volumen V ist $\frac{T}{T_0} = \sqrt{\frac{V_0}{V}}$. Dabei sind T_0 und V_0 die Ausgangstemperatur bzw. das Ausgangsvolumen in einer bestimmten Höhe, bei der die Messung beginnt. Gib die Funktionsgleichung einer Funktion V(T) an, die jeder Temperatur das entsprechende Volumen zuordnet.

M **675. Schaukeln im Weltall**

Wegen der Schwerelosigkeit müssen Menschen, die im Weltall arbeiten, ein durchgehendes Trainingsprogramm absolvieren, damit die Muskulatur sich nicht zu schnell abbaut. Um ihre Masse auf der Raumstation fortlaufend zu kontrollieren, verwenden die Bewohner der ISS (International Space Station) einen Sessel, der zwischen zwei Federpendeln eingespannt ist. Aus den Schwingungen dieses Sessels lässt sich die Masse des Schaukelnden errechnen. Eine allgemeine Schwingung kann durch eine Funktion a der Form $a(t) = a_0 \cdot \sin(\omega t)$ beschrieben werden. Dabei ist $\omega = \frac{2\pi}{T}$ und T ist die Dauer einer ganzen Schwingung in Sekunden. Unter einer ganzen Schwingung versteht man dabei eine Bewegung, bei der die Feder von ihrer Ausgangsposition die maximale rechte und linke Auslenkung einmal durchläuft und danach wieder an den Startpunkt zurückkehrt.

a) Der Schwingungsvorgang einer bestimmten Feder wird durch $a(t) = 0{,}25 \cdot \sin(5t)$ angegeben. Bestimme die maximale Auslenkung der Feder aus der Ruhelage und ermittle wie viele Schwingungen die Feder in einer Minute ausführt.
Eine zweite Feder wird doppelt so weit ausgelenkt und schwingt doppelt so schnell. Die Funktion b soll die Schwingung der Feder so beschreiben, dass sie am Beginn (t = 0) die größte Auslenkung hat. Gib eine Funktionsgleichung für die Funktion b an.

b) Um die Masse eines Astronauten aus der Schwingungsdauer zu bestimmen, wird die folgende Formel verwendet: $m_A = \frac{2kT^2 - 4\pi^2 m_S}{4\pi^2}$. Dabei ist m_A die Masse des Astronauten, k eine Konstante, die von der verwendeten Feder abhängt, T die Schwingungsdauer und m_S die Masse des Sessels. Die angegebene Formel kann als Funktion $m_A(T)$ in der Form $f(x) = a x^n + b$ ($a, b \in \mathbb{R}, n \in \mathbb{N}$) geschrieben werden. Bestimme die Parameter a, b und n. Kreuze jene Abbildung an, die einen möglichen Graphen der Funktion m_A darstellt.

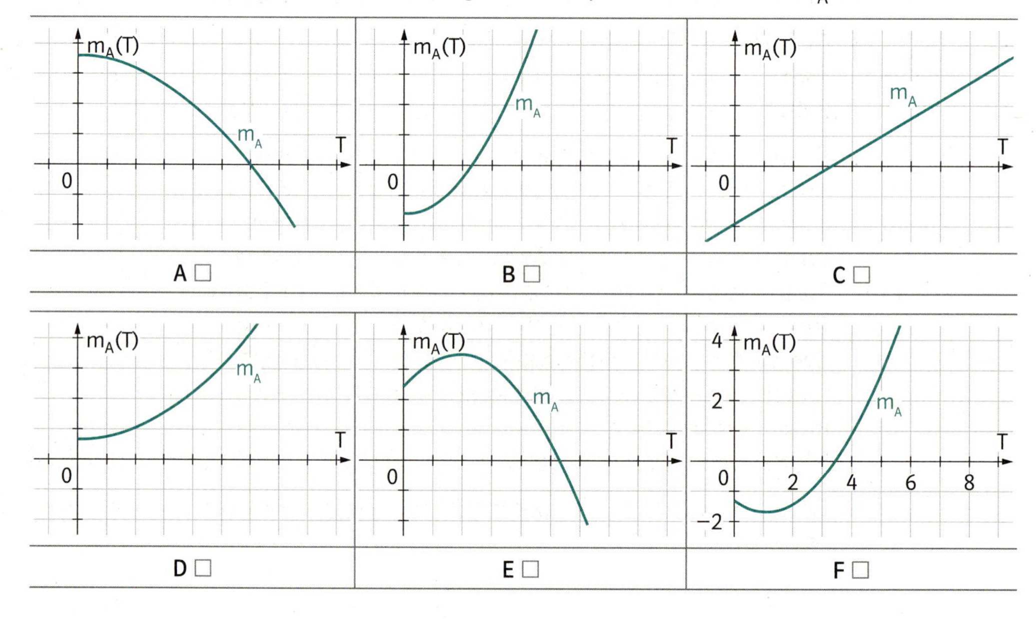

VETZUNG

M **676. Moore's Gesetz**

Gordon Moore war ein Mitbegründer der Firma Intel, heute einer der größten Computerchiphersteller der Welt. In vielen modernen PCs verrichten Prozessoren von Intel ihren Dienst. Die kleinsten Bauelemente eines Computerchips sind so genannte Transistoren. Im Allgemeinen erhöht sich die Komplexität und damit die Leistungsfähigkeit eines Prozessors, wenn die Anzahl der Transistoren pro Flächeneinheit größer wird. Die Geschwindigkeit eines Computers hängt also wesentlich von der Anzahl der Transistoren ab. Unter dem „Moore'schen Gesetz" („Moore's law", 1995) versteht man die Prognose, dass sich die Anzahl der Transistoren auf einem Computerchip jährlich verdoppeln werde.

a) Die nebenstehende Abbildung zeigt beispielhaft die Entwicklung der Anzahl der Transistoren auf Computerchips in einem Zeitraum von 1971 bis 2011. Begründe anhand der Abbildung, dass das Wachstum der Anzahl der Transistoren nicht durch eine lineare Funktion beschrieben werden kann. Der 8088 Prozessor, der im Jahr 1979 im allerersten PC verwendet wurde, bestand aus 29 000 Transistoren. Beim Pentium Modell von 1993 arbeiteten bereits 3,1 Millionen solcher Bauteile. Berechne, wie viele Transistoren ein Core7 (Quad) von 2008 enthalten müsste, wenn man von einem linearen Wachstum ausgeht. Runde das Ergebnis auf Tausender.

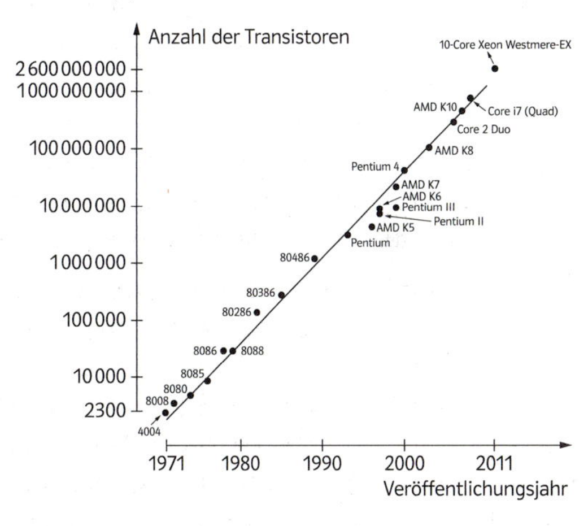

b) Das von Gordon Moore prognostizierte Wachstum der Anzahl der Transistoren lässt sich mit einer Exponentialfunktion der Form $A(t) = A_0 \cdot e^{\lambda \cdot t}$ oder $A(t) = A_0 \cdot 2^{\frac{t}{T_2}}$ beschreiben, wobei T_2 die Verdoppelungszeit bedeutet. Zeige, dass die beiden Funktionsgleichungen $A(t) = A_0 \cdot e^{\lambda \cdot t}$ und $A(t) = A_0 \cdot 2^{\frac{t}{T_2}}$ äquivalent sind, wenn man $\lambda = \frac{\ln(2)}{T_2}$ setzt.
Gib mit Hilfe der Funktionsgleichung $A(t) = A_0 \cdot 2^{\frac{t}{T_2}}$ eine Prognose über die Anzahl der Transistoren in einem Prozessor im Jahr 2025 ab, wenn man davon ausgeht, dass im Jahr 2008 230 Millionen Transistoren verwendet wurden. Runde das Ergebnis auf Milliarden.

c) Die nebenstehende Graphik veranschaulicht Moore's Annahme, dass die Transistoren die Fläche auf dem Chip optimal nutzen, was eine Kostenminimierung bei der Chipherstellung bewirkt. Die gezeigte Kurve stellt einen Zusammenhang zwischen der Packungsdichte der Transistoren (Anzahl der Transistoren pro Flächeneinheit) und den Kosten pro Chip her und kann durch eine Polynomfunktion zweiten Grades der Form $f(x) = a x^2 + b x + c$ modelliert werden.

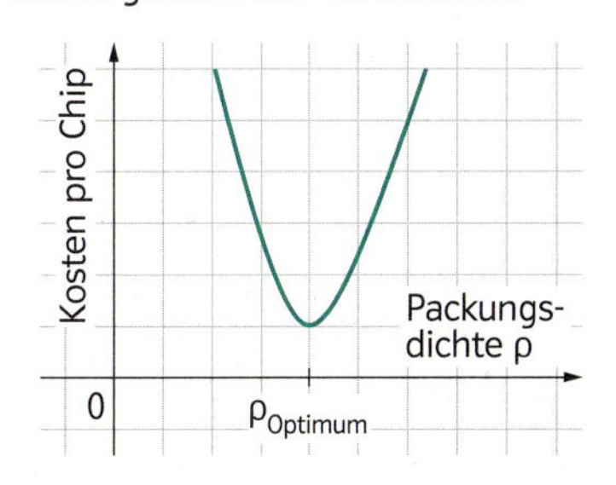

Für den Scheitelpunkt S des Graphen der Funktion gilt allgemein: $S = \left(-\frac{b}{2 \cdot a} \middle| c - \frac{b^2}{4 \cdot a}\right)$.
Gib alle Bedingungen für die Parameter a, b und c an, sodass die gezeigte Kurve korrekt beschrieben wird.

10 Maturavorbereitung: Analysis

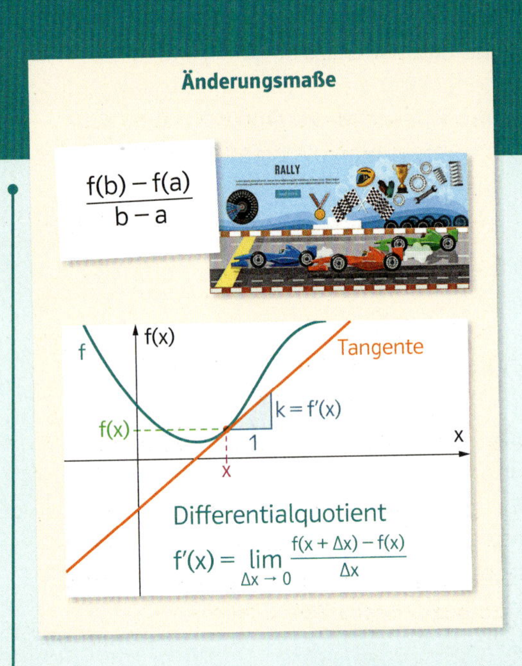

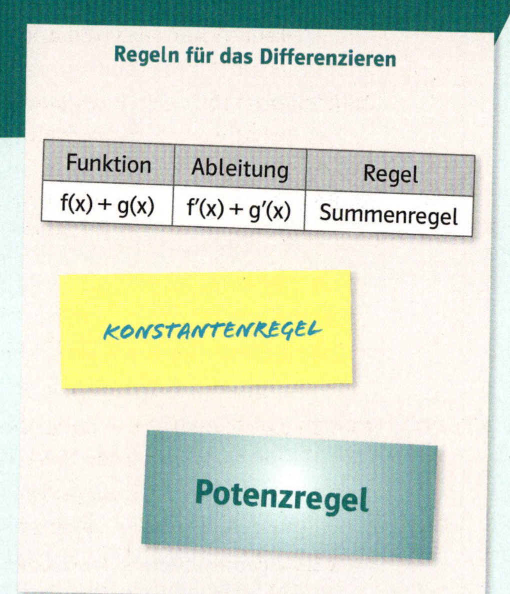

AN-R 1.1 – AN-R 4.3

Ableitungsfunktion und Stammfunktion

Funktion f	Stammfunktion F
x^n; $n \neq -1$	$\frac{1}{n+1} \cdot x^{n+1} + c$
$\frac{1}{x}$	$\ln(x) + c$
$\sin(x)$	$-\cos(x) + c$

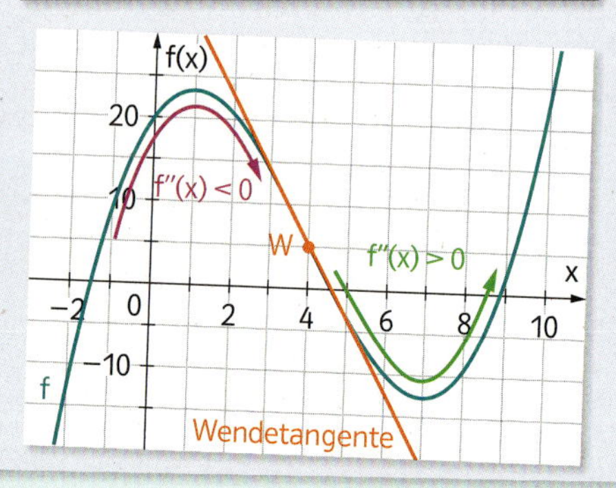

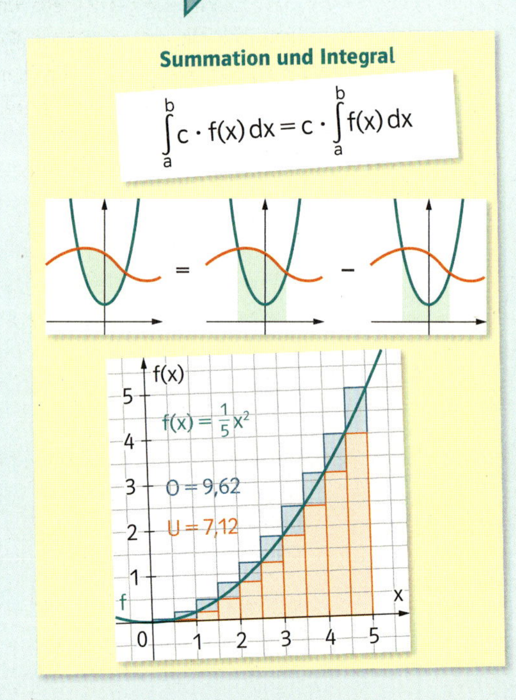

Analysis

GRUND-KOMPE-TENZEN

Änderungsmaße

AN-R 1.1 Absolute und relative (prozentuelle) Änderungsmaße unterscheiden und angemessen verwenden können

AN-R 1.2 Den Zusammenhang Differenzenquotient (mittlere Änderungsrate) – Differentialquotient („momentane" Änderungsrate) auf der Grundlage eines intuitiven Grenzwertbegriffes kennen und damit (verbal sowie in formaler Schreibweise) auch kontextbezogen anwenden können

AN-R 1.3 Den Differenzen- und Differentialquotienten in verschiedenen Kontexten deuten und entsprechende Sachverhalte durch den Differenzen- bzw. Differentialquotienten beschreiben können

AN-R 1.4 Das systemdynamische Verhalten von Größen durch Differenzengleichungen beschreiben bzw. diese im Kontext deuten können

Regeln für das Differenzieren

AN-R 2.1 Einfache Regeln des Differenzierens kennen und anwenden können: Potenzregel, Summenregel, Regeln für $[k \cdot f(x)]'$ und $[f(k \cdot x)]'$ (vgl. Inhaltsbereich *Funktionale Abhängigkeiten*)

Ableitungsfunktion/Stammfunktion

AN-R 3.1 Den Begriff „Ableitungsfunktion/Stammfunktion" kennen und zur Beschreibung von Funktionen einsetzen können

AN-R 3.2 Den Zusammenhang zwischen Funktion und Ableitungsfunktion (bzw. Funktion und Stammfunktion) in deren graphischer Darstellung (er)kennen und beschreiben können

AN-R 3.3 Eigenschaften von Funktionen mit Hilfe der Ableitung(sfunktion) beschreiben können: Monotonie, lokale Extrema, Links- und Rechtskrümmung, Wendestellen

Summation und Integral

AN-R 4.1 Den Begriff des bestimmten Integrals als Grenzwert einer Summe von Produkten deuten und beschreiben können

AN-R 4.2 Einfache Regeln des Integrierens kennen und anwenden können: Potenzregel, Summenregel, Regeln für $\int k \cdot f(x)\,dx$ und $\int f(k \cdot x)\,dx$; bestimmte Integrale von Polynomfunktionen ermitteln können

AN-R 4.3 Das bestimmte Integral in verschiedenen Kontexten deuten und entsprechende Sachverhalte durch Integrale beschreiben können

WISSEN KOMPAKT

AN-R 1.1

Änderungsmaße

Sei f eine reelle Funktion, die auf dem Intervall [a; b] definiert ist. Dann heißt

- $f(b) - f(a)$ **absolute Änderung** von f in [a; b].
- $\frac{f(b) - f(a)}{b - a}$ **mittlere Änderungsrate** (oder Differenzenquotient) von f in [a; b].
- $\frac{f(b) - f(a)}{f(a)}$ **relative Änderung** von f in [a; b].
- $\frac{f(b) - f(a)}{f(a)} \cdot 100$ **prozentuelle Änderung** von f in [a; b].
- $\frac{df}{dx} = f'(x) = \lim\limits_{z \to x} \frac{f(z) - f(x)}{z - x}$ **momentane Änderungsrate (Differentialquotient, 1. Ableitung)** von f an der Stelle x. (AN-R 1.2)

AN-R 1.2, AN-R 1.3

Differenzen- und Differentialquotient

Den **Differenzenquotienten (mittlere Änderungsrate)** einer Funktion f in [a; b] kann man als **Steigung k der Sekante** von f in [a; b] interpretieren.

Der **Differentialquotient** von f an der Stelle x ist die **Steigung der Tangente** im Punkt P = (x | f(x)).

Die Steigung dieser Tangente wird oft auch als die Steigung von f an der Stelle x bezeichnet.

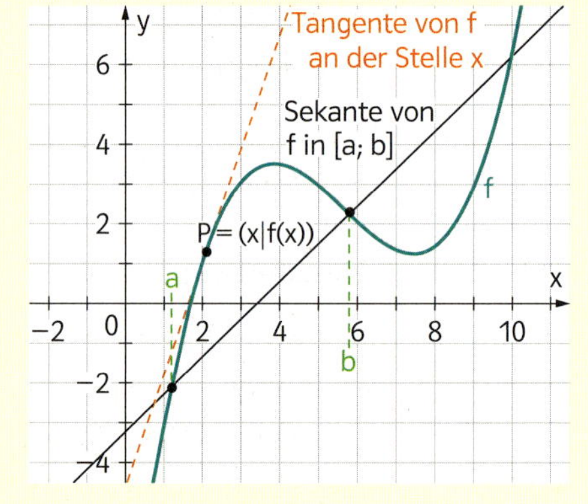

AN-R 1.4

Differenzengleichungen

lineares diskretes Wachstumsmodell: $y_{n+1} - y_n = k;\ y_n = y_0 + n \cdot k$

exponentielles diskretes Wachstumsmodell: $y_{n+1} - y_n = k \cdot y_n;\ y_n = y_0 (1 + k)^n$

beschränktes diskretes Wachstumsmodell: $y_{n+1} - y_n = k \cdot (W - y_n);\ y_n = W - (W - y_0)(1 - k)^n$ $(0 < k < 1)$

W wird als **Wachstumsgrenze** bezeichnet. $W - y_n$ heißt **Freiraum**.

AN-R 2.1

Regeln für das Differenzieren

1) Regel vom konstanten Faktor $f(x) = k \cdot g(x) \Rightarrow f'(x) = k \cdot g'(x)$
2) Ableitung der konstanten Funktion $f(x) = c,\ (c \in \mathbb{R}) \Rightarrow f'(x) = 0$
3) Ableitung einer Summe bzw. einer Differenz $f(x) = g(x) \pm h(x) \Rightarrow f'(x) = g'(x) \pm h'(x)$

AN-R 2.1

Ableitungen spezieller Funktionen

$f(x) = \sin(x);\ f'(x) = \cos(x)$ $g(x) = \cos(x);\ g'(x) = -\sin(x)$ $h(x) = e^x;\ h'(x) = e^x$

AN-R 3.1, AN-R 3.2

Ableitungsfunktion/Stammfunktion

Sind f und F zwei beliebige stetige Funktionen mit derselben Definitionsmenge D, dann nennt man F **Stammfunktion** von f, wenn gilt: $F'(x) = f(x)$ für alle $x \in D$ bzw. $F(x) + c = \int f(x)\,dx$

Ist die Definitionsmenge D von f ein Intervall (D kann auch ganz $\mathbb{R}$ sein) und sind F und G zwei Stammfunktionen von f, dann unterscheiden sich F und G nur durch eine reelle Konstante c. Es gilt: $F(x) - G(x) = c$
Das Finden einer Stammfunktion wird auch **unbestimmtes Integrieren** genannt.

AN-R 3.3

Monotonie einer Polynomfunktion f mit Hilfe von f′

- $f'(x) > 0$ für alle $x \in (a; b)$ $\Rightarrow$ f ist in [a; b] streng monoton steigend
- $f'(x) < 0$ für alle $x \in (a; b)$ $\Rightarrow$ f ist in [a; b] streng monoton fallend

AN-R 3.3

Krümmung einer Funktion f

Eine Funktion $f: D \to \mathbb{R}$, wobei [a; b] eine Teilmenge von D ist, heißt

- linksgekrümmt in [a; b], wenn f′ in [a; b] streng monoton steigend ist.
- rechtsgekrümmt in [a; b], wenn f′ in [a; b] streng monoton fallend ist.
- einheitlich gekrümmt in [a; b], wenn f in [a; b] nur linksgekrümmt oder nur rechtsgekrümmt ist.

rechtsgekrümmt/ negativ gekrümmt (trauriges Gesicht)

linksgekrümmt/ positiv gekrümmt (lachendes Gesicht)

- $f''(x) > 0$ für alle $x \in (a; b)$ $\Rightarrow$ f linksgekrümmt in [a; b]
- $f''(x) < 0$ für alle $x \in (a; b)$ $\Rightarrow$ f rechtsgekrümmt in [a; b]

AN-R 3.3

Nullstellen und Extremstellen einer Funktion f

- p ist **Nullstelle** von f $\Leftrightarrow$ $f(p) = 0$
- p ist eine **lokale Extremstelle** $\Leftrightarrow$ $f'(p) = 0$ und f ändert an der Stelle p ihr Monotonieverhalten
- Ist $f'(p) = 0$ und $f''(p) < 0$, dann ist p eine lokale **Maximumstelle** von f.
  Der Punkt $P = (p \mid f(p))$ wird Hochpunkt genannt.
- Ist $f'(p) = 0$ und $f''(p) > 0$, dann ist p eine lokale **Minimumstelle** von f.
  Der Punkt $P = (p \mid f(p))$ wird Tiefpunkt genannt.

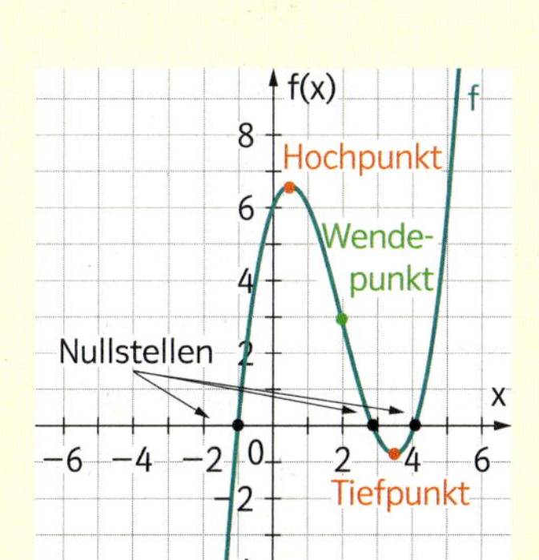

AN-R 3.3

Wendestellen

- Eine Stelle p heißt **Wendestelle** einer Funktion f, wenn sich an der Stelle p das Krümmungsverhalten von f ändert. Der Punkt $P = (p \mid f(p))$ wird Wendepunkt genannt.
- $f''(p) = 0$ und f ändert an der Stelle p ihr Krümmungsverhalten $\Rightarrow$ p ist Wendestelle
- Sei $f: D \to \mathbb{R}$ mit $p \in D$ eine Polynomfunktion, dann gilt:
  Ist $f''(p) = 0$ und $f'''(p) \neq 0$, dann ist p eine Wendestelle von f.

AN-R 3.3

Sattelstelle/Terrassenstelle einer Funktion f

Ist $f'(p) = 0$ und findet an dieser Stelle kein Monotoniewechsel statt, dann nennt man p eine **Sattel- oder Terrassenstelle** von f.

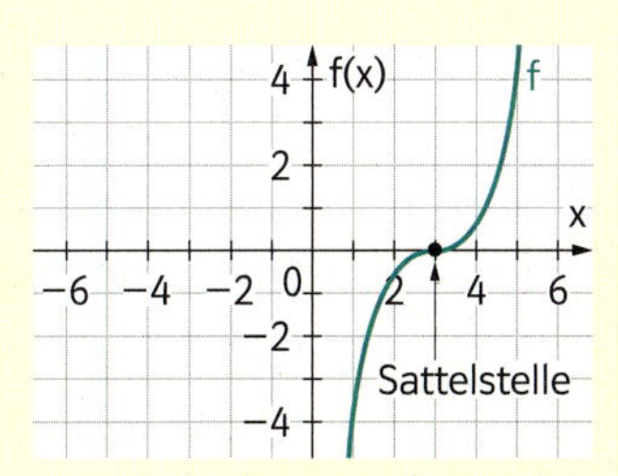

Summation und Integral

AN-R 4.1

Ober- und Untersummen

Sei f eine auf [a; b] stetige Funktion. Zerlegt man das Intervall [a; b] in n gleich große Teilintervalle der Breite $\Delta x = \frac{b-a}{n}$ und bezeichnet mit $m_1, m_2, \ldots, m_n$ die Minimumstellen und mit $M_1, M_2, \ldots, M_n$ die Maximumstellen von f in den einzelnen Intervallen, dann nennt man

- $U_n = \Delta x \cdot f(m_1) + \Delta x \cdot f(m_2) + \ldots + \Delta x \cdot f(m_n) = \sum_{i=1}^{n} \Delta x \cdot f(m_i)$ **Untersumme** von f in [a; b].
- $O_n = \Delta x \cdot f(M_1) + \Delta x \cdot f(M_2) + \ldots + \Delta x \cdot f(M_n) = \sum_{i=1}^{n} \Delta x \cdot f(M_i)$ **Obersumme** von f in [a; b].

AN-R 4.1

Das bestimmte Integral

Sei f eine auf [a; b] stetige Funktion, dann kann das bestimmte Integral von f in [a; b] als Grenzwert einer Summe von Produkten definiert werden. Es gilt: $\int_a^b f(x)\,dx \approx \sum_i f(x_i) \cdot \Delta x$

Das bestimmte Integral $\int_a^b f(x)\,dx$ ist jener Wert, der zwischen allen Unter- und Obersummen liegt.

AN-R 4.2

Rechenregeln für bestimmte Integrale

Sind f und g zwei auf [a; b] stetige Funktionen, F eine Stammfunktion von f und k eine reelle Zahl (≠ 0), dann gelten folgende Regeln.

Summen- und Differenzenregel

$$\int_a^b (f(x) \pm g(x))\,dx = \int_a^b f(x)\,dx \pm \int_a^b g(x)\,dx$$

Regel vom konstanten Faktor

$$\int_a^b k \cdot f(x)\,dx = k \cdot \int_a^b f(x)\,dx$$

Konstantenregel

$$\int_a^b f(k \cdot x)\,dx = \frac{1}{k} \cdot F(k \cdot x)\Big|_a^b$$

Weitere Rechenregeln für bestimmte Integrale

(1) $\int_a^b f(x)\,dx + \int_b^c f(x)\,dx = \int_a^c f(x)\,dx$ (2) $\int_a^b f(x)\,dx = -\int_b^a f(x)\,dx$ (3) $\int_a^a f(x)\,dx = 0$

Stammfunktionen spezieller Funktionen

$f(x) = \sin(x)$	$g(x) = \cos(x)$	$h(x) = e^x$
$F(x) = -\cos(x)$	$G(x) = \sin(x)$	$H(x) = e^x$

AN-R 4.3

Das bestimmte Integral in Kontexten

Ist $f'(x) = \frac{df}{dx}$ die momentane Änderungsrate der Größe f, so bedeutet der Ausdruck $\int_a^b f'(x)\,dx = f(b) - f(a)$ die absolute Änderung der Größe f im Intervall [a; b].

AN-R 4.3

Die Arbeit

Wirkt auf einen Körper entlang eines Weges von Stelle a nach Stelle b die vom Ort s abhängige Kraft F(s), so wird dabei die Arbeit W verrichtet: $W = \int_a^b F(s)\,ds$

Wird vom Zeitpunkt t_1 bis zum Zeitpunkt t_2 die veränderliche Leistung P(t) erbracht, so wird dabei die Arbeit W verrichtet: $W = \int_{t_1}^{t_2} P(t)\,dt$

10.1 Änderungsmaße

AN-R 1.1 Absolute und relative (prozentuelle) Änderungsmaße unterscheiden und angemessen verwenden können

AN-R 1.1 M **677.** In einer Stadt gab es im Jahr 2011 E_0 Einbrüche. Im Jahr 2016 waren es E_5 Einbrüche.
Folgender Zusammenhang ist bekannt: $\frac{E_5 - E_0}{E_0} = 0{,}1252$.
Kreuze die jedenfalls zutreffende(n) Aussage(n) an.

A	Die relative Änderung der Anzahl der Einbrüche von 2011 auf 2016 ist 0,1252.	☐
B	Die Zahl der Einbrüche hat von 2011 auf 2016 um 12,52 % zugenommen.	☐
C	Die absolute Änderung der Anzahl der Einbrüche von 2011 auf 2016 ist positiv.	☐
D	Die mittlere Änderungsrate der Anzahl der Einbrüche von 2011 auf 2016 ist positiv.	☐
E	Die Anzahl der Einbrüche hat von 2011 bis 2016 jährlich zugenommen.	☐

678. Die Funktion Z beschreibt die Zugriffe auf ein Youtube-Video in Abhängigkeit von der Zeit t (in Sekunden). Interpretiere für $t_1 < t_2$ den Ausdruck $\frac{Z(t_2) - Z(t_1)}{Z(t_1)}$ im gegebenen Kontext.

679. Im Jahr 2013 gab es in Wien u standesamtliche Hochzeiten.
Im Jahr 2016 gab es in Wien v standesamtliche Hochzeiten.
Ergänze die Lücken durch Ankreuzen so, dass eine mathematisch korrekte Aussage entsteht.

Der Ausdruck ____(1)____ beschreibt die absolute Änderung der standesamtlichen Hochzeiten in Wien von 2013 auf 2016,

der Ausdruck ____(2)____ beschreibt die durchschnittliche Änderung der Hochzeiten von 2013 auf 2016 pro Jahr.

(1)	
$v - u$	☐
$\frac{v}{u}$	☐
$\frac{u - v}{3}$	☐

(2)	
$\frac{v - u}{3}$	☐
$\frac{v - u}{2}$	☐
$\frac{u - v}{3}$	☐

AN-R 1.1 M **680.** Ein Computer kostet im Jänner 750 €. Drei Monate später kostet das Gerät nur mehr 535 €.
Berechne die relative Änderung des Preises des Computers von Jänner bis April und interpretiere das Ergebnis im gegebenen Kontext.

AN-R 1.1 M **681.** Gegeben ist der Graph einer Funktion f in [0; 9].
Berechne die absolute und die relative Änderung von f in [0; 9]. Alle benötigten Werte sind ganzzahlig und können aus dem Graphen abgelesen werden.

absolute Änderung: ____________________

relative Änderung: ____________________

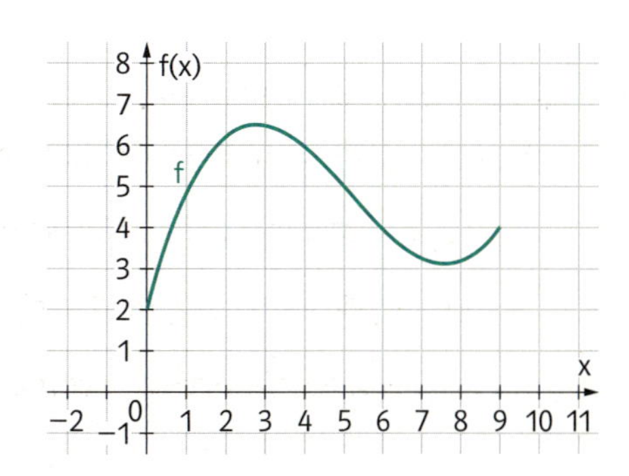

AN-R 1.2 Den Zusammenhang Differenzenquotient (mittlere Änderungsrate) – Differentialquotient („momentane" Änderungsrate) auf der Grundlage eines intuitiven Grenzwertbegriffes kennen und damit (verbal sowie in formaler Schreibweise) auch kontextbezogen anwenden können

AN-R 1.2 M **682.** Gegeben sind der Graph einer Polynomfunktion f zweiten Grades sowie die Graphen zweier linearer Funktionen t und s. Die Gerade t ist die Tangente von f an der Stelle x_2, die Gerade s ist die Sekante von f in $[x_1; x_3]$. Die Geraden t und s sind zueinander parallel. Kreuze die beiden jedenfalls zutreffenden Aussagen an.

A	$\lim\limits_{z \to x_2} \frac{f(z) - f(x_2)}{z - x_2} = \frac{f(x_3) - f(x_1)}{x_3 - x_1}$	☐
B	$\frac{f(x_2) - f(x_1)}{x_2 - x_1} = \frac{f(x_3) - f(x_1)}{x_3 - x_1}$	☐
C	$\lim\limits_{z \to x_2} \frac{f(z) - f(x_2)}{z - x_2} = \lim\limits_{x_3 \to x_1} \frac{f(x_3) - f(x_1)}{x_3 - x_1}$	☐
D	$\lim\limits_{z \to 0} \frac{f(x_2 + z) - f(x_2)}{z} = \frac{f(x_1) - f(x_3)}{x_1 - x_3}$	☐
E	$\lim\limits_{x \to z} \frac{f(z) - f(x)}{z - x} = \frac{f(x_2) - f(x_1)}{x_2 - x_1}$	☐

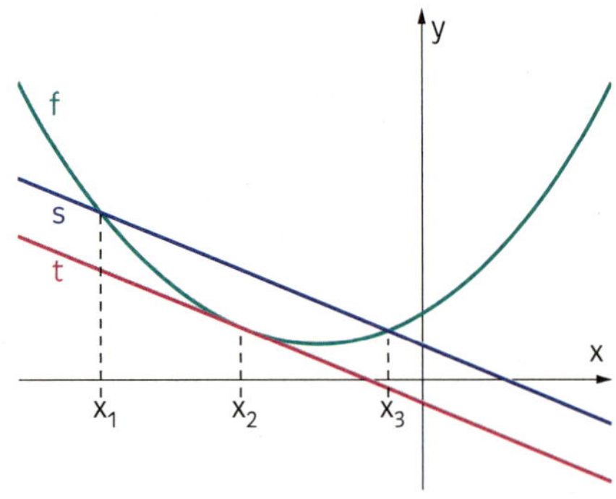

AN-R 1.2 M **683.** Gegeben ist eine Zeit-Ort-Funktion s in Abhängigkeit von der Zeit t (s(t) in Meter, t in Sekunden). Interpretiere den Ausdruck $\lim\limits_{t_2 \to t_1} \frac{s(t_2) - s(t_1)}{t_2 - t_1}$ im gegebenen Kontext.

AN-R 1.2 M **684.** Gegeben ist eine Zeit-Ort-Funktion s in Abhängigkeit von der Zeit t sowie die dazugehörige Zeit-Geschwindigkeitsfunktion v. Kreuze die beiden jedenfalls zutreffenden Aussagen an.

A	$s'(2) = \frac{s(2) - s(t)}{2 - t}$	☐
B	$s'(2) = \lim\limits_{t \to 2} \frac{s(2) - s(t)}{2 - t}$	☐
C	$v'(2) = \lim\limits_{t \to 2} \frac{s(2) - s(t)}{2 - t}$	☐
D	$s'(2) = v(2)$	☐
E	$v'(2) = \lim\limits_{h \to 2} \frac{v(2 + h) - v(2)}{h}$	☐

AN-R 1.2 M **685.** Gegeben sind der Graph einer Funktion f, der Graph der Tangente t von f an der Stelle x_1 sowie die Stellen x_1 bis x_7. Kreuze jenen Differenzenquotienten von f an, bei dem die Differenz zur Steigung von t am kleinsten ist.

A	$\frac{f(x_2) - f(x_1)}{x_2 - x_1}$	☐
B	$\frac{f(x_3) - f(x_1)}{x_3 - x_1}$	☐
C	$\frac{f(x_4) - f(x_1)}{x_4 - x_1}$	☐
D	$\frac{f(x_5) - f(x_1)}{x_5 - x_1}$	☐
E	$\frac{f(x_6) - f(x_1)}{x_6 - x_1}$	☐
F	$\frac{f(x_7) - f(x_1)}{x_7 - x_1}$	☐

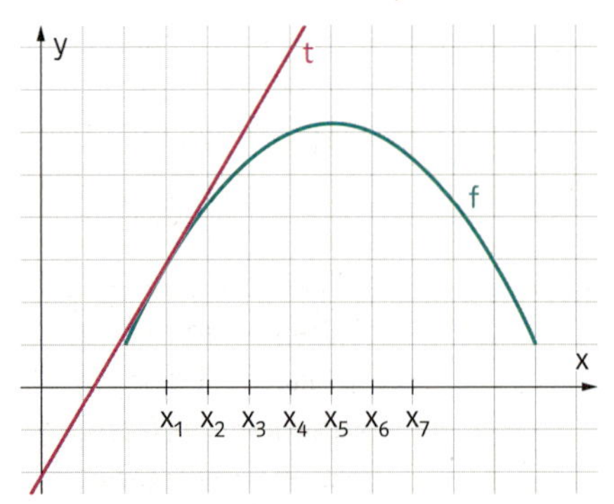

AN-R 1.2 M **686.** Ein Körper bewegt sich gemäß einer Zeit-Ort-Funktion s in Abhängigkeit von der Zeit t (s in Meter, t in Sekunden). Es sei $v(t) = \lim\limits_{r \to 0} \frac{s(t + r) - s(t)}{r}$. Interpretiere den Ausdruck $\lim\limits_{z \to t} \frac{v(z) - v(t)}{z - t}$ im gegebenen Kontext.

AN-R 1.3 Den Differenzen- und Differentialquotienten in verschiedenen Kontexten deuten und entsprechende Sachverhalte durch den Differenzen- bzw. Differentialquotienten beschreiben können

AN-R 1.3 **M** **687.** Gegeben ist eine Polynomfunktion f dritten Grades. Der Differenzenquotient von f in [a; b] mit $a < b$ ist -3. Kreuze die beiden jedenfalls zutreffenden Aussagen an.

A	Die Funktion f ist in [a; b] streng monoton fallend.	☐
B	$f(b) < f(a)$	☐
C	Mindestens ein Funktionswert in [a; b] ist negativ.	☐
D	$f(b) - f(a) = (b - a) \cdot (-3)$	☐
E	$f(b) - f(a) = -3$	☐

AN-R 1.3 **M** **688.** Gegeben sind der Graph einer Polynomfunktion f zweiten Grades sowie die Ausdrücke Q_1 bis Q_5. Ordne die fünf Ausdrücke nach ihrer Größe.

$Q_1 = \frac{f(7) - f(2)}{5}$ $\quad Q_2 = \frac{f(16) - f(2)}{16 - 2}$ $\quad Q_3 = \frac{f(16) - f(7)}{9}$

$Q_4 = f'(2)$ $\quad Q_5 = \lim\limits_{u \to 16} \frac{f(u) - f(16)}{u - 16}$

___ < ___ < ___ < ___ < ___

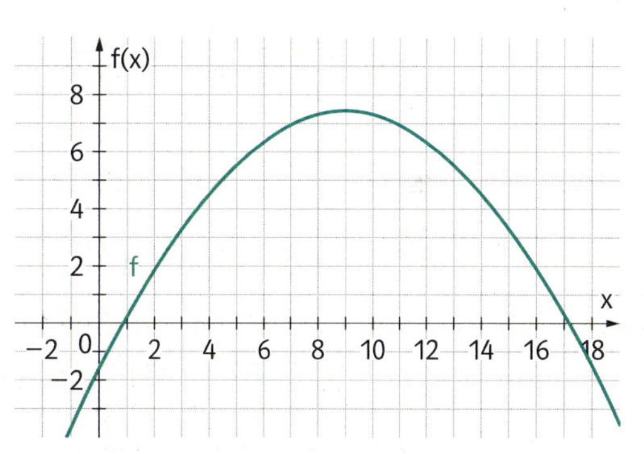

AN-R 1.3 **M** **689.** Gegeben ist der Graph einer Polynomfunktion f dritten Grades. Kreuze die zutreffende(n) Aussage(n) an.

A	Der Differenzenquotient von f in [1; 5] ist $-1{,}5$.	☐
B	Der Differentialquotient von f an der Stelle x ist für alle $x \in [-2; 2]$ positiv.	☐
C	In [−3; 8] gibt es genau zwei Stellen, an denen gilt: $f'(x) = 0$	☐
D	Der Differenzenquotient von f in [−3; 8] ist positiv.	☐
E	Der Differenzenquotient von f in [−2; 1] ist größer als $f'(4)$.	☐

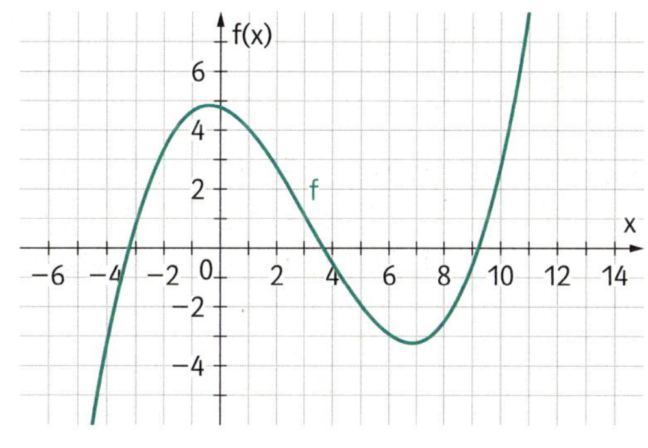

AN-R 1.3 **M** **690.** Ein Körper bewegt sich gemäß einer Zeit-Ort-Funktion s.
In der Abbildung ist der Graph dieser Zeit-Ort-Funktion s in Abhängigkeit von der Zeit t (s in Meter, t in Sekunden) gegeben. Weiters sieht man den Graphen der Tangente T von s an der Stelle 3 mit der Funktionsgleichung $T(t) = 3{,}93\,t + 3{,}27$.
Bestimme die Momentangeschwindigkeit des Körpers zum Zeitpunkt 3.

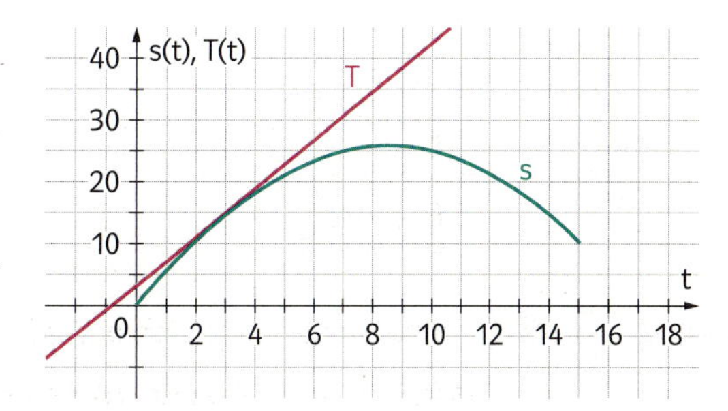

AN-R 1.4 Das systemdynamische Verhalten von Größen durch Differenzengleichungen beschreiben bzw. diese im Kontext deuten können

AN-R 1.4 M **691.** Die Fläche von einem Teil des Regenwaldes verändert sich durch das natürliche Wachstum der Bäume und durch Schlägerung zur Holzproduktion. Die folgende Differenzengleichung beschreibt die Fläche des Waldes (in Mio. m^2), wobei $n \in \mathbb{N}$ die vergangene Zeit in Jahren ausgehend von der Fläche $W_0 = 30$ Mio. m^2 bedeutet: $W_{n+1} = 1{,}018 \cdot W_n - 2{,}5$
Kreuze die beiden zutreffenden Aussagen an.

A	Jedes Jahr wächst der Wald um 1,018 Millionen m^2.	☐
B	Das Wachstum des Waldes verläuft linear.	☐
C	Auf lange Zeit gesehen nimmt der Bestand des Waldes langsam zu.	☐
D	Jedes Jahr werden 2,5 Mio. m^2 Fläche zur Holzproduktion geschlägert.	☐
E	Würde das Wachstum nach dem angegebenen Gesetz zeitlich unbegrenzt weiterlaufen, würde der Wald irgendwann verschwinden.	☐

AN-R 1.4 M **692.** Nach dem Genuss einer Tasse Kaffee wird das dem Körper zugeführte Koffein im Laufe der nächsten Stunden abgebaut. Die Differenzengleichung $K_n = 0{,}5 \cdot K_{n-1} + 4$ beschreibt die Menge an Koffein im Körper (in mg), wobei n die Anzahl der konsumierten Tassen Kaffee bedeutet und für die Zeitspanne zwischen zwei Tassen vier Stunden vorausgesetzt werden. Begründe, dass die Menge an Koffein im Körper nach dem gegebenen Gesetz einen bestimmten Wert nicht überschreiten kann und berechne diesen Wert.

AN-R 1.4 M **693.** Beim Bau von Brücken müssen an beiden Seiten Spalten gelassen werden, weil sich Beton und Stahl im Vergleich zu 20°C bei höheren Temperaturen im Sommer ausdehnen und bei niedrigeren im Winter zusammenziehen. Ohne den „Spielraum" an den Enden der Brücke wäre sie stark einsturzgefährdet. Die folgende Differenzengleichung beschreibt die Zunahme der Länge L (in Meter) eines Stücks Beton, wenn die Temperatur T um jeweils 1°C steigt:
$L_{T+1} = L_T + L_T \cdot 0{,}000012$.
Kreuze die zutreffende(n) Aussage(n) an.

A	Je größer die Ausgangslänge, umso größer ist auch die Zunahme der Länge bei einer Temperaturerhöhung um 1°C.	☐
B	Die Differenz zwischen den Längen von zwei Stück Beton, deren Temperatur sich um 1°C unterscheidet, ist immer dieselbe.	☐
C	Die Zahl 0,000012 bedeutet eine Erhöhung der Länge eines Stücks Beton um 0,9988%, wenn die Temperatur um 1°C steigt.	☐
D	Steigt die Temperatur um 1°C, so nimmt die Länge eines Stücks Betons um 0,0012% zu.	☐
E	Die Länge von Beton nimmt bei einer Erhöhung der Temperatur um 1°C immer um 0,000012 Meter zu.	☐

AN-R 1.4 M **694.** Frau Muth besitzt ein Kapitalsparbuch, auf das sie jährlich am Beginn des Jahres 2000 Euro einzahlt. Am selben Tag werden dem Konto die Zinsen für das Vorjahr gutgeschrieben. Diese jährlichen Zinsen betragen 0,75%, gerechnet vom Kontostand am Beginn des Vorjahres. Gib eine Differenzengleichung an, die die jährliche Veränderung des Kontostands auf dem Sparbuch von Frau Muth beschreibt. Dabei ist K_n der Kontostand am Beginn eines beliebigen Jahres und K_{n-1} der Kontostand am Beginn des Vorjahres (jeweils nach Einzahlung von 2000 Euro).

$K_n - K_{n-1} =$ ____________________

10.2 Regeln für das Differenzieren

AN-R 2.1 Einfache Regeln des Differenzierens kennen und anwenden können: Potenzregel, Summenregel, Regeln für $[k \cdot f(x)]'$ und $[f(k \cdot x)]'$

AN-R 2.1 **M** **695.** Ergänze den Satz so, dass eine mathematisch korrekte Aussage entsteht.

Die erste Ableitung von ____(1)____ ist ____(2)____.

(1)	
$f(x) = \cos(3x)$	☐
$f(x) = 3 \cdot \cos(3x)$	☐
$f(x) = 3 \cdot \sin(3x)$	☐

(2)	
$f'(x) = -\sin(3x)$	☐
$f'(x) = -9 \cdot \sin(3x)$	☐
$f'(x) = -9 \cdot \cos(3x)$	☐

AN-R 2.1 **M** **696.** Gegeben sind zwei differenzierbare Funktionen f und g sowie eine positive reelle Zahl k. Kreuze die beiden zutreffenden Aussagen an.

A	$(f(x) + g(x))' = f'(x) + g'(x)$	☐
B	$(f(x) \cdot g(x))' = f'(x) \cdot g'(x)$	☐
C	$(f(x) \cdot k)' = f'(x) \cdot k'$	☐
D	$(f(x) + k)' = f'(x + k)$	☐
E	$(f(k \cdot x))' = k \cdot f'(k \cdot x)$	☐

AN-R 2.1 **M** **697.** Gegeben sind die Funktionen f mit $f(x) = e^{3x}$, g mit $g(x) = \sin(3x)$ und h mit $h(x) = \cos(3x)$. Kreuze die zutreffende(n) Aussage(n) an.

A	$f'(x) = 3 \cdot f(x)$	☐
B	$f'(x) = f(x)$	☐
C	$g'(x) = 3 \cdot h(x)$	☐
D	$h'(x) = 3 \cdot g(x)$	☐
E	$g'(x) = 3 \cdot g(x)$	☐

AN-R 2.1 **M** **698.** Bestimme die erste Ableitung von f mit $f(x) = a \cdot x^2 + \frac{2}{3}x - 3x^{-2}$, $a \in \mathbb{R}\setminus\{0\}$.

AN-R 2.1 **M** **699.** Ordne jeder Funktion ihre erste Ableitung zu ($a \in \mathbb{R}\setminus\{0\}$).

1	$f(x) = \cos(ax)$	
2	$f(x) = \sin(ax)$	
3	$f(x) = a \cdot \cos(ax)$	
4	$f(x) = a \cdot \sin(a)$	

A	$f'(x) = a \cdot \cos(ax)$
B	$f'(x) = a \cdot \cos(a)$
C	$f'(x) = -a^2 \cdot \sin(ax)$
D	$f'(x) = -\sin(ax)$
E	$f'(x) = -a \cdot \sin(ax)$
F	$f'(x) = 0$

10.3 Ableitungsfunktion/Stammfunktion

AN-R 3.1 Den Begriff Ableitungsfunktion/Stammfunktion kennen und zur Beschreibung von Funktionen einsetzen können

AN-R 3.1 **M** **700.** Gegeben sind drei Polynomfunktionen f, g und h. Es sind folgende Informationen bekannt:
- f ist die Ableitungsfunktion von g.
- h ist eine Stammfunktion von f.

Kreuze die zutreffende(n) Aussage(n) an.

A	Es gilt $h'(x) = f(x)$.	☐
B	Für die Funktionen g und h gilt: $g(x) - h(x) = c$, wobei c eine reelle Zahl ist.	☐
C	Es gilt: $f'(x) = h(x)$	☐
D	Die Funktion g ist eine Stammfunktion von f.	☐
E	Die Funktion h ist eine Stammfunktion von g.	☐

AN-R 3.1 **M** **701.** Gegeben sind die beiden Polynomfunktionen f und g. f ist eine Stammfunktion von g. Ergänze den Satz so, dass er mathematisch korrekt ist.

Wenn man die Funktion ____(1)____, erhält man die Funktion ____(2)____.

(1)	
f differenziert	☐
f integriert	☐
g differenziert	☐

(2)	
f	☐
g	☐
$-2 \cdot g$	☐

AN-R 3.1 **M** **702.** Gegeben sind zwei Polynomfunktionen f und g. F ist eine Stammfunktion von f und G ist eine Stammfunktion von g, k ist eine positive reelle Zahl. Kreuze die beiden zutreffenden Aussagen an.

A	$F + G$ ist eine Stammfunktion von $f + g$.	☐
B	F ist eine Stammfunktion von $f + k$.	☐
C	$F \cdot G$ ist eine Stammfunktion von $f \cdot g$.	☐
D	Gilt $f = g$, dann muss auch gelten $F = G$.	☐
E	$\frac{1}{k} \cdot F(k \cdot x)$ ist eine Stammfunktion von $f(k \cdot x)$.	☐

AN-R 3.1 **M** **703.** Für zwei Polynomfunktionen f und g gilt $g'(x) = f(x)$. Kreuze die zutreffende(n) Aussage(n) an.

A	Die Funktion f ist eine Stammfunktion von g.	☐
B	Die Funktion f ist die Ableitungsfunktion von g.	☐
C	Die Funktion g ist die Ableitungsfunktion von f.	☐
D	Die Funktion g ist eine Stammfunktion von f.	☐
E	Es gilt: $\int f(x)\,dx = g(x) + c \ (c \in \mathbb{R})$	☐

AN-R 3.2 Den Zusammenhang zwischen Funktion und Ableitungsfunktion (bzw. Funktion und Stammfunktion) in deren graphischer Darstellung (er)kennen und beschreiben können

AN-R 3.2 **M** **704.** Ordne jedem Funktionsgraphen den entsprechenden Graphen der ersten Ableitung zu.

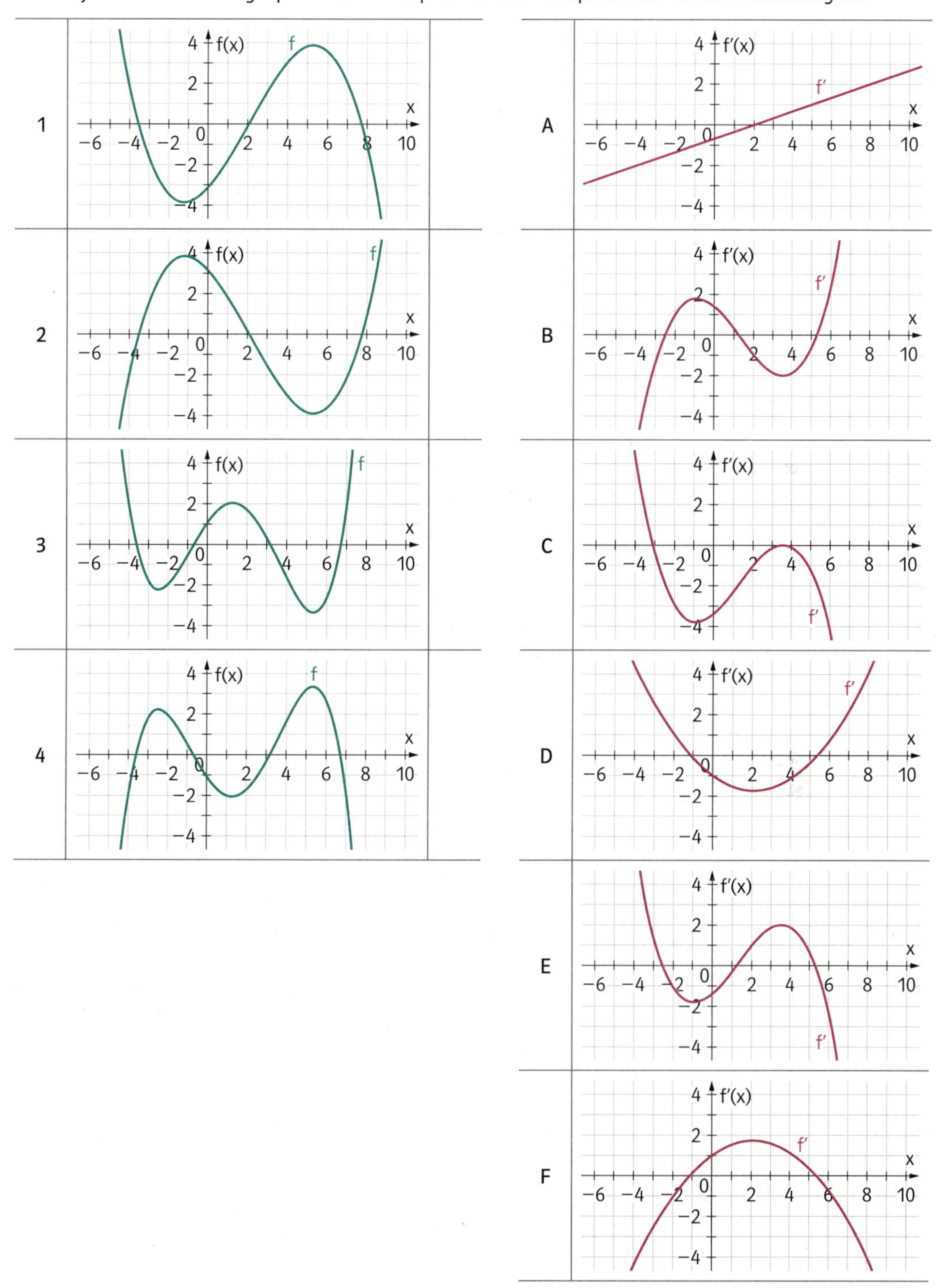

AN-R 3.2 **M** **705.** Gegeben ist der Graph einer linearen Funktion f. Zeichne den Graphen der Ableitungsfunktion von f in das Koordinatensystem ein.

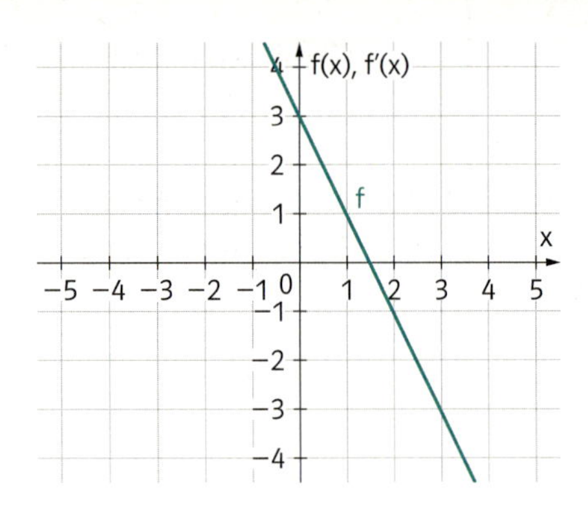

AN-R 3.2 **M** **706.** Gegeben ist der Graph einer Funktion f. Zeichne in das Koordinatensystem den Graphen jener Stammfunktion von f ein, der die y-Achse bei 3 schneidet.

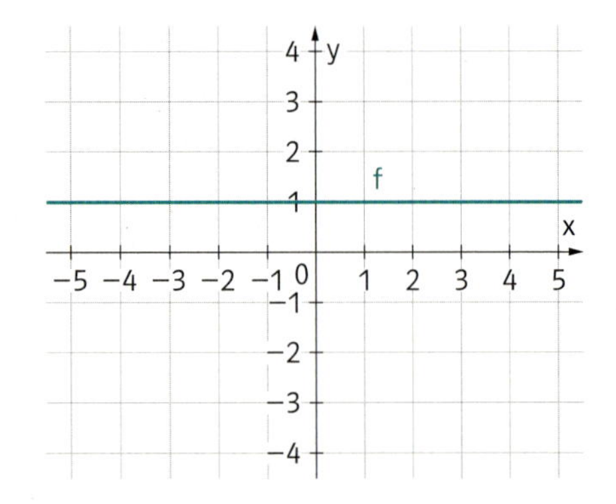

AN-R 3.2 **M** **707.** Gegeben sind der Graph einer Polynomfunktion f zweiten Grades sowie die Tangente von f an der Stelle −4. Zeichne den Graphen der Ableitungsfunktion von f in das Koordinatensystem ein.

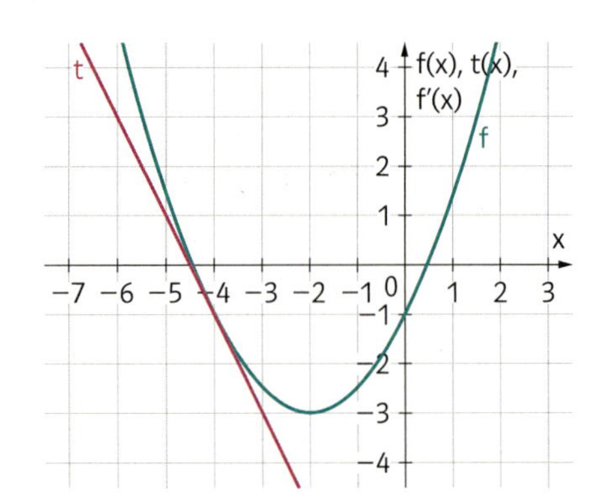

AN-R 3.2 **M** **708.** Gegeben ist der Graph einer Polynomfunktion f zweiten Grades. F sei eine Stammfunktion von f. Kreuze die jedenfalls zutreffende(n) Aussage(n) an.

A	F ist für $x < -6$ streng monoton steigend.	☐
B	Die Tangente von F an der Stelle −4 ist eine waagrechte Gerade.	☐
C	F ist eine Polynomfunktion dritten Grades.	☐
D	F ist in $(-6; -2)$ streng monoton fallend.	☐
E	Es gilt: $F(-2) = 0$	☐

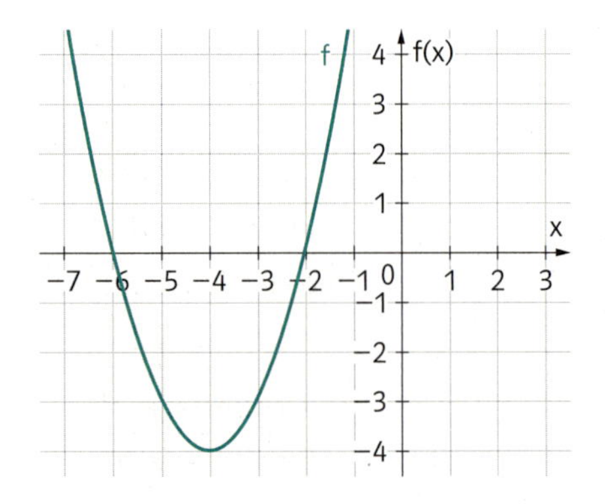

AN-R 3.3 Eigenschaften von Funktionen mit Hilfe der Ableitung(sfunktion) beschreiben können: Monotonie, lokale Extrema, Links- und Rechtskrümmung, Wendestellen

AN-R 3.3 M **709.** Die Funktion f mit $f(x) = a x^2 + b x + 2$ besitzt in $T = (-2 \mid -6)$ einen Tiefpunkt. Bestimme die Funktionsgleichung von f.

AN-R 3.3 M **710.** Gegeben ist eine Polynomfunktion f. Ergänze den Satz so, dass eine mathematisch korrekte Aussage entsteht.

Gilt für die Funktion f ____(1)____, dann ____(2)____.

(1)	
$f'(x) < 0$ für alle $x \in [a; b]$	☐
$f'(x) > 0$ für alle $x \in [a; b]$	☐
$f'(x) = 0$	☐

(2)	
besitzt f an der Stelle x eine Extremstelle	☐
ist f streng monoton fallend	☐
ist f streng monoton steigend in [a; b]	☐

AN-R 3.3 M **711.** Von einer Polynomfunktion f dritten Grades sind ein Wendepunkt $W = (3 \mid 0)$ und ein lokaler Extrempunkt $T = (6 \mid -1)$ bekannt. Welche Bedingungen müssen in diesem Zusammenhang erfüllt sein? Kreuze die zutreffende(n) Aussage(n) an.

A	B	C	D	E
$f'(3) = 0$	$f(3) = 0$	$f''(3) = 0$	$f'(6) = -1$	$f''(6) = 0$
☐	☐	☐	☐	☐

AN-R 3.3 M **712.** Von einer Polynomfunktion f dritten Grades ist ein Sattelpunkt $S = (3 \mid 1)$ gegeben. Die Steigung der Tangente an der Stelle 0 ist −2. Welche Bedingungen müssen in diesem Zusammenhang erfüllt sein? Kreuze die zutreffende(n) Aussage(n) an.

A	B	C	D	E
$f'(3) = 0$	$f''(3) = 0$	$f(3) = 0$	$f'(-2) = 0$	$f'(0) = -2$
☐	☐	☐	☐	☐

AN-R 3.3 M **713.** Gegeben ist eine Funktion f mit $f(x) = x^3 - 3x^2 + 5$. Berechne die Koordinaten des Wendepunkts von f.

AN-R 3.3 M **714.** Gegeben ist eine Funktion f mit $f(x) = x^2 - 4x + 1$. Begründe mithilfe der Differentialrechnung, dass diese Funktion keinen Wendepunkt besitzen kann.

AN-R 3.3 M **715.** Ein Körper bewegt sich gemäß der Zeit-Ort-Funktion s in Abhängigkeit von der Zeit t. Ergänze den Satz so, dass eine mathematisch korrekte Aussage entsteht.

Sind die Funktionswerte von ____(1)____ positiv, dann ____(2)____ in [a; b].

(1)	
s″ für alle $t \in [a; b]$	☐
s′ für alle $t \in [a; b]$	☐
s für alle $t \in [a; b]$	☐

(2)	
wird die Geschwindigkeit immer größer	☐
wird die Geschwindigkeit immer kleiner	☐
bleibt die Geschwindigkeit gleich	☐

AN-R 3.3 M **716.** Von einer Polynomfunktion f dritten Grades sind folgende Informationen bekannt:
$f''(0) = 0$ $f'(-2) = 0$ $f''(-2) > 0$ $f'(5) < 0$
Kreuze die zutreffende(n) Aussage(n) an.

A	B	C	D	E
$f'(-4) < 0$	$f''(-1) > 0$	$f'(0) > 0$	$f''(4) < 0$	$f'(6) < 0$
☐	☐	☐	☐	☐

AN-R 3.3 M **717.** Gegeben ist der Graph einer Polynomfunktion f dritten Grades. Die Funktion f besitzt an der Stelle 2 eine Wendestelle. Kreuze die zutreffende(n) Aussage(n) an.

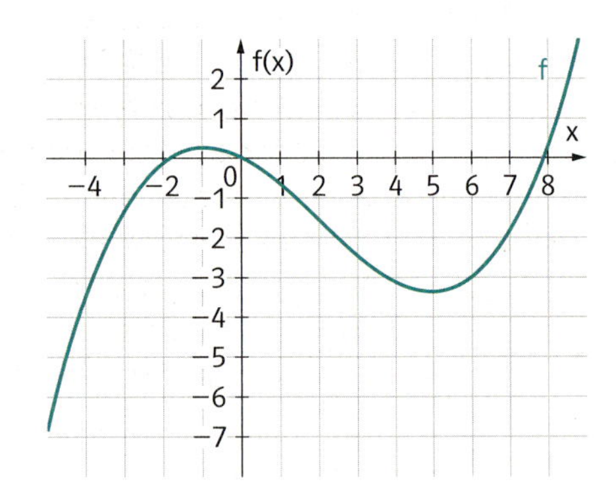

A	Die Funktionswerte von f′ sind in [6; 7] positiv.	☐
B	Die Funktion f′ ist in [−3; 0] streng monoton fallend.	☐
C	Die Funktion f′ besitzt an der Stelle 2 ein lokales Maximum.	☐
D	Die Funktion f″ besitzt an der Stelle −2 eine Nullstelle.	☐
E	Die Funktion f′ besitzt an der Stelle −1 eine Nullstelle.	☐

AN-R 3.3 M **718.** Gegeben ist der Graph einer Polynomfunktion f zweiten Grades im Intervall [−2; 9].
Die Funktion f besitzt an der Stelle 4 ein lokales Maximum. Gib das größtmögliche Intervall [a; b] mit der Eigenschaft $f'(x) \geq 0$ für alle $x \in [a; b]$ an.

I = ______________________

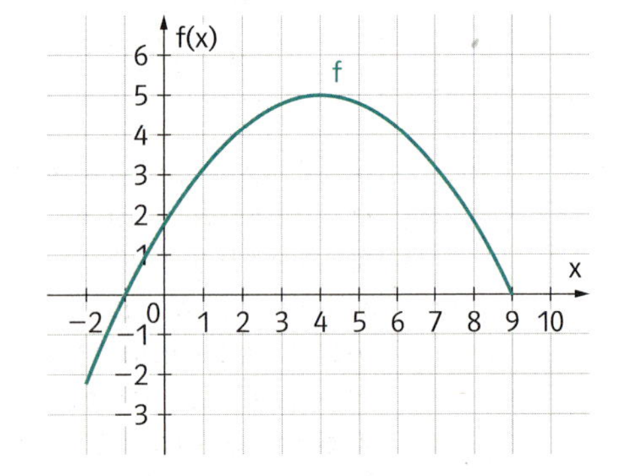

AN-R 3.3 M **719.** Ein Auto bewegt sich in einem bestimmten Intervall gemäß einer Zeit-Ort-Funktion s. Es ist bekannt, dass s eine Polynomfunktion vom Grad > 2 und der Graph von s im Intervall [a; b] streng monoton steigend und links gekrümmt ist.
Kreuze die zutreffende(n) Aussage(n) an.

A	Die Geschwindigkeit des Autos im Intervall [a; b] nimmt zu.	☐
B	Das Auto beschleunigt im Intervall (a; b).	☐
C	Das Auto beginnt zum Zeitpunkt a mit einer Bremsung.	☐
D	Die Beschleunigung nimmt im Intervall (a; b) zu.	☐
E	Die Zeit-Geschwindigkeitsfunktion besitzt eine Nullstelle in (a; b).	☐

10.4 Summation und Integral

AN-R 4.1 Den Begriff des bestimmten Integrals als Grenzwert einer Summe von Produkten deuten und beschreiben können

AN-R 4.1 **M** **720.** In der Abbildung sieht man den Graphen der Funktion f im Intervall [1; 9]. Das Intervall wurde in vier gleich große Teilintervalle unterteilt. Über jedem Teilintervall wurde ein Rechteck errichtet, wobei der rechte obere Eckpunkt jeweils auf dem Graphen von f liegt. Die Summe der Flächeninhalte dieser vier Rechtecke wird mit S_4 abgekürzt. Würde man das Intervall in n gleich große Teilintervalle unterteilen und wieder Rechtecke errichten, so würde man die Summe der Flächeninhalte der Rechtecke mit S_n abkürzen. Kreuze die beiden zutreffenden Aussagen an.

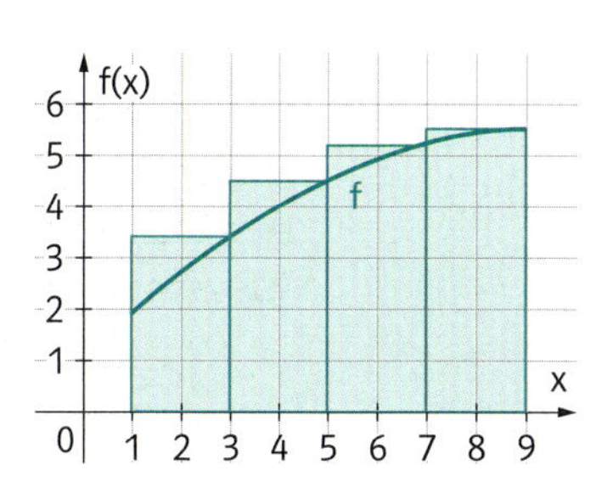

A	Es gilt: $\int_1^9 f(x)\,dx > S_4$	☐
B	Es gilt: $S_{12} > S_4$	☐
C	Je größer man n wählt, desto mehr nähert sich S_n dem Wert $\int_1^9 f(x)\,dx$ an.	☐
D	Je größer man n wählt, desto größer wird S_n.	☐
E	Es gilt: $\int_1^9 f(x)\,dx \leq S_n$ für alle n	☐

AN-R 4.1 **M** **721.** In der Abbildung sieht man den Graphen der Funktion f im Intervall [1; 11]. Das Intervall wurde in fünf gleich große Teilintervalle unterteilt. Über jedem Teilintervall wurde ein Rechteck errichtet, wobei der rechte obere Eckpunkt jeweils auf dem Graphen von f liegt. Die Summe der Flächeninhalte dieser fünf Rechtecke wird mit U_5 abgekürzt. Zusätzlich wurden Rechtecke errichtet, bei denen der linke obere Eckpunkt auf dem Graphen von f liegt (d.h. die Höhe der Rechtecke ist der Funktionswert am linken Rand des Intervalls). Die Summe dieser fünf Flächeninhalte der Rechtecke wird mit O_5 abgekürzt. Würde man das Intervall in n gleich große Teilintervalle unterteilen und wieder Rechtecke errichten, so würde man die Summe der Flächeninhalte der Rechtecke mit U_n bzw. O_n abkürzen. Kreuze die zutreffende(n) Aussage(n) an.

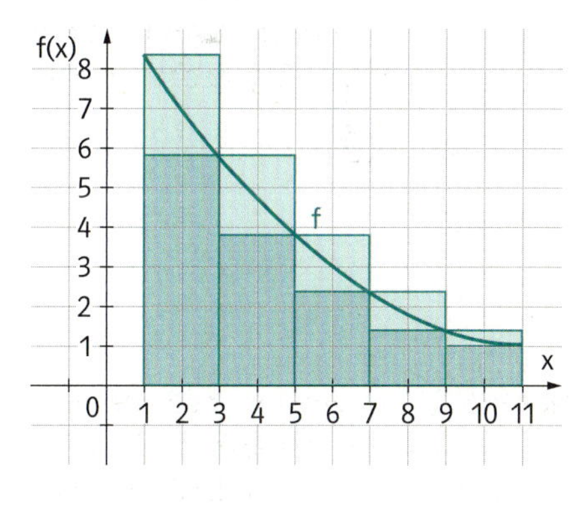

A	Es gilt: $O_5 > U_5$	☐
B	Es gilt: $U_n \leq \int_1^9 f(x)\,dx \leq O_n$ für alle n	☐
C	Je größer n ist, desto kleiner wird der Abstand zwischen O_n und U_n.	☐
D	Je größer n ist, desto kleiner wird U_n.	☐
E	Es gilt: $U_{50} \leq U_{30} \leq U_5 \leq O_3 \leq O_{12}$	☐

AN-R 4.2 Einfache Regeln des Integrierens kennen und anwenden können: Potenzregel, Summenregel, Regeln für $\int k \cdot f(x)\,dx$ und $\int f(k \cdot x)\,dx$; bestimmte Integrale von Polynomfunktionen ermitteln können

AN-R 4.2 M **722.** Gegeben ist die Funktion f mit $f(x) = x$. Gib eine Bedingung für die Variablen a und b so an, dass gilt: $\int_a^b f(x)\,dx = 0$.

AN-R 4.2 M **723.** Gegeben sind eine Polynomfunktion f, ein Intervall [a; b] mit $a < b$ und eine positive reelle Zahl k. Kreuze die beiden richtigen Gleichungen an.

A	$\int_a^b f(k \cdot x)\,dx = \frac{1}{k} \cdot \int_a^b f(k \cdot x)\,dx$	☐
B	$\int_a^b (f(x) + x)\,dx = \int_a^b f(x)\,dx + b - a$	☐
C	$\int_a^b (f(x) - 1)\,dx = \int_a^b f(x)\,dx - b + a$	☐
D	$\int_a^b k \cdot f(x)\,dx = k \cdot \int_a^b f(x)\,dx$	☐
E	$\int_a^b f(x)\,dx = f(b) - f(a)$	☐

AN-R 4.2 M **724.** Gegeben sind zwei Polynomfunktionen f und g, ein Intervall [a; b] mit $a < b$ und eine positive reelle Zahl k. Kreuze jene Gleichung(en) an, die für alle Polynomfunktionen gilt (gelten).

A	$\int (f(x) + k)\,dx = \int f(x)\,dx + \int k\,dx$	☐
B	$\int_a^b (f(x) - g(x))\,dx = \int_a^b f(x)\,dx - \int_a^b g(x)\,dx$	☐
C	$\int_a^b f(x)\,dx = 2 \cdot \int_0^{0{,}5 \cdot b} f(x)\,dx$	☐
D	$\int (g(x) \cdot f(x))\,dx = \int g(x)\,dx \cdot \int f(x)\,dx$	☐
E	$\int_a^b f(x)\,dx = \int_b^a f(-x)\,dx$	☐

AN-R 4.2 M **725.** Ergänze den Satz so, dass er mathematisch korrekt ist.

Eine Stammfunktion von ____(1)____ ist ____(2)____.

(1)	
$f(x) = -2 \cdot e^{-2x}$	☐
$f(x) = -2 \cdot e^{2x}$	☐
$f(x) = 2 \cdot e^{-2x}$	☐

(2)	
$F(x) = 2 \cdot e^{-x}$	☐
$F(x) = -2 \cdot e^{-2x}$	☐
$F(x) = e^{-2x}$	☐

AN-R 4.3 Das bestimmte Integral in verschiedenen Kontexten deuten und entsprechende Sachverhalte durch Integrale beschreiben können

AN-R 4.3 M **726.** Eine Maschine erbringt im Zeitintervall [3; 8] die Leistung P (in Watt) in Abhängigkeit von der Zeit t in Sekunden. Interpretiere den Ausdruck $\int_3^8 P(t)\,dt$ im gegebenen Kontext.

AN-R 4.3 M **727.** Ein Wasserhahn wird 20 Sekunden lang aufgedreht. W(t) bezeichnet die Durchflussgeschwindigkeit in ml/s, die zum Zeitpunkt t (in Sekunden) durch den Wasserhahn fließt. Interpretiere den Ausdruck $\int_5^{20} W(t)\,dt$ im gegebenen Kontext.

AN-R 4.3 **M** **728.** In einen Behälter wird Wasser eingefüllt. Die Zuflussgeschwindigkeit W in ml/s wird in nebenstehender Abbildung in Abhängigkeit von der Zeit t (in Sekunden) dargestellt. Berechne, wie viel Liter Wasser in den Behälter geleert werden.

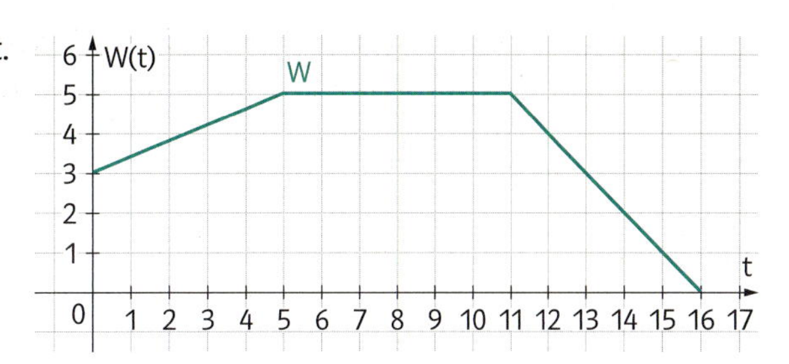

AN-R 4.3 **M** **729.** In der Abbildung sieht man den Graphen einer Funktion f sowie mehrere markierte Flächenstücke. Gib einen Term an, mit dem man den eingezeichneten Flächeninhalt berechnen kann.

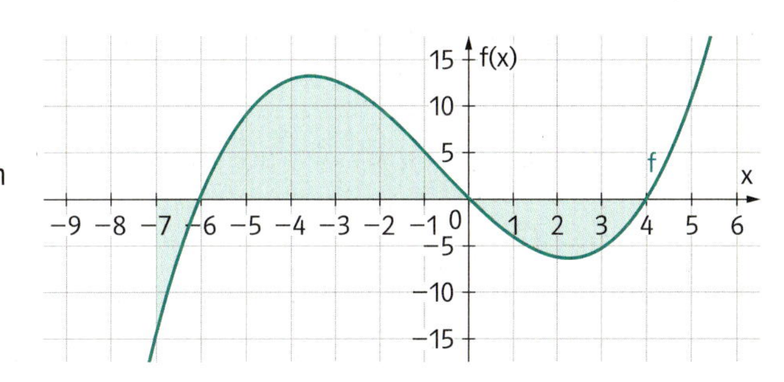

AN-R 4.3 **M** **730.** Gegeben ist der Graph einer punktsymmetrischen Funktion f. Der markierte Flächeninhalt ist 64. Kreuze die zutreffende(n) Aussage(n) an.

A	$\int_0^4 f(x)\,dx = 64$	☐
B	$\int_{-4}^4 f(x)\,dx = 128$	☐
C	$\int_{-4}^0 f(x)\,dx = 64$	☐
D	$\int_{-4}^4 f(x)\,dx = 2 \cdot \int_0^4 f(x)\,dx$	☐
E	$\int_{-2}^2 f(x)\,dx = 0$	☐

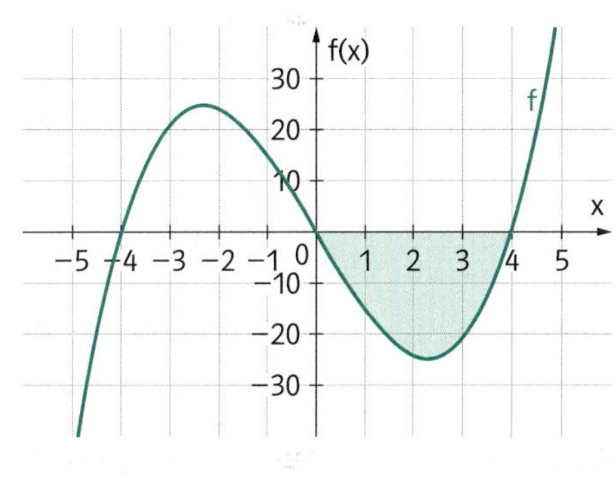

AN-R 4.3 **M** **731.** Gegeben sind der Graph einer quadratischen Funktion f und einer linearen Funktion g. A ist der Flächeninhalt, der durch die beiden Funktionsgraphen begrenzt ist. Kreuze die zutreffende(n) Aussage(n) an.

A	$A = \int_0^5 (f(x) - g(x))\,dx$	☐
B	$A = \int_0^5 f(x)\,dx - \int_0^5 g(x)\,dx$	☐
C	$A = \int_0^5 f(x)\,dx - 3$	☐
D	$A = \int_0^5 (g(x) - f(x))\,dx$	☐
E	$A = \int_0^3 (f(x) - g(x))\,dx + \left\lvert \int_3^5 (g(x) - f(x))\,dx \right\rvert$	☐

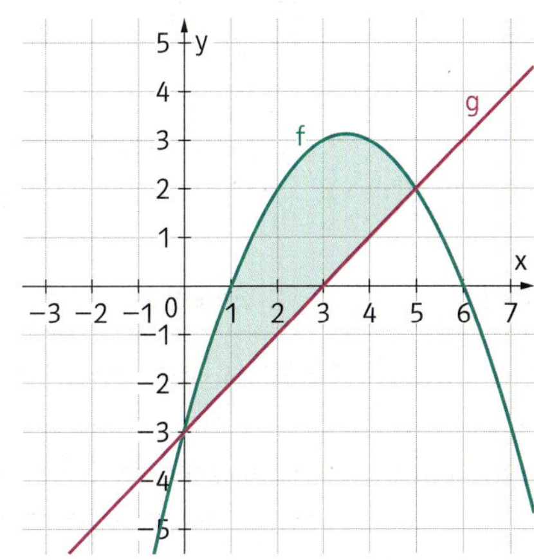

VERNETZUNG

Vernetzung – Typ-2-Aufgaben

M **732. Crash-Test**

Crash-Tests werden in der Entwicklung von neuen Karosserien verwendet, um die Sicherheit der Passagiere bei einem Unfall zu erhöhen. Bei einem Frontalaufprall mit einer Geschwindigkeit von 50 km/h werden die Personen im Fahrzeug oft innerhalb von nur etwa 100 Millisekunden zum Stillstand gebracht. Die dabei auftretenden Beschleunigungen und Kräfte verursachen schwere Verletzungen, die zum Tod führen können. Bei Crash-Tests werden daher neben den Geschwindigkeiten vor allem die Beschleunigungen und Kräfte auf die „Dummys" (Puppen) im Fahrzeug gemessen und anschließend bewertet. Um von der gemessenen Beschleunigung a (in m/s^2) auf die wirkende Kraft F (in Newton) zu kommen, muss mit der Masse m des Dummys multipliziert werden. Es gilt also $F = m \cdot a$.

a) Die Funktion v mit der Funktionsgleichung $v(t) = 11160\,t^3 - 2142\,t^2 - 11{,}5\,t + 14$ beschreibt die Geschwindigkeit eines Dummys während eines Frontalaufpralls im Zeitintervall [0; 0,14] (t in Sekunden, v in m/s). Berechne die größte auftretende (negative) Beschleunigung im Intervall [0; 0,14]. Welchen Weg legte der Dummy in [0; 0,14] zurück?

b) Die beiden rechts stehenden Abbildungen zeigen die Beschleunigungsfunktionen bei zwei Crash-Tests, die bei einem Frontalaufprall jeweils mit einer Geschwindigkeit von 50 km/h gemessen wurden. Bei der oberen Abbildung war das Fahrzeug mit einem Airbag ausgestattet, bei der unteren nicht.

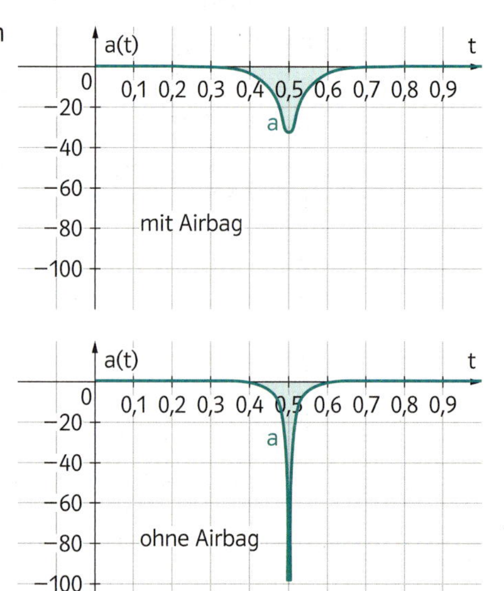

Begründe, dass die Flächeninhalte der Flächen zwischen den Funktionsgraphen und der t-Achse bei den beiden Funktionen gleich groß sein müssen.
Um die Wirkung der aufgetretenen Kräfte anschaulicher zu machen, werden oft Vergleiche mit der Gewichtskraft angestellt. Die Gewichtskraft F_G ist jene Kraft, mit der sich die Erde und alle Gegenstände anziehen. Sie kann durch $F_G = m \cdot g$ berechnet werden, wobei $g \approx 10\,m/s^2$ ist.
Wie viele 10 kg-Hanteln müsste sich ein Mensch mit einer Masse von 80 kg auf die Brust legen, um dieselbe Kraft zu spüren, wie bei der höchsten (negativen) Beschleunigung ohne Airbag?

c) Zur Bewertung der Wahrscheinlichkeit von Verletzungen bei einem Frontalaufprall wurde anhand von Erfahrungswerten das so genannte Head Injury Criterion (HIC, „Kopfverletzungskriterium") entwickelt. Für konstante Beschleunigungen berechnet man nach der Formel $(t_2 - t_1) \cdot \left(\frac{1}{t_2 - t_1} \cdot \int_{t_1}^{t_2} |a(t)|\,dt\right)^{2,5}$ einen Punktewert, der eine Aussage über die Schwere von Verletzungen bei Unfällen zulässt. Dabei sind t_1 und t_2 jene Zeitpunkte, zwischen denen die Beschleunigung als konstant angenommen wird. Ein Wert von über 1000 Punkten beim HIC gilt als lebensbedrohlich. Je kleiner der HIC-Wert, desto besser. Manche Autos erreichen mit Airbag Werte um 140.

Die folgende Abbildung zeigt modellhaft eine Zeit-Geschwindigkeitsfunktion für einen Dummy, der bei einem Crash-Test ohne Airbag eingesetzt wurde.
Erstelle eine Skizze der Beschleunigungsfunktion a.
Berechne den HIC-Wert für diesen Zusammenstoß.

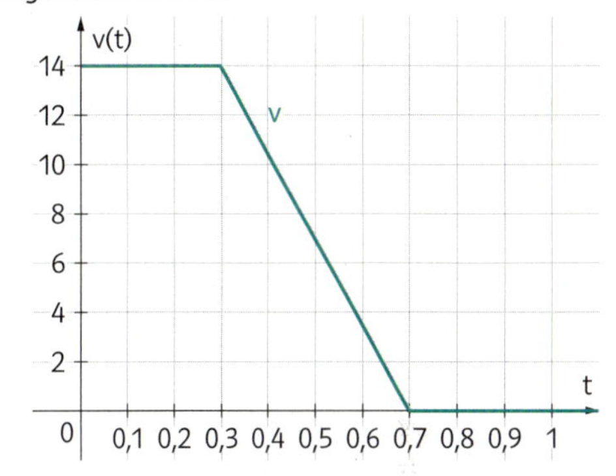

M **733. Ebola Virus**

Der Ausbruch des Ebola Virus im Frühling 2014 in Westafrika sorgte für große Bestürzung und Sorge. Die Abbildung unten zeigt den Verlauf der Epidemie vom März 2014 bis Juli 2015, wobei die Zahlen der Krankheits- und Todesfälle alle 28 Tage aufgezeichnet wurden.

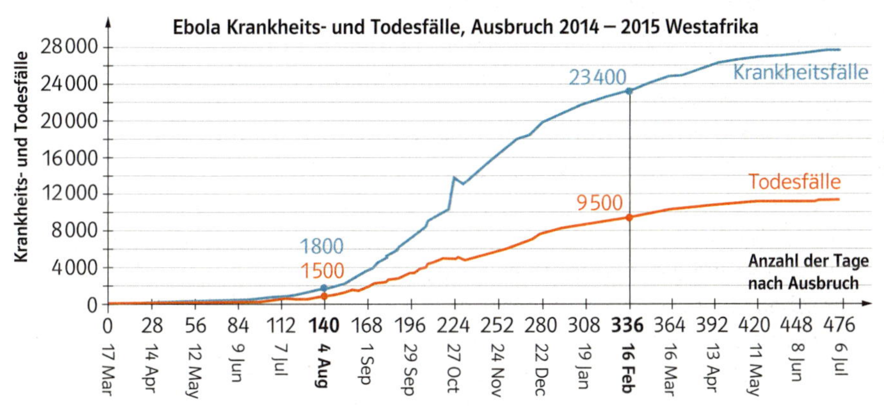

Quelle: www.johnstonarchive.net/policy/westafrica-ebola.com [adaptiert]

a) Bestimme die mittlere Zunahme der Krankheitsfälle pro Tag im Zeitraum vom 4. August 2014 bis 16. Februar 2015. Ermittle die mittlere Änderungsrate der relativen Anteile der Todesfälle an den Krankheitsfällen pro Tag im selben Zeitraum. Interpretiere das Vorzeichen des Ergebnisses und erläutere deine Interpretation mit Hilfe der Graphik.

b) Skizziere den Graphen einer Funktion, die die momentane Änderungsrate der Krankheitsfälle pro Tag beschreibt. Berücksichtige dabei insbesondere den „Knick" im Oktober 2014. Der Verlauf der Krankheitsfälle im Zeitintervall [0; 400] kann durch die Funktion K mit $K(t) = -0{,}0007t^3 + 0{,}5t^2 - 16t$ modelliert werden. Am Beginn des Zeitraums wurde die Anzahl der pro Tag neu registrierten Krankheitsfälle immer größer. Ab einem bestimmten Zeitpunkt sank diese Anzahl aber dann. Bestimme rechnerisch mit Hilfe der Funktion K, ab wann die Anzahl der pro Tag neu hinzugekommenen Krankheitsfälle kleiner wurde.

11 Maturavorbereitung: Wahrscheinlichkeit und Statistik

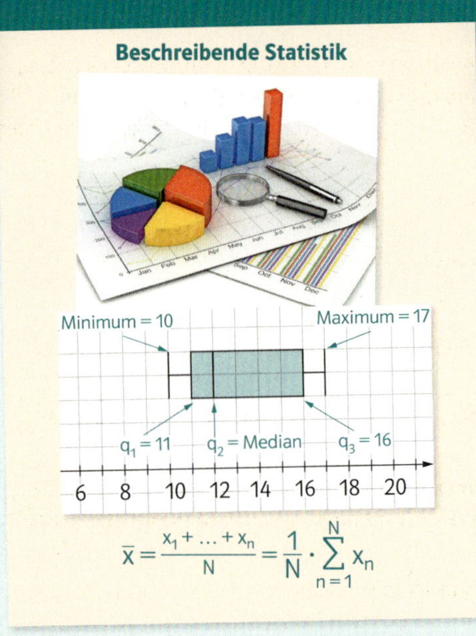

WS-R 1.1 – WS-R 4.1

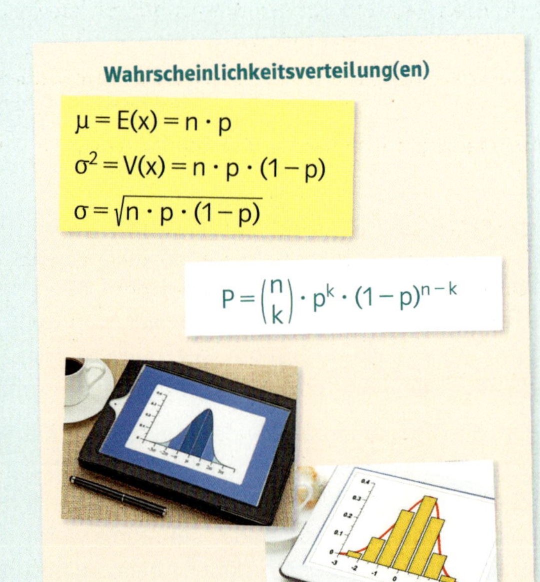

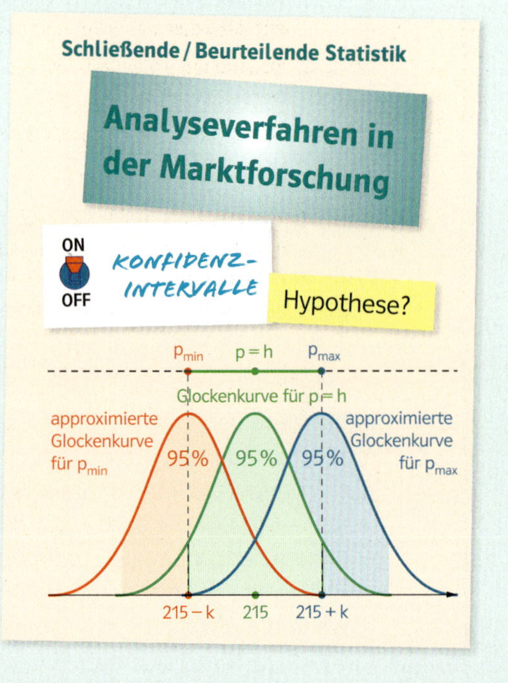

GRUND-
KOMPE-
TENZEN

Wahrscheinlichkeit und Statistik

Beschreibende Statistik

WS-R 1.1 Werte aus tabellarischen und elementaren graphischen Darstellungen ablesen (bzw. zusammengesetzte Werte ermitteln) und im jeweiligen Kontext angemessen interpretieren können

WS-R 1.2 Tabellen und einfache statistische Graphiken erstellen und zwischen Darstellungsformen wechseln können

WS-R 1.3 Statistische Kennzahlen (absolute Häufigkeit, relative Häufigkeit, arithmetisches Mittel, Median, Modus, Quartile, Spannweite, empirische Varianz/Standardabweichung) im jeweiligen Kontext interpretieren können; die angeführten Kennzahlen für einfache Datensätze ermitteln können

WS-R 1.4 Definition und wichtige Eigenschaften des arithmetischen Mittels und des Medians angeben und nutzen, Quartile ermitteln und interpretieren können; die Entscheidung für die Verwendung einer bestimmten Kennzahl begründen können

Wahrscheinlichkeitsrechnung – Grundbegriffe

WS-R 2.1 Grundraum und Ereignisse in angemessenen Situationen verbal bzw. formal angeben können

WS-R 2.2 Relative Häufigkeit als Schätzwert von Wahrscheinlichkeit verwenden und anwenden können

WS-R 2.3 Wahrscheinlichkeit unter der Verwendung der Laplace-Annahme (Laplace-Wahrscheinlichkeit) berechnen und interpretieren können; Additionsregel und Multiplikationsregel anwenden und interpretieren können

WS-R 2.4 Binomialkoeffizient berechnen und interpretieren können

Wahrscheinlichkeitsverteilung(en)

WS-R 3.1 Die Begriffe „Zufallsvariable", („Wahrscheinlichkeits-)Verteilung", „Erwartungswert" und „Standardabweichung" verständig deuten und einsetzen können

WS-R 3.2 Binomialverteilung als Modell einer diskreten Verteilung kennen – Erwartungswert sowie Varianz/Standardabweichung binomialverteilter Zufallsgrößen ermitteln können; Wahrscheinlichkeitsverteilung binomialverteilter Zufallsgrößen angeben können; Arbeiten mit der Binomialverteilung in anwendungsorientierten Bereichen

WS-R 3.3 Situationen erkennen und beschreiben können, in denen mit Binomialverteilung modelliert werden kann

WS-R 3.4 Normalapproximation der Binomialverteilung interpretieren und anwenden können

Schließende/Beurteilende Statistik

WS-R 4.1 Konfidenzintervalle als Schätzung für eine Wahrscheinlichkeit oder einen unbekannten Anteil p interpretieren (frequentistische Deutung) und verwenden können; Berechnungen auf Basis der Binomialverteilung oder einer durch die Normalverteilung approximierten Binomialverteilung durchführen können

WISSEN KOMPAKT

Beschreibende Statistik

Darstellung von Daten

WS-R 1.1
WS-R 1.2

Rohdaten einer Fahrzeug-Erhebung: PKW: 72; Fahrrad: 40; LKW: 40; Bus: 16; Moped: 32

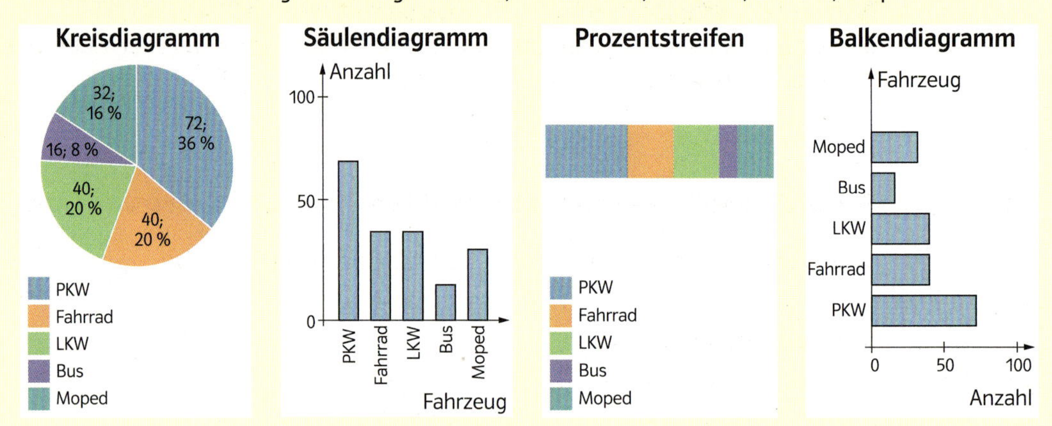

Arithmetisches Mittel und Standardabweichung

WS-R 1.3
WS-R 1.4

Sind die Daten $x_1, x_2, x_3, \ldots, x_n$ einer Liste gegeben, dann gilt für das arithmetische Mittel $\bar{x}$ und die Standardabweichung σ:

$$\bar{x} = \frac{x_1 + x_2 + x_3 + \ldots + x_n}{n} \qquad \sigma = \sqrt{\frac{(x_1 - \bar{x})^2 + (x_2 - \bar{x})^2 + (x_3 - \bar{x})^2 + \ldots (x_n - \bar{x})^2}{n}}$$

Median, Quartile und Boxplot

Boxplot

Minimum, 1. Quartil, 2. Quartil = Median, 3. Quartil, Maximum, Spannweite

Der Median liegt bei einer der Größe nach geordneten Rangliste genau in der Mitte. Der Median ist – im Gegensatz zum arithmetischen Mittel – „unempfindlich“ gegenüber Ausreißern.

Das 1. Quartil, der Median und das 3. Quartil unterteilen die Daten in vier ca. gleich große Teile. Daraus folgt, dass zum Beispiel ungefähr 25 % der Daten kleiner oder gleich dem 1. Quartil sind. Median, Quartile, Minimum und Maximum eines Datensatzes können in einem Boxplot (Kastenschaubild) veranschaulicht werden.

Modus

Der Modus ist der häufigste Wert einer Stichprobe. Er ist nicht immer eindeutig bestimmbar.
Datenliste: {1, 2, 2, 2, 3, 4, 4, 4}   Modus: 2 und 4

Wahrscheinlichkeitsrechung – Grundbegriffe

WS-R 2.1

Ein **Zufallsversuch** ist beliebig oft wiederholbar und hat einen zufälligen (unvorhersehbaren) Ausgang. Jeder Zufallsversuch besitzt eine bestimmte Anzahl von möglichen Versuchsausgängen (**Elementarereignissen**), die im **Grundraum Ω** zusammengefasst werden. Jedem **Ereignis** entspricht eine Teilmenge des Grundraums.

Das empirische Gesetz der großen Zahlen

WS-R 2.2

Bei einer hinreichend großen Anzahl von Wiederholungen ($n \to \infty$) eines Zufallsversuches stabilisiert sich die relative Häufigkeit $h_n(E)$ für das Eintreten des Ereignisses E bei einem Wert, der als Wahrscheinlichkeit P(E) interpretiert werden kann.
Die relative Häufigkeit ist daher eine gute Näherung für den Wert der Wahrscheinlichkeit des Eintretens eines bestimmten Ereignisses E: $P(E) \approx \lim_{n \to \infty} h_n(E)$

Laplace-Wahrscheinlichkeit

WS-R 2.3

Sind alle Elementarereignisse eines endlichen Grundraums Ω gleichwahrscheinlich, gilt für die Wahrscheinlichkeit des Eintretens eines Ereignisses E: $P(E) = \frac{\text{Anzahl der für E günstigen Fälle}}{\text{Anzahl aller möglichen Fälle}}$

Multiplikationsregel (rot)

WS-R 2.3

Um die Wahrscheinlichkeit des Ereignisses „A und B" zu bestimmen, werden im Wahrscheinlichkeitsbaum die Wahrscheinlichkeiten entlang des Weges zum Ereignis „A und B" multipliziert.
P(A **und** B) = $P(A \wedge B) = P(A) \cdot P(B \mid A)$

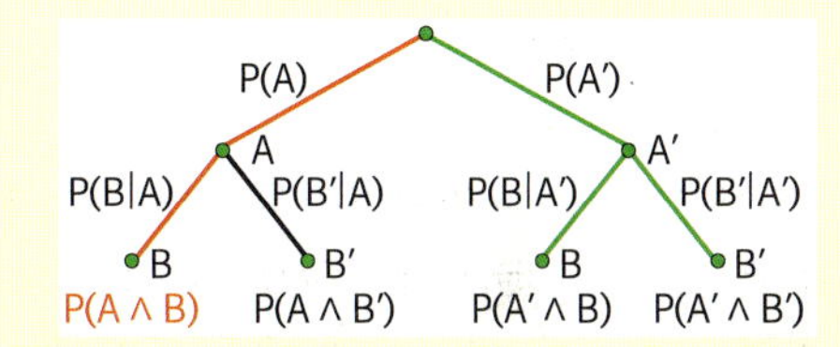

Additionsregel (grün)

WS-R 2.3

Entsprechen einem Versuchsergebnis mehrere Wege im Baumdiagramm, so werden die Wahrscheinlichkeiten entlang der Wege addiert.
P((A'und B) **oder** (A' und B')) = $P(A' \wedge B) + P(A' \wedge B') = P(A') \cdot P(B \mid A') + P(A') \cdot P(B' \mid A')$

Binomialkoeffizient

WS-R 2.4

$$\binom{n}{k} = \frac{n!}{(n-k)! \cdot k!}$$

Der Binomialkoeffizient gibt an, auf wie viele Arten man k gleiche Elemente auf n Plätze verteilen oder k Elemente aus n Elementen auswählen kann (ohne Beachtung der Reihenfolge).

Wahrscheinlichkeitsverteilung(en)

Wahrscheinlichkeitsverteilung und Verteilungsfunktion

WS-R 3.1

Die Funktion, die jedem Wert x einer diskreten Zufallsvariablen X die Wahrscheinlichkeit $P(X = x)$ zuordnet, heißt Wahrscheinlichkeitsverteilung.

Die Funktion, die jedem Wert x einer diskreten Zufallsvariablen X die Wahrscheinlichkeit $P(X \leq x)$ zuordnet, heißt Verteilungsfunktion.

Erwartungswert E einer diskreten Zufallsvariablen X

WS-R 3.1

$$E(X) = \mu = x_1 \cdot P(X = x_1) + x_2 \cdot P(X = x_2) + x_3 \cdot P(X = x_3) + \ldots + x_n \cdot P(X = x_n)$$

Varianz V und Standardabweichung σ einer diskreten Zufallsvariablen X

WS-R 3.1

$$V(X) = \sigma^2 = (x_1 - \mu)^2 \cdot P(X = x_1) + (x_2 - \mu)^2 \cdot P(X = x_2) + (x_3 - \mu)^2 \cdot P(X = x_3) + \ldots + (x_n - \mu)^2 \cdot P(X = x_n)$$

WISSEN KOMPAKT

WS-R 3.2

Binomialverteilung

Die diskrete Wahrscheinlichkeitsverteilung $P(X = k) = \binom{n}{k} \cdot p^k \cdot (1 - p)^{n-k}$ heißt Binomialverteilung mit den Parametern n (Anzahl der Versuche) und p (Erfolgswahrscheinlichkeit) mit $0 \leq k \leq n$, $0 \leq p \leq 1$ und $k = 0, 1, 2, 3, \ldots, n$.

WS-R 3.2
WS-R 3.3

Erwartungswert μ und Varianz V einer binomialverteilten Zufallsvariablen X

$\mu = E(X) = n \cdot p$ $\qquad$ $\sigma^2 = V(X) = n \cdot p \cdot (1 - p)$

Bedingungen für die Binomialverteilung:
- Jeder Versuch hat nur zwei mögliche unabhängige Versuchsausgänge (Erfolg und Misserfolg).
- Die Erfolgswahrscheinlichkeiten für Erfolg und Misserfolg sind konstant.

WS-R 3.4

Die Dichtefunktion einer normalverteilten Zufallsvariablen X

$f(x) = \frac{1}{\sqrt{2\pi} \cdot \sigma} \cdot e^{-\frac{1}{2}\left(\frac{x-\mu}{\sigma}\right)^2}$

μ … Erwartungswert
σ … Standardabweichung

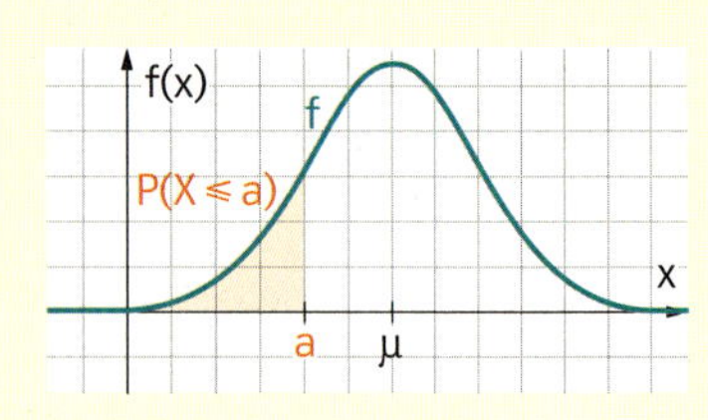

WS-R 3.4

Die Standard-Normalverteilung

$\varphi(x) = \frac{1}{\sqrt{2\pi}} \cdot e^{-\frac{1}{2}x^2}$ … Dichtefunktion der Standard-Normalverteilung N(0;1)

$\Phi(x)$ … Verteilungsfunktion der Standard-Normalverteilung

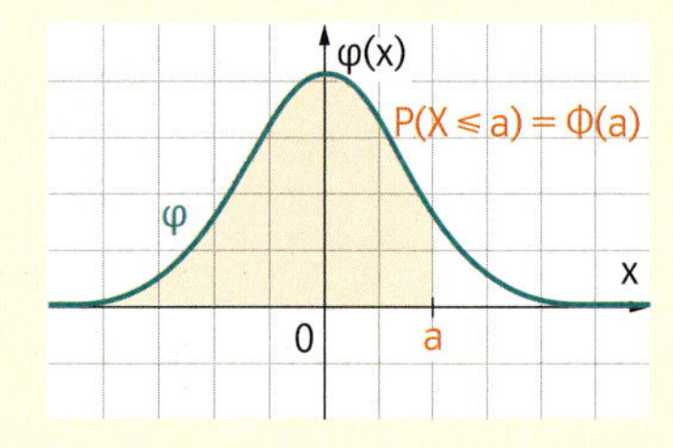

WS-R 3.4

Approximation der Binomialverteilung durch die Normalverteilung

Eine Binomialverteilung B(n; p) mit den Parametern n und p nähert sich mit steigendem n der Normalverteilung N(μ; σ) mit $\mu = n \cdot p$ und $\sigma = \sqrt{n \cdot p \cdot (1 - p)}$ an. (**Satz von Moivre-Laplace**)
In der Praxis gilt die Approximation als ausreichend gut, wenn folgende Bedingung erfüllt ist:
$n \cdot p \cdot (1 - p) \geq 9$

Schließende / Beurteilende Statistik

WS-R 4.1

Definition des γ-Konfidenzintervalls

Um die unbekannte Wahrscheinlichkeit p eines Merkmals in einer Grundgesamtheit abzuschätzen, ermittelt man die relative Häufigkeit h dieses Merkmals in einer Stichprobe.
Das γ-Konfidenzintervall von p umfasst alle Werte von p, deren γ-Schätzbereiche h enthalten.

WS-R 4.1

Formel zur Berechnung des (approximierten) γ-Konfidenzintervalls

γ-Konfidenzintervall für $p = [h - \varepsilon; h + \varepsilon]$ mit $\varepsilon = z \cdot \sqrt{\frac{h \cdot (1-h)}{n}}$

p … unbekannte (abzuschätzende) Wahrscheinlichkeit für das Auftreten eines Merkmals in der Grundgesamtheit

h … relative Häufigkeit des Merkmals in der Stichprobe

n … Umfang der Stichprobe

$\Phi(z) = \frac{\gamma + 1}{2}$ $\qquad$ $z \approx 1{,}96$ für $\gamma = 0{,}95$ $\qquad$ $z \approx 2{,}575$ für $\gamma = 0{,}99$

γ … **Sicherheit oder Vertrauensniveau** des Konfidenzintervalls

11.1 Beschreibende Statistik

WS-R 1.1 Werte aus tabellarischen und elementaren graphischen Darstellungen ablesen (bzw. zusammengesetzte Werte ermitteln) und im jeweiligen Kontext angemessen interpretieren können

WS-R 1.1 **M** **734.** In einem Betrieb wurden 60 Frauen und 100 Männer nach ihrer Wegzeit in Minuten in die Arbeit befragt. Das Ergebnis ist in den unten abgebildeten Boxplots dargestellt.

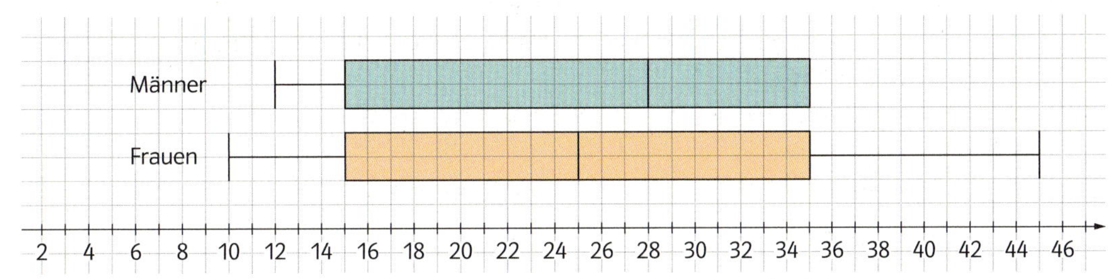

Kreuze die zutreffende(n) Aussage(n) an.

A	Es gibt mehr Frauen, die mindestens 28 Minuten in die Arbeit brauchen, als Männer.	☐
B	Mindestens 50 % der Beschäftigten brauchen zwischen 15 Minuten und 35 Minuten in die Arbeit.	☐
C	Mindestens 25 % der Frauen brauchen mindestens 35 Minuten in die Arbeit.	☐
D	Es gibt mehr als einen Mann, der angibt, genau 35 Minuten in die Arbeit zu brauchen.	☐
E	Mindestens 25 Männer brauchen höchstens 15 Minuten in die Arbeit.	☐

WS-R 1.1 **M** **735.** 50 Frauen wurden nach ihren Kleidergrößen befragt. Das Ergebnis ist rechts in einem Histogramm abgebildet.
Bestimme die relativen Häufigkeiten der einzelnen Kleidergrößenklassen G und schreibe sie in die Tabelle.

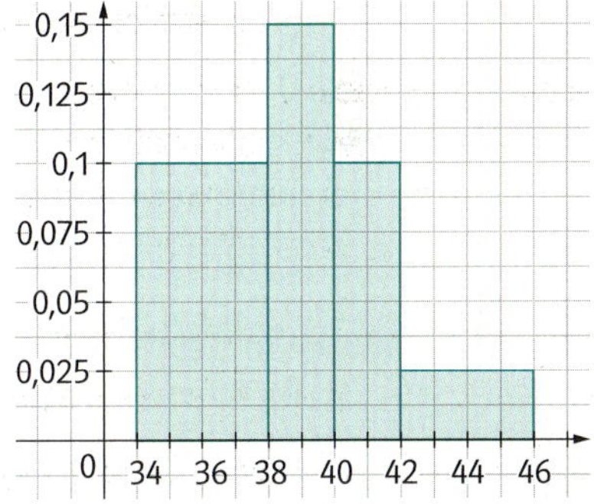

	Größe $34 \leq G < 38$	Größe $38 \leq G < 40$	Größe $40 \leq G < 42$	Größe $42 \leq G \leq 46$
relative Häufigkeit				

WS-R 1.2 Tabellen und einfache statistische Graphiken erstellen und zwischen Darstellungsformen wechseln können

WS-R 1.2 **M** **736.** Die Lieblingsfarbe von Personen wurde untersucht.
Das Ergebnis ist in folgendem Stabdiagramm dargestellt.
Übertrage die Ergebnisse der Befragung in das Kreisdiagramm.

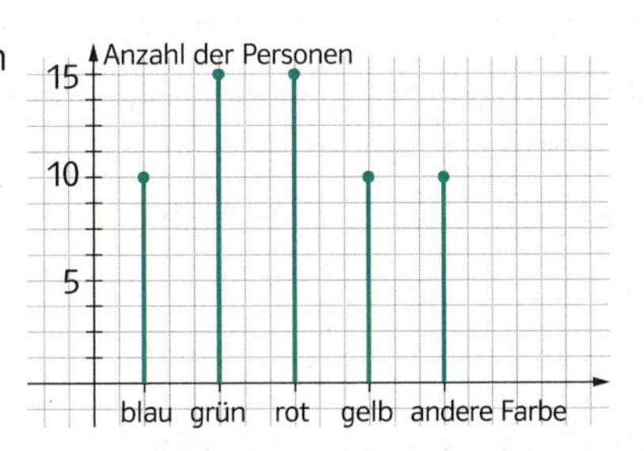

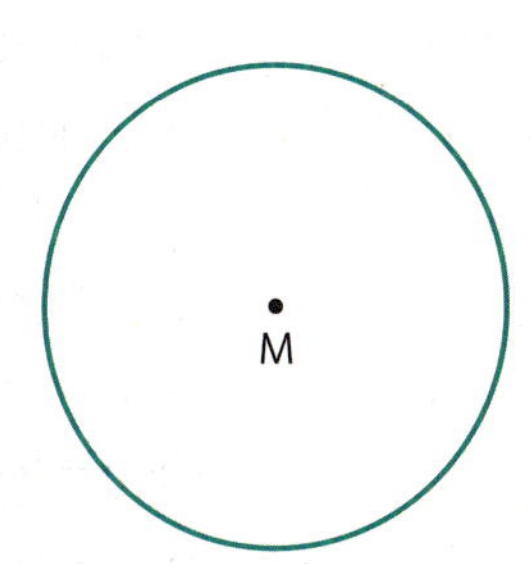

WS-R 1.3 Statistische Kennzahlen (absolute Häufigkeit, relative Häufigkeit, arithmetisches Mittel, Median, Modus, Quartile, Spannweite, empirische Varianz/Standardabweichung) im jeweiligen Kontext interpretieren können; die angeführten Kennzahlen für einfache Datensätze ermitteln können

WS-R 1.3 M **737.** Ein Zuckerlverkäufer mischt verschiedene Süßigkeiten zusammen. Die Menge und Preise der verwendeten Süßigkeiten sind in der Tabelle dargestellt. Bestimme den durchschnittlichen Preis der Mischung pro Kilogramm.

	Fruchtgummi	Sportgummi	Lakritz	Gummischlangen	Schokolinsen
Menge (in kg)	2	3	1	0,5	1,5
Preis in €/kg	3	2	5	4	3

WS-R 1.3 M **738.** Neun Jugendliche wurden nach der Anzahl ihrer engen Freundschaften befragt. Die Antworten sind in einer Liste zusammengefasst: 1, 1, 1, 2, 2, 3, 3, 4, 5
Kreuze die zutreffende(n) Aussage(n) an.

A	Das arithmetische Mittel ist größer als der Median.	☐
B	Das 3. Quartil ist ein Wert aus der Liste.	☐
C	Streicht man den Wert 5 aus der Liste, bleibt der Median gleich.	☐
D	Streicht man den Wert 5 aus der Liste, bleibt das arithmetische Mittel gleich.	☐
E	Die Spannweite der Datenliste ist 5.	☐

WS-R 1.4 Definition und wichtige Eigenschaften des arithmetischen Mittels und des Medians angeben und nutzen, Quartile ermitteln und interpretieren können; die Entscheidung für die Verwendung einer bestimmten Kennzahl begründen können

WS-R 1.4 M **739.** Zehn Familien wurden nach der Anzahl der Kinder befragt. Die Antworten sind in einer Liste zusammengefasst: 0, 1, 1, 0, 2, 3, 5, 2, 1, 4
Bestimme den Median M und die Quartile q_1 und q_3 dieser Liste.

WS-R 1.4 M **740.** Der Mittelwert einer Liste von 10 Daten ergibt den Wert 7,8. Nachträglich wird der Wert 9 als elfter Wert der Datenliste hinzugefügt. Berechne das arithmetische Mittel der neuen Liste.

WS-R 1.4 M **741.** Eine Lehrerin möchte die Schularbeitsnoten verschiedener Klassen vergleichen. Sie überlegt, ob sie dafür das arithmetische Mittel oder den Median der Noten heranziehen soll. Begründe mit mathematischen Argumenten, welchen der beiden Werte die Lehrerin verwenden sollte.

WS-R 1.4 M **742.** Ergänze die Lücken so, dass eine mathematisch korrekte Aussage entsteht.
Wenn man zu einer Rohdatenliste einen Wert hinzufügt, der kleiner als alle anderen Werte in der Liste ist, dann gilt für ____(1)____ der neuen Datenliste auf jeden Fall: ____(2)____.

(1)	
den Median	☐
das arithmetische Mittel	☐
die Spannweite	☐

(2)	
„wird kleiner"	☐
„bleibt gleich"	☐
„wird größer als 1"	☐

11.2 Grundbegriffe der Wahrscheinlichkeitsrechnung

WS-R 2.1 Grundraum und Ereignisse in angemessenen Situationen verbal bzw. formal angeben können

WS-R 2.1 **M** **743.** Eine Münze wird viermal geworfen. Der Grundraum umfasst alle möglichen Reihenfolgen aus „Kopf" und „Zahl". Bestimme die Anzahl der Elemente des Grundraumes Ω.

WS-R 2.1 **M** **744.** In einer Urne befinden sich drei gleichartige Zettel, von denen einer mit A, einer mit B und einer mit C beschriftet ist. Es wird dreimal ohne Zurücklegen aus dieser Urne gezogen. Der Grundraum umfasst alle möglichen Ziehungsreihenfolgen der drei Zettel.
Gib den Grundraum Ω für dieses Zufallsexperiment an.

WS-R 2.1 **M** **745.** Zwei Würfel werden geworfen.
Die Ereignismenge E lautet: $E = \{(1, 6), (6, 1), (2, 5), (5, 2), (3, 4), (4, 3)\}$
Beschreibe das Ereignis E in Worten.

WS-R 2.1 **M** **746.** In einer Klasse, die aus 5 Mädchen und 15 Buben besteht, werden zwei Kinder als Teilnehmer für einen Wettbewerb zufällig ausgewählt.
Das Ereignis E lautet: „Es werden zwei Mädchen ausgewählt."
Beschreibe das Gegenereignis von E in Worten.

WS-R 2.1 **M** **747.** In einer Urne befinden sich eine rote, eine weiße und eine grüne Kugel. Es wird dreimal mit Zurücklegen aus der Urne gezogen. Das Ereignis E ist gegeben durch: „Es werden mindestens zwei blaue Kugeln gezogen." Gib die Ereignismenge von E an.

WS-R 2.2 Relative Häufigkeit als Schätzwert von Wahrscheinlichkeit verwenden und anwenden können

WS-R 2.2 **M** **748.** Um die Anzahl der rauchenden Personen in einer Firma zu bestimmen, wurde unter den Beschäftigten eine Erhebung durchgeführt.
Das Ergebnis der Umfrage ist in nebenstehender Tabelle zusammengefasst.

	nicht rauchen	rauchen
Männer	45	25
Frauen	20	10

Es werden zwei Auswahlen getroffen:
Es wird eine beliebige Person P aus allen Beschäftigten der Firma zufällig ausgewählt.
Es wird eine Frau F nur aus den Frauen ausgewählt.
Ordne den beschriebenen Ereignissen die entsprechende Wahrscheinlichkeit zu.

1	P ist Nichtraucher oder Nichtraucherin.	
2	F ist Raucherin.	
3	P ist Raucher.	
4	P ist Raucherin.	

A	1,00
B	0,33
C	0,35
D	0,65
E	0,25
F	0,1

WS-R 2.2 M **749.** Aus einer Urne, in der sich nur rote, blaue und grüne Kugeln befinden, wird 1000-mal mit Zurücklegen gezogen. Dabei werden 350 rote und 250 blaue Kugeln gezogen.
Schätze die Wahrscheinlichkeit, dass aus dieser Urne beim nächsten Zug eine grüne Kugel gezogen wird.

WS-R 2.3 Wahrscheinlichkeit unter der Verwendung der Laplace-Annahme (Laplace-Wahrscheinlichkeit) berechnen und interpretieren können; Additionsregel und Multiplikationsregel anwenden und interpretieren können

WS-R 2.3 M **750.** Die Wahrscheinlichkeit, dass in einem bestimmten Land ein Einwohner einen Führerschein besitzt, beträgt 0,75. Kreuze die zutreffende(n) Aussage(n) an.

A	Unter 100 Einwohnern dieses Landes werden sich genau 75 Leute befinden, die einen Führerschein besitzen.	☐
B	Es gilt für große n: Von n Einwohnern haben ungefähr $0{,}75 \cdot n$ Einwohner einen Führerschein.	☐
C	75% aller Einwohner haben einen Führerschein.	☐
D	Man befragt der Reihe nach zehn Einwohner. Wenn neun Einwohner schon angegeben haben, keinen Führerschein zu besitzen, dann ist die Wahrscheinlichkeit, dass die zehnte Person einen Führerschein besitzt, größer als 75%.	☐
E	Es ist unmöglich, dass unter 100 zufällig ausgewählten Personen keine einen Führerschein besitzt.	☐

WS-R 2.3 M **751.** In einer Kiste befinden sich unter zwölf Büchern genau vier Bücher des österreichischen Autors Thomas Bernhard.
Jemand wählt zufällig vier Bücher aus dieser Kiste aus und nimmt sie mit nach Hause.
Bestimme die Wahrscheinlichkeit, dass sich mindestens ein Buch von Thomas Bernhard darunter befindet.

Thomas Bernhard

WS-R 2.3 M **752.** Eine Maschine produziert technische Geräte mit einer Fehlerquote von 7%.
Vervollständige den Satz so, dass er mathematisch korrekt ist.

Die Wahrscheinlichkeit, dass von zwei Geräten ___(1)___, kann durch folgende Rechnung ermittelt werden: ___(2)___.

(1)	
mindestens ein Gerät in Ordnung ist	☐
genau ein Gerät in Ordnung ist	☐
höchstens ein Gerät in Ordnung ist	☐

(2)	
$1 - 0{,}07^2$	☐
$0{,}93 \cdot 0{,}07 + 0{,}93^2$	☐
$0{,}93$	☐

WS-R 2.3 M **753.** Fünf Würfel werden einmal geworfen. Beschreibe ein Ereignis E, dessen Wahrscheinlichkeit man wie folgt berechnet.
$P(E) = 1 - 5 \cdot \frac{1}{6} \cdot \left(\frac{5}{6}\right)^4$

WS-R 2.3 M **754.** Die Wahrscheinlichkeit, dass auf einer Buchseite mindestens ein Tippfehler ist, beträgt p.
Es werden 100 Buchseiten überprüft.
Ordne jedem Ereignis die passende Wahrscheinlichkeitsberechnung zu.

1	Genau eine Seite hat mindestens einen Tippfehler.	
2	Die letzte Seite hat mindestens einen Tippfehler.	
3	Mindestens eine Seite hat mindestens einen Tippfehler.	
4	Keine Seite hat einen Tippfehler.	

A	$p^2 \cdot (1-p)^{98}$
B	p^2
C	$100 \cdot p^1 \cdot (1-p)^{99}$
D	p
E	$1-(1-p)^{100}$
F	$(1-p)^{100}$

WS-R 2.3 M **755.** Jeder Mensch besitzt eine von vier Blutgruppen (A, B, AB, 0). Jede der Blutgruppen kann außerdem den Rhesusfaktor „positiv" (+) oder den Rhesusfaktor „negativ" (–) aufweisen. Die entsprechenden Wahrscheinlichkeiten sind im folgenden Baumdiagramm eingezeichnet.

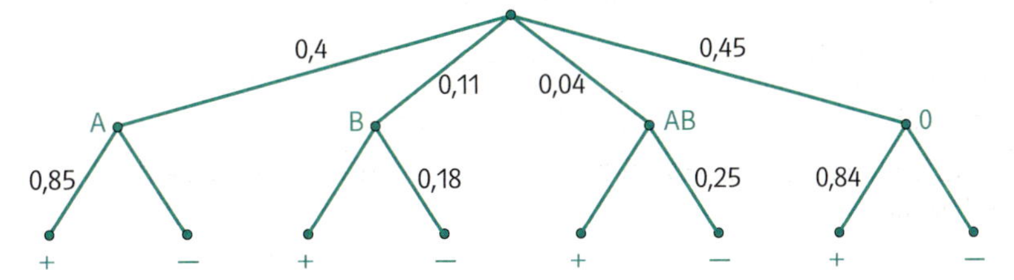

Bestimme das Ereignis E, dessen Wahrscheinlichkeit durch folgende Rechnung berechnet werden kann.
$P(E) = 0{,}04 \cdot 0{,}75 + 0{,}45 \cdot 0{,}84 + 0{,}11 \cdot 0{,}82 + 0{,}4 \cdot 0{,}85$

WS-R 2.3 M **756.** Ein defektes Werkstück durchlauft drei Qualitätskontrollen A, B und C. Dabei wird ein defektes Werkstück jeweils mit der Wahrscheinlichkeit p_A, p_B oder p_C angezeigt. Das passende Baumdiagramm ist abgebildet.

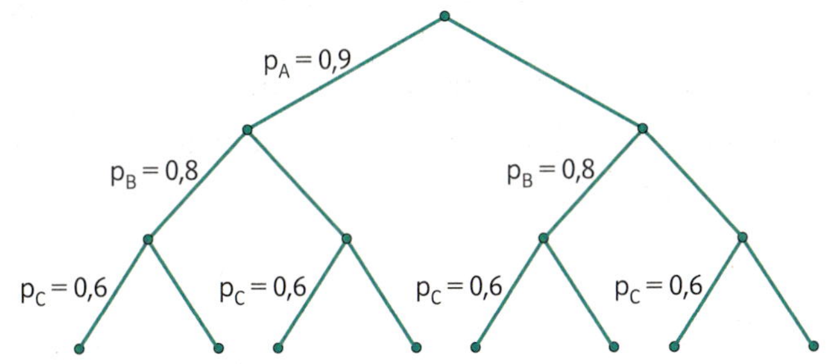

Kreuze die zutreffende(n) Aussage(n) an.
Die Wahrscheinlichkeit, dass …

A	… das defekte Stück von keiner Kontrolle angezeigt wird, beträgt 8%.	☐
B	… das defekte Stück nur von Qualitätskontrolle B angezeigt wird, beträgt 80%.	☐
C	… mindestens eine Kontrolle das defekte Stück anzeigt, beträgt 98%.	☐
D	… genau eine Kontrolle das defekte Stück anzeigt, beträgt 11,6%.	☐
E	… alle drei Kontrollen das defekte Stück anzeigen, beträgt 43,2%.	☐

WS-R 2.4 Binomialkoeffizient berechnen und interpretieren können

WS-R 2.4 M **757.** In einer Klasse befinden sich 17 Mädchen und acht Buben.
Interpretiere den Wert von $\binom{17}{8}$ im gegebenen Kontext.

WS-R 2.4 M **758.** Gib eine Begründung für die Richtigkeit der folgenden Gleichung an.
$\binom{n}{n-k} = \binom{n}{k}$, $n \geq k$; $n, k \in \mathbb{N}$

WS-R 2.4 M **759.** In einer Jugendgruppe befinden sich zehn Mädchen und fünf Buben. Unter den fünf Buben ist genau ein Zwillingspaar. Aus dieser Gruppe soll für einen Wettbewerb eine Mannschaft aus fünf Jugendlichen ausgewählt werden. Ordne die beschriebenen Anzahlen den passenden Rechnungen zu.

1	Anzahl der verschiedenen Mannschaften, die nur aus Mädchen bestehen	
2	Anzahl der verschiedenen Mannschaften, die aus drei Mädchen und dem Zwillingspaar bestehen	
3	Anzahl der verschiedenen Mannschaften, die nur aus Buben bestehen	
4	Anzahl der Mannschaften, die aus drei Mädchen und zwei Buben bestehen	

A	$\binom{10}{3}$
B	$\binom{10}{5}$
C	$\binom{10}{3}\binom{5}{2}$
D	$\binom{5}{5}$
E	$\binom{10}{3}+\binom{5}{2}$
F	$\binom{5}{1}$

WS-R 2.4 M **760.** Auf einer Schnur werden a blaue und b weiße gleichartige Kugeln aufgefädelt. Kreuze die Berechnung(en) an, mit der (denen) sich die Anzahl der verschiedenen Muster, die man mit diesen Kugeln bilden kann, ermitteln lässt.

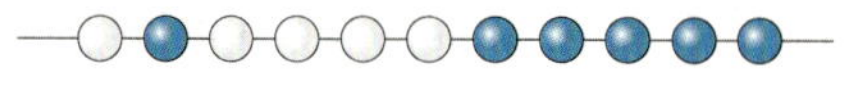

A	B	C	D	E
$\binom{a+b}{a}$	$\binom{a}{b}$	$\binom{a+b}{b}$	$\binom{b}{a}$	$\binom{a}{a+b}$
☐	☐	☐	☐	☐

WS-R 2.4 M **761.** In einer Urne befinden sich 300 durchnummerierte Kugeln. Es werden fünf Kugeln ohne Zurücklegen entnommen.
Bestimme die Anzahl der verschiedenen Ziehungsergebnisse ohne Berücksichtigung der Reihenfolge.

11.3 Wahrscheinlichkeitsverteilungen

WS-R 3.1 Die Begriffe „Zufallsvariable", („Wahrscheinlichkeits-)Verteilung", „Erwartungswert" und „Standardabweichung" verständig deuten und einsetzen können

WS-R 3.1 M **762.** Bei einem Kirtag wird folgendes Spiel angeboten. Um fünf Euro Spieleinsatz darf man zwei Würfel werfen. Zeigen die Würfel die gleichen Augenzahlen, so erhält man 30 € ausbezahlt. Zeigen die Würfel unterschiedliche Augenzahlen, so bekommt man nichts ausbezahlt.
Die Zufallsvariable X bezeichnet den Gewinn (Auszahlungsbetrag minus Spieleinsatz) in Euro, wenn man das Spiel einmal spielt.
Bestimme alle Werte von a für die gilt: $P(X = a) \neq 0$.

WS-R 3.1 M **763.** In einer Urne befinden sich eine rote, eine schwarze und zwei grüne Kugeln. Es wird solange ohne Zurücklegen aus der Urne gezogen, bis eine grüne Kugel erscheint.
Die Zufallsvariable X bezeichnet die Anzahl der Züge, die man benötigt, bis man beide grünen Kugeln gezogen hat. Bestimme die Wahrscheinlichkeitsverteilung von X.

WS-R 3.1 M **764.** In folgender Tabelle ist die Wahrscheinlichkeitsverteilung der diskreten Zufallsvariablen X gegeben.

a	5	10	15	20
P(X = a)	0,1	0,2	0,3	0,4

Berechne den Erwartungswert und die Standardabweichung von X.

WS-R 3.1 M **765.** Eine Lehrerin stellt zwei verschiedene Prüfungen P1 und P2 zusammen, bei denen man jeweils maximal sechs Punkte erreichen kann. Erreicht man mehr als drei Punkte, so hat man die Prüfung bestanden. Die Zufallsvariablen X und Y beschreiben jeweils die erreichbare Punkteanzahl. Die Tabellen zeigen die Wahrscheinlichkeitsverteilungen der Zufallsvariablen X und Y aufgrund langjähriger Erfahrungen.

Prüfung P1:

a	0	1	2	3	4	5	6
P(X = a)	0	0	0,3	0,4	0,3	0	0

Prüfung P2:

a	0	1	2	3	4	5	6
P(Y = a)	0,1	0,1	0,2	0,2	0,2	0,1	0,1

Kreuze die beiden zutreffenden Aussagen an.

A	Die Standardabweichung von X ist größer als die Standardabweichung von Y.	☐
B	Die Wahrscheinlichkeit, die Prüfung zu bestehen, ist bei beiden Prüfungen gleich.	☐
C	Der Erwartungswert von X ist größer als der Erwartungswert von Y.	☐
D	Bei beiden Prüfungsaufgaben werden auf lange Sicht durchschnittlich gleich viele Punkte erreicht werden.	☐
E	$P(X < 6) = P(Y \leq 6)$	☐

WS-R 3.2 Binomialverteilung als Modell einer diskreten Verteilung kennen – Erwartungswert sowie Varianz/Standardabweichung binomialverteilter Zufallsgrößen ermitteln können; Wahrscheinlichkeitsverteilung binomialverteilter Zufallsgrößen angeben können; Arbeiten mit der Binomialverteilung in anwendungsorientierten Bereichen

WS-R 3.2 M **766.** Bestimme die Wahrscheinlichkeitsverteilung einer binomialverteilten Zufallsvariablen X mit $n = 3$ und $p = 0{,}2$.

WS-R 3.2 M **767.** Die Diagramme zeigen Wahrscheinlichkeitsverteilungen von binomialverteilten Zufallsvariablen. Ordne den Diagrammen jeweils die entsprechenden Parameter n und p zu.

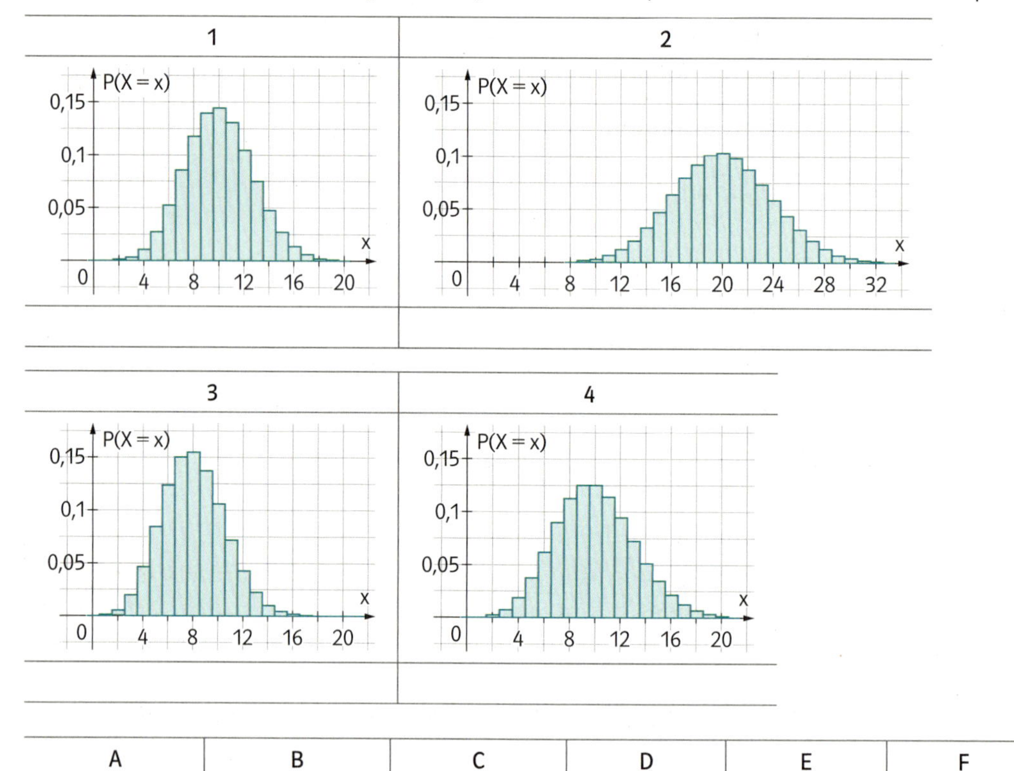

A	B	C	D	E	F
$n = 40$; $p = 0{,}25$	$n = 1000$; $p = 0{,}01$	$n = 80$; $p = 0{,}25$	$n = 10$; $p = 0{,}5$	$n = 40$; $p = 0{,}2$	$n = 10$; $p = 0{,}1$

WS-R 3.2 M **768.** In einer Firma fällt bei der Produktion von Nussknackern 2 % Ausschuss an. Ein Kunde bestellt 500 Nussknacker. Die Zufallsvariable X bezeichnet die Anzahl der Ausschussstücke in dieser Bestellung. Der Erwartungswert von X wird mit μ und die Standardabweichung wird mit σ bezeichnet. Kreuze die zutreffende(n) Aussage(n) an.

A	Die Varianz beträgt 96,04.	☐
B	$\mu = 10$	☐
C	$\sigma = 9{,}8$	☐
D	$P(X = 10) > P(X = 5)$	☐
E	$\sigma = \sqrt{\mu \cdot 0{,}98}$	☐

WS-R 3.2 M **769.** In einem Säckchen befinden sich 4 rote, 3 blaue und 5 grüne gleichartige Bausteine Es werden sechs Steine mit Zurücklegen entnommen. Berechne die Wahrscheinlichkeit, dass man mehr als vier grüne Steine zieht.

WS-R 3.2 **M** **770.** Es wird viermal mit einem sechsseitigen fairen Würfel geworfen. Genau eine der Würfelseiten zeigt die Farbe „rot". X bezeichnet die Anzahl der gewürfelten roten Seiten. Kreuze jene(n) Term(e) an, mit dem (denen) man die Wahrscheinlichkeit berechnen kann, dass man höchstens einmal „rot" wirft.

A	$4 \cdot \left(\frac{1}{6}\right) \cdot \left(\frac{5}{6}\right)^3$	☐
B	$\left(\frac{1}{6}\right)^4 + 4 \cdot \left(\frac{5}{6}\right) \cdot \left(\frac{1}{6}\right)^3$	☐
C	$\left(\frac{5}{6}\right)^4 + 4 \cdot \left(\frac{1}{6}\right) \cdot \left(\frac{5}{6}\right)^3$	☐
D	$1 - \left(\frac{1}{6}\right)^4 - 4 \cdot \left(\frac{1}{6}\right)^3 \cdot \left(\frac{5}{6}\right) - 6 \cdot \left(\frac{1}{6}\right)^2 \cdot \left(\frac{5}{6}\right)^2$	☐
E	$P(X = 0) + P(X = 1)$	☐

WS-R 3.2 **M** **771.** Eine Zufallsvariable X ist binomialverteilt mit den Parametern n und p und dem Erwartungswert μ. Vervollständige den Satz so, dass er mathematisch korrekt ist.

Eine binomialverteilte Zufallsvariable Y mit den Parametern ____(1)____ besitzt den Erwartungswert ____(2)____.

(1)	
2n und 0,5p	☐
2n und 2p	☐
0,5n und 0,5p	☐

(2)	
μ	☐
$0{,}5 \cdot \mu$	☐
$2 \cdot \mu$	☐

WS-R 3.2 **M** **772.** In einem Restaurant werden 5% der Reservierungen nicht in Anspruch genommen. Alle 70 Tische des Restaurants sind täglich reserviert. Bestimme die Anzahl der täglichen Tischreservierungen, die durchschnittlich nicht in Anspruch genommen werden.

WS-R 3.3 Situationen erkennen und beschreiben können, in denen mit Binomialverteilung modelliert werden kann

WS-R 3.3 **M** **773.** Kreuze das Zufallsexperiment an, in dem die Zufallsvariable X binomialverteilt ist.

A	Aus einer Urne mit 10 Kugeln werden mit einem Griff drei Kugeln gezogen. X bezeichnet die Anzahl der roten Kugeln.	☐
B	In einer Schachtel befinden sich unter zehn Glühbirnen zwei defekte. Man nimmt für eine Lampe 3 Glühbirnen aus der Schachtel. X bezeichnet die Anzahl der defekten Glühbirnen in der Auswahl.	☐
C	Erfahrungsgemäß sind 1% aller Glühbirnen defekt. Man packt 50 Glühbirnen in eine Schachtel. X bezeichnet die Anzahl der funktionierenden Glühbirnen in dieser Schachtel.	☐
D	Aus den Schülern und Schülerinnen einer Klasse wird eine Staffel aus vier Personen zusammengestellt. X bezeichnet die Anzahl der weiblichen Läuferinnen in dieser Staffel.	☐
E	Zwei Würfel werden geworfen. X bezeichnet die dabei geworfene Augensumme.	☐
F	In einer Urne befinden sich rote, grüne und gelbe Kugeln. Es wird solange mit Zurücklegen gezogen, bis eine grüne Kugel kommt. X bezeichnet die Anzahl der Züge.	☐

WS-R 3.4 Normalapproximation der Binomialverteilung interpretieren und anwenden können

WS-R 3.4 M **774.** Ein sechsseitiger Würfel wird n-mal geworfen. X bezeichnet die Anzahl der Würfe, die eine gerade Augenzahl zeigen. Bestimme die kleinste Zahl n, sodass eine Approximation mit Hilfe der Normalverteilung zulässig ist.

n = ___________

WS-R 3.4 M **775.** In einer Stadt beträgt der Anteil der Führerscheinbesitzer 83 %.
Bestimme die Wahrscheinlichkeit, dass sich unter 100 Personen dieser Stadt mindestens 83 Führerscheinbesitzer befinden. Verwende die Approximation durch eine Normalverteilung.

WS-R 3.4 M **776.** Der Leseranteil einer Zeitung beträgt 25 %. Berechne ein symmetrisches Intervall um den Mittelwert, in dem sich unter 300 Personen die Anzahl der Leserinnen und Leser dieser Zeitung mit einer Wahrscheinlichkeit von 99 % befindet. Verwende die Approximation durch eine Normalverteilung.

WS-R 3.4 M **777.** Aus Erfahrung weiß man, dass neun von zehn Jugendlichen täglich Social-Media-Plattformen benutzen. Bestimme die Wahrscheinlichkeit, dass in einer Schule mit 867 Jugendlichen mindestens 800 Jugendliche täglich derartige Internetplattformen benutzen. Verwende die Approximation durch eine Normalverteilung.

WS-R 3.4 M **778.** φ bezeichnet die Dichtefunktion und Φ die Verteilungsfunktion der Standardnormalverteilung. X ist eine normalverteilte Zufallsvariable mit den Parametern $\mu = 0$ und $\sigma = 1$. Ordne den angegebenen Ausdrücken die entsprechenden Werte zu.

1	2	3	4
$\Phi(-0{,}5)$	$\int_{-\infty}^{0{,}5} \varphi(x)\,dx$	$P(X > 0)$	$P(-0{,}5 \leq X \leq 0{,}5)$

A	B	C	D	E	F
0,3829	0,6915	0,5	0,3095	0,9	0,3085

WS-R 3.4 M **779.** φ bezeichnet die Dichtefunktion und Φ die Verteilungsfunktion der Standardnormalverteilung. X ist eine normalverteilte Zufallsvariable mit den Parametern $\mu = 0$ und $\sigma = 1$. Kreuze an, was der Wahrscheinlichkeit $P(X > 0{,}5)$ entspricht.

A	$\Phi(0{,}5)$	☐
B	$1 - \Phi(0{,}5)$	☐
C	$\Phi(-0{,}5)$	☐
D	$1 - \Phi(-0{,}5)$	☐
E	$\int_{0{,}5}^{\infty} \varphi(x)\,dx$	☐

11.4 Schließende und beurteilende Statistik

WS-R 4.1 Konfidenzintervalle als Schätzung für eine Wahrscheinlichkeit oder einen unbekannten Anteil p interpretieren (frequentistische Deutung) und verwenden können; Berechnungen auf Basis der Binomialverteilung oder einer durch die Normalverteilung approximierten Binomialverteilung durchführen können

WS-R 4.1 M **780.** Von 1000 befragten Personen gaben 728 an, täglich fernzusehen. Berechne ein 95%-Konfidenzintervall für den relativen Anteil der Personen in der Gesamtbevölkerung, die täglich fernsehen.

WS-R 4.1 M **781.** Bei einer Befragung von 1500 Personen geben 21% an, die Partei A zu wählen. Daraus folgerte ein Meinungsforschungsinstitut, dass zwischen 19% und 23% der Wähler die Partei A wählen werden. Bestimme die Sicherheit, mit der das Meinungsforschungsinstitut diese Behauptung aufstellt.

WS-R 4.1 M **782.** Bei einer Befragung von 1500 Personen ergab sich für eine Planung Österreich als Urlaubsland zu wählen das 95%-Konfidenzintervall [78%; 82%]. Kreuze die aufgrund dieses Ergebnisses zutreffende(n) Aussage(n) an.

A	Hätte man mehr Personen befragt und wäre dabei die relative Häufigkeit der Österreichurlauber gleich geblieben, wäre das Konfidenzintervall schmäler geworden.	☐
B	Ein 99%-Konfidenzintervall wäre bei gleich bleibender Anzahl der Befragten schmäler.	☐
C	Es haben bei der Umfrage ungefähr 120 Personen angegeben einen Urlaub zu planen.	☐
D	Hätten mehr Personen angegeben einen Urlaub in Österreich zu planen, so wäre das Konfidenzintervall breiter geworden.	☐
E	Auf keinen Fall planen weniger als 78% der Grundgesamtheit einen Österreichurlaub.	☐

WS-R 4.1 M **783.** Die Zufriedenheit mit einer Zahnpasta soll überprüft werden. Bestimme die Anzahl der Personen, die befragt werden müssen, um ein 99%-Konfidenzintervall von der Breite 0,02 zu bestimmen. Die relative Häufigkeit der zufriedenen Personen sei $h = 0{,}5$.

WS-R 4.1 M **784.** Von einer Stichprobe kennt man den Stichprobenumfang n, die relative Häufigkeit h eines beobachteten Merkmals und das Konfidenzniveau γ. Ordne jeder Stichprobe das richtige Intervall zu.

1	$n = 1000;\ h = 0{,}3;\ \gamma = 0{,}95$	
2	$n = 1000;\ h = 0{,}3;\ \gamma = 0{,}99$	
3	$n = 1500;\ h = 0{,}3;\ \gamma = 0{,}95$	
4	$n = 1000;\ h = 0{,}4;\ \gamma = 0{,}95$	

A	Konfidenzintervall; Achse: 0,34 0,36 0,38 0,4 0,42 0,44 0,46 0,48 0,5
B	Konfidenzintervall; Achse: 0,24 0,26 0,28 0,3 0,32 0,34 0,36 0,38 0,4
C	Konfidenzintervall; Achse: 0,24 0,26 0,28 0,3 0,32 0,34 0,36 0,38 0,4
D	Konfidenzintervall; Achse: 0,34 0,36 0,38 0,4 0,42 0,44 0,46 0,48 0,5
E	Konfidenzintervall; Achse: 0,24 0,26 0,28 0,3 0,32 0,34 0,36 0,38 0,4
F	Konfidenzintervall; Achse: 0,24 0,26 0,28 0,3 0,32 0,34 0,36 0,38 0,4

VERNETZUNG

Vernetzung – Typ-2-Aufgaben

M **785. Würfel aus dem Altertum**

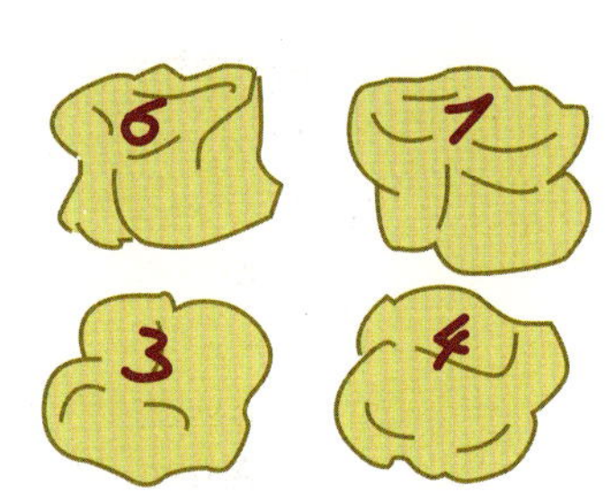

a) Die ältesten Gegenstände, die für Glücksspiele verwendet wurden, sind die so genannten Astralagi. Ein Astralagus ist ein Knochen aus dem Sprunggelenk eines Schafes oder einer Ziege, der geworfen wurde. Dabei konnten vier Seiten nach oben zum Liegen kommen, die mit den Zahlen 1, 3, 4 und 6 beschriftet waren. Aufgrund der unsymmetrischen Eigenschaften der Knochen, muss man die Wahrscheinlichkeiten P für das Erscheinen der einzelnen Zahlen aus Wurfserien schätzen. Dabei ergibt sich $P(1) \approx 8{,}7\,\%$, $P(3) \approx 43{,}0\,\%$, $P(4) \approx 39{,}1\,\%$ und $P(6) \approx 9{,}2\,\%$.
Gib an, welche Wahrscheinlichkeit durch den Ausdruck $0{,}087 \cdot 0{,}57 \cdot 0{,}391$ in diesem Zusammenhang berechnet wird.
Wurden mehrere Astralagi hintereinander geworfen, führten die entstandenen Kombinationen oft zu Orakelsprüchen, die in einem speziellen Buch gesammelt waren. Die Kombination aus drei Vierern und zwei Sechsern brachte beispielsweise den Rat, man solle zu Hause bleiben, da das künftige Vorhaben sehr gefährlich wäre.
Berechne die Wahrscheinlichkeit, dass bei fünf Würfen mit einem Astralagus drei Vierer und zwei Sechser erscheinen.

b) Wurden die Astralagi abgeschliffen, konnten Würfel mit sechs Seiten produziert werden, deren Wahrscheinlichkeiten aber weiterhin nicht für alle Seiten gleich groß waren. Durch Werfen eines solchen Würfels und Aufzeichnen der relativen Häufigkeiten für die Augenzahlen können auch hier Wahrscheinlichkeiten für die Augenzahlen angegeben werden. Die Verteilungsfunktion $P(X \leq a)$ einer Zufallsvariablen, die die (reelle) Augenzahl a eines derartigen Würfels beschreibt, ist in der nebenstehenden Abbildung dargestellt.
Gib die Wahrscheinlichkeitsverteilung in der untenstehenden Tabelle an.
Berechne den Erwartungswert der Zufallsvariablen.

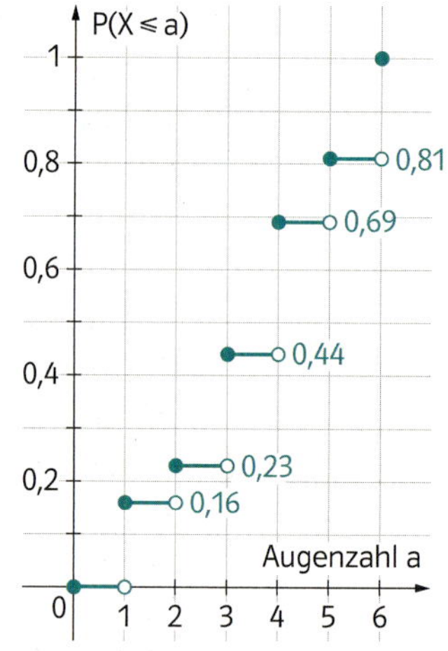

a	1	2	3	4	5	6
P(X = a)						

c) Etwas bessere Ergebnisse, was die Chancengleichheit der Augenzahlen betrifft, erzielte man im alten Ägypten mit gläsernen Würfeln. In einer Wurfserie mit 232 Würfen ergaben sich für die Augenzahlen 1, 2, 3, 4, 5 und 6 die folgenden Häufigkeiten: 49, 38, 38, 29, 30, 48. Um einen derartigen Würfel mit einem idealen Würfel zu vergleichen, werden die relativen Häufigkeiten als Wahrscheinlichkeiten interpretiert und der Erwartungswert der entstehenden Verteilung wird berechnet. Dabei ergibt sich für einen idealen Würfel der Erwartungswert 3,5. Ermittle unter der Bedingung, dass die Anzahl der Würfe für die Augenzahl 1 bis 4 unverändert bleibt, wie oft die Augenzahlen 5 und 6 bei der obigen Wurfserie mit 232 Würfen erscheinen hätten müssen, damit der Erwartungswert für die Augenzahlen mit jenem eines idealen Würfels übereinstimmt. Berücksichtige dazu, dass die Summe der relativen Häufigkeiten 1 ergeben muss, stelle ein lineares Gleichungssystem in zwei Variablen auf und löse es.

VERNETZUNG

M **786. Raucherinnen und Raucher in Österreich**

Obwohl der Anteil der Raucherinnen und Raucher in Österreichs Bevölkerung kontinuierlich zurückgeht, greifen im internationalen Vergleich überdurchschnittlich viele Österreicherinnen und Österreicher regelmäßig zur Zigarette. Besonders der Anteil der jugendlichen Raucherinnen und Raucher ist in Österreich sehr hoch.

a) Bei einer Umfrage an zwölf österreichischen Schulen mit vergleichbarer Größe wurde die Anzahl der Raucherinnen und Raucher in der Oberstufe (ab der 5. Klasse) ermittelt. Die Befragung brachte die folgenden Zahlen:
122 123 134 94 110 101 136 125 128 99 56 128
Bestimme das arithmetische Mittel und den Median der Liste.
Füge der Liste zwei weitere Zahlen hinzu, sodass sich das arithmetische Mittel nicht ändert, die Standardabweichung aber kleiner wird. Begründe deine Wahl.

b) Die nebenstehende Abbildung zeigt die Ergebnisse einer Studie, bei der 250 Personen (älter als 14 Jahre) zu ihrem Rauchverhalten befragt wurden.
Berechne die Wahrscheinlichkeit, dass eine zufällig ausgewählte Person aus der Studie raucht, zwischen 30 und 49 Jahre alt ist und ihre erste Zigarette zwischen 13 und 15 oder zwischen 16 und 19 Jahren geraucht hat.
In der Studie wurden 120 Männer und 130 Frauen befragt. Eine zufällig ausgewählte Person raucht nicht. Berechne die Wahrscheinlichkeit, dass es sich um einen Mann handelt. Runde alle vorkommenden Werte für Personen auf Ganze.

c) In der nebenstehenden Studie wurde der Anteil der Raucherinnen und Raucher von 250 Befragten ermittelt. Gib ein 90%-Konfidenzintervall für den Anteil der rauchenden Personen in der österreichischen Gesamtbevölkerung an.
Die Breite eines Konfidenzintervalls kann durch die drei Größen n (Stichprobengröße), γ (Sicherheit des Intervalls), h (relative Häufigkeit eines Merkmals in der Stichprobe) beeinflusst werden. Ergänze den folgenden Satz durch Ankreuzen der jeweils richtigen Satzteile so, dass eine mathematisch korrekte Aussage entsteht.

Raucherinnen und Raucher
Umfrage: 250 Personen älter als 14 Jahre

Anteile

36 % Rauchende Personen gesamt

Geschlechteranteil der rauchenden Personen
58 % Männer
42 % Frauen

Altersanteil der rauchenden Personen
40 % 15- bis 29-Jährige
38 % 30- bis 50-Jährige
22 % über 50-Jährige

Detail: Rauchende Personen im mittleren Alter (30 – 49)

Wann wurde die erste Zigarette geraucht?

bis 12 Jahre	9 %
13 – 15 Jahre	40 %
16 – 19 Jahre	37 %
20 – 24 Jahre	6 %
25 – 30 Jahre	2 %
keine Angabe	6 %

Das Konfidenzintervall wird jedenfalls breiter, wenn man ____(1)____ oder ____(2)____, wobei die anderen beiden Größen jeweils konstant gehalten werden.

(1)	
n vergrößert	☐
h verkleinert	☐
n verkleinert	☐

(2)	
γ verkleinert	☐
γ vergrößert	☐
h vergrößert	☐

12 Maturavorbereitung: Vernetzungsaufgaben – Typ 2

NETZUNG

Vernetzungsaufgaben – Typ 2

M **787. Weber-Fechner'sches Gesetz**

Im Jahr 1834 fand der Physiologe Ernst Heinrich Weber heraus, dass ein menschliches Sinnesorgan auf Reize aus der Umwelt je nach deren Stärke unterschiedlich reagiert.
Er untersuchte das menschliche Helligkeitsempfinden, den Geschmacksinn, das Gewichtsempfinden und auch den Temperatursinn. Dabei verglich er immer einen physikalischen Reiz R mit der durch ihn ausgelösten menschlichen Empfindung E und versuchte einen Zusammenhang zwischen diesen Größen zu finden.
Das menschliche Helligkeitsempfinden ist eines der berühmtesten Beispiele, die durch das Weber-Fechner'sche Gesetz beschrieben werden. Der Reiz R ist hier durch die Energie des ins Auge fallenden Lichts gegeben, die Empfindung wird durch ein elektrisches Signal in den Nervenzellen des Auges repräsentiert.

a) Die Abbildung rechts zeigt den Zusammenhang zwischen der Energie des Lichts und dem durch sie ausgelösten Helligkeitsempfinden beim Menschen.
Ein Energieunterschied ΔE ist beispielhaft für einen Bereich kleiner und für einen Bereich großer Energien eingezeichnet.
Formuliere bezugnehmend auf die Graphik eine Aussage, wie sich Energieunterschiede in verschiedenen Energiebereichen auf das Helligkeitsempfinden des Menschen auswirken.

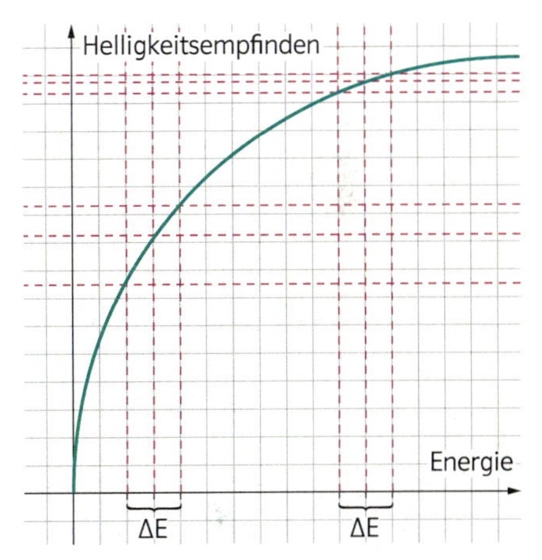

1860 entwickelte Gustav Theodor Fechner das mathematische Modell, das zu dem dargestellten Zusammenhang führte. Er nahm an, dass eine Änderung des Helligkeitsempfindens H direkt proportional zur jeweiligen relativen Änderung der Energie E ist.
Kreuze jene Differenzengleichung an, die diesen Zusammenhang richtig wiedergibt.

A	$\frac{H_2-H_1}{E_2-E_1}=c\cdot H_1$	☐	D	$H_2-H_1=\frac{c\cdot(E_2-E_1)}{E_1}$	☐
B	$H_2-H_1=c\cdot(E_2-E_1)$	☐	E	$\frac{E_2-E_1}{H_2-H_1}=c\cdot E_1$	☐
C	$\frac{H_2-H_1}{E_2-E_1}=c\cdot E_1$	☐	F	$E_2-E_1=c\cdot\frac{H_2-H_1}{E_1}$	☐

b) Der Temperatursinn ist eine Ausnahme und verhält sich nicht wie die meisten anderen menschlichen Empfindungen. Er hängt nämlich linear von der Temperatur T ab.
Ein Thermorezeptor ist ein temperaturempfindlicher Sensor in der Haut. Er erzeugt abhängig von der Temperatur eine bestimmte Anzahl von Nervenimpulsen pro Sekunde. Bei einem bestimmten Säugetier sind dies bei einer Temperatur von 35°C etwa 78 Nervenimpulse pro Sekunde und bei einer Temperatur von 20°C etwa 52 Nervenimpulse pro Sekunde.
Erstelle ein lineares Modell, das in Form einer Funktionsgleichung die Abhängigkeit der Anzahl der Nervenimpulse N pro Sekunde von der Temperatur T beschreibt.
Erkläre die Bedeutung der beiden Parameter dieses linearen Modells im Kontext.

M **788. Verkehrsunfälle mit Kindern**

Durch verschiedene politische Maßnahmen konnte in Österreich die Anzahl der durch Verkehrsunfälle verletzten oder getöteten Personen in den letzten 25 Jahren deutlich verringert werden. Insbesondere die Zahl der zu Schaden gekommenen Kinder nahm im Zeitraum von 1992 bis 2013 stark ab.
Die folgende Graphik illustriert diese Entwicklung.

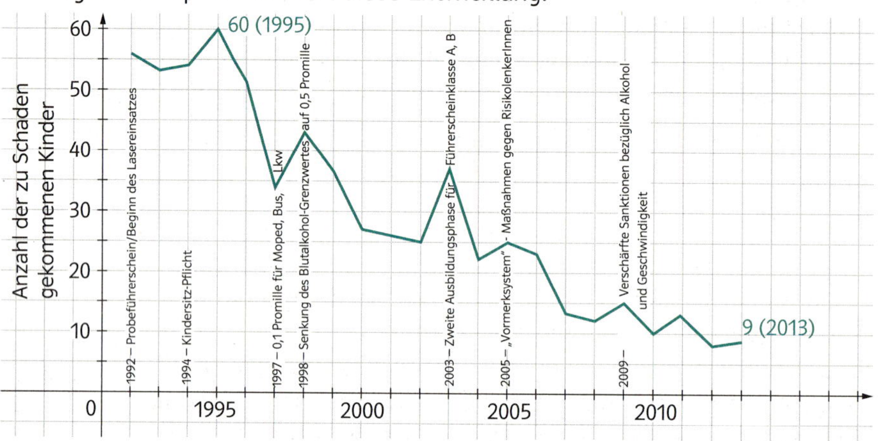

Quelle: Statistik Austria

Unter der „mittleren prozentuellen Abnahme" versteht man jenen Prozentsatz, um den eine Größe pro Zeiteinheit sinken muss, damit sie von einem gegebenen Ausgangswert auf einen gegebenen Endwert abnimmt.

a) Berechne die mittlere prozentuelle Abnahme der bei Verkehrsunfällen getöteten Kinder pro Jahr im Zeitraum von 1995 bis 2013.
Wann wird unter Voraussetzung dieses jährlichen Prozentsatzes die Anzahl auf sechs Kinder gesunken sein?

b) Die nebenstehende Abbildung zeigt die Entwicklung der bei Verkehrsunfällen verletzten Radfahrer zwischen 2007 und 2010 in Österreich.
Berechne die mittlere Abnahme pro Jahr der bei Verkehrsunfällen verletzten Radfahrer im Zeitraum von 2007 bis 2010.
Erkläre, warum in der Graphik die Abnahme der bei Verkehrsunfällen verletzten Radfahrer besonders deutlich erscheint und daher ein verzerrtes Bild der Wirklichkeit wiedergibt.

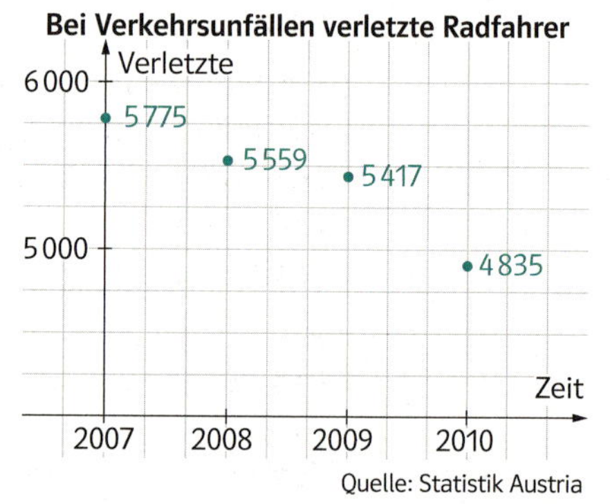

Quelle: Statistik Austria

c) Am 31. Mai 2011 trat in Österreich die Radhelmpflicht auf öffentlichen Straßen für Kinder bis zum vollendeten 12. Lebensjahr in Kraft. Am 6. Juni 2012 zog das Bundesministerium für Verkehr, Innovation und Technologie eine erste Bilanz. Unter anderem steht in einer Presseaussendung unter dem Titel „Weniger Kopfverletzungen":

„4500 Kinder mussten 2011 aufgrund eines Fahrradunfalls ins Spital eingeliefert werden, 42 % (das sind 1890) hatten eine Kopfverletzung. 75 % der Kopfverletzungen erlitten Kinder ohne Helm. Nur 25 % der Kopfverletzungen passierten mit Helm. Das zeigt, dass das Tragen eines Radhelms das Risiko einer Kopfverletzung deutlich reduziert.

NETZUNG

Betrachtet man die Gesamtheit aller im Krankenhaus behandelten Kopfverletzungen, die sich Kinder beim Radfahren zuzogen, so ist der Anteil 2011 gesunken – und zwar von 47% auf 42%. In absoluten Zahlen gab es 2011 bei Kindern 100 Kopfverletzungen weniger als im Jahr 2010 – und das, obwohl die Tragepflicht erst Ende Mai in Kraft trat."

Quelle: Bundesministerium für Verkehr, Innovation und Technologie; http://bmvit.gv.at [6.8. 2012]

Berechne die Anzahl der Kinder, die 2010 aufgrund eines Fahrradunfalls ins Spital eingeliefert werden mussten.
Es wird angenommen, dass im Jahr 2011 fünf Kinder nach einem Fahrradunfall in einem Krankenhaus behandelt werden mussten. Wie groß ist die Wahrscheinlichkeit, dass genau eines von ihnen eine Kopfverletzung hatte, obwohl es einen Helm trug?

M **789. Bummeln**

Das Bummeln ist ein langsames, entspanntes Gehen, bei dem die Muskulatur der Beine vergleichsweise wenig angespannt wird.
Die Bewegung eines Beins kann daher aus Sicht des Gehenden als frei schwingender Stab modelliert werden.
Die Schwingungsdauer T des Beins (in Sekunden) ist jene Zeitspanne, in der das Bein von ganz vorne bis ganz nach hinten und wieder zurück bewegt wird. Sie kann näherungsweise nach der Formel $T = 2\pi \cdot \sqrt{\frac{l}{15}}$ berechnet werden, wobei l die Länge des Beins (in Metern) bedeutet. Die beiden Beine bilden zusammen mit der Schrittlänge s ein gleichschenkeliges Dreieck (siehe Skizze).

a) Berechne die Schrittlänge s für einen Erwachsenen mit einer Beinlänge von 90 cm, wenn der durchschnittliche Öffnungswinkel α zwischen den Beinen 45° beträgt.
Bestimme die mittlere Geschwindigkeit, mit der sich dieser Erwachsene beim Bummeln fortbewegt.

b) Ein Kind besitzt eine Beinlänge von 50 cm und eine durchschnittliche Schrittlänge von 35 cm. Die Auslenkung A_1 eines Beins in Abhängigkeit von der Zeit t (in Sekunden) kann beim Bummeln durch eine Funktion der Form $A_1(t) = a_1 \cdot \sin(b_1 \cdot t)$ beschrieben werden, wobei $b_1 = \frac{2\pi}{T}$ gilt.
Bestimme die Parameter a_1 und b_1 für dieses Kind.

$a_1 =$ ________ $b_1 =$ ________

Das zweite Bein kann durch eine Funktion der Form $A_2(t) = a_2 \cdot \sin(b_2 \cdot t)$ beschrieben werden.
Gib einen mathematischen Zusammenhang zwischen den Funktionen A_1 und A_2 an.

c) Die Auslenkung A eines Beins in Abhängigkeit von der Zeit t (in Sekunden) kann beim Bummeln durch eine Funktion der Form $A(t) = a \cdot \sin(b \cdot t)$ beschrieben werden.
Erkläre, was der Ausdruck $\lim\limits_{t_2 \to t_1} \frac{A(t_2) - A(t_1)}{t_2 - t_1}$ im gegebenen Kontext bedeutet.
Angenommen, die Beinlänge und die Schrittlänge eines Kindes sind nur halb so groß wie die eines Erwachsenen.
Zeige, dass die mittlere Geschwindigkeit des Kindes dann unabhängig von konkreten Werten für l und s um den Faktor $\frac{\sqrt{2}}{2}$ kleiner ist als jene eines Erwachsenen.

M **790. Handycovers**

Ein Hersteller von Handycovers kann pro Tag maximal 120 Stück produzieren. Die Kosten, die für die Produktion von x Stück entstehen, können durch die Kostenfunktion K mit der Funktionsgleichung $K(x) = 0{,}04 \cdot x^2 + 0{,}4 \cdot x + 52$ näherungsweise berechnet werden. Die Stückkostenfunktion $\overline{K}$ gibt die durchschnittlichen Kosten pro Stück an. Der Erlös E(x) bezeichnet die Einnahmen, die durch den Verkauf von x Stück erzielt werden. Der Gewinn G ist jene Geldmenge, die dem Hersteller durch den Erlös nach Abzug der Kosten bleibt. Die Graphen der beiden Funktionen K und E sind in der folgenden Abbildung dargestellt.

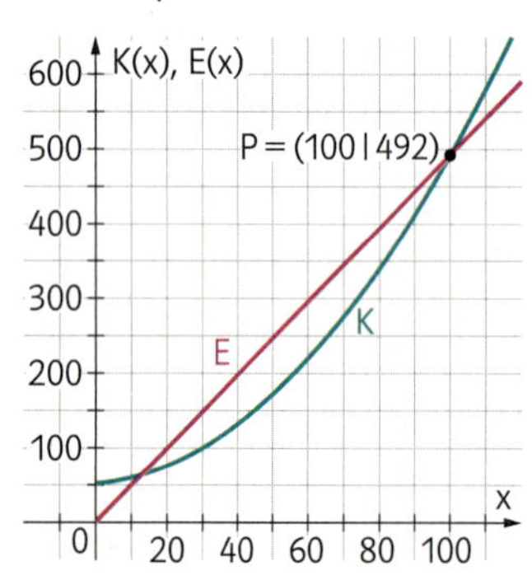

a) Bestimme eine Funktionsgleichung der linearen Funktion E und interpretiere die darin enthaltenen Parameter.
Ermittle eine Funktionsgleichung der Stückkostenfunktion $\overline{K}$ und berechne die Stückkosten für eine Produktionsmenge von 50 Stück.

b) Die Gewinnfunktion G, die jeder Produktionsmenge x den zu erzielenden Gewinn zuordnet, hat die Funktionsgleichung $G(x) = -0{,}04 \cdot x^2 + 4{,}52 \cdot x - 52$.
Berechne die Nullstellen der Gewinnfunktion, markiere die Lösungen in der obigen Abbildung an der Kosten- und Erlösfunktion und erkläre, was die Nullstellen im gegebenen Zusammenhang bedeuten.
Berechne mit Hilfe der Differentialrechnung jene Produktionsmenge, die den meisten Gewinn für den Hersteller abwirft.

c) Ermittle den Preis, zu dem der Hersteller ein Handycover verkaufen müsste, damit er bei gleicher Kostenfunktion die obere Gewinnschranke auf eine Produktionsmenge von 120 Stück pro Tag erhöhen könnte.
Bei gleichbleibender Erlösfunktion lässt sich auch durch Änderung der Kostenfunktion der Gewinn vergrößern. Die gegebene Kostenfunktion ist von der Form $K(x) = a \cdot x^2 + b \cdot x + c$ mit $a = 0{,}04$, $b = 0{,}4$ und $c = 52$.
Kreuze die beiden zutreffenden Aussagen an.

A	Vergrößert man a, so vergrößert sich der Gewinn für alle $x \in [40; 60]$.	☐
B	Vergrößert man b, so wird das Gewinnintervall kleiner.	☐
C	Verkleinert man a, so vergrößert sich für alle $x \in [20; 120]$ der Gewinn.	☐
D	Vergrößert man c, so wird das Gewinnintervall größer.	☐
E	Verkleinert man c, so gibt es ein $x \in [30; 120]$, für das der Gewinn kleiner wird.	☐

NETZUNG

M **791. Polynomfunktion dritten Grades**

Die Polynomfunktion f ist durch die Funktionsgleichung $f(x) = \frac{1}{120} \cdot (x^3 - 36x^2 + 371x - 576)$ gegeben. Sie wird von der Geraden mit der Gleichung $-7x + 20y = 19$ geschnitten, die auch als Funktion g mit einer Funktionsgleichung der Form $g(x) = kx + d$ aufgefasst werden kann. Die Graphen der Funktionen schneiden einander, wodurch sich zwei Flächenstücke ergeben, die von den Graphen eingeschlossen sind.
Die folgende Abbildung zeigt die Graphen der Funktionen f und g. Die Schnittpunkte der Graphen A, B und C haben ganzzahlige x-Koordinaten, der Punkt P ist ebenfalls eingezeichnet.

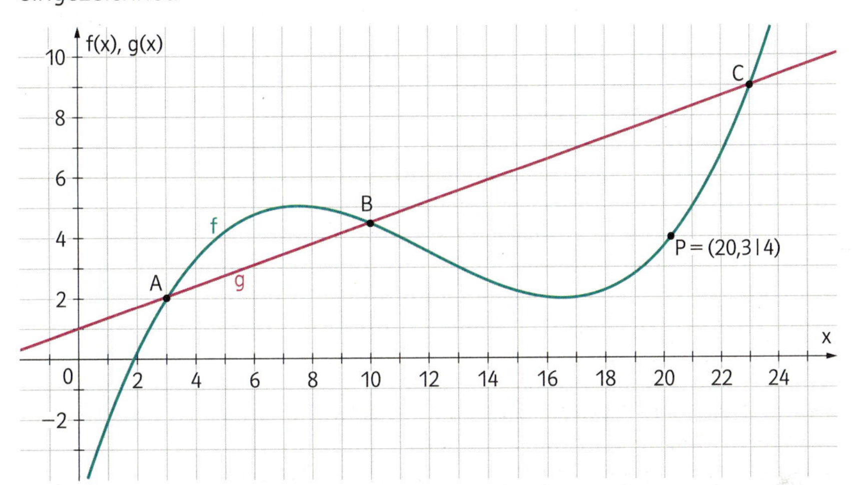

a) Die Differenzfunktion d der beiden Funktionen f und g wird definiert durch $d(x) = f(x) - g(x)$.
Zeichne das obige Koordinatenssystem und skizziere den Graphen der Differenzfunktion hinein.

Für die Differenzfunktion d gilt: $\int_3^{23} d(x)\,dx \approx -33{,}3$. Deute die Zahl $-33{,}3$ in Bezug auf die von den beiden Funktionen eingeschlossenen Flächenstücke.

b) Die Summe der Flächeninhalte der von den Graphen der Funktionen f und g eingeschlossenen Flächenstücke wird mit A bezeichnet.
Kreuze die zutreffende(n) Aussage(n) an, mit der (denen) man A berechnen kann.

A	$A = \int_3^{10} g(x) - f(x)\,dx + \int_{10}^{23} f(x) - g(x)\,dx$	☐
B	$A = \left\lvert \int_3^{23} g(x) - f(x)\,dx \right\rvert$	☐
C	$A = \left\lvert \int_3^{10} f(x) - g(x)\,dx \right\rvert - \left\lvert \int_{10}^{23} f(x) - g(x)\,dx \right\rvert$	☐
D	$A = \int_3^{10} f(x) - g(x)\,dx - \int_{10}^{23} f(x) - g(x)\,dx$	☐
E	$A = \int_3^{23} f(x)\,dx - \int_3^{23} g(x)\,dx$	☐

Berechne den Flächeninhalt der kleineren Fläche. Lies dazu benötigte Werte aus der Graphik ab.

c) Für eine Funktion f, die in einem Intervall [a; b] stetig ist, gilt der so genannte Satz von Rolle. Er lautet: Ist $f(a) = f(b)$, so gibt es eine Stelle m in [a; b], für die gilt: $f'(m) = 0$.
Der Punkt $P = (20{,}3 \mid 4)$ liegt auf dem Graphen von f und ist in der gegebenen Abbildung eingezeichnet.
Zeige rechnerisch, dass der Satz von Rolle für das Intervall [a; 20,3] gilt. Wähle dazu a passend und lies aus dem Graphen eine Stelle m ab, sodass der Satz erfüllt ist.

M **792. Österreichischer Allergiebericht**

Der erste österreichische Allergiebericht aus dem Jahr 2006 zeigt, dass sich immer mehr Menschen von Allergien betroffen fühlen. Laut dem Bericht leiden in Österreich rund zwei Millionen Menschen an einer Allergie: etwa 200 000 leiden dabei an einer Pollenallergie, gefolgt von der Tierallergie mit 130 000 Betroffenen.
Der Allergiebericht liefert Daten zur Altersverteilung von Allergien, zu den verschiedenen Arten von Allergien sowie zur Diagnostik und Behandlung von allergischen Reaktionen. Im Folgenden sind einige dieser Daten zusammengestellt.

Allergiediagnostik	Angaben in Prozent		
	Männer	Frauen	gesamt
Diagnostiziert vom Hausarzt	17,4	19,0	18,3
Diagnostiziert vom Facharzt	32,6	36,1	34,4
Diagnostiziert vom Krankenhaus	6,7	6,6	6,6
Diagnostiziert in der Ambulanz	18,9	20,9	19,9
Woanders diagnostiziert	3,5	2,9	3,2
Nicht vom Arzt diagnostiziert	31,8	27,4	29,5
Weiß nicht	2,2	1,6	1,9
Keine Angabe	2,5	1,8	2,1

Quelle: Wiener Gesundheits- und Sozialsurvey 2001

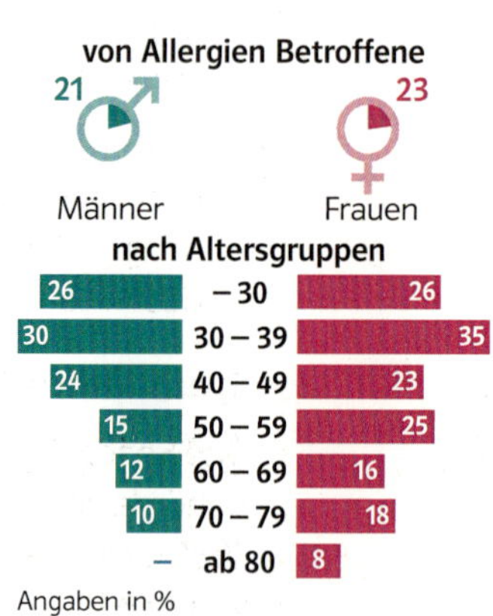

Allergieauslösende Substanzen Relative Krankheitshäufigkeit in der Gesamtbevölkerung in Prozent			
	Männer	Frauen	gesamt
Pollen	11,5	10,1	10,8
Tiere	6,3	6,8	6,6
Staubmilben	5,7	6,9	6,3
Schimmelpilze	0,9	1,9	1,4
Künstliche Lebensmittelfarbe, Konservierungsmittel	0,8	1,4	1,1
Bestimmte Lebensmittel	3,5	6,4	4,9
Bestimmte Medikamente oder deren Komponenten	4,5	8,8	6,6
Bestimmte Chemikalien oder Metalle	2,6	7,6	5,0
Bestimmte Getränke	1,0	1,3	1,1
Kosmetika oder Haussalben	1,0	7,0	4,0
Andere Dinge	2,6	5,0	3,8
Bin allergisch, aber weiß nicht wogegen	2,7	2,7	2,7

Gesundenuntersuchung zu allergieauslösenden Substanzen	
	Anzahl der Patienten
Medikamente	53
Pollen	65
Nahrungsmittel	17
Diverse Tiere	22
Staubmilbe	32
Stauballergie	10
Schimmelpilze	3
Biene / Wespe	10
Sonnenallergie	5
Nickel	26
Pflaster	3

Quelle: http://www.aerztezeitung.at/fileadmin/PDF/2006_Verlinkungen/2006-11_ErsterOestAllergiebericht.pdf [adaptiert] [15.9.2017]

a) Zeige, dass der relative Anteil der an einer Staubmilbenallergie leidenden Personen in der Gesundenuntersuchung ungefähr das Doppelte des entsprechenden relativen Anteils in der Gesamtbevölkerung ist.
Die rechte Abbildung auf Seite 274 zeigt die prozentuellen Anteile der an Allergien leidenden Personen in der Bevölkerung, geordnet nach Geschlecht und Altersgruppen. Begründe, dass das arithmetische Mittel der prozentuellen Anteile von den Altersgruppen bei Männern nicht mit dem prozentuellen Anteil in der Gesamtbevölkerung übereinstimmt.

b) Berechne die Wahrscheinlichkeit, dass eine zufällig ausgewählte weibliche Person an einer Pollenallergie leidet und diese Allergie durch ihren Hausarzt diagnostiziert wurde. Ermittle die Wahrscheinlichkeit, dass von 20 zufällig ausgewählten männlichen Personen höchstens zwei an einer Allergie leiden und nicht wissen, an welcher.

c) Bestimme ein 95%-Konfidenzintervall für den relativen Anteil der an einer Sonnenallergie leidenden Personen in der Gesundenuntersuchung und interpretiere es im Zusammenhang mit dem relativen Anteil der an einer Sonnenallergie Leidenden in der Gesamtbevölkerung.

M **793. Space Shuttle Flug**

Das Space Shuttle war eine von der US-Raumfahrtbehörde NASA entwickelte Raumfähre, die zwischen 1981 und 2011 für Missionen ins Weltall verwendet wurde. Ein Flug ins All verbrauchte enorme Mengen an Energie, die durch das Verbrennen von einem flüssigen Treibstoff, welcher in einem riesigen, externen Tank mitgeführt werden musste, bereitgestellt wurden.
Die benötigte Energie kann berechnet werden, indem man die augenblicklich wirkende Kraft auf das Space Shuttle mit dem Weg multipliziert, den es zurücklegen soll. Bei einem Flug zur internationalen Raumstation ISS beträgt der Weg etwa 300 Kilometer.
Die Kraft F in Newton, die auf das Shuttle wirkt, lässt sich durch das Newton'sche Gravitationsgesetz abschätzen.

Es gilt: $F = G \cdot \frac{m \cdot M}{r^2}$

M … Masse der Erde ($M = 6 \cdot 10^{24}$ kg)

m … Masse des Space Shuttle ($m \approx 10^5$ kg)

r … Abstand des Space Shuttle vom Erdmittelpunkt in Meter

G … Gravitationskonstante ($G = 6{,}67 \cdot 10^{-11}\,m^3/kg\,s^2$)

a) Berechne die Kraft, die auf das Space Shuttle wirkt, wenn es auf der Startrampe steht. Verwende für r den Erdradius ($r \approx 6\,300$ km).
Betrachte das Newton'sche Gravitationsgesetz und kreuze die zutreffende(n) Aussage(n) an.

A	Verdoppelt man alle drei Größen m, M und r, so bleibt die Kraft gleich.	☐
B	Verdoppelt man m und verdreifacht man r, so sinkt die Kraft auf $\frac{1}{3}$ des ursprünglichen Werts.	☐
C	Verringert man m und M jeweils auf die Hälfte und verdoppelt man r, so sinkt die Kraft auf $\frac{1}{8}$ des ursprünglichen Werts.	☐
D	Verdreifacht man m und verdoppelt man r, so sinkt die Kraft auf $\frac{3}{4}$ des ursprünglichen Werts.	☐
E	Verdoppelt man m und vervierfacht man r, so sinkt die Kraft auf $\frac{1}{8}$ des ursprünglichen Werts.	☐

b) Zeige rechnerisch, dass die momentane Änderungsrate der Kraft bezüglich des Abstands vom Erdmittelpunkt für alle $r > 0$ kleiner als null ist.
Interpretiere dieses negative Vorzeichen im gegebenen Kontext.

c) Da sich die Kraft, die auf das Space Shuttle wirkt, mit zunehmendem Abstand vom Erdmittelpunkt kontinuierlich ändert, ändert sich auch die Energie, die benötigt wird, um das Shuttle vorwärts zu bewegen. Zur näherungsweisen Berechnung dieser Energie kann man den Weg in viele kleine Teilstücke zerlegen, die Kraft für die Länge dieser Teilstücke jeweils konstant annehmen und die Produkte der jeweils konstanten Kräfte mit den Weglängen summieren.
Gib einen mathematischen Ausdruck an, mit dem man die Energie, die benötigt wird, um das Shuttle von einem Abstand r_1 zu einem Abstand r_2 vom Erdmittelpunkt zu bringen, exakt berechnen kann.

E = ______________________

In der folgenden Graphik ist die Kraft, die die Triebwerke des Space Shuttle in Abhängigkeit vom Abstand r zum Erdmittelpunkt während eines Testflugs ausüben, dargestellt.
Markiere in der Graphik die Energie, die für den Flug zwischen den Abständen r_1 und r_2 verbraucht wurde.

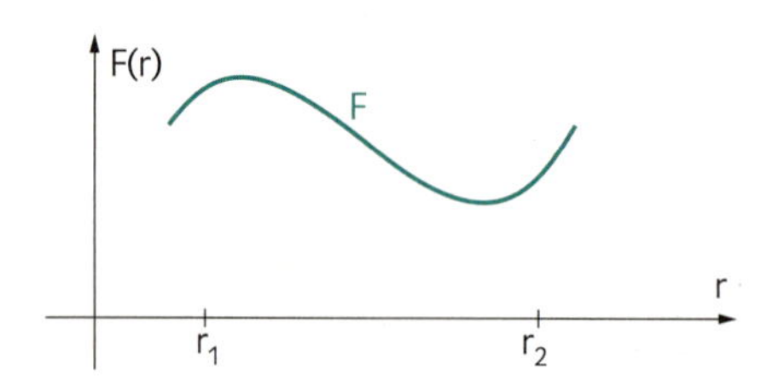

VETZUNG

M **794. Voyager Sonde**

Die Raumfähre Voyager 1 wurde von der amerikanischen Weltraumbehörde NASA 1977 gestartet, um die äußeren Teile des Sonnensystems zu erforschen. Ihre Fotoaufnahmen von Jupiter, Saturn, Uranus und Neptun wurden weltweit bekannt. Sie ist das schnellste jemals von Menschen gebaute Objekt und bewegt sich derzeit mit etwa 17 km/s in den Randzonen des Sonnensystems durch das All, wobei sie gelegentlich immer noch Daten zur Erde sendet (Stand 2017).
Die unglaublich hohe Geschwindigkeit der Voyager 1 Sonde wurde ihr nicht komplett von der Erde mitgegeben, sondern ergab sich auch durch das Vorbeifliegen an den Planeten mit geringer Distanz. Durch die Gravitation des Planeten erhält die Sonde nämlich eine Geschwindigkeit in Richtung des Mittelpunkts des Planeten, die zur ursprünglichen Geschwindigkeit dazukommt.

a) In der untenstehenden Abbildung sind die Geschwindigkeit bevor die Voyager 1 Sonde den Jupiter passiert $\overrightarrow{v_{vorher}}$ und die Geschwindigkeit nach dem Vorbeiflug $\overrightarrow{v_{nachher}}$ als Vektoren dargestellt. Die Länge der Vektoren gibt dabei die von der Sonde zurückgelegte Distanz pro Stunde an.
Zeichne vom Punkt A ausgehend jenen Geschwindigkeitsvektor $\vec{v}$ in die Abbildung ein, der zum Vektor $\overrightarrow{v_{vorher}}$ addiert werden muss, um den Vektor $\overrightarrow{v_{nachher}}$ zu erhalten.

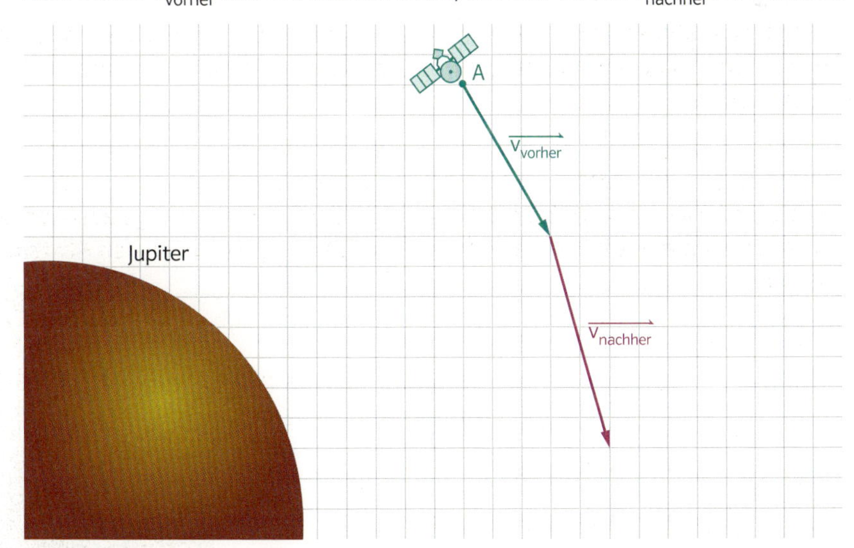

Erkläre, wie man aus der Konstruktion erkennen kann, dass die Sonde durch den Planeten beschleunigt wird.

b) Der Betrag der Geschwindigkeit v (in km/h) der Voyager 1 Sonde beim Vorbeiflug an Jupiter wird durch eine Funktion v(t) beschrieben (t in Stunden).
Kreuze jene beiden Aussagen an, die korrekte Interpretationen des Ausdrucks v′(8) darstellen.

A	v′(8) gibt die mittlere Geschwindigkeit in den ersten acht Stunden des Vorbeiflugs an.	☐
B	v′(8) beschreibt die momentane Beschleunigung zum Zeitpunkt acht Stunden nach Beginn des Vorbeiflugs.	☐
C	v′(8) gibt an, um wie viel km/h sich die Geschwindigkeit der Sonde in den ersten acht Stunden des Vorbeiflugs ändert.	☐
D	v′(8) gibt die Geschwindigkeit der Sonde zum Zeitpunkt acht Stunden nach Beginn des Vorbeiflugs an.	☐
E	v′(8) gibt die momentane zeitliche Geschwindigkeitsänderung der Sonde zum Zeitpunkt acht Stunden nach Beginn des Vorbeiflugs an.	☐

Gib das Vorzeichen von v′(8) an und begründe deine Antwort.

c) Der Betrag der Geschwindigkeit v (in km/h) der Voyager 1 Sonde beim Vorbeiflug an Jupiter wird durch $v(t) = 43{,}2 \cdot t^2 - 72 \cdot t + 54\,000 \quad t \in [0; 10]$ beschrieben (t in Stunden):
Die nebenstehende Abbildung zeigt den Graphen der Funktion v und zwei Zeitpunkte t_1 und t_2.
Zeichne den Ausdruck $v(t_1) \cdot (t_2 - t_1)$ in die Abbildung ein und gib seine Bedeutung im Kontext des Vorbeiflugs an.

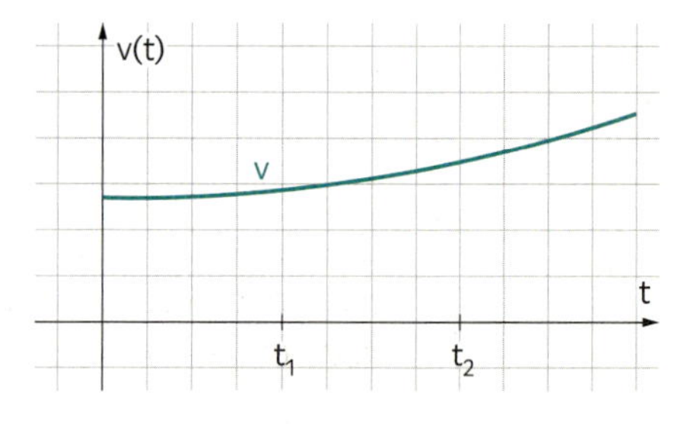

Berechne den Weg, den die Voyager Sonde in den ersten zehn Stunden des Vorbeiflugs an Jupiter zurücklegt.

M **795. Länderporträt China**

Die Volksrepublik China ist mit rund 1,37 Milliarden Einwohnern der bevölkerungsreichste Staat der Erde. Das Land hat mehr Einwohner als Nordamerika, Europa und Russland zusammen. Um das rasche Bevölkerungswachstum einzudämmen, wurde jahrelang die Ein-Kind-Politik betrieben, die allerdings wieder gemildert wurde, nachdem es zu großen Konflikten im Land gekommen war.

Wirtschaftlich zeichnet sich China seit Jahren durch einen großen Aufschwung aus. Der Staat hat sich mittlerweile zur zweitgrößten Wirtschaftsmacht vor Japan und hinter den USA entwickelt. Damit einher gehen Verbesserungen in der Bildung, aber auch Probleme, was die Schere zwischen den Reichen und den Armen betrifft. So verfügten knapp über 1500 Chinesen im Jahr 2015 jeweils über mehr als 300 Millionen Euro, während ein großer Teil der Landsleute mit nur einem Euro pro Tag auskommen musste.

a) Die folgende Abbildung zeigt die Bevölkerungsentwicklung Chinas seit dem Jahr 1948. Daneben finden sich zwei Tabellen mit genaueren Bevölkerungszahlen sowie eine Prognose der Bevölkerungsentwicklung vom US Census Bureau.
Quelle: https://de.wikipedia.org/wiki/Volksrepublik_China [15.8.2017]

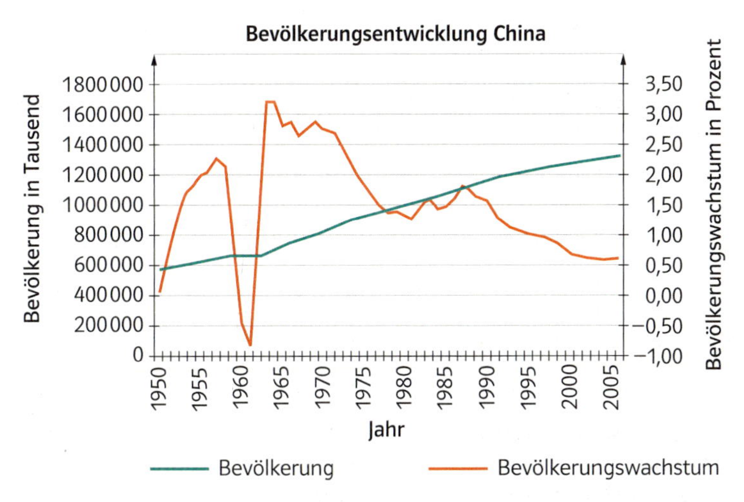

Einwohnerzahlen 1995 bis 2010	
Jahr	**Einwohner**
1995	1215787464
2000	1268853362
2005	1306313812
2010	1339724852

Prognose 2015 bis 2050 (U.S. Census Bureau)	
Jahr	**Einwohner**
2015	1361513000
2020	1384545000
2030	1391491000
2040	1358519000
2050	1303723000

Die chinesische Regierung rechnet im Gegensatz zum US Census Bureau damit, dass die Bevölkerung im Jahr 2030 auf 1,5 Milliarden Menschen gewachsen sein wird.
Verwende die Einwohnerzahlen von 2005 und 2010, um ein exponentielles Wachstumsgesetz der Form $N(t) = N_0 \cdot a^t$ für das Bevölkerungswachstum Chinas aufzustellen.
Überprüfe damit die Prognosen des US Census Bureau sowie der chinesischen Regierung und stelle fest, welche der Prognosen dem exponentiellen Wachstum besser entspricht.
Ermittle aus der Graphik ein Zeitintervall, in dem die Bevölkerungszahl Chinas näherungsweise durch eine einzige Exponentialfunktion dargestellt werden kann und begründe deine Antwort.

b) Die nebenstehende Graphik zeigt die Ungleichheiten im jährlichen Einkommen von Chinas Einwohnern. Der Geldbetrag beim a%-Perzentil bedeutet dabei, dass a% der Bevölkerung jährlich diesen Betrag oder darunter verdienen. Skizziere einen Boxplot der Daten, wenn davon ausgegangen wird, dass nur Einkommen von 100 bis 10000 Euro in der Studie berücksichtigt wurden.

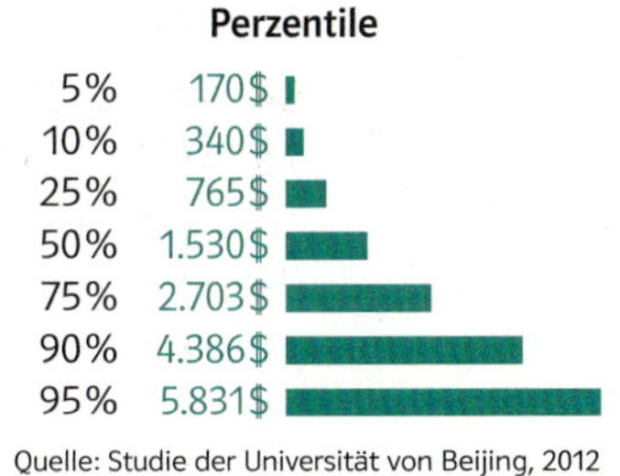

Quelle: Studie der Universität von Beijing, 2012

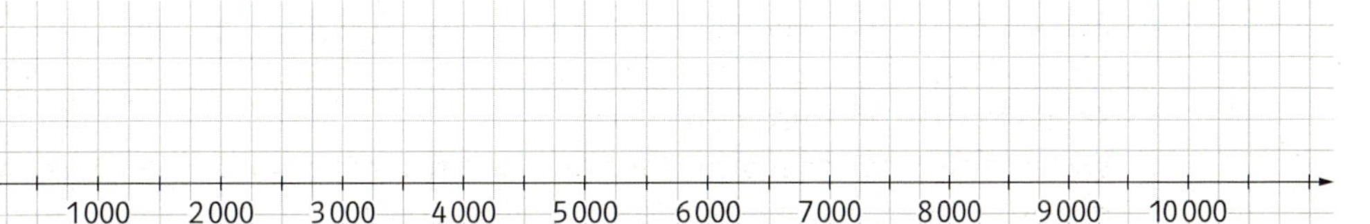

Wenn man die jährlichen Einkommen aller Einwohner Chinas betrachtet und einen Durchschnittswert dafür angeben möchte, hat man die Wahl zwischen dem arithmetischen Mittel und dem Median. Argumentiere, welcher der beiden Durchschnittswerte sich für die jährlichen Einkommen Chinas besser eignet und begründe deine Antwort.

Beweise

1 Stammfunktionen

SATZ S.17

Substitutionsmethode

Ist f stetig und g differenzierbar, dann ist folgende Substitution möglich:

$$x = g(u) \;\text{ bzw. }\; dx = g'(u) \cdot du \quad \Rightarrow \quad \int f(x) \cdot dx = \int f(g(u)) \cdot g'(u)\,du$$

BEWEIS

Ist F(x) eine Stammfunktion von f(x), dann ist wegen der Kettenregel F(g(u)) eine Stammfunktion von f(g(u)) · g′(u).

2 Der Hauptsatz der Differential- und Integralrechnung

SATZ S.34

Hauptsatz der Differential und Integralrechnung

Sei f eine auf [a; b] stetige Funktion. Dann gilt:

1) Es existiert eine Stammfunktion F von f.

2) Es gilt $\int_a^b f(x)\,dx = F(x)\Big|_a^b = F(b) - F(a)$

BEWEIS

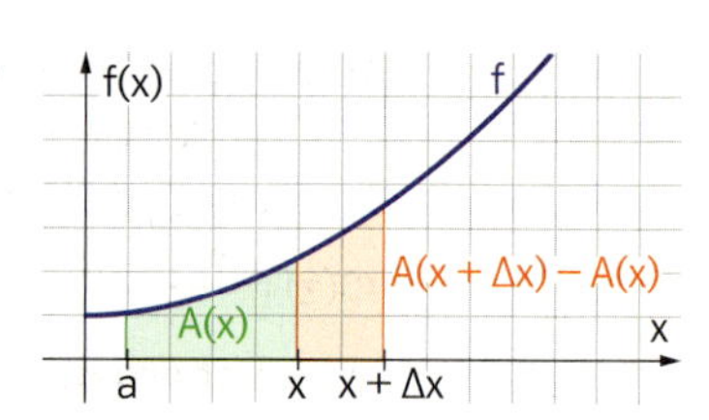

Der Einfachheit halber wird eine auf [a; b] monoton steigende Funktion mit nur positiven Funktionswerten betrachtet. Die Funktion A(x) bezeichnet den Flächeninhalt, den der Graph von f im Intervall [a; x] mit der x-Achse einschließt. Geht man auf der x-Achse um ein kleines Stück (Δx) weiter, so kann man den neuen roten Flächeninhalt mittels A(x + Δx) – A(x) berechnen.

Man könnte diesen Flächeninhalt auch mittels Ober- und Untersummen von f in [x; x + Δx] berechnen. Eine weitere Möglichkeit ist die Berechnung mittels Zwischensummen:
Wie im Kapitel 2 besprochen, gibt es, da f eine stetige Funktion ist, eine Zwischenstelle x_i im Intervall [x; x + Δx] mit der Eigenschaft, dass der Flächeninhalt des Rechtecks mit der Breite Δx und der Höhe $f(x_i)$ mit dem roten Flächeninhalt übereinstimmt. Es gilt daher:
$A(x + \Delta x) - A(x) = \Delta x \cdot f(x_i)$. Durch Umformung erhält man einen Differenzenquotienten:
$\frac{A(x + \Delta x) - A(x)}{\Delta x} = f(x_i)$. Lässt man nun Δx immer kleiner werden, so wird die rote Fläche immer kleiner und x_i nähert sich x an. Man erhält daher den Differentialquotienten:
$A'(x) = \lim\limits_{\Delta x \to 0} \frac{A(x + \Delta x) - A(x)}{\Delta x} = \lim\limits_{\Delta x \to 0} f(x_i) = f(x)$. Da f die Ableitungsfunktion der Funktion A ist, hat man eine Stammfunktion F von f gefunden.

Nun ist noch zu zeigen, dass für jede beliebige Stammfunktion von f gilt:

$$\int_a^b f(x)\,dx = F(x)\Big|_a^b = F(b) - F(a)$$

Setzt man nun F(x) = A(x) + d bzw. A(x) = F(x) + c, so kann man den Flächeninhalt, den der Graph von f mit der x-Achse in [a; b] einschließt, auf folgende Art berechnen:

$\int_a^b f(x)\,dx = A(b) - A(a) = F(b) + c - F(a) - c = F(b) - F(a)$ Man kann also zur Berechnung des bestimmten Integrals jede beliebige Stammfunktion F von f nehmen.

4

Dynamische Systeme

SATZ
S. 89

Explizite Darstellung einer linearen Differenzengleichung

Die explizite Form einer **linearen Differenzengleichung** $y_{n+1} = a \cdot y_n + b$ mit dem Anfangswert y_0 und $a \neq 1$ ist gegeben durch: $y_n = a^n \cdot y_0 + b \cdot \frac{1-a^n}{1-a}$

BEWEIS

Zuerst werden die ersten Glieder betrachtet:

$y_1 = a \cdot y_0 + b \qquad y_2 = a \cdot y_1 + b = a \cdot (a \cdot y_0 + b) + b = a^2 \cdot y_0 + a \cdot b + b$

$y_3 = a \cdot y_2 + b = a \cdot (a^2 \cdot y_0 + a \cdot b + b) + b = a^3 \cdot y_0 + a^2 \cdot b + a \cdot b + b \ldots$

$y_n = a^n \cdot y_0 + a^{n-1} \cdot b + a^{n-2} \cdot b + \ldots + a \cdot b + b = a^n \cdot y_0 + b \cdot (a^{n-1} + a^{n-2} + \ldots + a + 1)$

Durch Verwendung der Summenformel für geometrische Reihen (vgl. Lösungswege 6, Seite 142) erhält man die Behauptung: $a^{n-1} + a^{n-2} + \ldots + a + 1 = \frac{1-a^n}{1-a} \Rightarrow y_n = a^n \cdot y_0 + b \cdot \frac{1-a^n}{1-a}$

7

Schließende und beurteilende Statistik

SATZ
S. 157

Formel zur Berechnung des (approximierten) γ-Konfidenzintervalls

γ-Konfidenzintervall für $p = \left[h - z \cdot \sqrt{\frac{h \cdot (1-h)}{n}}; h + z \cdot \sqrt{\frac{h \cdot (1-h)}{n}}\right]$

$\varepsilon = z \cdot \sqrt{\frac{h \cdot (1-h)}{n}}$ … Abweichung von h; die halbe Intervallbreite

p … die unbekannte (abzuschätzende) Wahrscheinlichkeit für das Auftreten eines Merkmals in der Grundgesamtheit

h … relative Häufigkeit des Merkmals in der Stichprobe   n … Umfang der Stichprobe

$\Phi(z) = \frac{\gamma + 1}{2}$ $z \approx 1{,}96$ für $\gamma = 0{,}95$ $z \approx 2{,}575$ für $\gamma = 0{,}99$

γ … **Sicherheit oder Vertrauensniveau** $\alpha = 1 - \gamma$ … **Irrtumswahrscheinlichkeit**

BEWEIS

H ist die absolute Häufigkeit einer binomialverteilten Zufallsvariablen X in einer Stichprobe, n ist der Umfang der Stichprobe, $h = \frac{H}{n}$ ist die relative Häufigkeit dieses Merkmals.
$[h - \varepsilon; h + \varepsilon]$ ist das gesuchte Konfidenzintervall mit der Sicherheit γ.
Die Wahrscheinlichkeitsverteilung von X kann durch eine Normalverteilung approximiert werden. X ist annähernd normalverteilt mit dem Erwartungswert $E = n \cdot h$ und der Standardabweichung $S = \sqrt{n \cdot h \cdot (1-h)}$. Die relative Häufigkeit $h = \frac{X}{n}$ ist normalverteilt mit den Parametern $\mu = \frac{n \cdot h}{n} = h$ und $\sigma = \frac{\sqrt{n \cdot h \cdot (1-h)}}{n} = \sqrt{\frac{h \cdot (1-h)}{n}}$ (ohne Beweis).
F ist die Verteilungsfunktion der relativen Häufigkeit h mit $N\left(h; \sqrt{\frac{h \cdot (1-h)}{n}}\right)$. Φ ist die Verteilungsfunktion der Standard-Normalverteilung N(0; 1).

$$P(h - \varepsilon \leq p \leq h + \varepsilon) = \gamma \Rightarrow F(h + \varepsilon) - F(h - \varepsilon) = \gamma \Rightarrow \Phi\left(\frac{(h+\varepsilon) - h}{\sqrt{\frac{h \cdot (1-h)}{n}}}\right) - \Phi\left(\frac{(h-\varepsilon) - h}{\sqrt{\frac{h \cdot (1-h)}{n}}}\right) = \gamma \Rightarrow$$

$$\Phi\left(\frac{\varepsilon}{\sqrt{\frac{h \cdot (1-h)}{n}}}\right) - \Phi\left(-\frac{\varepsilon}{\sqrt{\frac{h \cdot (1-h)}{n}}}\right) = \gamma \Rightarrow \Phi\left(\frac{\varepsilon}{\sqrt{\frac{h \cdot (1-h)}{n}}}\right) - \left(1 - \Phi\left(\frac{\varepsilon}{\sqrt{\frac{h \cdot (1-h)}{n}}}\right)\right) = \gamma \Rightarrow$$

$$2 \cdot \Phi\left(\frac{\varepsilon}{\sqrt{\frac{h \cdot (1-h)}{n}}}\right) - 1 = \gamma \Rightarrow \Phi\left(\frac{\varepsilon}{\sqrt{\frac{h \cdot (1-h)}{n}}}\right) = \frac{\gamma + 1}{2}$$

Nun bestimmt man z so dass gilt: $\Phi(z) = \frac{\gamma + 1}{2} \Rightarrow \frac{\varepsilon}{\sqrt{\frac{h \cdot (1-h)}{n}}} = z \Rightarrow \varepsilon = z \cdot \sqrt{\frac{h \cdot (1-h)}{n}}$

Somit lautet das γ-Konfidenzintervall für die Wahrscheinlichkeit p in der Grundgesamtheit:

$\left[h - z \cdot \sqrt{\frac{h \cdot (1-h)}{n}}; h + z \cdot \sqrt{\frac{h \cdot (1-h)}{n}}\right]$ q.e.d.

Technologie-Hinweise

Lösen von Differentialgleichungen

Geogebra:	LöseDgl[Gleichung, Anfangsbedingung]	Beispiel: LöseDgl[y′ = 5, (0, −3)] ⇒ $y = 5t - 3$
TI-Nspire:	deSolve(Gleichung and Bedingung; t, y)	Beispiel: deSolve(y′ = 5 and y(0) = −3, t, y) ⇒ $y = 5t - 3$

Berechnung eines unbestimmten Integrals einer Funktion f

Geogebra:	Integral(f, x)	Beispiel: Integral(3x + 5,x)	$1{,}5x^2 + 5x$
TI-Nspire:	Integral(f, x) oder Menü 4 3	Beispiel: Integral(3x + 5,x)	$\frac{3x^2}{2} + 5x$

Berechnen von Ober- und Untersummen einer Funktion f auf [a; b]

Geogebra:	Obersumme[Funktion, Startwert, Endwert, Anzahl der Rechtecke]
	Untersumme[Funktion, Startwert, Endwert, Anzahl der Rechtecke]

Berechnen des bestimmten Integrals einer Funktion f in [a; b]

Geogebra:	Integral[Funktion, Startwert, Endwert]
TI-Nspire:	Integral(Funktion, x, Startwert, Endwert)

Berechnung der Grenze eines bestimmten Integrals

Geogebra:	Löse(Integral[Funktion, Startwert, a] = c, a)
TI-Nspire:	solve(Integral(Funktion, x, Startwert, a) = c, a) oder Menü 4 3

Das bestimmte Integral zwischen zwei Funktionsgraphen

Geogebra:	IntegralZwischen[Funktion, Funktion, Startwert, Endwert]

Berechnung eines uneigentlichen Integrals einer Funktion f

Geogebra:	Integral[Funktion, Startwert, Endwert]	Beispiel: Integral$\left[\frac{1}{x^2}, 2, \infty\right]$
TI-Nspire:	Integral(Funktion, x, Startwert, Endwert)	Beispiel: integral$\left(\frac{1}{x^2}, 2, \infty\right)$

Graph der Dichtefunktion der Normalverteilung

Geogebra:	Normal[<Erwartungswert>, <Standardabweichung>, x]	Beispiel: Normal[500, 50, x]
TI-Nspire:	Definiere die Funktion f1(x): = normpdf(x, Erwartungswert, Standardabweichung)	

Berechnung von Wahrscheinlichkeiten normalverteilter Zufallsvariablen

Geogebra:	Normal[<Erwartungswert>, <Standardabweichung>, <Wert der Variablen>]
	Beispiel: Normal[500, 50, 575] = 0,9332
TI-Nspire:	normCdf(– ∞, Wert der Variablen, Erwartungswert, Standardabweichung)

Grenze x des bestimmten Integrals $\int_{-\infty}^{x} \frac{1}{\sqrt{2\pi} \cdot \sigma} \cdot e^{-\frac{1}{2}\left(\frac{x-\mu}{\sigma}\right)^2} dx = p$ berechnen

Geogebra:	(im CAS-Fenster): N(μ; σ; x) = p numerisch lösen
	Beispiel: N(505; 10; x) = 0,1 numerisch lösen: x = 492,18
TI-Nspire:	invNorm(p, μ, σ)

$P(a \leq X \leq b)$ einer N(μ, σ)-verteilten Zufallsvariablen X berechnen

Geogebra:	Normal[μ, σ; b] – Normal[μ, σ; a]
	Beispiel: Normal[500, 5; 505] – Normal[500, 5; 495] = 0,6827
TI-Nspire:	normCdf(untere Grenze, obere Grenze, Erwartungswert, Standardabweichung)

Konfidenzintervall für Normalverteilung berechnen

Geogebra:	GaußAnteilSchätzer[<Stichprobenanteil>, <Stichprobengröße>, <Signifikanzniveau>]
	Beispiel: GaußAnteilSchätzer[0,215, 1000, 0,95] = {0,1895, 0,2405}
TI-Nspire:	Statistik / Konfidenzintervalle / 1-Propz-Interval: [Stichprobenanteil, Stichprobengröße, Signifikanzniveau]
	Beispiel: 1-Prop z Interval[215, 1000, 0,95] = {0,1895; 0,2405}

Hypothesentest für Normalverteilung durchführen

Geogebra:	GaußAnteilTest[<Stichprobenanteil>, <Stichprobengröße>, <Vermuteter Anteil>, <Seite>]
	Ergebnis: Liste = {Wert der Wahrscheinlichkeit, Testprüfgröße z}
	Beispiel: GaußAnteilTest[0,2125, 80, 0,15, „>"] Liste1 = {0,0587; 1,5656}

Lösungen Selbstkontrolle

1 Stammfunktionen

46. z. B. $H(x) = x + 5$

47. B, C, D

48. a) $\frac{x^4}{16} - \frac{x^3}{5} + \frac{x^2}{6} - 7x + c$
b) $-\frac{x^5}{15} + \frac{x^3}{15} - \frac{x^2}{5} + 3x + c$

49. a) $-3 \cdot \ln|x| + 3 \cdot \sqrt[3]{x}$ b) $2 \cdot \ln|x| - 3 \cdot \sqrt[3]{x^2}$

50. a) $-\frac{4}{3} \cdot \sin(3x)$ b) $-\frac{3}{2} \cdot \cos(2x)$ c) $\frac{4}{5} \cdot e^{-5x}$

51. C, E

52. D

53. a)

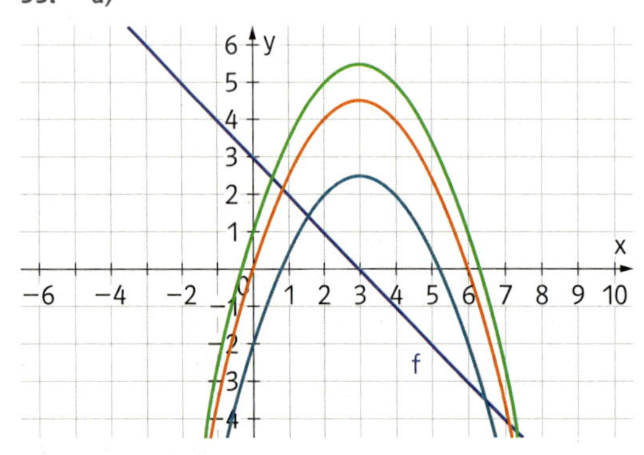

b)

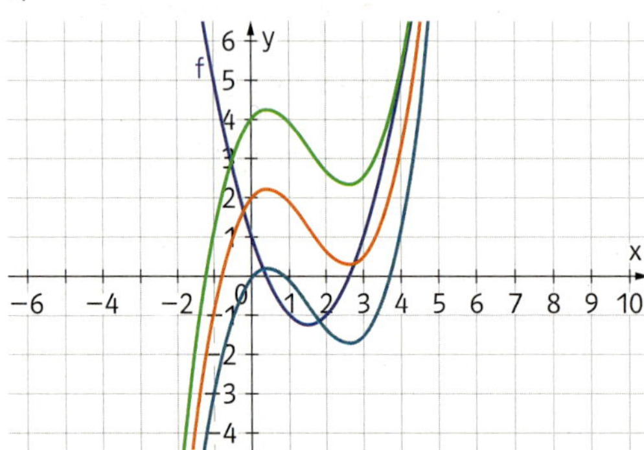

54. a) $-\frac{(-3x+12)^4}{12} + c$ b) $\frac{2}{3 \cdot (3x-4)^6} + c$

55. $-\frac{4}{5}x \cdot \sin(5x) - \frac{4}{25} \cdot \cos(5x) + c$

2 Der Hauptsatz der Differential- und Integralrechnung

124. Untersumme: 16 Obersumme: 25

125. B, C

126. Das bestimmte Integral ist der Grenzwert einer Summe von Produkten der Form $f(x) \cdot \Delta x$.
Um daran zu erinnern, wurde dx durch Δx und das Summenzeichen durch das Integralzeichen $\int$ ersetzt.

127. 250 Der Fußgänger hat in 80 Sekunden 250 Meter zurückgelegt.

128. $-8{,}33$

129. C, E

130. A, C, D

131. 16

132. 49,33

133. $\int_a^b (g(x) - f(x))\,dx + \int_b^c (f(x) - g(x))\,dx$

3 Weitere Anwendungen der Integralrechnung

218. $\frac{32}{3}$ m

219. Länge $a(z) = -\frac{3}{7}z + 40$ $V = 35\,875\,\text{cm}^3$

220. $V_x = \frac{494}{15}\pi$ $V_y = 60\pi$

221. 1,85 m
Geometrisch entspricht der Wert dem Flächeninhalt zwischen dem Graphen von v und der waagrechten Achse im Intervall [0; 1].

222. 10,5 m

223. $v(120) = 588$ m/s $s(120) = 35\,280$ m

224. 303 J

225. $\int_a^b K'(x)\,dx$ … Änderung der Gesamtkosten, wenn die Produktion von a ME auf b ME erhöht wird.
$\int_a^b G'(x)\,dx$ … Änderung des Gewinns, wenn die Produktion von a ME auf b ME erhöht wird.

4 Dynamische Systeme

296. $y_{n+1} = y_n - 0{,}05$ $y_0 = 4$

297. $y_{n+1} = 0{,}8 \cdot y_n$ $y_0 = 32\,000$
$y_{n+1} - y_n = -0{,}2 \cdot y_n$ $y_0 = 32\,000$

298. $y_{n+1} = 1{,}09 \cdot y_n - 1000$ $y_0 = 10\,000$

299. a) $y(t) = \frac{1}{e^{-4{,}6}} \cdot e^{-2{,}3t}$
b) $y(t) = -9{,}96 \cdot e^{-1{,}2t} + 5$

300. $y'(t) = 0{,}0296 \cdot y(t)$ $y(0) = 3\,000$
$y(t) = 3\,000 \cdot e^{0{,}0296t}$

301. $T'(t) = -0{,}11 \cdot (T(t) - 22)$

302. Es gibt gleich- und gegensinnige Wirkungen sowie eskalierende und stabilisierende Rückkopplungen. Die Gesamtwirkung in einer Kette von mehreren Komponenten kann durch die Vorzeichenregel ermittelt und beurteilt werden.

5 Stetige Zufallsvariablen

338. B, C, D

339.

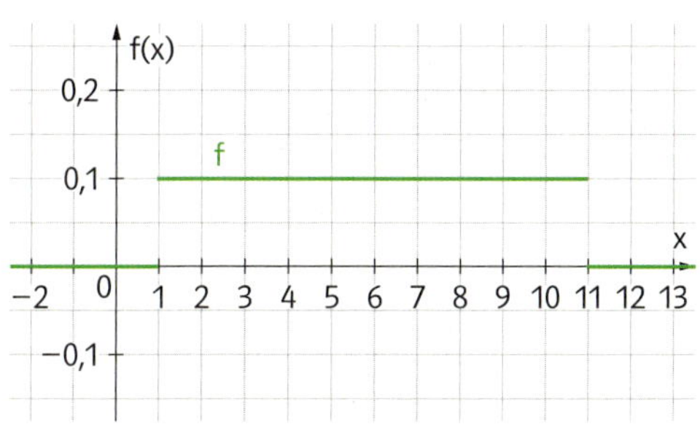

f kann eine Dichtefunktion sein, da die Fläche zwischen dem Graphen von f und x-Achse gleich 1 ist und da alle Werte von f(x) größer oder gleich null sind.

340. A, D, E

341. 1) $f(x) = 0{,}2$

2) $F(3) = 0{,}6$

Die Wahrscheinlichkeit, dass ein Gespräch weniger als 3 Minuten dauert beträgt 0,6.

3) $P(2 < X < 5) = F(5) - F(2) = 1 - F(2)$

342. $E(X) = 6$; $\sigma = 2{,}89$

6 Normalverteilte Zufallsvariablen

435. B, C, D, E

436.

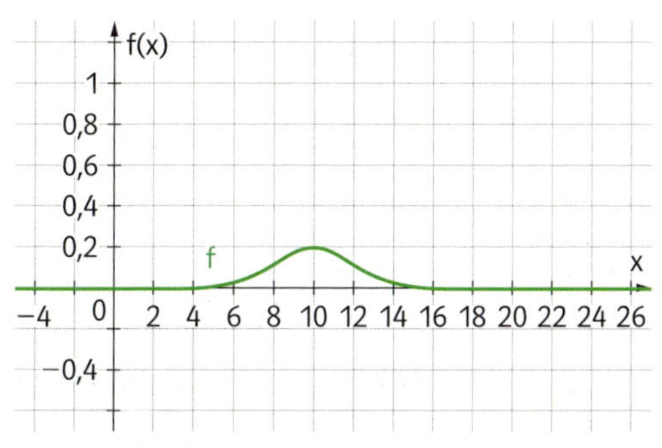

437. 0,0478

438. $P(\mu - \sigma \leq X \leq \mu + \sigma)$; 68,3 %

439. $a = -1{,}5$

440. 22,51 cm

441. $[23 + 0{,}59; 23 - 0{,}59]$

442. 19,74

443. 0,9632

444. $\mu = n \cdot p$; $\sigma = \sqrt{n \cdot p \cdot (1-p)}$; $\sigma \geq 3$

7 Schließende und beurteilende Statistik

493. zwischen 37 und 59

494. mit Hilfe der NV: zwischen 9 und 22
mit Hilfe der BV: zwischen 10 und 21

495. A, B, C, D

496. zwischen 70 % und 77 %; [0,70; 0,77]

497. A, C, D

498. ≈ 0,724

499. ≈ 9 600

500. ≈ 2 652

501. 1) Nullhypothese: Der Marktanteil liegt bei 45 %.
Alternativhypothese: Der Marktanteil liegt höher als 45 %.

2) ca. 9 %

3) $X \geq 243$

502. Nullhypothese: Der Wähleranteil liegt bei 31 %.
Alternativhypothese: Der Marktanteil liegt niedriger oder höher als 31 %.
$128 \geq X$, $X \geq 182$

503. Interpretation 1 ist zutreffend

Lösungen Kompetenzcheck

Kompetenzcheck Integralrechnung 1

134. A, D

135.

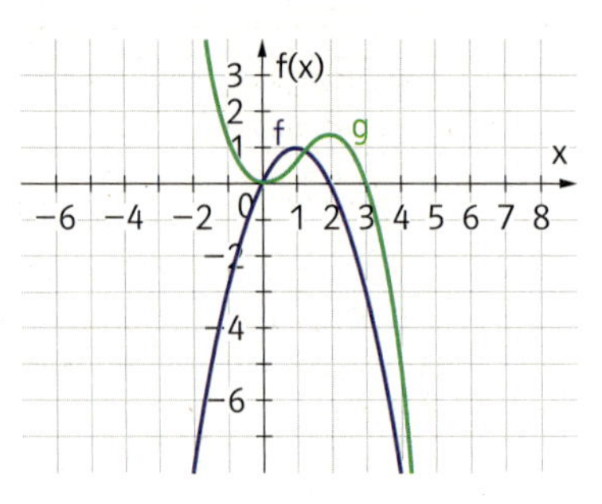

136. A, B, C

137. $-2x^2-6$

138. $a=3$

139. A, E

140. 0

141. B, C, D

142. 30 m

Kompetenzcheck Integralrechnung 2

226. A, B

227. D

228. (1) W′(2); (2) Kraft

229. B, C, D

230. 1 A, 2 F, 3 B, 4 D

231. Die Zunahme des Gewinns, bei einer Erhöhung der verkauften Stückzahl von 10 Stk. auf 40 Stk.

232.

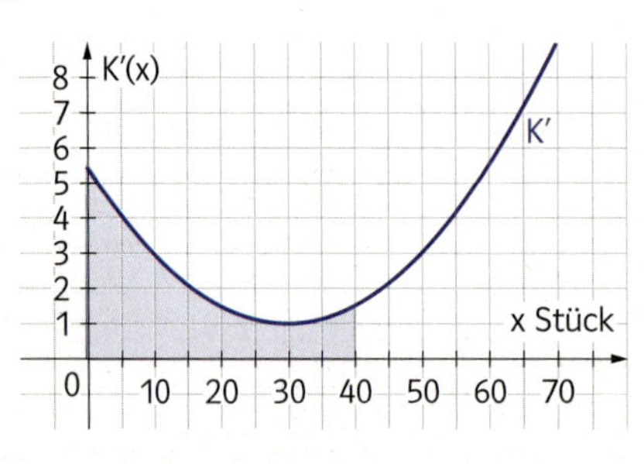

Kompetenzcheck Dynamische Systeme

303. C, D

304. $x_{n+1}-x_n=0{,}06\cdot x_n$ $\quad x_0=120$

305. F

306. $x_{n+1}=1{,}12\cdot x_n-100$ $\quad x_0=500$

307. E

Kompetenzcheck Stetige Wahrscheinlichkeitsverteilung und beurteilende Statistik 1

445. B(100; 0,1), N(10; 3)

446. 1 D, 2 B, 3 A, 4 F

447. [354; 446]

448. B, C, D, E

449.

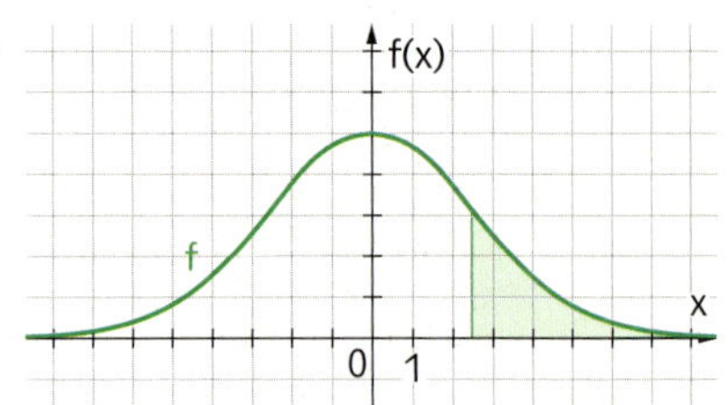

Kompetenzcheck Stetige Wahrscheinlichkeitsverteilung und beurteilende Statistik 2

504. [0,32; 0,40]

505. ≈ 94 %

506. A, C

507. ca. 227

Tabelle Normalverteilung

z	Φ(−z)	Φ(z)	D(z)	z	Φ(−z)	Φ(z)	D(z)	z	Φ(−z)	Φ(z)	D(z)	z	Φ(−z)	Φ(z)	D(z)	z	Φ(−z)	Φ(z)	D(z)	z	Φ(−z)	Φ(z)	D(z)
	0,	0,	0,		0,	0,	0,		0,	0,	0,		0,	0,	0,		0,	0,	0,		0,	0,	0,
0,01	4960	5040	0080	0,51	3050	6950	3899	1,01	1562	8438	6875	1,51	0655	9345	8690	2,01	0222	9778	9556	2,51	0060	9940	9879
0,02	4920	5080	0160	0,52	3015	6985	3969	1,02	1539	8461	6923	1,52	0643	9357	8715	2,02	0217	9783	9566	2,52	0059	9941	9883
0,03	4880	5120	0239	0,53	2981	7019	4039	1,03	1515	8485	6970	1,53	0630	9370	8740	2,03	0212	9788	9576	2,53	0057	9943	9886
0,04	4840	5160	0319	0,54	2946	7054	4108	1,04	1492	8508	7017	1,54	0618	9382	8764	2,04	0207	9793	9586	2,54	0055	9945	9889
0,05	4801	5199	0399	0,55	2912	7088	4177	1,05	1469	8531	7063	1,55	0606	9394	8789	2,05	0202	9798	9596	2,55	0054	9946	9892
0,06	4761	5239	0478	0,56	2877	7123	4245	1,06	1446	8554	7109	1,56	0594	9406	8812	2,06	0197	9803	9606	2,56	0052	9948	9895
0,07	4721	5279	0558	0,57	2843	7157	4313	1,07	1423	8577	7154	1,57	0582	9418	8836	2,07	0192	9808	9615	2,57	0051	9949	9898
0,08	4681	5319	0638	0,58	2810	7190	4381	1,08	1401	8599	7199	1,58	0571	9429	8859	2,08	0188	9812	9625	2,58	0049	9951	9901
0,09	4641	5359	0717	0,59	2776	7224	4448	1,09	1379	8621	7243	1,59	0559	9441	8882	2,09	0183	9817	9634	2,59	0048	9952	9904
0,10	4602	5398	0797	0,60	2743	7257	4515	1,10	1357	8643	7287	1,60	0548	9452	8904	2,10	0179	9821	9643	2,60	0047	9953	9907
0,11	4562	5438	0876	0,61	2709	7291	4581	1,11	1335	8665	7330	1,61	0537	9463	8926	2,11	0174	9826	9651	2,61	0045	9955	9909
0,12	4522	5478	0955	0,62	2676	7324	4647	1,12	1314	8686	7373	1,62	0526	9474	8948	2,12	0170	9830	9660	2,62	0044	9956	9912
0,13	4483	5517	1034	0,63	2643	7357	4713	1,13	1292	8708	7415	1,63	0516	9484	8969	2,13	0166	9834	9668	2,63	0043	9957	9915
0,14	4443	5557	1113	0,64	2611	7389	4778	1,14	1271	8729	7457	1,64	0505	9495	8990	2,14	0162	9838	9676	2,64	0041	9959	9917
0,15	4404	5596	1192	0,65	2578	7422	4843	1,15	1251	8749	7499	1,65	0495	9505	9011	2,15	0158	9842	9684	2,65	0040	9960	9920
0,16	4364	5636	1271	0,66	2546	7454	4907	1,16	1230	8770	7540	1,66	0485	9515	9031	2,16	0154	9846	9692	2,66	0039	9961	9922
0,17	4325	5675	1350	0,67	2514	7486	4971	1,17	1210	8790	7580	1,67	0475	9525	9051	2,17	0150	9850	9700	2,67	0038	9962	9924
0,18	4286	5714	1428	0,68	2483	7517	5035	1,18	1190	8810	7620	1,68	0465	9535	9070	2,18	0146	9854	9707	2,68	0037	9963	9926
0,19	4247	5753	1507	0,69	2451	7549	5098	1,19	1170	8830	7660	1,69	0455	9545	9090	2,19	0143	9857	9715	2,69	0036	9964	9929
0,20	4207	5793	1585	0,70	2420	7580	5161	1,20	1151	8849	7699	1,70	0446	9554	9109	2,20	0139	9861	9722	2,70	0035	9965	9931
0,21	4168	5832	1663	0,71	2389	7611	5223	1,21	1131	8869	7737	1,71	0436	9564	9127	2,21	0136	9864	9729	2,71	0034	9966	9933
0,22	4129	5871	1741	0,72	2358	7642	5285	1,22	1112	8888	7775	1,72	0427	9573	9146	2,22	0132	9868	9736	2,72	0033	9967	9935
0,23	4090	5910	1819	0,73	2327	7673	5346	1,23	1093	8907	7813	1,73	0418	9582	9164	2,23	0129	9871	9743	2,73	0032	9968	9937
0,24	4052	5948	1897	0,74	2296	7704	5407	1,24	1075	8925	7850	1,74	0409	9591	9181	2,24	0125	9875	9749	2,74	0031	9969	9939
0,25	4013	5987	1974	0,75	2266	7734	5467	1,25	1056	8944	7887	1,75	0401	9599	9199	2,25	0122	9878	9756	2,75	0030	9970	9940
0,26	3974	6026	2051	0,76	2236	7764	5527	1,26	1038	8962	7923	1,76	0392	9608	9216	2,26	0119	9881	9762	2,76	0029	9971	9942
0,27	3936	6064	2128	0,77	2206	7794	5587	1,27	1020	8980	7959	1,77	0384	9616	9233	2,27	0116	9884	9768	2,77	0028	9972	9944
0,28	3897	6103	2205	0,78	2177	7823	5646	1,28	1003	8997	7995	1,78	0375	9625	9249	2,28	0113	9887	9774	2,78	0027	9973	9946
0,29	3859	6141	2282	0,79	2148	7852	5705	1,29	0985	9015	8029	1,79	0367	9633	9265	2,29	0110	9890	9780	2,79	0026	9974	9947
0,30	3821	6179	2358	0,80	2119	7881	5763	1,30	0968	9032	8064	1,80	0359	9641	9281	2,30	0107	9893	9786	2,80	0026	9974	9949
0,31	3783	6217	2434	0,81	2090	7910	5821	1,31	0951	9049	8098	1,81	0351	9649	9297	2,31	0104	9896	9791	2,81	0025	9975	9950
0,32	3745	6255	2510	0,82	2061	7939	5878	1,32	0934	9066	8132	1,82	0344	9656	9312	2,32	0102	9898	9797	2,82	0024	9976	9952
0,33	3707	6293	2586	0,83	2033	7967	5935	1,33	0918	9082	8165	1,83	0336	9664	9328	2,33	0099	9901	9802	2,83	0023	9977	9953
0,34	3669	6331	2661	0,84	2005	7995	5991	1,34	0901	9099	8198	1,84	0329	9671	9342	2,34	0096	9904	9807	2,84	0023	9977	9955
0,35	3632	6368	2737	0,85	1977	8023	6047	1,35	0885	9115	8230	1,85	0322	9678	9357	2,35	0094	9906	9812	2,85	0022	9978	9956
0,36	3594	6406	2812	0,86	1949	8051	6102	1,36	0869	9131	8262	1,86	0314	9686	9371	2,36	0091	9909	9817	2,86	0021	9979	9958
0,37	3557	6443	2886	0,87	1922	8078	6157	1,37	0853	9147	8293	1,87	0307	9693	9385	2,37	0089	9911	9822	2,87	0021	9979	9959
0,38	3520	6480	2961	0,88	1894	8106	6211	1,38	0838	9162	8324	1,88	0301	9699	9399	2,38	0087	9913	9827	2,88	0020	9980	9960
0,39	3483	6517	3035	0,89	1867	8133	6265	1,39	0823	9177	8355	1,89	0294	9706	9412	2,39	0084	9916	9832	2,89	0019	9981	9961
0,40	3446	6554	3108	0,90	1841	8159	6319	1,40	0808	9192	8385	1,90	0287	9713	9426	2,40	0082	9918	9836	2,90	0019	9981	9963
0,41	3409	6591	3182	0,91	1814	8186	6372	1,41	0793	9207	8415	1,91	0281	9719	9439	2,41	0080	9920	9840	2,91	0018	9982	9964
0,42	3372	6628	3255	0,92	1788	8212	6424	1,42	0778	9222	8444	1,92	0274	9726	9451	2,42	0078	9922	9845	2,92	0018	9982	9965
0,43	3336	6664	3328	0,93	1762	8238	6476	1,43	0764	9236	8473	1,93	0268	9732	9464	2,43	0075	9925	9849	2,93	0017	9983	9966
0,44	3300	6700	3401	0,94	1736	8264	6528	1,44	0749	9251	8501	1,94	0262	9738	9476	2,44	0073	9927	9853	2,94	0016	9984	9967
0,45	3264	6736	3473	0,95	1711	8289	6579	1,45	0735	9265	8529	1,95	0256	9744	9488	2,45	0071	9929	9857	2,95	0016	9984	9968
0,46	3228	6772	3545	0,96	1685	8315	6629	1,46	0721	9279	8557	1,96	0250	9750	9500	2,46	0069	9931	9861	2,96	0015	9985	9969
0,47	3192	6808	3616	0,97	1660	8340	6680	1,47	0708	9292	8584	1,97	0244	9756	9512	2,47	0068	9932	9865	2,97	0015	9985	9970
0,48	3156	6844	3688	0,98	1635	8365	6729	1,48	0694	9306	8611	1,98	0239	9761	9523	2,48	0066	9934	9869	2,98	0014	9986	9971
0,49	3121	6879	3759	0,99	1611	8389	6778	1,49	0681	9319	8638	1,99	0233	9767	9534	2,49	0064	9936	9872	2,99	0014	9986	9972
0,50	3085	6915	3829	1,00	1587	8413	6827	1,50	0668	9332	8664	2,00	0228	9772	9545	2,50	0062	9938	9876	3,00	0013	9987	9974

Mathematische Zeichen

(Unter Berücksichtigung der ÖNORM A 6406 und A 6411)

Beachte: Das Durchstreichen eines Zeichens mittels „/" bedeutet dessen Negation

Symbole aus der Logik

:	gilt	$\vee$	oder	$\forall$	für alle	$\Rightarrow$	wenn …, dann …
$\wedge$	und	,	wobei	$\exists$	für mindestens ein …	$\Leftrightarrow$	genau dann, wenn

Symbole aus der Mengenlehre

$\in$	ist Element von	$\supseteq$	ist Obermenge der Menge	$\cup$	vereinigt mit
$\subset$	ist echte Teilmenge von	$=$	hat die gleichen Elemente wie	$\cap$	geschnitten mit
$\subseteq$	ist Teilmenge von	$\setminus$	Differenzmenge von … und …		

Wichtige Zahlenmengen

{ }	leere Menge	$\mathbb{R}$	Menge der reellen Zahlen
$\mathbb{N}$	Menge der natürlichen Zahlen mit 0	$\mathbb{I}$	Menge der irrationalen Zahlen
$\mathbb{N}^+$	Menge der positiven natürlichen Zahlen	$\mathbb{C}$	Menge der komplexen Zahlen
$\mathbb{P}$	Menge der Primzahlen	(a; b)	offenes Intervall
$\mathbb{Z}$	Menge der ganzen Zahlen	[a; b]	abgeschlossenes Intervall
$\mathbb{Q}$	Menge der rationalen Zahlen	$\mathbb{R}^n$	Menge der n-Tupel reeller Zahlen

Symbole aus der Arithmetik und Algebra

$=$	ist (dem Wert nach) gleich	$>$	ist größer als	kgV	kleinstes gemeinsames Vielfaches
$\triangleq$	entspricht	$\geqslant$	ist größer oder gleich	ggT	größter gemeinsamer Teiler
$\approx$	ist ungefähr gleich	$\neq$	ist ungleich	%	Prozent
$<$	ist kleiner als	$\mid$	teilt	‰	Promille
$\leqslant$	ist kleiner oder gleich	$\lvert a \rvert$	Betrag von a		

Funktionen

$f: A \to B \mid x \to f(x)$ Funktion von A nach B, die jedem $x \in A$ den Funktionswert $f(x) \in B$ zuordnet

Symbole aus der Geometrie

AB	Strecke AB	$\vec{a}_0$	Einheitsvektor
$\overrightarrow{AB}$	Vektor von A nach B	$\sphericalangle(BAC)$	Maß des Winkels mit den Schenkeln AB und AC
$\vec{a}$	Vektor	$\perp$	senkrecht
$\vec{0}$	Nullvektor	$\parallel$	parallel
$\lvert\vec{a}\rvert$	Betrag eines Vektors		